CHRISTIAN GUILINO

FACHKUNDE

FÜR
BAUSCHLOSSER
STAHLBAUER
SCHMELZSCHWEISSER

8., verbesserte Auflage 1984

140 Fotos – ca. 1000 Zeichnungen

Handwerk und Technik · Hamburg HT 77

FRÜHER IM FACHBUCHVERLAG S. WENGERT · INGOLSTADT

Die Normblattangaben werden wiedergegeben mit Erlaubnis des DIN Deutsches Institut für Normung e. V. Maßgebend für das Anwenden der Norm ist deren Fassung mit dem neuesten Ausgabedatum, die bei der Beuth Verlag GmbH, Burggrafenstraße 4 und 10, 1000 Berlin 30, erhältlich ist.

ISBN 3.582.00077.X

Verlag Handwerk und Technik GmbH, Lademannbogen 135, 2000 Hamburg 63 – 1984

Gesamtherstellung: Courier Druckhaus, Ingolstadt

Vorwort zur achten Auflage

Die „Fachkunde für Bauschlosser, Stahlbauer und Schmelzschweißer" wurde in den letzten Jahren an immer mehr Berufsschulen innerhalb der Bundesrepublik Deutschland eingeführt und mit Erfolg verwendet. Die dadurch notwendig gewordenen Neuauflagen nützte der Verfasser zu einer gründlichen Überarbeitung insbesondere im Hinblick auf die Normung. In der vorliegenden 8. Auflage fand die seit 1980 gültige neue Norm DIN 406 Teil 2 bei den Zeichnungen Berücksichtigung. Danach sollen künftig die Maßzahlen vorzugsweise über die durchgezogene Maßlinie geschrieben werden. Bei einigen zeichnerischen Wiedergaben, die von Herstellerfirmen zur Verfügung gestellt wurden, liegen noch keine Neubearbeitungen vor, so daß sie unverändert übernommen werden mußten.

Der in Form und Umfang auf die im Titel angeführten schlosserischen Berufe zugeschnittene und begrenzte Inhalt ist in kleine, überschaubare Stoffeinheiten gegliedert. Soweit erforderlich, helfen zahlreiche Abbildungen und Zeichnungen den Text zu veranschaulichen und zu erklären. Der so wichtigen Lernkontrolle und der Sicherung des Kernwissens dienen Wiederholungsfragen und Merksätze am Ende jeder behandelten Stoffeinheit. Der knapp gehaltene Text will als Niederschlag eines lebendigen, durch visuelle Medien, Versuche und Demonstrationen ergänzten Unterrichts verstanden sein. Er läßt dem Lehrenden in Methode, Reihenfolge und Umfang volle Freiheit.

Umstellung auf SI-Einheiten

Am 5. Juli 1970 ist die „Ausführungsverordnung zum Gesetz über Einheiten im Meßwesen" vom 2. 7. 1969 in Kraft getreten. Damit wurden die Einheiten des Internationalen Einheitensystems (SI-Einheiten) zu „Gesetzlichen Einheiten" für die Bundesrepublik Deutschland und müssen ab 31. 12. 1977 verwendet werden.

I. Größen, Einheiten und Kurzzeichen

1. Basis-Einheiten

Basisgröße	Basiseinheit	Kurzzeichen
Länge	Meter	m
Masse (Gewicht)	Kilogramm	kg
Zeit	Sekunde	s
Stromstärke	Ampere	A
Thermodynamische Temperatur	Kelvin	K

2. Längeneinheiten

Für die dezimalen Vielfachen und die dezimalen Teile des Meters und aller anderen Einheiten werden **Vorsätze** verwendet:

für Vielfache:	da = Deka	= das 10^1fache	Beispiel: daN
	h = Hekto	= das 10^2fache	Beispiel: hN
	k = Kilo	= das 10^3fache	Beispiel: kN
	M = Mega	= das 10^6fache	Beispiel: MN
für Teile:	d = Dezi	= das 10^{-1}fache	Beispiel: dm
	c = Zenti	= das 10^{-2}fache	Beispiel: cm
	m = Milli	= das 10^{-3}fache	Beispiel: mm
	μ = Mikro	= das 10^{-6}fache	Beispiel: μm
	n = Nano	= das 10^{-9}fache	Beispiel: nm

Für die abgeleiteten Flächen- und Raumeinheiten wird nur noch die Potenz geschrieben: m^2, m^3, m^{-2} (= $1/m^2$)

3. Masseeinheiten

Masseeinheiten sind Einheiten des Gewichts als Ergebnis einer Wägung. Einheitenzeichen = kg (g, t).

4. Krafteinheiten

Mit kg als Basiseinheit der Masse ergibt sich für die Kraft F die SI-Einheit **kgm/s^2.** Diese Einheit wird als **Newton (N)** bezeichnet. Ein Körper mit dem Gewicht 1 kg belastet seine Unterlage mit einer Kraft von $1 \text{ kg} \cdot 9{,}81 \text{ m/s}^2 = 9{,}81$ N oder rund 10 N.
Statt mit kp ist also mit N zu rechnen. Die Größe „Wichte (γ)" entfällt.

5. Druck und mechanische Spannung

Der Druck ist eine flächenbezogene Kraft mit der neuen Einheit Pascal **(Pa)** = **N/m^2.** Für die mechanische Spannung wird die Einheit **1 MPa** = **1 N/mm^2** empfohlen. Als besonderer Name für 0,1 MPa wurde die Einheit **„bar"** eingeführt. 1 bar entspricht etwa 1 at (genau 1 at = 0,980665 bar).

6. Kraftmoment

Das bisherige Drehmoment wird jetzt als „Kraftmoment" bezeichnet. Als SI-Einheit gilt das **Nm (= Newtonmeter).** Das Nm gilt auch für die mechanische Arbeit.

7. Arbeit

Mechanische, elektrische und Wärmearbeit (= Wärmeenergie) werden in der gleichen Einheit **Joule (J)** gemessen. 1 Nm = 1 Ws = 1 J. Die bisherige Arbeitseinheit 1 kpm kann durch 10 J (genau 9,80665 J) ersetzt werden.

8. Leistung

Jede Leistung wird in **Watt (W)** gemessen. 1 Nm/s = 1 W = 1 J/s. Die Bezeichnung „PS" ist seit Ende 1977 nicht mehr zulässig.

9. Zeiteinheiten

Die Kurzzeichen für Zeiteinheiten sind: **s (Sekunde), min (Minute), h (Stunde), d (Tag).** Für Drehzahl (Umdrehungsfrequenz) stehen die Zeichen **1/s** und **1/min.**

10. Temperatur-Einheiten

Die Basiseinheit **1 K** (= **1 Kelvin**) ist der 273,16te Teil der thermodynamischen Temperatur des Tripelpunktes des Wassers. Tripelpunkt = 0,01 °C oder rund 0 °C. 0 K = —273,16 °C oder rund —273 °C. Der **„Grad Celsius"** (= °C) besteht weiter als besonderer Name für K. Für eine gemessene **Temperatur** schreibt man wie bisher **t = 23 °C.** Für eine **Temperaturdifferenz** schreibt man $t_1 - t_2$ oder **Δt = 18 °C.**

11. Wärmeenergie (Wärmemenge)

Die bisherige Einheit kcal wird durch **4,2 kJ** (= **Kilojoule**) ersetzt. **Spezifische Wärme** heißt jetzt **Wärmekapazität** mit der Einheit **J/kg K** bzw. **kJ/kg K.**
Der Thermische **Wärmeausdehnungskoeffizient** (= Längenausdehnungszahl) hat jetzt die SI-Einheit **1/K** (= K^{-1}) anstelle von 1/grd.
Der **Heizwert** hat die Einheitsbezeichnungen **J/kg** und **J/m³**

II. Zusammenstellung der wichtigsten Änderungen mit Umrechnung

Physik. Größe	bisher	künftig	Umrechnung	
Fläche	qm	m²		
Volumen	cbm	m³		
Masse (Gewicht)	kg, kp	kg		
Kraft	kp	N	1 kp	= 9,81 N ≈ 10 N
			1 N	= 1 kgm/s²
Druck	kp/cm²	Pa	1 Pa	= 1 N/m²
	at, Torr		10 Pa	= 1,02 kp/m² ≈ 1 kp/m²
		bar	1 bar	= 0,1 MPa
				= 736 Torr ≈ 1 kp/cm²
Mechanische Spannung	kp/mm²	MPa	1 MPa	= 1 N/mm² ≈ 0,1 kp/mm²
Kraftmoment	kpm	Nm	1 kpm	= 9,81 Nm ≈ 10 Nm
Arbeit	kpm	J	1 J	= 1 Nm = 1 Ws
			1 kpm	= 9,81 J ≈ 10 J
Leistung	kpm/s, PS	W	1 kpm/s	= 9,81 W ≈ 10 W
			1 PS	= 736 W
Drehfrequenz	U/s, U/min.	1/s, 1/min		
Kelvintemperatur	°K	K	—273 °C	= 0 K
Temp.-Differenz	grd	K, °C	1 K	= 1 °C = 1 grd
Wärmeenergie	kcal	J, kJ	1 kcal	= 4,2 kJ
Spez. Wärmekapazität	kcal/kg grd	kJ/kg K	1 kcal/kg grd	= 4,2 kJ/kg K
Heizwert	kcal/kg	kJ/kg	1 kcal/kg	= 4,2 kJ/kg

Chemische und physikalische Grundlagen

I. Physik oder Chemie?

Beides sind wichtige Zweige der Naturwissenschaften, die sich ergänzen. Sie erforschen und erklären die Vorgänge in der körperlichen Welt.
Die Physik befaßt sich mit Vorgängen, bei denen Stoffe nur ihre Zustandsform ändern.
Beispiele: Langsame – schnelle Bewegung; farbig – farblos; fest – flüssig – gasförmig; warm – kalt; elektrisch – unelektrisch; magnetisch – unmagnetisch.
Die Chemie betrachtet Vorgänge, bei denen Stoffe in völlig andere umgewandelt werden.
Beispiele: Verbrennung; Säure-, Laugen- und Salzbildung.
Physikalische und chemische Vorgänge spielen sich oft nebeneinander ab. Das Verbrennen von Holzkohle zu Kohlendioxid ist ein chemischer Vorgang, die dabei auftretenden Licht- und Wärmestrahlungen sind physikalische Erscheinungen.

II. Chemische Grundlagen

1. Grundstoffe:

Natürliche Stoffe und Kunststoffe bestehen aus einem **Element** oder mehreren **Elementen** (Grundstoffen). Elemente können chemisch nicht mehr weiter zerlegt werden. Wir kennen zur Zeit 104 Elemente (92 natürliche und 12 künstliche).

Technisch wichtige Elemente mit ihren Kurzzeichen:

Metalle				Nichtmetalle	
Schwermetalle:		Mangan	Mn	Sauerstoff	O
Gold	Au	Kobalt	Co	Wasserstoff	H
Silber	Ag	Molybdän	Mo	Kohlenstoff	C
Quecksilber	Hg	Titan	Ti	Schwefel	S
Eisen	Fe			Stickstoff	N
Kupfer	Cu	Leichtmetalle:		Chlor	Cl
Nickel	Ni	Aluminium	Al	Silizium	Si
Blei	Pb	Magnesium	Mg	Phosphor	P
Antimon	Sb	Kalzium	Ca	Fluor	F
Zinn	Sn	Natrium	Na	Bor	B
Zink	Zn	Kalium	K		
Chrom	Cr	Barium	Ba		

Die kleinsten Teilchen der Elemente sind die **Atome.** Sind zwei oder mehrere Atome aneinander gebunden, so spricht man von einem **Molekül.** Ein Molekül kann aus gleichen oder ungleichen Atomen zusammengesetzt sein. **Gasförmige Elemente** bilden meist Moleküle:

$$H + H \longrightarrow H_2 \qquad O + O + O \longrightarrow O_3$$

1 Wasserstoffatom 1 Wasserstoffatom 1 Wasserstoffmolekül 1 Sauerstoffatom 1 Sauerstoffatom 1 Sauerstoffatom 1 Sauerstoffmolekül (Ozon)

Edelgase wie Argon, Helium und Metalldämpfe treten einatomig auf, als Gemenge von Atomen.

In festen Elementen und Elementverbindungen treten die Atome entweder regellos zusammen (z. B. Glas), bilden regelmäßige Raumgitter (Eisen) oder lange Ketten mit oft Millionen von Atomen (Kunststoffe).

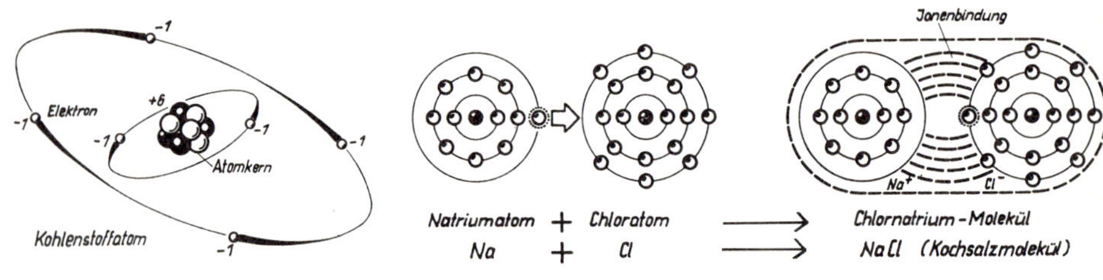

Schematisches Bild eines Atoms

Der Atomkern des Kohlenstoffs enthält 6 Protonen und 6 Neutronen. Die Art des Elementes wird nur von der Zahl der Protonen bestimmt (H=1; Pb = 79; Au = 82). Die sechs (+)-Ladungen der Protonen schaffen mit den sechs (–)-Ladungen der Elektronen ein elektrostatisches Gleichgewicht. Das Atom ist nach außen elektrisch neutral.

Bei der chemischen Umwandlung bilden sich negative Ionen durch Aufnahme von Elektronen in die äußere Elektronenschale des Atoms. Verliert ein Atom Elektronen, dann überwiegen die positiven Ladungen. Der Atomrest heißt (+)-Ion (z. B. Na+ = positives Ion des Natriums). Im Schweißlichtbogen werden Gase und Metalldämpfe ionisiert! Die Atome sind unvorstellbar klein. Erst 10 000 000 Atome ergäben, aneinandergereiht, 1 mm Länge.

Schematische Darstellung einer chemischen Verbindung

Das Natriumatom gibt sein einziges Elektron in der äußeren Elektronenschale an das Chloratom ab und füllt dessen äußerste Elektronenschale auf. Die entstandenen Ionen (Na+ bzw. Cl–) mit entgegengesetzt elektrischer Ladung werden durch sehr starke elektrostatische Kräfte zusammengehalten (Molekül).

Das Zustandekommen einer chemischen Verbindung hängt wesentlich davon ab, ob die Elektronenzahl in den äußeren Schalen der Atome einen Austausch gestattet. Ein Element, dessen Atom e i n Wasserstoffatom binden kann, bezeichnen wir als einwertig. Die meisten Elemente sind zwei- oder dreiwertig.

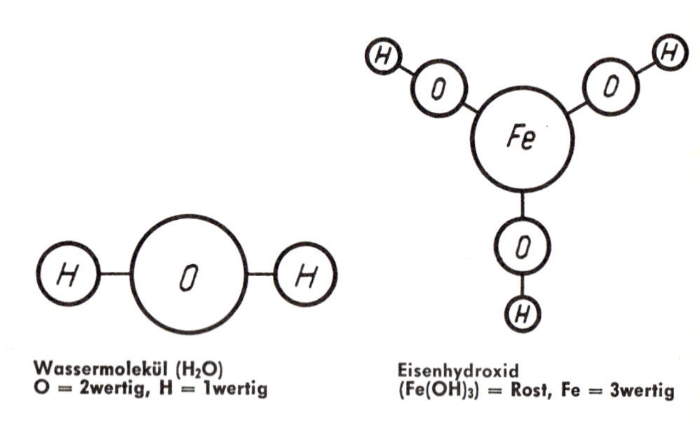

Wassermolekül (H_2O)
O = 2wertig, H = 1wertig

Eisenhydroxid
($Fe(OH)_3$) = Rost, Fe = 3wertig

2. Chemische Verbindungen:

a) Vereinigen sich zwei oder mehrere verschiedene Elemente zu einem neuen Stoff mit völlig anderen Eigenschaften, so entsteht eine **chemische Verbindung.**

VERSUCH: 4 g Schwefelblume + 7 g Eisenpulver innig mischen und im Reagenzglas erhitzen. Es entsteht Schwefeleisen. Die gelbe Farbe ist verschwunden. Der Magnet spricht nicht mehr an.

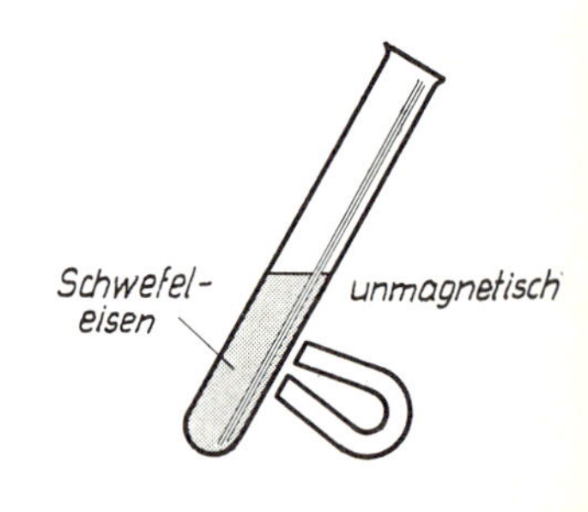

Erkenntnis:

- Elemente verbinden sich nur nach einem festliegenden Gewichtsverhältnis.
- Damit die atomare Anziehungskraft (Affinität) wirksam wird, müssen die einzelnen Elemente in engste Berührung gebracht werden.
- Die Verbindung hat völlig andere Eigenschaften (Farbe, Dichte, unmagnetisch).
- Damit die chemische Verbindung erfolgt, muß Wärme zugeführt werden.

Die chemische Verbindung versinnbildlicht die chemische Formel:

$S + Fe \longrightarrow FeS + W$

Schwefel Eisen Schwefeleisen Wärme

$2H + O \longrightarrow H_2O + W$

Wasserstoff Sauerstoff Wasser Wärme

$2C + 2H \longrightarrow C_2H_2 + W$

Kohlenstoff Wasserstoff Azetylen Wärme

$Fe_2O_3 + 2Al \longrightarrow Al_2O_3 + 2Fe + W$

Eisenoxid Aluminiumpulver Aluminiumoxid Eisen (flüssig) Wärme

$CaC_2 + 2H_2O \longrightarrow C_2H_2 + Ca(OH)_2 + W$

Kalziumkarbid Wasser Azetylen Kalziumhydroxid (Karbidkalk) Wärme

Der Verbindungsvorgang, auch chemische Reaktion genannt, ist stets mit einer Energieänderung verknüpft, die sich meist als Wärmeabgabe bzw. Wärmeaufnahme äußert.

Um Eisen und Schwefel zu Schwefeleisen zu verbinden, muß Wärme zugeführt werden, bis die Reaktionstemperatur erreicht ist. Bei der Reaktion selbst wird dann Wärme frei (= exothermer Vorgang). Bei der Zerlegung von Quecksilberoxid in Quecksilber und Sauerstoff muß laufend Wärme zugeführt werden (= **endothermer Vorgang**).

Wenn wir Eisenoxid und Aluminiumpulver (Thermit) in Aluminiumoxid und flüssiges Eisen umwandeln oder Azetylen erzeugen, wird Wärme frei (= **exothermer Vorgang**).

b) Synthese und Analyse

Den Aufbau einer Verbindung aus verschiedenen Stoffen nennt man **Synthese.** (Benzol, Benzin, synthetischer Gummi, Kunststoffe).

Die Zerlegung von chemischen Verbindungen in einfachere Verbindungen oder Elemente nennt man **Analyse.** Wird die Analyse durch den elektrischen Strom bewirkt, so spricht man von Elektrolyse (Wasser in Wasserstoff + Sauerstoff; Tonerde (Al_2O_3) in Alu + Kohlendioxid mit Hilfe von Kohleelektroden).

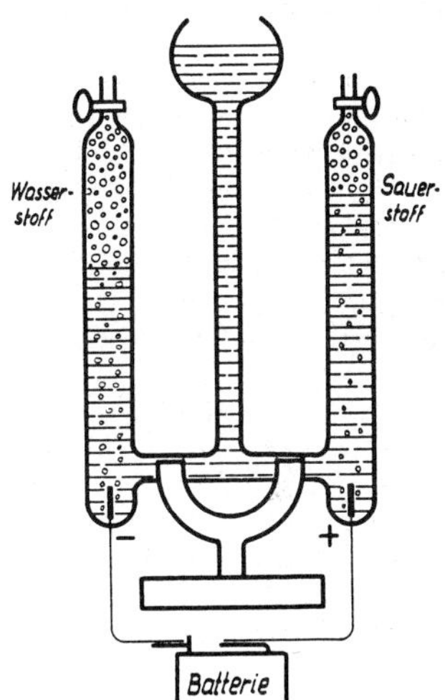

Apparat zur Wasserzersetzung

$H_2O \rightarrow H_2 + O$
1 l Wasser ergibt 1250 l Wasserstoff + 625 l Sauerstoff

c) Polymerisation

Werden einfache Moleküle durch chemische Verfahren (Synthese) zu **Großmolekülen** mit Tausenden bis zu Millionen von Atomen verkettet, so spricht man von **Polymerisation.**

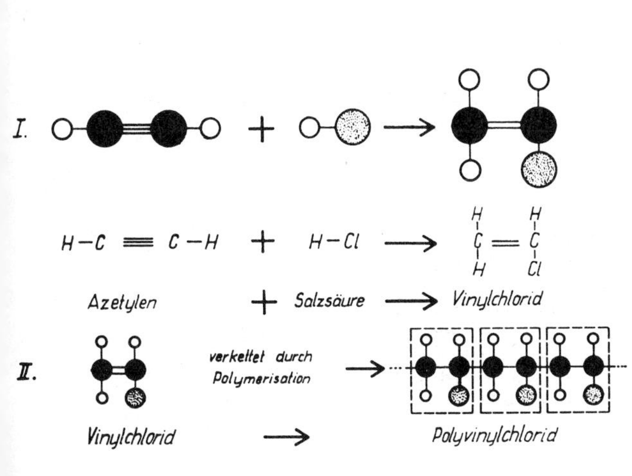

Schema der Darstellung von Polyvinylchlorid (PVC-Kunststoff – z. B. Mipolam)

3. Gemenge und Gemische:

Formsand (Quarzsand + Ton), Bohremulsion (Öl + Wasser), Leuchtgas und Luft sind **Gemenge.** Gemenge lassen sich in jedem Gewichtsverhältnis herstellen und durch Sieben, Schlämmen, Filtern, Luftverflüssigung oder Magnetwirkung verhältnismäßig leicht trennen. Zucker im Kaffee, Chlorwasserstoff in Wasser, Brennstoffgemische, Farbstoff in Wasser sind **Gemische** (Lösungen). Gemische kann man ebenfalls in jedem Mischungsverhältnis herstellen, aber schwieriger trennen.

4. Einige Grundstoffe und ihre Verbindungen sind in der Technik besonders wichtig:

a) Wasserstoff (H von Hydrogenium):

Dieses farb-, geruch- und geschmacklose Gas kommt in der Natur kaum frei vor, weil es sich mit anderen Elementen verbindet. Dafür finden wir Wasserstoff gebunden in großen Mengen in den Kohlenwasserstoffverbindungen und in Wasser.

VERSUCH: Wirft man Zinkschnitzel in Salzsäure, so wird Wasserstoff frei.

$$2\,HCl + Zn \longrightarrow ZnCl_2 + H_2$$

Salzsäure, Zink, Chlorzink (Lötwasser), Wasserstoff

Wasserstoffgas entweicht sehr rasch aus dem Glas, denn es ist fast 15mal **leichter als Luft** und läßt sich entzünden, ist also **brennbar.**

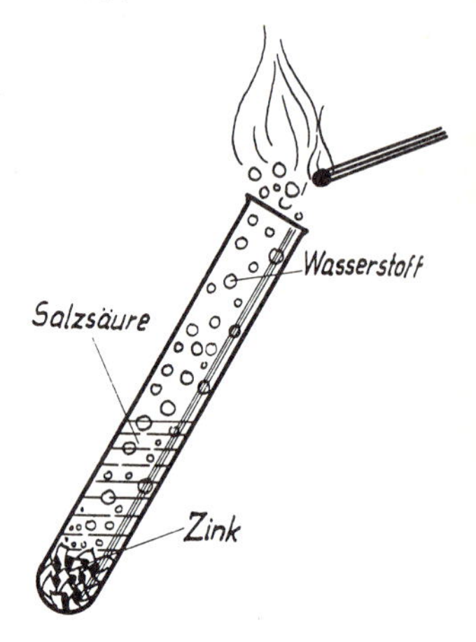

Man kann es als Brenngas zum Brennschneiden benützen (2000 °C Flammentemperatur). Ein Gemisch von 1 Teil Sauerstoff und 2 Teilen Wasserstoff verbrennt explosionsartig zu Wasser, wenn es durch einen Funken entzündet wird. Unfallgefahr!

Wirtschaftlich gewonnen wird Wasserstoff in großen Mengen aus Wassergas (Gemisch von Wasserstoff und Kohlenoxid) und als Nebenprodukt bei der Chlorerzeugung. Wasserstoff erhält man in Flaschen (roter Anstrich, 40 l Rauminhalt mit 6 m³ Inhalt bei 150 bar Druck).

b) Sauerstoff (O von Oxygenium):

Sauerstoff ist ebenfalls ein farb-, geruch- und geschmackloses Gas, das in fast allen anorganischen Stoffen (Gesteinen) gebunden und in der Luft frei als Gemenge mit Stickstoff vorkommt (Luft enthält 21 % O und 79 % N). 1 m³ Sauerstoff wiegt 1,43 kg, ist also schwerer als Luft (1,29 kg/m³). Sauerstoff brennt nicht, ist aber zu jeder Verbrennung genauso unentbehrlich wie zur Atmung. Mit den verschiedenen Brenngasen (z. B. Stadtgas, Azetylen) erzeugt er Flammentemperaturen zwischen 2000 und 3200 Grad Celsius (Schweißflamme!).

VERSUCH: Etwas Quecksilberoxid wird in einem Reagenzglas erhitzt. Die chemische Verbindung zerfällt dabei in Quecksilber, das sich an der Glaswand niederschlägt, und in Sauerstoff.
Ein schwach glimmender Holzspan brennt – in das Glas eingeführt – sofort mit heller Flamme.

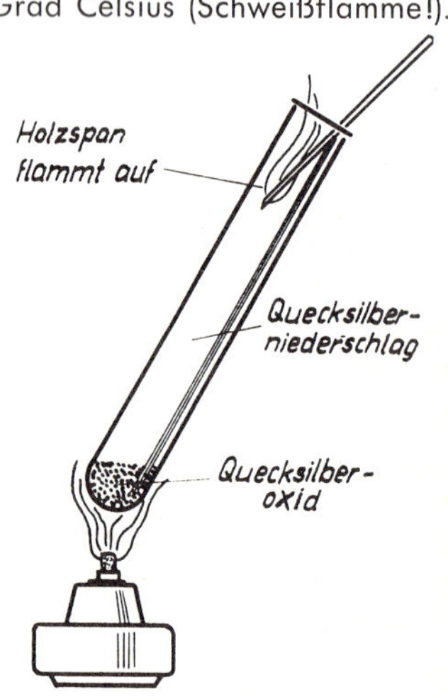

Achtung! Belüften von engen Räumen und Kesseln bei Schweißarbeiten mit reinem Sauerstoff führt zu tödlichen Verbrennungen!

Fette und Öle verbrennen mit Sauerstoff stichflammenartig, deshalb darf man die Anschlüsse von Sauerstoffflaschen weder ölen noch einfetten!

Sauerstoff wird in großen Mengen gewonnen durch Luftverflüssigung und anschließende getrennte, stufenweise Verdampfung von Stickstoff und Sauerstoff.

Oxidation nennen wir die chemische Vereinigung von Sauerstoff mit einem anderen Stoff. Das Ergebnis heißt Oxid.

Blankes Blei oder Alu werden an der Luft bald grau, die Metalloberflächen oxidieren (= langsame Oxidation).

Holz, Kohle, Öl, Azetylen verbrennen unter Licht- und Wärmestrahlung zu Kohlendioxid (= schnelle Oxidation).

Wasserstoff oder Magnesium verbinden sich unter starker Licht- und Wärmeentwicklung blitzartig (= explosionsartige Oxidation). Je größer die Verbrennungsgeschwindigkeit ist, desto höher ist die Temperatur.

Reduktion nennen wir den chemischen Vorgang, bei dem einer Verbindung der Sauerstoff wieder entzogen wird.

VERSUCH: Etwas Bleimennige-Pulver wird in ausgehöhlter Holzkohle erhitzt. In der Vertiefung bleibt von dem Oxid nur reines Blei zurück.

Durch die chemische Anziehungskraft zwischen Holzkohle und Sauerstoff wird dieser dem Bleioxid entzogen. Auf einem Ziegelstein würde der Versuch mißlingen.

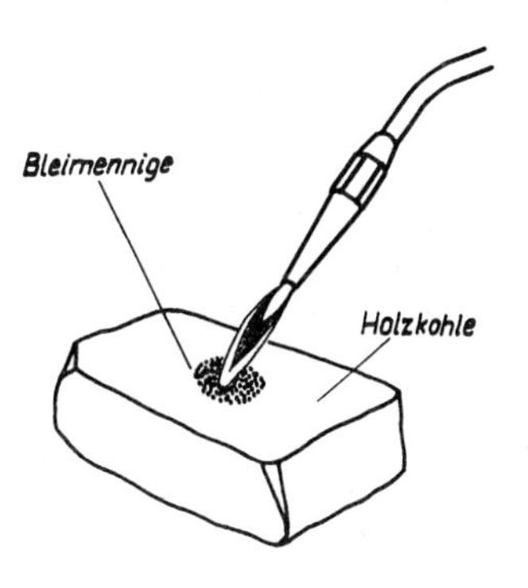

Bei der Roheisengewinnung im Hochofen wird den Erzen (Sauerstoffverbindungen) durch Reduktion Sauerstoff entzogen. Die Schweißflamme wirkt reduzierend. Durch ihren großen Bedarf an Sauerstoff zur restlosen Verbrennung des Azetylens entreißt sie diesen der Umgebung, also auch dem schmelzflüssigen Stahl. Sie verhindert dessen Oxidation (Verzunderung).

c) Kohlenstoff (C = Carboneum)

Kohlenstoff tritt in der Natur in verschiedenen Formen auf: als farbloses Element in pflanzlichen und tierischen Stoffen, als organische Kohle in Brennstoffen, als schwarzer, gestaltlos-weicher Graphit und kristallisiert als Diamant.

Graphit ist ein guter elektrischer Leiter (Elektrodenwerkstoff), schwer schmelzbar (Graphittiegel zum Schmelzen) und mit Öl vermischt ein gutes Schmiermittel.

Diamant wird wegen seiner großen Härte (Härtegrad 10 in der Härteskala nach Mohs) als Schneid- und Schleifmittel benützt.

Kohlenstoff bildet vornehmlich mit den Elementen Wasserstoff und Sauerstoff, aber auch mit anderen Nichtmetallen und Metallen sehr viele chemische Verbindungen.

Kohlensauerstoffverbindungen:

Kohlenmonoxid entsteht, wenn Kohlenstoff oder Kohlenstoffverbindungen unter Sauerstoffmangel verbrennen.

Zwei Bindungskräfte (Wertigkeiten) bleiben frei, das Gas ist eine „ungesättigte Verbindung", die noch weiteren Sauerstoff aufnehmen will. Eingeatmet verbindet sich CO mit dem Hämoglobin des Blutes zu Kohlenoxid-Hämoglobin und verhindert den Sauerstofftransport in die Körperzellen. Diese Kohlenmonoxidvergiftung droht durch Auspuffgase von Verbrennungsmotoren in geschlossenen Räumen, beim Schweißen in schlecht gelüfteten Räumen.

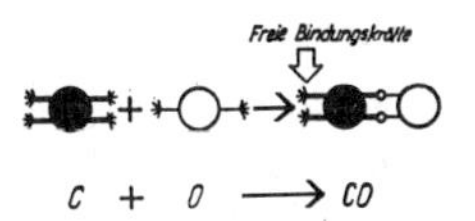

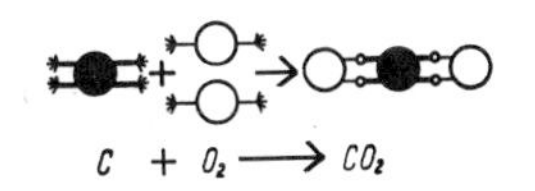

Kohlendioxid bildet sich bei vollkommener Verbrennung, wenn genügend Sauerstoff vorhanden ist.

Das gesättigte, daher ungiftige Gas ist ebenfalls farb- und geruchlos, kann aber den Erstickungstod verursachen. Da es schwerer ist als Luft, sammelt es sich in Schächten, Gärkellern, in Kesseln beim Schweißen und verdrängt die Atemluft (Prüfung mit brennender Kerze!). CO_2 findet als Schutzgas beim Elektroschweißen und als Feuerlöschmittel Verwendung. Es kommt in Flaschen gepreßt in den Handel.

Kohlenwasserstoffverbindungen
Azetylen (C_2H_2) wird wegen seiner Preiswürdigkeit und seines hohen Heizwertes zum Autogenschweißen und Brennschneiden verwendet. Darüber hinaus bildet C_2H_2 den Ausgangsstoff für zahlreiche synthetische Erzeugnisse wie Kunststoffe, Lacke, Arzneimittel, Alkohol, Säuren.
Methan CH_2, Propan C_3H_8, Benzol C_6H_6 sind weitere technisch wichtige Kohlenwasserstoffe.
Karbide:
Kohlenstoff bildet mit Metallen und Halbmetallen meist sehr harte chemische Verbindungen, die Karbide. (Kalziumkarbid CaC_2, Eisenkarbid Fe_3C, Wolframkarbid WC, Siliziumkarbid SiC, Borkarbid B_4C)

d) Schwefel (S von Sulfur):

Schwefel findet man als gelbe, spröde, mattglänzende, geruchlose Masse in vulkanischen Teilen der Erdoberfläche. Teilweise ist das Element auch chemisch gebunden in Mineralien und Erzen (z. B. Schwefelkies, Bleiglanz). Schwefel verbrennt mit Sauerstoff zu dem stechend riechenden, giftigen Schwefeldioxid (Desinfektionsmittel, Weiterverarbeitung zu Schwefelsäure).

5. Säuren, Laugen, Salze

a) Säuren sind Verbindungen von Nichtmetalloxiden mit Wasser

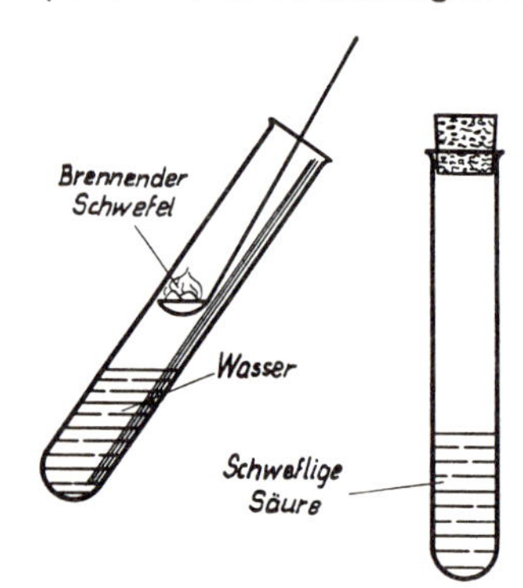

VERSUCH: In ein Reagenzglas, das zu etwa einem Viertel mit Wasser gefüllt ist, halten wir einen Eisenlöffel mit bläulich brennendem Schwefel. Die weißlichen Oxiddämpfe verschwinden beim Schütteln im Wasser. Blaues Lackmuspapier färbt sich beim Eintauchen rot. Die neue Verbindung heißt Schweflige Säure.

$$SO_2 + H_2O \longrightarrow H_2SO_3$$
Schwefeldioxid Wasser Schweflige Säure

Schwefelsäure (H_2SO_4) ist eine farblose, ölig fließende, schwere Flüssigkeit von sehr stark ätzender und metallösender Wirkung (Akkumulatoren).
Salzsäure (HCl) hat – ungereinigt – gelbliche Färbung, raucht und riecht stechend. Metalle werden von verdunstender Säure stark angegriffen (Rostbildung). Verdünnt dient sie zum Reinigen und Beizen.
Salpetersäure (HNO_3), eine farblose, rauchende und stechend riechende Flüssigkeit, löst alle Metalle außer Gold und Platin (Scheidewasser zum Trennen von Gold und Silber!).
Weitere Säuren: **Kieselsäure (H_2SiO_3), Kohlensäure (H_2CO_3).**
Alle konzentrierten Säuren ziehen gierig Wasser an, was beim Zugießen zu starker Erwärmung und gefährlichen Spritzern führt. Daher die wichtige Regel:
- **Gieße immer Säure zum Wasser, nie umgekehrt!**

b) Laugen sind Verbindungen von Metalloxiden mit Wasser

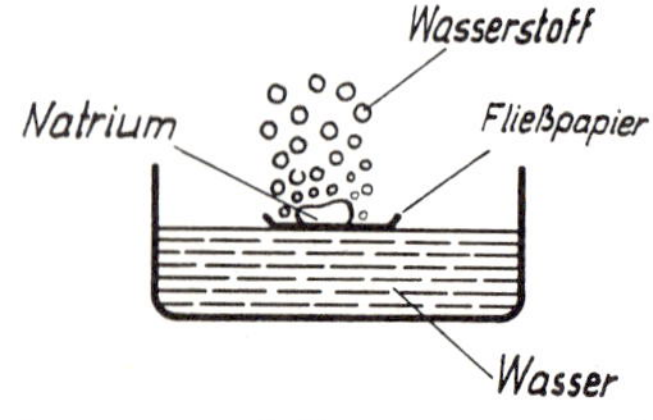

VERSUCH: Das auf dem Wasserspiegel schwimmende Stückchen Natriummetall löst sich allmählich im Wasser auf, wobei Wasserstoff frei wird.

Dieser verbrennt mit heller Flamme. Rotes Lackmuspapier färbt sich beim Eintauchen blau.

$$Na + H_2O \longrightarrow NaOH + H$$
Natrium Wasser Natronlauge Wasserstoff

Laugen, auch Basen genannt, fühlen sich seifig an, wirken ätzend und können Fette lösen (Entfettungs-, Abbeizmittel, Wasch- und Putzmittel).

Weitere Laugen: **Kalilauge (KOH), Kalziumlauge ($Ca(OH)_2$), Salmiakgeist (NH_4OH).**
Unfallgefahr! Vorsicht beim Transport! Flaschen kennzeichnen!

c) Salze entstehen durch Vereinigung von Säuren und Laugen oder durch Lösung von Metallen in Säuren.

VERSUCH A: Verdünnte Natronlauge und verdünnte Salzsäure werden zusammengeschüttet. Lackmuspapier darf sich nach der Mischung weder blau noch rot färben. Beim Eindampfen bleibt Kochsalz übrig.

$NaOH$	+	HCl	$\longrightarrow$	$NaCl$	+	H_2O
Natronlauge		Salzsäure		Kochsalz		Wasser

VERSUCH B: Zinkschnitzel lösen wir in Schwefelsäure auf.

Zn	+	H_2SO_4	$\longrightarrow$	$ZnSO_4$	+	H_2
Zink		Schwefelsäure		schwefelsaures Zink		Wasserstoff

Salze erhalten ihren Namen von Säure und Metall:

Kalzium**sulfat** $CaSO_4$ (Gips) = Salz der Schwefelsäure

Zink**chlorid** $ZnCl_2$ = Salz der Salzsäure

Kalzium**karbonat** $CaCO_3$ (Kalk) = Salz der Kohlensäure

Aluminium**silikat** $Al_2(SiO_3)_3$ (Ton) = Salz der Kieselsäure

6. Selbst finden und behalten:

a) Stahl wird von der Schweißflamme aufgeschmolzen – ein Bohrer wird heiß, klemmt und bricht – ein Stahlträger überzieht sich mit Rost – Mennige haftet am gestrichenen Rohr – in einem Hohlprofil bildet sich Schwitzwasser – glühender Stahl verzundert.
Ordne nach chemischen und physikalischen Vorgängen!
b) Wodurch unterscheiden sich die Elemente im Aufbau ihrer Atome?
c) Welche Elemente werden durch folgende Kurzzeichen gekennzeichnet?
Cl, Sb, Mn, O, S, Fe, Ag, N, Cu.
Ordne nach Metallen und Nichtmetallen!
d) Wie entsteht ein Oxid?
e) Wie nennt man die Verbindungen von Metalloxiden mit Wasser?
f) Wie nennt man die Verbindungen von Nichtmetalloxiden mit Wasser?
g) Was versteht man unter Elektrolyse?
h) Warum ist Kohlenmonoxid giftig?
i) Wie entstehen Salze?
k) Was ist Knallgas?
l) Warum wird das Wasser im Azetylenentwickler warm?
m) Wie nennt man den chemischen Vorgang, bei dem einer Verbindung der Sauerstoff entzogen wird?

III. Physikalische Grundlagen

1. Auch Gase sind Körper

a) Die Körper können sich in 3 verschiedenen Zustandsformen befinden:

Feste Körper haben eine bestimmte Gestalt, die man im allgemeinen nur durch Zerschlagen, Zersägen, Zerspanen, Sprengen, Pressen, Biegen, Mahlen usw. ändern kann. (**Eisblock bei 0 °C und weniger.**)
Je größer die Zusammenhangskraft zwischen den Molekülen eines Körpers ist, desto schwerer läßt er sich verformen. Die **Kohäsion,** so nennen wir diese Kraft, ist sehr verschieden. (Vergleiche: Granit – Ton; Stahl – Blei; Gummi – Glas.)

Flüssige Körper passen sich der Form des Behälters an, lassen sich aber nicht merklich zusammendrücken (**Wasser von 0 °C – 100 °C**). Die Kohäsion zwischen den Flüssigkeitsmolekülen ist geringer, doch ebenfalls verschieden groß. (Zähflüssiges Öl, dünnflüssiges Öl!) Den Grad der Zähflüssigkeit (**Viskosität**) bestimmt man mittels eines Ausflußgefäßes (Viskosimeter).

Gasförmige Körper ändern Gestalt und Volumen (**Wasserdampf von 100 °C und mehr**). Gasmoleküle ziehen sich nicht an, sondern stoßen sich ab. Dies führt zur Ausdehnung (**Expansion**) des Gases. Es füllt in kurzer Zeit jeden Raum aus.

Bringt man **verschiedene** Körper in enge Berührung, so haften sie durch die gegenseitige Anziehung der Moleküle an den Berührungsflächen. (Zwei Glasplatten, Wassertropfen, Kreide an der Tafel, Anstrichfarben, Ölfilm in Lagern und Zylindern, Endmaße).

Diese Erscheinung nennen wir **Adhäsion.**

b) Die Masse eines jeden Körpers beansprucht einen bestimmten Raum

In Breteuil bei Paris wird ein Zylinder aus Platin-Iridium aufbewahrt, der fast genau die gleiche „Masse" hat wie 1 dm³ Wasser bei 4 °C. Mit Hilfe dieser **Maßeinheit** (= **1 kg**) läßt sich auf der Hebelwaage die Masse anderer Körper bestimmen.

■ **Alle Körper, die am gleichen Ort gleich schwer sind, haben gleiche Masse.**

1000 Gramm (g) = 1 Kilogramm (kg), 1000 Kilogramm (kg) = 1 Tonne (t). Die Dichte ϱ (rho) gibt an, wie oft 1 kg Masse in 1 dm³ vorhanden ist. Die Masse ist eine ortsunabhängige Körpereigenschaft.

Beispiele:

1 dm³ Fichtenholz enthält 0,7 kg Masse.
Seine Dichte ϱ ist $\frac{0{,}7 \text{ kg}}{1 \text{ dm}^3} = 0{,}7 \frac{\text{kg}}{\text{dm}^3}$

1 dm³ Wasser enthält 1 kg Masse.
Seine Dichte ϱ ist $\frac{1 \text{ kg}}{1 \text{ dm}^3} = 1 \frac{\text{kg}}{\text{dm}^3}$

1 dm³ Aluminium enthält 2,7 kg Masse.
Seine Dichte ϱ ist $\frac{2{,}7 \text{ kg}}{1 \text{ dm}^3} = 2{,}7 \frac{\text{kg}}{\text{dm}^3}$

1 dm³ Stahl enthält 7,85 kg Masse.
Seine Dichte ist $\frac{7{,}85 \text{ kg}}{1 \text{ dm}^3} = 7{,}85 \frac{\text{kg}}{\text{dm}^3}$

1 dm³ Luft enthält bei Normaldruck und 0 °C 0,00129 kg Masse.
Ihre Dichte ϱ ist $\frac{0{,}00129 \text{ kg}}{1 \text{ dm}^3} = 0{,}00129 \frac{\text{kg}}{\text{dm}^3}$

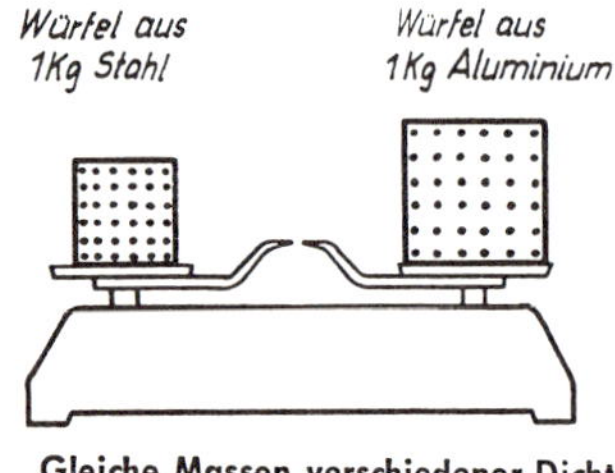

Gleiche Massen verschiedener Dichte

Wir erkennen:

- Je „dichter" ein Stoff ist, desto weniger Raum beansprucht 1 kg seiner Masse (z. B. Stahl).
- Je „dünner" ein Stoff ist, desto mehr Raum beansprucht 1 kg seiner Masse (z. B. Alu).

2. Ursache jeder Bewegungs-, Richtungs- und Gestaltsänderung ist die Kraft

a) Die Kräfte haben verschiedenen Ursprung

Körperkräfte ermöglichen das Gehen, das Springen, das Tragen, Ziehen usw.
Gewichtskräfte helfen als Gegengewicht z. B. die Schranken öffnen.
Windkräfte treiben die Segelboote voran.
Wasserkräfte und Dampf erzeugen elektrischen Strom mit Hilfe der Turbinen.
Elektrische Kräfte leisten Arbeit in den Motoren.
Explosionskräfte drehen die Kurbelwellen der Kraftfahrzeuge.
Atomare Kräfte werden in Atomkraftwerken zur Gewinnung elektrischer Energie ausgenützt.

b) Die Erdanziehung spielt eine „gewichtige" Rolle

Alle Körper ziehen sich im Verhältnis ihrer Massen an. Die riesige Masse der Erde zieht alle Körper in Richtung auf den Erdmittelpunkt an, doch nimmt diese „Gewichtskraft" mit der Entfernung von der Erde ab. (Vergleiche Abnahme der Wirkung eines Hufeisenmagneten in vergrößertem Abstand!) Die Gewichtskraft (G) ist gleich dem Produkt Masse (m) mal Erdbeschleunigung (g) und wird mit geeichten Federwaagen bestimmt (g = 9,81 m/sec²).

- **Neue Maßeinheit für die Kraft: Das Newton (N)**

Eine Kraft hat die Größe 1 N, wenn sie der Masse 1 kg die Beschleunigung $1\ m \cdot s^{-2}$ verleiht. Weil 1 kp (bisherige Krafteinheit) bei der Masse 1 kg die Beschleunigung $9{,}81\ m \cdot s^{-2}$ erzeugt, ist 1 N nur der 9,81ste Teil von 1 kp.

Die Erfahrung mit der Beschleunigung eines fallenden Körpers durch die Massenanziehung, die Beobachtung, daß die gleichbleibende Masse eines Pkw auf ebener Straße durch eine gleichbleibende Motorkraft gleichmäßig an Geschwindigkeit zunimmt, bestätigen den Zusammenhang zwischen Masse, Kraft und Beschleunigung. Er wird durch die G r u n d g l e i c h u n g d e r D y n a m i k ausgedrückt:

Masse = $\frac{\text{Kraft}}{\text{Beschleunigung}}$ $\qquad m = \frac{F}{a}$

Kraft = Masse · Beschleunigung $\qquad F = m \cdot a$

Beschleunigung = $\frac{\text{Kraft}}{\text{Masse}}$ $\qquad a = \frac{F}{m}$

Nach Einführung der SI-Einheiten als „Gesetzliche Einheiten" müssen in die Grundgleichung eingesetzt werden: a in m/s^2, F in N (Newton = 1/9,81 kp), m in kg.

$F = m \cdot a$ $\qquad 1\ N = 1\ kg \cdot 1\ m/s^2 = 1\ kg\ ms^{-2}$

Man nennt dieses p h y s i k a l i s c h e Maßsystem, das alle Einheiten auf **M**eter, **K**ilogramm, **S**ekunden zurückführt, das MKS-System.

Krafteinheit = 1 N [$kg \cdot m \cdot s^{-2}$]

Arbeitseinheit = 1 Nm = 1 Ws = 1 Joule (dschaul, auch: dschul)

Leistungseinheit = 1 Nms^{-1} = 1 W = 1 J/s

c) Kräfte treten stets paarweise auf, als Kraft und Gegenkraft

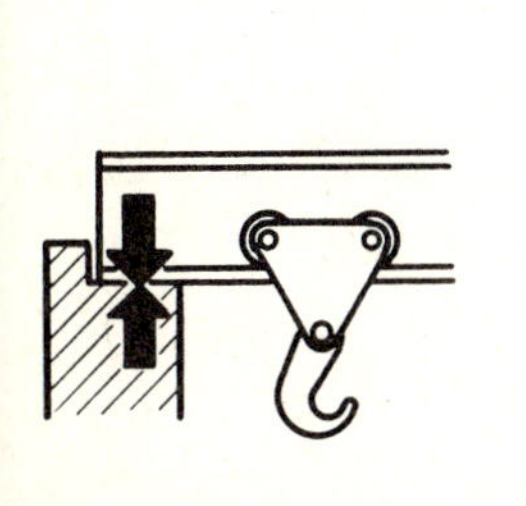

Belastung und Auflagewiderstand halten sich das Gleichgewicht. Das Bauwerk bleibt in Ruhe.

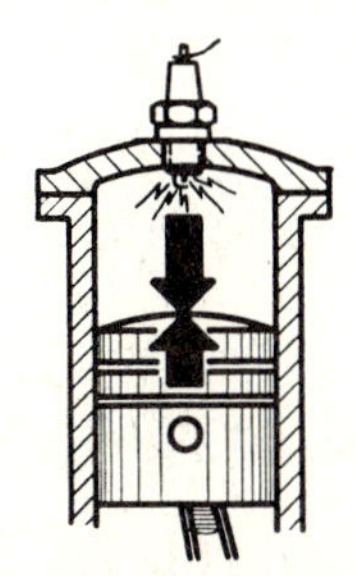

Explosionskraft ist größer als der Kolbenwiderstand. Der Kolben bewegt sich beschleunigt abwärts.

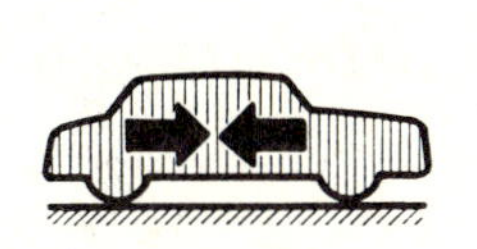

Motorvortriebskraft und Luft- + Rollwiderstand halten sich das Gleichgewicht. Das Auto fährt mit gleichförmiger Geschwindigkeit.

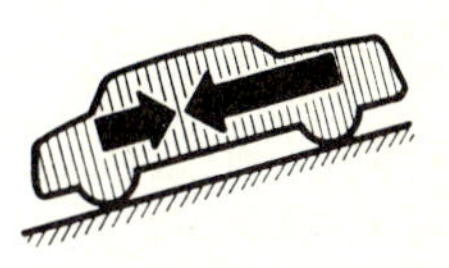

Infolge des zusätzlichen Steigungswiderstandes werden die Gegenkräfte größer als die Vortriebskraft. Das Auto fährt zunehmend langsamer, es wird verzögert.

Wir erkennen:

- Sind Kraft und Gegenkraft gleich groß, bleibt der Körper in Ruhe oder in gleichförmiger Bewegung.
- Sind Kraft und Gegenkraft verschieden, wird der Körper in seiner Bewegung beschleunigt oder verzögert.

d) Kräfte lussen sich sinnbildlich darstellen

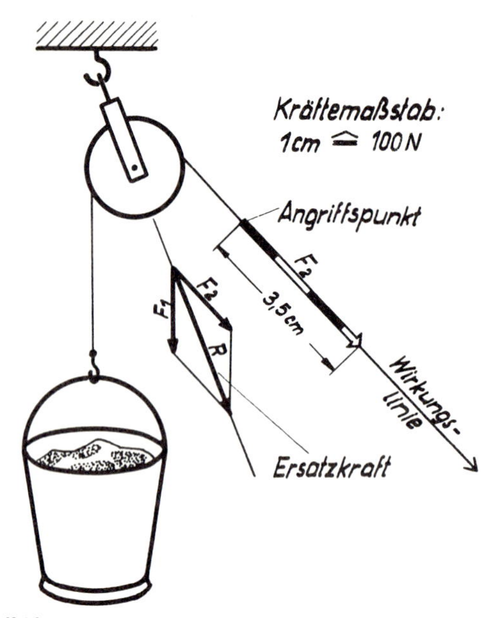

Kräfte an der freien Rolle

Kräfte bezeichnen wir mit dem Kurzzeichen F (Force) und stellen sie als Strecke mit Pfeil dar. Zur eindeutigen Bestimmung der Kraft gehören:

- Die Wirkungslinie
- Der Angriffspunkt. Er kann auf der Wirkungslinie beliebig verschoben werden, ohne die Wirkung der Kraft zu ändern.
- Die Länge. Sie ergibt sich aus dem gewählten Kräftemaßstab und versinnbildlicht die Größe der Kraft.
- Der Pfeil. Er zeigt an, in welcher Richtung die Kraft wirkt.

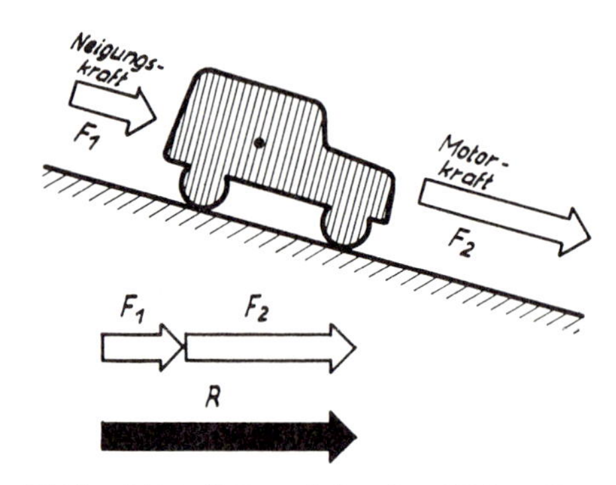

Gleichgerichtete Kräfte auf derselben Wirkungslinie zählen wir zusammen und erhalten Richtung und Größe der Ersatzkraft R.

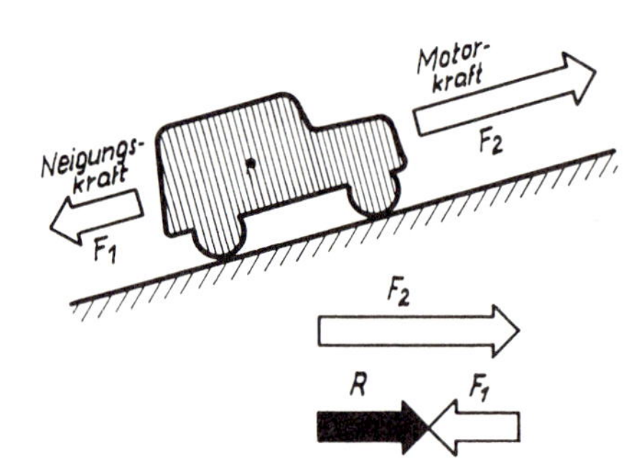

Entgegengesetzt gerichtete Kräfte auf derselben Wirkungslinie ziehen wir voneinander ab und erhalten Richtung und Größe der Ersatzkraft R.

Um die Ersatzkraft für 2 Kräfte zu bestimmen, die in einem Winkel angreifen, zeichnen wir das Kräfteparallelogramm. Auf diese Weise können wir auch eine Kraft in 2 Seitenkräfte zerlegen, wenn die Wirkungslinien feststehen. (Siehe Bild mit Rolle!)

e) Körper setzen äußerer Krafteinwirkung inneren Widerstand entgegen

Die Beanspruchung durch äußere Kräfte erfolgt auf Zug (Seil), Druck (Lager), Knickung (Säule), Biegung (Wellen, Träger), Abscherung (Bolzen, Niete) oder Verdrehung (Kurbelwellen).

Die Kohäsionskraft, welche die kleinsten Stoffteilchen (Moleküle) in den Metallen z. B. zu Raumgittern bindet, widersetzt sich jeder Art von Verformung.

Den Verformungswiderstand gegen das Eindringen von anderen Körpern nennen wir **Härte** und messen ihn in N/mm² (Druckkraft in N; Eindruckfläche in mm²).

Den Widerstand gegen Zug, Druck, Knickung, Biegung, Abscherung und Verdrehung nennen wir **Festigkeit.**

Die Zugfestigkeit σ (sigma) erhalten wir, indem wir die zum Zerreißen erforderliche Zugkraft F durch den Querschnitt A teilen:

$\sigma_{\text{Zug}} = \frac{F}{A}$, z. B. $\sigma_{\text{Zug}} = \frac{7400\ \text{N}}{20\ \text{mm}^2} = 370\ \frac{\text{N}}{\text{mm}^2}$.

Mit σ oder τ (tau) bezeichnen wir also den inneren Widerstand pro mm^2 (cm^2) oder die **Spannung.**

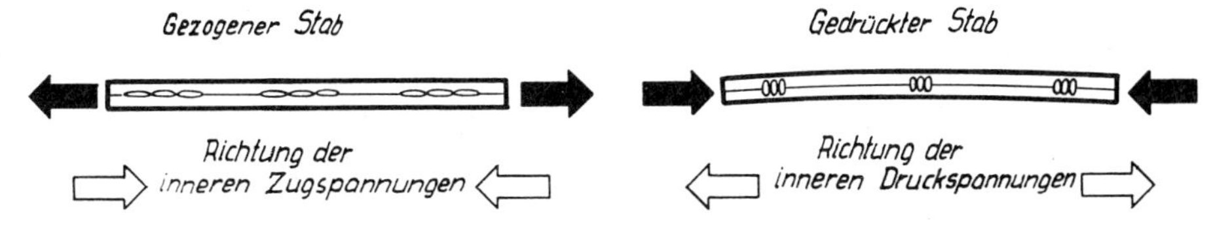

Die Eigenschaft eines Stoffes, nach der Verformung wieder seine ursprüngliche Gestalt anzunehmen, nennen wir **Elastizität.** Sie ist bei jedem Stoff verschieden groß. Grauguß, Glas, Blei sind nicht oder nur wenig elastisch; Stahl, weiche Kunststoffe, Gummi sind elastisch. Die **Elastizitätsgrenze** eines Stoffes ist die äußerste Spannung in N/mm^2, bei deren Aufhören der Körper wieder seine ursprüngliche Gestalt annimmt (σ_E bei weichem Baustahl $\approx 220\text{–}250\ \frac{\text{N}}{\text{mm}^2}$).

f) Die Reibungskraft hat erwünschte und unerwünschte Wirkungen

Sie tritt auf, wenn ein Körper auf einer Unterlage bewegt wird. Ihre Wirkungslinie liegt in der Berührungsfläche, ihre Richtung ist der bewegenden Kraft entgegengesetzt. Ihre Größe ist nur abhängig von dem senkrechten Druck des Körpers gegen die Unterlage und von der Beschaffenheit der Flächen (rauh, glatt, trocken, ölig, naß, weich, hart).
Ob die Berührungsfläche klein oder groß ist, spielt praktisch keine Rolle.

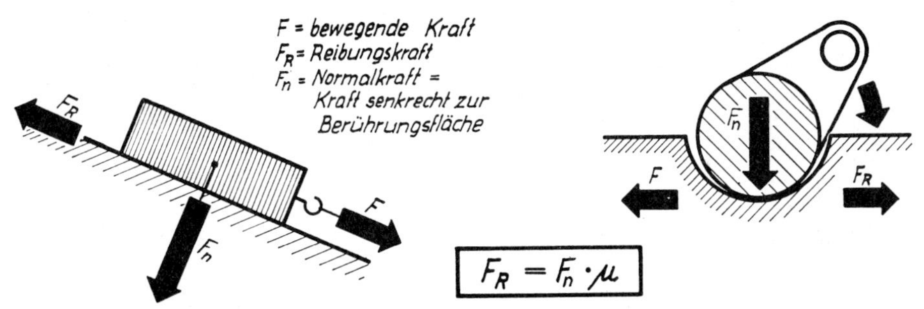

Gleitreibung auf ebener Fläche

Gleitreibung im Lager

Die Reibungszahl μ (my) wird durch Versuche für die einzelnen Stoffpaarungen bei unterschiedlichen Bedingungen ermittelt und kann Tabellen entnommen werden.

Gleitreibung liegt vor, wenn sich ein Körper auf einer Unterlage bewegt.
Blockierte Räder eines Kraftwagens rutschen auf der Straße weiter ≙ Gleitreibung!

Haftreibung liegt vor, wenn ein Körper auf einer Unterlage ruht.
Die Haftreibung ist etwas größer, da sich die Unebenheiten der Berührungsflächen in der Ruhe tiefer verhaken. Reifen eines fahrenden Kraftwagens wälzen sich auf der Straße ab ≙ Haftreibung!

Die Reibung ist notwendig beim Gehen, Fahren (Glatteis!), Riementrieb, Spannen, Verschrauben, Bremsen.

Die Reibung ist unerwünscht in den Lagern und Führungen der Maschinen. Durch glatte Oberflächen und geeignete Schmiermittel kann man sie verringern.
(Der Rollwiderstand beim Abwälzen von Rädern auf Schiene und Straße oder Kugeln in Lagern beruht nicht auf Reibung. Die Bezeichnung Rollreibung ist daher irreführend. Der Rollwiderstand entsteht vielmehr dadurch, daß fortlaufend die Abplattung des Luftreifens oder der Eindruck in Schiene bzw. Lager überwunden werden muß.)

3. Einfache Maschinen helfen Kraft sparen

Wird ein Körper unter Kraftaufwand gehoben oder bewegt, so nennen wir das **Arbeit.** Mechanische Arbeit (W) = Kraft (F) · Weg (s).

Beispiel I: Hans trägt Stahlbolzen (G = 400 N) 3 m hoch in das Lager. Die verrichtete Arbeit beim Hinaufsteigen = 400 N · 3 m = 1200 J.

Beispiel II: Peter trägt die Stahlbolzen auf zweimal hinauf. Die verrichtete Arbeit beim Hinaufsteigen = 200 N · 6 m = 1200 J.

Wir erkennen:

- Lehrling Peter arbeitet mit halber Kraftanstrengung, dafür muß er den doppelten Weg in Kauf nehmen. Die Arbeit (F · s) bleibt gleich groß.

Was an Kraft gespart wird, geht an Weg verloren. (Goldene Regel der Mechanik.)
Dieses Gesetz gilt für alle Maschinen.
Verluste durch Eigengewicht, Reibung und Wärmeabgabe haben ferner zur Folge, daß in der Praxis die von der Maschine abgegebene Arbeit immer kleiner ist als die aufgewendete Arbeit. Das Verhältnis bezeichnen wir als Wirkungsgrad η (eta).

$$\frac{\text{Abgegebene Arbeit}}{\text{Aufgewendete Arbeit}} = \text{Wirkungsgrad}; \quad \frac{W_{ab}}{W_{auf}} = \eta$$

a) Der Hebel ist die älteste Maschine

Mehr oder weniger augenscheinlich hilft er an Werkzeugen, Geräten und Maschinen Kräfte übertragen und Kräfte sparen (Schere, Gashebel, Türdrücker, Spannrolle . . .).

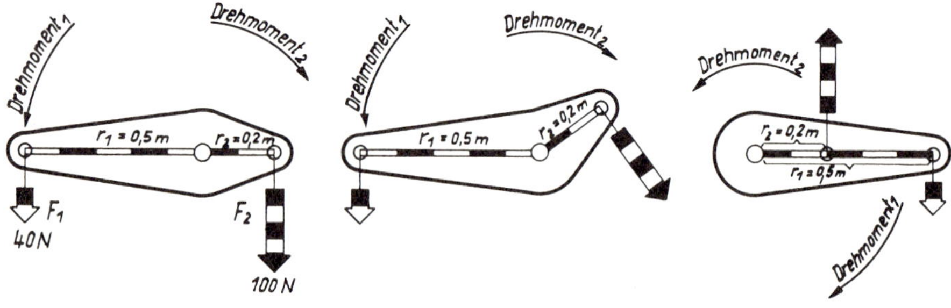

Zweiseitiger Hebel — Winkelhebel — Einseitiger Hebel

Die Drehmomente halten sich das Gleichgewicht

- Wirksame Kräfte bilden mit den Kraftarmen einen rechten Winkel.
- Drehmoment = Kraft × Kraftarm = F · r [Nm].
- Die erforderlichen Kräfte verhalten sich umgekehrt wie die zugehörigen Kraftarme.

$F_1 \cdot r_1 = F_2 \cdot r_2$ oder $\frac{F_1}{F_2} = \frac{r_2}{r_1}$ $\left(\frac{40\ \text{N}}{100\ \text{N}} = \frac{0{,}2\ \text{m}}{0{,}5\ \text{m}}\right)$

b) Die Rolle als zweiseitiger Hebel bringt Richtungs- und Kraftvorteile

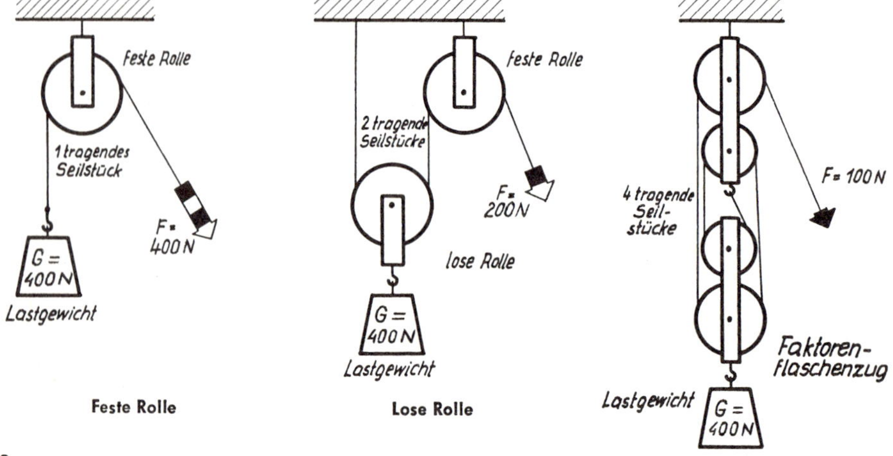

Feste Rolle — Lose Rolle

Die Kraft F muß nur dem Lastteil an **e i n e m** Seilstück das Gleichgewicht halten.

$$F = \frac{\text{Gewichtskraft}}{\text{Zahl der Rollen}}$$

c) Die schiefe Ebene erleichtert die Hubarbeit

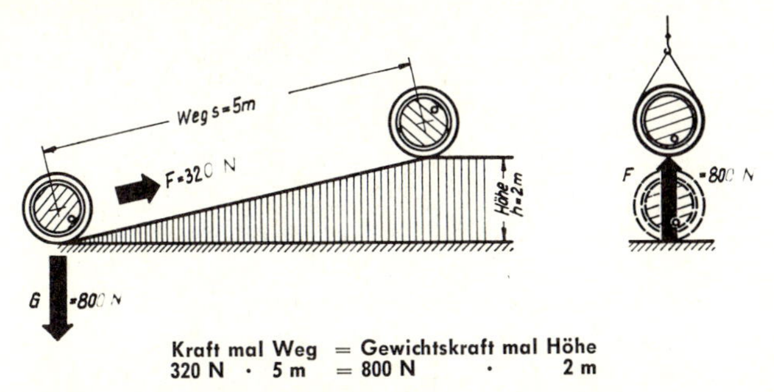

Kraft mal Weg = Gewichtskraft mal Höhe
320 N · 5 m = 800 N · 2 m

- Je steiler die schiefe Ebene ist, desto größer muß die Zugkraft sein
- $F = G \cdot \frac{h}{s}$; $\frac{h}{s}$ = Steigung = Übersetzung.

Die schiefe Ebene findet Anwendung bei Verladerampen, bei Treppen, bei Straßen, beim Keil, bei der Schraube.

Die achsiale Kraft in Schrauben und Spindelpressen:

Achsiale Kraft × Steigung = Handkraft × Handweg je Umdrehung

$$\text{Achsialkraft} = \frac{\text{Handkraft} \times \text{Handweg}}{\text{Gewindesteigung}}$$

Infolge der Reibungsverluste im Gewinde wird der errechnete Wert praktisch nur etwa halb so groß.

4. Die Kraftwirkung auf die Flächeneinheit nennt man Druck

a) Pressung fester Körper

Feste Körper lassen sich mehr oder weniger zusammendrücken, bis der innere Widerstand gleich der äußeren Kraft wird. Für die Flächenpressung ist die **senkrecht zur Kraftrichtung liegende Fläche** maßgebend.

$$\text{Flächenpressung } p = \frac{\text{Druckkraft F}}{\text{Fläche A}}$$

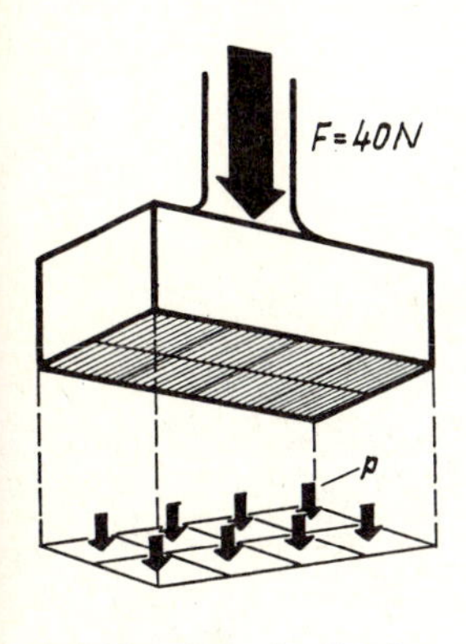

Projektionsfläche A = 8 cm²

$$p = \frac{F}{A} = \frac{40\,N}{8\,cm^2} = 5\,\frac{N}{cm^2}$$

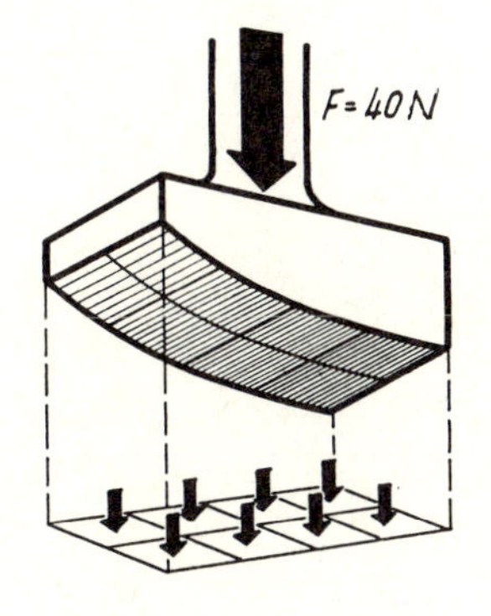

Projektionsfläche A = 8 cm²

$$p = \frac{F}{A} = \frac{40\,N}{8\,cm^2} = 5\,\frac{N}{cm^2}$$

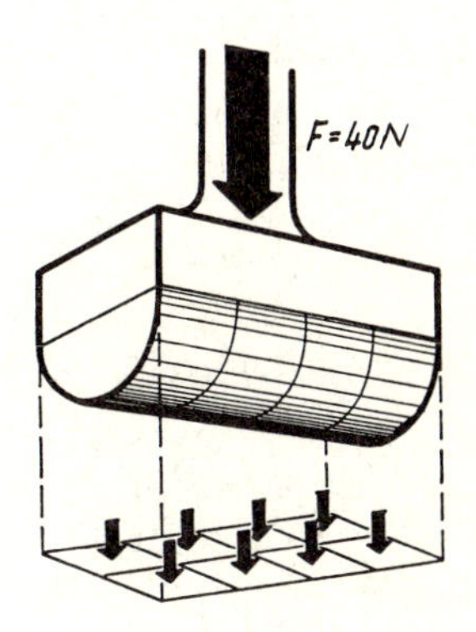

Projektionsfläche A = 8 cm²

$$p = \frac{F}{A} = \frac{40\,N}{8\,cm^2} = 5\,\frac{N}{cm^2}$$

b) Pressung von Flüssigkeiten

Flüssigkeiten lassen sich nicht zusammendrücken. Der Druck pflanzt sich in eingeschlossenen Flüssigkeiten nach allen Seiten in gleicher Stärke fort. Bremsflüssigkeit überträgt den Bremsdruck gleichmäßig auf alle vier Räder. In hydraulischen Pressen (Rohrbiegeapparat, Autoheber) kann man mit einer kleinen Kraft große Wirkungen erzielen (Übersetzung im Verhältnis der Kolbenflächen).

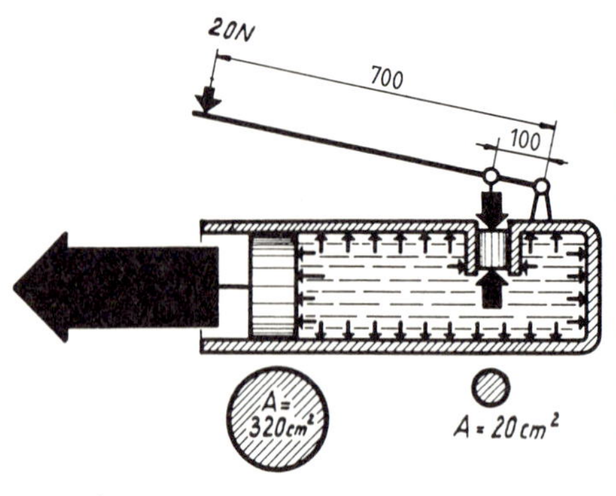

Wirkungsweise der hydraulischen Presse

Der kleine Kolben drückt mit 20 N · 7 = 140 N auf das Hydraulik-Öl. Bei 20 cm² Kolbenfläche beträgt die Druckkraft 140 N : 20 cm² = 7 $\frac{N}{cm^2}$. Sie pflanzt sich in der Flüssigkeit allseitig fort, wirkt also auch auf jeden cm² der großen Kolbenfläche. 7 $\frac{N}{cm^2}$ · 320 cm² = 2240 N Druckkraft des großen Kolbens. Die Gesamtübersetzung wird damit 112 : 1. Die ersparte Kraft muß durch einen entsprechend längeren Weg wettgemacht werden. Um den großen Kolben 10 mm vorzuschieben, muß die Hand am Pumpenhebel 112 · 10 mm = 1120 mm Pumpbewegungen machen. Der über ein Doppelventil angeschlossene Ölvorratsbehälter liefert die Flüssigkeit für die vielen erforderlichen Pumpbewegungen.

Der Bodendruck hängt ab von der Höhe der Flüssigkeitssäule und der Dichte ϱ der Flüssigkeit:

$$p = \frac{G}{A} = \frac{m \cdot g}{A} = \frac{\varrho \cdot V \cdot g}{A} = \frac{\varrho \cdot A \cdot h \cdot g}{A} = \boxed{\varrho \cdot g \cdot h}$$

Eine 760 mm hohe Quecksilbersäule erzeugt einen Druck von

$$p = 13\,600 \frac{kg}{m^3} \cdot 9{,}81 \frac{m}{s^2} \cdot 0{,}76\ m = 101\,300 \frac{N}{m^2} = \mathbf{1{,}013\ bar.}$$

Weil im Mittel die Luft in Meereshöhe die Quecksilbersäule eines Quecksilberbarometers 760 mm hoch drückt, entsprechen **1,013 bar** dem **Normalluftdruck.**

c) Pressung von Gasen

Gase lassen sich stark zusammendrücken und pflanzen ihren Druck gleichmäßig nach allen Seiten fort (Autoreifen, Sauerstoffflasche).

Bei gleichbleibender Temperatur wird der Gasdruck sovielmal größer als das Gasvolumen kleiner wird.

Beispiel: 10 000 l Sauerstoff werden in der neuen Sauerstoffflasche auf 50 l Volumen zusammengepreßt. 10 000 : 50 ≙ 200 bar Druck.

Wenn Gase stark zusammengedrückt werden, erwärmen sie sich (Fahrradpumpe!). Wenn Gase entspannt werden, kühlen sie sich ab (Schneebildung am Sauerstoffflaschenventil!).

- **Neue Maßeinheit für den Druck: Das Pascal (Pa)** = $\frac{1}{1\,000\,000}$ N/mm² ($\approx \frac{1}{100\,000}$ kp/cm²)

  Für mechanische Spannung: 1 MPa = 1 N/mm² (≈ 0,1 kp/mm²)

  Für Gasdrücke: 0,1 MPa = 1 bar (≈ 1 kp/cm²)

5. Wärme ist Energie

a) Den fühl- und meßbaren Wärmezustand eines Körpers bezeichnen wir als Temperatur.

Die SI-Einheit der Thermostatischen Temperatur heißt Kelvin (K). 273,16 K ≙ 0 °C.
Bei der Angabe von Celsius-Temperaturen gilt der Grad Celsius (°C) als besonderer Name für Kelvin.

Die tiefste Temperatur (absoluter Nullpunkt), bei der alle Stoffe festen Zustand annehmen, ist 0 Kelvin = —273,16 °C. Zum Messen der Temperaturen dienen je nach Zweckmäßigkeit Thermometer (Quecksilber-, Weingeist-, Bimetall-, elektrische Widerstandsthermometer), Pyrometer, Segerkegel, Thermochromstifte.

b) Wärme und Temperatur sind nicht dasselbe

5 l Wasser müssen bedeutend länger erhitzt werden als 1 l Wasser, damit sie kochen, d. h. etwa 100 °C Temperatur erreichen. Beide Wassermassen enthalten dementsprechend bei gleicher Temperatur verschieden große Wärmemengen.

Die Wärmemenge Q mißt man in Joule (J)

4,2 kJ entsprechen der bisher gebräuchlichen Maßeinheit kcal, das ist die Wärmemenge, welche 1 kg Wasser um 1 °C erwärmt.

Die spezifische Wärmekapazität c (bezogen auf die Masse) mißt man in $\frac{J}{kg\,K}$ (bisher $\frac{kcal}{kg\,grd}$). Wasser hat die größte spezifische Wärmekapazität.

Mittlere spezifische Wärmekapazitäten in kJ/kg K					
Wasser	4,2	Glas	0,790	Silber	0,245
Öl	1,94	Stahl	0,580	Quecksilber	0,139
Aluminium	0,924	Kupfer	0,390	Holz	2,52

Mit dem Werte c, der Masse m und dem Temperaturunterschied (t_2-t_1) läßt sich die Wärmemenge errechnen, welche mit einer Temperaturänderung verbunden ist.

Beispiel:

Eine 15 kg schwere Stahlwelle soll von 20 °C auf 800 °C erhitzt werden. $Q = c \cdot m \cdot (t_2-t_1) = 0{,}58 \frac{kJ}{kg\,K} \cdot 15\,kg \cdot 780\,K$ (für °C) $= 6786\,kJ$.

c) Erwärmung dehnt die Körper aus

Wärme pflanzt sich fort durch **Leitung** (abgeschreckte Meißelschneide wird durch den heißen Schaft wieder erwärmt; Füße an der Wärmflasche), durch **Strömung** (Warmluftheizung), durch **Strahlung** (Sonnenwärme, Heizsonne, Kachelofen, Heizkörper).

Die Wärmeenergie regt die Moleküle eines Körpers zu größeren Schwingungen an, sie erstreben einen größeren „Spielraum", der Körper dehnt sich aus.

Feste Körper dehnen sich wenig und verschieden stark aus: 1 m Stahl je 1 °C um 0,000 012 m, 1 m Aluminium um 0,000 024 m. Behinderte Ausdehnung führt zu bleibenden Spannungen (Schweißspannungen).

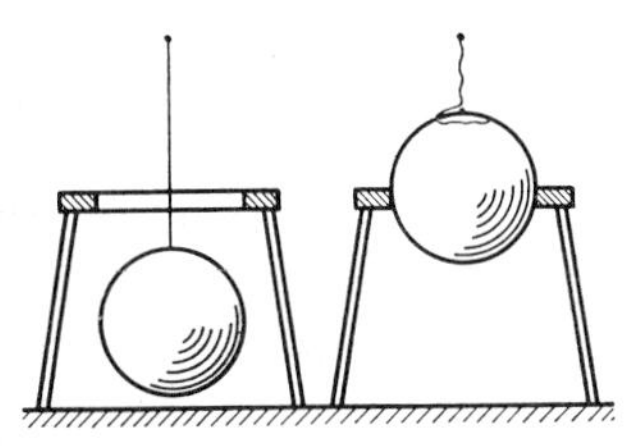

VERSUCH: Die kalte Kugel fällt durch, die erhitzte bleibt stecken.

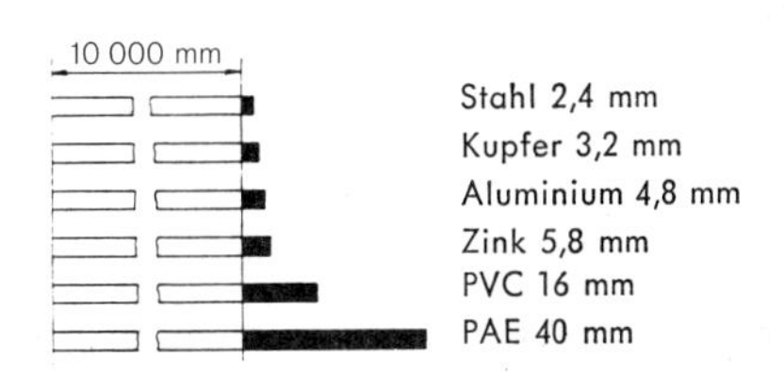

Verschiedene Ausdehnung bei 20 °C Temperaturerhöhung.
PVC = Polyvinylchlorid
PAE = Polyäthylen

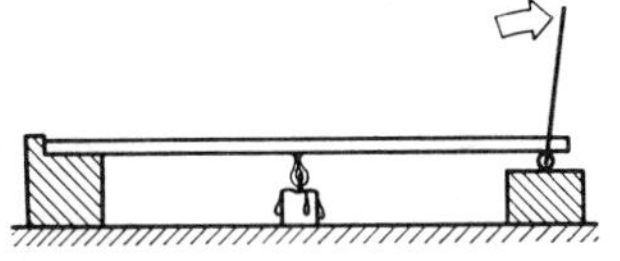

VERSUCH: Ein Stahlstab wird erhitzt und dadurch länger. Der Zeiger an der Rolle schlägt nach rechts aus.

Flüssigkeiten dehnen sich stärker aus, Benzin z. B. um 1 Volumenpromille je 1 °C. Wasser weicht zwischen 0 °C und + 4 °C von der allgemeinen Regel ab. Es zieht sich bei Erwärmung von 0 °C bis + 4 °C zu seiner größten Dichte zusammen.

Bei starker Erhitzung gehen feste Körper in den flüssigen Zustand (Schmelzen) und schließlich in den gasförmigen über (Verdampfen). Umgekehrt bewirkt Abkühlung (Wärme-Entzug):

Volumen-Verringerung, Verflüssigung der Gase, Erstarrung und Schrumpfung.
Schmelzpunkte und Schmelzwärme sowie Verdampfungspunkte und Verdampfungswärme sind für jeden Stoff verschieden und können Tabellen entnommen werden.

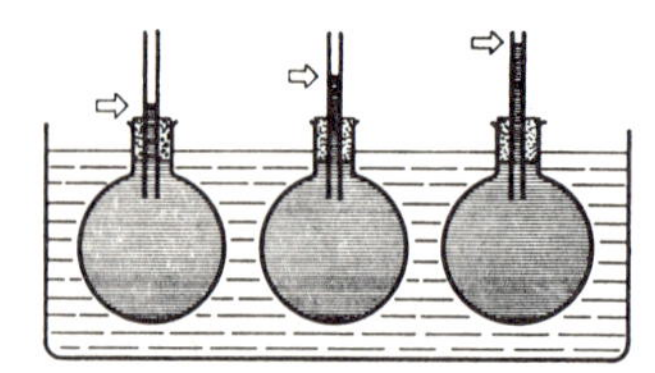

VERSUCH: Drei gleich große Glaskolben, mit Wasser, Petroleum, Glyzerin gefüllt, werden in heißes Wasser gestellt. Die unterschiedliche Höhe der Flüssigkeitssäulen in den Glasröhren zeigt die verschieden starke Ausdehnung an.

Beispiele:

	Schmelz-wärme	Schmelz-punkt	Verdampfungs-wärme	Verdampfungs-punkt
1 kg Eis (Wasser)	336 kJ (80 kcal)	0 °C	2151 kJ (536 kcal)	100 °C
1 kg Stahl	273 kJ (65 kcal)	1530 °C	—	3000 °C

Gase dehnen sich stärker aus als Flüssigkeiten, nämlich um $\frac{1}{273}$ ihres Volumens bei 0 °C je 1 °C Temperaturerhöhung. Da sich das Gas in einer verschlossenen Sauerstoffflasche aber nicht ausdehnen kann, steigt der Gasdruck gefährlich an. Deshalb Gasflaschen vor Erwärmung schützen (Explosionsgefahr)!

d) **Wärme wird erzeugt und umgewandelt**

Wärmequellen sind die Sonne (Strahlung), die Atomenergie (Kernspaltung), der elektrische Strom (Lichtbogen, Widerstandswärme) und die Verbrennung (mit und ohne Flamme).
Unsere üblichen Brennstoffe haben verschiedene Heizwerte.

- **Mit Heizwert bezeichnen wir die Wärmemenge, die beim vollständigen Verbrennen von 1 kg des Stoffes entsteht. SI-Einheit = MJ/kg.**

Gute Steinkohle hat z. B. 31,5 MJ/kg (7500 kcal/kg), Naturgas 38 ... 46,5 MJ/m³ (9000 ... 11 000 kcal/m³), Azetylen 54,6 MJ/m³ (13 000 kcal/m³) Heizwert.
Wärme erzeugt Dampf; Dampf kann über die Dampfmaschine mechanische Arbeit leisten (= Energie-Umwandlung).
1 J ≙ 1 Nm (bisher: 1 kcal ≙ 427 kpm)
Ein elektrischer Tauchsieder kann Wasser erhitzen, der elektrische Lichtbogen bringt Stahl zum Schmelzen (= Energie-Umwandlung).
1 Ws ≙ 1 J (bisher: 1 kWh ≙ 860 kcal).
1 J (Wärmeenergie) = Nm (mechan. Energie) = 1 Ws (elektrische Energie).

6. Selbst finden und behalten:

a) In welchen 3 Zustandsformen kann ein Körper sich befinden und wodurch wird die Zustandsänderung bewirkt?
b) Warum schwimmen Eisschollen auf dem Wasser?
c) Was ist der Unterschied zwischen Kohäsion und Adhäsion?
d) In einer Schweißnaht herrschen Zugspannungen. In welcher Richtung wirken sie und mit welcher Maßeinheit mißt man sie?
e) Worin besteht der Unterschied zwischen Härte und Festigkeit eines Körpers?
f) Wie zeigt sich die Elastizität eines Stoffes?
g) Warum muß man jeder Maschine mehr Arbeit zuführen als sie abgibt? Wie bezeichnet man das Verhältnis der Arbeitswerte?
h) Was bedeutet die Angabe: Azetylen hat einen Heizwert von 13 000 kcal/m³ [54,6 MJ/m³]?
i) Warum ist die Bremswirkung der rollenden Autoreifen größer als die der blockierten?
k) Ein mit Heißluft gefüllter und dann fest verschlossener Blechkanister beult sich nach dem Erkalten ein. Wie ist das zu erklären?

Grundfertigkeiten

I. Saubere Arbeit setzt genaues Messen voraus

1. Messen heißt vergleichen

Wollen wir die Länge eines Flachstahls feststellen, so vergleichen wir dieselbe mit dem Einheitsmaß des Meters und seinen Teileinheiten und nennen das **messen.** Vor der Bearbeitung übertragen wir die Zeichnungsmaße messend auf das Werkstück, während und nach der Fertigung prüfen wir messend, ob die vorgeschriebenen Maße eingehalten wurden.

Das **Meter** bildet die Einheit für die **Längenmessung:**

1 m = 10 dm = 100 cm = 1000 mm = 1 000 000 μm.

(Im Metallgewerbe werden alle Längenmaße in mm eingetragen, im Stahlbau auch in m, wobei die Maßeinheit „mm" bzw. „m" weggelassen wird.)

In den angelsächsischen Ländern gilt als Maßeinheit noch das **Yard** (0,914 m); 1 Yard = 3 Fuß (3') = 36 Zoll (36"). Ein **Zoll** mißt 25,4 mm; Teile eines Zolls werden in Brüchen ausgedrückt wie ½", ¾", ⅝", ... 5/128".

Der **Grad** bildet die Einheit für die **Winkelmessung:**

1 Vollkreis = 360 Winkelgrade (360°), 1 Winkelgrad = 60 Winkelminuten (60'), 1 Winkelminute = 60 Winkelsekunden (60").

2. Zahlreiche Meßgeräte, Hilfsmittel und Lehren helfen genau arbeiten

a) Feste Strichmaße für Längen (Maßverkörperungen)

Der **Stahlmaßstab** aus Federstahl mit ½- und 1-mm-Einteilung ermöglicht es, Maße bis 1 oder ½ mm Genauigkeit abzulesen. Damit das Meßergebnis genau wird, muß die Maßstrichkante auf der Werkstückfläche aufliegen und der Nullstrich mit der Werkstückkante abschließen. Leichte Rundungen und gebogene Werkstücke lassen sich mit einem Stahlbandmaß messen.

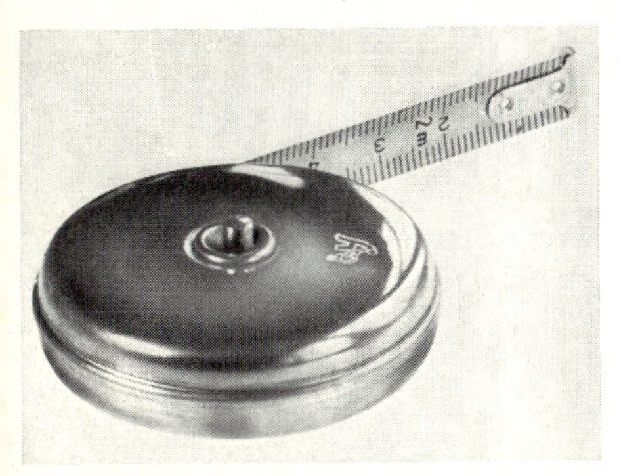

Stahlbandmaß

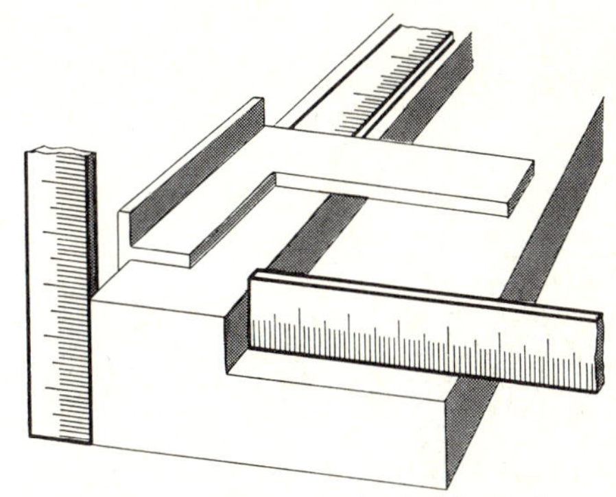

Richtiges Messen mit dem Stahlmaßstab

Bei Messungen größerer Kurven und Rundungen sowie beim Anreißen von Niet- und Schraubenlochteilungen auf gebogenen Werkstücken hilft das **Rollmaß** oder **Meßrad.** Der Durchmesser der Messingscheibe mit 500 mm Umfang beträgt 500/3,14 = 159,2 mm.

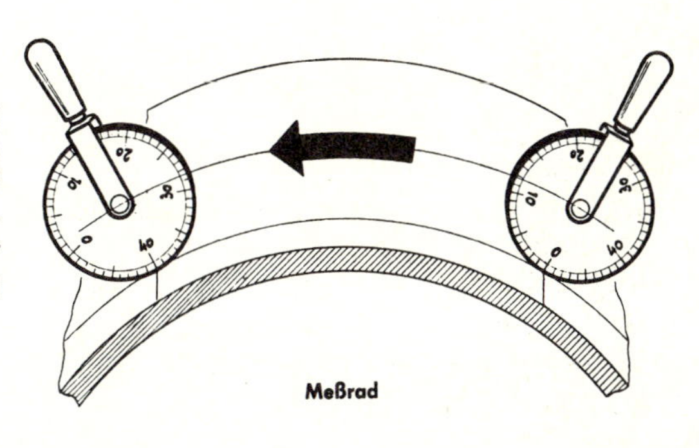

Meßrad

b) Verstellbare Strichmaße für Längen (anzeigende Meßgeräte)

Mit dem **Meßschieber** lassen sich Außen-, Innen- und Tiefenmessungen durchführen. Auf dem Lineal mit festem Meßschenkel gleitet ein verschiebbarer Schenkel mit Hilfsmaßstab. Die Ablesegenauigkeit kann $^{1}/_{10}$, $^{1}/_{20}$ oder $^{1}/_{50}$ mm sein. Die Bruchteile des Millimeters werden mit Hilfe eines **Nonius** abgelesen.

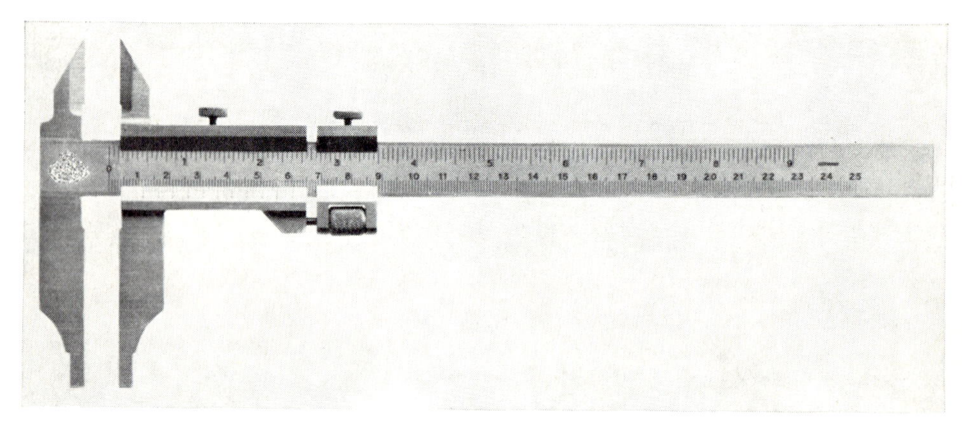

Meßschieber mit Zoll- und mm-Teilung

10 Noniusteile sind 9 mm lang. Jeder Noniusteil mißt nur $^{9}/_{10}$ mm, ist also $^{1}/_{10}$ mm kürzer als 1 mm. Klemmen wir z. B. ein Blech, das etwas dicker als 7 mm ist, zwischen die Meßschenkel und deckt sich der 3. Noniusstrich (Nullstrich nicht mitzählen!) mit einem Strich des Lineals, dann steht der Nullstrich $3 \cdot {}^{1}/_{10}$ mm rechts vom 7-mm-Strich des Hauptmaßstabs. Das Blech ist 7,3 mm dick.

Regel: Lies die ganzen mm links vom Nullstrich des Nonius ab. Suche rechts vom Nullstrich den Noniusteilstrich, der sich mit einem Strich des Lineals deckt. Dieser Noniusteilstrich gibt die Zehntel-mm an. Bei dem Meßschieber mit Zwanziger-, Fünfziger- und Zoll-Nonius verfahre entsprechend.

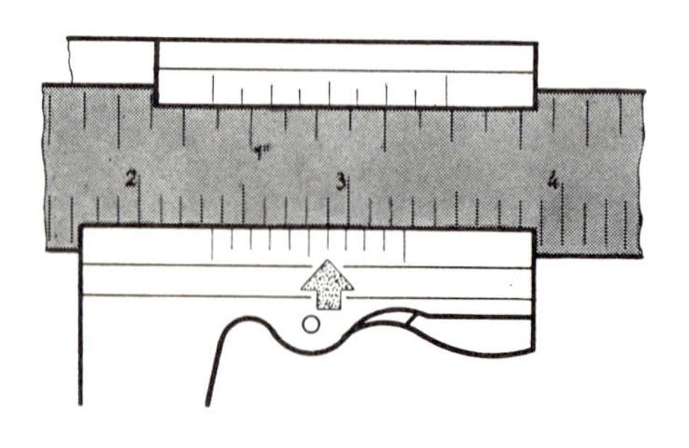

◀ **Zehner-Nonius:**
Der 6. Nonius-Teilstrich deckt sich mit einem Strich des Lineals, gibt also $\frac{6}{10}$ mm an.
(Maß = 23,6 mm)

Zwanziger-Nonius: ▶
Der 13. Nonius-Teilstrich deckt sich, gibt also $13 \cdot 0{,}05 = 0{,}65$ mm an.
(Maß = 12,65 mm)

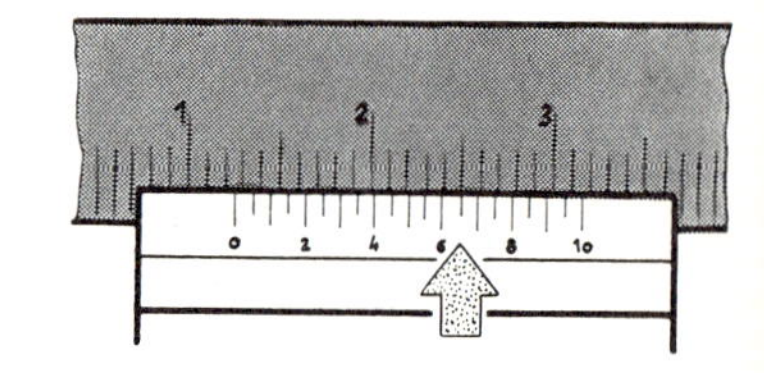

Die 20 Teile des **Zwanziger-Nonius** sind 19 mm lang, ein Teilstrich also $^{19}/_{20}$ mm = 0,95 mm; das sind 0,05 mm weniger als 1 mm. Die Meßgenauigkeit beträgt somit 0,05 mm. Klemmen

wir z. B. einen Paßstift, der etwas dicker als 12 mm ist, zwischen die Meßschenkel und deckt sich der 13. Noniusstrich mit einem Strich des Lineals, dann steht der Nullstrich 13 · 0,05 mm rechts vom 12-mm-Strich. Der Paßstift hat 12,65 mm Durchmesser.

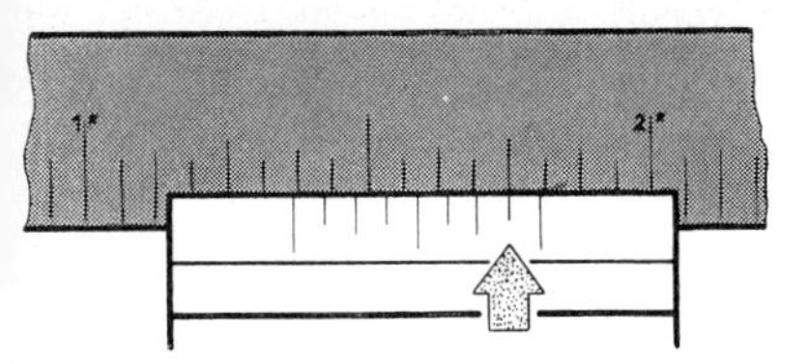

Zoll-Nonius:

Der 7. Nonius-Teilstrich deckt sich, gibt also $7 \cdot \frac{1}{128}'' = \frac{7}{128}''$ an.
(Maß = $1^{47}/_{128}''$)

Die Teilstriche des **Zollmeßschiebers** zeigen auf dem Lineal $^1/_{16}''$ an. 8 Teile des Zoll-Nonius sind $^7/_{16}''$ lang, ein Teilstrich also $^7/_{16} : 8 = {^7/_{128}}''$, das sind $^1/_{128}''$ weniger als $^8/_{128}''$ ($^1/_{16}''$). Die Meßgenauigkeit beträgt somit $^1/_{128}''$. Klemmen wir z. B. einen Bolzen, der etwas dicker als $1^5/_{16}''$ ist, zwischen die Meßschenkel und deckt sich der 7. Noniusstrich mit einem Strich des Lineals, dann steht der Nullstrich $7 \cdot {^1/_{128}}''$ rechts vom $1^5/_{16}''$-Strich. Der Bolzen hat $1^{40}/_{128}'' + {^7/_{128}}'' = 1^{47}/_{128}'' \; \phi$.

Gilt es ein Sackloch oder die Länge einer Eindrehung zu messen, greifen wir zum **Tiefenmaß** bestehend aus Lineal, Brücke und Feststellschraube.

Bei **Innenmessungen** mit dem mm-Meßschieber muß man dem abgelesenen Maß 10 mm (= doppelte Schenkeldicke) zuzählen!

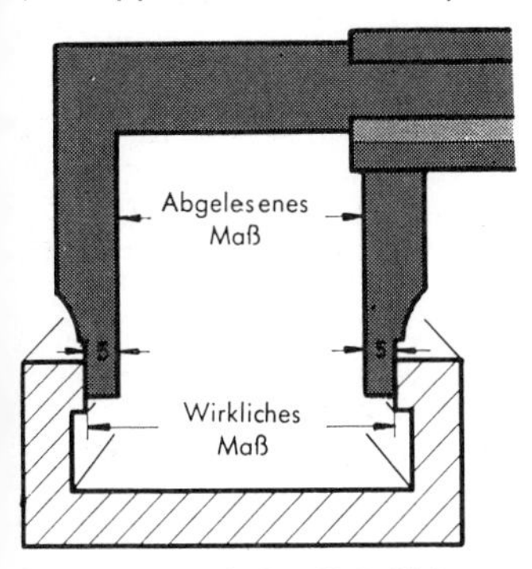

Innenmessung mit dem Meßschieber

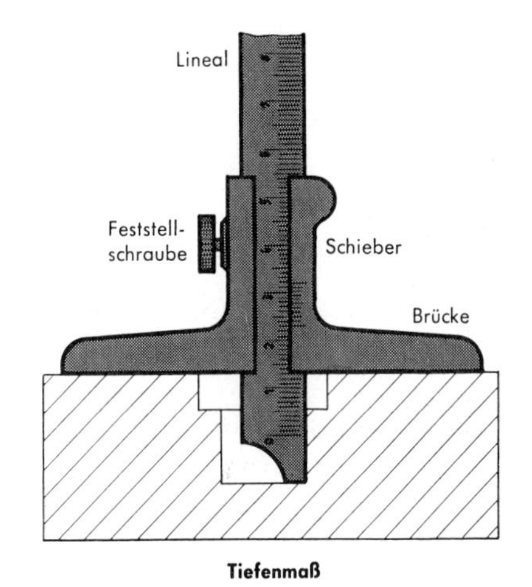

Tiefenmaß

Die **Meßschraube** gestattet das Messen mit 0,01 mm Genauigkeit. Es gibt Bügelmeßschrauben für die Meßbereiche 0 bis 25 mm, 25 bis 50 mm usw. Die Meßspindelsteigung beträgt 0,5 mm. Die Skalenhülse trägt einen Längenmaßstab mit 0,5 mm Strichabstand, der Umfang der Mantelhülse ist in 50 gleiche Teile geteilt. Ganze und halbe Millimeter liest man auf der Skalenhülse, die Hundertstelmillimeter auf der Mantelhülse ab. Eine Gefühlsratsche mit Reibungskupplung verhindert, daß der Meßdruck 10 N überschreitet und das Meßergebnis dadurch verfälscht wird. Mit einem Friktionsring läßt sich die Meßspindel festklemmen.
Vollablese-Meßschrauben zeigen den vollen Meßwert unter der Lupe als Dezimalbruch an.

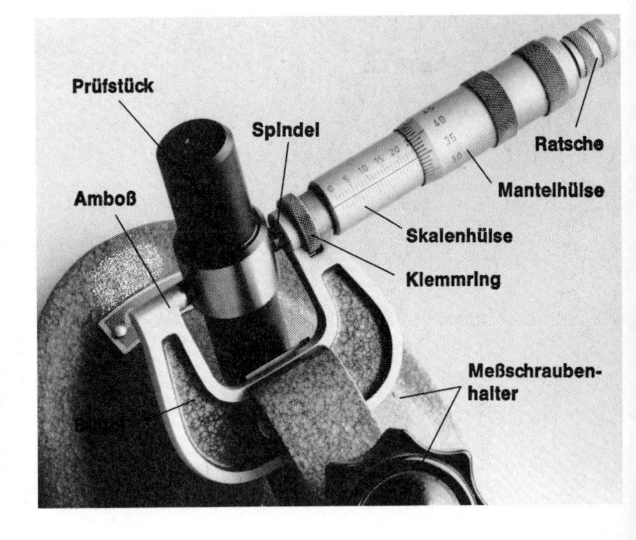

c) Mit Tastern lassen sich Maße übertragen und vergleichen

Wir haben je nach der auszuführenden Messung die Wahl zwischen **Außentaster** und **Innentaster.**

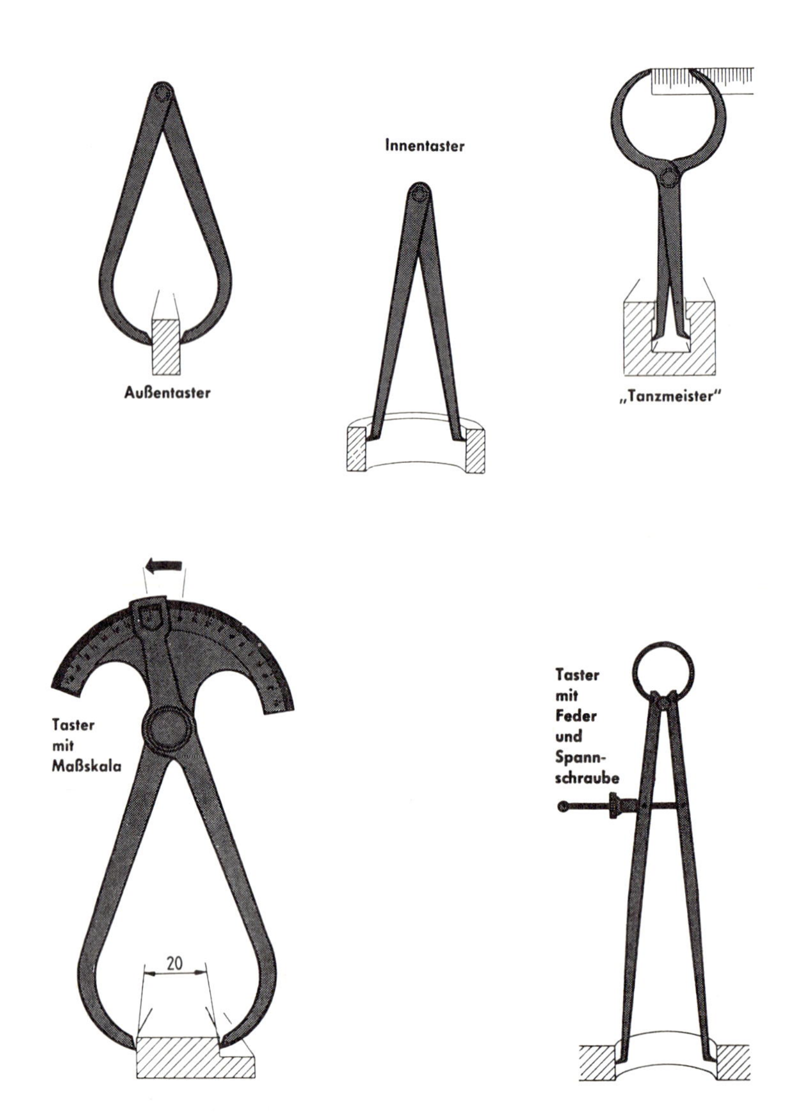

Es gibt auch **Taster** mit Millimeterteilung sowie solche mit Feder und Spannschraube.

Außen- und Innendurchmesser, Wandstärken, Blechdicken lassen sich schnell vergleichen und indirekt durch Anschlag an die Meßschenkel einer Schieblehre bestimmen.

Sehr genaue Werte dürfen wir allerdings nicht erwarten, denn der Umgang mit Tasten ist Gefühlssache! Die Schenkel eines guten Tasters müssen streng gehen, vor allem ist aber auf genau waagrechtes oder noch besser senkrechtes Halten des Tasters zu achten.

d) Unverstellbare Prüfgeräte nennt man Lehren

Die **Lochlehre** erleichtert die Wahl passender Bohrer, Nieten, Bolzen.

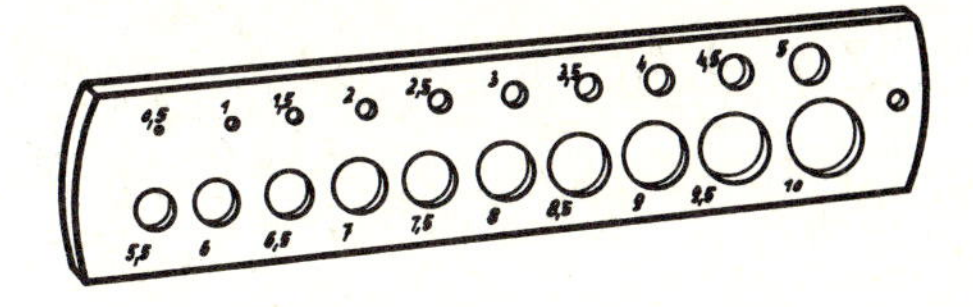

Lochdurchmesser lassen sich schnell mit einer konischen Lehre bestimmen.

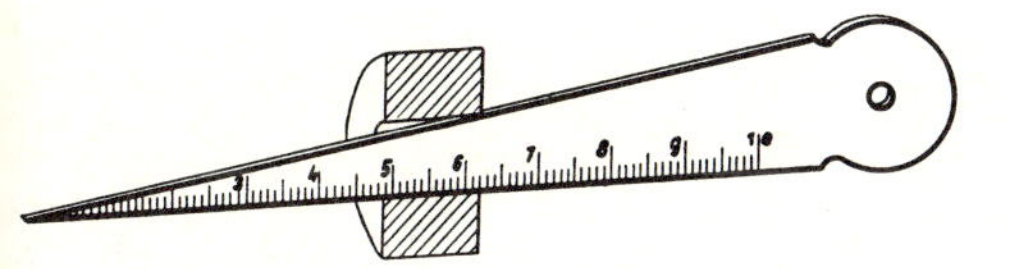

Konische Lehre für Bohrungsdurchmesser

Lochdurchmesser $= {}^{62}/_{10}$ mm $=$ 6,2 mm

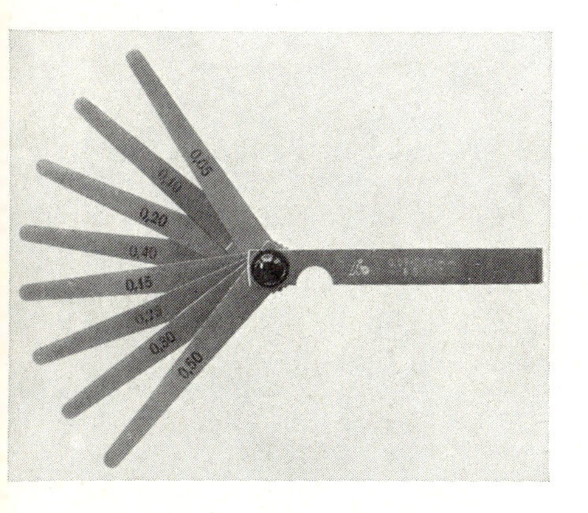

Fühllehre

Im Maschinenbau braucht man **Fühllehren** zum Prüfen von Nuten, Schlitzen und Spielsitzen an gleitenden Teilen.

3. Auch die Winkel müssen stimmen

Rechte Winkel prüfen wir mit dem **90°-Flachwinkel.** Anschlag- oder Kreuzwinkel sind vorzuziehen, weil sie das Verkanten ausschließen. 45°- und 60°-Winkel gibt es auch in starrer Ausführung.

Spitzwinkel 45°

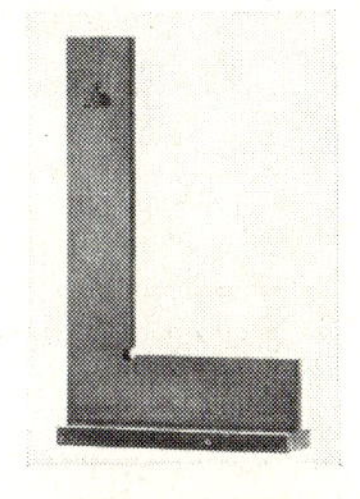

Anschlagwinkel 90°

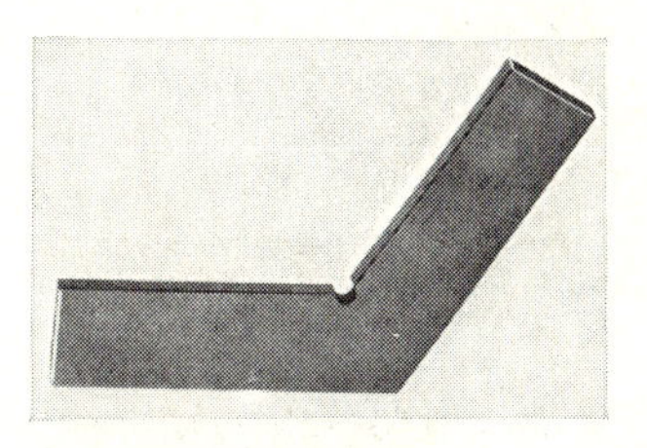

Sechskantwinkel 120°

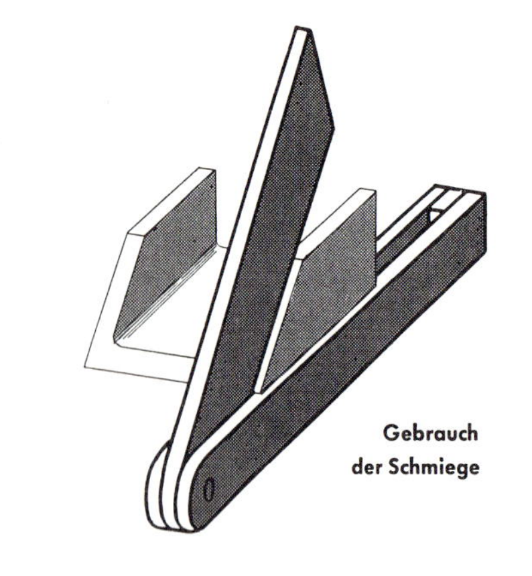
Gebrauch der Schmiege

Mit Hilfe von **Schmiegen** können wir beliebige Winkel übertragen und vergleichen.

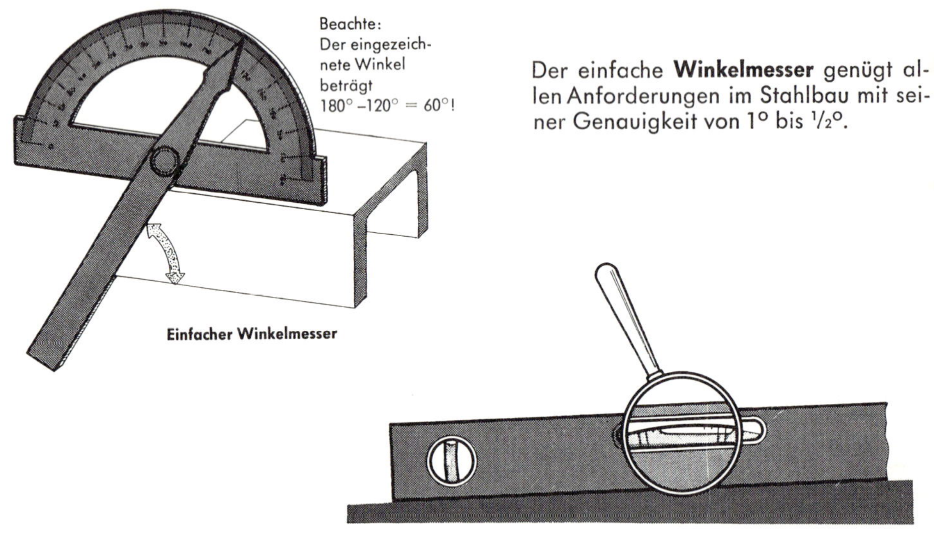

Einfacher Winkelmesser

Der einfache **Winkelmesser** genügt allen Anforderungen im Stahlbau mit seiner Genauigkeit von 1° bis ½°.

Leichtmetall-Wasserwaage

Zum Setzen von Türen, Toren, Dachbindern und dergl. ist die **Wasserwaage** unentbehrlich. Auf guten Wasserwaagen ist die Genauigkeit angegeben, etwa „1 Strich ≙ 0,5 mm". Prüfen wir z. B., ob ein 3,5 m langer Träger „im Wasser" liegt und stellen fest, daß die Luftblase auf der Ätherfüllung 2 Striche nach rechts auswandert, dann muß der Träger links um $0{,}5 \cdot 2 \cdot 3{,}5$ mm $= 3{,}5$ mm angehoben werden.

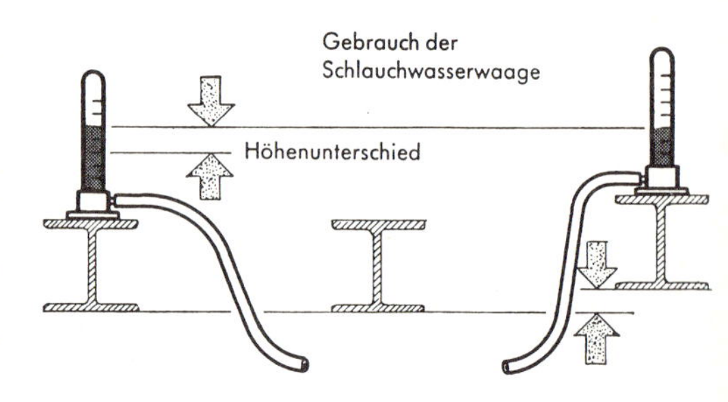

Gebrauch der Schlauchwasserwaage

Eine unterschiedliche Stützenhöhe können wir bei größerer Entfernung leichter mit der **Schlauchwasserwaage** ermitteln.

4. Meßfehler bedeuten Zeitverlust und Ausschuß

„Zweimal abgeschnitten und noch zu kurz", belächelt man vielleicht deine Arbeit, wenn du dich vermessen hast. Doch oft kann das ein teurer Spaß werden. Meßfehler lassen sich vermeiden, wenn man folgende Ratschläge beachtet:

a) Miß nur bei hellem, blendfreiem Licht!

b) Handhabe das Meßgerät mit Gefühl, ohne Verkanten!

c) Säubere und entgrate die Meßflächen vorher und verwende nur einwandfreie Werkzeuge!

d) Weißt du, daß die feinen Längenmeßgeräte für 20 °C geeicht sind und nur bei dieser Temperatur genaue Werte ergeben?

5. Meßgeräte und Lehren sind teuer und empfindlich

Gerade als Lehrling kannst du mithelfen, daß diese wichtigen Prüfmittel ihre Genauigkeit behalten, jederzeit und lange brauchbar sind. Stets gesondert auf Holzunterlage oder Filz ablegen, abends beim Aufräumen von Handschweiß säubern und leicht einölen oder fetten. Nie im allgemeinen Werkzeugkasten, sondern in eigenen Schubkästen, Holzkästen oder Futteralen lagern und transportieren!

6. Selbst finden und behalten

a) Ordne alle dir bekannten Prüfmittel in 2 Gruppen ein:
Gruppe a: Prüfmittel mit starrem Bau.
Gruppe b: Prüfmittel mit beweglichen Teilen.

b) Beschreibe die Stellung des Nonius bei folgenden Maßen: 3,8 mm; 11,4 mm; 7,5 mm; 9,9 mm; 6,2 mm; 13,6 mm; 10,3 mm; 8,4 mm!

c) Die Meßspitzen eines Meßschiebers sind 5 mm dick. Beim Messen einer Nut liest du 16,4 mm ab. Wie breit ist die Nut wirklich?

d) Beim Messen mit dem Winkelmesser muß man immer den Scheitelwinkel zum gesuchten Werkstückwinkel ablesen. Wo liegt dieser Winkel?

e) Auf welcher Naturerscheinung beruht die Wirkungsweise der Wasserwaage und der Schlauchwaage?

f) Welche Meßfehler soll man bei Verwendung des Meßschiebers bzw. eines Winkelmessers vermeiden?

MERKE:

1. Messen heißt mit der Maßeinheit vergleichen. Beim „Lehren" stellt man fest, ob die Maß- und Formgenauigkeit ausreichend ist.

2. Zur Längen- und Winkelmessung bzw. zum Prüfen benützen wir
a) feste und verstellbare Strichmaße, b) Lehren, c) Taster und Schmiegen.
Feinmeß- und Prüfgeräte liefern nur bei 20 °C genaue Werte.

3. Prüfmittel sind empfindlich und teuer. Wir müssen sie schonend behandeln und gesondert aufbewahren.

II. Mit Hammer und Meißel

1. Der Meißel ist vielseitig verwendbar

Mit dem Meißel lassen sich Bleche und Stabstähle auseinandertrennen, Nietköpfe abhauen, Löcher im Mauerwerk ausstemmen, aber auch spanabnehmend kleinere Werkstückflächen grob vorarbeiten, Nuten aushauen und Grate sowie Schweißnähte verputzen. Weil das Meißeln mühselig und zeitraubend ist, wenden wir diese Technik nur an, wenn der Maschineneinsatz nicht möglich ist.

2. Die Keilwirkung ist vom Keilwinkel und von der Schneidenlänge abhängig

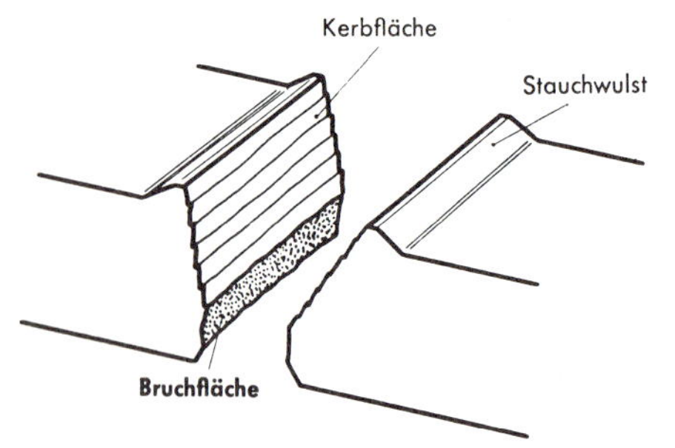

Trennflächen nach dem Abmeißeln

Die Grundform des Meißels wie aller spanabhebenden Werkzeuge ist ein **Keil.** Unter der Wucht des Hammerschlags dringt die Keilschneide zunächst etwas in den Werkstoff ein und muß dabei den Trennwiderstand (Kohäsion) überwinden. Die Längskraft wird in zwei größere Seitenkräfte zerlegt, welche den Werkstoff beiseite drängen und so einen Wulst bilden. Schließlich wird die Trennkraft beim tieferen Eindringen so groß, daß das Werkstück an der Trennstelle einreißt und auseinanderbricht.

Je schlanker der Keil und je schmäler die Schneide, desto leichter dringt der Meißel ein. Es wächst aber auch die Gefahr, daß er festklemmt und ausbricht. Der Keilwinkel muß also der Härte des jeweiligen Werkstoffs angepaßt sein.

Bei der Spanabnahme spielt sich der gleiche Vorgang ab, wobei freilich nur der schwächere Span nachgibt.

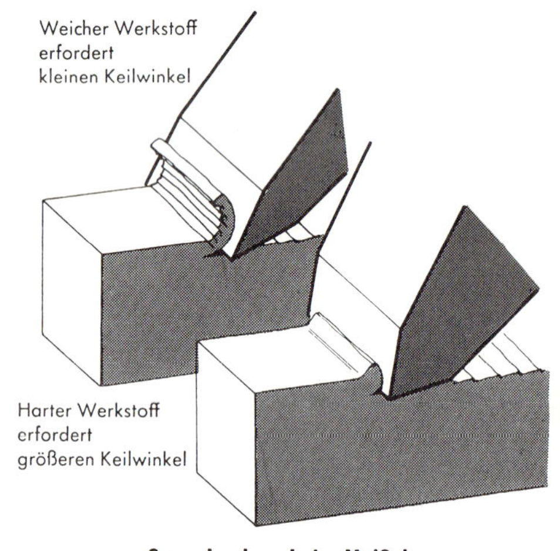

Spanabnahme beim Meißeln

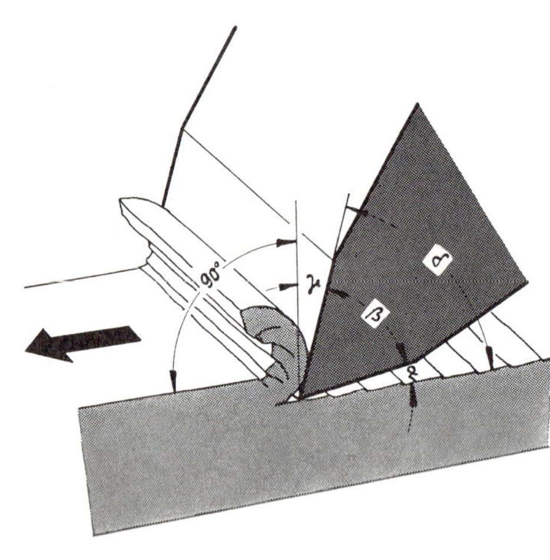

Die Winkel an der Meißelschneide

Am Meißel unterscheiden wir vier Winkel, von deren Größe die Güte der Arbeit abhängt:

Freiwinkel α: Vermindert die Reibung und Erwärmung (8°).

Keilwinkel β: Bewirkt das Eindringen in den Werkstoff (30–80°).

Spanwinkel γ: Beeinflußt die Oberflächengüte der bearbeiteten Fläche und ist vom Keilwinkel abhängig. (Warum?)

Der Schnittwinkel ist auch von der Meißelhaltung abhängig!

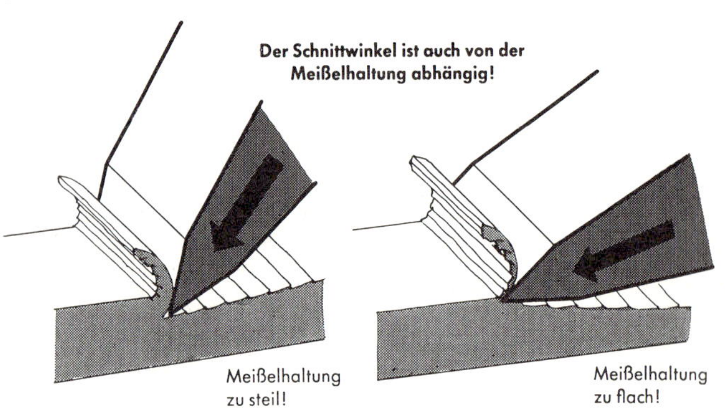

Bei kleinem Spanwinkel 0°–10°: starke Stauchung vor der Schneide – Reißspan – rauhe Oberfläche.

Bei großem Spanwinkel 20°–30°: geringe Stauchung – Fließspan – glatte Oberfläche.

Schnittwinkel δ: Setzt sich aus α und β zusammen. Wird er größer als 90°, dann geht das Schneiden in ein Schaben über. Man sagt: „Der Spanwinkel ist negativ."

3. Die Meißelform paßt sich dem besonderen Zweck an

a) Als Werkstoff für Meißel dient unlegierter Werkzeugstahl; hochfeste und Steinmeißel sind meist mit Chrom und Vanadium legiert, und in explosionsgefährdeten Räumen verhindern Meißel aus Beryllium-Bronze Funkenbildung. Gehärtet wird nur die Schneide; Schaft und Kopf bleiben weich.

b) Die zweckmäßige **Form** erleichtert das Arbeiten:

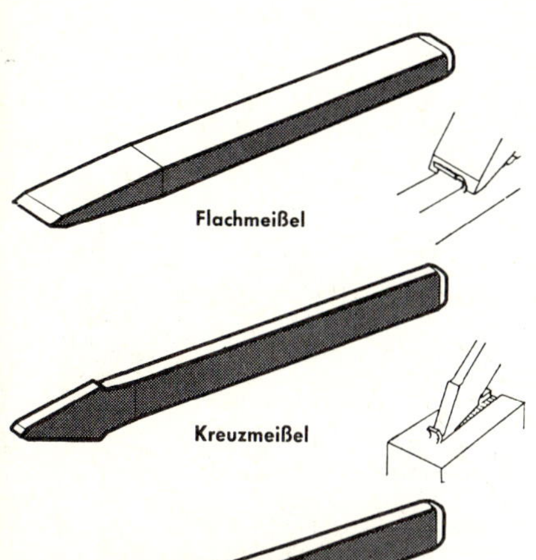

Flachmeißel

Dient zum Bearbeiten von Flächen, zum Abhauen von der Stange, zum Trennen, Verputzen von Graten, Schweißnähten.

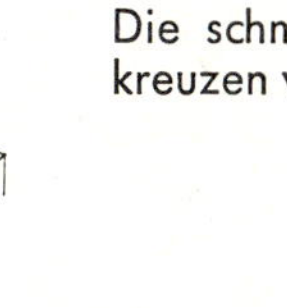

Kreuzmeißel

Die schmale Schneide eignet sich zum Auskreuzen von Nuten.

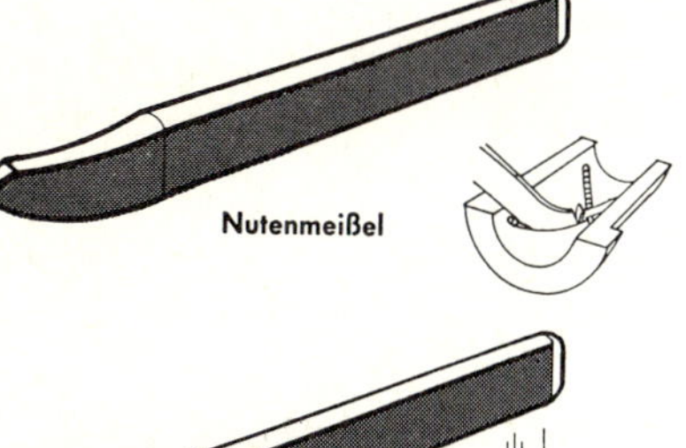

Nutenmeißel

Nuten in gerundeten Flächen verlangen einen gekrümmten Schneidenteil.

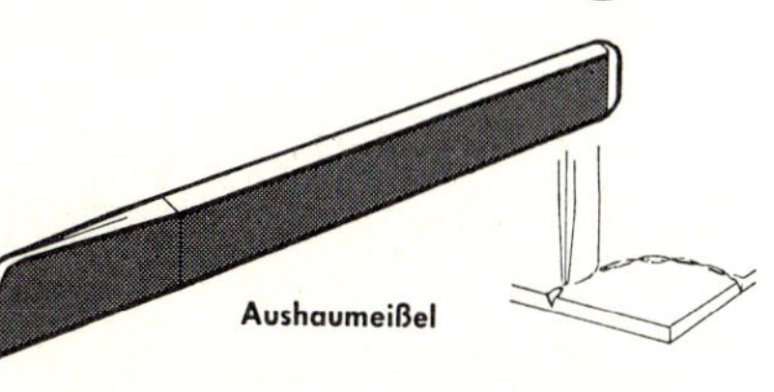

Aushaumeißel

Die gerundete Schneide ermöglicht das Aushauen und Trennen von Blech.

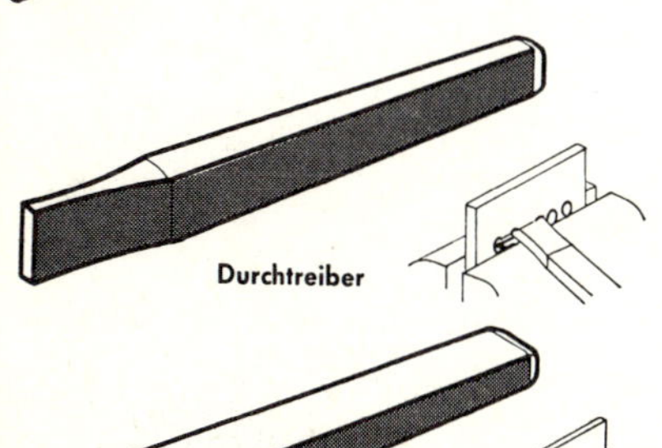

Durchtreiber

Die Stege vorgebohrter Durchbrüche lassen sich mit dem Durchtreiber (Trennstemmer) entfernen.

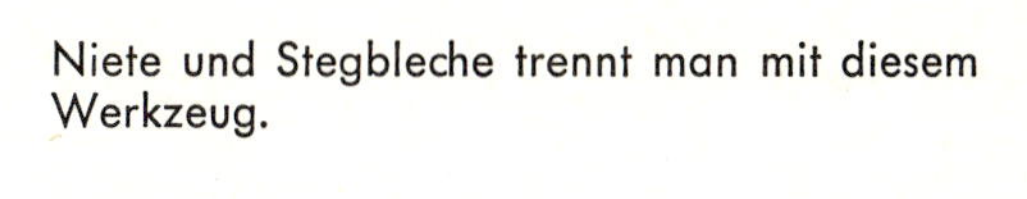

Schroter

Niete und Stegbleche trennt man mit diesem Werkzeug.

Steinmeißel: Beim Ausstemmen von Löchern im Mauerwerk leistet der Kronenmeißel gute Dienste.

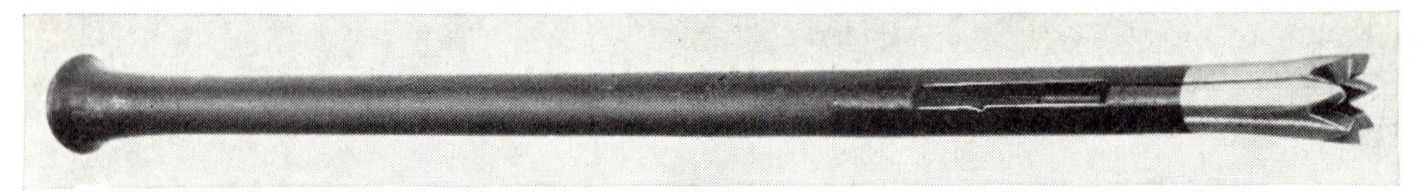

Mauerbohrer (Kronenbohrer)

4. Arbeite mit Vorteilen und unfallsicher!

a) Ist die Schneide geschärft, der Bart entfernt, der Hammer gut verkeilt?
b) Sind deine Arbeitskollegen vor abfliegenden Spänen und Splittern sicher? (Fangkorb, Blechschild!) Hast du deine Schutzbrille auf?
c) Ist das Werkstück rutschsicher eingespannt? Hast du beim Trennen auf dem Amboß für eine weiche Blechunterlage gesorgt?
d) Breite Flächen über 20 mm zuerst mit dem Kreuzmeißel nuten! Dann Stege mit Flachmeißel entfernen.

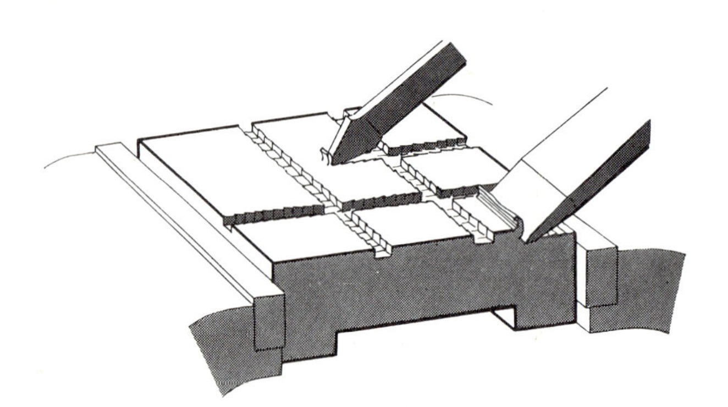

Meißeln von Flächen über 20 mm Breite

Der restliche Werkstoff wird nach dem Umspannen von der Gegenseite her weggemeißelt.

e) Kurz vor der linken Kante aufhören, umspannen und den restlichen Werkstoff von der entgegengesetzten Seite abmeißeln. (Warum?)
f) Beim Abhauen von Stangen möglichst von allen Seiten einhauen, bis der Kern abbricht.
g) Meißel rechtzeitig im vorschriftsmäßigen Winkel nachschleifen.

5. Selbst finden und behalten

a) Warum darf der Meißel nur an der Schneide gehärtet werden?

b) Warum soll das Schaftende verjüngt und ballig geschliffen sein?

c) Warum soll der Keilwinkel zum Bearbeiten von Leichtmetall kleiner sein?

d) Warum muß man beim Aushauen von Blech nur eine Unterlage aus weichem Stahl benutzen?

e) Warum hat der Kreuzmeißel eine größere Schlagfestigkeit?

f) Wodurch entsteht eine bucklige Schnittfläche beim Meißeln?

g) Wie kann man Unfälle beim Meißeln verhüten?

h) Warum darf man feine Stahlsplitter am Auge nicht durch Reiben entfernen?

MERKE:

1. **Mit dem Meißel kann man trennen oder Späne abnehmen.**
2. **Die Grundform aller spanenden Werkzeuge ist der Keil. Freiwinkel, Keilwinkel und Spanwinkel sollen der Härte des Werkstücks angepaßt sein.**
3. **Unfälle drohen von einem bartigen, verölten Meißelkopf, von einem locker sitzenden Hammer, von abspringenden Spänen.**

III. Sägen von Hand muß auch gelernt sein

Zum Ablängen, Nuten, Ausklinken gibt es heute zeitsparende Maschinen. Die gute alte Handsäge sollen wir trotzdem handhaben lernen; wir brauchen sie immer wieder. (Montagearbeiten, Reparaturen, sperrige Stücke.)

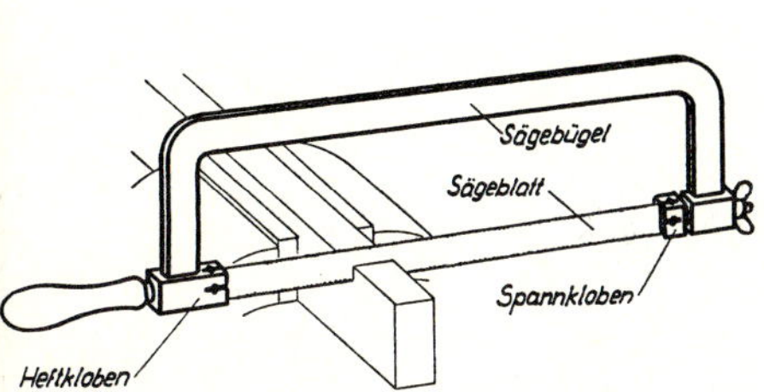

Handbügelsäge

Teilung und Winkel am Sägezahn

1. Viele kleine Meißelchen geben ein Sägeblatt

Wir spüren deutlich die vielen scharfen Schneiden, wenn wir gegen die Stoßrichtung mit dem Finger die Schmalseite entlangfahren. Oft ist das Stahlblatt beidseitig mit Zähnen versehen. Jeder kleine Meißel nimmt beim Sägen winzige Späne weg, welche von der Zahnlücke aufgefangen und abgeführt werden. Wie das Bild zeigt, verzichtet man bei den gebräuchlichen Metallsägeblättern für Handsägen auf den Spanwinkel.

2. Das Sägeblatt darf nicht klemmen und muß der Werkstoffhärte angepaßt sein

Das Sägeblatt schneidet frei, wenn der Sägeschlitz breiter ist als die Blattdicke. Große Zähne, besonders für Holzsägen, kan man **schränken,** Kreissägeblätter **hohlschleifen** oder **stauchen,** doch für die Metallsägeblätter mit feinen Zähnen kommt nur das **Wellen** in Frage.

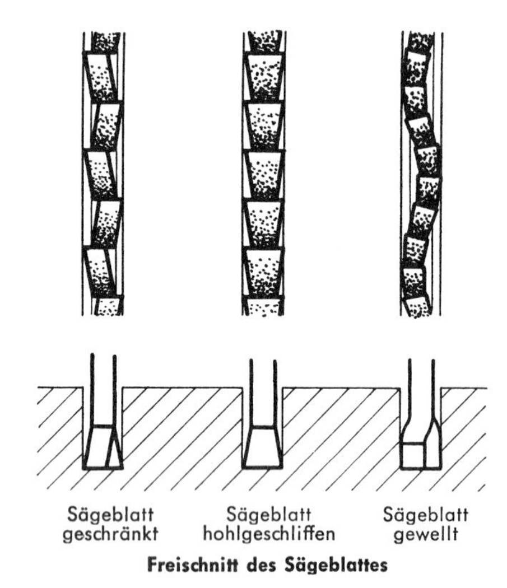

Freischnitt des Sägeblattes

Verschieden harte und verschieden dicke Werkstücke dürfen nicht mit dem gleichen Sägeblatt geschnitten werden! Bei weichen Werkstoffen (Alu, Kupfer) fallen größere Späne an. Nur größere Zahnlücken sind imstande, dieselben aufzunehmen. Ebenso ergeben dicke Querschnitte (Vierkantstahl u. ä.) eine größere Spanmenge, welche bei feiner **Zahnteilung** die Lücken leicht verstopft und zum Klemmen führt. Wer nach der Tabelle das passende Sägeblatt wählt, schont sein Werkzeug und spart sich viel Ärger. Etwas teurer, aber sehr vorteilhaft sind Sägeblätter, die mit feiner Zahnung beginnen und langsam zum Griff hin gröber werden. Das Ansägen wird dadurch wesentlich leichter und sicherer.

Zahnung	Zähnezahl auf 25 mm	Einsatz
grob	8–16	Weiche Werkstoffe wie Aluminium, Kupfer, Zinn, Kunststoffe
mittel	18–22	Stahl und NE-Metalle von mittlerer Härte. Formstahl, Stabstahl bis etwa 20 mm Dicke.
fein	28–32	Harte Stähle, Werkzeugstahl, Bleche, Blechprofile, dünnwandige Rohre, Drähte

3. Arbeitsregeln

a) Arbeitszeit ist kostbar! Läßt sich die Arbeit nicht mit einer Maschine erledigen? (Kreissäge, Maschinenbügelsäge, Trennjäger ...)
b) Hast du beim Anreißen die Sägeblattdicke berücksichtigt?
c) Spanne das Werkstück möglichst kurz ein! Schutzbacken! Rohre öfters drehen.
d) Wähle ein Sägeblatt mit der passenden Zahnung und spanne es straff und so ein, daß die Zahnspitzen zur Flügelschraube der Handsäge zeigen.
e) Eine kleine Kerbe in der hinteren Kante, mit der Dreikantfeile vorgefeilt, erleichtert das Ansägen.

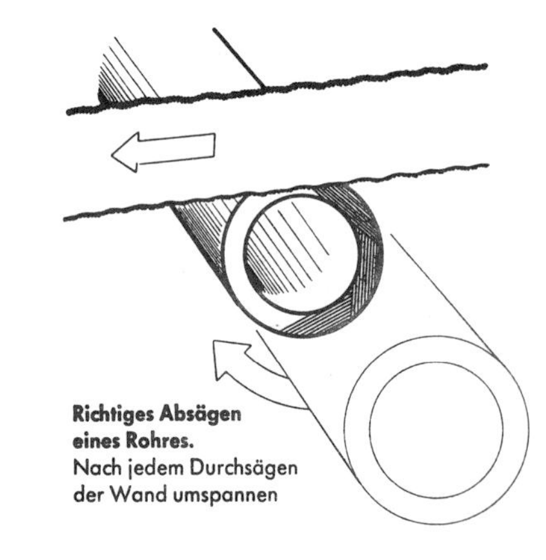

Richtiges Absägen eines Rohres.
Nach jedem Durchsägen der Wand umspannen

f) Ziehe die Säge ganz durch, damit alle Zähne möglichst gleichmäßig abgenutzt werden! Beim Zurückziehen nicht aufdrücken! Säge niemals zu schnell!

g) Ein paar Tropfen Öl auf das Sägeblatt vermindern die Reibung.

h) Nach der Arbeit das Sägeblatt entspannen und die Säge an ihren Platz hängen, nicht unter anderes Werkzeug werfen!

4. Selbst finden und behalten:

a) Wozu haben die Spannkloben der Bügelsäge einen Kreuzschlitz?

b) Welche Zahnteilungen würdest du zum Absägen folgender Werkstücke wählen? Begründe! L 30 × 4; Stahlblech 2 mm dick; Rundstab aus weichem Messing; Kupferrohr mit 18 mm ⌀ und 1,5 mm Wanddicke; Bolzen aus hartem Baustahl (St 60) mit 12 mm ⌀; Aluminiumstange mit 8 × 20 mm Querschnitt; Sechskantschrauben mit 10 mm ⌀.

c) Welche allgemeine Regel gilt für die Wahl der Zahnung?

d) Warum darf man beim Rückhub nicht aufdrücken?

e) Warum muß man ein Rohr beim Durchsägen öfters drehen?

f) Schlage in einem Werkzeug-Musterbuch nach: Woraus werden Sägeblätter hergestellt, in welchen Längen, was kosten sie?

MERKE:

1. Die Säge ermöglicht genaue, ziemlich glatte Schnitte bei geringem Werkstoffverlust.

2. Schnittgüte und Lebensdauer der Säge hängen a) von der Wahl der richtigen Zahnteilung, b) von der Schnittgeschwindigkeit, c) vom Sägendruck ab.

3. Im allgemeinen gilt die Regel: Harte Werkstoffe und dünne Querschnitte erfordern feine Zahnteilung, weiche Werkstoffe und dicke Querschnitte erfordern grobe Zahnteilung.

IV. Feilen ist Übungssache

1. Nach wie vor braucht ein Schlosser die Feile

Wenn es gilt, Bleche einzupassen, einen Durchbruch auszuarbeiten, eine Kante zu brechen, einen geschmiedeten Zapfen maßhaltig zu runden, einen Schlüsselbart zu formen und dergleichen mehr, dann hilft die Feile. Einen „sauberen Strich" feilen zu können, ist immer noch ein sicheres Merkmal für den gelernten Facharbeiter. Das einfache Werkzeug besteht aus Blatt (Feilenkörper), Angel und Heft.

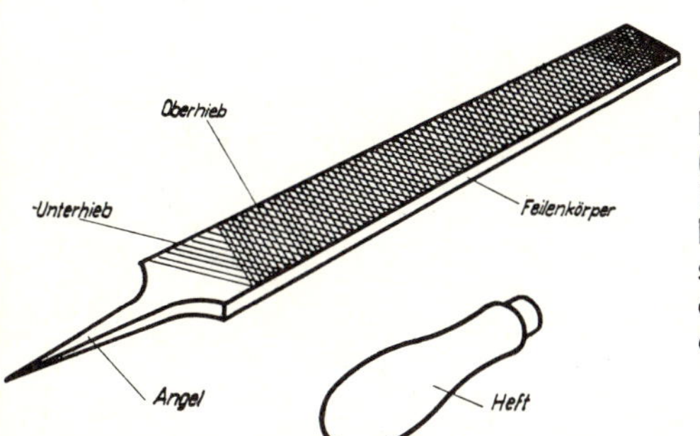

Der Feilenkörper aus bestem Gußstahl (0,8 bis 1,4 % C) wird gehärtet, die Angel im Bleibad angelassen, damit sie nicht abbricht. Flach-, Vierkant- und Rundfeilen sind in Längsrichtung ballig geformt, um das Wiegen der Arme beim Feilvorgang auszugleichen.

2. Zahn und Hieb bestimmen die Wirkung

Die Spanabnahme wird durch viele kleine **gehauene** oder **gefräste** Zähne erreicht. Form und Winkel des gehauenen Zahnes zeigt das Bild.

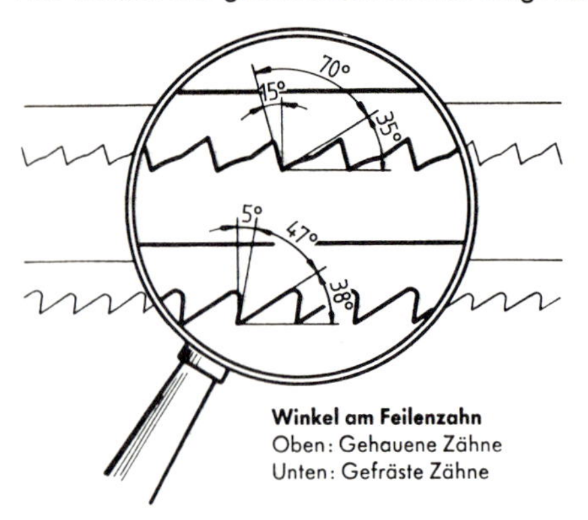

Winkel am Feilenzahn
Oben: Gehauene Zähne
Unten: Gefräste Zähne

Infolge des negativen Spanwinkels schaben die Zähne nur ganz feine Späne weg, ohne daß übermäßige Armkraft aufzuwenden ist. Das macht die gehauene Feile für harte Werkstoffe, wie Stahl, geeignet. Zum Zerspanen von weichen Werkstoffen wie Aluminium, Blei, Kupfer, Zinn braucht man bedeutend weniger Kraft. Der gefräste Zahn, der dank seines positiven Spanwinkels nicht schabt, sondern schneidet, nimmt hier ohne größeren Kraftaufwand größere Späne mit, und der abgerundete Zahngrund verhindert, daß sich die Späne festsetzen. Für weiche Werkstoffe sind daher gefräste Feilen zu verwenden.

Feilen erhalten **Hiebe.** Aber wie, darauf kommt es an. Da gibt es Feilen mit **einem** Hieb (gehauen oder gefräst). Damit sich die Späne nicht stauen, verlaufen die Einkerbungen entweder schräg zu Feilenachse oder gebogen (vgl. Schneepflug!). Zusätzliche **Spanbrechernuten** unterteilen den Span und erleichtern die Abfuhr.

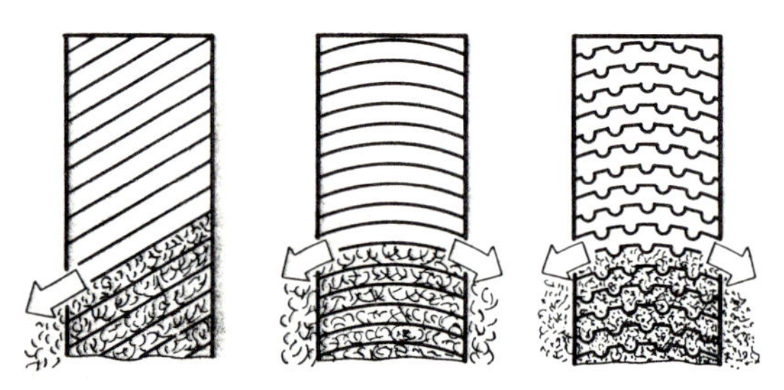

Schräge oder gewölbte Schneiden begünstigen die Spanabfuhr

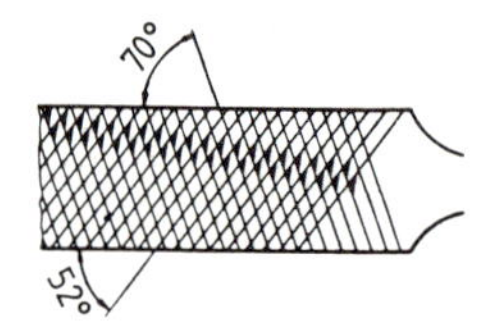

Verschiedene Winkel von Ober- und Unterhieb verhindern Riefenbildung

Harte Werkstoffe lassen sich viel leichter mit einer doppelhiebigen Feile bearbeiten. Durch den **Kreuzhieb** unter verschiedenen Winkeln stehen die Zähne in Feilrichtung versetzt (vgl. Sitze im Filmtheater!). Der nächste Zahn nimmt den Werkstoff weg, den der vorhergehende stehen ließ. Riefenbildung wird vermieden.

Verschiedene Oberflächengüten zwingen uns auch, verschiedene Hiebdichten zu verwenden. Die Schruppfläche (▽) läßt sich mit einer **Schruppfeile** (Armfeile, Vorfeile) erzielen. Hier treffen nur 8–15 Hiebe auf 1 cm Feilenlänge. Die einzelnen Zähne sind entsprechend groß und erzeugen deutlich sichtbare Riefen (0,04 ... 0,1 mm).

Mit der **Halbschlicht-** oder **Schlichtfeile** bearbeitete Flächen (▽▽) weisen nur noch Riefentiefen von 0,01 ... 0,04 mm auf. Kaum noch sichtbar! Vollkommen glatt erscheint dem Auge die Feinschlichtfläche (▽▽▽) mit einer Riefentiefe von 0,003 .. 0,01 mm, welche wir mit **Doppel-** oder **Staubschlichtfeilen** herstellen können.

Die Tabelle bringt eine Übersicht:

Hiebnummern der Feilen:

Feilenart	Hieb-Nummer	Feilenart	Hieb-Nummer
Schruppfeile	00–0	Schlichtfeile	3
Bastardfeile	1	Doppelschlichtfeile	4
Halbschlichtfeile	2	Feinschlichtfeile	5–6

3. Zahlreiche Querschnittsformen stehen für die Spanabnahme zur Verfügung

Wie Länge und Gewicht der Feilen, so ist auch der Querschnitt den vielfältigen Feilarbeiten angepaßt. Eine Übersicht zeigt das Bild.

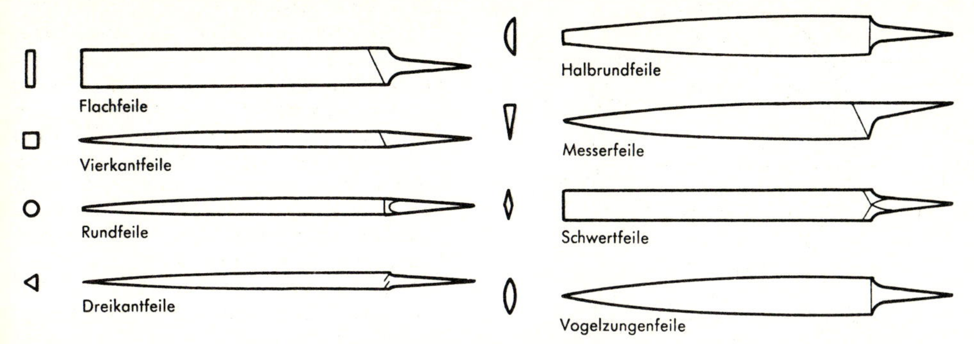

Querschnittformen von Feilen

4. Richtiges Einspannen der Werkstücke ist wichtig

Der **Parallelschraubstock** leistet hier gute Dienste. Die Backenhöhe muß der Körpergröße entsprechen. Die gerauhten und gehärteten **Spannbacken** ermöglichen ein festes Spannen auf der ganzen Fläche. Damit das Werkstück nicht beschädigt wird, verwenden wir vorsorglich Schutzbacken aus Blei, Alu, Fiber, weichem Stahlblech oder Holz. Erlaubt die Werkstückform kein mittiges Spannen, dann spannt man auf der freien Seite ein gleichdickes Futter ein. Die Spindel des Schraubstocks wird sonst verbogen, auch hat das einseitig gespannte Werkstück keinen festen Sitz. Wer dünne Profile und Bleche nicht ganz kurz (etwa 6 mm über Backenrand) einspannt, wird schnell merken, wie das Stück beim Feilen federt und pfeift. Zum richtigen Spannen braucht man nicht nur etwas Köpfchen und Gefühl, sondern von Fall zu Fall besondere Spannmittel. Folgende Bilder zeigen solche Hilfswerkzeuge und ihren Einsatz.

Parallelschraubstock

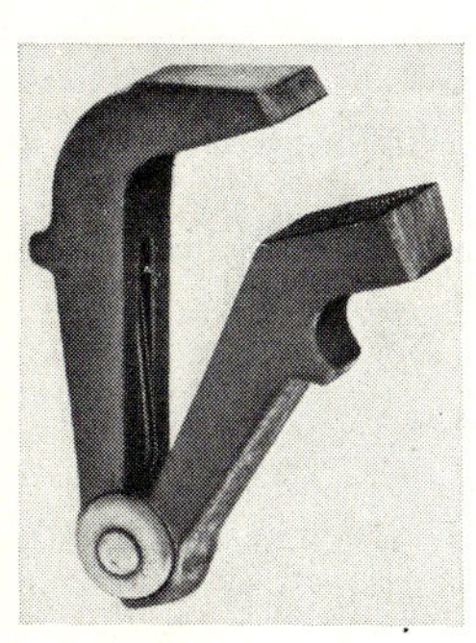

Reifkloben

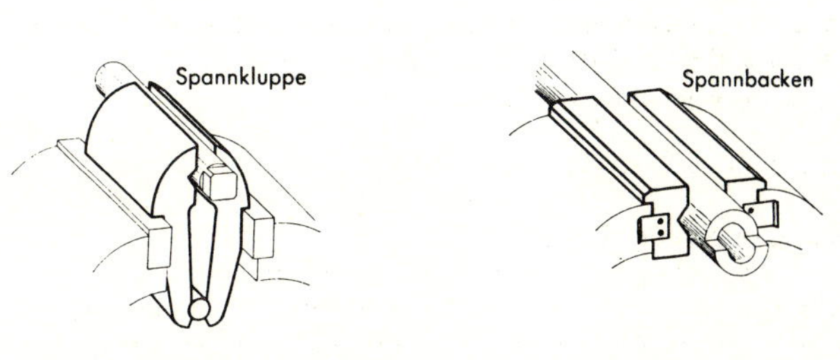

Spindeln und Gewindebolzen sitzen in der **Spannkluppe** fest und werden nicht beschädigt.

Beim Schrägen oder Abreifen kann man waagrecht feilen, wenn man den **Reifkloben** benützt.

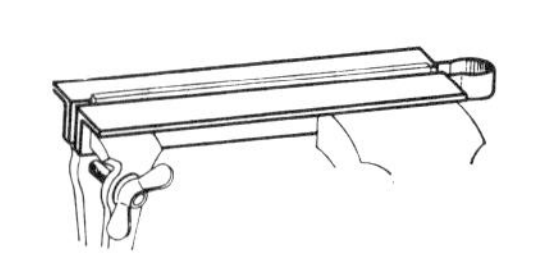

Ohne **Blechkluppe** lassen sich größere Bleche nicht spannen. Ein Feilkloben hält die Enden zusammen.

Spannbacken mit entsprechend vorgebohrten Leibungen verhindert das Zusammendrücken von Rohren

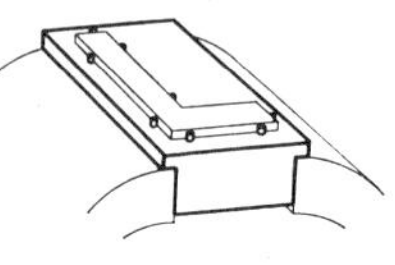

Das **Feilbrett** ist unentbehrlich beim Ebenfeilen dünner Blechteile.

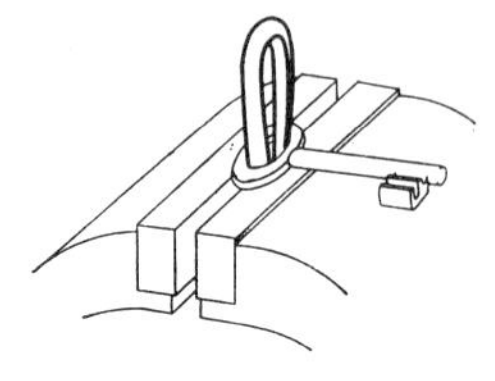

Gilt es einen Schlüsselbart zu befeilen, dann hält das eingespannte **Schlüsselherz** den Schlüssel fest.

5. Arbeitsregeln und Unfallverhütung

a) Spanne das Werkzeug fest, aber schonend!

b) Wähle eine werkstoffgerechte Feile: Für Stahl doppelhiebig, für Alu einhiebig gefräst!

c) Schruppe bis etwa 0,5 mm über dem verlangten Maß. Schlichte bis etwa 0,2 mm Übermaß, und nimm den Rest mit der Doppelfeile weg!

d) Schruppe und schlichte im Kreuzstrich, beseitige die letzten Zehntel-mm im Längsstrich!

e) Beseitige festsitzende Späne mit der Feilenbürste oder mit einem scharfkantigen Blech!

f) Ersetze lockere und gesprungene Hefte rechtzeitig und nach Vorschrift: Heft stufenförmig aufbohren, Heft mit der Feilenangel aufreiben und Späne entfernen, Feile in Blattmitte fassen und mit dem Heft auf der Bank aufstoßen!

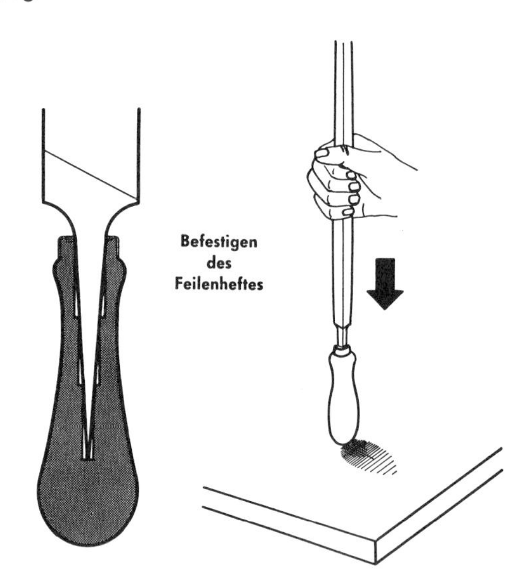

Befestigen des Feilenheftes

6. Selbst finden und behalten

a) Was sagen dir die Hiebnummern 0, 2, 3, 4?

b) Welchen Vorteil hat der Kreuzstrich?

c) Warum soll man zum Anfeilen (bis die sehr harte Walz- oder Gußhaut beseitigt ist) nur alte Feilen verwenden?

d) Welche Feile eignet sich zum Ausarbeiten einer rechtwinkeligen, scharfkantigen Ecke?

e) Warum ist das sogenannte Aufbrennen des Feilenheftes falsch und gefährlich?

MERKE:

1. Härte, Form und verlangte Oberflächengüte des Werkstücks bestimmen die Wahl der Feile.

2. Schruppfeilen führen die Hiebnummern 00–0, Bastard- und Schlichtfeilen führen die Hiebnummern 1, 2, 3, und die Doppel- bzw. Feinstschlichtfeilen führen die Hiebnummern 4, 5, 6. Für weiche Metalle wie Aluminium ist die gefräste, einhiebige Feile geeignet.

3. Lockere Feilenhefte sind gefährlich.

V. Der Anreißer trägt große Verantwortung

1. Maßhaltigkeit setzt genauen Anriß voraus

Von der Werkzeichnung werden alle Maße auf das rohe Werkstück übertragen: Längen, Breiten, Kreisbogen, Mitten von Löchern, Umrisse, Lage von Anschweißteilen, Biegekanten. Im Stahlbau nennt man das „Vorzeichnen". Oft wird es von besonders geschulten Vorzeichnern ausgeführt. Gewissenhaftes Anreißen erfordert viel Sorgfalt und gründliches Überdenken der Arbeitsfolge. Die Bemaßung bestimmt die Reihenfolge auch beim Anreißen und Vorzeichnen, insbesondere ob von einer bearbeiteten Kante oder von einer Mittellinie ausgegangen wird. Sollen im Stahlbau Form- und Stabstahlverbindungen genau fluchten bzw. sich decken, dann ist die Wahl einer einheitlichen Bezugskante sehr wichtig (z. B. Wurzel des L-Stahls oder oberer Flansch eines U-Stahls). Walzerzeugnisse weisen oft erhebliche Maßabweichungen auf.

Anreiß- und Vorzeichenarbeiten sind zeitraubend und teuer. Der wirtschaftlich denkende Facharbeiter überlegt deshalb bei jeder Arbeit, ob es nicht ohne Anriß geht (einfache, leicht nachzumessende Teile) und ob sich bei Serien nicht eine Vorrichtung oder Schablone lohnt.

2. Verschiedene Werkzeuge im Dienst der Genauigkeit

Zum Anreißen muß das Werkstück je nach Gestalt eine ebene, wackelfreie Unterlage oder Einspannung erhalten. Für kleinere Teile eignet sich die völlig ebene **Anreißplatte.**

Anreißplatte mit Parallelreißer

Vorzeichentisch

Wenn ohne Parallelreißer gearbeitet wird, genügt auch der **Vorzeichentisch.**

Im Stahlbau legt man große Knotenbleche, Stegbleche, Laschen, lange Profile auf Zulagen (Böcke mit waagrecht ausgerichteten Schienen im Abstand von etwa 1 m, 0,70 m hoch). Als Stützmittel und Halterungen gibt es einige Hilfswerkzeuge:

Aufspannwinkel

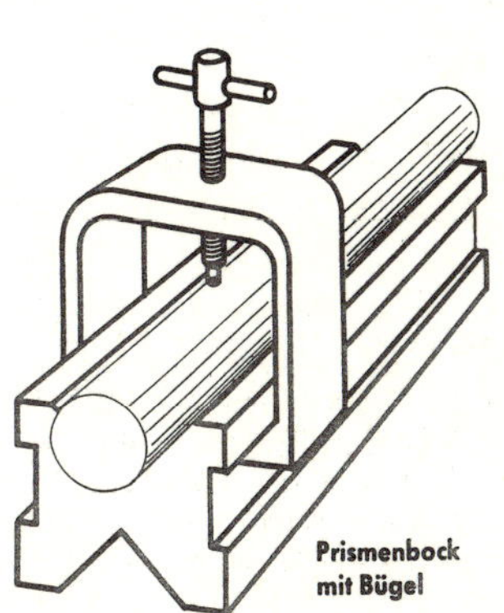

Prismenbock mit Bügel

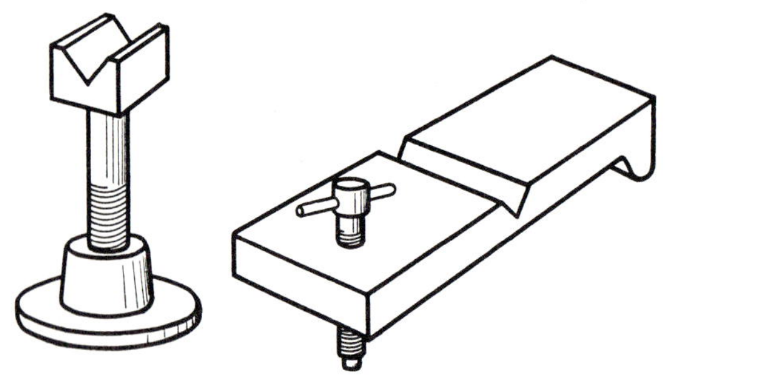

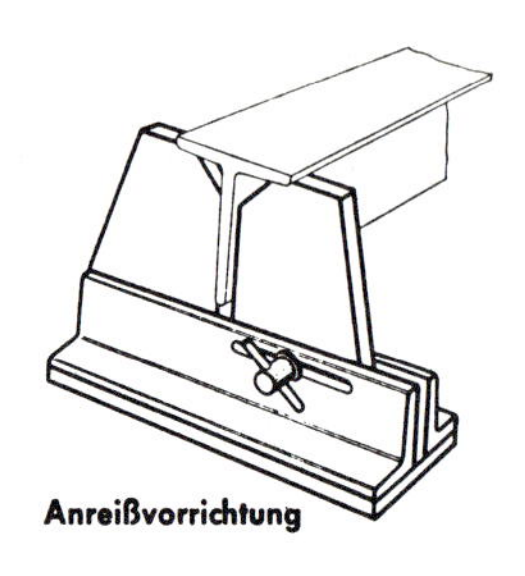

Anreißvorrichtung

Verstellbare Prismenuntersätze

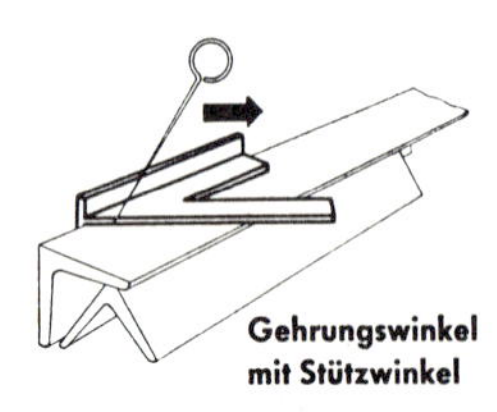

Gehrungswinkel
mit Stützwinkel

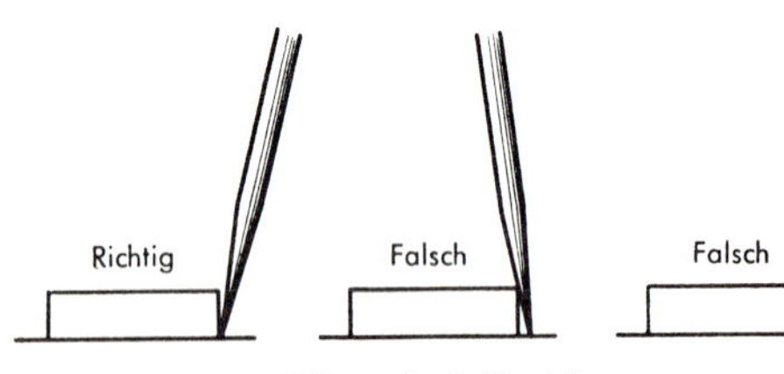

Führung der Reißnadel

Mit der **Stahlreißnadel** lassen sich gerade und mittels Schablonen auch krumme Linien ritzen. An der unteren Kante entlangfahren! Biegelinien auf dünnen Blechen mit der **Messingreißnadel** anzeichnen, denn die geritzte Oberfläche kann beim Biegen infolge Kerbwirkung reißen. Auf verzunderten Blechen und Stäben sowie auf blanken Flächen ist der Strich der Messingnadel deutlicher zu sehen. Wegen der Korrosions- und Bruchgefahr werden Leichtmetalle nur mit **Bleistift** angezeichnet, es sei denn, der Riß ist zugleich Schnittkante.

Den **Anriß** kann man durch entsprechende Vorbereitung der Flächen besser **sichtbar** machen: Fuchsinlösung färbt die blanken Stahlteile rötlich ein, eine aufgetragene Kupfervitriollösung bildet einen hauchfeinen Kupferüberzug. Auf Leichtmetall bewährt sich ein Spezial-Anreißlack.

Kleinere unbearbeitete Flächen bestreicht der Schlosser einfach mit trockener, weißer Kreide. Für verwickelte Anrisse auf großen Blechen und Profilen ist es jedoch ratsam, einen dauerhaften Auftrag anzubringen (Brei aus Wasser und Schlämmkreide mit etwas Leinöl und Sikkativ). Bei Stahlteilen, die im Freien leicht angerostet sind, hinterläßt die Reißnadel auch ohne Hilfsmittel einen genügend deutlichen Strich.

Spitzzirkel und **Stangenzirkel** müssen schlanke, gleichlange Spitzen aufweisen, die sich bei geschlossenen Schenkeln berühren. **Streichmaße** gibt es in unterschiedlichen Ausführungen. Die im Stahlbau mancherorts üblichen **Stufenstreichmaße** und **verstellbaren Streichmaße** sind weniger zu empfehlen. Bei ersteren kann der Vorzeichner versehentlich die falsche Stufe erwischen, bei letzterer besteht die Gefahr der Ungenauigkeit.

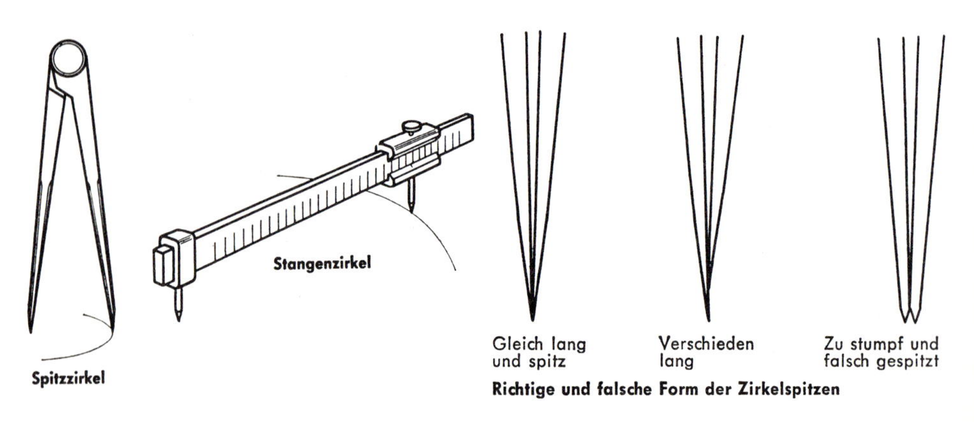

Stangenzirkel

Spitzzirkel

Richtige und falsche Form der Zirkelspitzen

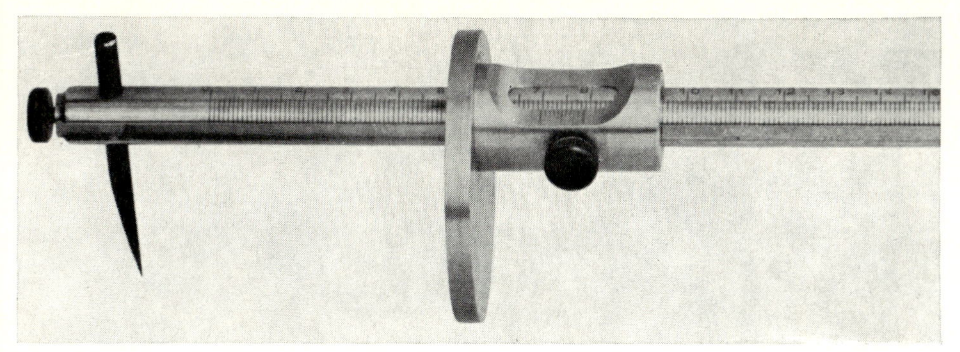

Verstellbares Streichmaß mit Nonius

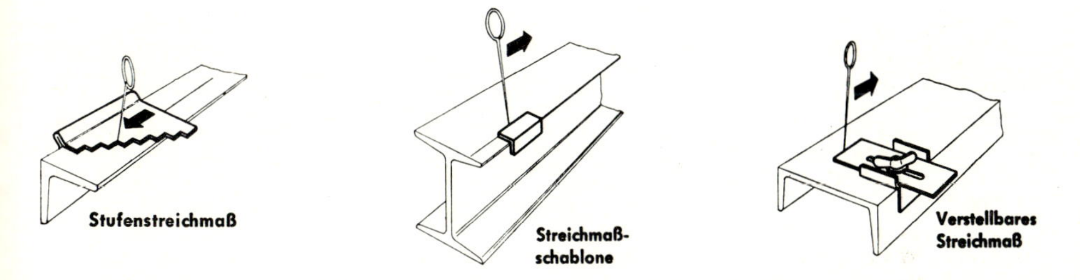

Stufenstreichmaß

Streichmaß-schablone

Verstellbares Streichmaß

Sehr genau und zeitsparend sind dagegen **Wurzel- und Streichmaßschablonen** mit Bohrungen für die häufigsten Abstände der Nietrißlinien.

Im Stahlbau ist es üblich, die Lochdurchmesser zusätzlich mittels Kreide-Sinnbildern zu kennzeichnen, entweder nach innerbetrieblicher Übereinkunft oder nach DIN 407. (Siehe Seite 97!)

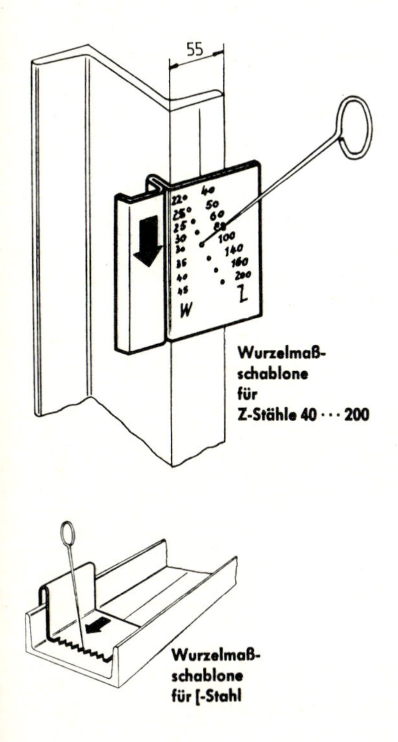

Wurzelmaß-schablone für Z-Stähle 40 ··· 200

Wurzelmaß-schablone für [-Stahl

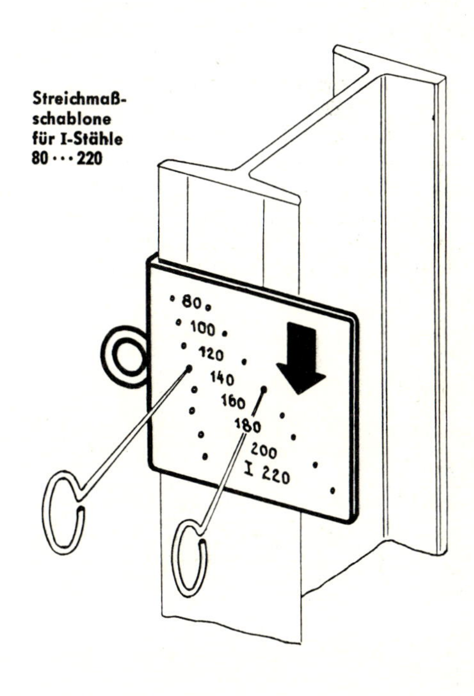

Streichmaß-schablone für I-Stähle 80 ··· 220

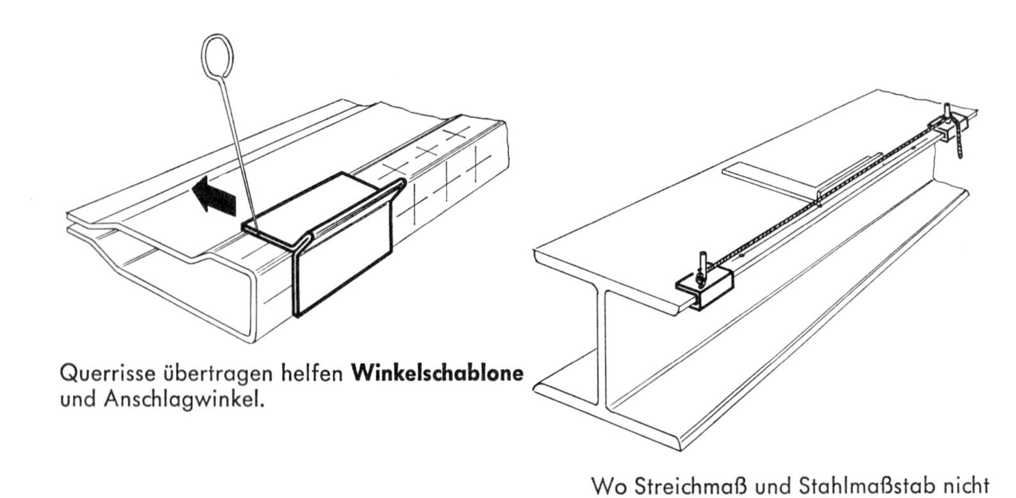

Querrisse übertragen helfen **Winkelschablone** und Anschlagwinkel.

Wo Streichmaß und Stahlmaßstab nicht mehr ausreichen, tut die straffgespannte **Richtschnur** gute Dienste.

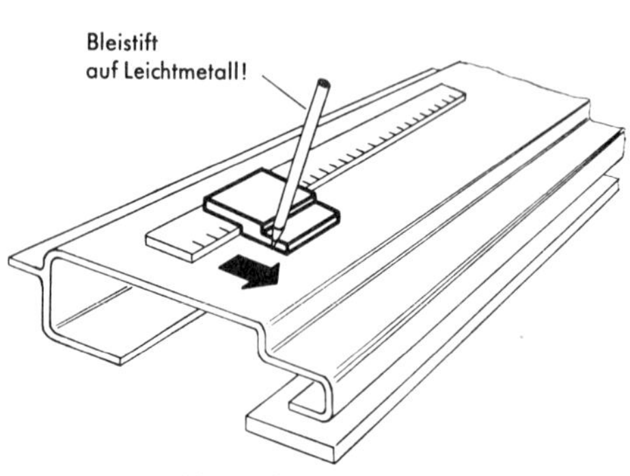

Mit dem **Reißklötzchen** und einem Stahlmaßstab reißt man Niet- und Schraubenteilungen an.

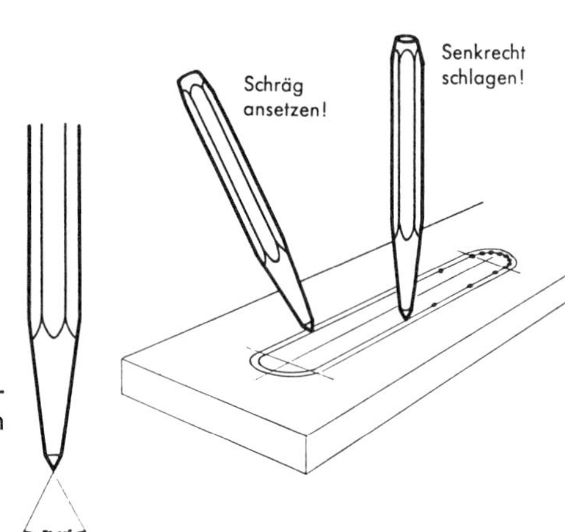

Zum Fixieren der Lochmitten, aber auch der Umrißlinien, ist der **Körner** unentbehrlich.

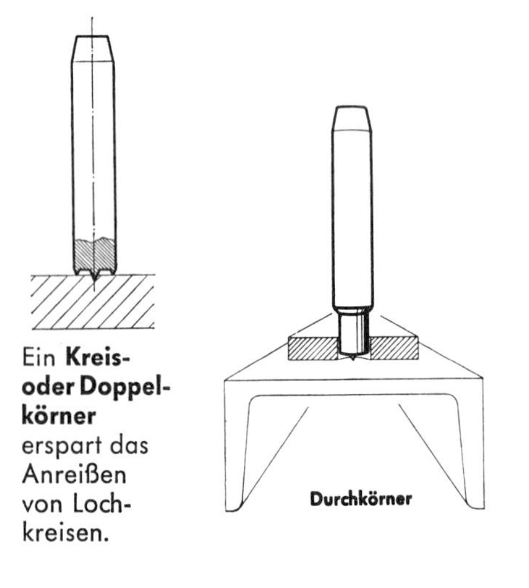

Ein **Kreis- oder Doppelkörner** erspart das Anreißen von Lochkreisen.

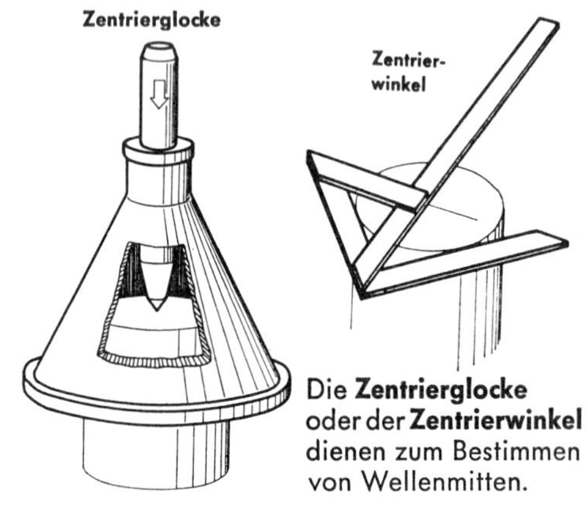

Die **Zentrierglocke** oder der **Zentrierwinkel** dienen zum Bestimmen von Wellenmitten.

Der **Durchkörner,** mit dem man bereits gebohrte Löcher auf ein zweites Winkelstück übertragen kann, soll im ϕ 0,2 mm kleiner als das vorhandene Loch sein.

Sollen Körnerpunkte von der einen Seite auf die andere eines Profils übertragen werden, dann ist der **Umkörner** sehr praktisch. Die Schraubenspitze wird in den vorhandenen Körner eingesetzt und durch Andrehen festgeklemmt. Durch einen Hammerschlag auf den beweglichen Körner entsteht der Körnerpunkt auf der Gegenseite.

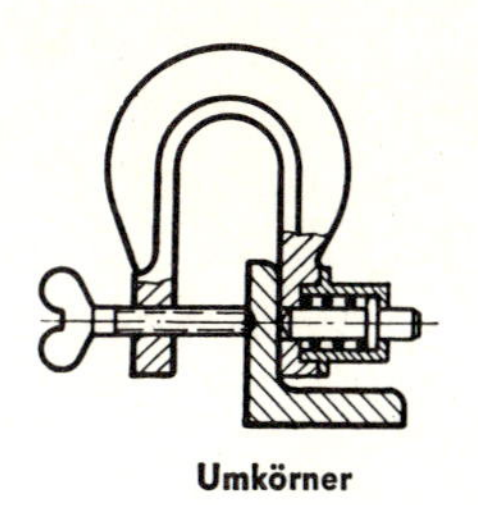

Umkörner

3. Arbeitsregeln und Unfallverhütung

a) Benütze die Anreißplatte nie als Richtplatte! Gelegentlich mit etwas Fett und Graphit einreiben, damit sich der Parallelreißer leicht verrutschen läßt!

b) Reißnadel, Zirkel und Körner stets ordentlich geschliffen benützen, sonst wird der Anriß ungenau.

c) Reißnadeln mit Spitzen an beiden Enden müssen am nichtbenützten Ende durch einen aufgesteckten Korken gesichert sein.

4. Selbst finden und behalten

a) Warum darf die Anreißplatte nicht als Richtplatte benutzt werden?

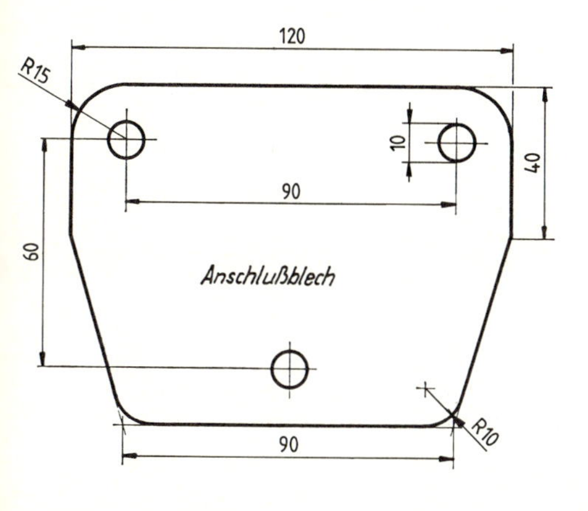

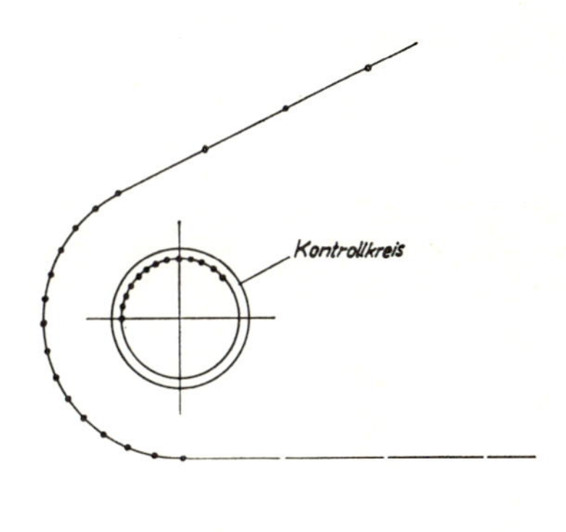

b) Das Anschlußblech ist anzureißen. Welche Werkzeuge brauchst du dazu? Beschreibe die Reihenfolge des Arbeitsgangs. (Die Abschrägung beträgt je 17°.)

c) Wie kannst du Rißlinien besser sichtbar machen auf Schwarzblech, auf Alu, auf blankem Stahl?

d) Warum setzt man an der Krümmung die Kontrollkörner enger? Welchen Zweck hat der Kontrollkreis in 2 mm Abstand von der eigentlichen Bohrung?

e) Welche Folgen haben stumpfe Körner?

f) Wie kannst du den Parallelreißer auf eine bestimmte Höhe einstellen?

MERKE:

1. **Der Anreißer überträgt die Zeichnung auf das Werkstück.**
2. **Das Werkstück muß wackelfrei aufliegen bzw. aufgespannt sein. Der Riß soll gut sichtbar sein, ohne die Oberfläche zu verletzen (Einfärbung, Kreide, Messingnadel, Bleistift).**
3. **Das zeitraubende Anreißen soll möglichst durch Verwendung von Schablonen und Vorrichtungen ersetzt werden.**

VI. „Auf Biegen oder Brechen“

1. Beim Biegen bleibt der Werkstoffzusammenhang gewahrt

Zur **spanlosen Verformung** zählen die Techniken Biegen, Runden, Richten, Bördeln, Sicken, Treiben, in der industriellen Fertigung Walzen, Ziehen, Stanzen, Strangpressen.

a) Was geschieht dabei im Werkstoffinnern?

Bei all diesen Verfahren wird der Werkstoff, sei es nun in kaltem oder warmem Zustand, in seinem Gefüge verändert. Das Elektronen-Mikroskop läßt erkennen, daß jedes Metall aus Atomgittern besteht; sehr viele solcher Elementargitter bilden Kristalle und viele solcher Kristalle wieder einen Kristallhaufen, den wir als Korn bezeichnen. An der Bruchfläche eines Bohrers sind die Korngrenzen schon mit bloßem Auge sichtbar.

Atomgitter und Kristalle hängen durch elektrische Kräfte außerordentlich fest zusammen. Man nennt diese Erscheinung **Kohäsion.** Sie ist je nach Werkstoffart und Temperatur verschieden groß.

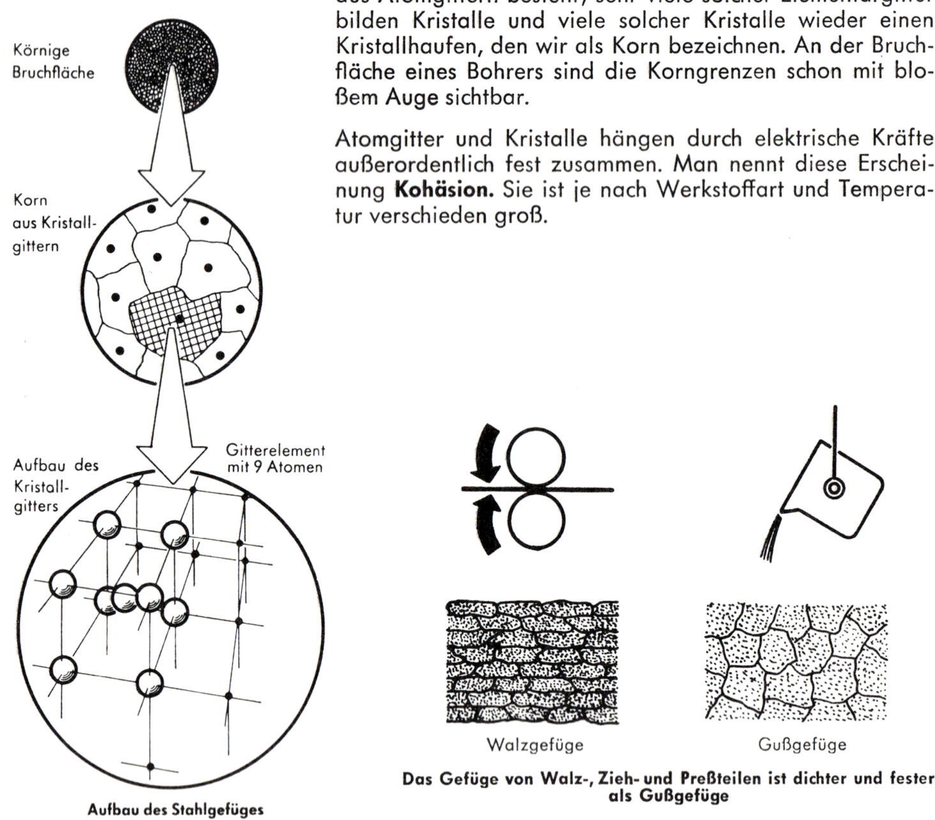

Aufbau des Stahlgefüges

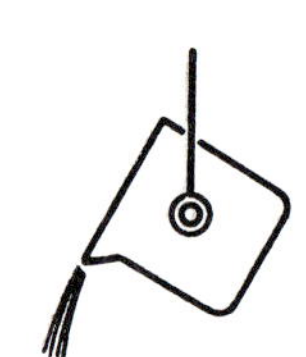

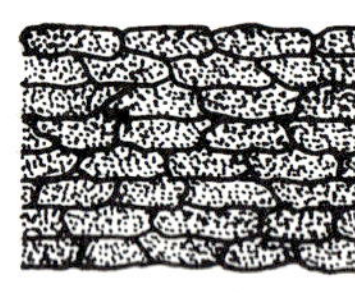

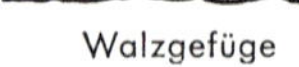

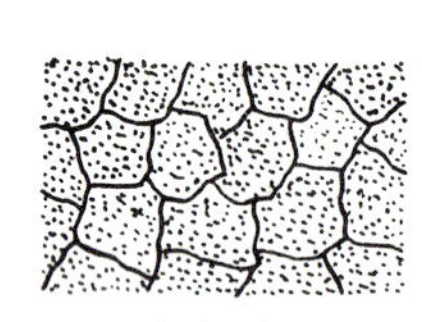

Das Gefüge von Walz-, Zieh- und Preßteilen ist dichter und fester als Gußgefüge

Wir biegen Halbzeug aus Stahl und Nichteisenmetallen. Die Körner sind hier durch Walzen, Ziehen oder Pressen bereits zu länglicher Form gereckt und bilden „Fasern".

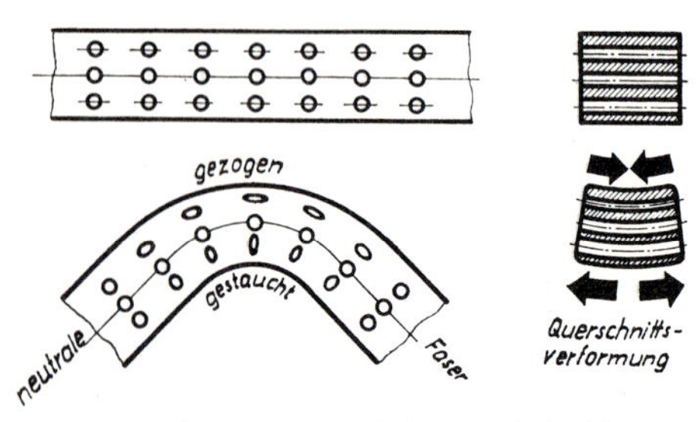

Streckung, Stauchung und Verformung beim Biegen

Die Festigkeit ist in Faserrichtung (= Walzrichtung) höher als quer dazu. Biegen wir nun einen Quadratstahl um einen Dorn, so werden die **äußeren** Fasern gestreckt (= länger und dünner), die **inneren** Fasern gestaucht (= kürzer und dicker). Streckung und Stauchung sind um so größer, je weiter die Fasern von der Mitte entfernt liegen. Die **mittlere** (neutrale) Faser ändert ihre Länge nicht. Nach ihr kann man daher das Rohmaß, die „gestreckte Länge" berechnen.

Der oft erhebliche **Kraftaufwand** beim Verformen erklärt sich daraus, daß die Atomgitter beim Strecken und Stauchen gegeneinander verschoben werden und Kohäsionskräfte überwunden werden müssen.

Die Biegekraft muß mindestens so groß sein, daß die „Streckgrenze" überschritten wird. Besonders beim Biegen und Abkanten von Blech werden die inneren Fasern oft nur bis zur Elastizitätsgrenze beansprucht, woraus sich das leichte Rückfedern erklärt.

b) Welche Werkstoffeigenschaften und -formen kommen dem Biegen entgegen?

Blei läßt sich leichter biegen als Kupfer, Aluminium leichter als weicher Stahl, weicher Stahl leichter als gehärteter Stahl, Gußeisen bricht. Ein Werkstoff eignet sich also um so besser, je dehnbarer und weicher er ist. Beide Eigenschaften werden durch Erwärmen noch gesteigert, weil die Zusammenhangskraft der Moleküle mit zunehmender Temperatur nachläßt.

Flachstahl kann man über die schmale Kante nur schwer biegen, über die breite Kante viel leichter.

Je größer der Längenunterschied zwischen den äußeren Fasern, desto größer der Biegewiderstand

Je dicker der Querschnitt ist, desto größer sind Streckung und Stauchung.

2. Biegeradius und gestreckte Länge

Die äußersten Fasern sind der größten Zug- bzw. Druckbeanspruchung ausgesetzt. Wird hier die Bruchgrenze überschritten, so gibt es Biegerisse. Poren und Kerben in der Oberfläche begünstigen die Rißbildung. Die Gefahr ist um so geringer, je länger der Bogen, d. h. je größer der Biegeradius ist. Für den Mindest-Biegeradius gelten folgende Richtwerte:

Mindest-Biegeradien für Stahl:

Blechdicke s bis	Biegewinkel		1	1,5	2,5	3	4	5	6	7	8	10	12	14	16
Stahl bis 400 N/mm² und Reinaluminium	bis 120°	Biegeradius	1	1,6	2,5	3	5	6	8	10	12	16	20	25	28
	über 120°	Biegeradius					6	8	10	12	16	20	25	28	32
Stahl zwischen 400...500 N/mm² und Reinaluminium	bis 120°	Biegeradius	1,2	2	3	4	5	8	10	12	16	20	25	28	32
	über 120°	Biegeradius					6	10	12	16	20	25	32	36	40
Stahl zwischen 500...650 N/mm² und Reinaluminium	bis 120°	Biegeradius	1,6	2,5	4	5	6	8	10	12	16	20	25	32	36
	über 120°	Biegeradius					8	10	12	16	20	25	32	36	40

Für Aluminium- und Magnesiumlegierungen beträgt der Biegeradius 3–4mal die Blechdicke s.

Um Ausschuß und unnötigen Verschnitt zu vermeiden, ist es ratsam, vor dem Biegen die gestreckte Länge des Rohlings zu errechnen. Die Zuschnittlänge ist so lang wie die neutrale Faser. Deren Gesamtlänge ergibt sich, wenn man die geraden Stücke und die Bogenstücke zusammenzählt. Ist die Querschnittfläche zur Biegeachse symmetrisch (spiegelgleich), dann geht die neutrale Faser durch die Mitte.

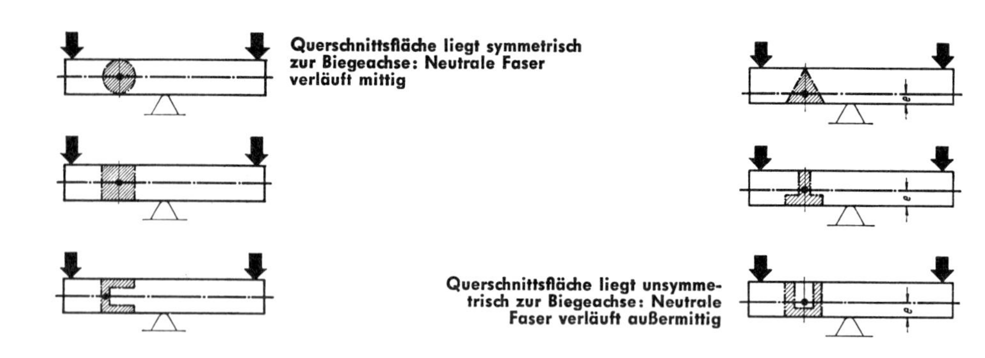

Bei zur Biegeachse unsymmetrischen Profilen verläuft die neutrale Faser außermittig: Der Abstand e muß Profiltabellen entnommen werden.

3. Einfache Biegearbeiten

a) Biegen von Blech und Flachstahl

Bleche reißen leicht ein, wenn man parallel zu den Walzfasern biegt. Man soll deshalb schon beim Anreißen des Werkstückes darauf achten, daß die Biegekanten möglichst quer oder zumindest schräg zur Walzrichtung laufen.

Falsch: Walzrichtung parallel zur Biegeachse

Richtig: Walzrichtung senkrecht zur Biegeachse

Treffen mehrere Biegekanten zusammen, sind die Ecken abzubohren, da sonst Einrisse entstehen. Der Lochdurchmesser wächst mit dem Biegeradius und der Blechdicke. Als Anhalt können folgende Richtwerte dienen.

Biegeradius in mm	0,6	1	1,6	2,5	3	4	6
Lochdurchmesser in mm	3	3	4	4	5	6	8

Selbstverständlich wählt man geeignetes Material, d. h. Stahlblech in Abkantqualität (St 1405, Q St 37-2, Q St 42-2, Q St 52-3); Bleche aus Kupfer- und Leichtmetallegierungen im Zustand weich oder halbhart.

Kleine Werkstücke spannen wir zwischen zwei Winkelstählen oder zwischen der Blechkluppe ein.

Große Tafeln werden maschinell auf der Abkantmaschine oder Abkantpresse gebogen. Damit die empfindlichen Oberflächen nicht beschädigt werden, ist der Holz-, Gummi- oder Leichtmetallhammer dem Bankhammer vorzuziehen.

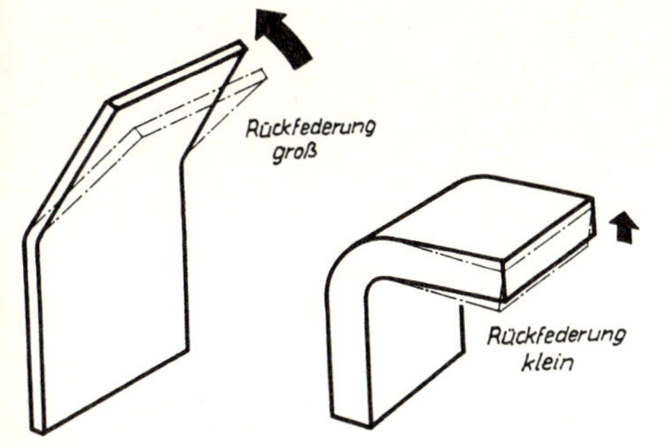

Abhängigkeit der Rückfederung von Blechdicke und Biegewinkel

Nach jedem Kaltbiegen werden wir feststellen, daß das Blech etwas zurückfedert, und zwar um so mehr, je kleiner der Biegewinkel, je dünner das Blech und je härter der Werkstoff ist. Man muß also versuchen, diese Rückfederung dadurch auszugleichen, daß man etwas überbiegt.

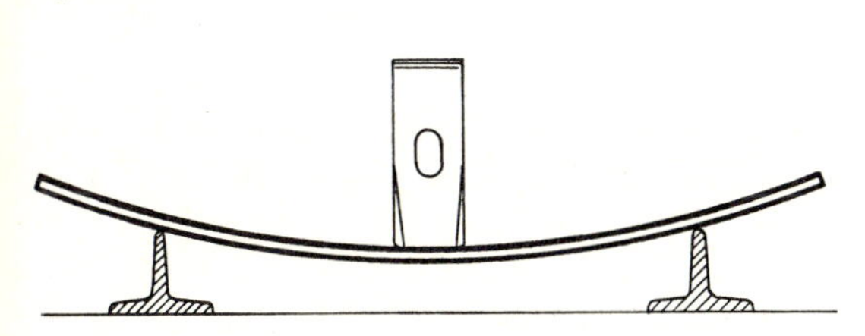

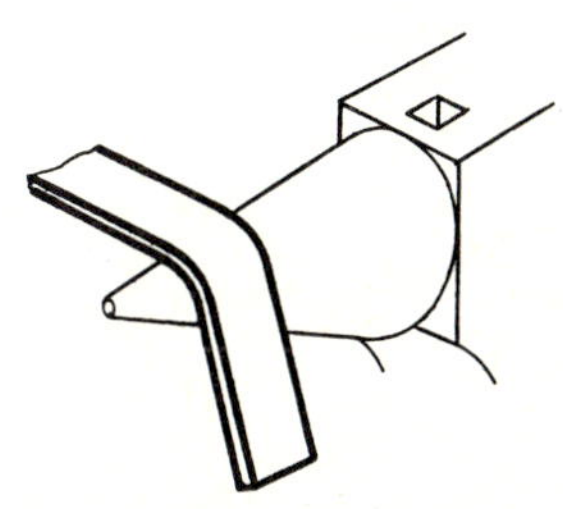

Kürzere Biegungen lassen sich über dem Amboßhorn oder einem Biegedorn im Schraubstock formen.

Flachstähle kann man, um größere Krümmungen zu erzielen, zwischen zwei Auflagen mit dem Hammer „durchdrücken" oder bei kleineren Biegeradien über dem Amboßhorn bzw. einem Biegedorn im Schraubstock formen.
Zum mehrfachen Biegen z. B. beim Kröpfen sind Beilagen erforderlich.

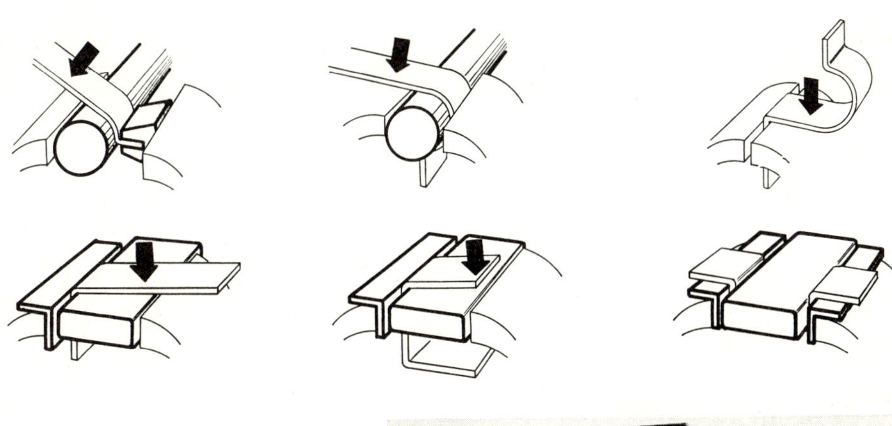

Mit **Biegeapparaten** lassen sich die einschlägigen Arbeiten leichter, schneller und genauer ausführen. Auch das Einrollen von Bändern erfolgt in einer Vorrichtung.

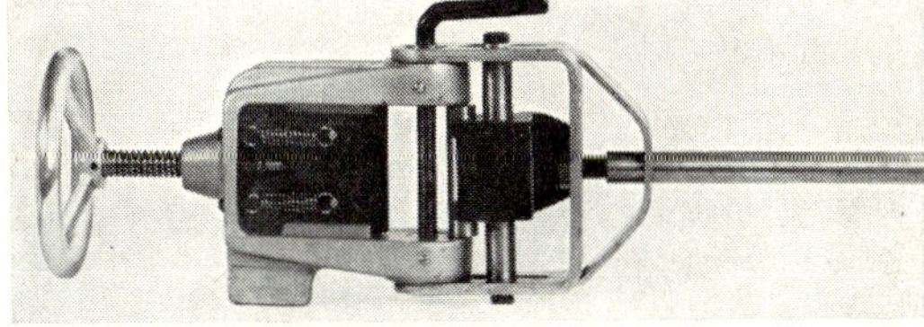

Bandstahl-Roll- und -Biegeapparat

Der Biegeapparat wird waagrecht in einen Schraubstock eingespannt und ist sofort betriebsfertig. Er eignet sich besonders als Augen-Rollapparat (Tür-, Ladenbänder, Scharniere usw.). Mit Scharfkant-Biegedorn und zusätzlichem Spannstück lassen sich auch Winkelbiegungen ausführen.

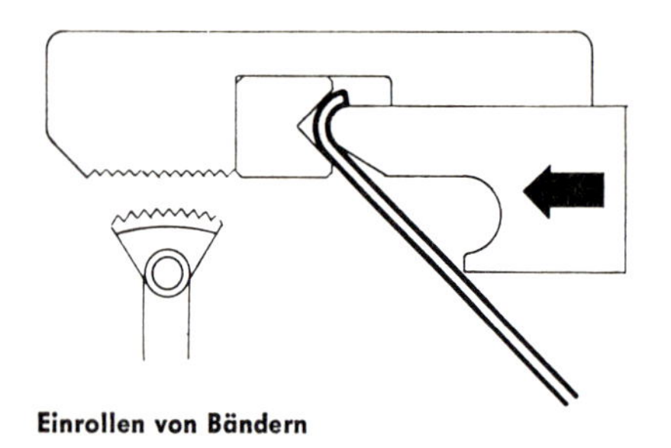
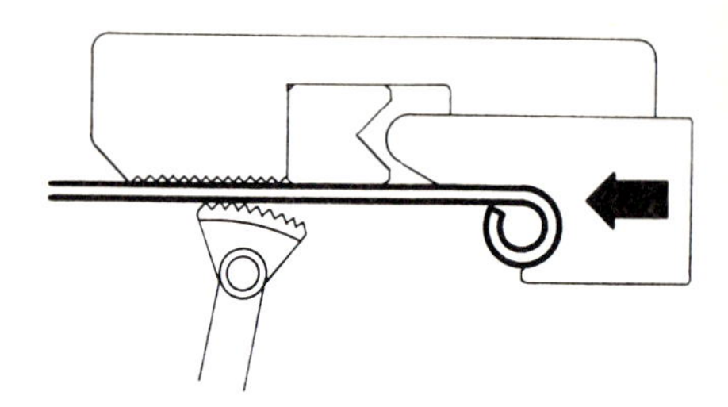

Einrollen von Bändern

b) Biegen von Rohren

Rohrbogen kommen u. a. an Treppengeländern, Rohrbindern für Dachkonstruktionen, Halterungen, Torrahmen und Leitungen vor. Gegenüber vollen Profilen sind Rohre über 10 mm ⌀ schwieriger zu verformen, weil sie leicht einknicken oder Falten bilden. Je kleiner der Biegeradius, je dünner die Rohrwand und je größer der Rohr-⌀, desto vorsichtiger müssen wir vorgehen. Bei stumpf geschweißten Rohren kann überdies die Längsnaht platzen, weshalb wir diese Naht beim Biegen immer in die neutrale Faser legen.

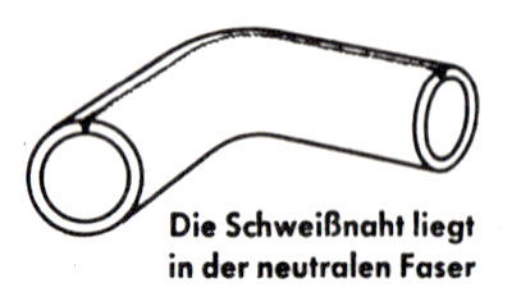

Die Schweißnaht liegt in der neutralen Faser

Gröbere Arbeiten, wie z. B. das Biegen eines Geländerauslaufes, lassen sich über einem passenden Kern zwischen den Schraubstockbacken ausführen.

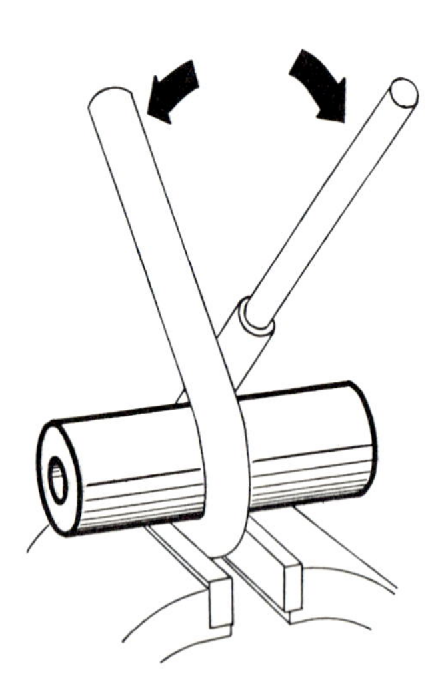

Biegen eines Rohrbogens

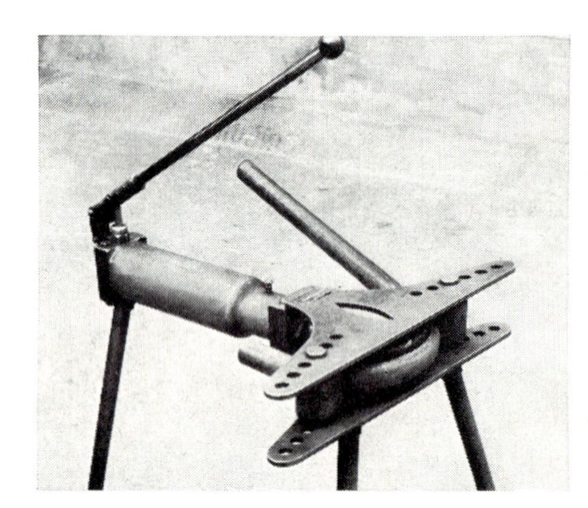

Rohrbiegeapparat, hydraulisch

Dünnwandige Stahlrohre mit größerem ⌀ biegt man am besten rotwarm nach Schablone. Füllt man die Biegestelle mit einer kräftigen, eingefetteten Spiralfeder oder mit feinem, trockenem Sand aus, dann kann das Rohr nicht einknicken. Der Sand muß aber festgeklopft und das Rohr beiderseits mit Holzstopfen verschlossen werden. Was könnte passieren, wenn der Sand feucht ist und die Biegestelle mit dem Schweißbrenner erhitzt wird?

Für dünne Rohre und solche aus Kupfer, Messing und Leichtmetall eignet sich als Füllmaterial geschmolzenes Kolophonium (Fichtenharz) mit 2% Schmierölzusatz (nur kalt biegen!). Rohre aus Kupfer und Kupferlegierungen können wir vor dem Biegen auch mit Blei ausgießen. Das niedrigschmelzende Blei läuft beim Wiedererwärmen sauber aus.

Rohrbiegeapparate aller Art erleichtern natürlich die Arbeit, ermöglichen große Genauigkeit und sparen Zeit.

Sehr schwierig ist das Biegen von Stahlprofilen und Leichtmetallprofilen, wie sie heute im Fenster- und Türenbau verwendet werden. Leichte Rundungen ermöglicht auch bei kaltem Werkstoff die Biegemaschine für Profilstahl.

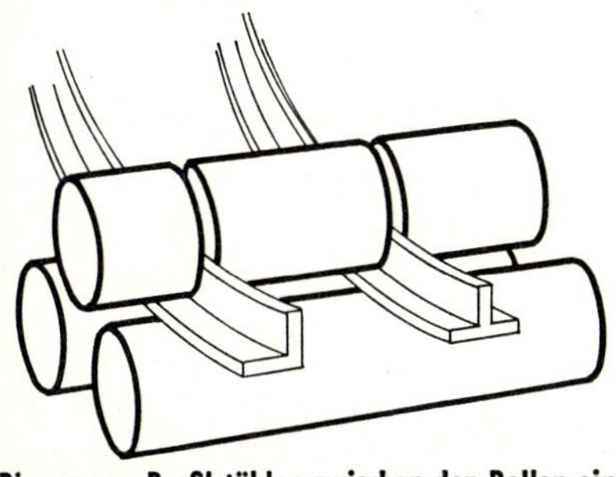

Biegen von Profilstählen zwischen den Rollen einer Biegemaschine

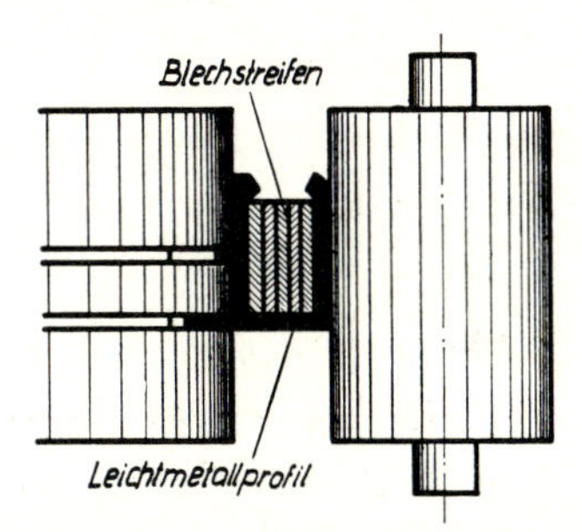

Biegen von offenen Leichtmetallprofilen mittels Profilrollen

Damit sich Leichtmetallprofile im Querschnitt nicht verformen, legt man sie mit Blechstreifen aus.

Der Mindestbiegeradius ist vor allem bei Rohren unbedingt einzuhalten.

Mindest-Biegeradien für nahtlose Rohre über 1 mm Wandstärke

Rohraußendurchmesser in mm	Innenradien für Rohrwerkstoffe aus				
	Stahl	Aluminium	Aluminiumlegierungen	Kupfer	Messing
6	5	10	15	5	15
8	10	15	20	10	15
10	10	20	25	10	15
12	15	20	25	10	20
14	15	25	30	15	20
15	15	30	35	15	20
16	15	30	40	15	20
18	20	35	50	15	25
20	20	40	60	15	25
22	25	45	70	20	30
25	25	60	80	20	35
30	30	75	110	30	40
35	45	90	135	40	50
40	60	105	160	40	50

4. Arbeitsregeln

a) Vergewissere dich, ob sich der Werkstoff zum Biegen eignet! (Weich? Niedere Streckgrenze?)

b) Prüfe im Zweifelsfalle an Hand von Tabellen, ob der Mindestbiegeradius nicht unterschritten wird!

c) Berechne die Biegelänge, wenn nötig nach der neutralen Faser, und zeichne sie auf dem Rohling an!

d) Wähle zum Biegen von Hand den geeigneten Hammer! Keinen Bleihammer für Leichtmetalle!

e) Beachte die Rückfederung!

5. Selbst finden und behalten

a) Von welchen Werkstoffeigenschaften hängt die Biegefähigkeit ab?

b) Warum läßt sich ein Flachstahl über die hohe Kante viel schwerer biegen als über die flache und warum nur warm?

c) Wie ist das Rückfedern von Stahlblechen und Profilen zu erklären?

d) Warum soll die Naht von längsgeschweißten Rohren zum Biegen in die neutrale Faser gelegt werden?

e) Durch welche Vorkehrungen, Maßnahmen und Werkzeuge sucht man die Querschnittsänderung beim Biegen zu verhindern?

MERKE:

1. Beim Biegen wird die Streckgrenze überschritten.

2. Bei Biegearbeiten sind a) Mindestbiegeradius, b) richtige Biegetemperatur, c) die Walzrichtung zu berücksichtigen.

3. Hohle Profile schützt man durch Füllungen, Federeinlagen oder maschinelles Biegen vor Querschnittsverformungen.

VII. Richten erfordert ein gutes Augenmaß

1. Halbzeug und fertige Werkstücke müssen gerichtet werden

Selten finden wir Stangen, Bleche, Rohre, Profile so gerade bzw. eben vor, daß wir das Halbzeug ohne weiteres anreißen und bearbeiten könnten. Andererseits verbeulen, verziehen, verwerfen und verdrehen sich die Werkstücke auch oft während und nach der Bearbeitung. Richten und immer wieder nachrichten ist deshalb unerläßlich.

2. Einige Werkstoffe lassen sich gut, manche schlechter, andere gar nicht richten

Wie beim Biegen müssen dabei die Fasern gestaucht und gestreckt werden, was eine gewisse Dehnbarkeit voraussetzt. Baustahl und Stahlguß, Kupfer, Zink, Nickel, Aluminium und die weichen bis halbharten Legierungen dieser Metalle lassen sich in der Regel bis zu 25 .... 30 mm Dicke kalt richten. Werkzeugstahl und alle gehärteten Werkstücke (z. B. Bohrer) muß man vorher anwärmen bzw. weichglühen, ebenso dickere Profile aus Baustahl. Doch ist es nicht ratsam, eine vergütete Achse warm zu richten, weil Vergütungsstähle ihre besonderen Eigenschaften durch höheres Erwärmen verlieren.

Temperguß und Sphäroguß kann man durch vorsichtigen Druck oder Zug richten, nicht durch Hammerschläge. Ein Hebel oder eine Platte aus Grauguß dagegen würden infolge ihres spröden Gefüges brechen.

3. Beim Richten bedienen wir uns verschiedener Arbeitsweisen und Hilfsmittel

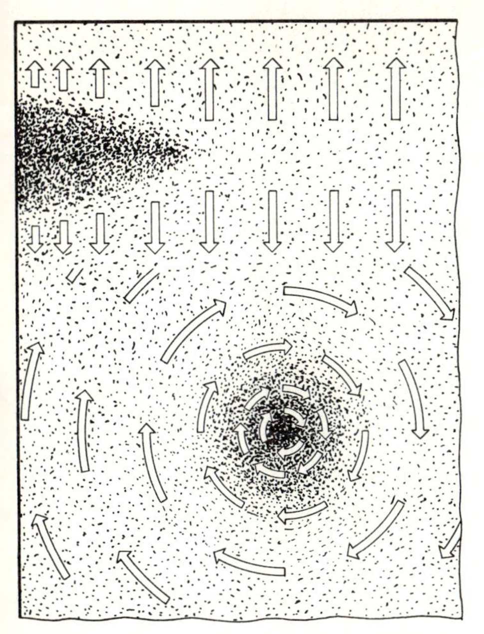

Die Pfeillänge deutet die Wucht der Hammerschläge an!

Spannen von Blech

a) Bei verbeulten oder faltigen **Blechen** gilt es, den Werkstoff von der Beule weg zu strecken. Zu diesem Zweck beginnt man mit leichten Hammerschlägen am Rande der Ausbeulung und setzt Schlag neben Schlag spiralig nach außen fort.

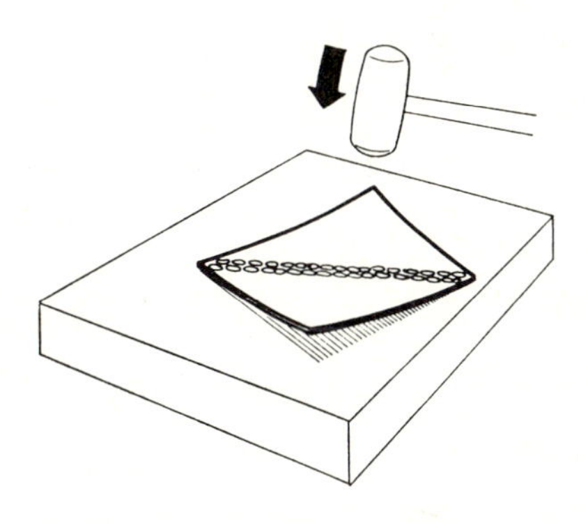

Windschief verspannten Blechen rückt man zu Leibe, indem man die aufliegende (zu kurze) Diagonale mit Hammerschlägen streckt.

Noch mehr Gefühl, Übung und Erfahrung erfordert das Richten mit der Schweißflamme, kurz **Flammrichten** genannt. Hier wird die Schrumpfung beim Erkalten ausgenützt. Zum Verständnis des Vorgangs diene folgende **Versuchsreihe:**

I.

Stahlstab 20×20×500 mm in kaltem Zustand

Stahlstab auf 100 mm Länge um 800 °C erwärmt, dehnt sich um etwa 1 mm aus

Stahlstab wieder auf Raumtemperatur abgekühlt, zieht sich auf seine ursprüngliche Länge zusammen

II.

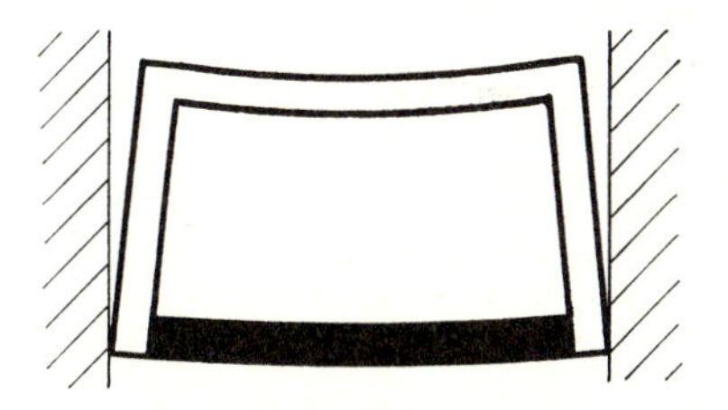

Der eingeschweißte Stab ist zu lang. Der durchgekrümmte Rahmen wird fest eingespannt

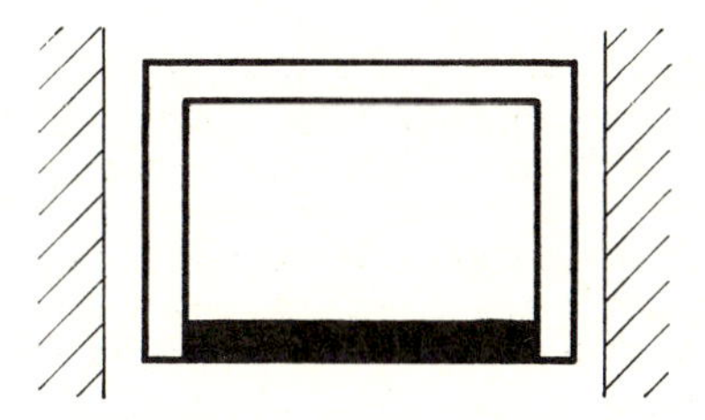

Der Stahlstab staucht sich etwas beim örtlichen Erwärmen auf 800 °C und wird beim Erkalten kürzer. Der Rahmen ist jetzt im Winkel.

III.

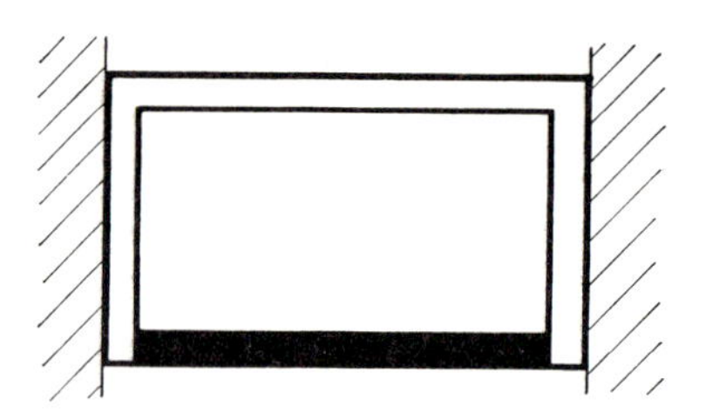

Der gleiche Stab ist hier in einen kräftigen Rahmen eingeschweißt und durch Einspannen an der Längenausdehnung gehindert.

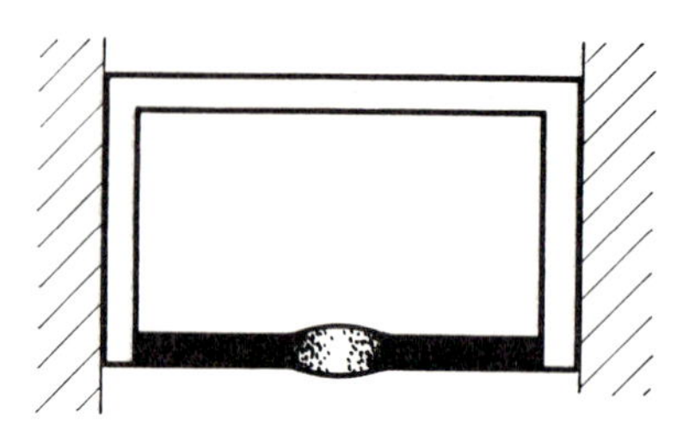

Um 800 °C erwärmt, kann er sich nur in der Dicke ausdehnen, er wird gestaucht und damit kürzer.

Beim Erkalten zieht sich der Stab um etwa 1 mm zusammen, er schrumpft und biegt die Schenkel des Rahmens nach innen. (Gäben die Schenkel nicht nach, so risse entweder der Stab, oder die Schrumpfkräfte blieben als hohe Zugspannung in dem Stab bestehen.)

Der Versuch erweist:

1. Zum Geraderichten muß die längere Seite erhitzt werden.
2. Die erwärmte Zone muß möglichst klein gehalten werden, sonst staucht sich der Werkstoff nicht, er weicht nach der Seite aus.
3. Der Werkstoff schrumpft bei jedem Erkalten. Durch wiederholtes Erhitzen an verschiedenen Stellen kann man die Schrumpfwirkung steigern.

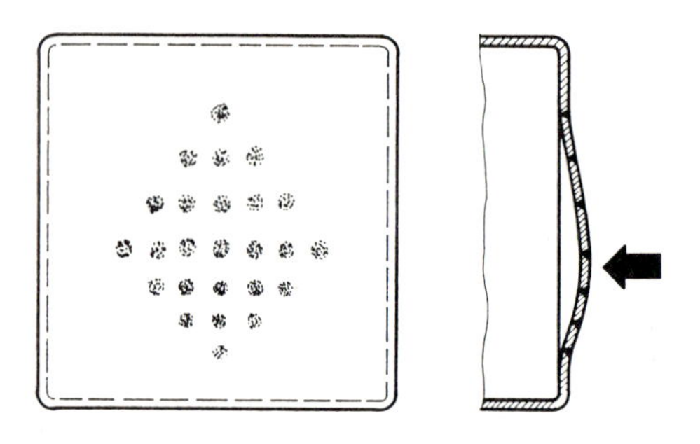

Richten durch Wärmepunkte

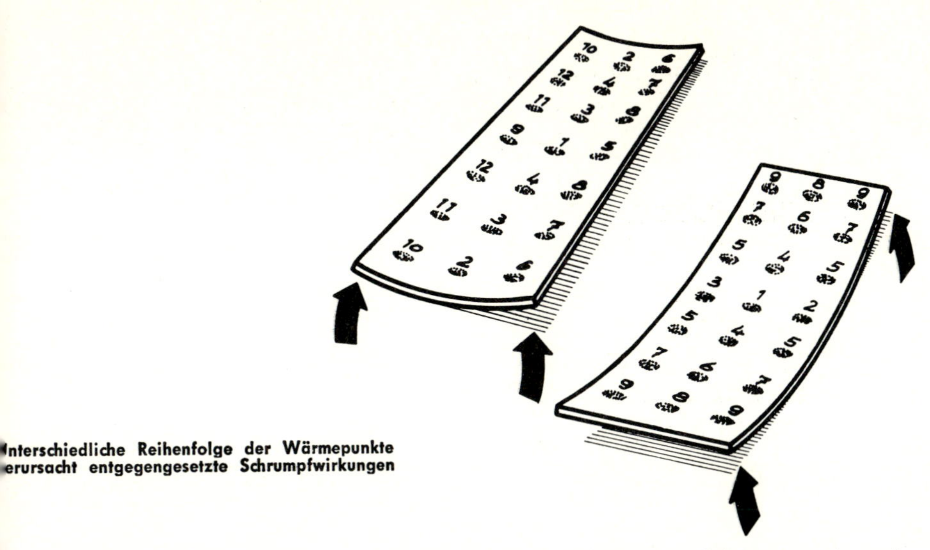

Unterschiedliche Reihenfolge der Wärmepunkte verursacht entgegengesetzte Schrumpfwirkungen

Bleche richtet man durch Setzen von einzelnen Wärmepunkten, nachdem man sie vorher mit dem Stahllineal von beiden Seiten auf Unebenheiten kontrolliert und diese angezeichnet hat. Bei dünnen Blechen muß man die rotglühenden Beulen sofort mit Holzhammer und Gegenhalter zurückstemmen, sonst treten noch größere Verwerfungen ein. Bleche aus weichem Baustahl kann man zusätzlich mit Wasser oder Preßluft abschrecken.

Die Punkte müssen so weit auseinander liegen, daß sie sich gegenseitig nicht beeinflussen. Daß auch die Reihenfolge und die Richtung der Punkte eine Rolle spielt, zeigen die Bilder.

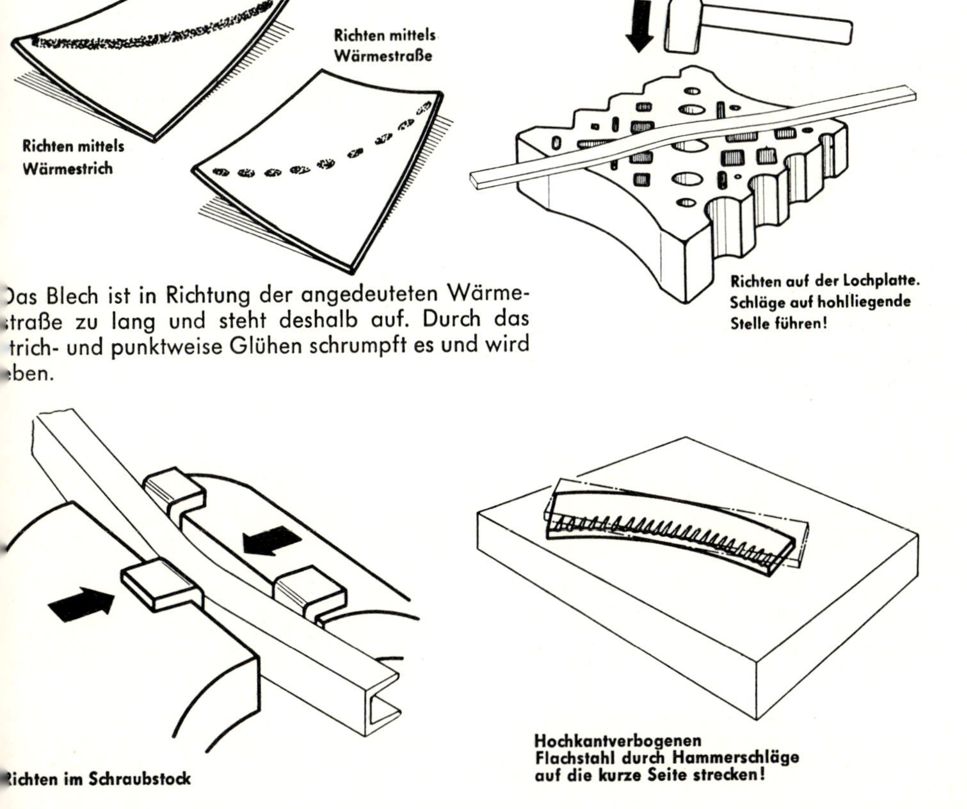

Richten mittels Wärmestrich

Richten mittels Wärmestraße

Das Blech ist in Richtung der angedeuteten Wärmestraße zu lang und steht deshalb auf. Durch das strich- und punktweise Glühen schrumpft es und wird eben.

Richten auf der Lochplatte. Schläge auf hohlliegende Stelle führen!

Richten im Schraubstock

Hochkantverbogenen Flachstahl durch Hammerschläge auf die kurze Seite strecken!

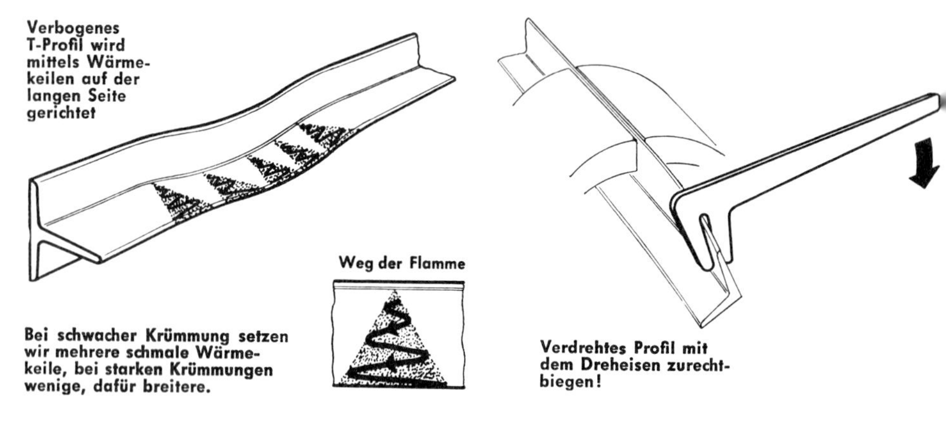

b) Verbogene Drähte, Rohre und Profile:

Weichen **Draht** bis zu 2 mm ⌀ spannen wir mit einem Ende in den Schraubstock und strekken ihn, indem wir ihn zwischen zwei Holzstücken hindurchziehen. Für dicke Drähte ist di Drahtrichtmaschine besser geeignet.

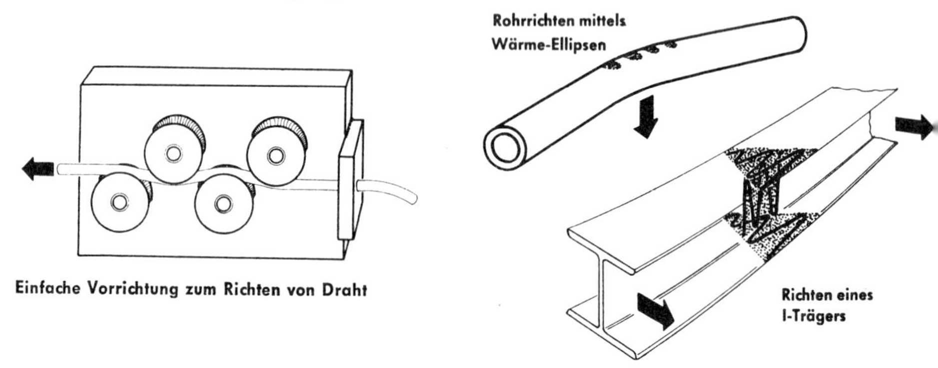

Rohre und Hohlprofile aller Art würden durch Richtschläge mit dem Hammer eingebeul Mit einer Schraubzwinge oder der Spindelpresse und passenden Beilagen geht es besse Wie Rohre und Profile mit der Schweißflamme gerichtet werden, zeigen ein paar Beispiele Das Rohr auf der langen Seite an einer oder mehreren Stellen ellipsenförmig erwärme und erkalten lassen. Wenn nötig, öfters wiederholen.

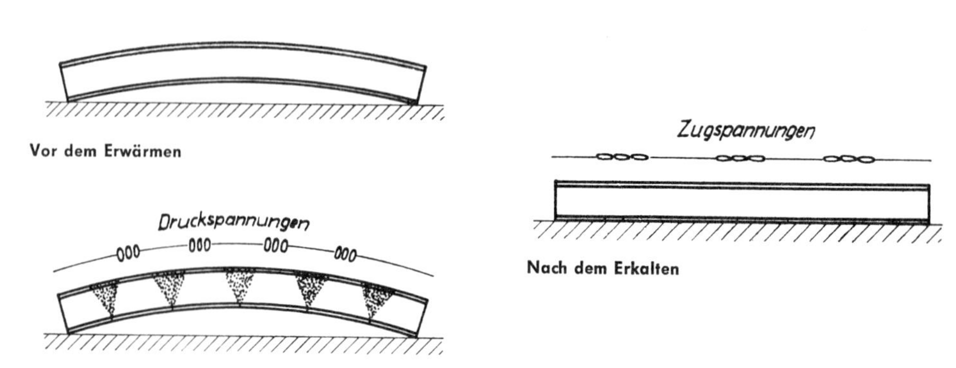

Krumme Profile aller Art behandeln wir mit Wärmekeilen; beim Doppel-T empfiehlt es sich daß zwei Mann gleichzeitig den oberen und unteren Flansch erhitzen. Sauerstoffüberschu in der Flamme (1,8 : 1,0) ist hierbei erlaubt und zu empfehlen, damit die örtliche Erwärmun rascher erfolgt.

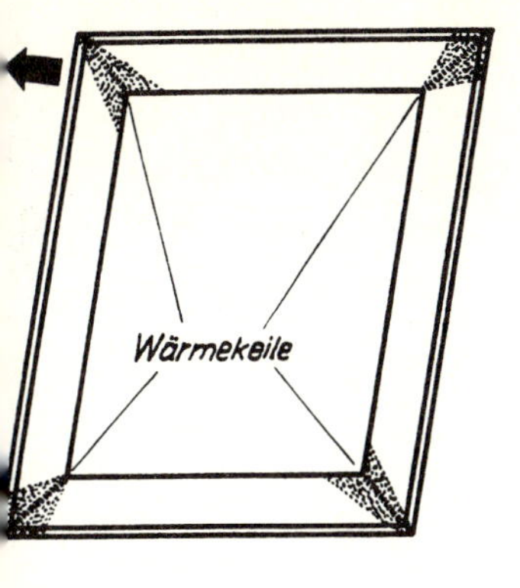

Sogar einen verzogenen Rahmen bringen wir wieder ins Lot, wenn wir die Wärmekeile etwa so anlegen wie die Abbildung andeutet. Hierbei gehen wir so vor, daß wir je zwei gegenüberliegende Ecken möglichst gleichzeitig erwärmen.

. Arbeitsregeln

) Vor dem Anreißen grundsätzlich richten. Das fertige Werkstück nachrichten.

) Wähle den richtigen Hammer:
für Stahlblech den Bankhammer oder Holzhammer,
für NE-Bleche den Holz-, Gummi- oder Kunststoffhammer,
für Flachstähle über 5 mm Dicke den Schmiedehammer!

) Richte Stäbe ab 25 bis 30 mm Dicke warm!

) Beachte, daß du beim Flammrichten möglichst rasch, kurzfristig und scharf begrenzt erwärmen sollst!

. Selbst finden und behalten

) Was geschieht mit den Werkstoffasern eines Flachstahls, der auf einer Längsseite gehämmert wird?

) Wie beurteilst du das Richten einer Stange auf der Anreißplatte?

) Warum lassen sich dicke Querschnitte nur warm richten?

) Welche unterschiedlichen Veränderungen haben Hämmern und Flammrichten zur Folge? Wie wirken sie sich auf die Fertiglänge des Werkstücks aus?

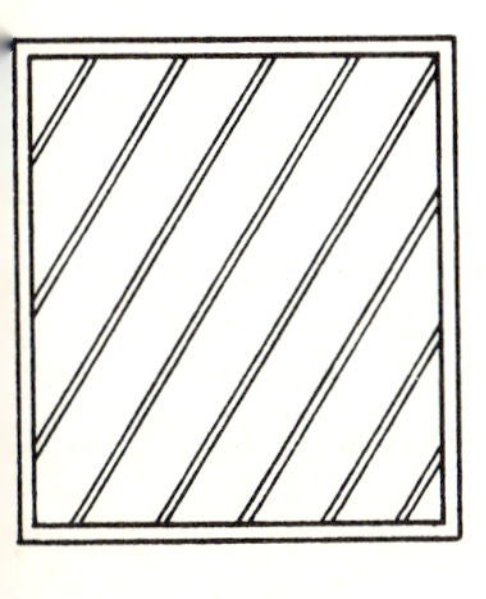

e) In einen Rahmen aus Vierkantrohr werden Rundstäbe eingeschweißt (Bild). Wie wirkt sich die Erwärmung an den Schweißstellen auf die Form des Rahmens aus? Wodurch könntest du diese Wirkung verhindern?

f) Stelle die wichtigsten Werkzeuge zusammen, die zum Richten von Hand gebraucht werden.

ERKE:

. Richten lassen sich Halbzeug und Werkstücke mit Hammerschlägen, mittels Rollen und Pressen und durch örtliche Erwärmung.

. Die wichtigsten Werkzeuge für Richtarbeiten: Richtplatte, Amboß, Schraubstock, Spindelpresse, Stahl-, Holz-, Gummi- und Kunststoffhämmer, Drahtrichtrollen-Apparat, Schweißbrenner.

. Richten lassen sich nur Stücke aus dehnbarem Werkstoff, nicht jedoch Grauguß oder Werkzeugstahl in gehärtetem Zustand.

VIII. Scheren ist eine Trennmöglichkeit

1. Scheren arbeiten schnell und einfach

Zum Unterschied vom Sägen und Brennschneiden muß bei diesem spanlosen Trennen kei
Verschnitt berücksichtigt werden. Elektrische Energie ist, außer bei Elektro-Geräten, nich
erforderlich, der Werkstoff wird auch nicht erwärmt. Doch müssen die Schnittkanten etwc
nachgerichtet und geglättet werden.

Das vollständige, gerade Trennen bezeichnen wir mit **Abschneiden,** das teilweise Trenne
mit **Einschneiden,** das Heraustrennen längs einer gekrümmten Linie mit **Ausschneiden.**

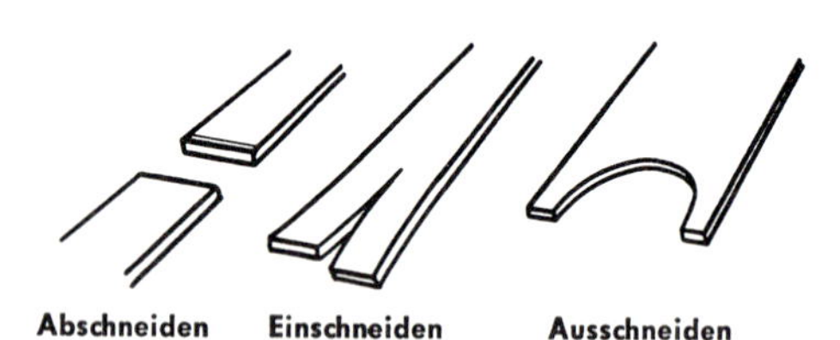

2. Die Scherenformen sind dem jeweiligen Zweck angepaßt

Von den Elektro- und Preßluftschnittwerkzeugen und Maschinenscheren abgesehen, sin
die Scheren so gestaltet, daß die Handkraft möglichst vorteilhaft ausgenützt wird. Zur
Schneiden von dünnen Blechen haben sich je nach Lage und Verlauf der Anrisse verschie
dene Formen von **Handscheren** bewährt:

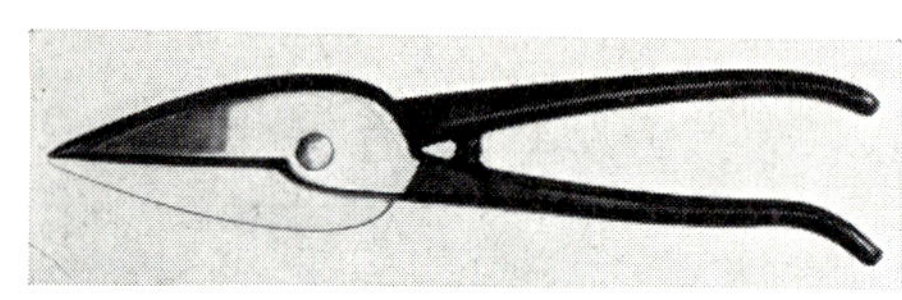

Handblechschere mit offenen Schenkeln

Diese am meisten gebräuchlichen Hand
scheren eignen sich für gerade Außen
schnitte und Außenbogen. Ist das unter
Scherenblatt in Schnittrichtung rechts an
geordnet, so spricht man von einer rech
ten Schere und umgekehrt.

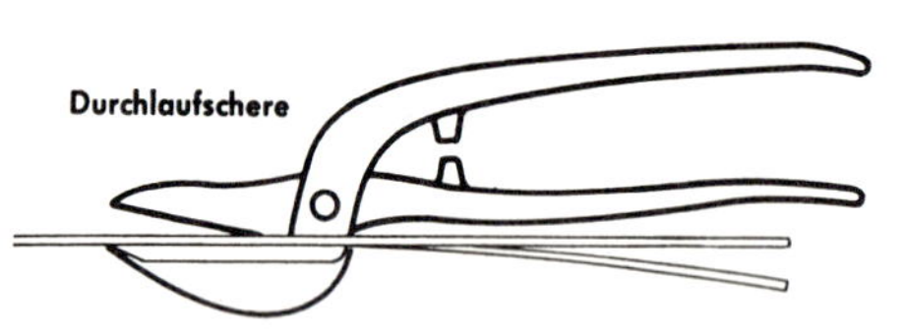

Der linke Blechstreifen kann hier gerade unter dem Scherengelenk durchlaufen. Für lange Schnitte bestimmt.

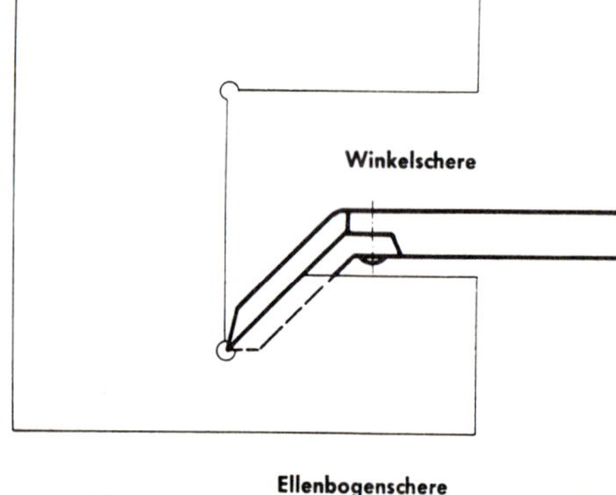

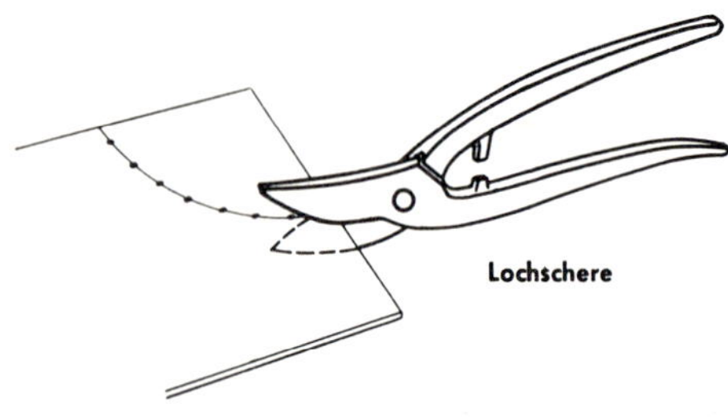

Die Spitzen und gebogenen Backen der Lochschere ermöglichen das Schneiden von Innenbogen.

Ellenbogenschere

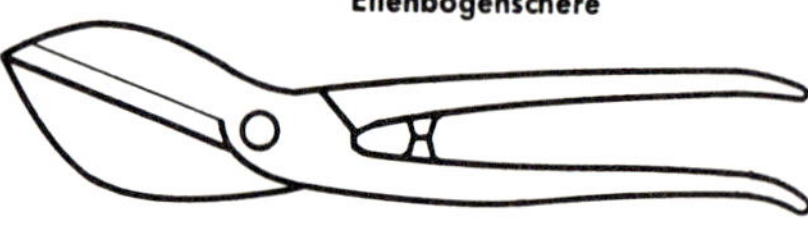

Bei der Winkelschere sind die Backen zu
Seite gekröpft, bei der Ellenbogenschere
nach oben. Beide Werkzeuge erleichterr
das Schneiden an schwer zugänglicher
Stellen.

ebelschere

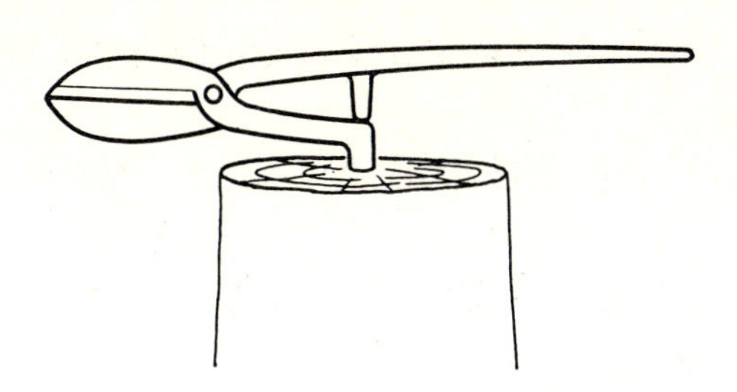

Die **Stockschere** schneidet Stahlblech bis etwa 3 mm Dicke, weil man das Körpergewicht einsetzen kann.

um Schneiden von Blech, Draht, Flachstahl und Profilstahl über 3 mm ϕ steht in jeder /erkstätte eine **Hebelschere.**

s gibt zahlreiche unterschiedliche Konstruktionen, leichte und schwere Ausführungen, meist it Zahnradübersetzung. Das Untermesser steht fest, das leicht gerundete Obermesser ist eweglich. Besonders gelochte Scherblätter für Profile, ein Niederhalter und ein verstellarer Anschlag ergänzen die Einrichtung.

gut eingerichteten Werkstätten und Spezialbetrieben finden sich auch Schlagscheren, reisscheren und Elektro- bzw. Preßluftknabber.

. Die Scherfestigkeit muß überwunden werden

chon beim Schneiden von dünnem Blech verspüren wir einen ziemlichen, anschwellenden /iderstand. Er rührt her von der Zusammenhangskraft der Kristallite im Werkstoff; man ennt diesen Abtrennwiderstand quer zur Längsrichtung auch **Scherfestigkeit** N/mm². Sie eträgt etwa 80–85 % der Bruchfestigkeit. Genau betrachtet, spielt sich das Abscheren in rei Phasen ab:

) Der Werkstoff wird durch die keilförmigen Messer beidseitig **eingekerbt,** wobei sich der /erkstoff verdichtet und der Widerstand zunimmt.

) Das Obermesser dringt in den Werkstoff ein und **schneidet** die Fasern teilweise durch, obei die Druckfläche und damit der Widerstand sich so vergrößern, daß kein Schneiden eiter möglich ist.

Durch gesteigerten Druck auf die Schere wird der restliche Querschnitt **abgebrochen.**

m saubersten und mit dem geringsten Kraftaufwand arbeitet die Schere unter folgenden edingungen:

) Kerbwinkel 5–10°

) Freiwinkel 2°

Spiel höchstens 1/20 Werkstoffdicke

) Ziehender Schnitt

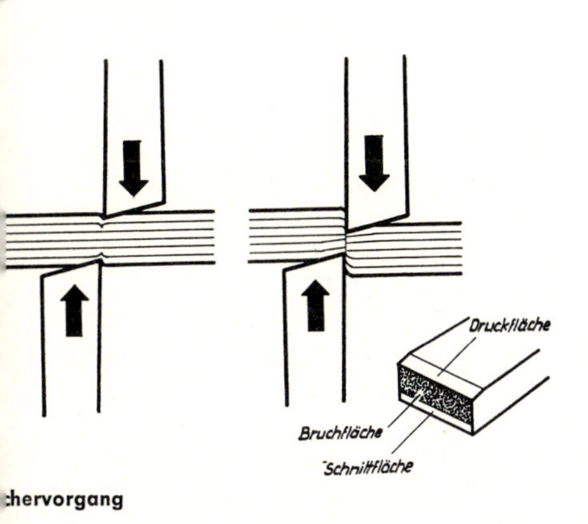

chervorgang

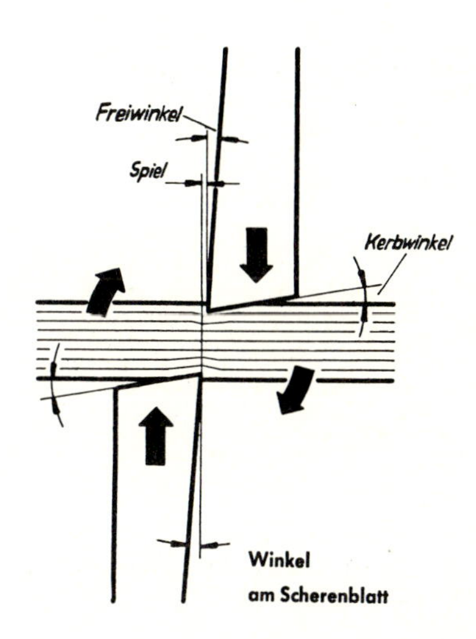

Winkel am Scherenblatt

Parallelschere

Hebelschere

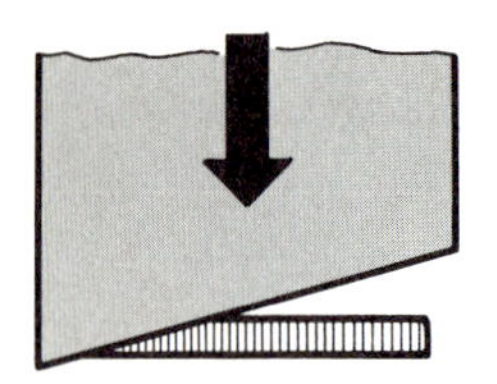

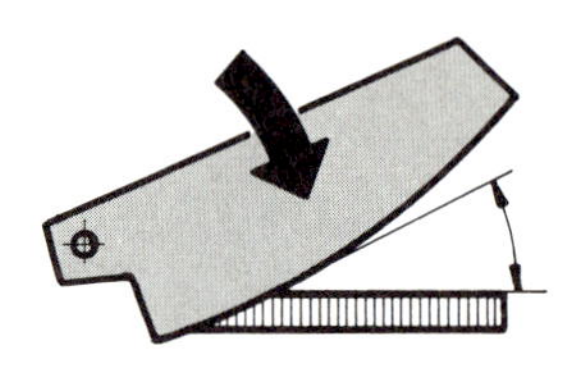

Die kurvenförmige Schneide gewährleistet unveränderten Scherwinkel

Ziehender Schnitt bei Parallel- u. Hebelschere

4. Das Hebelgesetz spielt mit

a) Nach dem Hebelgesetz gilt:

	Kraft × Kraftarm	= Last × Lastarm
Beispiel:	15 N × 175 mm	= 105 N × 25 mm
	$F \cdot a$	$= Q \cdot b$

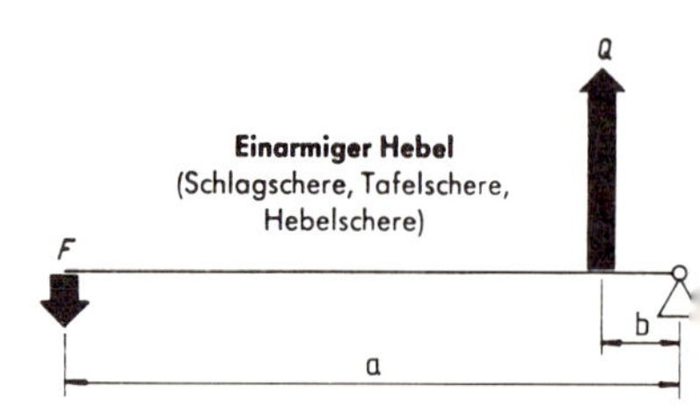

Das linksdrehende Moment $F \cdot a$ hält dem rechtsdrehenden $Q \cdot b$ die Waage. Daraus folg F kann 7mal kleiner sein als Q, weil a = 175/25 = 7mal größer ist als b. Genau so a einarmigen Hebel.
Die Handschere bildet einen zweiseitigen ungleicharmigen Hebel mit Handkraft F un Scherwiderstand Q. Der erzielte Druck an der Schneidbacke ist um so größer, je läng der Kraftarm im Vergleich zum Lastarm ist.

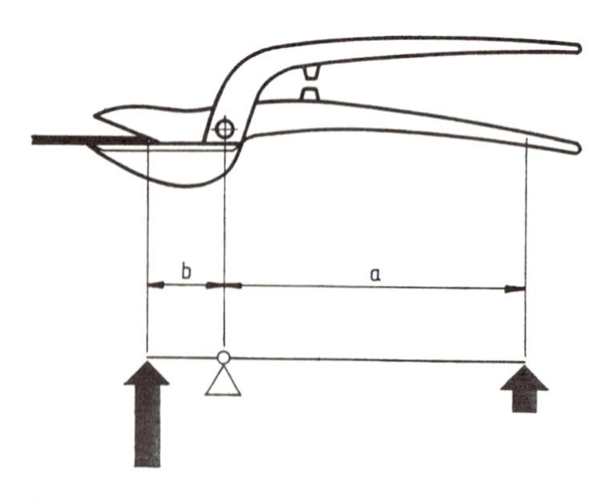

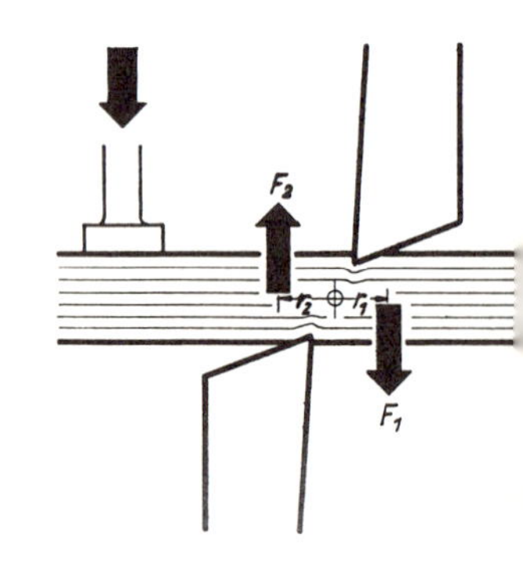

Mit dem ziehenden Schnitt wandert der Schnittdruck zur Spitze der Schneidbacken, de Lastarm wird länger, die Übersetzung ungünstiger, der Kraftaufwand höher. Die Schlag schere stellt einen einarmigen Hebel dar; die Hebelscheren besitzen mehrfache Übe setzungen.
b) Beim Schervorgang selbst erzeugen die Scherblätter ebenfalls zwei, diesesmal ab gleichsinnige Drehmomente. $F_1 \cdot r_1$ und $F_2 \cdot r_2$. Sie würden das Blech verdrehen und zwische die Scherblätter ziehen, wenn das der Niederhalter nicht verhindern würde.

. Arbeitsregeln

) Wähle stets die geeignete Schere!
) Schneide mit der Handschere keine zu dicken Bleche (über 1 mm) und zu harten Drähte!
) Beachte das Leistungsschild an der Hebelschere!
) Führe Kurven- und Rundschnitte im Uhrzeigersinn aus!
) Vergiß nie, an der Hebelschere den Niederhalter einzustellen!
) Benütze beim Ablängen den Anschlag!
) Bringe die Finger nie zwischen die Scherenblätter!

. Selbst finden und behalten

) Was versteht man unter Scherfestigkeit, wie wird sie angegeben und wovon ist sie abhängig? Schlage die Werte der Scherfestigkeit für verschiedene Werkstoffe in einem Tabellenbuch nach!

) Warum zeigt ein abgeschnittener Flachstahl eine unebene Trennfläche, die nachgearbeitet werden muß?

) Wie unterscheidet sich eine rechte von einer linken Handschere?

) Warum ist es verboten, die Schnittkraft einer Hebelschere durch ein aufgestecktes Rohr oder durch Hammerschläge zu erhöhen?

) Die auftretende Scherkraft kannst du mit der Formel berechnen:
Scherkraft F = Werkstoffquerschnitt A × Scherfestigkeit τ_B

$$F = A \cdot \tau_B$$

ie Scherfestigkeit beträgt etwa 85 % der Bruchfestigkeit. Versuche die Scherkraft beim bscheren eines 16-mm-Vierkantstahls aus St 37 zu berechnen. (St 37 hat 370 N/mm² indestbruchfestigkeit.)

ERKE:

Scheren trennen dünne Werkstoffe zeitsparend, ohne Verschnitt. Die Schnittkanten müssen aber meist geglättet und gerichtet werden.

Werkzeuge zum Scheren mit Muskelkraft: Handscheren, Tafelschere, Stockschere, Schlagschere, Hebelschere.

Die gute Scherwirkung hängt hauptsächlich a) vom Öffnungswinkel, b) vom Spiel zwischen den Scherenbacken, c) von der Hebelübersetzung ab.

X. Das Bohren

. Genaue Durchgangs- und Grundlöcher müssen gebohrt werden

Vir wissen bereits, daß beim Scheren, Lochen und Schneiden eine unebene, teilweise rauhe rennfläche entsteht. Löcher für Niete, Schrauben, Stifte, Splinte, Gewinde, Wellen müssen vir deshalb bohren; Paßlöcher, deren Durchmesser auf Zehntel, Hundertstel oder sogar ausendstel von mm bemessen ist, werden etwas kleiner gebohrt und dann aufgerieben. Doch avon später.

. Eigentlich heißt er Wendelbohrer

Gemeint ist das Schneidwerkzeug, das sich unter dem falschen Namen Spiralbohrer in Verkzeugkataloge, Tabellenbücher und sogar DIN-Blätter eingeschlichen hat.

Verdegang des Bohrers: In eine glatt geschliffene Rundstange aus Werkzeug- oder Schnellchnittstahl werden zwei wendelförmige **Nuten** eingefräst. Eine Restlänge bleibt als zylinrischer oder kegelförmiger **Schaft** zum Einspannen. Zwischen den Nuten, welche die Bohrspäne weg- und das Kühlmittel zuführen, entsteht ein Kern, vergleichbar der Tragsäule de Wendeltreppe. Die Bohrerspitze wird kegelförmig zugeschliffen, wodurch sich zwei **Schnei lippen** und die sogenannte **Querschneide** bilden. Letztere schneidet nicht, sondern „mahlt und drückt den Werkstoff nur zur Seite. Damit sie durch die Reibung nicht zu warm wird, so

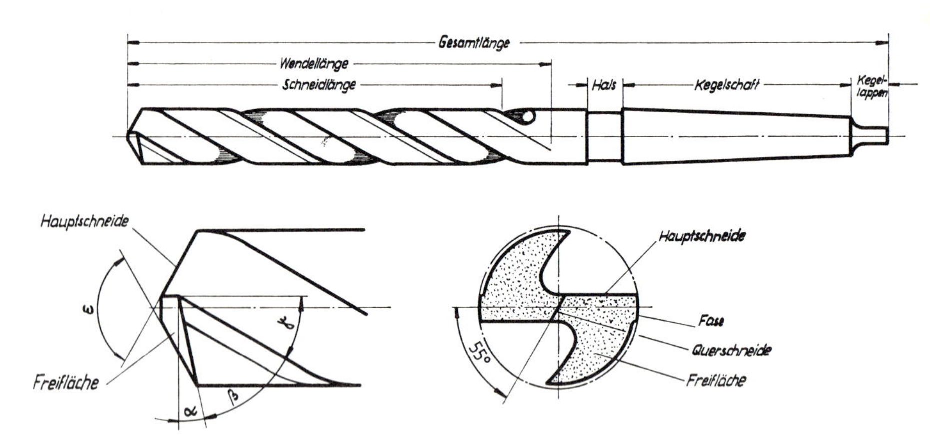

sie möglichst kurz sein, was man durch besondere Schliffe erreicht. Aber zunächst soll durc Hinterschleifen der Kegelflächen von den Schneiden aus verhindert werden, daß sie sich ar Lochgrund reiben (Freiwinkel α).
Zwischen der hinterschliffenen Fläche und der Nut haben wir nun einen günstigen **Keilwir kel** β, zwischen Nutwand und Längsachse des Bohrers den **Spanwinkel** γ. Kleinem Spar kel ≙ steiler Drall, großem Spanwinkel ≙ flacher Drall.
Der Hinterschliff ist dann richtig, wenn die Querschneide mit den Hauptschneiden eine Winkel von 55° bildet.
Unser fabrikneuer Bohrer hat leider nur eine begrenzte **Standzeit,** d. h. er wird stumpf. Rech zeitig, aber auch richtig nachschleifen erspart viel Ärger! Sehr vereinfacht wird diese Arbe durch die Bohrerschleifmaschine, sonst braucht man sehr viel Übung und Geschick, um fo gende Fehler zu vermeiden:

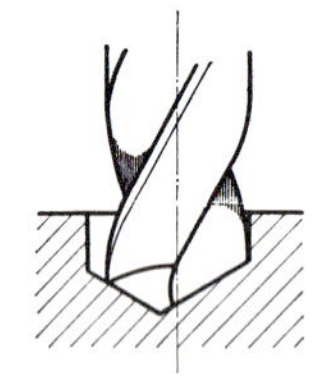

Bohrerspitze außermittig, Schneiden ungleich lang – Loch-⌀ wird zu groß, der Bohrer verläuft und wird schnell stumpf.

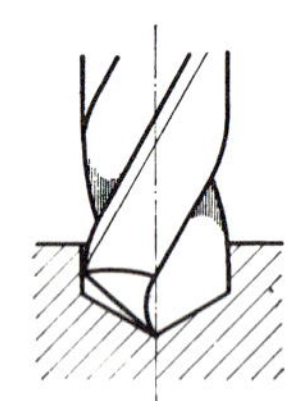

Winkel der Schneidlippe zur Achse verschiede groß, Schneiden ungleic lang – Loch wird unrun nur eine Schneide steht i Eingriff und wird schne stumpf.

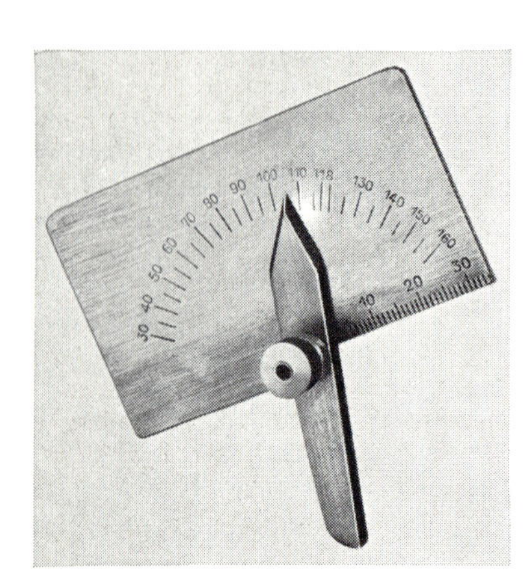

Dem Anfänger unterlaufen meist beide Fehl gleichzeitig. Es ist deshalb durchaus keine Zeitve schwendung, immer wieder mit einer passende Bohrerschleiflehre Winkel und Schneidenlänge nachzuprüfen.

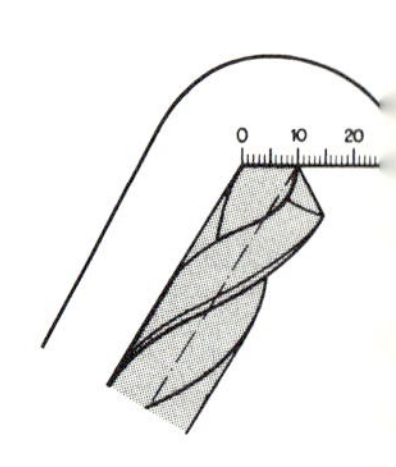

Spiralbohrer-Schleiflehren

3. Verschiedene Werkstoffe und besondere Arbeiten erfordern eigene Bohrerformen

Wie bei jedem schneidenden Werkzeug soll auch der **Schnittwinkel** des Bohrers dem Werkstoffgefüge und der Härte entsprechen. Ein steiler Drall ergibt einen großen Keilwinkel, geeignet für harte Werkstoffe (z. B. Hartmessing), ein flacher Drall bewirkt kleinen Keilwinkel, geeignet für weiche Werkstoffe (z. B. Aluminium). Die günstigsten Bohrerformen wurden durch Versuche ermittelt und können im DIN-Blatt 1414 oder in Tabellenbüchern nachgeschlagen werden. Hier nur die drei wichtigsten Typen und ihre Anwendung.

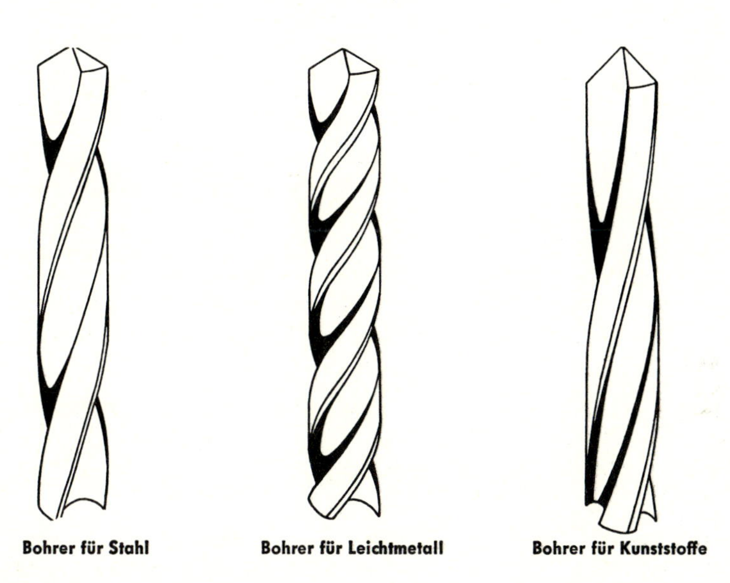

Bohrer für Stahl **Bohrer für Leichtmetall** **Bohrer für Kunststoffe**

Das **Anspitzen** der größeren Bohrer geschieht mit einer schmalen Tellerschleifscheibe und muß gekonnt sein.

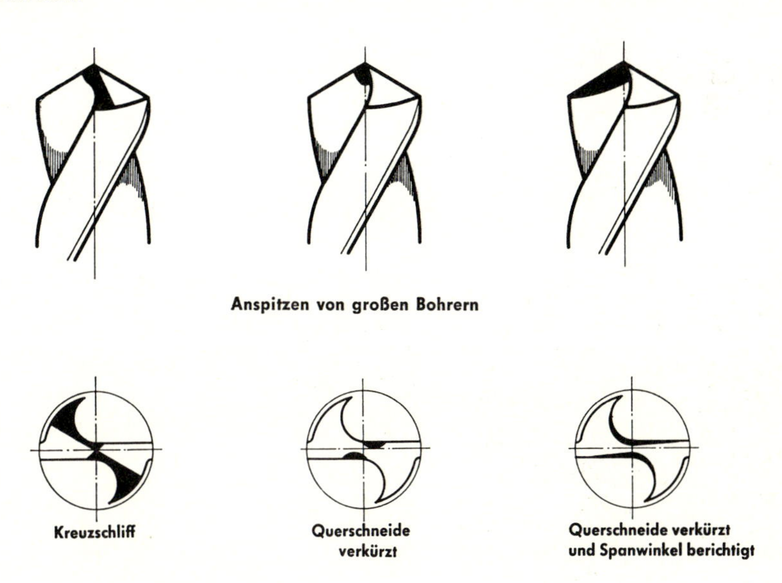

Anspitzen von großen Bohrern

Trotz seiner Wandelfähigkeit eignet sich der Wendelbohrer DIN 345 nicht für alle Arbeiten. Wir sollten auch die Sonderwerkzeuge kennen:

a) Der **Steilnutbohrer** für harte Chromnickelstähle, Hartstahl, Hartguß, Federstahl arbeitet mit Hartmetallschneiden, ist aber nur für geringe Bohrtiefen anzuwenden (etwa 2,5 · d).

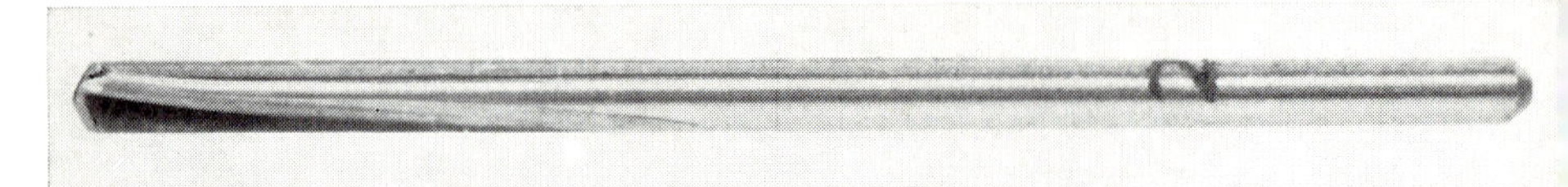

Steilnutbohrer

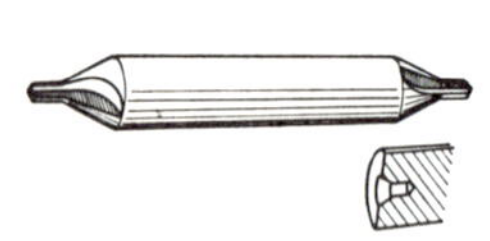

Löcher in Wellen und dgl. zum Aufspannen auf der Spitzendrehbank bohrt formgerecht der Zentrierbohrer (DIN 320, 333).

Der Kanonenbohrer ermöglicht das Auf- und Nachbohren sehr tiefer Löcher. Er arbeitet nur mit einer Schneidkante.

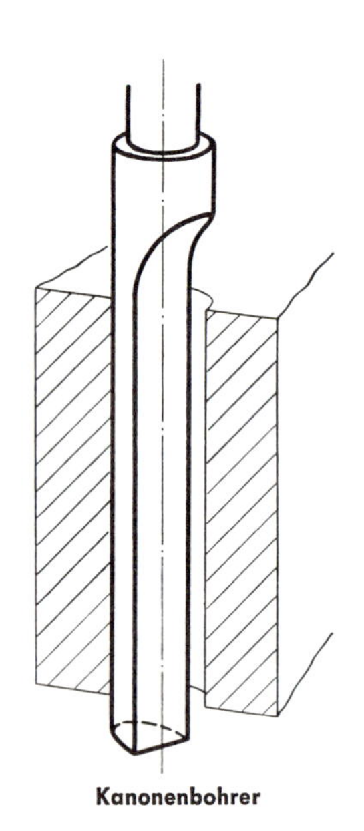

Kanonenbohrer

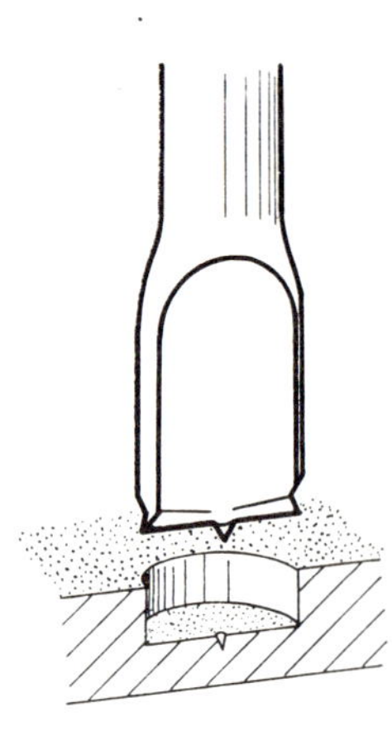

Nur eine kleine Spitze hat der **Zentrumsbohrer**. Er erzeugt Löcher mit flachem Grund.

4. Der Bohrer muß fest sitzen

a) Wendelbohrer mit verjüngtem Vierkantschaft sind der Verwendung in der **Bohrknarre** vorbehalten, die man bei schwer zugänglichen Löchern einsetzt. Spezial-Mauerbohrer gibt es auch mit sechskantigem Schaft.

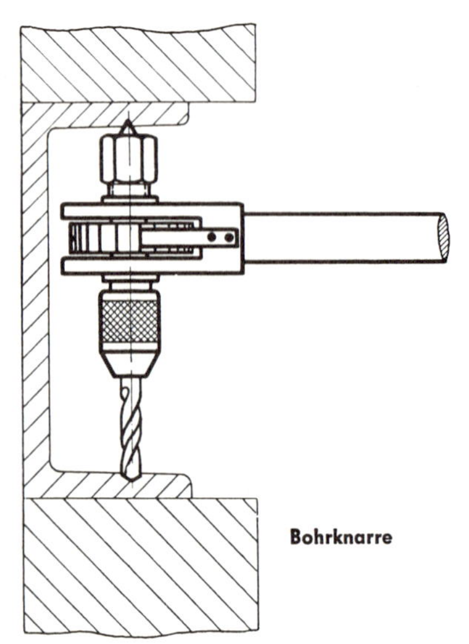

Bohrknarre

b) Zum Einsetzen in die Hand-, Elektro- und Standbohrmaschinen haben die Bohrer bis 10 mm ⌀ zylindrischen, darüber hinaus kegeligen Schaft, weil dieser eine große Haftreibung garantiert.

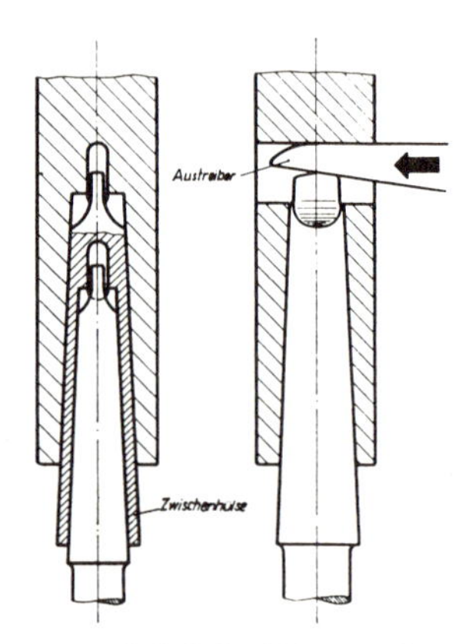

Einspannen mit Zwischenhülse und Austreiben

Zylindrische Bohrerschäfte spannt man in Zwei- oder Dreibackenfutter. **Kegelige** Bohrerschäfte steckt man direkt in den Bohrspindelkopf oder hilft sich bei zu kleinem Bohrer-Ø mit Zwischenhülsen.
Die Kegel für Werkzeugschäfte sind genormt. Man bezeichnet sie als Morsekegel 1 . . . 6. Der Bohrer haftet nur dann einwandfrei, wenn Schaft, Hülse und Innenkegel unbeschädigt und frei von Spänen bzw. anderen Fremdkörpern sind. Daher vor dem Zusammenstecken säubern! Bevor man das Werkzeug mit dem **Austreiber** löst, legt man vorsichtshalber ein Stück Holz unter den Bohrer. (Warum?)

5. Gewissenhafte Vorbereitungen sichern den Erfolg

Daß es vor der eigentlichen Bohrarbeit manches zu überdenken und zu tun gibt, will uns ein Beispiel vor Augen führen.

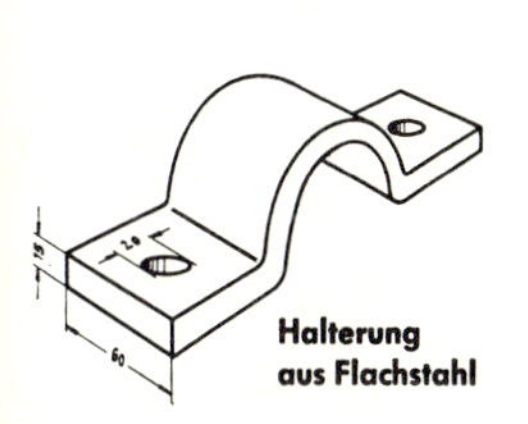

Halterung aus Flachstahl

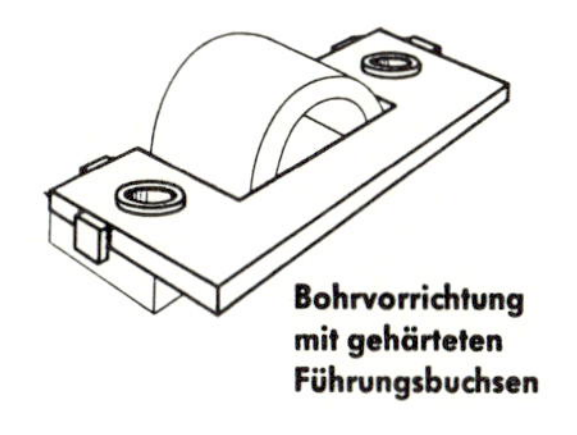

Bohrvorrichtung mit gehärteten Führungsbuchsen

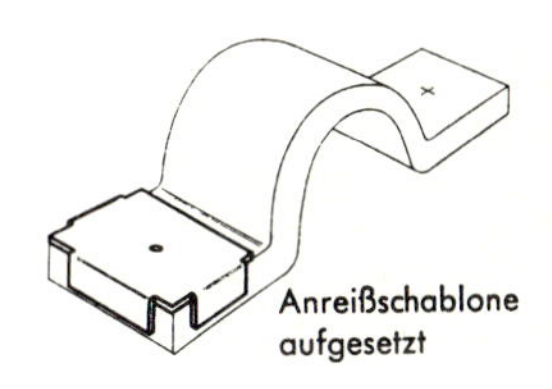

Anreißschablone aufgesetzt

Eine Halterung aus Flachstahl 60 × 15 DIN 1017 St 37 ist nach Skizze mit einem Durchgangsloch 20 Ø zu versehen. Stückzahl 80.
Eine Bohrvorrichtung mit gehärteter Führungsbuchse würde uns der Anreißarbeit entheben, doch bei 80 Stück lohnt sich die Anfertigung einer solchen Vorrichtung noch nicht.
Andererseits ist auch kein Kontrollkreis erforderlich, denn die Maßangaben enthalten keine Passungsvorschriften.
Eine Anreißschablone, aus Blech geschnitten, gebogen und gebohrt, ist in diesem Falle die zeitsparendste Lösung. Die Löcher kräftig ankörnen (Querschneide!).
Nun zur Bohrerwahl. Für weichen Stahl (St 37) brauchen wir keine Sonderausführung, sondern nehmen vom Brett einen normalen 5-mm-Bohrer zum Vorbohren und einen mit 19,75 mm Ø zum Fertigbohren. Das Loch wird nämlich stets weiter, als der Bohrer-Ø angibt, und zwar je weicher der Werkstoff; natürlich kommt bei alten Maschinen mit ausgeleierter Spindelführung noch mehr heraus.
Die Bohrer bis 10 mm Ø stehen in Durchmessern um 0,1 mm steigend zur Wahl (z. B. 3,2; 3,3; 3,4 mm), über 10 mm nehmen die Bohrerdurchmesser um 0,25 mm zu (z. B. 14; 14,25; 14,50; 14,75; 15,00 mm).
Selbstverständlich vergewissern wir uns, ob die Werkzeuge einwandfrei geschliffen sind. Da wir zuerst alle 80 Rohlinge vorbohren, wird der 5-mm-Bohrer in die Tischbohrmaschine eingespannt. Das verhältnismäßig schwere Werkstück können wir noch ohne Gefahr mit der Hand festhalten. Bei kleineren, besonders bei dünneren Blechen wäre dies jedoch nicht ratsam. Der Feilkloben oder eine Zange verhindern schwere Handverletzungen durch das herumgeschleuderte Stück.
Die Bilder zeigen weiter Möglichkeiten des fachgerechten Aufspannens. Sollen die Löcher rechtwinkelig verlaufen, muß das Werkstück plan und waagrecht liegen, daher Späne vor dem Spannen wegkehren.

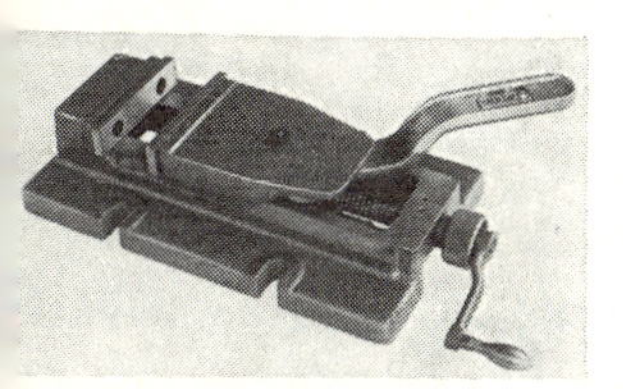

Schnellspann-Bohrmaschinen-Schraubstock

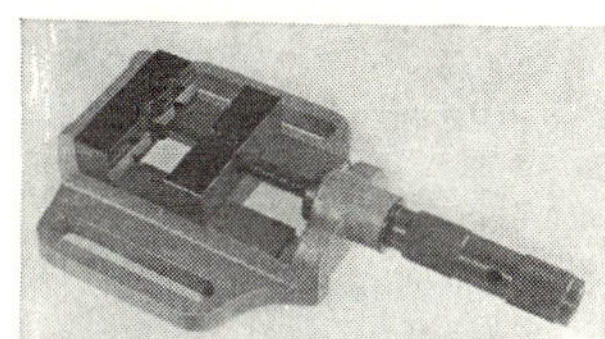

Universal-Bohrmaschinen-Schraubstock

Stufenpratze

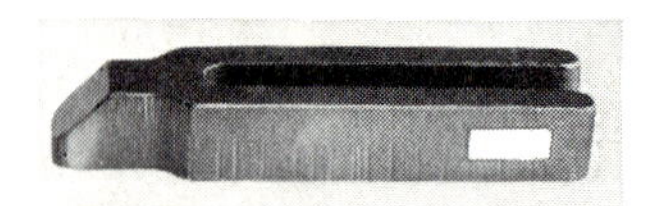

Gabelspanneisen mit Nase

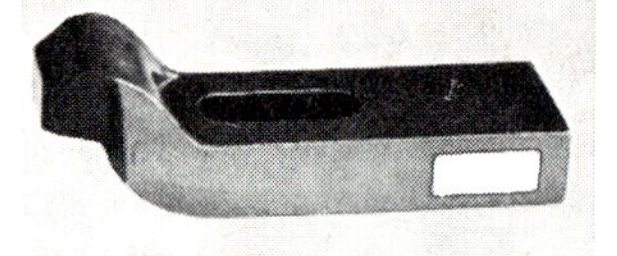

Gekröpftes Spanneisen

Exzenterspanner

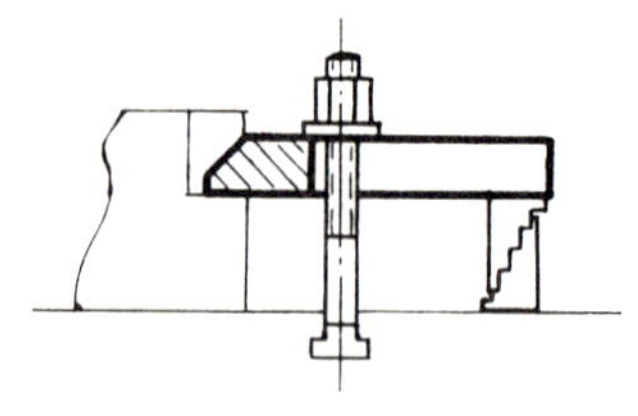

Mittels Treppenböcken wird der Spanneisenschaft auf die richtige Höhe eingestellt.

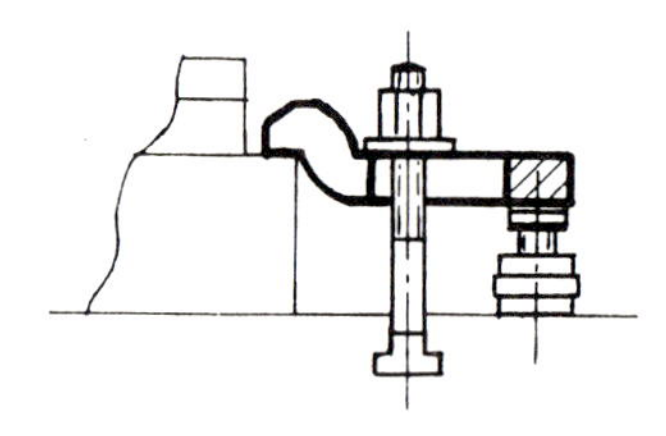

Hier dient ein verstellbares Schraubböckchen als Gegenstütze.

Zum Fertigbohren mit dem großen Bohrer müssen wir uns natürlich eine sichere Aufspannung auf der Säulenbohrmaschine vorbereiten, die ein rasches Auswechseln der Halterungen zuläßt. Mit Hilfe von zugeschnittenen Holzunterlagen, Schraubbacken u. ä. ist das ohne weiteres möglich.

Die Büchse mit Bohremulsion und Pinsel steht auch bereit.

Da fällt uns noch ein, daß ja die richtige Drehzahl einzustellen ist. Läuft der Bohrer mit zu kleiner Schnittgeschwindigkeit (m/min), dann ist das bei 80 Stück eine ganz beträchtliche Zeitverschwendung, läuft er zu schnell, dann glüht er aus oder wird zumindest rasch stumpf. Auch für die Güte der Lochwand ist die richtige Schnittgeschwindigkeit (v) und der richtige Vorschub (s) entscheidend. Die Erfahrungswerte finden wir in jedem Tabellenbuch getrennt nach Werkstoff und Bohrerqualität (WS-Bohrer, SS-Bohrer, Bohrer mit Hartmetallschneiden). Neue Bohrmaschinen tragen ein Schild, auf dem man die einzustellende Drehzahl für eine bestimmte Schnittgeschwindigkeit und einen bestimmten Durchmesser ablesen kann. Wenn nötig, rechnen wir selbst:

$$\text{Drehzahl (1/min)} = \frac{\text{Schnittgeschwindigkeit (m/min)} \cdot 1000}{\text{Bohrerdurchmesser (mm)} \cdot 3{,}14}$$

$$n = \frac{v \cdot 1000}{d \cdot 3{,}14}\ \text{1/min}$$

Stellen wir gleich die passende Drehzahl für unsere beiden Bohrer aus SS-Stahl fest:

I. **SS-Bohrer, 5 mm ⌀ in Stahl bis 400 N/mm²:**

$v = 35$ m/min; $s = 0{,}1$ mm/ U; (lt. Tabelle): $$n = \frac{35 \cdot 1000}{5 \cdot 3{,}14}\ \text{1/min} \approx 2230\ \text{1/min}$$

II. **SS-Bohrer, 20 mm ⌀, in Stahl bis 400 N/mm²:**

$v = 26$ m/min; $s = 0{,}28$ mm/U; (lt. Tabelle): $$n = \frac{26 \cdot 1000}{20 \cdot 3{,}14}\ \text{1/min} \approx 415\ \text{1/min}$$

Bei einigem Interesse und gutem Willen werden wir die wichtigsten und häufig vorkommenden Drehzahlen bald auswendig behalten und selbstverständlich auch immer einstellen. Das gedankenlose Anbohren des Tisches vermeiden wir, indem wir den Vorschub durch den Anschlag begrenzen.

6. Bohrerbruch muß nicht sein

Dem Bohrer können viele Umstände gefährlich werden. Oft liegen die Ursachen beim Werkzeug: Falscher Anschliff, stumpfe Schneiden, axiales Spiel der Bohrspindel, ungenügende Spanabfuhr – oder im Werkstück: nicht mittig eingespannt zum Aufbohren, verkantet, schräge Fläche beim Ein- oder Austritt, harte Stellen, Lunker.

Meist aber wird der Bohrer das Opfer einer unsachgemäßen Arbeitstechnik: Zu hohe Schnittgeschwindigkeit, zu großer Vorschub, zu starker Bohrerdruck beim Austritt der Bohrerspitze, ungenügende Kühlung, ungeeignete Schmiermittel. Jedes gute Tabellenbuch gibt Auskunft über richtiges Kühlen und Schmieren.

Kühl- und Schmiermittel für das Bohren:

Werkstoff	Schmiermittel
Stahl, Aluminium, Kupfer, Bronze	Bohremulsion
Messing, Alu-Legierungen	Bohremulsion oder Petroleum
Grauguß, Elektron	trocken

7. Arbeitsregeln und Unfallverhütung

a) Wähle, soweit vorhanden, die dem Werkstoff entsprechende Bohrerform. Prüfe Durchmesser und Anschliff nach!

b) Bohre nie mit irgendeiner Drehzahl, sondern ermittle die vorschriftsmäßige und stelle sie ein!

c) Stecke den Bohrer bis zum Futtergrund ein und spanne zentrisch fest!

d) Halte kleine Stücke mit Feilkloben oder Zange fest, größere in einer geeigneten Vorrichtung! Späne vorher entfernen, Bohrholz nicht vergessen.

e) Schmiere fleißig! Beachte, daß man Grauguß und Kunststoff trocken bohrt!

f) Bei Handvorschub vorsichtig drücken, sobald der Bohrer austritt – er hakt sonst leicht und kann brechen.

g) Lange Haare, lose Ärmel werden von der Bohrspindel erfaßt. Denk an die Gefahr! Späne mit dem Pinsel, nie mit den Fingern wegräumen!

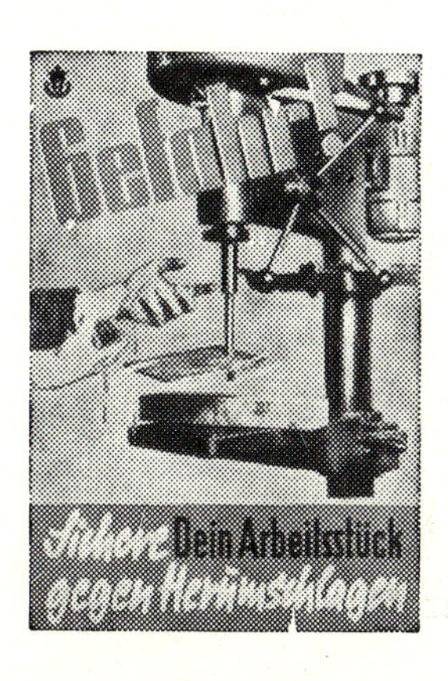

8. Selbst finden und behalten

a) Welcher Zusammenhang besteht zwischen dem Winkel der Querschneide und dem Hinterschliff des Bohrers?

b) Bestimme an Hand eines Tabellenbuchs oder Werkzeugkatalogs die richtige Drehzahl und Schmierung für folgende Arbeiten:

I. 4-, 10-, 17-, 25-mm-Löcher in Flachstahl St 37 mit HSS-Bohrer (Hochleistungsschnell stahl-Bohrer).
II. 5-, 8-, 13-mm-Löcher in Profil einer Alu-Legierung mit Brinellhärte 100 (z. B. Al Cu Mg mit WS-Bohrer.
III. 6-, 15-mm-Löcher in Grauguß mit 200 N/mm² Festigkeit mittels Hartmetallbohrer.
IV. 3-, 9-, 16-mm-Löcher in Plexiglas, Mipolam oder Ferrozell (Preßstoffe) mittels SS- und Hartmetallbohrern.

c) Von welchen Gegebenheiten hängt die richtige Drehzahl ab?

d) Warum wirkt sich die Drallsteigung auf die Größe des Schnittwinkels aus? Warum hat der Bohrer für Alu und weiches Kupfer einen flachen Drall?

e) Womit kannst du Spitzenwinkel, Hinterschliff und Querschneiden nachprüfen?

f) Schlage in einem Musterbuch nach, was verschiedene Bohrer z. Z. kosten. Vergleiche die Preise der Ausführung in WS-Güte, HSS-Güte und Hartmetallbestückung!

MERKE:

1. Die Bohrerform soll dem Werkstoff angepaßt sein (Stahl, Alu, Kunststoff).

2. Einwandfreie Bohrungen setzen a) richtigen Bohrerdurchmesser und -schliff, b) vorschriftsmäßige Drehzahl, c) entsprechende Kühlung und Schmierung voraus.

3. Nach DIN können Bohrer bis 16 mm ⌀ mit zylindrischem Schaft, andrerseits schon Bohrer ab 5 mm ⌀ mit kegeligem Schaft versehen sein.

X. Dem Bohren folgen Senkarbeiten

1. Das Senken ist aus verschiedenen Gründen notwendig

Werden vorgebohrte oder gegossene Löcher auf ein genaues Maß erweitert, oder zum Reiben vorbereitet, so nennt man das **Aufsenken.** Oft muß der scharfe Rand des Bohrloch entgratet werden oder eine leichte Fase erhalten. Dann spricht man von **Ansenken.** Sollen die Köpfe von Schrauben oder Nieten nicht vorstehen, dann erweitern wir das Bohrloch teilweise durch **Einsenken.** Mittels **Flachsenken** schließlich schaffen wir eine rechtwinkelige und ebene Auflage für Schraubenköpfe, Muttern und Scheiben.

2. Nach dem Zweck richtet sich die Senkerform

a) Vier Löcher in einer Schnittplatte sollen für Paßstifte von 12 mm ⌀ genau vorbereitet werden. Wir brauchen dazu einen Wendelbohrer, einen Spiralsenker (richtiger: Wendelsenker) und eine Reibahle (siehe nächster Abschnitt).

Arbeitsgang:

Nach Anreißen und Ankörnen mit 10-mm-Bohrer (entspricht etwa 1/6 Abmaß) vorbohren. Mit Spiralsenker (DIN 343 Nennmaß 12 – Untermaß 11,75 mm) aufsenken. Mit Reibahle aufreiben zum genauen Paßmaß.

Für größere Bohrungen gibt es **Aufstecksenker** (DIN 222) mit dazu passenden Aufsteckhaltern (DIN 217). Der Halter greift mit zwei Lappen in die Quernute des Senkers und nimmt diesen dadurch mit.

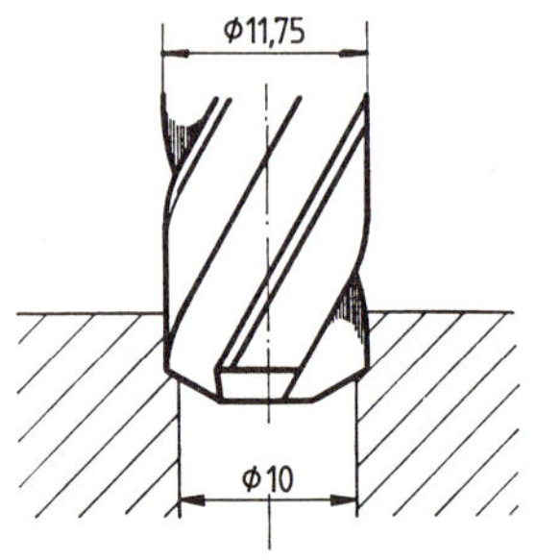

Aufsenken mit Spiralsenker

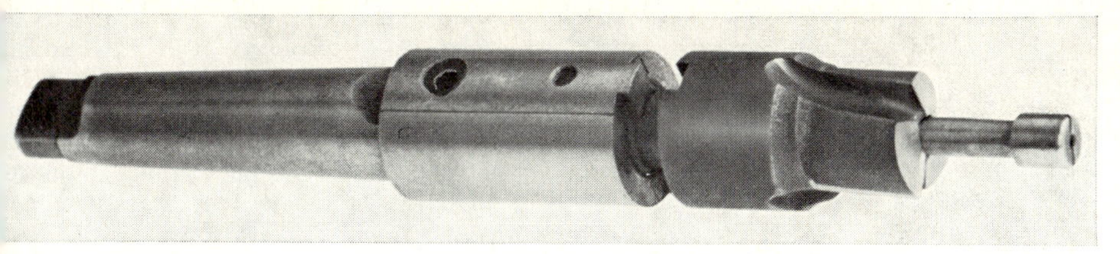

Aufstecksenker mit Halter

b) Vor dem Verschrauben und Nieten müssen wir den Bohrgrat entfernen. Hierzu nehmen wir einen **Spitzsenker** mit 60° Spitzenwinkel. Damit Schrauben und Niete mit gerundeten Übergängen satt aufsitzen, fasen wir den Lochrand mit einem 90°-Spitzsenker leicht an.

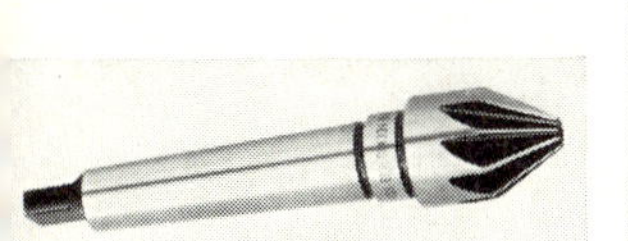

Spitzsenker 60°

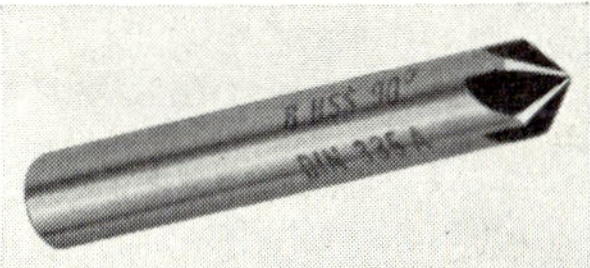

Spitzsenker 90°

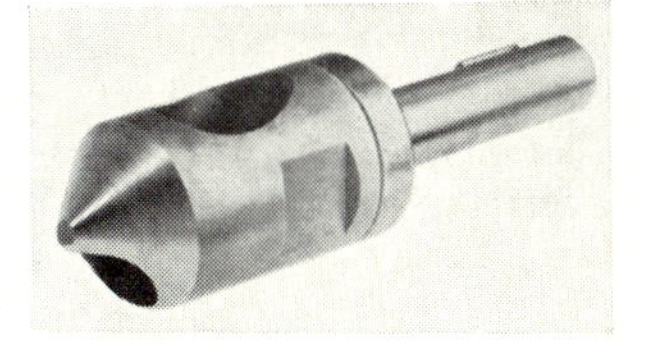

Entgrater

c) Auf den Spitzenwinkel müssen wir unbedingt achten beim Einsenken von Schrauben und Nietköpfen. Entsprechend den verschiedenen Kegelwinkeln gibt es hierzu Senker mit den genormten Winkeln 60, 75, 90, 120°. Damit der Senker besonders bei zylindrischen Einsenkungen nicht verläuft, ist der **Zapfensenker** vorzuziehen. Der Zapfen, oft auch auswechselbar, wird durch das Gewindeloch geführt.

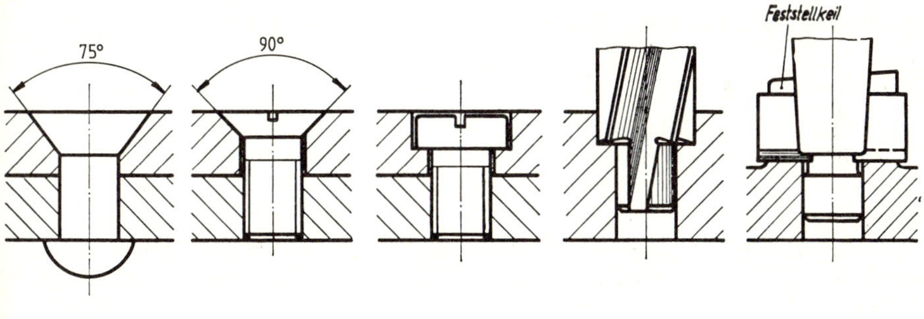

Senken eines Loches für Nietsenkkopf — **Senkung für Schraube DIN 63** — **Senken mit Zapfensenker für Schraube DIN 84** — **Anwendung des Flachsenkers**

d) Sind die Auflageflächen an Gußteilen, Schmiedstücken oder geschweißten Werkstücken nicht eben und winkelig, dann hilft der **Flachsenker.**

3. Umgang mit Senkern

Senker haben wie die Bohrer entweder zylindrischen Schaft oder Morsekegel und werden wie diese in die Bohrmaschine eingespannt. Die Werkzeughersteller liefern sie in SS- und HSS-Güte. Drehzahl und Vorschub wählen wir wesentlich geringer als beim gleichstarken Bohrer. Das Nachschleifen der Senker ist schwierig und soll nur von Spezialwerkstätten ausgeführt werden.

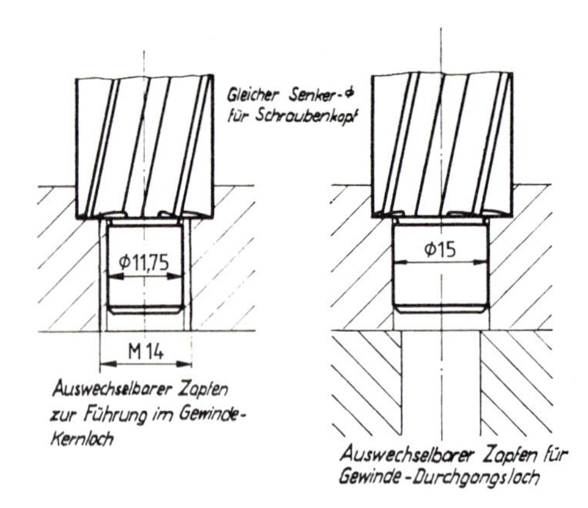

Spiralsenker werden normal mit Untermaß geliefert (z. B. Vollmaß 10 mm, Untermaß 9,8 mm; Vollmaß 18 mm, Untermaß 17,7 mm; Vollmaß 32 mm, Untermaß 31,6 mm ⌀). Gegen Aufpreis gibt es auch Senker mit Vollmaß. Bevor man also einen Senker einspannt, soll man mit der Schieblehre den Durchmesser nachprüfen.

Die Zapfensenker mit festen bzw. auswechselbaren Zapfen passen entweder für das Gewindekernloch einer Schraube oder für das Durchgangsloch.

4. Arbeitsregeln und Unfallverhütung

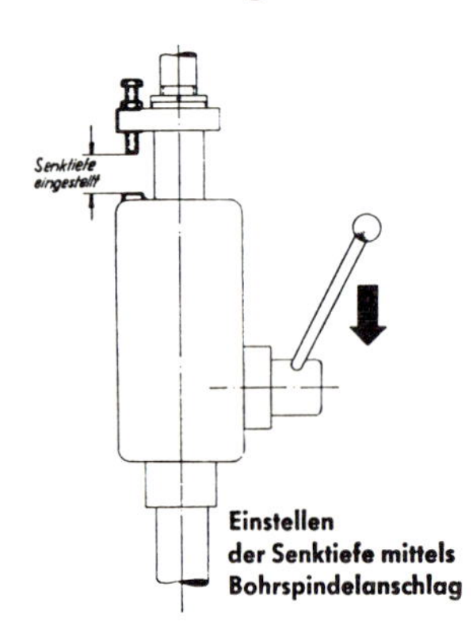

a) Prüfe vor dem Einspannen der Senker, ob ⌀ und Spitzenwinkel richtig gewählt sind!
b) Zentriere das Werkstück genau!
c) Verringere Drehzahl und Vorschub!
d) Vergiß nicht, beim Einsenken die Senktiefe einzustellen (Bohrspindelanschlag!) oder rechtzeitig nachzuprüfen!
e) Verwende nur im Notfall einen Wendelbohrer als Spitzsenker, schleife ihn dann wenigstens auf den Senkwinkel um!
f) Senker vorsichtig anfassen, Handverletzungen sind möglich.

5. Selbst finden und behalten

a) Warum ist es Pfuscharbeit, wenn man den Kegel für eine Senkschraube mit einem größeren Wendelbohrer mit 116° Spitzenwinkel einsenkt?
b) Welche Ausführungen von Zapfensenkern gibt es?
c) Warum muß der Zapfen für die gleiche Schraube einen verschiedenen Durchmesser haben, je nachdem er in einem Gewindekernloch oder in einem Durchgangsloch läuft?
d) Schlage in einem Werkzeugkatalog nach:
   1. Welche Senkerformen mit welchen Durchmesserstufungen sind erhältlich?
   2. Wie groß ist der Preisunterschied bei einem Zapfensenker M 16 zwischen SS- und HSS-Ausführung?
   3. Wie ändert sich das Untermaß mit dem Vollmaß, und warum werden die Spiralsenker normal mit Untermaß geliefert?

MERKE:

1. **Zu den Senkarbeiten rechnen wir das Aufsenken, das Ansenken, das Einsenken, das Flachsenken.**
2. **Spitzsenker dienen zum Ansenken oder Einsenken. Auf den richtigen Kegelwinkel ist besonders zu achten. Spiralsenker, Aufstecksenker und Zapfensenker werden in der Regel mit „Untermaß" geliefert. Auswechselbare Zapfen passen entweder in das Gewindekernloch oder in das Durchgangsloch.**
3. **Schnittgeschwindigkeit und Vorschub wählen wir kleiner als beim Bohren.**

XI. Die Reibahle gibt der Bohrung den letzten Schliff

1. Reibahlen schneiden am Umfang

Nicht nur Feinmechaniker, Maschinenschlosser und Werkzeugmacher bedienen sich dieses Werkzeugs, auch der Bauschlosser braucht es zum Aufreiben von Nietlöchern, Bohrungen für Zylinder- und Kegelstifte oder Buchsen. Die Lochwand wird einwandfrei rund, maßgenau und glatt.

In den Rundling aus Werkzeugstahl, Schnellstahl oder Hochleistungsstahl sind 6 bis 18 gerade Nuten gefräst, so daß ebenso viele Zähne mit ganz schmalen Fasen (0,1–0,3 mm) entstehen. Damit sich die Reibahle überhaupt in das engere Bohrloch einführen läßt, hat sie einen kegeligen „Anschnitt". Er leistet die Hauptarbeit, während der obere Teil mehr der Führung und Glättung dient.

Die Zahnschneiden „schaben", weil der Spanwinkel 0° beträgt. Im Querschnitt erkennen wir zwar eine gerade Anzahl von Zähnen, jedoch eine **ungleiche Teilung.** Diese verhindert das Rattern, welches durch das Einhaken der nachfolgenden Zähne in immer die gleiche Kerbe hervorgerufen würde. Wendelgenutete Reibahlen arbeiten durch ihren Linksdrall mit ziehendem Schnitt sehr ruhig und überbrücken auch Längsnuten in der Bohrung, ohne zu haken.

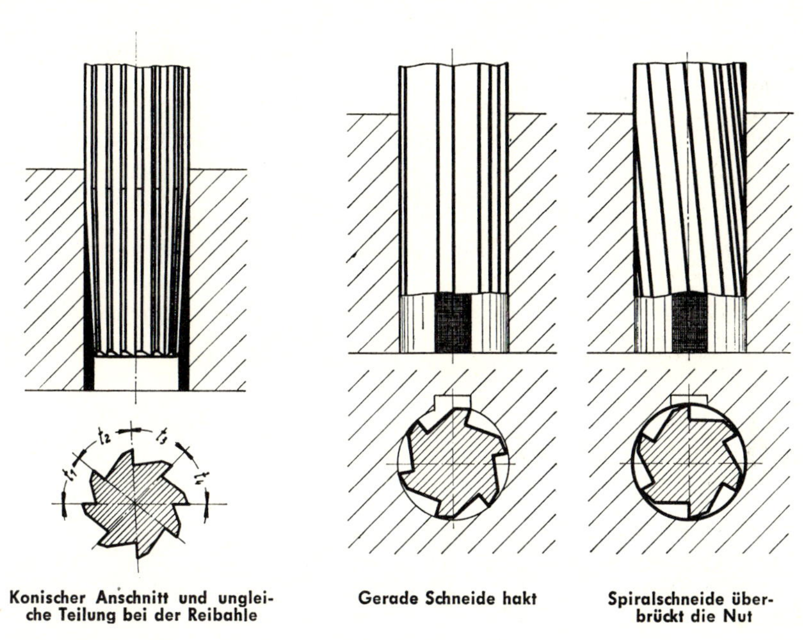

Konischer Anschnitt und ungleiche Teilung bei der Reibahle

Gerade Schneide hakt

Spiralschneide überbrückt die Nut

2. Reibahlen sind teure und empfindliche Werkzeuge

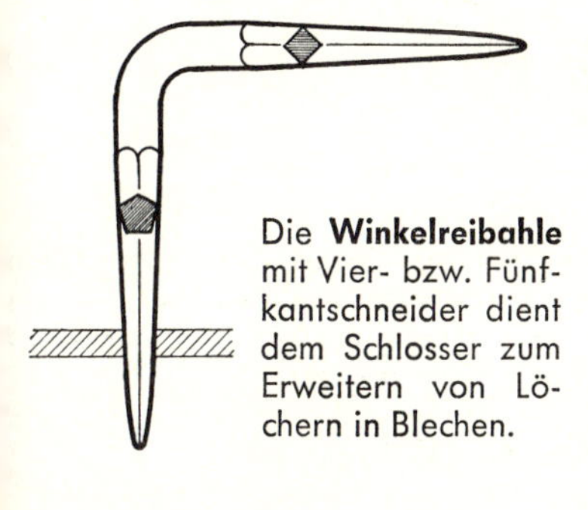

Die **Winkelreibahle** mit Vier- bzw. Fünfkantschneider dient dem Schlosser zum Erweitern von Löchern in Blechen.

Nietloch-Reibahle (Aufreiber)

Nietloch-Reibahlen mit Morsekegel, 3...5 Zähne, Linksdrall, werden in die Bohrmaschine eingespannt.

Handreibahle

Handreibahlen mit zylindrischem Schaft und Vierkant, gerade- oder wendelgenutet, spannen wir fest in ein Windeisen. Vorsichtig, mit Gefühl, genau senkrecht und rechtsdrehend in die Bohrung einführen.

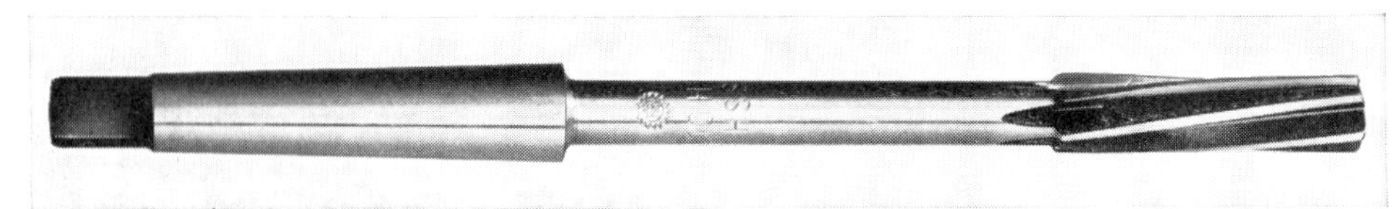

Maschinenreibahle

Maschinenreibahlen haben kurzen Anschnitt und langen Schaft.

Verstellbare Maschinenreibahle

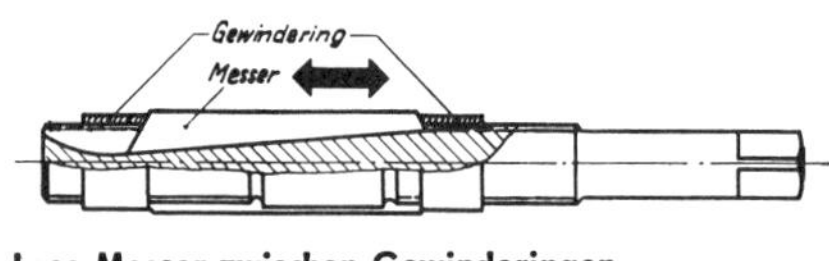

Lose Messer zwischen Gewinderingen verschiebbar

Verstellbare Reibahlen verringern die Lagerhaltung und damit Werkzeugkosten. Entweder wird die geschlitzte Reibahle durch einen nachstellbaren Kegeldorn auseinander getrieben (höchstens 1/100 des Nenndurchmessers)
oder
die Reibahle hat an Stelle der Zähne lose Messer, die sich in ansteigenden Nuten mittels Gewinderingen verschieben lassen (mehrere mm Durchmesser-Erweiterung möglich.

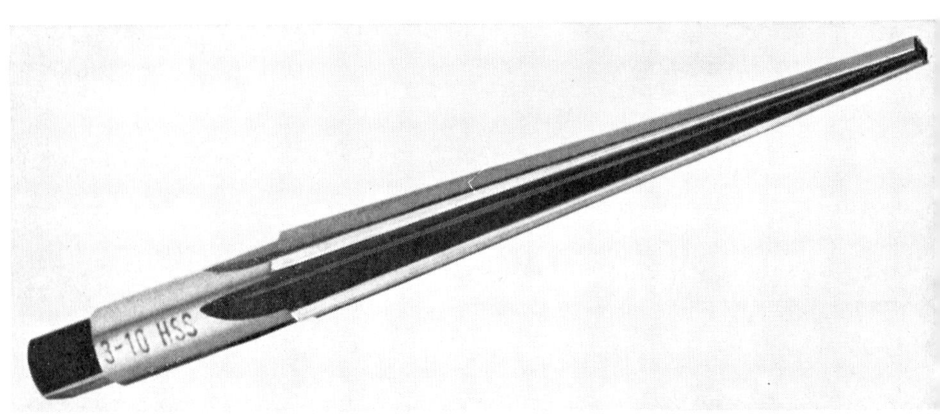

Kegelreibahle

Kegelstifte oder Werkzeugkegel erfordern kegelige Bohrungen. Diese bohrt man entweder mit einem Kegelbohrer oder gestuft vor. Den genauen Innenkegel erzielt man dann mit der **Kegelreibahle.**

Neben diesen Werkzeugen liefern die Werkzeugfirmen noch Aufsteckreibahlen, Grundlochreibahlen, Schälreibahlen, Pendelreibahlen.

3. Arbeitsregeln

a) Bohre oder senke das Loch so vor, daß höchstens 0,1–0,3 mm Reibzugabe bleiben!
b) Säubere das Bohrloch von Spänen und entgrate es!
c) Setze die Reibahle genau senkrecht an!
d) Reibahlen nur rechts herum drehen, **auch beim Herausziehen!** (Beim Rückwärtsdrehen kratzen die eingeklemmten Späne Riefen in die Lochwand, auch können Zähne ausbrechen.
e) Beachte beim Maschinenreiben die vorgeschriebene Schnittgeschwindigkeit und den zulässigen Vorschub laut Tabelle. Die Oberflächengüte hängt davon ab.

Beispiel:

Werkstoff:	Reibahle aus WS	Reibahle aus SS
	v	v
Stahl, Bronze	3...4 m/min	4...5 m/min

Vorschub s für 6 ... 60 ⌀ = 0,3 ... 0,75 mm/U

f) Vergiß nicht, fleißig und richtig zu schmieren: Stahl: Seifenwasser, Bohremulsion, Rüböl. – Alu: Seifenspiritus. – GG: trocken.

4. Selbst finden und behalten

a) Unterrichte dich in einem Werkzeugkatalog über die Arten, Größen, Güten und Preise der Reibahlen!
b) Wie unterscheiden sich Hand- und Maschinenreibahlen?
c) Welche Vorteile haben verstellbare Reibahlen?
d) Welchen Zweck verfolgt man mit der geraden Zähnezahl und der ungleichen Teilung?
e) Was mußt du alles beim Aufreiben von Hand beachten?
f) Warum sind Handreibahlen mit ihrem langen Anschnitt nur für Durchgangslöcher geeignet?
g) Wie kannst du ein kegeliges Loch zum Reiben eines Innenkegels vorbereiten?
h) Warum nimmst du zum Aufreiben einer genuteten Bohrung eine wendelgenutete Reibahle?

MERKE:

1. **Durch Reiben erzielt man einwandfrei runde, maßgenaue und glatte Bohrungen.**
2. **Reibahlen habe eine gerade Zähnezahl, jedoch ungleiche Teilungen. Löcher mit Längsnuten reibt man mit Spiralreibahlen auf.**
3. **Für die unterschiedlichen Reibarbeiten stehen zur Verfügung: Winkelreibahle, Nietlochreibahle, verstellbare Reibahle, Kegelreibahle, Aufsteckreibahle, Grundlochreibahle, Schälreibahle, Pendelreibahle.**

   Die Maschinenreibahlen haben kürzeren Anschnitt und längeren Schaft.

XII. Wir schneiden Gewinde von Hand

1. Das Gewinde – eine großartige Erfindung

Wer zuerst den Einfall hatte, den Arbeitsvorteil der schiefen Ebene auf die Zylinderform zu übertragen, wissen wir nicht. Sicher ist, daß die Technik auf das Gewinde in all seinen Anwendungsformen nicht mehr verzichten kann. (Befestigungsschrauben, Spannschrauben, Schraubstockspindel, Spannschloß, Rohrmuffen, Schraubzwinge, Spindelpresse u. a. m.) Das Gewinde überträgt **Bewegung** und **Kraft.**

Die aufzuwendende Umfangskraft (F_u) verhält sich zu dem erzielten Druck Q wie P : l (z. B. 1 : 15).

Oder: Mit 20 N Drehkraft erzielt man 20 · 15 = 300 N axialen Druck (Reibungsverluste nicht berücksichtigt). Wird der Kraftarm mit Hilfe eines Schraubenschlüssels oder des Knebels am Schraubstock verlängert, dann ist der Kraftvorteil um ein Vielfaches größer.

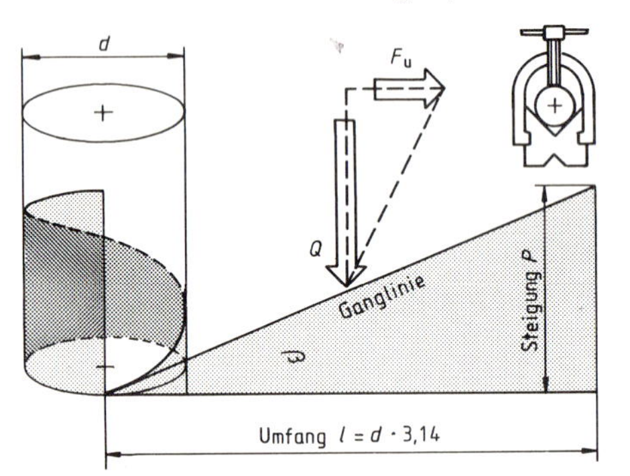

Die abgewinkelte Schrauben- oder Ganglinie bildet eine schiefe Ebene.

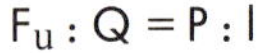
$F_u : Q = P : l$

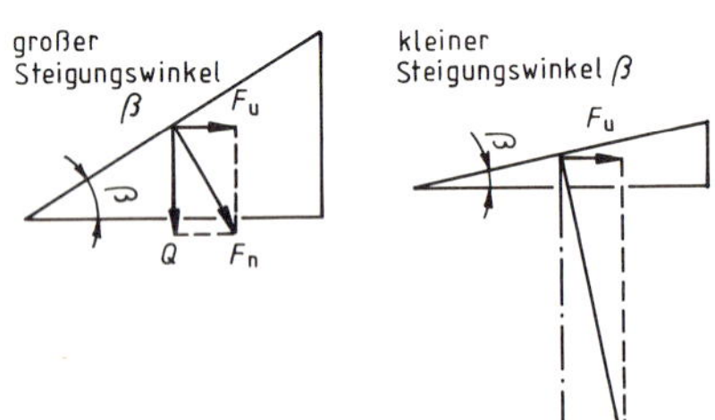

Einfluß des Steigungswinkels auf Q und Reibung R beim Gewinde

Bei gleicher Drehkraft F_u werden

links	rechts
Q = klein	Q = groß
F_n = klein	F_n = groß
R = klein	R = groß
Gewinde löst sich leicht	Gewinde löst sich schwer

Q = senkrechter Druck F_n = Normaldruck R = Reibung

Erkenntnis:

- Je kleiner der Steigungswinkel β, desto größer wird die Spannkraft Q des Gewindes.
- Je kleiner der Steigungswinkel β, desto größer wird auch die Reibung. (Die Reibung [$F_n \cdot \mu$] wächst mit dem Normaldruck F_n und dieser mit Q).

2. Gewindearten und Gewindegrößen sind genormt

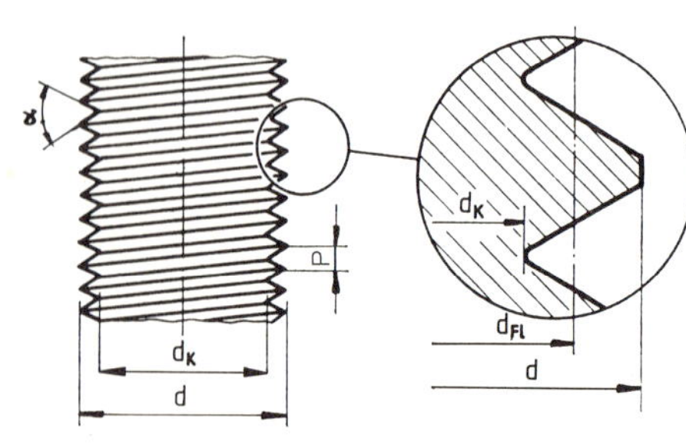

Maßgrößen am Gewinde

Die Grundform des Gewindes ist eine schiefe Ebene, welche um einen Zylinder gewickelt ist. Die **Grundlinie** der schiefen Ebene entspricht dem Umfang des Zylinders, die Höhe h der **Steigung** einer Windung, die Schräglinie der Schrauben- oder Ganglinie. Umfangslinie und Ganglinie schließen den **Steigungswinkel** ein. Fast alle Gewinde müssen austauschbar sein, ihre Abmessungen sind genormt. Auf folgende **Größen am Gewinde** kommt es hauptsächlich an:

a) Außendurchmesser d = Nenndurchmesser, beim Schraubenbolzen über die Gewindespitze gemessen

b) Kerndurchmesser d_k = Innendurchmesser beim Schraubenbolzen

c) Flankendurchmesser d_{fl} = Mittel zwischen Außen- und Kerndurchmesser

d) Flankenwinkel α = Winkel zwischen den Gewindeflanken, wichtig für einwandfreies Tragen des Gewindes

e) Steigung P = Abstand von Gang zu Gang, parallel zur Längsachse gemessen

Wir verschaffen uns einen Überblick über die Vielzahl der Gewinde, wenn wir sie nach folgenden Gesichtspunkten ordnen:

a) Nach der Querschnittsform:

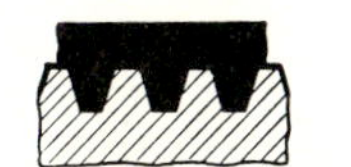

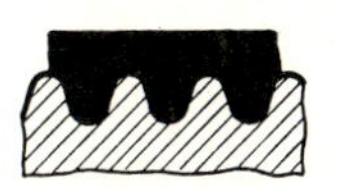

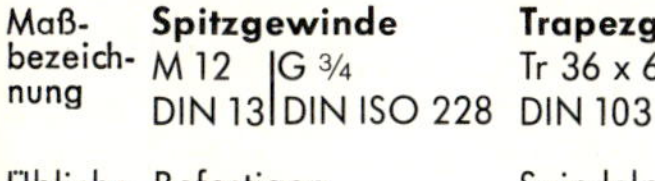

	Spitzgewinde		Trapezgewinde	Sägengewinde	Rundgewinde	Flachgewinde
Maßbezeichnung	M 12 DIN 13	G ¾ DIN ISO 228	Tr 36 x 6 DIN 103	S 48 x 8 DIN 513	Rd 40 x ⅙ DIN 405	nicht genormt
Übliche Verwendung	Befestigen, Spannen		Spindeln	Druckspindeln	Schnellverbind. Kupplungen	Spindeln

b) Nach dem System:

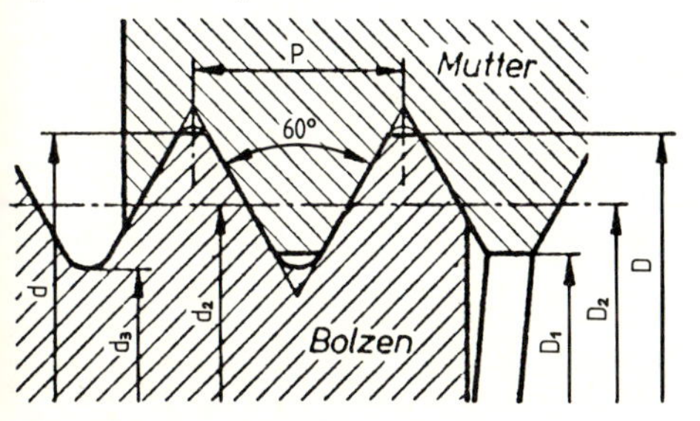

Metrisches ISO-Gewinde

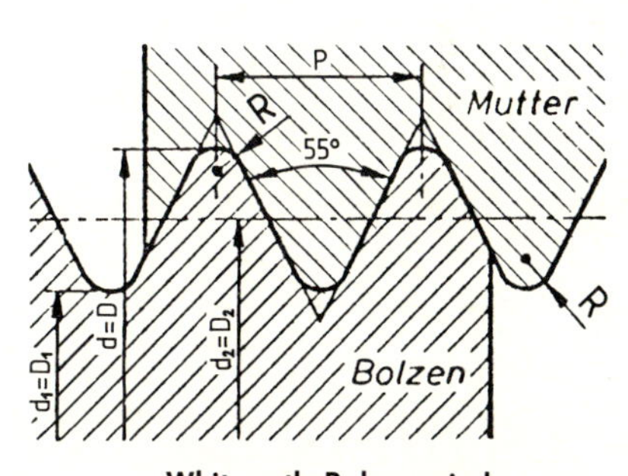

Whitworth-Rohrgewinde

c) Nach dem Drehsinn:

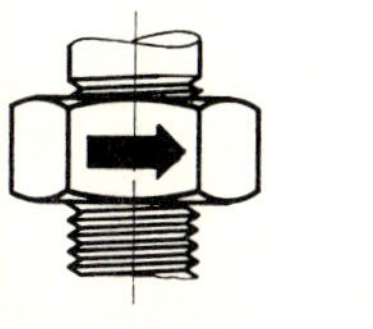

Rechtsgewinde („RH" = Right-Hand)

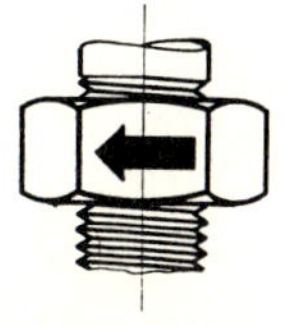

Linksgewinde („LH" = Left-Hand)

d) Nach der Zahl der umlaufenden Gänge:

P

Eingängiges Gewinde **Zweigängiges Gewinde** **Dreigängiges Gewinde**

e) Nach der **Oberflächengüte:**

Beispiele für Bezeichnung:	M 8 **f** feine Oberfläche	M 10 × 1 **m** mittlere Oberfläche	R¾ **g** grobe Oberfläche

f) Nach dem Steigungsverhältnis:

Regel- und Feingewinde. Das metrische Feingewinde (DIN 13 Blatt 2...12) hat zwar das gleiche Profil, aber kleinere Steigungen als das Regelgewinde. Bezeichnung eines Metrischen Feingewindes von $D = 12$ mm Gewinde-Nenndurchmesser und $P = 1{,}25$ mm Steigung: **M 12 × 1,25.**

3. Gewinde können maschinell und von Hand hergestellt werden

Für Normteile (Schrauben, Muttern) und Massenteile (z. B. Spindeln) ist nur die Anfertigung auf Automaten und Maschinen wirtschaftlich: (Bohren, Drehen, Fräsen, Wirbeln, Schleifen = spanend; Walzen, Rollen, Drücken = spanlos).

Bei Einzelanfertigung und Reparaturen muß jedoch oft ein Außen- oder Innengewinde von Hand geschnitten werden.

a) Schneiden von Außengewinde:

Der Bolzen zu einer Trägerverbindung soll beidseitig ein Gewinde M 12...15 mm lang erhalten (Bild). Den Rundstahl aus St 37 müssen wir nach dem Ablängen zunächst an beiden Enden 15 mm lang auf ein etwas kleineres Durchmessermaß abdrehen oder zumindest sauber abschleifen (d_1 = d – 0,2 · Gewindetiefe = 12 mm – 0,2 · 1,3 mm ≈ 11,75 mm). Beim Gewindeschneiden (vgl. Scheren, Meißeln) tritt nämlich eine Quetschwirkung ein, eine Werkstoffverschiebung zu den Gewindespitzen hin – „das Gewinde schneidet auf". Damit das fertige Gewinde trotzdem stimmt bzw. der Schneidwiderstand nicht zu hoch wird, ist also

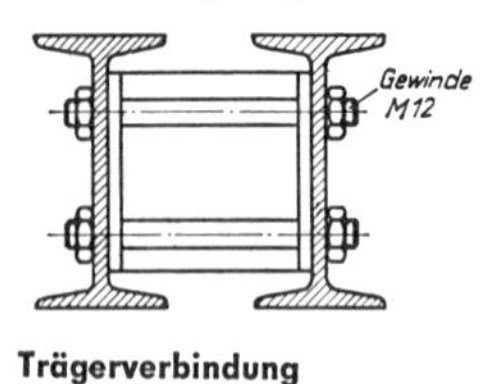

Trägerverbindung

- **der Kernloch-∅ etwas größer als das Nennmaß**
- **der Bolzen-∅ etwas kleiner als das Nennmaß zu wählen**

Bohrerdurchmesser für Gewindekernlöcher in Stahl, Stahlguß, Temperguß für Metrisches ISO-Regelgewinde nach DIN 13 (Auswahl)

Gewinde-Nenndurchmesser d	Bohrerdurchmesser	Gewinde-Nenndurchmesser d	Bohrerdurchmesser	Gewinde-Nenndurchmesser d	Bohrerdurchmesser
M 1	0,75	M 5	4,2	M 24	17
M 1,2	0,95	M 6	5	M 30	26,5
M 1,6	1,25	M 8	6,75	M 36	32
M 2	1,6	M 10	8,5	M 42	37,5
M 2,5	2,1	M 12	10,25	M 48	43
M 3	2,5	M 16	14	M 56	50,5
M 4	3,3	M 20	17,5	M 64	58

Whitworth-Rohrgewinde (Übersicht)

Rohrgewinde für nicht im Gewinde dichtende Verbindungen (zylindrisch)	Rohrgewinde (zylindrisch)	Rohrgewinde mit zylindr. Innengewinde und kegelig. Außengewinde
DIN ISO 228 Teil 1	DIN 259 Teil 1[1]	DIN 2999 T 1 und DIN 3858
Kurzzeichen: G 1/8 ... G 6	Kurzzeichen: R 1/8 ... R 6	Kurzzeichen: R 1/8 ... R 6
Bezeichnungs-Beispiel: **Rohrgewinde DIN ISO 228–G 3/4**	Bezeichnungs-Beispiel: **Rohrgewinde DIN 259–R 1 1/4**	Bezeichnungs-Beispiel: **Rohrgewinde DIN 2999–R 1**

[1] Ersetzt durch DIN ISO 228, soll nicht mehr verwendet werden.

Da unser Bolzengewinde M 12 kleiner als M 14 ist, in weichen Stahl geschnitten wird und an die Oberfläche keine besonderen Ansprüche gestellt werden, arbeiten wir mit einem **Schneideisen** (Schneideisen haben bis 30 mm oder 1 1/4″ Gewindedurchmesser).

Schneideisen mit Schneideisenhalter

Mit Hilfe der **Druckschrauben** in der Schneideisenkapsel läßt sich das geschlitzte Schneideisen ganz wenig enger, mit der **Spreizschraube** weiter stellen und so auf genaues Maß bringen. Bevor wir das Schneideisen genau im rechten Winkel zum Bolzen ansetzen, müssen wir diesen noch bis zum Kern-Durchmesser anfasen. Ein Führungsring am Halter würde das rechtwinkelige Schneiden natürlich sehr erleichtern. Nachdem das Schneideisen gefaßt hat, schneiden wir mit Gefühl und **ohne** senkrechten **Druck** weiter. Öfteres Zurückdrehen läßt die Späne leichter abbrechen und das Schmiermittel nachfließen. Das Gewinde wird in einem Schnitt fertig.

Für Gewinde über M 14, für härtere Werkstoffe und bessere Oberflächengüte greifen wir aber zur **Schneidkluppe.** Ihre Schneidbacken lassen sich nachstellen, das Gewinde wird also in mehreren Arbeitsgängen geschnitten.

Für das Schneiden von Whitworth-Rohrgewinde brauchen wir unbedingt die verstellbare Schneidkluppe, denn das Rohrgewinde ist im Außen-Ø etwa um die doppelte Wandstärke größer als die Nennweite. Es ist also eine Art Feingewinde und wird auch auf Wellen und Spindeln geschnitten.

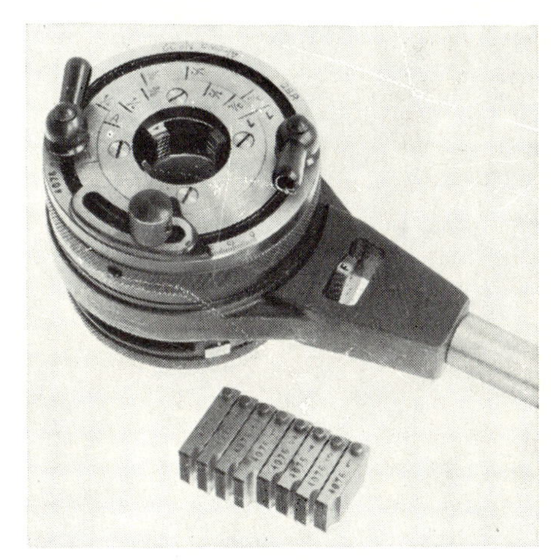

Ratschen-Gewindeschneidkluppe für Rohrgewinde mit Ersatzbacken

Beispiel für die Anwendung eines Rohrgewindes G 1 DIN ISO 228 auf verschiedene Außen-Ø. Alle drei Außengewinde kann man mit **einem** Schneidbackensatz (Kenngröße G 1) ausführen. Die meistgebrauchten Whitworth-Rohrgewinde G 1 bis G 2½ haben die gleiche Gangzahl und Gewindetiefe! Eine wesentliche Arbeitserleichterung bei genauester Zentrierung bringt die Verwendung von kleinen **Gewindeschneidmaschinen.**

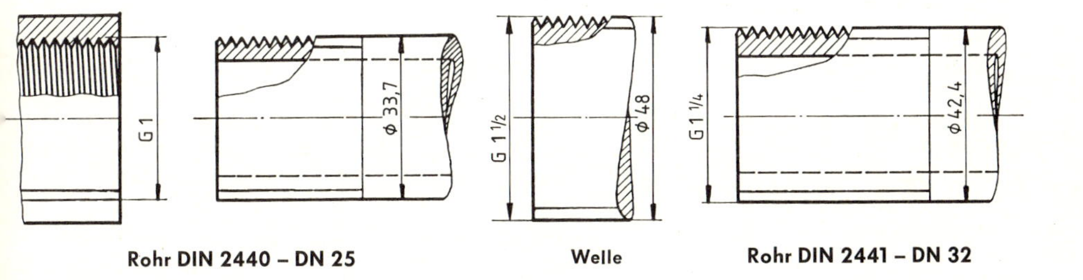

Rohr DIN 2440 – DN 25 **Welle** **Rohr DIN 2441 – DN 32**

b) Schneiden von Innengewinde

Zum Schneiden von Gewindelöchern brauchen wir **Gewindebohrer** aus WS- oder SS-Stahl. Seiner Grundform nach ist er ein gehärteter Schraubenbolzen mit 3 oder 4 Längsnuten, glattem Schaft und einem Vierkant für das Windeisen. Die richtige Anwendung sollen 3 Arbeitsbeispiele zeigen:

Arbeitsauftrag I

In einen Kloben mit 25 x 25 Seitenlänge aus St 37–2 sind ein Grundloch zu bohren und ein Gewinde für eine Halbrundschraube M 5 DIN 86 zu schneiden.

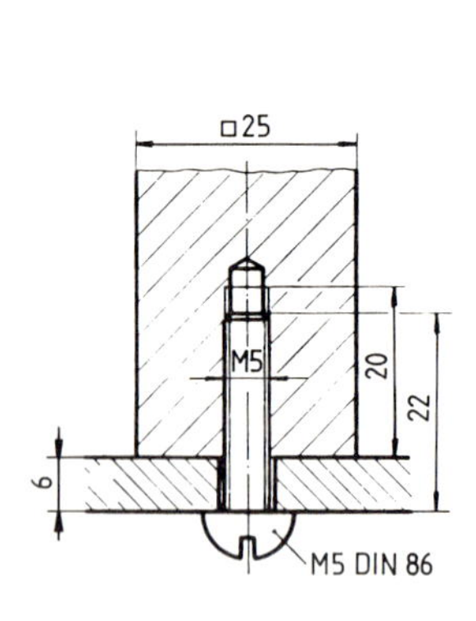

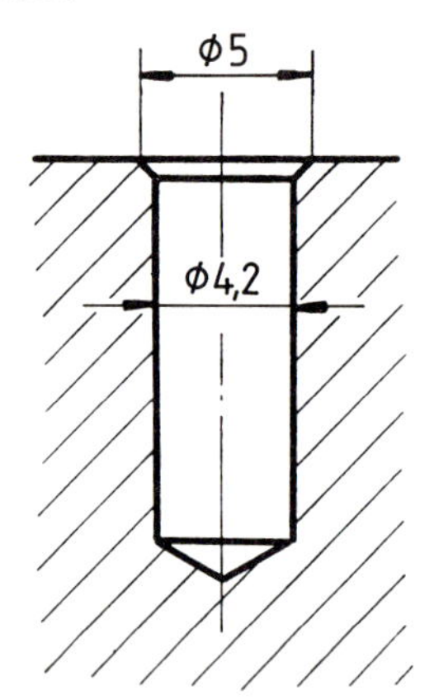

Ansenken des Kernloches

a) Kernloch bohren

Nach Tabelle „Bohrerdurchmesser" müssen wir das Loch größer bohren, als der Kern-Φ angibt, nämlich 4,2 mm. Es muß auch laut Zeichnung tiefer sein als die Einschraublänge, denn der Gewindebohreranschnitt ist konisch.

b) Senken

Mit einem Kegelsenker 90° DIN 335 B oder notfalls mit einem Wendelbohrer senken wir auf Gewindetiefe an.

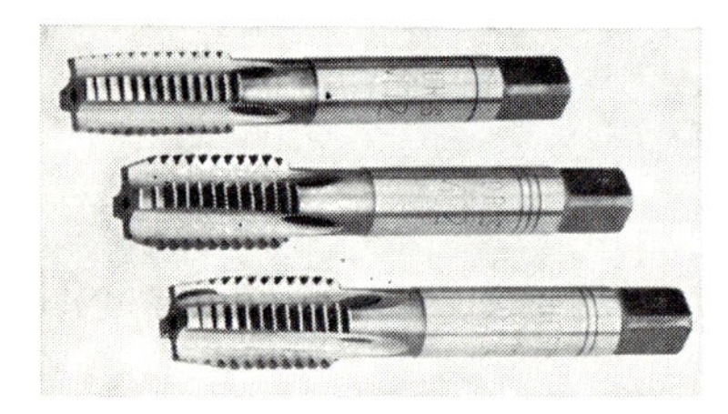

Gewindebohrersatz für M 12

c) Gewindeschneiden

Damit der Schnittdruck nicht zu groß und das Gewinde nicht rissig wird, schneiden wir in 3 Stufen mit einem Gewindebohrersatz M 5.

Haben wir kein passendes Kugel- oder Einlochwindeisen, dann wählen wir ein verstellbares (Größe 0 passend für 1 mm bis 6 mm Bohrer).

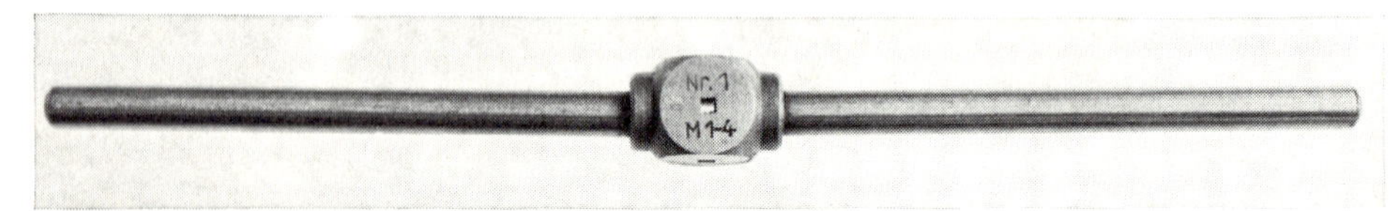

Kugel- oder Einlochwindeisen

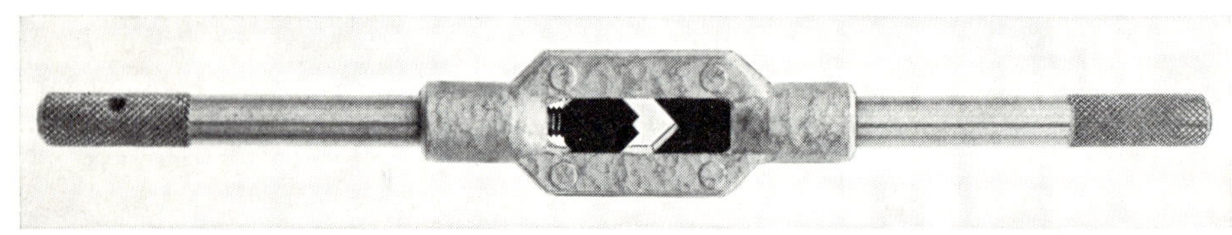

Verstellbares Windeisen

Damit der Bohrer nicht schief schneidet, prüfen wir anfangs öfters mit einem Flachwinkel nach. Mit Gefühl und ohne Druck weiterschneiden. Immer wieder rückwärts drehen, reichlich mit Schneidöl schmieren. Nach jedem der 3 oder 4 Arbeitsgänge die Späne entfernen.

Die Schraube muß sich schließlich spielfrei eindrehen lassen. Den Gewindebohrersatz wenden wir nicht nur bei Grundlöchern, sondern auch bei langen Durchgangslöchern und harten Werkstoffen an.

Arbeitsauftrag II

In eine 12 mm dicke Bronzeplatte ist ein Durchgangsgewinde M 10 zu schneiden.

a) Kernloch bohren

Der Durchmesser des Kernlochbohrers errechnet sich beim ISO-Gewinde nach der Formel **Außendurchmesser – Steigung:**
10 mm – 1,5 mm = 8,5 mm

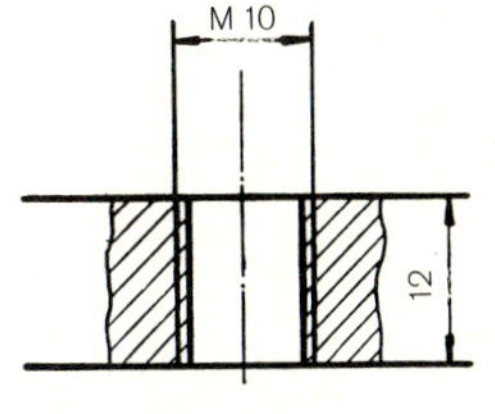

Durchgangsgewinde in Bronzeplatte

b) Senken

Mit Kegelsenker (90°) auf Gewindetiefe senken.

c) Gewindeschneiden

Für das Durchgangsloch können wir einen Muttergewindebohrer (DIN 357) verwenden, der das Gewinde in einem Arbeitsgang fertigschneidet.

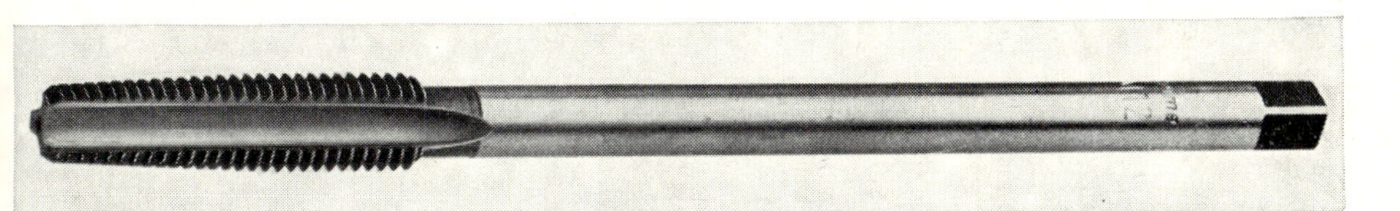

Muttergewindebohrer

Arbeitsauftrag III:

In das Ende einer Aluminiumwelle ist ein metrisches Feingewinde M 16 × 0,35 (DIN 13, Bl. 2 bis 11) zu schneiden, 35 mm lang.

a) Kernloch bohren:

Alu schneidet zwar als weicher Werkstoff weit auf, doch können wir in diesem Falle den Wert 14 mm für den Kernloch-⌀ (Tabelle „Bohrerdurchmesser") nicht anwenden. Das Feingewinde M 16 × 0,35 hat als Kern-⌀ schon 15,621 mm, also eine viel geringere Gewindetiefe als das normale metrische Gewinde. Hier hilft eine Überschlagrechnung:

Kernlochbohrer-Durchmesser = Außendurchmesser – Steigung
= 16 mm – 0,35 mm
= 15,65 mm

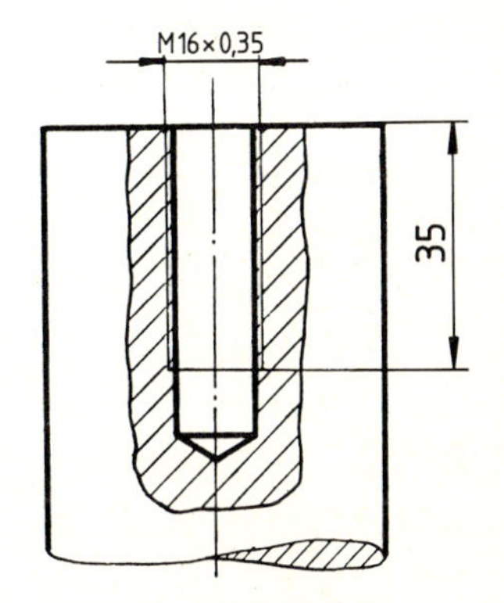

Metrisches Feingewinde in Aluminiumwelle

Für das zu schneidende Feingewinde M 16 × 0,35 mit einem Kerndurchmesser D_1 der Mutter von 15,621 mm wird das Kernloch also 15,65 mm im Durchmesser gebohrt. Damit trotz des konischen Gewindebohrer-Anschnitts das Gewinde in dem Sackloch auf 35 mm voll ausgeschnitten werden kann, muß das Loch tiefer, auf etwa 45 mm Länge, vorgebohrt werden.
Auf das unterschiedliche Aufschneiden sehr spröder oder sehr zäher Werkstoffe braucht beim Metrischen ISO-Gewinde keine Rücksicht genommen zu werden.

b) Senken

Wie bisher mit Kegelsenker anfasen.

c) Gewindeschneiden

Zum Schneiden brauchen wir einen Satz (2 Stück) Feingewindebohrer DIN 2181 für M 16 × 0,35. Statt des Schneidöls dient Petroleum als Schmiermittel.

4. Maschinelles Gewindeschneiden

a) Die besprochenen 3 Ausführungen von Innengewinden ließen sich auch an der Bohrmaschine herstellen. Dazu bräuchten wir statt des Bohrfutters ein Gewindefutter mit Sicherheitskupplung und die entsprechenden Maschinen-Gewindebohrer. Mit einem in die Bohrspindel eingesetzten Spezial-Schneidapparat wird auch der Bohrerrücklauf automatisch ausgeführt. Gewindebohrer für Durchgangs- und Grundlöcher unterscheiden sich wesentlich und dürfen nicht verwechselt werden.

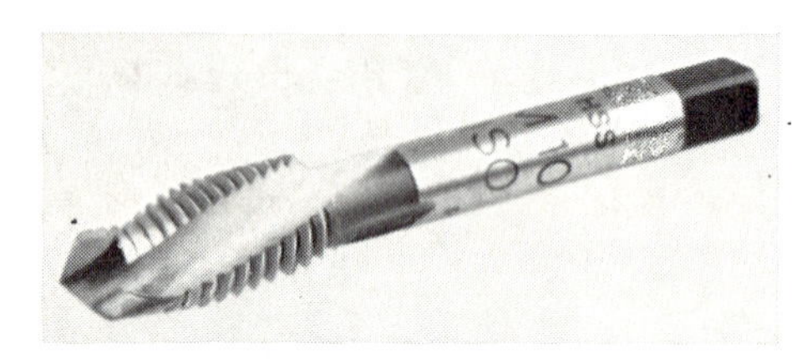

Gewindebohrer für Durchgangslöcher

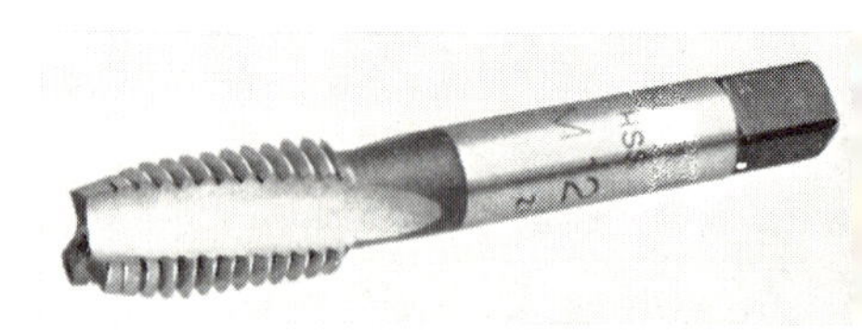

Gewindebohrer für Grundlöcher

Die zulässige Schnittgeschwindigkeit und die Drehzahl können nachstehender Tabelle entnommen werden.

Zulässige Schnittgeschwindigkeiten für Gewindebohrer

Bohrer-werkstoff	St 33 bis St 50	St 50 bis St 70	GG	GT	Bz	Ms	AL	
WS	8	7	8	6	9	20	25	m/min
SS	25	18	18	9	20	25	30	

b) Auch zum Schneiden von Außengewinden gibt es heute praktische, zeitsparende kleine Maschinen für Handkurbelbetrieb und elektrischen Antrieb.

5. Arbeitsregeln

a) Überlege in jedem Falle, ob Schneideisen bzw. Muttergewindebohrer oder Schneidkluppe bzw. Gewindebohrersatz zweckmäßiger sind!
b) Vergiß nicht das Anfasen bzw. Ansenken!
c) Mit den Schneidbacken der Schneidkluppe nicht am Bolzenende anschneiden, sondern auf etwa Gewindetiefe zustellen.
d) Berücksichtige stets das Aufschneiden des Gewindes durch entsprechend kleineren Bolzen-∅ bzw. größere Kernlochbohrung!
e) Schmiere mit Schneidöl oder Petroleum, nicht mit Maschinenöl!
f) Abgebrochene Gewindebohrer versuche mit einem Gewindebohrer-Auszieher zu entfernen.

6. Selbst finden und behalten

a) Erkläre folgende Kurzbezeichnungen:
M 8 m; M 20 x 1,5 DIN 13; M 10 f – LH; G 1½; Tr 40 x 7 – LH; R ¾; Rd 36 x ⅛;
b) Stelle mit Hilfe einer Gewindetabelle für M 18 fest:
Kern-∅, Gewindelochbohrer, Flankendurchmesser, Steigung, Gewindetiefe;

c) Worin liegt der Unterschied zwischen metrischem und Whitworth-Rohrgewinde?
d) Auf ein Gewinderohr DN 32 DIN 2440 ist ein Rohrgewinde zu schneiden.
Stelle mittels einer Gewindetabelle fest:
Gangzahl/1"; Außendurchmesser des Gewindes.
e) Wie ist die Reihenfolge eines Gewindebohrersatzes auf dem Schaft gekennzeichnet?
f) Worauf mußt du beim Einsetzen der Backen in die Schneidkluppe achten und warum?
g) Auf einen Bolzen von 22 mm ⌀ soll ein metrisches Gewinde geschnitten werden. Auf welchen ⌀ muß der Bolzen abgedreht werden? (Untermaß $\approx$ 0,1 · Steigung!) – Mit welchem Schneidwerkzeug kannst du die Arbeit ausführen?
h) Auf der Bohrmaschine sollen Innengewinde M 10 in Durchgangslöcher von Flachstahl 45 × 8 geschnitten werden. Suche im Tabellenbuch die zulässige Schnittgeschwindigkeit v, und bestimme die Drehzahl!

$$n = \frac{v\ (\text{m/min}) \cdot 1000}{d\ (\text{mm}) \cdot 3{,}14}$$

MERKE:

1. **Es gibt Bewegungs- und Befestigungsgewinde.**
2. **Das „Aufschneiden" der Gewindegänge muß man durch entsprechendes Untermaß (Bolzendurchmesser!) bzw. Übermaß (Kernlochdurchmesser!) berücksichtigen.**
3. **Zum Gewindeschneiden von Hand dienen Schneideisen und Schneidkluppe sowie Muttergewindebohrer und Gewindebohrersatz.**
4. **Ein bestimmtes Rohrgewinde paßt für einen ganzen Bereich von Außendurchmessern.**
5. **LH hinter der vollständigen Gewindebezeichnung bedeutet Linksgewinde (Left-Hand), RH bedeutet Rechtsgewinde (Right-Hand).**

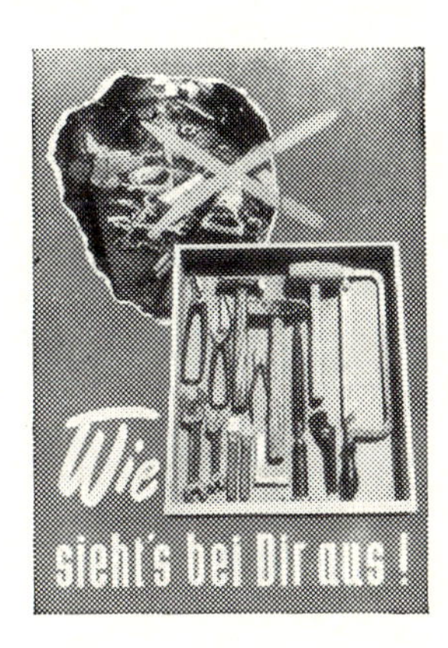

XIII. Auch heute wird noch genietet

1. Der Niet bewirkt eine „unlösbare" Verbindung von Blechen und Profilen

Freilich läßt sich im Notfall eine solche Verbindung trennen, doch wird dabei der Niet zerstört. Der Niet kann kalt oder warm eingezogen werden, was Verfahrensunterschiede bedingt.

2. Die Auswahl an Nieten ist groß

Den Aufbau einer üblichen Nietverbindung zeigt nebenstehendes Bild.

Der Schließkopf wird bis zu 9 mm Schaftdurchmesser **kalt** angestaucht, ab 10 mm Ø **warm** geschlagen. **Setzkopf** und **Schließkopf** können je nach Zweckmäßigkeit verschiedene Form haben. Stahlniete sind aus zähem Werkstoff (z. B. RSt 44-2 = Siemens-Martin-Stahl, beruhigt, mit 330 bis 440 N/mm² Scherfestigkeit – Gütegruppe 2). Daneben gibt es Niete aus Kupfer, Messing, Aluminium und Alu-Legierungen (Al Cu Mg, Al Mg 5), denn Niete sollen möglichst aus dem gleichen Werkstoff bestehen wie die verbundenen Teile (Korrosionsgefahr!).

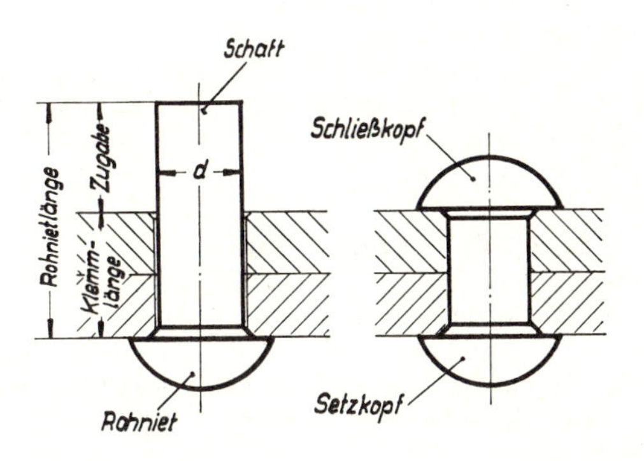

a) Für die **Kaltnietung** sind die nachstehend abgebildeten Formen bis zu 9 mm Schaftstärke geeignet:

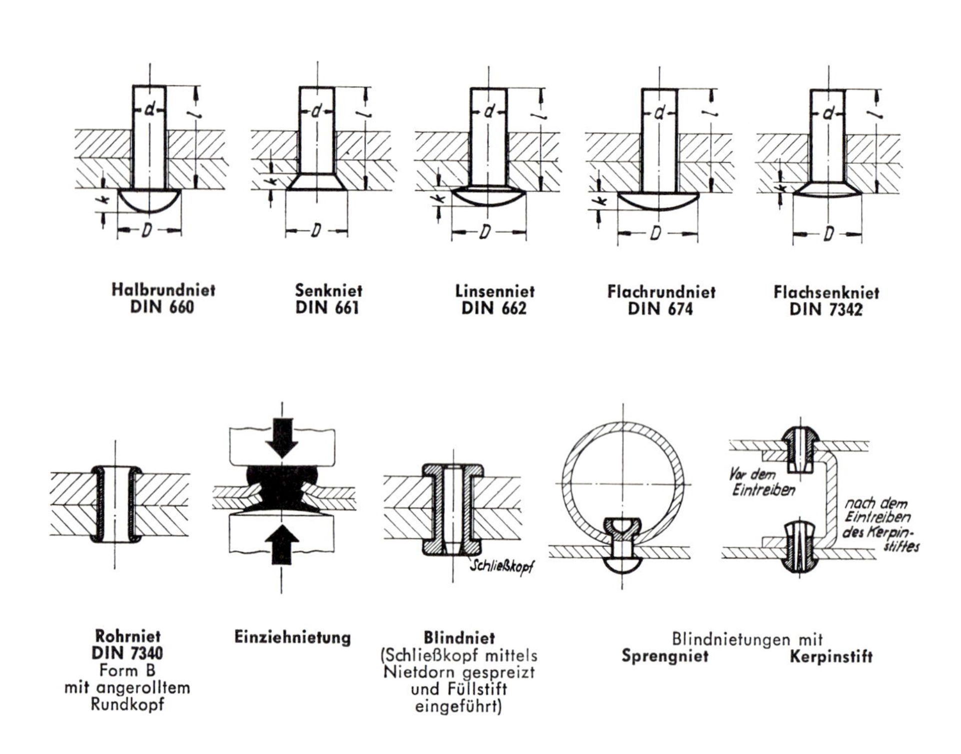

Halbrundniet DIN 660 — **Senkniet DIN 661** — **Linsenniet DIN 662** — **Flachrundniet DIN 674** — **Flachsenkniet DIN 7342**

Rohrniet DIN 7340 Form B mit angerolltem Rundkopf — **Einziehnietung** — **Blindniet** (Schließkopf mittels Nietdorn gespreizt und Füllstift eingeführt) — Blindnietungen mit **Sprengniet** / **Kerpinstift**

b) Niete über 9 mm Schaftdurchmesser sind im **Stahl- und Kesselbau** vorgeschrieben:

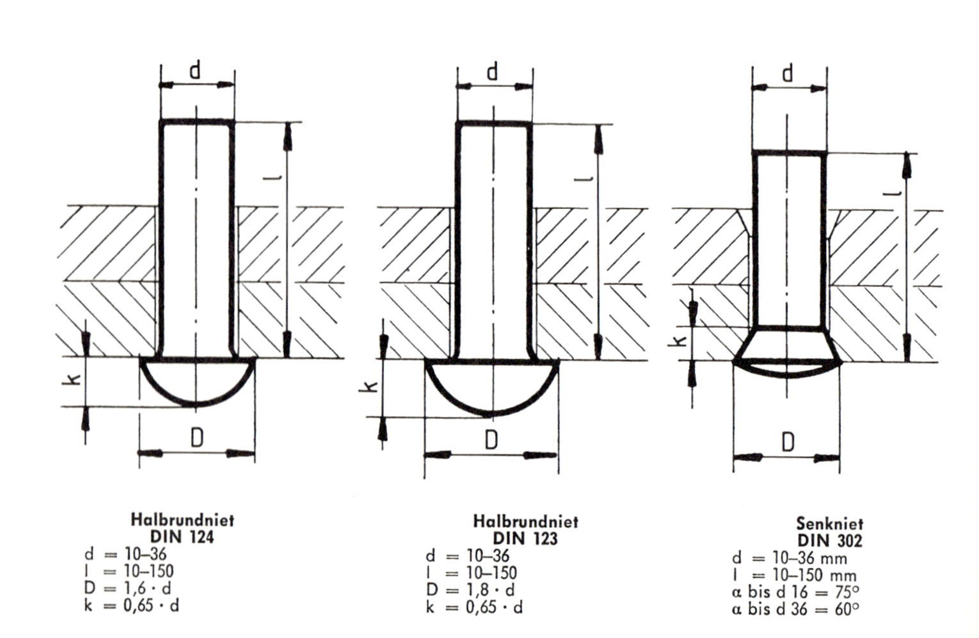

Halbrundniet DIN 124
d = 10–36
l = 10–150
D = 1,6 · d
k = 0,65 · d

Halbrundniet DIN 123
d = 10–36
l = 10–150
D = 1,8 · d
k = 0,65 · d

Senkniet DIN 302
d = 10–36 mm
l = 10–150 mm
α bis d 16 = 75°
α bis d 36 = 60°

3. Eine Kaltnietung wird ausgeführt

a) **Arbeitsauftrag für eine Kaltnietung:**

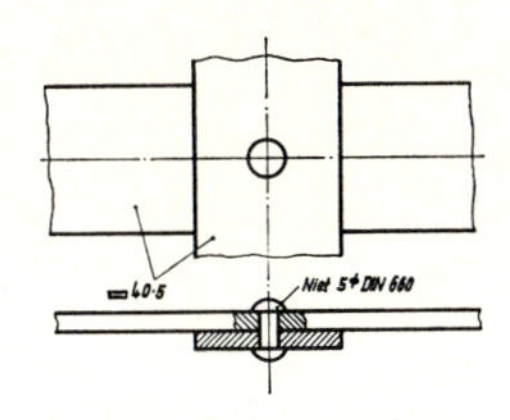

Kreuzverbindung zweier Flachstähle

Senkrechtstab mit dem Querstab verbinden.

I. Flachstäbe etwas größer vorbohren laut Normtabelle auf 5,3 ⌀ und leicht ansenken.

Lochdurchmesser für Halbrundniete DIN 660 und Senkniete DIN 661

Rohniet-⌀	d	1	1,4	2	2,6	3	4	5	6	8	9
Loch-⌀	d_l	1,1	1,5	2,2	2,8	3,2	4,3	5,3	6,4	8,4	9,5

Lochdurchmesser für Halbrundniete DIN 123, 124 und Senkniete DIN 302

Loch-⌀ d_l = Rohniet-⌀ d + 1 mm

II. Nietlänge bestimmen mittels Tabelle.

Faustformeln zur Berechnung der Nietlänge l

Schließkopfform	Schaftlänge l bei Kaltnietung	Schaftlänge l bei Warmnietung
Halbrundkopf	$1{,}1\ s + 1{,}3\ d$	$1{,}1\ s + 1{,}5\ d$
Senkkopf	$1{,}1\ s + 0{,}5\ d$	$1{,}1\ s + 0{,}7\ d$

s = Klemmlänge d = Rohnietdurchmesser

Für unser Beispiel wird die Schaftlänge $l = 1{,}1 \cdot s + 1{,}3 \cdot d = 1{,}1 \cdot 10 + 1{,}3 \cdot 5$ mm = 17,5 mm, gewählt 18 mm. Auch die Nietlängen sind gestuft genormt, z. B. 12, 15, 18, 20, 22....). Muß ein zu langer Niet abgeschnitten werden, so ist das Ende rechtwinkelig zu schleifen oder zu feilen, sonst wird der Nietkopf schief.

III. Niet in die genau fluchtenden Löcher einziehen, auf passenden **Gegenhalter** legen und Flachstähle mit **Nietenzieher** zusammenziehen. Beim Stauchen weicht sonst der Nietschaft zwischen den Stäben aus.

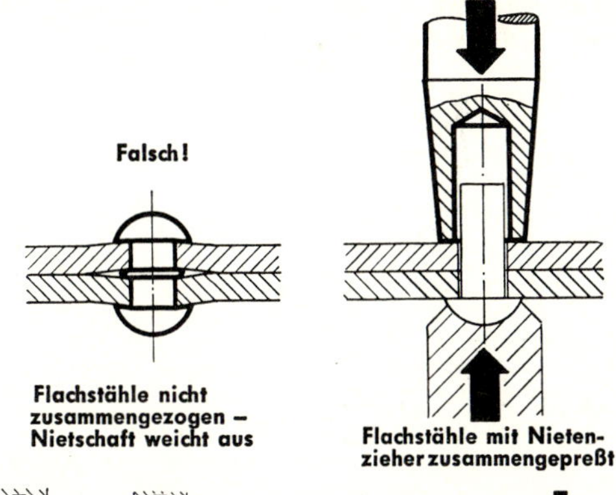

Flachstähle nicht zusammengezogen – Nietschaft weicht aus

Flachstähle mit Nietenzieher zusammengepreßt

IV. Mit geeignetem Hammer genau mittig **stauchen** und mit dem **Kopfmacher** fertig formen (1 mm Nietschaftdurchmesser sollen etwa 80 g Hammergewicht entsprechen, also in unserem Falle ein 500-g-Hammer).

V. Sollte die Nietung einmal mißlingen, können wir den Niet abbohren oder mit einem breiten Spezial-Schneidbrenner den Kopf wegschneiden und den Rest durchtreiben.

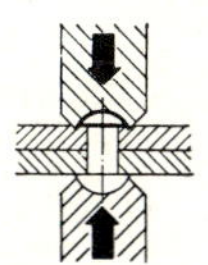

Nietzugabe zu klein, Kopfmacher zu groß: Kerben in der Werkstückoberfläche

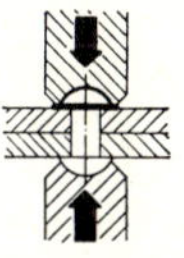

Nietzugabe zu groß, Kopfmacher zu klein: Wulstbildung am Schließkopf

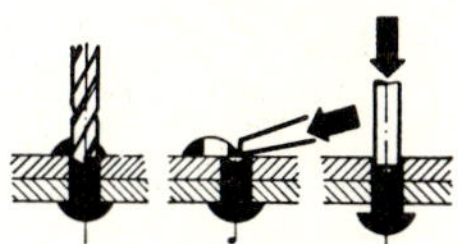

Schlecht geschlagener Niet wird durch Abbohren und Austreiben entfernt

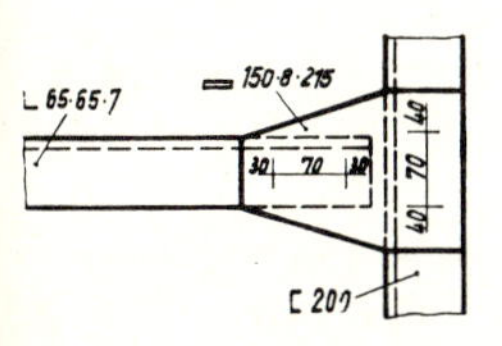

b) **Arbeitsauftrag für eine Warmnietung** (siehe Zeichnung):

I. Wenn der Niet-⌀ in der Zeichnung nicht vorgeschrieben ist, bestimmen wir ihn nach Tabelle.

Bestimmung des Rohnietdurchmessers nach der kleinsten Plattendicke s_1

Kl. Plattendicke s_1	3	4	5	6	7	8	9	10	12	14	16	20	22	24	26	28	30
Rohniet-⌀ d	10	12	14	16	18	18	20	20	22	24	27	30	30	33	33	36	36

und finden für d = 18 mm. Auch die Faustformel $d = \sqrt{50 \cdot s_1} - 2$ mm führt zum Ziel: $d = \sqrt{50 \cdot 7} - 2$ mm $= \sqrt{350} - 2$ mm $= 18{,}7 - 2$ mm ≈ 17 mm. Wir wählen ein Niet 18 und bohren alle Löcher grundsätzlich um 1 mm größer. Ansenken nicht vergessen!

II. Die vorbereiteten Profile heften wir vorläufig mit Sechskantschrauben M 16 und reiben schlecht fluchtende Löcher mit einer Reibahle nach. Die Schrauben werden dann Stück für Stück durch Niete ersetzt.

III. Die Nietschaftlänge wird gemäß Tabelle gleich $1{,}1\,s + 1{,}5\,d = 1{,}1 \cdot 15$ mm $+ 1{,}5 \cdot 18$ mm $= 16{,}5$ mm $+ 27$ mm ≈ 44 mm. Das Warmnieten soll schnell gehen! Die in Kohle-, Gas- oder Ölöfen auf helle Gelbglut erhitzten Niete müssen nach dem Fertigstauchen noch dunkelrotwarm sein, damit sie **durch** kräftiges **Schrumpfen** während des Erkaltens die Bleche fest **zusammenspannen.** Bei umfangreichen Warmnietungen arbeiten meist ein Warmmacher, ein Vorhalter und ein Nieter zusammen. Der Nieter fängt hierbei mit einem Drahtkorb den nächsten Niet auf, den ihm der Warmmacher auf ein Hammerzeichen zuwirft.

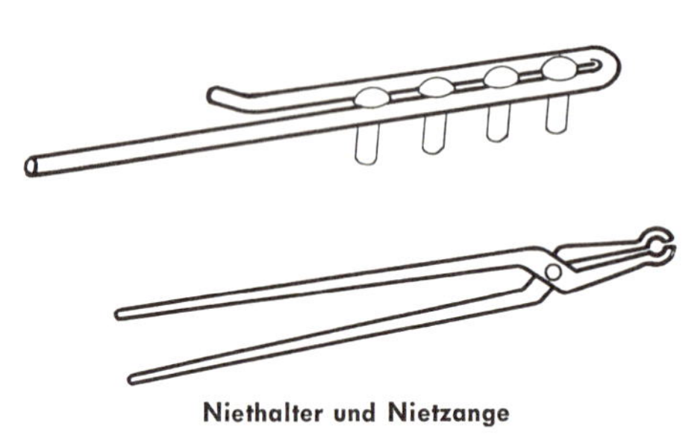

Niethalter und Nietzange

IV. Druckluft-Niethammer und Nietpresse ersetzen heute oft die anstrengende Handarbeit.

4. Arbeitsregeln und Unfallverhütung

a) Vermeide folgende Fehler:
- Nietwerkstoff, Nietlänge oder Nietdurchmesser falsch gewählt;
- Nietlöcher fluchten nicht oder sind nicht entgratet;
- Bleche sind nicht zusammengezogen oder Durchmesser von Kopfmacher und Gegenhalter passen nicht.

b) Beachte bei der Nietwahl:
Der kalt geschlagene Nietschaftdurchmesser soll nicht kleiner als ein Drittel der Klemmlänge sein. Die Klemmlänge darf nicht größer als das 4,5fache des Rohnietdurchmessers sein (Schrumpfkraft kann sonst beim Warmnieten den Kopf absprengen!).

c) Wirf verbrannte Niete nicht irgendwo hin! (Brandgefahr, Verbrennungen von Kollegen!)

d) Verwende gut eingestielte Hämmer!

5. Selbst finden und behalten

a) Nenne aus deinem Erfahrungsbereich Beispiele von Nietverbindungen.

b) Welche Gründe können dafür sprechen, daß man die Nietung z. B. dem Löten oder Schweißen vorzieht?

c) Welche verschiedenen Anforderungen können an Nietverbindungen gestellt werden? (Vergleiche Nietungen an einem Ziergitter, einer Eisenbahnbrücke, einem Druckkessel, einem Fahrzeugrahmen, einem Kranarm!)

d) Stelle die Nietkopfformen für Niete bis 9 mm ⌀ und Niete über 10 mm ⌀ zusammen.

e) Warum zieht man heute im allgemeinen das Schweißen dem Nieten vor?

MERKE:

1. **Die Kaltnietung (bis 9 mm ⌀) und Warmnietung (ab 10 mm ⌀) bewirken unlösbare Verbindungen.**
2. **Die Niete für Stahl- und Kesselbau unterscheiden sich in der Normung und in der Form von den Blechnieten.**
3. **Für Nietlochdurchmesser und Nietschaftlänge gibt es Tabellen.**
4. **Nietwerkzeuge: Nietlochreibahle, Nietenzieher, Gegenhalter, Kopfmacher, Niethammer.**
5. **Nietwerkstoff und Blech sollen aus gleichem Werkstoff sein (Korrosionsgefahr!).**

XIV. Der Schmied braucht gutes Augenmaß und kräftige Arme

1. Schmiede das Eisen, solange es warm ist!

a) Nicht nur Wachs, auch die Metalle wie Eisen, Kupfer usw. verlieren ihre Härte und Sprödigkeit, je mehr wir sie erwärmen. Diese uralte Erfahrung findet ihre Erklärung durch die neueren physikalischen Erkenntnisse. Wärme ist nur eine Form der Energie (Arbeitsvermögen). Führen wir sie dem Stahl zu, dann verwandelt sie sich in Bewegungsenergie, welche die raumgitterartig angeordneten Moleküle (kleinste Stoffteilchen) oder Atome in immer raschere und größere Schwingungen versetzt. Die Zusammenhangskraft (Kohäsion) zwischen den Teilchen vermindert sich dadurch; die Teilchen und die Gitter selbst lassen sich leichter gegeneinander verschieben. Wir sagen, der Stahl ist bildsam, schmiedbar geworden. Unser Werkstoff Stahl, der ja eigentlich eine Legierung aus Eisen mit Kohlenstoff darstellt, tanzt mit seinem Verhalten jedoch etwas aus der Reihe. Das Schaubild zeigt, daß z. B. St 37 zunächst an **Festigkeit** und **Härte** zunimmt und erst bei etwa 300 °C weicher wird. Bei dieser Temperatur, der sogenannten Blauwärme, ist der Stahl rißempfindlicher als in kaltem Zustand. Darauf müssen wir nicht nur beim Schmieden, sondern auch beim Warmbiegen, Warmrichten und Schweißen achten. Die günstigste Schmiedetemperatur für St 37 liegt zwischen 700 °C und 1300 °C.

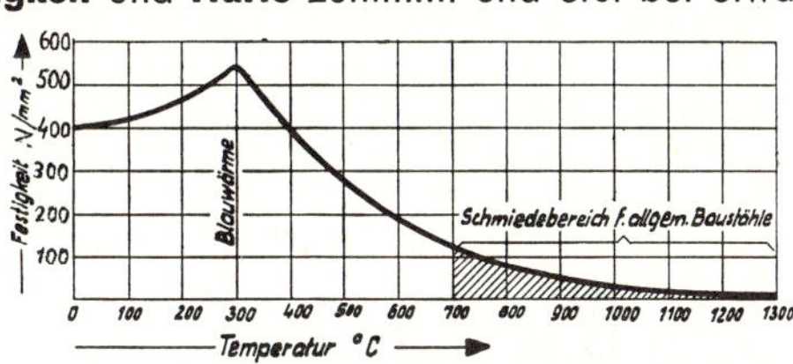

b) Wir wissen weiter aus Erfahrung, daß ein Stoff um so eher und rascher verbrennt, je höher seine Temperatur und je mehr Sauerstoff vorhanden ist. Die Neigung, eine chemische Verbindung mit Sauerstoff einzugehen, wird größer. Glühender Stahl verzundert an der Oberfläche, die als schwarzer „Hammerschlag" abblättert. Um diesen unerwünschten **Abbrand** zu verringern, müssen wir möglichst kurz erwärmen und rasch schmieden, vor allem dürfen wir nicht über 1300 °C (Weißglut) gehen. Die Sternchen verraten, daß dann der Stahl verbrennt.

c) Die Wirkung des Schmiedens beruht darauf, daß die **Wucht** des **fallenden Hammers** beim Aufprall in Verformarbeit umgesetzt wird. Die Wucht = Bewegungsenergie errechnet sich nach der Formel:

$$\text{Energie der Bewegung} = \frac{m \cdot v^2}{2} \text{ (Nm)}$$

m = Masse des Hammers, entspricht dem Gewicht;

v = Geschwindigkeit beim Auftreffen.

Daraus ergibt sich, daß das Werkstück doppelt so stark verformt wird, wenn der Hammer doppelt so schwer ist, daß aber die Verformung 2^2 = 4mal so groß ist, wenn der Hammer nur mit doppelter Geschwindigkeit auftrifft (= vierfache Wirkung bei doppelt schnellem Auftreffen).

Soll der Hammer ferner seine volle Wirkung ausüben, d. h. den Querschnitt des glühenden Stahls durch und durch kneten, dann muß er genügend schwer gewählt werden. Zu leichte Hämmer stauchen nur die Oberfläche.

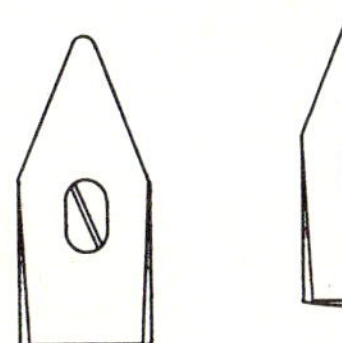

Trifft der Hammer aus größerer Höhe mit doppelter Geschwindigkeit auf, dann vervierfacht sich seine Wirkung.

Oberflächliche Stauchwirkung eines zu leichten Hammers

Stehen Hammergewicht, Amboßgewicht und Werkstückquerschnitt im richtigen Verhältnis, dann verfeinert und streckt sich das ursprüngliche Walzgefüge, **ohne** daß die **Fasern** unterbrochen werden. Darin liegt begründet, daß geschmiedete Werkstücke fester und zäher sind als gedrehte, gehobelte, gefräste und gebohrte.

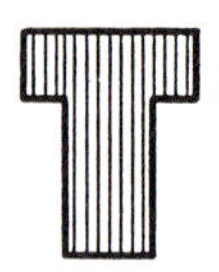

Werkstück gedreht, Fasern abgeschnitten

Werkstück gestaucht, Fasern unverletzt

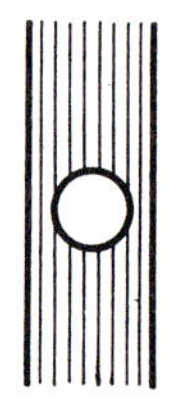

Werkstück gebohrt, Querschnitt geschwächt

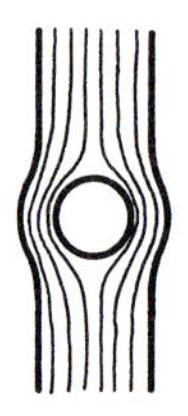

Werkstück gelocht, Querschnitt ungeschwächt

2. Nicht alle metallischen Werkstoffe sind gut schmiedbar

Grundsätzlich lassen sich alle Metalle und Legierungen schmieden, die beim Erwärmen weich werden, bevor sie schmelzen. Grauguß ist deshalb nicht schmiedbar, wohl aber Stahlguß und in gewissen Grenzen Temperguß und Sphäroguß.
Die **Schmiedbarkeit** des Stahls sinkt mit steigendem Kohlenstoffgehalt und ist auch abhängig von Legierungsbestandteilen wie Chrom, Nickel, Mangan, Vanadium, Molybdän.
Allgemeinen **Baustahl** bis etwa 0,5 % C schmieden wir am leichtesten zwischen 1300 °C (weißgelb) bis 900 °C (gelbrot), unter 700 °C (dunkelrot) soll man nicht mehr schmieden.
Unlegierter **Werkzeugstahl** darf nur zwischen 1000 °C (dunkelgelb) bis 850 °C (hellkirschrot) unter den Hammer. Einsatz-, Vergütungsstähle und alle legierten Stähle unterliegen besonderen Behandlungsvorschriften, die für die betreffende Sorte aus den Normblättern oder den Empfehlungen der Lieferfirmen zu entnehmen sind.
Wird Stahl längere Zeit über die zulässige Temperatur geglüht, so bezeichnet man ihn als überhitzt. Grobkornbildung und starke Verzunderung sind die Folge. Er kann aber meist durch Normalglühen gerettet werden.
Verbrannter Stahl (Funkensprühen) ist nicht mehr verwendbar, das Gefüge ist morsch und brüchig.
Kupfer und seine Legierungen Bronze und Messing sind ebenfalls schmiedbar bei etwa 800°. Mit einiger Erfahrung läßt sich diese Temperatur an der Glühfarbe (dunkelrot) abschätzen.
Sehr gut schmiedbar ist **Aluminium** mit seinen Knetlegierungen, wenn man die vorgeschriebene Temperatur laut Anweisung der Lieferfirma einhält. Alu-Legierungen sind sehr empfindlich gegen geringe Überhitzung. Bei Reinaluminium können wir behelfsmäßig mit einem trockenen Fichtenholzspan prüfen, ob die Schmiedetemperatur von $\approx$ 500 °C erreicht ist. Hinterläßt der Span einen mittelbraunen Strich, der wieder verschwindet, dann ist es soweit. Verläßlicher sind die Thermochromstifte, deren Strich auf dem Werkstück bei dem aufgedruckten Temperaturwert in eine andere Farbe umschlägt. Leichtmetalle sollen jedoch in elektrischen Luft- oder Salzbadeöfen erhitzt werden, die sich mittels Thermostat auf die richtige Temperatur einstellen.

3. Schmiedeöfen und Schmiedefeuer

Gas-, Öl- oder elektrisch beheizte **Schmiedeöfen** sind für Betriebe empfehlenswert, in denen noch viel geschmiedet wird. Infolge ihrer geschlossenen Form ist der Wärmeverlust gering; das Werkstück wird gleichmäßiger erwärmt und verzundert nicht so stark.
In den meisten Schlosserei- und Stahlbaubetrieben dient immer noch der **Schmiedeherd** zum Warmmachen.
Nicht irgendeine Kohle, sondern gasarme (magere), möglichst schwefelarme, gut backende **Eßkohle** Nuß III oder IV braucht der Schmied. Je geringer der Anteil der unverbrannten Schwefelgase ist, desto weniger wird der glühende Stahl chemisch angegriffen. Die äußere Kohleschicht verhindert durch das Backen schädlichen Luftzutritt und hält die Hitze im Innern

gut zusammen. Wichtig ist, daß wir vor dem Einschieben des Werkstücks die Kohle gut durchbrennen lassen, wobei die schädlichen Bestandteile der Kohle ausgetrieben werden. Frische Kohle schütten wir um die Feuerschüssel herum auf und schieben sie nach Bedarf mit der Eßklinge von der Seite her zu. Durch Ablöschen mit dem Löschwedel können wir das Feuer auf die erforderliche Anwärmstelle begrenzen und Kohle sparen. Die kalte Gebläseluft darf keinesfalls von unten direkt auf das Werkstück treffen, was durch eine ausreichende Kohleschicht über dem Luftaustritt verhindert wird. Allseitig von glühender Kohle umschlossen, bringen wir so das Werkstück am besten auf Temperatur. Steht die Schmiedeesse etwas im Dunkeln, dann lassen sich die Glühfarben sicher beurteilen.

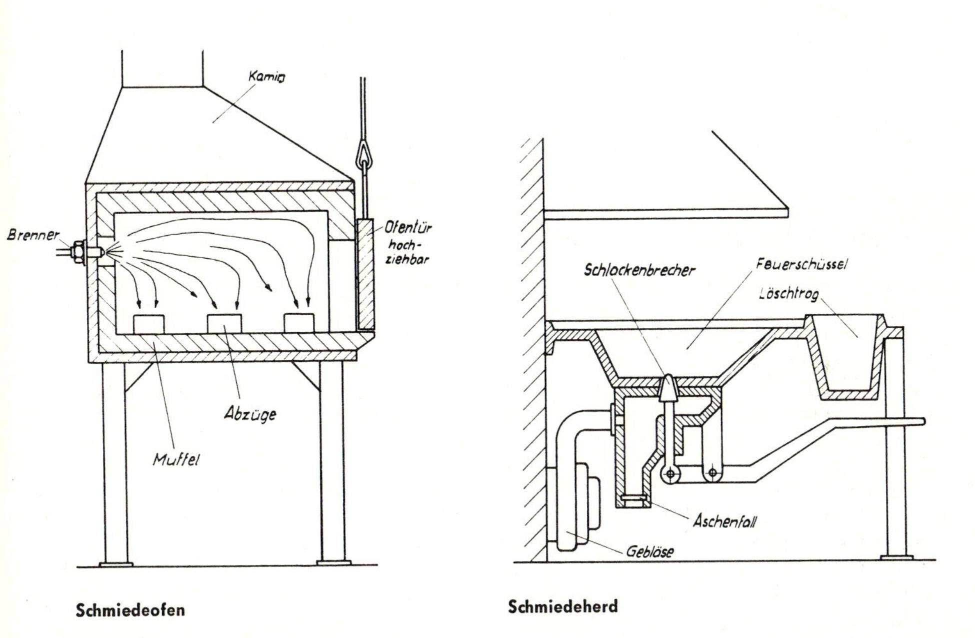

Schmiedeofen **Schmiedeherd**

4. Zum Schmieden brauchen wir vielerlei Werkzeuge

Der **Amboß** (100 bis 300 kg) mit seiner aufgeschweißten Stahlplatte ruht auf einem Block aus Hartholz, Grauguß oder Beton und bildet mit seiner schweren Masse die Gegenkraft zum Hammerdruck. Rundhorn, Vierkanthorn, Voramboß und Stauchamboß bieten dem gewandten Schmied viele Möglichkeiten bei der Verformungsarbeit. Rund- und Vierkanthorn gestatten nicht nur das Durchschlagen und Aufdornen, sie haben auch Löcher zum Einstecken von Hilfswerkzeugen wie Sperrhorn, Spitzstöckel, Abschrot, Setzunterlage und verschiedene Gesenke.

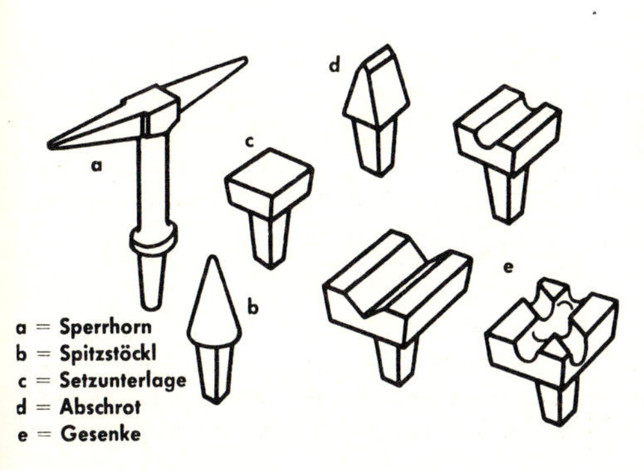

a = **Sperrhorn**
b = **Spitzstöckl**
c = **Setzunterlage**
d = **Abschrot**
e = **Gesenke**

Amboß

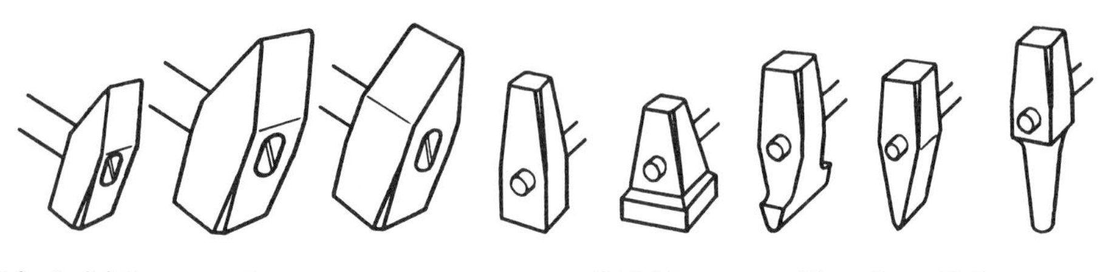

Schmiedehämmer müssen gut verkeilt sein. Einhandhämmer wiegen zwischen 1 und 2 kg, Zweihandhämmer für den Zuschläger 3 bis 15 kg.

Die Stiele der Hilfshämmer bleiben unverkeilt. Ihr loser Sitz verhindert das Prellen der Hand.

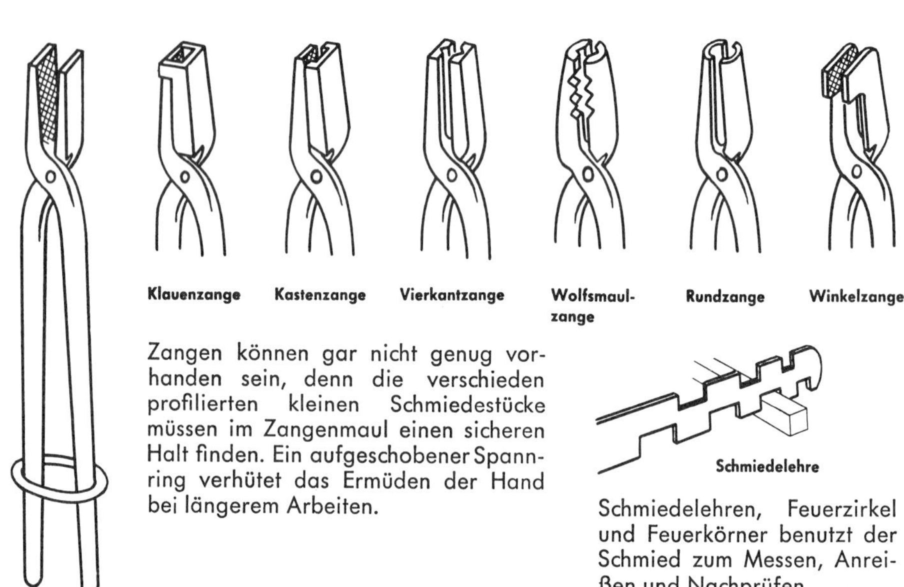

Zangen können gar nicht genug vorhanden sein, denn die verschieden profilierten kleinen Schmiedestücke müssen im Zangenmaul einen sicheren Halt finden. Ein aufgeschobener Spannring verhütet das Ermüden der Hand bei längerem Arbeiten.

Schmiedelehren, Feuerzirkel und Feuerkörner benutzt der Schmied zum Messen, Anreißen und Nachprüfen.

5. Möglichst in „einer Hitze" schmieden

Durch oftmaliges Erhitzen leidet jeder Stahl, der Abbrand schwächt den Querschnitt. Vor Beginn der Schmiedearbeit müssen wir uns daher die Reihenfolge der Arbeitsgänge genau überlegen, alle Hilfswerkzeuge sollen griffbereit liegen, und es gilt schnell zu arbeiten.
Die **Rohlänge** ermitteln wir, wenn nötig, mit der einfachen Formel:

$$\text{Rohlänge} = \frac{\text{Fertigvolumen}}{\text{Querschnittfläche des Rohlings}}$$

Je nach Umfang der Arbeit geben wir für den Abbrand etwa 5% Länge zu. Bei größeren Stückzahlen lohnt sich die Anfertigung eines Musters.
Alle **Schmiedearbeiten** lassen sich auf einige Grundtechniken zurückführen, die aber beherrscht sein wollen:

a) Strecken und Ausbreiten

Die Hammerschläge wandern beim **Strecken** vom vollen Querschnitt zur Spitze hin, wobei zur Erzielung einer rechtwinkeligen Vierkantspitze der Stab jeweils um genau 90° zu drehen ist. Sonst entsteht ein „Spießkant". Beim **Ausbreiten** kann man die Hammerfinne verwenden.

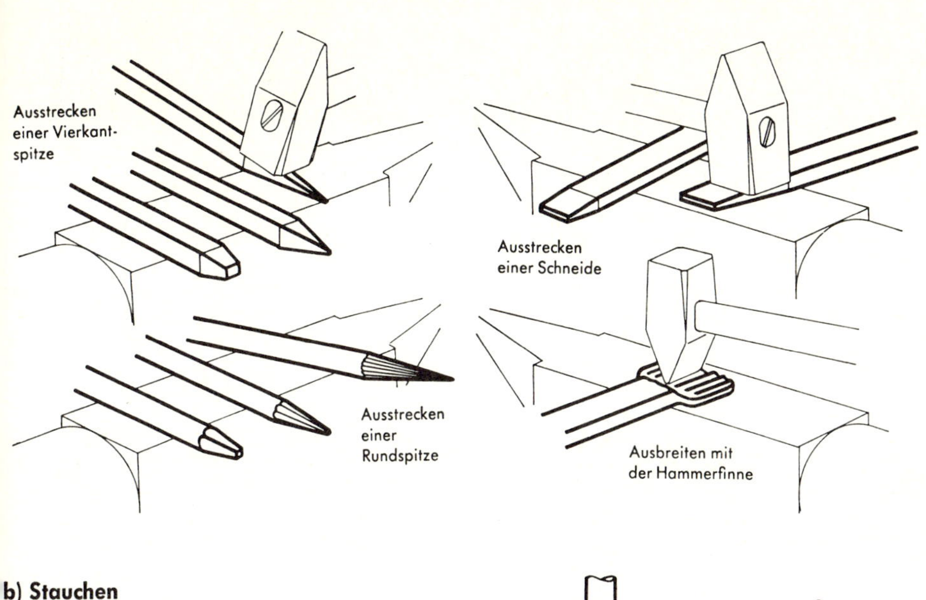

b) Stauchen

Der Stab wird scharf begrenzt weißwarm gemacht, sonst bricht er seitlich aus. Ein Kopf läßt sich dann mit Hilfe der Lochplatte rund oder vierkantig ausformen.

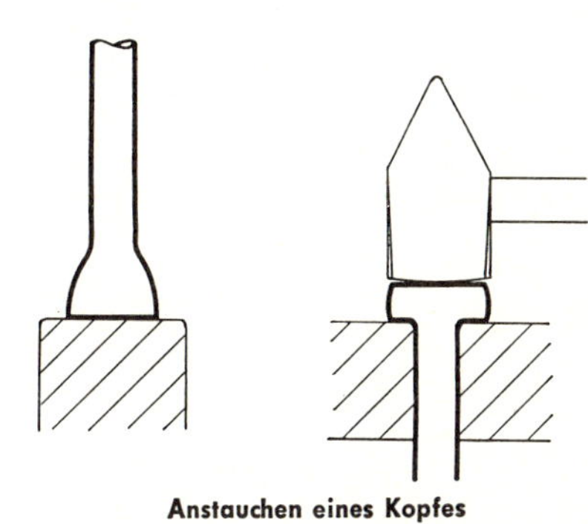

Anstauchen eines Kopfes

c) Warmbiegen

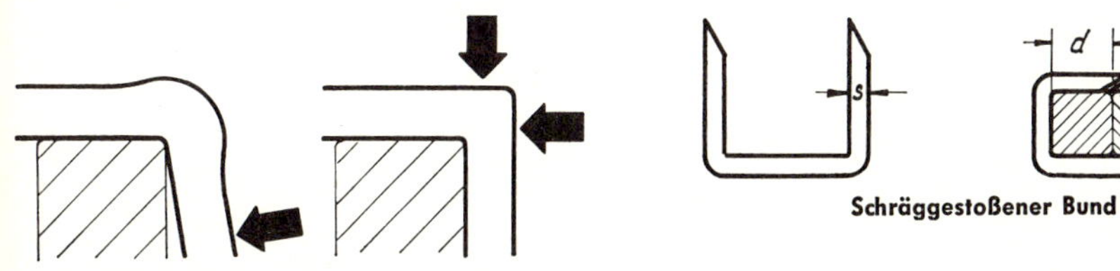

Warmbiegen einer scharfen Kante

Schräggestoßener Bund

Zum scharfkantigen Biegen muß die Ecke angekörnt, kurz erwärmt und vorgestaucht werden. Die Rohlänge für stumpf oder schräg gestoßene Bunde errechnen wir mit der Faustformel: L = 6 × Gitterstab-$\varnothing$ + 2 × Bundstärke. Ringe und Schlaufen werden zunächst am Anfang und am Ende vorgebogen.

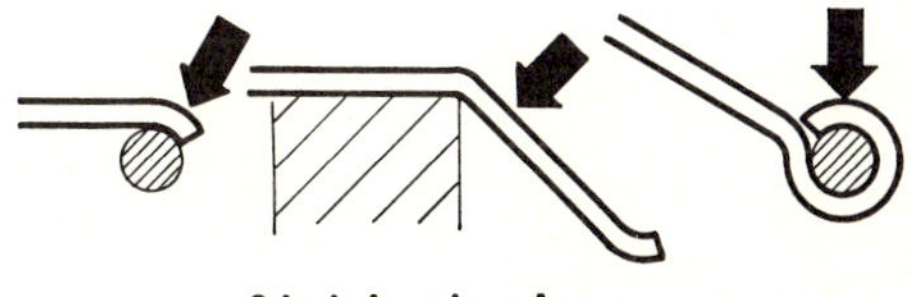

Schmieden eines Auges

d) Absetzen

Ein einseitiger Lappen wird mit dem Schmiedehammer auf der Amboßkante abgesetzt. Vorkehlen mit dem Kehlhammer ergibt einen runden Übergang. Das Stabende schrägen wir vorher etwas ab. Zum beidseitigen Absetzen eignen sich am besten Setzstock und Setzhammer. Schwieriger ist das Schmieden von Rundzapfen. Längskerben verhindern wir, wenn wir den Zapfen zuerst vierkantig, dann achtkantig und schließlich in Rundgesenken mit passendem Durchmesser ausformen. Gleichmäßiges, fortwährendes Drehen ist ausschlaggebend.

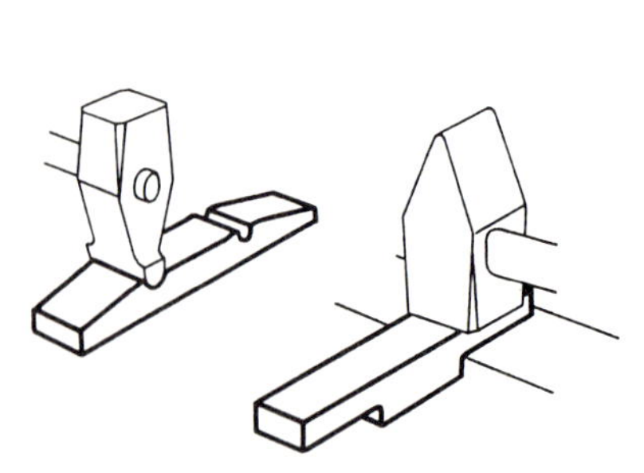

Kehlen und beidseitiges Absetzen eines Werkstückes

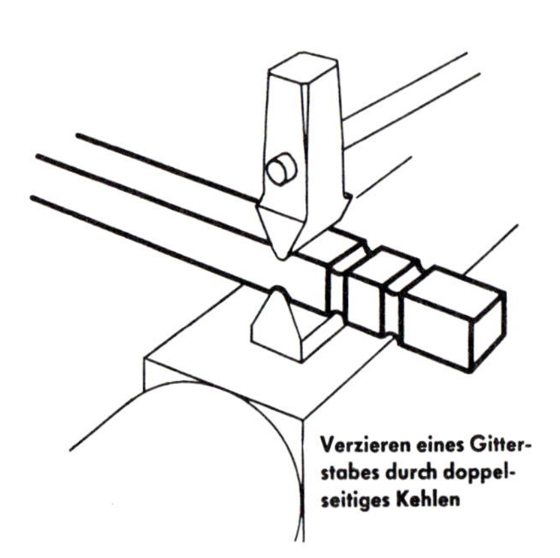

Verzieren eines Gitterstabes durch doppelseitiges Kehlen

e) Kehlen

Gekehlt wird sowohl vor dem Absetzen als auch zum Verzieren von Stäben. Beim doppelseitigen Kehlen ist wichtig, daß Kehlhämmer und Gesenk gleichen Radius haben.

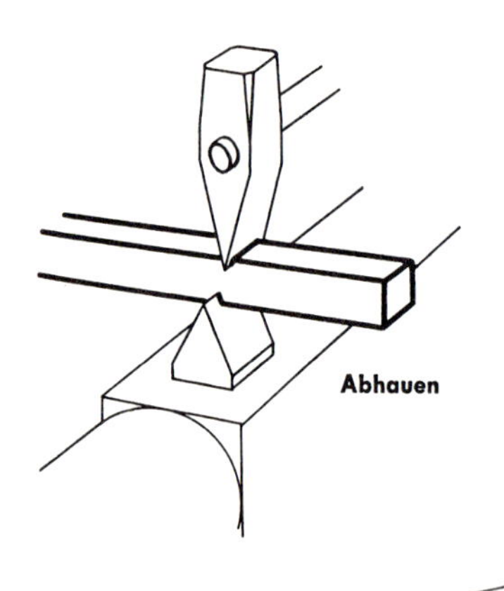

Abhauen

f) Abhauen

Als Werkzeug dienen der Warmschrotmeißel und der Abschrot. Beim Durchkommen darauf achten, daß die Meißelschneide seitlich am Abschrot vorbeigleitet! Damit der Zuschläger den Schmied mit dem Hammer nicht gefährdet, steht er bei dieser Arbeit seitlich zum Amboß.

g) Warmlochen

Dickere Querschnitte, z. B. Gitterstäbe, werden zuerst an der Lochstelle etwa um den Lochdurchmesser angestaucht, dann von beiden Seiten auf Blechunterlage mit dem Lochmeißel geschlitzt (Schneide des Lochmeißels etwa 1,3 bis 1,5 × Lochdurchmesser).

Nach dem Aufbauchen des Loches können wir es mit passendem Dorn fertig lochen. Bei dünneren und breiten Stäben kann man sich das Schlitzen sparen. Hier genügt das Durchtreiben mit dem Lochhammer. Der Querschnitt wird dabei allerdings geschwächt, weil ein Putzen herausfällt.

Warmlochen eines Flachstahls

Wie schon erwähnt, lassen sich auch **NE-Metalle** und ihre Knetlegierungen mit den beschriebenen Techniken warm verformen.

Von den **Leichtmetallen** eignen sich besonders Al 99 F 8 und Al 99,5 F 7 sowie die Knetlegierungen Al Cu Mg, Al Cu Ni, Al Si Cu Ni und Al Zn Mg Cu.

Von den **Schwermetallen** sind gut schmiedbar Kupfer und die Knetlegierungen CuZn 40 Pb 3, CuZn 37, Al Bz 9, Al-Mn Bz.

Alu und Kupfer leiten die Wärme sehr gut, werden also schnell kalt. Mit vorgewärmter Amboßbahn und warmen Hämmern können wir die Schmiedewärme länger halten. Die empfindlichen, weichen Oberflächen dieser NE-Metalle erfordern selbstverständlich tadellos saubere und glatte Amboßbahn und Werkzeugflächen.

6. Auch beim Schmieden sind Unfälle nicht ausgeschlossen

Verbrennungen durch Funken verhindern wir durch eine lange Lederschürze und nach innen umgekrempelte Ärmel. Heiße Schmiedestücke müssen gesondert abgelegt werden, damit sie niemand versehentlich anfaßt. Besonderes Augenmerk ist auf gut eingestielte und entgratete Hämmer zu richten. Schmied und Zuschläger müssen sich durch die Hammersprache (Klopfzeichen auf den Amboß) verständigen.

7. Selbst finden und behalten

a) Wie beeinflußt der Kohlenstoffgehalt die Schmiedbarkeit von Baustahl und Werkzeugstahl?
b) In welchen Temperaturbereichen soll man Baustahl und Werkzeugstahl nur schmieden?
c) Wie wirkt sich ungeeignete (schwefelreiche, fette) Kohle auf den Stahl aus?
d) Welchen Zweck hat das gelegentliche Ablöschen des Feuers?
e) Warum muß die Eßkohle vor dem Einbringen des Stahls gut durchgebrannt sein?
f) Welche Hilfshämmer gehören zur Ausrüstung?
g) Nenne die wichtigsten Zangenformen und ihre Einsatzmöglichkeiten!
h) Welche Vorzüge hat ein geschmiedetes Werkstück gegenüber einem gegossenen oder durch Spanen geformten?
i) Welche besonderen Maßnahmen sind beim Schmieden von NE-Metallen zu treffen?
k) Wie vermeidet man Unfälle beim Schmieden?

MERKE:

1. Je geringer der Kohlenstoffgehalt, desto besser läßt sich der Stahl schmieden. Auch Kupfer, Aluminium und die Knetlegierungen dieser Metalle sind schmiedbar.

2. Jeder schmiedbare Werkstoff muß innerhalb seines Schmiedetemperatur-Bereichs verformt werden, Baustahl zwischen 1300 °C und 700 °C.
Die wichtigsten Schmiedewerkzeuge: Amboß, Feuerschraubstock, Esse, Lochplatte, Hämmer, Hilfshämmer und Gesenke, Zangen.

XV. Durch Löten entstehen dichte und haltbare Verbindungen

1. Löten ist mehr als Kleben

Freilich gilt dies nur dann, wenn das Arbeitsverfahren mit Sorgfalt und Geschick durchgeführt wird. Das Besondere des Lötens liegt darin, daß die zu verbindenden Werkstückteile nur erwärmt werden und sich mit dem flüssigen Lot lediglich oberflächlich legieren. Je nach Werkstoffeignung und Güte der Arbeit wird die Haltbarkeit sehr verschieden ausfallen.

Schlechte Lötung

Infolge zu geringer Erwärmung und zu weitem Spalt haftet das Lot nur oberflächlich. Die Lötnaht zeigt wenig Festigkeit (Bild I).

Normale Lötung

Bei richtiger Arbeitstemperatur und kleinem Lötspalt wird erreicht, daß ein Teil des Lotes beiderseits mit dem Werkstück legiert. Die innige Vermischung gewährleistet eine gute Festigkeit (Bild II).

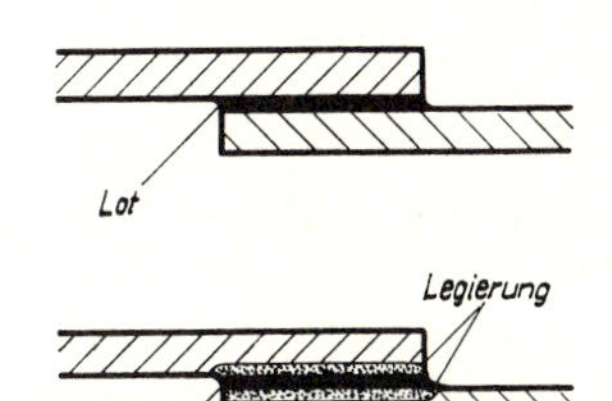

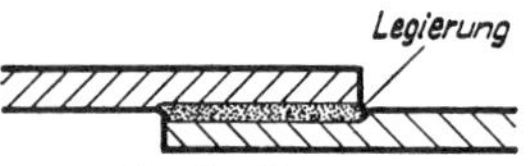

Ideale Lötung

Arbeitstemperatur und Lötspalt sind genau eingehalten. Die Werkstückteile wurden im rechten Augenblick zusammengedrückt. Das gesamte Lot legiert mit den Oberflächen. Diese vollkommene Lötung gelingt nur selten, am ehesten beim Hartlöten, weil höhere Temperaturen das Legieren begünstigen (Bild III).

Die Lötung rechnen wir zu den unlösbaren Verbindungen.

Die **Techniken,** insbesondere in der Serienfertigung, sind sehr unterschiedlich, doch werkstattmäßig kommen hauptsächlich folgende Verfahren zur Anwendung:

○ Nach der Art der **Wärmezufuhr:**
Kolbenlötung, Flammenlötung, Tauchlötung, Ofenlötung, elektrische Widerstandslötung.

○ Nach Art der **Lotbeigabe:**
Das Lot wird mit dem Kolben angesetzt, mit der Drahtbürste aufgerieben, eingelegt, die Lotstelle wird in Lotbad getaucht. Leichtmetall wird mit einem Ultraschallgriffel verzinnt.

○ Nach **Ausformung** der Lötstelle:
Die stumpf bzw. schräg gestoßenen oder überlappt zusammengepaßten Teile bilden einen engen Spalt = Spaltlötung.
Die Werkstücke bilden eine größere Fuge und werden ähnlich dem Schmelzschweißen durch Auftragen von Lot verbunden = Fugenlötung.

○ Nach **Arbeitstemperatur** und **Lot**
Weichlöten bis 450 °C (= Weichlote)
Hartlöten über 450 °C bis 1200 °C (= Hartlote)

Die Wahl des Verfahrens richtet sich nach den zu lötenden Werkstoffen, nach dem Verwendungszweck, nach den vorhandenen Einrichtungen unter Berücksichtigung der Wirtschaftlichkeit.

2. Gut vorbereitet ist halb gelötet

Das Gelingen der Lötung hängt von einigen wesentlichen Voraussetzungen ab.
a) Die **Werkstückteile** müssen lötgerecht gestaltet und gut passend vorgearbeitet sein. Je größer die Berührungsflächen, desto haltbarer die Verbindung.

Beispiele:

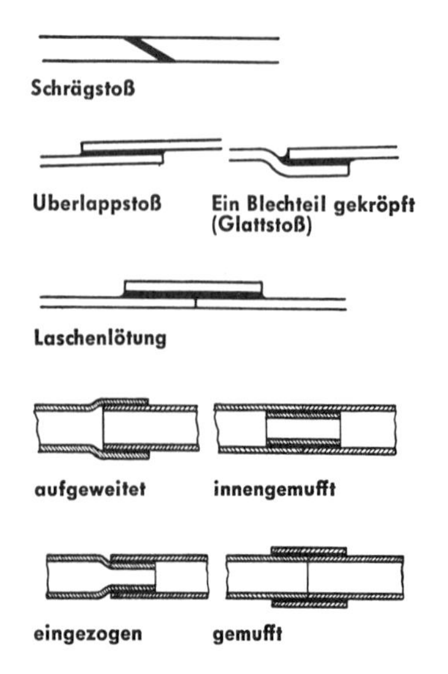

Stumpfstoß nur ab 3 mm Blechdicke zulässig. Abschrägung vergrößert die Lötfläche und damit die Festigkeit.

Besser hält eine überlappte oder Laschenverbindung. Überlappung $\geqq 4 \times$ Blechdicke.

Rohre werden gemufft oder überlappt verbunden. Durch Aufbördeln gewinnen wir eine große Berührungsfläche an Rohrkreuzungen.

Rohrverbindungen

Rohrabzweigung aufgebördelt

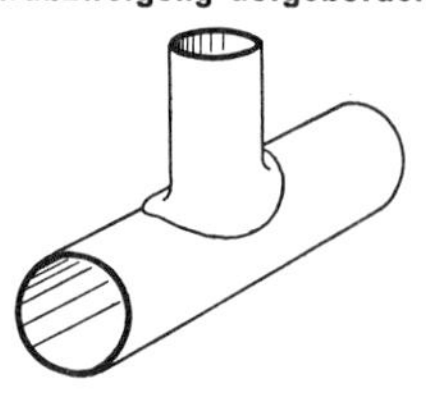

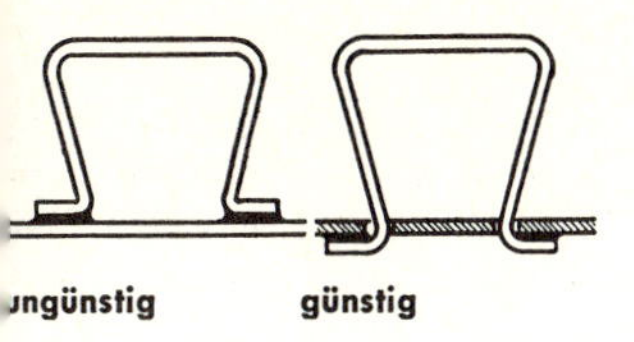

ungünstig günstig

Griffe und Ösen halten sicherer, wenn das Lot nicht auf Zug beansprucht wird, Griffenden durch Schlitze stecken, umbiegen und löten.

Falzlötung gekröpft (Glattblechstoß)

Einfachfalz-Lötung

Sehr hohe Zugfestigkeit erreicht man mit der Falzlötung. Die Bleche nehmen die Zugspannung auf!

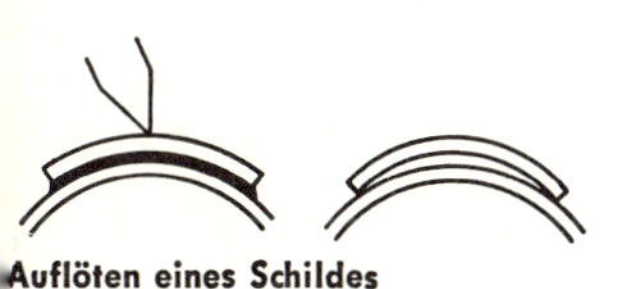

Auflöten eines Schildes

Aufzulötendes Schild etwas stärker krümmen als das Rohr, damit es beim Andrücken während des Lötens satt aufliegt.

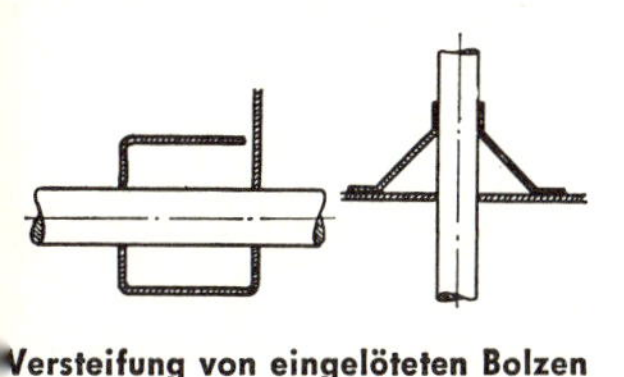

Versteifung von eingelöteten Bolzen

Rohre oder Bolzen müssen beim Einlöten in dünne Behälterwände zusätzlich versteift werden (= zweistelliges Löten).

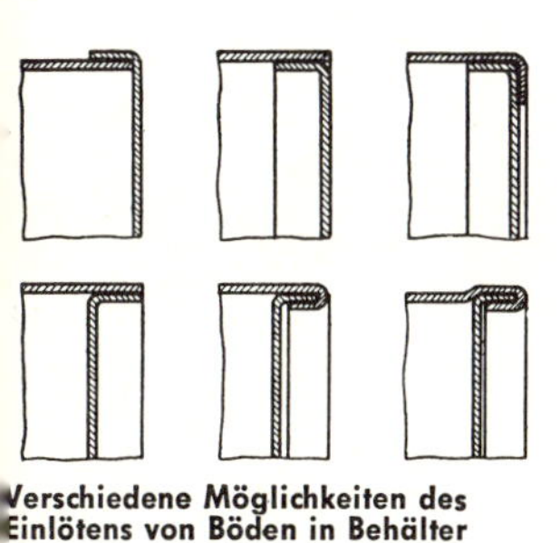

Verschiedene Möglichkeiten des Einlötens von Böden in Behälter

Auch beim Einlöten von Behälterböden läßt sich durch Falzen und Bördeln die Dichtheit bzw. Festigkeit verbessern.

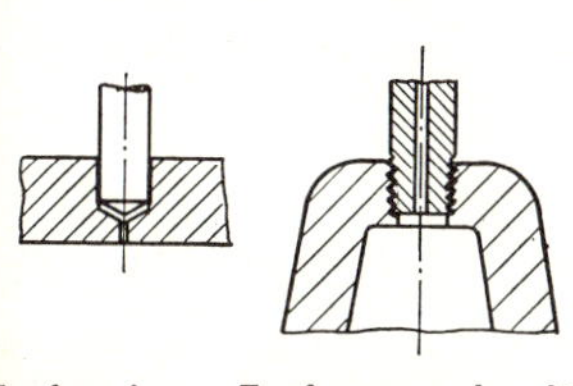

Zapfen eingelassen und verlötet

Zapfen angeschraubt und verlötet

Eingelassene oder mit verzinntem Gewinde eingeschraubte Zapfen garantieren Lagesicherheit und Festigkeit der Verbindung.

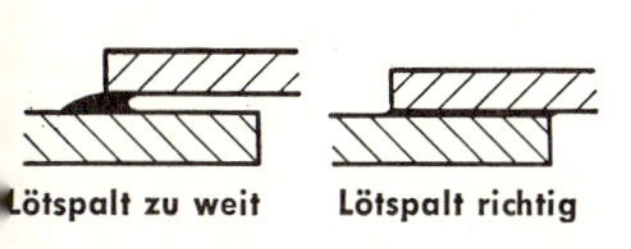

Lötspalt zu weit

Lötspalt richtig

b) Der **Lötspalt** soll je nach Nahtbreite nur 0,05 bis 0,2 mm Luft haben. Bei zu weitem Spalt kommt keine Kapillarwirkung zustande, das Lot schießt nicht ein. (Kapillarwirkung = Haarröhrchenanziehung, welche wir am Fließblatt oder feuchten Mauerwerk, am Lampendocht beobachten.)

c) Die **Lötflächen** müssen metallisch blank und frei von Fett, Öl und Oxiden sein. Das Lot benetzt sonst nicht. Mit Drahtbürste, Schaber und Flußmitteln sorgen wir dafür, daß auch diese Vorbedingung einer guten Lötung erfüllt ist.

3. Die Wahl des richtigen Lots sichert den Erfolg

a) Die **Weichlote** bestehen vorwiegend aus Zinn und Blei, aber auch die niedrigschmelzenden Metalle Antimon, Zink, Blei, Wismut, Silber und Alu ergeben beilegiert gute Lote, die sich jeweils für begrenzte Anwendungsbereiche eignen (DIN-Blätter 1707, 1730 und 1732). In der Schlosserei kommt das Weichlöten selten vor, da die weichgelötete Naht zwar dicht und biegsam, aber wenig fest ist.

Für den Lötvorgang ist das Schmelzverhalten der Zinnlote bedeutsam. Aus dem Schaubild erkennen wir:

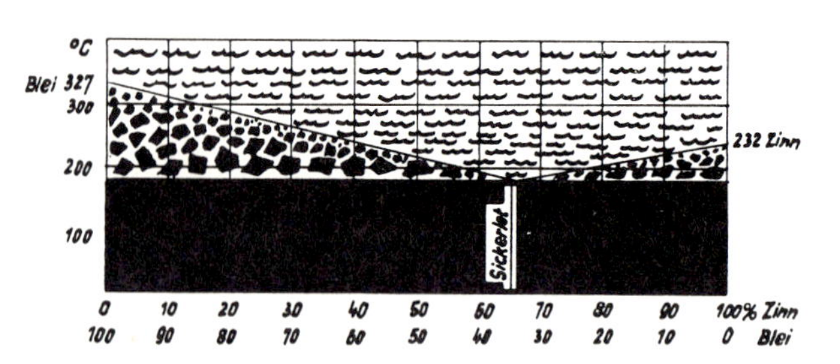

Reines Blei schmilzt bei 327 °C, reines Zinn bei 232 °C. Ebenso geht das Zinnbleilot mit 65 % Zinn- und 35 % Bleigehalt bei 182 °C direkt vom festen in den **flüssigen** Zustand über und umgekehrt. 327 °C, 232 °C und 182 °C markieren also einen **Schmelzpunkt.**

Alle übrigen Lotzusammensetzungen werden zuerst **breiig,** bevor sie ganz in den flüssigen Zustand überwechseln. Sie haben einen verschieden breiten **Schmelzbereich.**

Die Betriebstemperatur (d. i. die Temperatur, der z. B. ein gelötetes Rohr im Betrieb ausgesetzt ist) darf in keinem Falle 182 °C erreichen, denn ab dieser Grenze sind alle Weichlote warmempfindlich, sie werden breiig bzw. flüssig.

Nachstehende Tabelle enthält die wichtigsten genormten Zinn-Weichlote:

Weichlote nach DIN 1707 für Schwermetalle (Auswahl)

Kurzzeichen	Arbeitstemperatur in °C	Verwendungshinweise
L-Pb Sn 8 Sb	305	Kühlerbau, grobe Lötarbeiten
L-Pb Sn 20 Sb	270	Kühlerbau, Klempner-(Spengler-)Lot
L-Pb Sn 35 Sb	225	Klempnerlot, Schmierlot
L-Sn 50 Pb Sb	205	Feinlötungen
L-Pb Sn 30 (Sb)	255	Zinkblech, Feinblech
L-Pb Sn 40 (Sb)	235	Verzinnung, Zinkblech
L-Sn 60 Pb (Sb)	190	Verzinnung, Feinlötungen, Elektroindustrie
L-Sn 50 Pb	215	Verzinnung, Kupferrohrinstallation
L-Sn 60 Pb Cu	190	Elektrogeräte
L-Sn Ag 5	235	Feinlot, Kupferrohr, Warmwasserlötungen
L-Sn Sb 5	240	Nahrungsmittelbehälter, Kupferrohr

Weichlote nach DIN 8512 für Alu-Werkstoffe (Auswahl)

Kurzzeichen	Arbeitstemperatur in °C	Verwendungshinweise
L-Sn Zn 10	210	Reiblot, vorzugsweise für Ultraschall-Löten
L-Zn Cd 40	300	Reiblot, modellierbar,
L-Cd Zn 20	280	sehr korrosionsbeständiges AL-Weichlot (Flußmittel F-LW 2)

Beachte: Im Kurzzeichen werden die einzelnen Metalle in der Reihenfolge aufgeführt, die ihrem Mengenanteil entspricht. Die Ziffer gibt den prozentualen Anteil des Metalls an.

Aluminium kann man einwandfrei löten mit Alu-Weichloten (DIN 8512), welche Zinn, Zink und Kadmium enthalten.

Wegen der schlechten Benetzungsneigung des Aluminiums sind jedoch besondere Verfahren anzuwenden, z. B. Reiblötung, Reaktionslötung oder Ultraschall-Lötung. Kolbenlötung ist nur bis 0,2 mm Blechdicke möglich. Wird die Lötnaht feucht, so tritt zwischen Lot und Blech Korrosion auf: Nur Überlackieren garantiert in diesem Falle eine gewisse Haltbarkeit.

Kaufen können wir die Weichlote als Stangen, Bänder, Folien, Volldraht, Hohldraht mit eingeschlossenem Flußmittel und in Pulverform.

b) **Hartlote** schmelzen erst über 450 °C und bewirken eine Verbindung von hoher Festigkeit, außerdem ist diese biegsam und hämmerbar (**Schlag**lot!).

Gegenüber dem Schweißen hat das Löten den Vorteil, daß die Werkstückteile nicht aufgeschmolzen werden und infolge der geringen Wärmezufuhr praktisch keine Spannungen und Verwerfungen entstehen. Verzinnte oder plattierte Teile (z. B. verzinkte Fensterrahmen) können haltbar verbunden werden, ohne daß die Schutzschicht leidet.

Wir unterscheiden die Gruppe der **Kupferlote** (DIN 8513 Bl. 1), der **Silberlote** (DIN 8513 Bl. 2 und 3) und der **Alu-Lote** (DIN 8512).

Um diese Lote auf die einzelnen zu verlötenden Werkstoffe abzustimmen und ihnen eine bestimmte Schmelzbereichs- bzw. eine Arbeitstemperatur zu geben, sind sie teilweise noch mit Zink, Zinn, Nickel, Phosphor, Silizium, Blei legiert. Mit dem Kupfergehalt steigen Arbeitstemperatur und Festigkeit.

Nachstehende Tafel enthält nur eine kleine Auswahl der für den Schlosser wichtigsten Hartlote:

Hartlote nach DIN 8513 (Kupferlote und Silberlote) für Schwermetalle (Auswahl)

Kurzzeichen	Arbeitstemperatur in °C	Verwendungshinweis
L-S Cu	1100	Spaltlötungen mit hohen Anforderungen
L-Cu Sn 6	1040	Spaltlötungen bei Eisen- und Nickelwerkstoffen
L-Cu Zn 40	900	Spalt- und Fugenlötung ohne besondere Festigkeitsansprüche St, GT, Cu, Cu-Leg.
L-Cu Zn 46	890	Spaltlötung nach St, GT, Cu und Cu-Leg.
L-Ag 5	860	Große Lötungen an dicken Teilen, St, Cu und Cu-Leg. (≧ 63% Cu)
L-Ag 12 Cd	800	Kleine Lötungen an dicken Teilen, Cu, Cu-Leg., Cu mit St
L-Ag 25	780	Dünne Bleche, Rohre, Drähte am St – große Lötungen an dickeren Teilen am Cu und Cu-Legierungen, hohe Warmfestigkeit
L-Ag 20	800	Kleine Lötungen, seewasserbeständig, für Baustähle und Bronzen
L-Ag 44	730	große Lötungen an dünnen Teilen, Bandsägenlötungen, St, Cu und Cu-Legierungen

Hartlote nach DIN 8512 für Alu-Werkstoffe (Auswahl)

L-AL Si 12	590	Spaltlötungen von Reinaluminium und den Legierungen AL Mn, AL Mg Si, AL Mg Mn, AL Mg
L-AL Si Sn	560	Fugenlötung und Auftragen bei Gußlegierungen

Silberlote sind zwar teurer, aber bei genauen und feinen Arbeiten, besonders zum Auflöten von Hartmetallblättchen oder zum Löten von Bandsägeblättern doch wirtschaftlich. Ihr Schmelzpunkt (620 °C ... 860 °C) liegt unter dem der Kupferlote, sie sind dünnflüssiger und deshalb sparsam im Verbrauch.

4. Geeignete Flußmittel sorgen für oxidfreie Lötflächen

Unter **Oxid** versteht man die chemische Verbindung eines Stoffes mit dem Sauerstoff der Luft (Eisenoxid, Kupferoxid, Aluminiumoxid u. ä.). Erhitzte Metalle neigen besonders stark zum Oxidieren, deshalb überzieht sich die blanke Metallfläche beim Löten mit einer hauchdünnen Oxidschicht. Sie ist schwer schmelzbar, meist härter als das Grundmetall und verhindert das innige Legieren des Lots.

Bei der **Reiblötung** wird die Oxidschicht mechanisch zerstört, bei der Ultraschallötung durch die Vibration des Lötgriffels.

Die übrigen Verfahren erfordern jedoch meist ein Flußmittel, welches das Oxidhäutchen chemisch auflöst.

In ihrer Zusammensetzung müssen diese **Flußmittel** dem Metall und der Löttemperatur angepaßt sein. Wir erhalten sie als Pulver, Pasten, schon eingewalzt in Lötstäbe oder flüssig (Lötwasser). Letzteres kann man durch Auflösen von Zinkblechschnitzeln in Salzsäure oder von Chlorzinkstangen in 4facher Menge Regenwasser selbst herstellen.

Aufgetragen werden die Flußmittel mit Lötstab oder Lötpinsel.

Da fast alle Flußmittelreste die Lötnaht angreifen, müssen sie nach dem Löten sorgfältig abgewaschen oder abgebeizt werden (5%ige Schwefelsäure). Die Flußmittel sind im DIN-Blatt 8511 neu genormt und nach Eigenschaften sowie Verwendungsbereich in 4 Gruppen unterteilt:

Gruppe F-SW:	**Flußmittel zum Weichlöten von Schwermetallen**
F-SW 1	Rückstände rufen Korrosion hervor
F-SW 2	Rückstände greifen Metalle nur wenig an
F-SW 3	Rückstände wirken nicht korrodierend
Gruppe F-SH 1	**Flußmittel zum Hartlöten von Schwermetallen**
F-SH 1	Für Arbeitstemperaturen 600 °C
F-SH 2	Für Arbeitstemperaturen 800 °C
F-SH 3	Für Arbeitstemperaturen 1000 °C
Gruppe F-LW:	**Flußmittel zum Weichlöten von Leichtmetallen**
F-LW 1	Lotbildende Flußmittel
F-LW 2	Für Wirktemperaturen zwischen 200 °C bis 350 °C
Gruppe F-LH:	**Flußmittel zum Hartlöten von Leichtmetallen**
F-LH 1	Rückstände rufen Korrosion hervor
F-LH 2	Rückstände wirken nicht korrodierend

Nachstehende Tabelle bringt eine Übersicht der üblichen Flußmittel:

Werkstück aus:	Flußmittel	Bemerkung
Zum Weichlöten von:		
Stahl, Kupfer, Messing, Bronze, Rotguß, Weißblech	Lötwasser	für Kolbenlötung
Zink	Salzsäure verdünnt 1 : 2	Lötnaht sorgfältig säubern!
Alle Schwermetalle	Lötfett	Leicht säurehaltig!
Blei, Kupfer, Messing, Weißblech	Kolophonium (Fichtenharz)	für Kolben- und Flammenlötung geeignet, säurefrei
Blei	Stearinöl oder Talg	ergibt glatte Lötnähte
Zum Hartlöten von:		
Schwermetall	Streuborax	= 60 % gebrannten Borax + 20 % Kochsalz + 20 % Pottasche mit destilliertem Wasser zu Brei anrühren (Porzellangefäß!)
Aluminium	Spezialflußmittel oder geeignete Alu-Schweißpulver (Autogal, Firnit)	Flußmittelreste mit 10prozentiger Salpetersäure und heißem Wasser entfernen

5. Werkzeuge und Geräte sollen zweckmäßig eingesetzt werden

a) Zum Reinigen, Glätten und Nachbessern der Lötstellen:

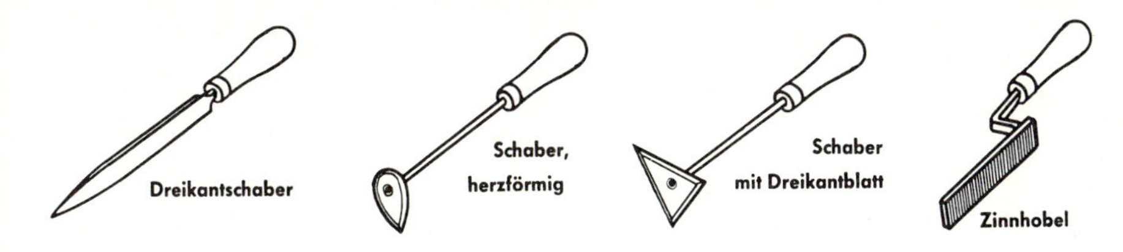

b) Zum Festhalten der zu lötenden Teile:

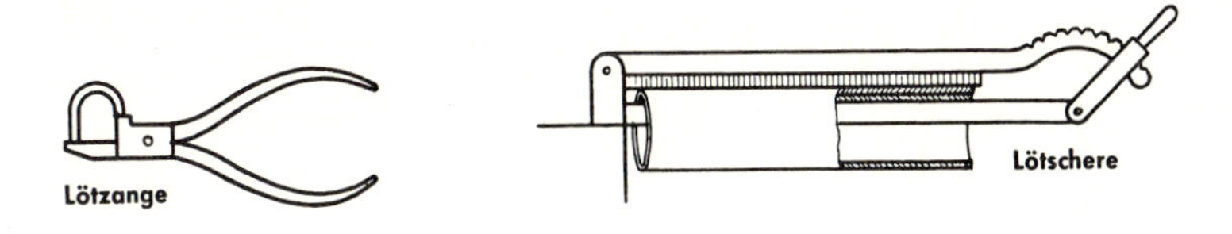

c) Für die Kolbenlötung:

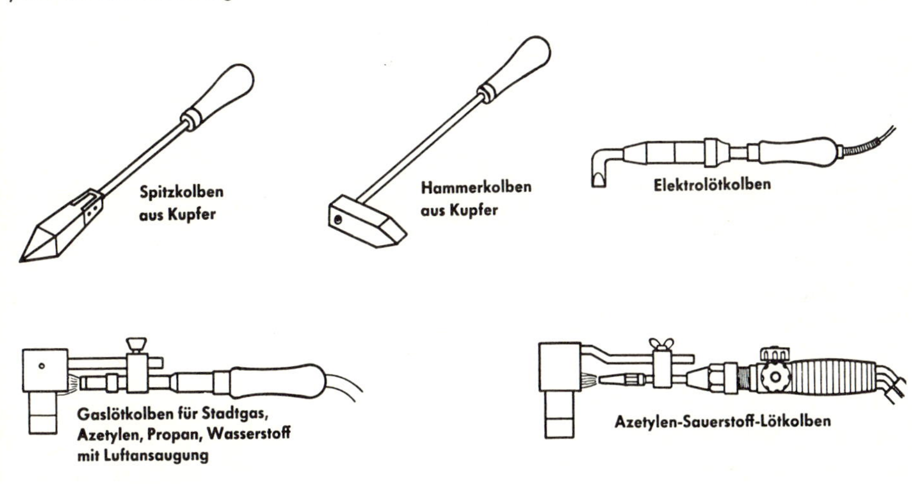

d) Zum Anwärmen des Kolbens und zum Flammenlöten dient die Benzin-Lötlampe:

- Brennstoffbehälter nur bis zu 3/4 mit Benzin füllen. Gut schließen!
- In die Anwärmeschale Spiritus gießen und anzünden.
- Mit Pumpenstößen den Brennstoff unter Druck setzen.
- Vor dem Erlöschen der Spiritusflamme Absperrventil langsam öffnen, damit Gas (Benzinnebel) in den Brenner strömt.
- Flamme mittels Luftregler richtig einstellen.
- Nach Arbeitsende Absperrventil zudrehen und den Druck durch langsames Öffnen der Füllverschraubung entweichen lassen.

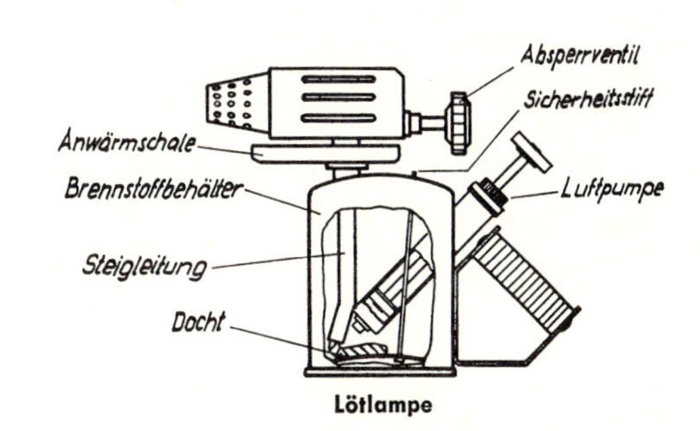

Lötlampe

6. Der Lötvorgang

a) Deckel auf Messingrohr weichlöten

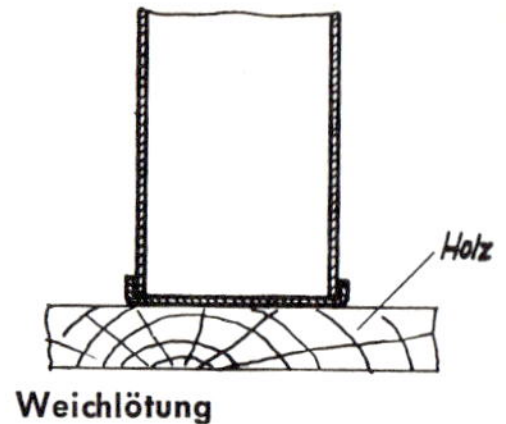

Weichlötung

Lötflächen mit Drahtbürste und Schaber blankmachen. Hammerlötkolben vom dicken Ende her erhitzen. Purpurnes Farbenspiel und grüne Flämmchen zeigen die richtige Temperatur an. Kolbenschneide auf Salmiakstein blankreiben und durch Zugabe von Lot verzinnen. Lötränder mit Lötwasser oder Lötfett bepinseln, Kolben langsam auf der Lötfuge entlangführen und nach Bedarf Lot von der Stange am Lötkolben abschmelzen lassen. Fertige Naht mit Kolben glätten, innen und außen gründlich abwaschen.

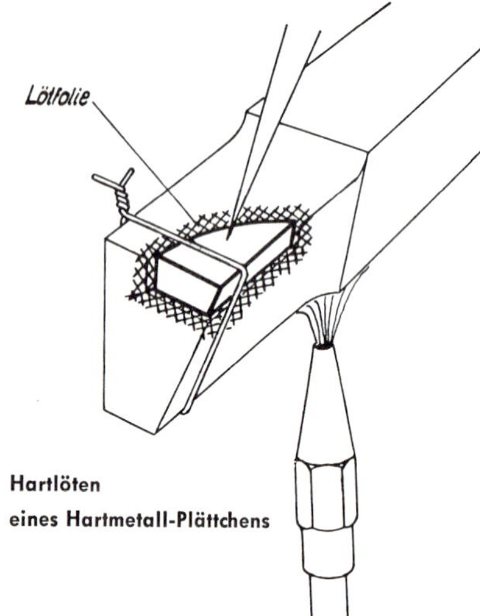

Hartlöten eines Hartmetall-Plättchens

b) Hartmetallplättchen auf Stahlschaft hartlöten:

Hartmetall und Schaft gut reinigen (Benzin) und zusammenpassen, so daß Schaft etwas übersteht. Als Lot nehmen wir Elektrolytkupfer in Form von feinen Blättchen oder Drahtgewebe (0,2 mm ∅). Lot, Schaft und Hartmetall mit Brei aus **Streuborax** bestreichen. Lot einlegen und Hartmetall mit Bindedraht gegen Verrutschen sichern. Mit Schweißbrenner (Brennereinsatz 4–6 oder 6–9) und leichtem Azetylenüberschuß so erwärmen, daß die Flamme **nicht** auf die Lötstelle gerichtet ist. Nach dem Fließen des Lots mit Stift andrücken. Ganz langsam in Glaswolle oder Asche abkühlen lassen, weil sonst im Hartmetall feine Spannungsrisse auftreten können. Anschließend Form schleifen.

Es gibt heute für Hartmetall und Stahl auch silber- und manganhaltige Speziallote (z. B. Standardlote 4003) mit bedeutend niedrigerer Arbeitstemperatur (610 °C gegenüber 1100 °C). Sie vermindern die Spannungsriß-Gefahr. Doch Borax ist dafür als Flußmittel nicht geeignet, da er erst ab etwa 740 °C verläuft. Man verwendet daher ein Flußmittel der Gattung F-SH 1, sofern für diese neuentwickelten Lote überhaupt noch ein solches erforderlich ist.

7. Arbeitsregeln und Unfallverhütung

a) Nimm nicht irgendein Lot oder Flußmittel, sondern stelle anhand von Tabellen fest, welches am geeignetsten und wirtschaftlichsten ist.
b) Bereite die Lötnaht sorgfältig vor.
c) Verzinne Stahl und Grauguß vor dem Weichlöten, damit das Lot besser bindet (St und GG nehmen das Lot bei niedriger Temperatur schlecht an).
d) Arbeite beim Löten von Zink, Blei und Zinn nur mit ganz schwach dunkelrotem Kolben. Diese niedrigschmelzenden Metalle fließen bei zu heißem Kolben schnell weg.
e) Wähle die Kolbengröße nach der Größe der zu lötenden Stücke.
f) Bewege die Lötstelle nicht, bevor das Lot ganz erstarrt ist.
g) Beim Anrichten von Lötwasser beachte: „Säure zum Wasser"! Wenn man Wasser in Säure gießt, spritzt sie und kann Verbrennungen hervorrufen.
h) Bewahre Lötwasser in der Werkstatt gut verschlossen auf. Wenn es verdunsten kann, erzeugt es auf Werkzeugen und Maschinen Rost.

i) Fülle eine Lötlampe erst nach, wenn die Flamme erloschen und die ganze Lampe abgekühlt ist (Explosionsgefahr!).

8. Selbst finden und behalten

a) Nenne Fertigungsbeispiele, bei denen man lieber lötet als schweißt. Welche Gründe können dafür ausschlaggebend sein?

b) Welche Voraussetzungen müssen vorliegen, damit eine Lötnaht dicht und fest wird?

c) Warum eignet sich Kupfer ganz besonders als Kolbenwerkstoff?

d) Erkläre, um welche Lote bzw. Flußmittel es sich bei folgenden Bezeichnungen handelt! Stelle mittels einer Tabelle Arbeitstemperatur und Verwendungsbereich fest!
L-Pb Sn 20 Sb, L-Sn 60 Pb (Sb), L-Sn Ag 5, L-S Cu, L-Ms 60, L-Cd Zn 20.

e) Warum müssen die Flußmittelreste gründlich entfernt werden?

MERKE:

1. **Die Lötung zählt zu den unlösbaren Verbindungen, ihre Festigkeit ist geringer als die einer Schweißung. Wärmeempfindliche Werkstücke werden wegen der geringeren Arbeitstemperatur gelötet.**
2. **Weichlote sind Legierungen aus Zinn, Blei, Antimon und Cadmium. Hartlote (über 450 °C Arbeitstemperatur) bestehen aus Kupfer und Legierungen von Kupfer, Zink, Silber und Silizium.**
3. **Eine haltbare Lötung setzt a) metallisch blanke, passende Lötflächen, b) das richtige Lot und Flußmittel, c) das Einhalten der vorgeschriebenen Arbeitstemperatur voraus.**
4. **Lötwerkzeuge sind: Lötkolben, Drahtbürste, Schaber, Ultraschall-Griffel, Schweißbrenner, Lötlampe, Lötschere.**

Sinnbilder für Löcher im Metallbau nach DIN ISO 5261, Febr. 83 (siehe Seite 321)

Darstellung in der Zeichenebene senkrecht zur Achse

Loch	Symbol für ein Loch			
	nicht gesenkt	Senkung auf der Vorderseite	Senkung auf der Rückseite	Senkung auf beiden Seiten
in der Werkstatt gebohrt				
auf der Baustelle gebohrt				

Darstellung in der Zeichenebene parallel zur Achse

Loch	Symbol für ein Loch		
	nicht gesenkt	Senkung auf einer Seite	Senkung auf beiden Seiten
in der Werkstatt gebohrt			
auf der Baustelle gebohrt			

Grundindustrien liefern Werkstoffe

I. Eisen und Stahl

1. Aus Erz wird Roheisen

Eisenerze

Unsere Erdrinde birgt das Element Eisen (Fe) in chemisch gebundener Form (Eisen gebunden an S a u e r s t o f f , auch Wasserstoff, Kohlenstoff, Schwefel, Phosphor). Enthalten diese Verbindungen nicht zu viel an Schwefel und Phosphor, aber mindestens 25 % Eisen, dann lohnen sich Abbau und Verhüttung. Magneteisenstein (Fe_3O_4) enthält 50 bis 70 %, Roteisenstein (Fe_2O_3) 40 bis 60 %, Brauneisenstein ($Fe_2O_3 \times 3\ H_2O$) 20 bis 25 % und Spateisenstein ($FeCO_3$) 30 bis 45 % Eisen.

Die Fundstätten verteilen sich über die ganze Erde und werden je nach Tiefe im Bergbau oder im Tagebau ausgebeutet. Die Bundesrepublik muß über 80 % ihres Bedarfs einführen, und zwar aus Frankreich, Schweden, Norwegen – Brasilien, Venezuela, Kanada – Liberia, Sierra Leone und Mauretanien.
Neben den Elementen Sauerstoff, Wasserstoff und Kohlenstoff können die Erze je nach Fundort an Beimengungen auch Kieselsäure, Tonerde, Kalk, Magnesia, Mangan, Silizium, Phosphor und Schwefel enthalten.

Vor dem Schmelzen muß man die brocken- oder sandförmigen Erze zerkleinern, waschen, rösten (Wasser und Schwefel) und häufig sintern. „Sinter" = zusammengebackene Stücke aus Feinerz, Koksgrus und kleingebrochenem Kalkstein. Diese Arbeiten nennt man Aufbereitung.

Zuschläge erleichtern das Schmelzen

Das flüssige Schmelzgut soll möglichst frei von erdigen und Ascheteilen sowie von Schwefel sein. Deshalb s c h l ä g t man z u dem Erz Gesteine wie Dolomitkalk, Tonerde und Sand. Diese bilden eine leichtflüssige, oben schwimmende Schlacke, welche die schädlichen Beimengungen aufnimmt.

Hochofenanlage

1800 Grad Hitze erfordern viel Koks und Luft

Großstückiger, schwer verbrennender Hüttenkoks und Gebläseluft von etwa 800 °C erzeugen bei ihrer Verbrennung die nötige Schmelzwärme. Mindestens zwei Winderhitzer mit Steingitter oder ein Erhitzer mit Stahlrohren gehören zu jedem Hochofen. Sie werden durch verbrennendes Gichtgas aufgeheizt. Riesige, ebenfalls durch Gichtgas getriebene Großkolbengebläse pressen Kaltluft durch die Winderhitzer, von wo sie als heiße Druckluft in den Hochofen strömt, um dort die Verbrennung zu unterhalten.

1796 wurde der erste deutsche Koks-Hochofen im Hüttenwerk Gleiwitz aufgestellt

Unsere modernen Hochöfen mit einer Tagesleistung von 1000 Tonnen Roheisen und mehr aber schaffen erst die Grundlage für die ungeheuren Mengen an Stahl und Eisen, welche die Wirtschaft des 20. Jahrhunderts braucht. Aufbau des Ofens: Zwei aufeinandergestülpte Kegelstümpfe aus feuerfestem Mauerwerk, mit dicken Stahlplatten umhüllt, von einem Stahlgerüst getragen. Seine Teile: Gicht – Schacht – Kohlensack – Rast – Gestell. Höhe 30 m, größter Durchmesser etwa 12 m. Von der Gichtbühne aus wird der Ofen Tag und Nacht durch Senkkübel mit Erz, Zuschlägen und Koks beschickt. Ein sinnreicher Doppelglockenverschluß verhindert, daß hierbei Gichtgas entweicht. Dieses wird vielmehr aufgefangen und dem Gasreiniger zugeführt. Um den stärksten Teil des Ofens läuft ein mächtiges Windrohr, von dem aus mehrere wassergekühlte Bronzedüsen (Formen) die Heißluftzufuhr erhalten. Der unterste Hohlraum des Ofens, Gestell genannt, besitzt je ein Abstichloch für Schlacke und Eisen.

Im Hochofen wechselt das Eisen seine Begleiter

Das durch die zunehmende Hitze aufgelockerte Erz (Eisen + Sauerstoff) trifft beim Tiefersinken auf das hochsteigende, sauerstoffhungrige Kohlenoxidgas (CO). Diese ungesättigte Kohlenstoffverbindung entreißt dem Erz den Sauerstoff und verbindet sich mit ihm zu Kohlendioxid (= Rückführung oder Reduktion des Eisens).

Das freigewordene (reduzierte) Eisen kann sich jetzt beim Weitersinken mit dem Kohlenstoff des glühenden Kokses chemisch verbinden. Als kohlenstoffreiches Eisen schmilzt es leichter (bei 1300 °C) und sammelt sich schließlich als flüssiges Roheisen im Gestell, wobei es den größten Teil seiner verunreinigenden Bestandteile an die obenauf schwimmende Schlacke abscheidet.

Etwa alle 3 Stunden wird abgestochen. 10 bis 15 Jahre bleibt ein neuzeitlicher Hochofen ständig in Betrieb.

Zahlen sprechen für sich:

Ein Hochofen mit 1000 Tonnen Tagesleistung verschlingt in 24 Stunden

2500 t Erz und Kalk + 1000 t Koks + 14 000 m³ Kühlwasser + 4 000 000 m³ Luft,

liefert in 24 Stunden (neben Roheisen)

800 t Schlacke (Hochofenzement, Mauer- und Pflastersteine, Schlackenwolle) und

5 000 000 m³ Gichtgas; Heizwert = 4200 kJ/m³ (1000 kcal/m³).

Der Hüttenmann unterscheidet viele Roheisensorten

Doch für die Weiterverarbeitung interessieren uns nur zwei Gruppen:

Das graue Roheisen entsteht, wenn bei der Beschickung des Hochofens siliziumhaltige Erze und Beimengungen überwiegen. Silizium bewirkt, daß sich der Kohlenstoff in feinen Graphitplättchen zwischen den Eisenkristallen sichtbar ausscheidet (graue Bruchfläche). In Masseln vergossen, wandert das graue Roheisen zu den Gießereien und wird zu Gußeisen verarbeitet.

Das weiße Roheisen entsteht, wenn manganhaltige Erze (Spateisenstein) und Beimengungen den Kohlenstoff als unsichtbare Härtungskohle an das Eisen chemisch binden (weiße, strahlige Bruchfläche). Flüssig wird dieses weiße Roheisen in Pfannen zum Roheisenmischer gefahren und später zu Stahl und Temperguß verschmolzen.

Hochofen-Abstich

Eine neue Verhüttungsmethode („Thyssen-Purofer"-Anlage) ermöglicht die Direktreduktion der Erze zu Eisenschwamm (Roheisen) mit Hilfe von Schweröl oder Gas. Wie ein 1977 in Brasilien errichtetes Werk zeigt, hat das neue Verfahren vor allem in Entwicklungsländern mit schlechten oder gar keinen Kokskohlevorkommen eine große Zukunft.

MERKE:

1. **Roheisen wird im Hochofen aus Erzen erschmolzen oder durch Direktreduktion.**
2. **Erze sind abbauwürdige Verbindungen des Eisens mit Sauerstoff.**
3. **Die Eisenbegleiter sind Kohlenstoff, Mangan, Silizium, Schwefel, Phosphor.**

2. Roheisen wird teilweise zu Grauguß, Temperguß, Sphäroguß und Stahlguß verarbeitet

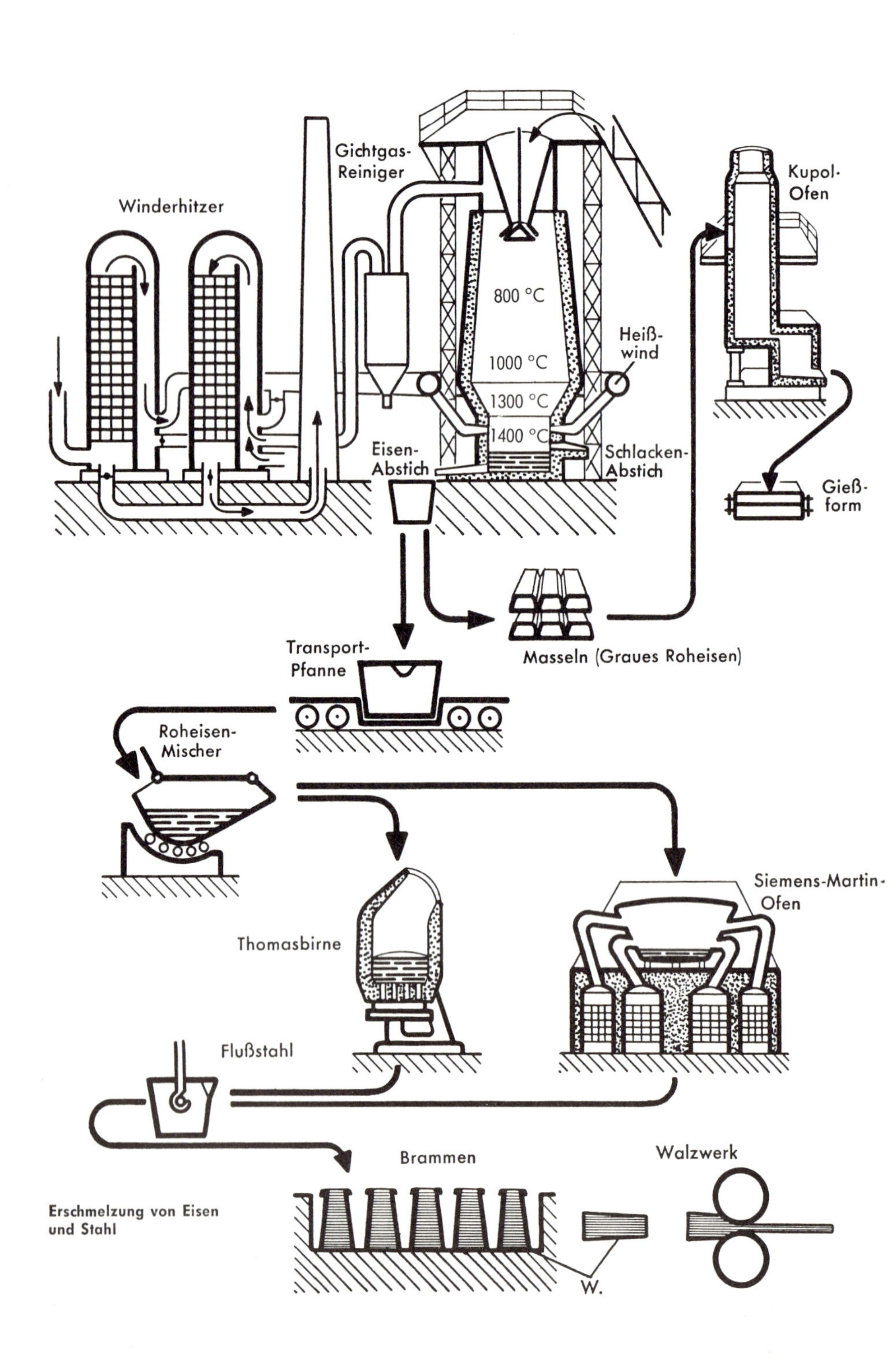

Erschmelzung von Eisen und Stahl

a) Grauguß ist der billigste Werkstoff für verwickelte, formenreiche Werkstücke, die wenig durch Zug und Schlag beansprucht werden

Graue Roheisenmasseln, Gußbruch und Stahlschrott sowie Kalkstein als Zuschlag und Gießereikoks werden in den Kupolofen eingesetzt. Kalte oder heute schon vielfach auf 700° vorgewärmte Gebläseluft sorgt für ausreichende Schmelzwärme und Verbrennung des überschüssigen Kohlenstoffs, Siliziums und Mangans. Wie beim Roheisen erzeugt man auch hier durch besondere „Gattierung" die verschiedensten Sorten je nach dem späteren Verwendungszweck. Legierungszusätze wie Nickel, Chrom, Molybdän, Mangan ergeben hochwertigen Grauguß. Die vergossenen Stücke sind dann entweder sehr dicht (Rohre, Krümmer, Ventile), druckfest (Maschinenständer, Säulen), verschleißfest (Motorenzylinder, Kolbenringe, Lager, Kolben), hitzebeständig (Roststäbe, Ofentüren, Ofenplatten) oder säurefest und korrosionsbeständig (Rohrteile, Behälter).

Hartguß (für Zahnräder, Laufräder, Walzen) entsteht, wenn man das Gußeisen in Formen gießt, die ganz aus Grauguß bestehen oder mit Graugußschalen ausgelegt sind und das Eisen rasch abschrecken.

Kennkarte:

Grauguß (GG), **Hartguß** (GH)

Dichte	7,3 kg/dm³
Schmelzpunkt	1300 °C
Zugfestigkeit	100–400 N/mm²
Dehnung	keine
Schwindmaß	1 %

Besondere Merkmale:

Bruchfläche bei GG	= grau
Bruchfläche bei GH	= silberweiß,
Gefüge bei GH	= spröde und hart

Gefüge von grauem Roheisen (Mikro-Aufnahme)

grau = Perlit

weiß = Eisenkarbid

schwarz = Graphitplättchen

Roheisen hat etwa 4,5 %, GG 2,5 bis 3,5 % Kohlenstoffgehalt

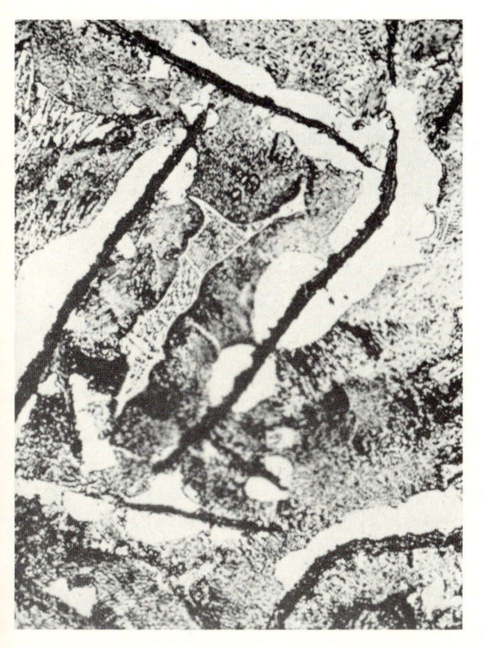

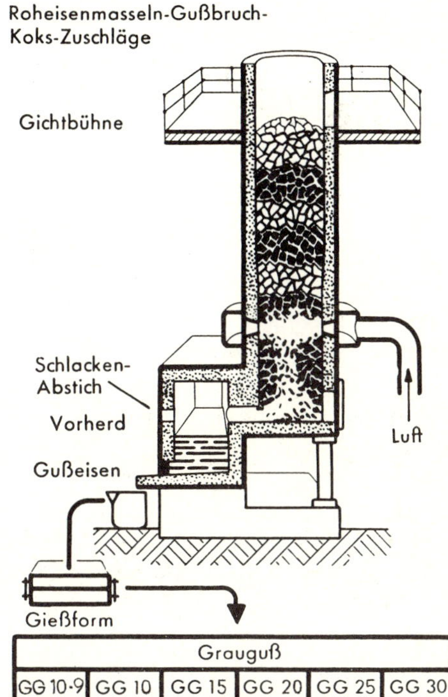

Normung: DIN 1691

Sortenbezeichnung	Zugfestigkeit bei mittl. Wandstärke in N/mm²	Verwendung
GG–10	100	Untergeordnete Teile für Werkzeug-, Textil- und Landmaschinen
GG–15	150	
GG–20	200	
GG–25	250	Kolben, Kolbenringe, Zylinder
GG–30	300	
GG–35	350	höher beanspruchte Maschinenteile
GG–40	400	

Für die Bearbeitung von GG merke:

GG ist empfindlich gegen Biegung und Schlag!
GG trocken und vorsichtig bohren (Lunker und harte Stellen),
GG weist harte Gußhaut auf, daher alte Feilen oder Schmirgelscheibe verwenden,
GG läßt sich mit Spezialstäben und GG-Elektroden schweißen (Kalt- und Warmschweißung möglich).

b) Temperguß ist der geeignete Werkstoff für gegossene Werkstücke, die zäh und fest sein sollen

Weißes, manganhaltiges Roheisen schmilzt man im Kupolofen und gießt in Formen. Die Werkstücke aus Temperguß erhalten anschließend durch tagelanges Glühen eine gewisse Dehnbarkeit und Schmiedbarkeit.

Deutsches Verfahren = Weißkernguß

Dünnwandige Werkstücke bis 12 mm Dicke werden zwischen Roteisenerzgrieß und Hammerschlag luftdicht in Blechkästen verpackt und geglüht. Der freiwerdende Sauerstoff dringt in das glühende Werkstück ein und verbindet sich mit dem Kohlenstoff des Eisens. Dadurch nimmt der C-Gehalt von der Mitte zur Außenhaut von etwa 3,5 % bis 0,2 % ab.

Amerikanisches Verfahren = Schwarzkernguß

Auch für dickwandige Stücke geeignet. Luftdichte Verpackung in Sand oder Schlacke und Glühen bei 900 °C entzieht dem harten Eisenkarbid den Kohlenstoff teilweise als Temperkohle. Die Temperkohle lagert sich zwischen die Eisenkristalle ein und verleiht dem Bruch ein schwarzgraues Aussehen. (Fittings, Schlüssel, Baubeschlag, Trommeln für Bremsen, Muttern, Zwingen, Landmaschinenteile, Fahrradteile, Druckbehälter.)

Kennkarte:	**Temperguß**	GTW und GTS	Zugfestigkeit	etwa 340–700 N/mm²
	Dichte	7,4 kg/dm³	Dehnung	15–2 %
	Schmelzpunkt	etwa 1300 °C	Schwindmaß	0–2 %

Normung: DIN 1692

Sortenbezeichnung (Auswahl)	Zugfestigkeit bei mittl. Wandstärke in N/mm²	Verwendung
GTW 35-04	350	Fittings, Baubeschläge, Schlüssel
GTS 35-10	350	
GTW 45-07	450	höher beanspruchte Gußteile
GTS 55-04	550	

Für die Bearbeitung merke:

GT zeigt stahlähnliche Eigenschaften, ist beschränkt schmiedbar,
GT erfordert spanabhebende Werkzeuge wie St 70 (etwas kleinerer Freiwinkel und etwas größerer Spanwinkel),
GT soll außer beim Schlichten an der Drehbank gut geschmiert und gekühlt werden. Behandlung ähnlich wie Stahlguß.
GTW ist bedingt schweißbar. (Beachte VDG-Merkblatt N 70.)

c) Sphäroguß hat Zukunft

Er vereinigt die billige Formgebung des Gusses mit der Güte des besten Stahles.

Dieser neuartige Gußwerkstoff wird in Deutschland erst seit rund 35 Jahren hergestellt. Er beruht auf der Entdeckung, daß flüssiger Grauguß durch eine Impfung mit Magnesium veranlaßt wird, den überschüssigen Kohlenstoff in Kugelform auszuscheiden. Während also die Graphitplättchen in gewöhnlichem GG durch ihre Kerbwirkung Festigkeit und Zähigkeit stark herabsetzen, gewinnt GGG infolge des Kugelgraphits den Charakter von zähem Stahl. Die fertigen Gußstücke müssen allerdings noch bei 900 °C mehrere Stunden geglüht werden. Durch den Wegfall teurer Schmiede-, Schweiß- und Zerspanungsarbeiten beim Gießen hochwertiger Stücke werden jedoch die Veredelungskosten leicht wettgemacht.

Fertigungsvorteile gegenüber Grauguß:

Höhere Festigkeit läßt geringere Wandstärken zu (Gewichtsersparnis),
Wandstärken bis zu 1 m zeigen noch gutes Gefüge,
saubere, glatte Oberfläche nach der Bearbeitung,
hohe Schnittgeschwindigkeit, bis zu 300 m/min möglich,
ungeglühter Sphäroguß kann bis zu einer Brinellhärte von 600 gebracht werden (Flammen-, Ölhärtung),
verhältnismäßig leicht schweißbar mit Spezialstäben,
größere Wanddichte an Druckbehältern.

Kennkarte:	**Gußeisen mit Kugelgraphit**	GGG	Zugfestigkeit	400–700 N/mm²
			Dehnung	17–1 %
	Dichte	7,4 kg/dm³	Schwindmaß	1–0 % (geglüht)

Normung: DIN 1693

Sortenbezeichnung	Zugfestigkeit bei mittl. Wandstärke in N/mm²	Verwendung	
GGG–40	400	Federgehäuse, Ambosse, Zylinder, Hochdruckbehälter, Rohre, Ventile, Zahnräder u. -stangen, Lenk- u. Kupplungsteile, Ketten, komplizierte Gußteile	Wellen, Nocken- und Kurbelwellen, hitzebeständige Roste, Töpfe, Ofenteile, Schloßteile
GGG–50	500		
GGG–60	600		
GGG–70	700		

Vergleiche

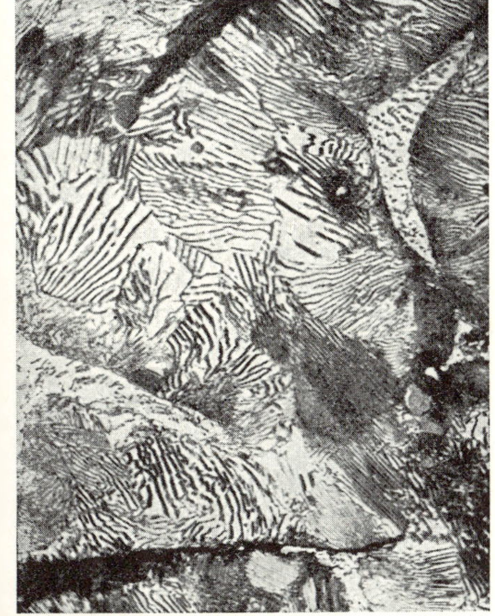

Grauguß-Gefüge

Sphäroguß-Gefüge

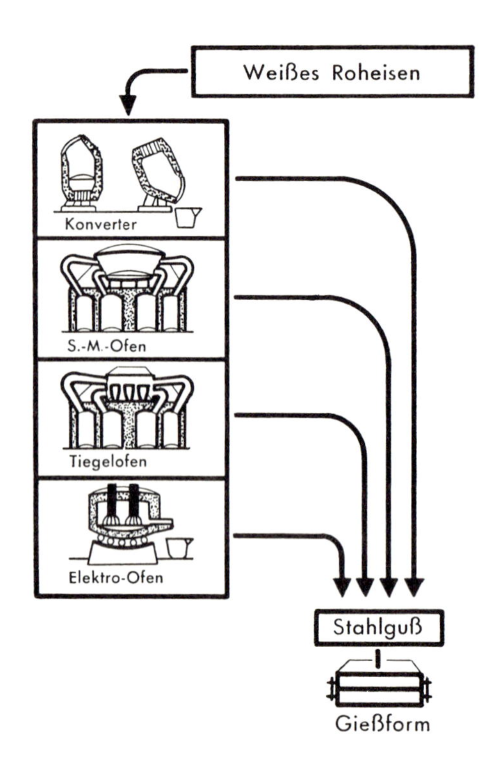

d) Stahlguß nennen wir den in Formen gegossenen Flußstahl

Stahlguß (GS) muß, wenn er auch dünnwandige Formen einwandfrei füllen soll, vor allem dünnflüssig sein. Diese Eigenschaften verleiht ihm der im Roheisen vorhandene Phosphor, den man auch beim Erschmelzen des GS (Siemens-Martin-Ofen, Bessemerbirne, Elektroofen) bis zu 0,04 % im Stahl beläßt. Gefährliche Spannungen sind in Gußstücken ungleicher Wandstärke unvermeidbar und führen zu Warm- und Kaltrissen, wenn das Werkstück nicht einer Glühbehandlung bei 800 °C bis 900 °C unterworfen wird.
Kornverfeinerung durch Abschrecken von 700 °C und langsames Abkühlen, Einsetzen bei niedergekohltem und Vergüten bei hochgekohltem Stahlguß möglich.

Kennkarte:

Stahlguß	GS
Dichte	7,85 kg/dm³
Schmelzpunkt	1500 °C
Zugfestigkeit	380–600 N/mm²
Dehnung	5–8 %
Schwindmaß	2 %

Normung: DIN 1681 (normal) – DIN 17245 (warmfest)

Güteklasse	Sortenbezeichnung	Zugfestigkeit bei mittl. Wandstärke in N/mm²	Verwendung
Stahlguß Normalgüte	GS–38 GS–45 GS–52 GS–60	380 450 520 600	Kurbeln, Kurbelstangen, Zahnräder, Schwungräder, Lokräder, Pumpengehäuse, Bremsklötze, hochbeanspruchte Maschinenteile
Stahlguß Sondergüte	GS–38.3 GS–45.3 GS–52.3 GS–60.3	380 450 520 600	Behälter, Dampfkesselteile, Ventile
Stahlguß warmfest	GS–C25 GS–22 CrMoV32	450 530	Maschinenteile für Betriebstemperaturen bis 530 °C.

Für die Bearbeitung merke:

GS ist widerstandsfähig gegen Stoß und Schlag, beschränkt warmverformbar.
GS erfordert größere Keil- und kleinere Spanwinkel beim Zerspanen als St.
GS soll außer beim Schlichten an der Drehbank gut geschmiert und gekühlt werden.
GS hat natürlich eine etwas härtere Gußhaut, was man bei jeder Spanabnahme berücksichtigen soll.
GS läßt sich gut schweißen bis zu etwa 0,3 % C-Gehalt und hartlöten.

Selbst finden und behalten:

1. Überlege, welche Gegenstände aus GG dir vertraut sind und welche besonderen Beanspruchungen sie aushalten müssen!
2. Auf welche Eigenschaften des GG mußt du bei der Bearbeitung Rücksicht nehmen?
3. Für welche Werkstücke eignet sich GT besonders; sieh dich unter deinen Werkzeugen und unter den Baubeschlägen nach solchen um!
4. Worin liegt das Geheimnis des Sphärogusses?

5. Warum ist der Sphäroguß wirtschaftlich?
6. Nenne dir bekannte Gegenstände und Werkstücke aus Stahlguß!

MERKE:

1. **GG wird durch eine zweite Schmelzung im Kupolofen erzeugt. Infolge seines hohen Kohlenstoffgehalts ist er spröde und nicht schmiedbar.**
2. **Aus manganhaltigem Roheisen läßt sich durch nochmaliges Umschmelzen und Glühen in Roteisensteingrieß der stahlähnliche Temperguß herstellen.**
3. **Sphäroguß erhält durch sein Kugelgraphit-Gefüge Stahlcharakter und erlaubt die Ausführung bisher geschmiedeter oder geschweißter Werkstücke im billigeren Gießverfahren.**
4. **Stahlguß wird aus schwach phosphorhaltigem Roheisen dargestellt und wird bevorzugt für Gußstücke, die fest, zäh und unempfindlich gegen Schlag sein sollen.**

3. Durch „Frischen" verwandelt man weißes Roheisen zu Stahl

Roheisen enthält etwa:
3,5–5 % C, 2–3 % Si, 0,5–1,5 % Mn, 0,2–0,3 % P, 0,1 % S und ist deshalb spröde, wenig fest und nicht schmiedbar.

Weicher Stahl darf etwa haben:
0,17 % C, 0,1 % Si, 0,4 % Mn, 0,06 % P, 0,05 % S.

Das Wesen der Stahlerzeugung besteht also darin, die unerwünschten Beimengungen durch Verbrennen (Oxidieren) bis auf den zulässigen Gehalt zu verringern. In den letzten 170 Jahren wurden zu diesem Zweck verschiedene Verfahren entwickelt.

a) Henry Bessemer hatte die Idee! 1856 arbeiteten seine ersten „Birnen", doch vorerst nur zum Nutzen seiner englischen Landsleute

In den birnenförmigen Converter (to convert = umwandeln) wird geeignetes flüssiges Roheisen aus dem Roheisenmischer gefüllt und etwa 20 Minuten lang vom Boden her mit kalter Druckluft durchblasen (Windfrischen). Zuerst verbrennen Silizium und Mangan und gehen in die Schlacke über, dann der Kohlenstoff. Obwohl jede zusätzliche Feuerung fehlt, steigt die Eisentemperatur durch die Verbrennungswärme auf 1600 °C! Gegen Schluß des Blasvorgangs müssen die ausgebrannten Eisenbegleiter wieder ersetzt werden durch Aufkohlungsmittel (Ferromangan und Spiegeleisen). Mangan verbindet sich außerdem mit dem in dem flüssigen Stahl in feinster Verteilung schwebenden Sauerstoffgas (Desoxidation). Für die spätere Warmverformung und Schweißbarkeit des Stahls ist es sehr wichtig, daß er möglichst wenig Sauerstoff, Wasserstoff und Stickstoff enthält (Desoxidierter Stahl = beruhigter Stahl).
Bessemer ließ seine Birnen mit Ziegeln aus Quarzsand und Ton ausmauern. Dieses kieselsaure Futter wird jedoch von den Kalkzuschlägen, welche den Phosphor im Stahl an sich binden sollen, bald zerfressen. Die entstehende Phosphorsäure wird von der sauren Schlacke nicht aufgenommen, so daß der Phosphorgehalt des Roheisens im Stahl wieder erscheint. Bessemerbirnen sind deshalb zur Verarbeitung der deutschen phosphorreichen Erze und Roheisen ungeeignet.

Der Engländer Sidney Thomas fand 1879 die einfache Lösung, wie auch aus phosphorreichem Roheisen Flußstahl erschmolzen werden kann

Statt des kieselsauren Futters kleidete er seine Birne mit feuerfesten Ziegeln von Dolomitkalk und wasserfreiem Teer aus. Die „basische" Ausmauerung wird von der ebenfalls basischen Schlacke aus Kalkzuschlag und Phosphorsäure nicht mehr angegriffen. Der Phosphor verbindet sich mit Kalk zu Kalziumtetraphosphat. Im übrigen arbeitet die Thomasbirne genau wie die Bessemerbirne. In 20 Minuten erschmelzen neuzeitliche Converter bis zu 60 Tonnen Stahl und leisten bei etwa 50 Füllungen (Chargen) pro Tag das Zweihundertfache des alten Puddelofens.

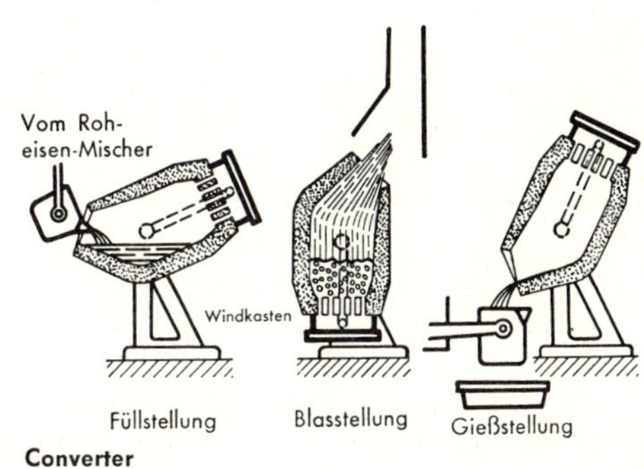

Converter

Thomasstahl zeigt weißen, körnigen Bruch, ist schmiedbar und bis zu 0,25 % C schweißbar.

Thomas-Stahlwerk

Der Kohlenstoffgehalt liegt zwischen 0,05 und 0,5 %. Durch Beigabe von Kupfer, Chrom, Nickel u. ä. kann auch legierter Stahl gewonnen werden. Die phosphorreiche Schlacke (18–20 % P) ergibt gemahlen ein wertvolles Düngemittel (Thomasmehl).

Die wirtschaftlichen Vorteile des Thomasverfahrens macht man sich auch beim VK- und LD-Verfahren zunutze.

Beim VK-(= verbessertes Konverter-)Verfahren reichert man die Blasluft mit Sauerstoff an und erzielt dadurch einen sehr reinen, hochwertigen Stahl.

Im LD-(=Linz-Donawitz-)Tiegel von 2–150 t Fassungsvermögen werden heute bereits über 50 % des Stahls erschmolzen. Auf die Charge aus flüssigem Roheisen und Schrott wird von oben durch eine Rohrlanze reiner Sauerstoff geblasen. Das Ergebnis dieses „Aufblaseverfahrens" ist ein hervorragender, vor allem stickstoffarmer Stahl (Y-Stahl).

Fahrbare Pfannen bringen den Stahl flüssig zum Blockwerk, wo er in Kokillen (Graugußformen) zu großen Blöcken vergossen wird.

Der flüssige Stahl beginnt kurz nach dem Vergießen zu „kochen". Die Unruhe in der Schmelze wird durch aufsteigende Wasserstoff- und Kohlenmonoxidbläschen hervorgerufen (= unberuhigt vergossener Stahl). Die Erstarrung verläuft von der Kokillenwand nach innen zu. Hierbei werden die gasförmigen und leichter schmelzenden Stoffe (C, P, S, N) nach dem zuletzt erstarrenden Kern hin verdrängt und reichern sich dort an. Man nennt diesen Vorgang **Seigerung** (Entmischung). Der Block und das aus ihm gewalzte Halbzeug (T-, U-, L-Stahl u. ä.) weisen eine sehr reine Mantelzone („Speckschicht") und eine stark verunreinigte Kernzone auf. Wird dieser Kern beim Schweißen angeschmolzen, so wirkt sich das sehr nachteilig auf die Festigkeit der Naht aus. Deshalb bevorzugt man zum Schweißen im allgemeinen beruhigt vergossene Stähle. Diesen wird beim Vergießen Silizium (= einfach beruhigt) oder Silizium und Aluminium (= besonders beruhigt) zur Unterbindung der Gasentwicklung zugegeben.

Die Weiterverarbeitung erfolgt im Walzwerk.

Neuerdings vergießt man auch den ganzen Inhalt einer Pfanne oder eines Tiegels unmittelbar im Strangguß zu einer einzigen langen Bramme. Das ist ein Rohstahlblock von flachrechteckigem Querschnitt, der zu Blech und Breitband ausgewalzt wird.

Entgasen durch Vakuum-Verfahren

Die im flüssigen Stahl gelösten Gase Sauerstoff und Stickstoff können durch beigemischte Desoxidationsmittel und Legierungszusätze weitgehend gebunden und unschädlich gemacht werden. Wasserstoff dagegen, welcher im Stahlblock und in größeren Schmiedestücken hohe Drücke und Korngrenzenrisse erzeugt, kann nur durch Absaugen des Gases entfernt werden. Dazu wurden verschiedene Vakuumverfahren entwickelt, bei denen der flüssige Stahl einem durch Luftpumpen erzeugten Unterdruck ausgesetzt und dadurch entgast wird.

Je nachdem die volle Pfanne oder der Gießstrahl beim Abstich bzw. beim Umweg über einen Unterdruckraum entgast werden, spricht man von **Pfannenentgasung, Gießstrahlentgasung** oder **Umlaufentgasung.**

Weißes Roheisen (fest oder flüssig)
Erz-Schrott
Heißgas
Heißluft
Flamme
Abgas
Kamin
Vor- wärm- kam- mern

Siemens-Martin-Ofen

Unberuhigt vergossene Stähle mit Seigerungszonen

b) Den Gebrüdern Siemens und Martin verdanken wir einen Schmelzofen, der auch den bis dahin wertlosen Schrott verarbeitet (1865).

Der Siemens-Martin-Ofen faßt 25–500 Tonnen, ist meist kippbar und hat eine genial erdachte Heizung, welche 2000 °C Schmelzhitze erzeugt. Das genügt, um auch Stahlschrott zu schmelzen und den entkohlten Stahl flüssig zu halten. Der Umwandlungsprozeß dauert je nach Ofengröße 6 bis 12 Stunden, wodurch eine genaue Überwachung durch Schöpfproben und somit die Erschmelzung eines besonders reinen, in seiner Zusammensetzung sorgfältig dosierten Flußstahls erst möglich ist.

Unter dem Herd liegen in der Regel 4 gitterartig ausgemauerte Wärmespeicherkammern (Regeneratoren). Sind z. B. die rechten Wärmespeicher durch die glühendheißen Abgase erhitzt, werden Brenngas- und Luftventile so umgeschaltet, daß Gas und Luft durch das heiße Gitterwerk streichen, über dem Einsatz verbrennen und als Abgase die linken Kammern durchströmen, dieselben aufheizend. Sind die rechten Kammern abgekühlt, wird umgeschaltet, und das Spiel wiederholt sich in umgekehrter Richtung (Regenerativfeuerung).

Der Siemens-Martin-Ofen ermöglicht:

- das Schmelzen von reinem Roheisen,
- das Schmelzen von reinem Schrott,
- das Schmelzen eines Roheisen-Schrott-Gemisches (meist 30:70),
- das Schmelzen von phosphorreichem Roheisen,
- das Erschmelzen legierter Stähle (Kupferstahl, Chromstahl).

Das umweltverschmutzende Thomasverfahren und das SM-Verfahren werden immer mehr von den wirtschaftlichen Oxygen- oder Aufblaseverfahren verdrängt.

Kennkarte:	**Stahl**	St	Zugfestigkeit
	Dichte	7,85 kg/dm³	Dehnung
	Schmelzpunkt	1500 °C	

Für die Bearbeitung merke:

St ist ohne Nachbehandlung schmiedbar, jedoch nimmt die Schmiedbarkeit mit steigendem C-Gehalt ab.

St läßt sich ab 0,4 % C-Gehalt härten, je höher der C-Gehalt, um so besser.

St bis zu 0,25 % C-Gehalt (etwa St 44) kann man gut autogen und elektrisch schweißen. Höher gekohlte Stähle auf etwa 200° vorwärmen.

St erfordert beim Zerspanen Werkzeuge, Schnittwinkel und Schnittgeschwindigkeiten, die dem jeweiligen Werkstoff entsprechen.

St verlangt beim Drehen, Bohren und Fräsen gute Schmierung und Kühlung.

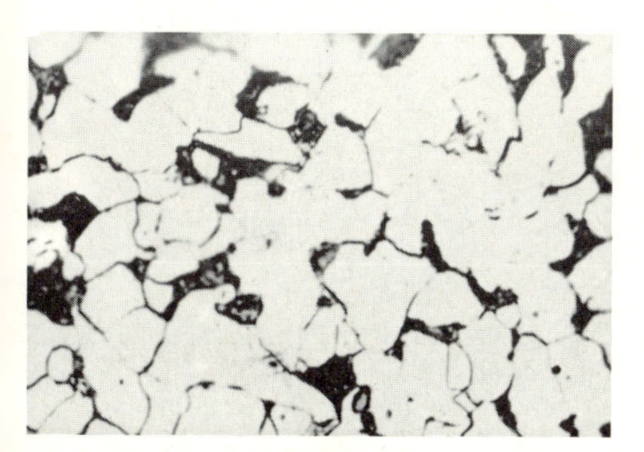

Gefüge von weichem Stahl (Mikrobild), weiß = Ferrit, schwarz = Perlit

So wirkt sich der C-Gehalt aus:

Stahl-sorte	C-Gehalt	Zugfestigkeit nimmt zu	Härte nimmt zu	Dehnung nimmt ab
St 33	≈ 0,17%			
St 44-2	≈ 0,24%			
St 50-2	≈ 0,30%			
St 60-2	≈ 0,40%			
St 70-2	≈ 0,50%			

Selbst finden und behalten:

1. Nenne Werkzeuge oder Werkstücke aus unlegiertem Stahl!
2. Welche Vorteile hat das SM-Verfahren?
3. Seit wann kann Stahl in großen Mengen hergestellt werden, und wem verdanken wir das?
4. Was versteht man unter VK- und LD-Stahl?

MERKE:

1. **Stahl wird durch Frischen mit Sauerstoff (Oxygen-Stahlwerk, VK-Stahl, LD-Stahl) und Herdfrischen (Siemens-Martin-Ofen, Elektro-Ofen) erzeugt. Das Erschmelzen von Thomasstahl wurde eingestellt, neue Siemens-Martin-Stahlwerke werden nicht mehr gebaut.**
2. **Durch die Sauerstoff-Aufblas-Verfahren können Allgemeine Baustähle, niedriglegierte Qualitäts- und Edelstähle kostengünstiger und in besserer Güte erschmolzen werden.**
3. **Für die Güte des Stahls sind im wesentlichen folgende Dinge entscheidend: Zusammensetzung des Roheisens, Gehalt an Kohlenstoff und anderen Eisenbegleitern, Grad der Entgasung, Schmelz- und Erstarrungsdauer, Gefügeänderung durch Walzen, Ziehen, Schmieden.**

4. Stähle für hochbeanspruchte Maschinenteile und Werkzeuge müssen besondere Veredelungsverfahren durchlaufen, dafür erhalten sie den Titel Qualitätsstähle und Edelstähle

Herausnehmen der Tiegel

Nicht nur die Kurbelwelle und der Fräser, sondern auch die Spiralfeder, die Feile, der Meißel sowie die hochglanzpolierte Gußform für Kunststoffe gehören hierher.
Als Rohstoffe dienen hochwertiger Stahlschrott und besonders reine Thomas- oder SM-Stähle, die man noch einmal umschmilzt, damit

- die letzten Unreinigkeiten und Gaseinschlüsse ausgeschieden werden,
- Kohlenstoff, Nickel, Chrom, Wolfram, Molybdän und Mangan beigemischt (legiert) werden können.

a) Die ältere Methode, das Tiegelschmelzverfahren, verhalf dem deutschen Gußstahl von Krupp zur Weltgeltung

Ein größerer Tiegelofen, der sich in seinem Aufbau kaum vom SM-Ofen unterscheidet,

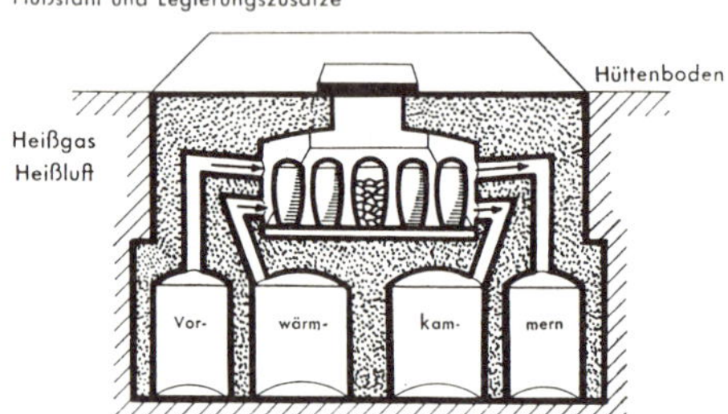

Tiegel-Ofen

aber unter der Hüttensohle liegt, nimmt etwa 100 Tiegel mit je 40 kg Einsatz auf. Das Schmelzgut (Stahl, Spiegeleisen, Legierungsbestandteile) ist in dem feuerfesten Graphit-

tiegel vor jedem schädlichen Luft- und Gaszutritt geschützt, gibt während des vier- bis fünfstündigen Schmelzprozesses alle Schlakkenreste an die Tiegelwand ab, kohlt sich auf und wird durch Vermischung mit den Legierungsmetallen veredelt.
Durch Vergießen in Kokillen entsteht der Tiegelgußstahl, welcher später unter Schmiedehämmern und Walzen seine verschiedenen Handelsformen erhält (teuer!).

Elektroofen mit ausschwenkbarem Oberteil

b) Der moderne Elektroofen ist jedoch noch leistungsfähiger und wirtschaftlicher

Seine Vorteile, Reinheit des erschmolzenen Stahls, Wegfall der Tiegel, vor allem aber die sonst unerreichte Schmelzhitze von 3600 °C, haben dazu geführt, daß er immer mehr dem Tiegelverfahren vorgezogen wird.
Wo es sich um das Legieren mit den schwer schmelzbaren Metallen Nickel, Chrom, Vanadium, Wolfram, Molybdän handelt, ist der E-Ofen überhaupt unentbehrlich. Die Elektroöfen sind nach dem Lichtbogen-, Widerstands- oder Induktionssystem konstruiert und kippbar.
Auch die Elektrostahlblöcke werden zu verschiedenen Halbzeugen, wie Stangen, Blechen, Draht, verformt.

Kennkarte:

Qualitäts- und Edelstähle	bilden den größten Anteil an hochwertigen Baustählen, Kesselblechen, Rohren, Federstählen, Werkzeugstählen, Sonderstählen
Dichte:	7,85 kg/dm³ und mehr, je nach Zusammensetzung
Schmelzpunkt:	1500 °C und höher, je nach Zusammensetzung
Zugfestigkeit:	Bis zu 2000 N/mm², je nach Zusammensetzung und Warmbeh.
Dehnung:	7–22 %, je nach Zusammensetzung und Warmbehandlung
Sonstige Eigenschaften:	Je nach Zusammensetzung und Warmbehandlung

Normung:

DIN 17 155	Kesselbleche
DIN 17 175	Nahtlose Rohre aus warmfesten Stählen
DIN 17 200	Vergütungsstähle
DIN 17 210	Einsatzstähle
DIN 17 220 . ./225	Stähle für Federn
DIN 17 240	Warmfeste Stähle für Schrauben und Muttern

Zur Verarbeitung merke:

1. Im Gegensatz zu den allgemeinen Baustählen kommt es bei diesen Stählen nicht zuerst auf die Festigkeit oder Dehnung im Anlieferungszustand an, sondern auf Schneidhaltigkeit, Schneidfähigkeit, Härtbarkeit, Warmfestigkeit, Hitzebeständigkeit, Rostbeständigkeit, Verschleißfestigkeit, auf die Eigenschaften nach der Warmbehandlung beim Verbraucher u. ä. Weil die angeführten Eigenschaften durch gewisse chemische Zusammensetzungen der Stähle erreicht werden, führt man die **Legierungsbestandteile im Kurzzeichen** an. (Ausnahme: St 50-2, St 60-2, St 70-2.)
2. Stähle gelten als **unlegiert,** wenn sie nicht mehr als 0,5 % Si, 0,8 % Mn, 0,1 % Al (Ti), 0,25 % Cu enthalten,
   als **niedriglegiert**, wenn sie nicht mehr als 5 % Legierungsbestandteile enthalten,
   als **hochlegiert,** wenn sie über 5 % Legierungsbestandteile enthalten.

3. Die von den Edelstahlwerken mit besonderer Sorgfalt erschmolzenen Stähle unterscheiden sich von Qualitätsstählen durch noch größere Gleichmäßigkeit, weitergehende Freiheit von nichtmetallischen Einschlüssen und bessere Oberflächenbeschaffenheit.
4. Nachstehende Übersicht bringt eine Auswahl:

nach chemischer Zusammensetzung und Schmelzgüte →

Nach Verwendung ↓

Qualitätsstähle			**Edelstähle**		
unlegiert	**niedriglegiert**		**unlegiert**	**niedriglegiert**	**hochlegiert**
St 50–2 St 60–2 St 70–2 C 10, C 15 C 22, C 45, C 60		**Hochwertige Baustähle für Maschinenteile**	Ck 10, Ck 15 Ck 22, Ck 45, Ck 60	15 Cr 3 18 CrNi 8 25 CrMo 4 42 MnV 7	Einsatzstähle Vergütungsstähle
H I, H II, H III, H IV	15 Mo 3 13 CrMo 44	**Kesselbleche**			
C 35, C 53, C 60, C 67, C 75, MBS	55 Si 7 60 SiMn 5 65 Si 7	**Federstähle**	Ck 35, Ck 67, Mk 85 **(Ck bedeutet kleiner Phosphor- u. Schwefelgehalt)**	71 Si 7 50 CrV 4 66 Si 7 58 Cr V 4	X 30 WCrV 17 9 (warmf.) X 20 Cr 13 (nichtrostd.) X 12 CrNi 17 7 (warmf.)
C 100 W 1 (= 1. Güte) C 85 WS (= Sondergüte)		**Werkzeugstähle**	Nicht genormt! Werkzeuge werden aus den verschiedensten unlegierten, niedriglegierten und hochlegierten Edelstählen hergestellt. Wasserhärter	Ölhärter	Lufthärter
			Schneidhaltig bis 250 °C		Schneidhaltig bis 600 °C
		Sonderstähle f. Behält., Masch.-Teile, Apparaturen i. d. chem. u. Elektr.-Industrie	Magnet-, Dynamostähle, Stähle mit besonderer Wärmedehnung, rost-, säure-, hitzebeständige Stähle	5 Si 17 (Dynamo)	V 2 A V 4 A (nichtrostd.)

Selbst finden und behalten:

1. Aus welchem Werkzeugstahl sind die verschiedenen Werkzeuge, mit denen du in der Werkstatt arbeitest?
2. Vergleiche ihr Funkenbild an der Schleifscheibe, versuche es zu zeichnen und dir einzuprägen!
3. Wie unterscheidest du gewöhnlichen Baustahl und Werkzeugstahl auf andere Weise? Prüfe den Klang und betrachte die Bruchflächen!
4. Warum und in welcher Hinsicht bedeutet Gußstahl etwas ganz anderes als Stahlguß? Stelle den mittleren Preisunterschied fest!
5. Wo verwendest du als Schlosser Werkzeuge aus unlegiertem Werkzeugstahl und solche aus hochlegiertem Werkzeugstahl? Welche besonderen Eigenschaften müssen diese Werkzeuge besitzen, und durch welche Legierungsbestandteile erhalten sie diese?

MERKE:

1. **Im SM-Ofen, Tiegelofen, hauptsächlich jedoch im Elektroofen, wird Qualitäts- und Edelstahl (unlegierter und legierter Werkzeugstahl, Federstahl, Einsatz- und Vergütungsstahl) erschmolzen.**
2. **Besondere Reinheit, Festigkeit, Kerbzähigkeit, Härte, Warmfestigkeit, Verschleißfestigkeit bzw. Elastizität und Korrosionsbeständigkeit zeichnen diese Stähle aus und machen sie geeignet für hochbeanspruchte Maschinenteile und Werkzeuge.**

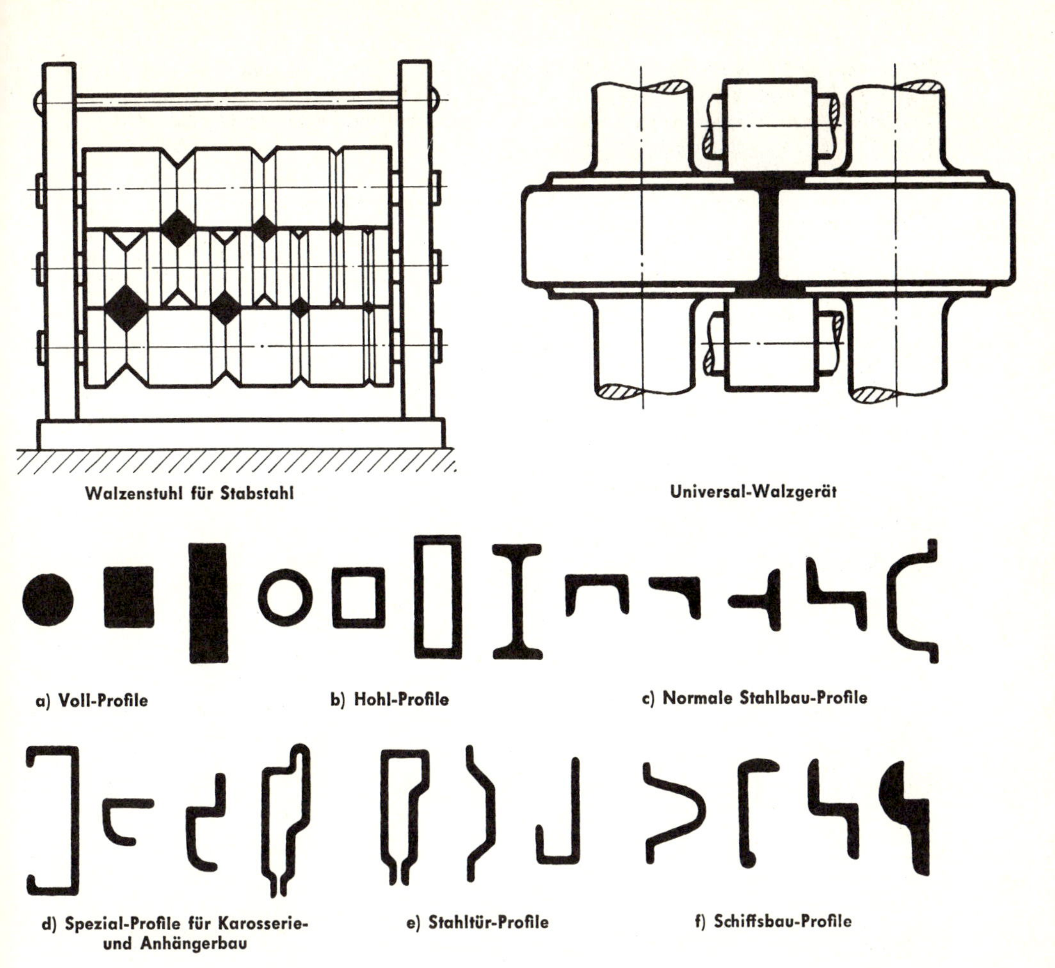

Walzenstuhl für Stabstahl

Universal-Walzgerät

a) Voll-Profile

b) Hohl-Profile

c) Normale Stahlbau-Profile

d) Spezial-Profile für Karosserie- und Anhängerbau

e) Stahltür-Profile

f) Schiffsbau-Profile

5. Rund 70000 verschiedene Stahlprofile liefern uns die Walz- und Ziehwerke zur Weiterverarbeitung

Bauschlosser und Stahlbauschlosser brauchen als Ausgangsmaterial für ihre Arbeiten meist Halbzeug mit fertigen Querschnitten, z. B. U-Stähle, Flachstahl, Rohr, Blech.

a) Diese Halbzeugformen werden in den Walz- und Ziehwerken aus den gegossenen Rohstahlblöcken geformt

Der im Tiefofen durchgeglühte Block läuft auf Rollen in die Walzen, um dort im Querschnitt bei jedem Durchgang (Stich) schwächer, in der Länge gestreckt und schließlich auf maßgerechte Form gebracht zu werden.

Wirkungen des Walzens:

Das Stahlgefüge wird dichter, fester, zäher. Ausgewalzte Schlackeneinschlüsse, Lunker und Gasbläschen können sich allerdings als unganze Stellen bei der Verarbeitung unangenehm auswirken.

Auch die nahtlosen Rohre werden nach dem Mannesmann-Verfahren ausgewalzt. Zwei schräg zueinander gestellte Kegelwalzen ziehen einen Rundblock durch und drehen ihn gleichzeitig in der Längsrichtung. Der dadurch im Kern zermürbte Block läßt sich anschließend über einen Dorn ziehen und auf die gewünschte Wandstärke und lichte Weite auswalzen (pilgern). Ehrhardt, ein späterer Erfinder, löste das Problem so, daß er zuerst in den glühenden vierkantigen Block einen runden Lochstempel eindrückt, den entstandenen Hohlkörper durch mehrere sich verengende Ziehringe drückt und schließlich im Pilgerschritt dünnwandig walzt.

Die Rohrluppe „wächst" aus dem Walzwerk heraus, um dann in diesem Zustand und in derselben Hitze im Pilgerwalzwerk zum nahtlosen Rohr ausgewalzt zu werden

So werden nahtlose Rohre hergestellt:

Schrägwalz-Pilgerschritt-Verfahren:

Schrägwalzwerk — Pilgerwalzwerk

Rundblock, Lochdorn, Schrägwalze, Rohrluppe, Walzdorn, Pilgerwalze ① ② ③

Ausgangswerkstück: Rundblock, Lochen im Schrägwalzwerk, Ausstrecken der dickwandigen Rohrluppe im Pilgerwalzwerk zum fertigen Rohr. Herstellungsbereich: Rohre von 46 bis 622 mm Außendurchmesser

Ehrhardt-Verfahren:

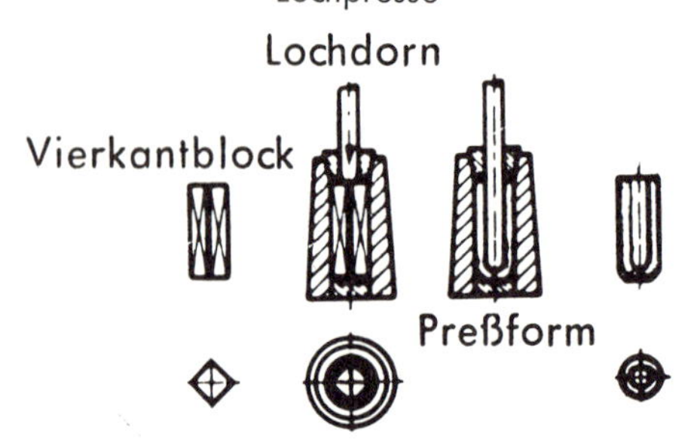

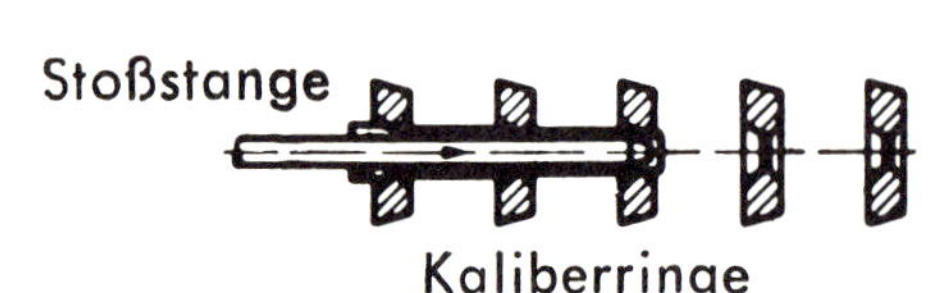

Ausgangswerkstück: Vierkantblock; Pressen zur Rohrhülse; Ausstrecken der Rohrhülse auf der Stoßbank zum Rohr

Herstellungsbereich: Rohre von 46 bis 89 mm Außendurchmesser

Kontinuierliches Verfahren:
(mit oder ohne Dorn)

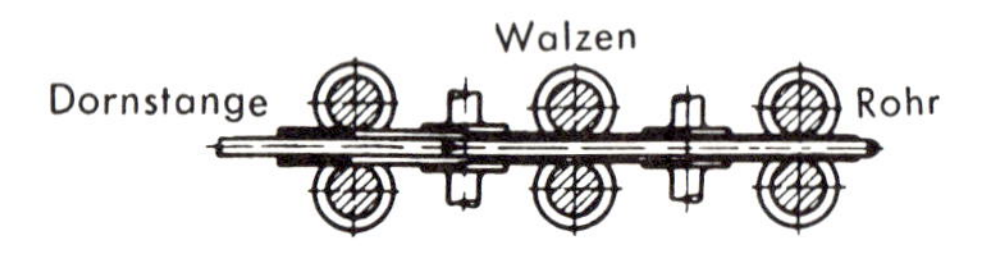

Zieh-Verfahren:
(Kalt- oder Warmzug)

Nach dem Stiefel- oder Ehrhardt-Verfahren hergestellte Rohre können im Kontinuierlichen Walzwerk oder durch Kalt- oder Warmzug auf kleinere Durchmesser gebracht werden. Kleinster Außendurchmesser 8 mm

Stiefel-Verfahren:

Stiefel-Kegelwalzwerk Stiefel-Scheibenwalzwerk

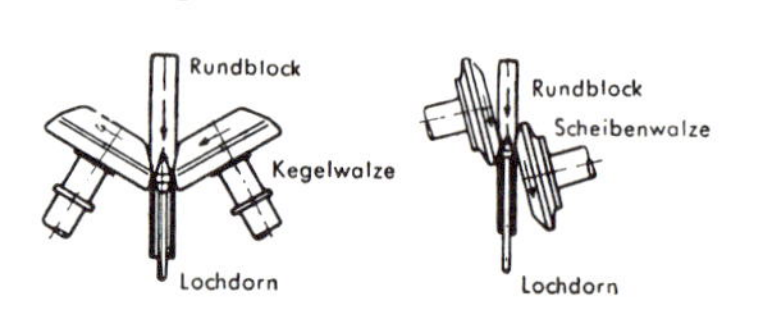

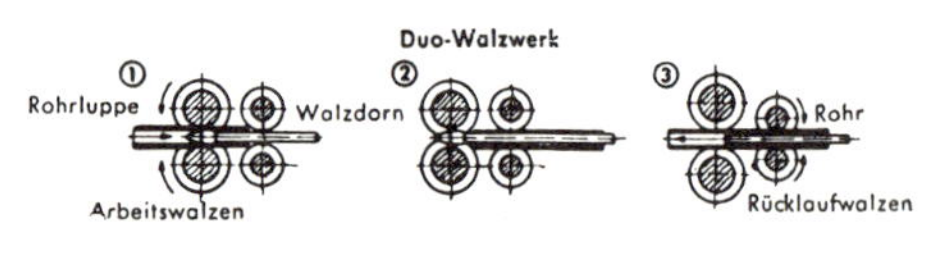

Ausgangswerkstück: Rundblock; Lochen im Kegel- oder Scheibenwalzwerk, Ausstrecken der Rohrluppe im Duo-Walzwerk zum Rohr. Herstellungsbereich: Rohre von 57 bis 216 mm Außendurchmesser

Draht wird nur bis 5 mm gewalzt, kleinere Kaliber entstehen beim Ziehen durch Zieheisen. Ebenso kann Stabstahl und geschweißtes Rohr gezogen werden. Geschweißte Rohre werden heute in automatischen Rohrzieh- und Schweißmaschinen in hoher Güte erzeugt.

Wirkungen des Ziehens:

Das Stahlgefüge wird kaltverfestigt, sehr hart und an der Oberfläche glatt und blank. Durch nachfolgendes Glühen unter Luftabschluß läßt sich die Sprödigkeit und Härte wieder beseitigen. Gezogene Drähte, Stäbe und Rohre zeichnen sich vor allem durch größte Maßhaltigkeit aus.

Rohrschweißmaschine

So werden geschweißte Rohre hergestellt:

Ellira-Schweißung:

Elektro-Linde-Rapid-(Union-Melt-)Verfahren (neues Verfahren)

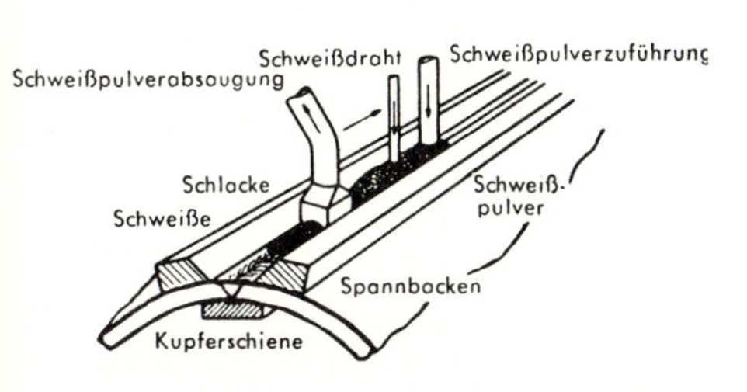

Ausgangswerkstück: Blech; vorbereitete Blechkanten, Biegen in Walzen zur Rohrform, vollautomatischer elektrischer Schweißvorgang. Schweißung vollzieht sich bei kontinuierlicher Zuführung von blankem Schweißdraht unter Abschluß durch Ellira-Schweißpulver. Herstellungsbereich: Rohre ab 400 mm

Wassergas-Überlapptschweißung

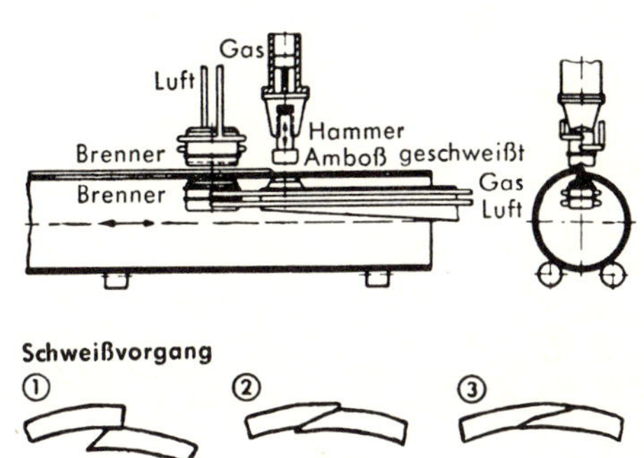

Ausgangswerkstück: Blech; Biegen in Walzen zur Rohrform, Erhitzen mittels Wassergasflamme, anschließend durch Hämmern oder Pressen verschweißen. Herstellungsbereich: Rohre ab 400 mm, Wanddicken 5 bis 80 mm

Fretz-Moon-Walzverfahren:

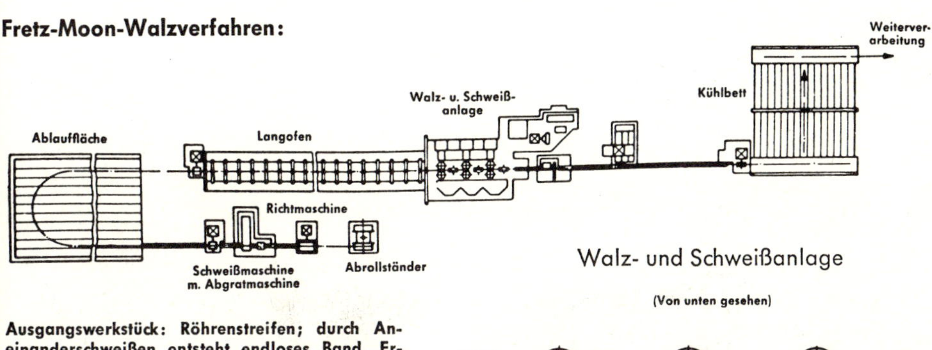

Walz- und Schweißanlage

(Von unten gesehen)

Ausgangswerkstück: Röhrenstreifen; durch Aneinanderschweißen entsteht endloses Band. Erwärmen im Langofen, Formen zum Schlitzrohr und Schweißen im 1. Walzensatz, Reduzieren im 2. Walzensatz, Maßkalibrieren im 3. Walzensatz. Trennen des endlosen Rohrstranges mittels Warmsäge in Rohrlängen

b) Leichtbauprofile bannen Stahlverschwendung!

Warum soll 1 m Handlauf 40 kg wiegen, wenn ein gewalztes und geschweißtes Hohlprofil von 10 kg den gleichen Zweck erfüllt? Diese wichtige Frage erwächst nicht nur beim Geländerbau für Autobahnen, sondern für alle Sparten des modernen Stahlbaues (Tore, Türen, Fenster, Dachbinder, Kräne und Aufzüge u. ä.). Den Schlosserbetrieben wird die sparsame Ausführung ihrer Aufträge durch eine Unzahl von Spezialprofilen erleichtert, welche von leistungsfähigen Firmen angeboten werden. Herstellungsweise und Ausgangsmaterial sind von Form und Zweck des fertigen Profils bestimmt:

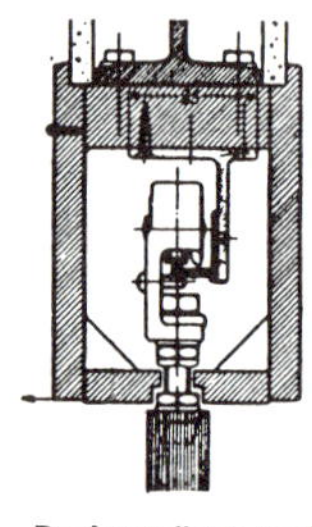

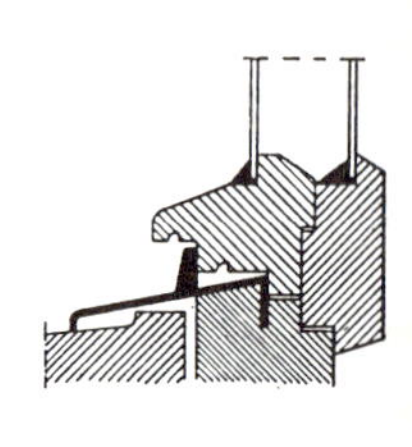

Deckenträger und Laufschiene

Schwellenschiene

Aus dem Stahlblock warm fertiggewalzt

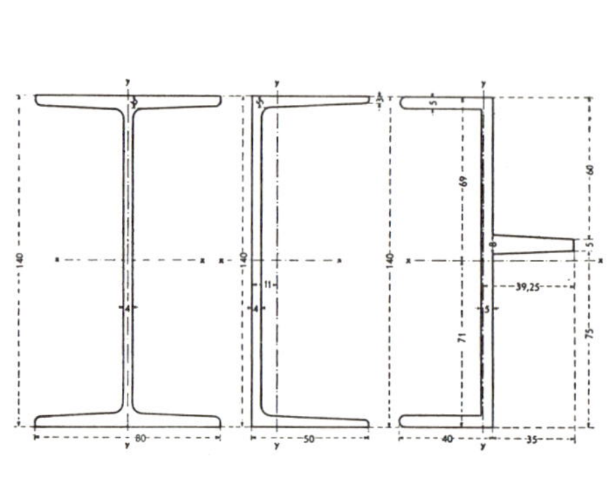

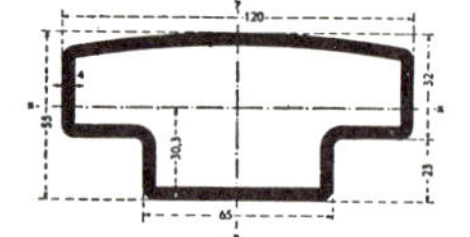

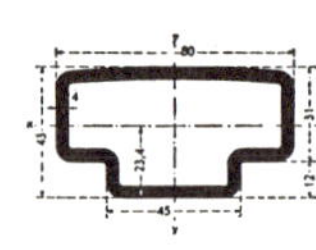

Stahl-Leichtbau-Profile

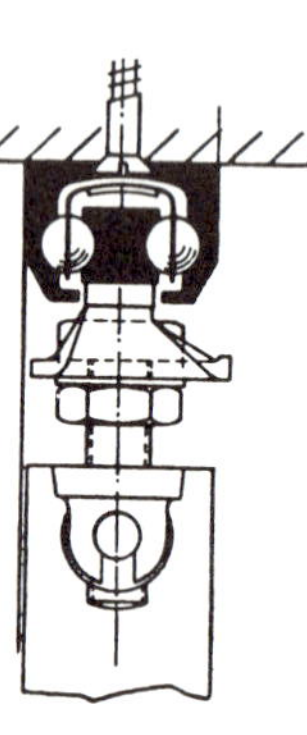

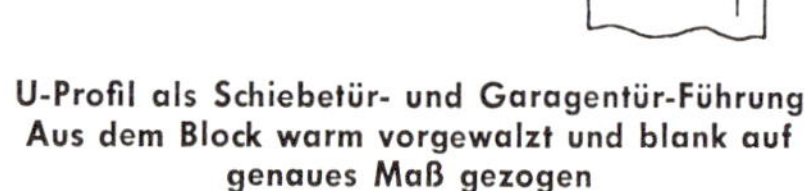

U-Profil als Schiebetür- und Garagentür-Führung
Aus dem Block warm vorgewalzt und blank auf genaues Maß gezogen

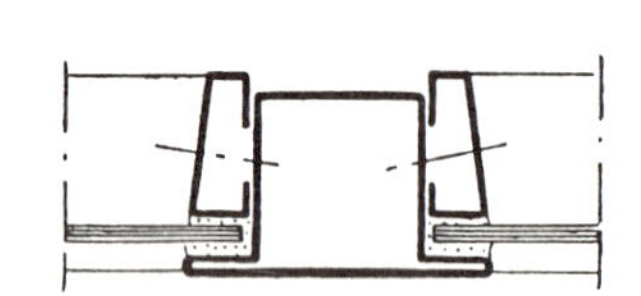

Glasleistenprofile
Aus Blech oder Bandstahl abgekantet

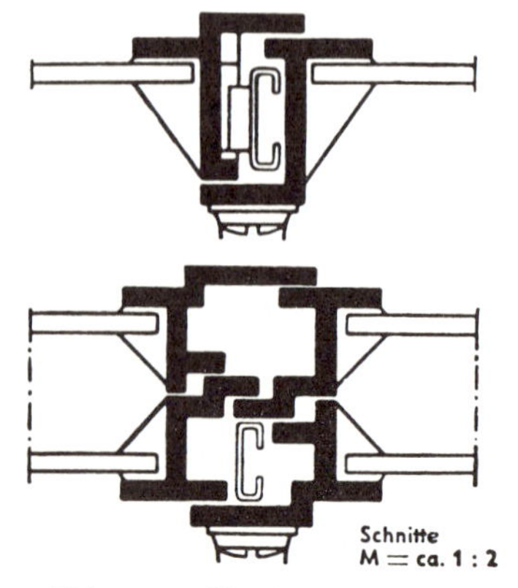

Dichtungsanschlag für Doppelfenster
Aus dem Stahlblock warm vorgewalzt und kalt nachgewalzt

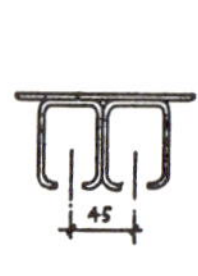

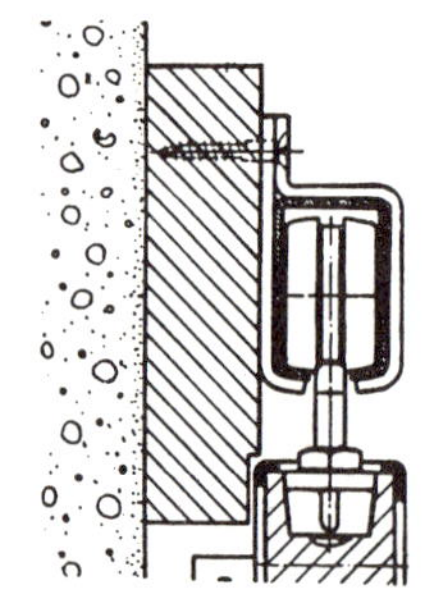

Doppel-Deckenrohrträger

Wandrohrträger und Laufrohr

Aus Warm- oder Kaltbandstahl kalt fertiggewalzt

Spezialprofile verwenden heißt vorteilhaft bauen!

Sie ersetzen Querschnittsformen, die sonst umständlich durch Nieten oder Schweißen aus normalen Profilen gebildet werden.
Sie treten an die Stelle von Querschnitten, die durch Hobeln oder Fräsen aus dem Vollen gearbeitet werden müßten.
Sie sind maßgenauer, scharfkantiger und bedürfen keiner Nacharbeit.
Die Einsparungen an Stahl, Kohle, Schweißmaterial, Maschinen- und Lohnstunden können bis zu 90 % erreichen.

Für die Verarbeitung merke:

Offene Profile sollen nur auf Biegung beansprucht werden. Gegen Drehung und Knickung sind sie nicht genügend formsteif. Warum?
Offene Profile sind durch eindringende Feuchtigkeit rostgefährdet, sollen daher nur dort eingebaut werden, wo sie für einen späteren Schutzanstrich zugänglich bleiben. Geschlossene Profile sind sehr formsteif gegen Biegung, Verdrehung und Knickung, was besonders für Türrahmen, Fensterrahmen, Fahrzeuggestelle, Dachbinder, Kräne sehr wichtig ist.
Rostgefahr besteht in geschlossenen Rohr- und Rahmenverbindungen nicht.

Selbst finden und behalten:

1. Welche Verfahren sind an der Halbzeug-Herstellung beteiligt?
2. Beschreibe die Fertigung eines Doppel-T-(U-)Profils!
3. Was für Drahtsorten und Drahtdurchmesser sind in deiner Werkstatt vorrätig?
4. Was für Rohre verwendest du für Geländer, Hoftore, Dachbinder?
5. Suche auf deinem täglichen Weg Tore, Fenster, Türen, bei denen Spezialprofile verwendet sind, und versuche die Anordnung der Querschnitte festzustellen.

MERKE:

1. **Der Schlosser verarbeitet den Stahl meist in Form von Halbzeug (Formstahl, Stabstahl, Blech, Rohr, Draht, Spezialprofil).**
2. **Halbzeug wird durch Walzen und Ziehen, auch in Verbindung mit Schweißen hergestellt.**
3. **Walzen und Ziehen verdichten und festigen das Stahlgefüge.**
4. **Spezialprofile helfen leichter, besser, billiger und schneller bauen.**

6. Nur durch Normung lassen sich die vielen Eisen- und Stahlsorten unterscheiden!

Hilflos lesen wir die Buchstaben und Ziffern dieser Stückliste, wenn wir den Sinn der technischen „Geheimschrift" nicht kennen. Es lohnt sich daher, ihre Bedeutung zu erforschen.

a) Normen heißt: „Sinnvoll ordnen und vereinfachen."

Die Größe deines Schreibheftes und die Papiergüte sind genormt, die neue Glühbirne paßt in jede Fassung, das Gewinde ist vereinheitlicht. Welch ein Unglück, wenn früher ein Herdring entzweisprang! Unter 200 verschiedenen Größen mußte man den richtigen Ersatz suchen. Heute tun es 7 Ringgrößen und eine Einheitsplatte!
Die Vorzüge dieser seit 1917 unaufhörlich fortschreitenden Ordnung unserer gesamten Wirtschaft in bezug auf Herstellung, Sortenzahl, Größe, Gütevorschriften, Werkstoffprüfung, eindeutige Bezeichnung von Stoff und Form usw. kommen nicht zuletzt den Stahl und Eisen verarbeitenden Betrieben zugute.

1	Federband	9	Ck 60
2	Planscheibenkloben	8	C 15
4	Halterung	7	St 37-2
1	Bremsstange	6	MR St 44-3
1	Welle	5	E St 50-2
2	Haube	4	St 1203
1	Schnecke	3	30 CrMoV9
1	Stutzen	2	H III
2	Hebel	1	GTW 35-04
Stck.	Benennung	Teil	Werkstoff

b) Stahl ist nicht gleich Stahl und Eisen nicht gleich Eisen!

Der Fachmann unterscheidet, wie wir bereits erfahren haben, viele Werkstoffgüten, und die vom Normenausschuß vorgeschriebenen Kurzzeichen helfen ihm dabei. Der Werkstoffnormung für Stahl und Eisen sind die

DIN-Blätter 1600 bis 1699 vorbehalten. Doch wurden durch das neue DIN-Blatt 17100 (Allgemeine Baustähle) die DIN-Blätter 1611, 1621, 1622 ganz und die DIN-Blätter 1612, 1620 teilweise ersetzt. Nach DIN 17100 werden die allgemeinen Baustähle jetzt in folgenden Stahlsorten unterteilt in Gütegruppen hergestellt:

1 für allgemeine Anforderungen	Werkstoff-Nr.	2 für höhere Anforderungen	Werkstoff-Nr.	3 besonders beruhigt für Sonderanforderungen	Werkstoff-Nr.
St 33	1.0033	---	---	---	---
---	---	St 37-2	1.0037	St 37-3	1.0116
---	---	U St 37-2	1.0036	---	---
---	---	R St 37-2	1.0038	---	---
---	---	St 44-2	1.0044	St 44-3	1.0144
---	---	St 50-2	1.0050	St 52-3	1.0570
---	---	St 60-2	1.0060	---	---
---	---	St 70-2	1.0070	---	---

In dem Kurzzeichen St 44-2 bedeutet St = Allgemeiner Baustahl, 44 = 410 . . . 580 N/mm² Zugfestigkeit und 2 = Gütegruppe für höhere Anforderungen.

Nun wissen wir schon:
St 37-2 ist ein Stahl mit 340 . . . 510 N/mm² Festigkeit für allgemeine Anforderungen.

Aber „MR St 44-3"?

Nach DIN 17006 (Systematische Benennung von Eisen und Stahl) können außer der Festigkeit noch Erschmelzungsart, besondere Eigenschaften und Behandlungszustand durch Kennbuchstaben angegeben werden. Hier ihre Bedeutung:

Erschmelzungsart	Besondere Eigenschaften	Behandlungszustand
B = Bessemerstahl	A = Alterungsbeständig	A = Angelassen
E = Elektrostahl (allg.)	G = Größerer Phosphor- oder Schwefelgehalt	B = Beste Bearbeitbarkeit
F = Flammofen	H = Halbberuhigt	E = Einsatzgehärtet
I = Elektrostahl (Induktionsofen)	K = Kleiner P- oder S-Gehalt	G = Weichgeglüht
LE = Elektrostahl (Lichtbogen)	L = Laugenrißbeständig	H = Gehärtet
M = Siemens-Martin-Stahl	P = Preßschweißbar	HF = Oberfläche flammengehärtet
T = Thomasstahl	Q = Kaltstauchbar	K = Kaltverformt
Ti = Tiegelstahl	R = Ruhig	N = Normalgeglüht
B = basisch } nur angehängt an obige Kennbuchstaben	S = Schmelzschweißbar	NT = Nitriert
Y = sauer	U = Unruhig	S = Spannungsfrei geglüht
	Z = Ziehbar	U = Unbehandelt
		V = Vergütet
Kennbuchstabe = vorausgestellt	**Kennbuchstabe = vorausgestellt**	**Kennbuchstabe = angehängt**

Beispiel: **MA St 52-3 N**

= im Siemens-Martin-Ofen erschmolzener, alterungsbeständiger Baustahl mit 490...680 N/mm² Mindestzugfestigkeit, normalgeglüht.

Für Teil 6 (Bremsstange) in unserer Stückliste ist also ein beruhigt vergossener Siemens-Martin-Stahl mit 410...580 N/mm² Mindestzugfestigkeit vorgesehen.

Welle aus E St 50-2?

Der Stahl ist nach einem Elektrostahlverfahren erschmolzen, hat 470 . . . 660 N/mm² Zugfestigkeit (0,30 % C), Gütegruppe 2.

Haube aus St 1203?

Das Blech der Haube ist aus weichem unlegiertem Stahl nach DIN 1623 Blatt 1 (= kaltgewalzte Bleche, die zum Umformen bestimmt sind). Erläuterung siehe nächste Seite! Zahlengruppe 12 = Ziehgüte; 03 = zunderfrei. **Das Zustandekommen der allgemeinen Werkstoff-Nummern nach DIN 17007 ist auf Seite 118 beschrieben.**

Nach der neuen Norm werden die Bleche unter 3 mm Dicke in 2 Gruppen (DIN 1623/1 und DIN 1623/2) eingeteilt und genauer bezeichnet:

Bleche aus weichen unlegierten Stählen nach DIN 1623 Blatt 1

Bezeichnungsbeispiel:

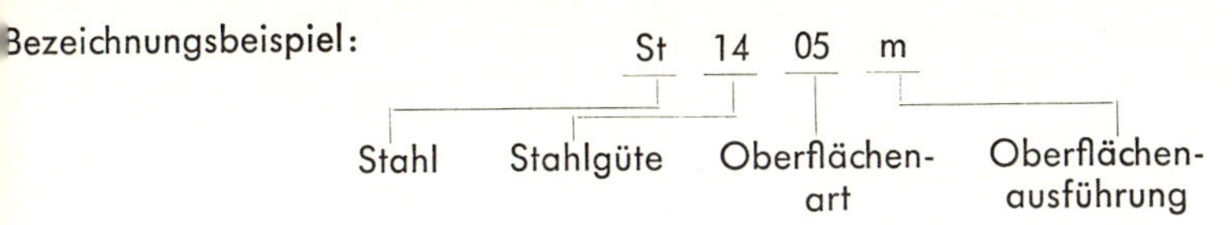

Stahlgüte: 12 = Ziehgüte; 13 = Tiefziehgüte; 14 = Sondertiefziehgüte
Oberflächenart: 03 = übliche kaltgewalzte Oberfläche
05 = beste Oberfläche
Oberflächenausführung: g = glatt, m = matt, r = rauh

Kennbuchstaben v o r dem Kurznamen können, falls erforderlich, Erschmelzungs- und Vergießungsart angeben.

Feinbleche aus allgemeinen Baustählen nach DIN 1623 Blatt 2

Bezeichnungsbeispiel:

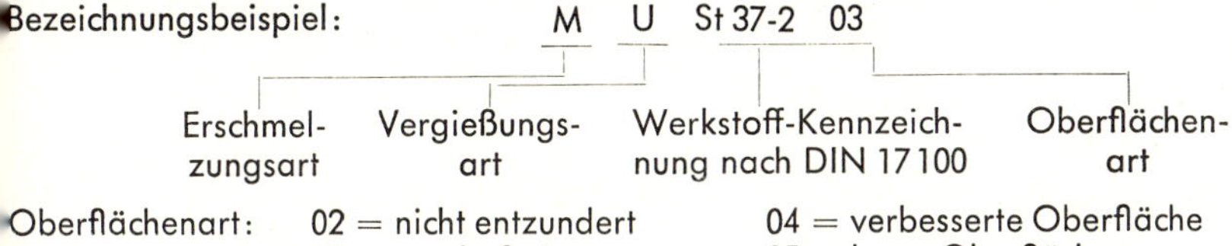

Oberflächenart: 02 = nicht entzundert 04 = verbesserte Oberfläche
03 = zunderfrei 05 = beste Oberfläche

Welches Material erfordert wohl der Stutzen aus H III?

Nach DIN 17155 sind die Kesselbleche eigens genormt und nach Güteklassen in H I, H II, H III und H IV eingestuft. Also ein Kesselblech der höheren Güteklasse III verlangt der Konstrukteur.

C 15 und Ck 60 geben uns auch Rätsel auf!

Doch es handelt sich nur um unlegierte Einsatz- (C 15) und Vergütungsstähle (Ck 60). Diese Stähle sind auch neu genormt auf den DIN-Blättern 17 210 und 17 200. Das C bedeutet Kohlenstoff und die Zifferngruppe dahinter den Gehalt an C in Hundertstel-%.
Handelt es sich um unlegierte Stähle, die besonders phosphor- und schwefelarm sind, erhält ihr Kurzzeichen ein k, z. B. Ck 60.

GTW 35–4 erkennen wir unschwer als weißen Temperguß mit 340 N/mm^2 Mindestzugfestigkeit und 4 % Bruchdehnung (GTS wäre schwarzer Temperguß!).

Bei **Teil 3** unserer nun bald enträtselten Stückliste kann es sich nur um einen der vielen niedriglegierten Stähle handeln.

Die Lösung: **30 Cr Mo V 9** bedeutet
0,3 % C, 2,3 % Chrom, 0,2 % Molybdän, 0,15 % Vanadium, 0,5 % Mangan.
Vergütungsstahl (weil über 0,20 % Kohlenstoff) niedriglegiert.
Die Ziffern 30 und 9 entstehen durch Vervielfachen der wirklichen Gehalte der wichtigsten Bestandteile Kohlenstoff und Chrom mit den aus Zweckmäßigkeitsgründen verschiedenen Multiplikatoren (Vervielfachern):
4 für Chrom, Kobalt, Mangan, Nickel, Wolfram, Silizium
10 für Aluminium, Kupfer, Molybdän, Titan, Vanadium
100 für Phosphor, Schwefel, Stickstoff, Kohlenstoff
Hochlegierte Stähle erhalten ein vorausgestelltes X zur besseren Unterscheidung von den niedriglegierten Stählen.

Auch werden die Legierungsbestandteile außer Kohlenstoff in wirklicher Höhe angegeben.

Beispiel:

X 10 Cr Ni 18 8 bedeutet hochlegierter Stahl mit 0,10 % Kohlenstoff, 18 % Chrom, 8 % Nickel (nichtrostender Stahl).

Werkstoff-Nummern

DIN 17 007 enthält die auch zur Datenverarbeitung geeignete systematische Kennzeichnung von Werkstoffen durch 7 Ziffern.

	(1)	(2)	(3)	(4)	(5)	(6)	(7)
	X	X	X	X	X	X	X
Werkstoff-Hauptgruppe	(1)						
Sortennummer (chemische Zusammensetzung)		(2)	(3)	(4)	(5)		
Anhängezahlen, Herstellungsverfahren, Behandlungszustand						(6)	(7)

Kennzahlen der Werkstoff-Hauptgruppen

0 = Roheisen und Ferrolegierungen
1 = Stahl
2 = Schwermetalle außer Fe
3 = Leichtmetalle
4 . . . 8 = Nichtmetallische Werkstoffe
9 = frei für interne Bedeutur

Sortennummern innerhalb der Hauptgruppe Stahl (Auswahl):

00 = Handels- und Grundgüten
01 und 02 = allgemeine Baustähle
03 bis 07 = unlegierte Qualitätsstähle
08 bis 09 = legierte Qualitätsstähle
10 = Stähle mit besond. phys. Eigensch.
11 und 12 = Baustähle
15 . . . 18 = Werkzeugstähle
20 . . . 88 = Legierte Edelstähle
90 = Handels- und Grundgüten
91 . . . 99 = andere Sorten

Anhängezahlen

1. Anhängezahl zur Kennzeichnung der Stahlgewinnung

0: unbestimmt oder ohne Bedeutung
1: unberuhigter Thomasstahl
2: beruhigter Thomasstahl
3: sonstiger unberuhigter Stahl
4: sonstiger beruhigter Stahl
5: unberuhigter Siemens-Martin-Stahl
6: beruhigter Siemens-Martin-Stahl
7: unberuhigter Sauerstoff-Aufblas-Stahl
8: beruhigter Sauerstoff-Aufblas-Stahl
9: Elektrostahl

2. Anhängezahl zur Kennzeichnung des Behandlungszustandes

0: keine oder beliebige Behandlung
1: normalgeglüht
2: weichgeglüht
3: wärmebehandelt
4: zähvergütet
5: vergütet
6: hartvergütet
7: kaltverformt
8: federhart kaltverformt
9: behandelt nach besonderen Angaben

Beispiel: 1.0037.60 bedeutet Stahl (1), Stahlsorte St 37-2 (0037), SM-Stahl beruhigt (6), keine oder beliebige Behandlung (0).

Sortennummern innerhalb der Hauptgruppe Schwermetalle (Auswahl):

0000 bis 1799 = Kupfer
1800 bis 1999 = Reserve
2000 bis 2499 = Zink, Cadmium
3000 bis 3449 = Blei
3450 bis 3499 = Reserve
3500 bis 3899 = Zinn
4000 bis 4999 = Nickel, Kobalt
5000 bis 5999 = Magnesium
6000 bis 6999 = hochschmelzende Metalle
7000 bis 9999 = Reserve

Sortennummern innerhalb der Hauptgruppe Leichtmetalle (Auswahl):

0000 bis 4999 = Aluminium
5000 bis 5999 = Magnesium
6000 bis 6999 = Reserve
7000 bis 7999 = Titan

Anhängezahlen

Bei den NE-Metallen kennzeichnet die 1. Anhängezahl die Zustandsgruppe (z. B. 6 = warmausgehärtet, ohne mech. Nacharbeit), die 2. Anhängezahl den Zustand im einzelnen nach dem Herstellungsverfahren.
Beispiel: 2.1020.26 bedeutet Schwermetall (2), Kupfer-Zinn-Legierung mit 6% Zinn und 410 N Festigkeit (1020), gewalzt-halbhart (26).

Für die Verarbeitung merke:
Der vom Schlosser für gewöhnlich verarbeitete Flußstahl enthält 0,17 bis 0,25 % C, 0,45 bis 0,60 % Mangan und bis 0,13 % Schwefel und Phosphor.

Die Sorten sind zweckgebunden:

St 33	Für untergeordnete Schmiede-, Schlosserarbeiten und Maschinenteile
St 37-2, St 44-2	Für Stab-, Form- und Flachstahlprofile sowie Flachzeug
St 50-2, St 60-2, St 70-2	Für einfache Maschinenteile, die auch härtbar sein sollen
St 52-3	Als besonders hochwertiger Baustahl (Kupfer- und Mangangehalt!), für Stahlbauprofile an geschweißten Konstruktionen. Die Profile aus St 52 dürfen nur nach besonderen Vorschriften verwendet werden.
UQ St 36 UQ St 38 U 7 S 6	Schrauben- und Nietstahl nach DIN 17 111
St 35	Schweißbarer Rohrstahl nach DIN 1629
St 55	Hochfester Rohrstahl nach DIN 1629
St 35.8 St 45.8	Warmfester Rohrstahl nach DIN 17 175

Selbst finden und behalten:

1. Um welche Stahlsorten handelt es sich bei folgenden Kurzzeichen: St 33; U St 37-2; E St 60-2 G; St 44-2; MY C 35 V; C 15 E; St 50-2; St 55.4?
   Wozu lassen sich diese Sorten verarbeiten?
2. Woraus würdest du diese Werkstücke herstellen: Treibkeil, Welle für Riementrieb, Reißnadel, Dachbinder in Rohrkonstruktion, Balkongitter aus Flach- und Rundstahl?

MERKE:
Die Werkstoffeigenschaften der gebräuchlichsten Stähle sind auf den DIN-Blättern 1600–1699, 17100, 17155, 17200 und 17210 genormt. Die Kurzzeichen der gewöhnlichen Stähle deuten mit der ersten Zifferngruppe die Mindestzugfestigkeit an.
Bei den Einsatz- und Vergütungsstählen gibt die Zifferngruppe den Kohlenstoffgehalt in Hundertstel-% an.
Die Kurzzeichen für niedriglegierte Stähle deuten die wichtigsten Legierungsmetalle und den Gehalt an dem wichtigsten Metall an.
Für Herstellungsart, Anlieferungszustand usw. gelten besondere Buchstaben.

7. Die Profiltabellen enthalten Normalprofile und Sonderprofile

Will der Schlosser für seinen Auftrag nicht nur das gütemäßig geeignetste, sondern auch das nach seiner Form zweckmäßigste Profil wählen, so muß er wenigstens einen allgemeinen Überblick über die wichtigsten Stahlformen besitzen. Im einzelnen holt er sich in Tabellenbüchern, Profilverzeichnissen, Firmenlisten und DIN-Blättern Rat. Dort findet er insbesondere für jede Querschnittsform die Bezeichnung, Abmessungen, Querschnitte, Nietlochdurchmesser, Wurzelmaße.

a) Die vielen Erzeugnisse lassen sich in 6 Gruppen zusammenfassen:

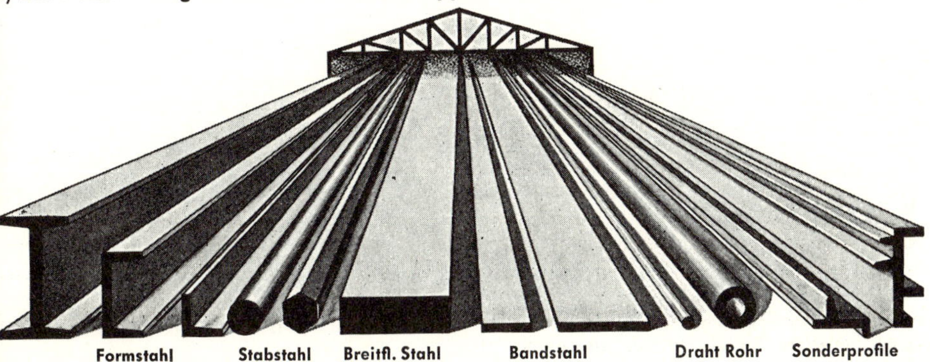

b) Die Kurzbezeichnung richtet sich nach dem neuen DIN-Blatt 1353

Formstahl

Was gehört dazu?
Doppel-T- und U-Stahl über 80 mm Steghöhe,
Breitflanschträger und Belagstahl

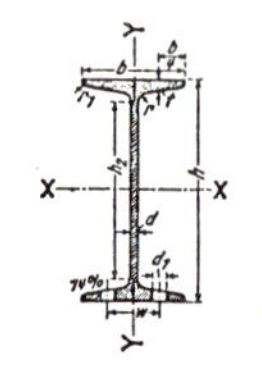

Doppel-T-Stahl

Wie wird er bezeichnet?

Schmaler I-Träger mit geneigten inneren Flanschflächen (I-Reihe) von 220 mm Höhe und 3750 mm Länge nach DIN 1025 (Blatt 1)	I 220 x 3750 Lg DIN 1025
I-Breitflanschträger mit geneigten inneren Flanschflächen (I-B-Reihe) von 220 mm Höhe und 1860 mm Länge nach DIN 1025 (Blatt 2)	IB 220 x 1860 Lg DIN 1025
I-Breitflanschträger mit parallelen Flanschflächen (I-P-Reihe) von 220 mm Höhe und 1440 mm Länge nach DIN 1025 (Blatt 2)	IPB 220 x 1440 Lg DIN 1025
I-Breitflanschträger mit parallelen Flanschflächen, leichte Ausführung (I-PBl-Reihe) von 220 mm Höhe und 1760 mm Länge nach DIN 1025 (Blatt 3)	IPBl 220 x 1760 Lg DIN 1025
I-Breitflanschträger mit parallelen Flanschflächen, verstärkte Ausführung (I-PBv-Reihe) von 220 mm Höhe und 1590 mm Länge nach DIN 1025 (Blatt 4)	IPBv 220 x 1590 Lg DIN 1025
Mittelbreiter I-Träger mit parallelen Flanschflächen (I-PE-Reihe) von 220 mm Höhe und 3150 mm Länge nach DIN 1025 (Blatt 5)	IPE 220 x 3150 Lg DIN 1025
U-Stahl, rundkantig, von 350 mm Höhe und 955 mm Länge	[350 x 955 DIN 1026 (zeichnerisch) U 350 x 955 DIN 1026 (schreibbar)

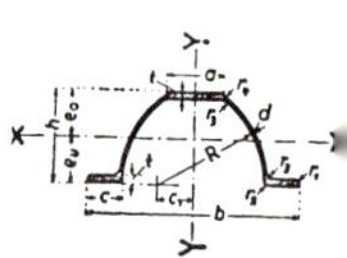

Belagstahl

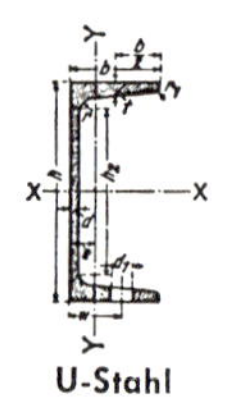

U-Stahl

Stabstahl

Was gehört dazu?
I-, U-Stahl unter 80 mm Steghöhe, Z, L, ⊥, O, □, ⬡, ⌓, Hespenstahl, Flachstahl bis 150 mm Breite und 100 mm Dicke, Wulstflach- und Wulstwinkelstahl.

Wie wird er bezeichnet?

Winkelstahl, gleichschenkelig, rundkantig, von 65 mm Schenkelbreite, 11 mm Schenkeldicke und 40 mm Länge	L 65 x 11 x 40 Lg DIN 1028 (zeichnerisch) L 65 x 11 x 40 Lg DIN 1028 (schreibbar)
Winkelstahl, ungleichschenkelig, rundkantig, von 50 und 40 mm Schenkelbreite und 5 mm Schenkeldicke und 85 mm Länge nach DIN 1029	L 50 x 40 x 5 x 85 DIN 1029 (zeichn.) L 50 x 40 x 5 x 85 DIN 1029 (schr.)
T-Stahl, hochstegig, rundkantig, von 60 mm Höhe und 720 mm Länge nach DIN 1024	T 60 x 720 DIN 1024
T-Stahl, breitfüßig, rundkantig, von 80 mm Höhe und 335 mm Länge nach DIN 1024	TB 80 x 335 DIN 1024
T-Stahl mit parallelen Flansch- und Stegseiten, scharfkantig, von 40 mm Höhe und 530 mm Länge nach DIN 59051	TPS 40 x 530 DIN 59051
Z-Stahl, rundkantig, von 140 mm Höhe und 125 mm Länge nach DIN 1027	Z 140 x 125 DIN 1027 (zeichn.) Z 140 x 125 DIN 1027 (schr.)
Rundstahl, blank, von 32 mm Durchmesser nach DIN 668 (oder 670, 671!)	⌀ 32 DIN 668 (zeichn.) Rd 32 DIN 668 (schr.)
Rundstahl, warmgewalzt (über 13 mm ⌀) mit 15 mm ⌀ nach DIN 1013	⌀ 15 DIN 1013 (zeichn.) Rd 15 DIN 1013 (schr.)
Vierkantstahl, warmgewalzt (über 13 mm Seitenlänge), von 28 mm Seitenlänge nach DIN 1014	□ 28 DIN 1014 (zeichn.) 4kt 28 DIN 1014 (schr.)
Sechskantstahl, warmgewalzt (über 1,69 cm² Querschnitt), von 23,5 mm Schlüsselweite und 95 mm Länge nach DIN 1015	⬡ 23,5 x 95 DIN 1015 (zeichn.) 6kt 23,5 x 95 DIN 1015 (schr.)
Halbrundstahl, warmgewalzt, von 30 mm Breite (⌀) nach DIN 1018	⌓ 30 DIN 1018 (zeichn.) Hrd 30 DIN 1018 (schr.)
Flachhalbrundstahl, warmgewalzt, von 25 mm Breite und 8 mm Höhe nach DIN 1018	⌓ 25 x 8 DIN 1018 (zeichn.) Fl Hrd 25 x 8 DIN 1018 (schr.)

Ungleichschenkeliger Winkelstahl

T-Stahl

lachstahl, blank, scharfkantig, mit 50 mm Breite, 10 mm)icke und 850 mm Länge nach DIN 174 aus U St 37-2 K

▭ 50 x 10 x 850 DIN 174
U St 37-2 K (Zeichn.)
FL 50 x 10 x 950 DIN 174
U St 37-2 K (schreibbar)

'lachstahl, warmgewalzt, von 50 mm Breite, 8 mm Dicke und 20 mm Länge nach DIN 1017

▭ 50 x 8 x 720 DIN 1017 (zeichn.)
Fl 50 x 8 x 720 DIN 1017 (schr.)

Vulstflachstahl, warmgewalzt mit einseitigem Wulst = HP der doppelseitigem Wulst = DP von 300 mm Breite, 14 mm)icke und 4050 mm Länge nach DIN 1019

⟶ 300 x 14 x 4050 DIN 1019 (zeichn.)
WulstFl DP 300 x 14 x 4050
DIN 1019 (schr.)

Vulstwinkelstahl, warmgewalzt, von Schenkelbreiten 280 nd 90 mm, 13 mm Schenkeldicke und 3100 mm Länge nach)IN 1020

⌞ 280 x 90 x 13 x 3100 Lg
DIN 1020 (zeichnerisch)
Wulst L 280 x 90 x 13 x 3100 Lg
DIN 1020 (schreibbar)

Bandstahl

Was gehört dazu?

Bandstahl, warmgewalzt, von 10–500 mm Breite und 0,8–8 mm Dicke
Breitbandstahl, warmgewalzt, von 500–1300 mm Breite und 1,5–10 mm Dicke
Bandstahl, kaltgewalzt, von 3–630 mm Breite und 0,10–6 mm Dicke

Wie wird er bezeichnet?

Bandstahl, warmgewalzt, von 35 mm Breite, 4 mm Dicke und 185 mm Länge nach DIN 1016

▭ 35 x 4 x 185 Lg DIN 1016 (zeichn.)
Bd 35 x 4 x 185 Lg DIN 1016 (schr.)

Kaltband, 1,5 mm dick, 65 mm breit und 1400 mm lang nach DIN 1544 (mit Naturkante NK in Falzgüte St 1)

▭ 1,5 x 65 NK x 1400 Lg
DIN 1544 St 1

Bd 1,5 x 65 NK x 1400 Lg
DIN 1544 St 1

Breitflachstahl

Was gehört dazu?

Vierseitig gewalzter Flachstahl von 151–1250 mm Breite und 5–60 mm Dicke

Wie wird er bezeichnet?

Breitflachstahl von 850 mm Breite, 14 mm Dicke und 2700 mm Länge nach DIN 59200

▭ 850 x 14 DIN 59200 (zeichn.)
BrFl 850 x 14 DIN 59200 (schr.)

Stahlblech

Was gehört dazu?

Feinblech unter 3 mm (Formnorm DIN 1541, Gütenorm nach DIN 1623)
Blech über 3 mm (Formnorm DIN 1543, Gütenorm DIN 17100)
Riffel-, Warzen- und Raupenbleche mit 3 bis 24 mm Kerndicken, Wellbleche (Flach-, Träger-, Rolladenblech)

Wie wird es bezeichnet?

Schwarzblech, entzundert, 1,2 mm dick, nach DIN 1541

Bl 1,2 x 1000 x 2000 DIN 1541
U St 37 – 2 03

Blech, 4,5 mm dick, nach DIN 1542

Bl 4,5 x 1000 x 2000 DIN 1542 St 37
Riff Bl 330 x 6 x 1200 (6 = Kerndicke)
Wrz Bl 420 x 8 x 950 (8 = Kerndicke)
Well Bl 27 x 100 x 2 x 2000 DIN 59231

Rohr

Was gehört dazu?

Mittelschwere Gewinderohre nach DIN 2440, **schwere Gewinderohre** nach DIN 2441, nahtlos oder geschweißt. (Wasser-, Gas-, Dampfrohre!)
Nahtlose Gewinderohre mit Gütevorschrift aus St 35 nach DIN 2442
Nahtlose Flußstahlrohre (Leitungs- und Konstruktionsrohre) nach DIN 2448
Schmelzgeschweißte Stahlrohre (Leitungs- und Konstruktionsrohre) nach DIN 2458
Präzisionsstahlrohre, geschweißt, nach DIN 2393, 2394
Präzisionsstahlrohre, nahtlos, nach DIN 2391

Profilrohre aller Art

Wie wird es bezeichnet?

Nahtloses, mittelschweres Gewinderohr, verzinkt, mit Nennweite 25: Gewinderohr DIN 2440-DN 25 – nahtlos B

Nahtloses Stahlrohr von 38 mm Außendurchmesser, 2,6 mm Wandstärke und 5000 mm Länge nach DIN 2448 aus Stahl 35.8 nach Gütenorm 1629:

Rohr DIN 2448 - St 35.8 - 38 x 2,6 x 5000

Schmelzgeschweißtes Stahlrohr von 89 mm Außendurchmesser, 4,5 mm Wandstärke und 6400 mm Länge nach DIN 2458 aus St 37-2:

Rohr DIN 2458 - St 37-2 - 89 x 4,5 x 6400

rundkantig scharfkantig

Rechteckrohre

Draht und Drahtgeflecht

Was gehört dazu?

Draht verzinkt, verbleit, verkupfert – Walzdraht – Draht gezogen, blank – Drahtseile – Drahtgeflecht nach DIN 177, DIN 17223

Wie wird er bezeichnet?

Blanker Stahldraht mit 5 mm Ø aus CK 35 nach DIN 177:

Dr 5 DIN 177 CK 35

Sonderprofile

Doppel-T- und U-Profile, warmgewalzt, für den Stahlfachwerkbau. – U- und Doppel-U-Profile, gezogen aus Bandstahl. Wulstflachstahlprofile (System Dörnen) und St-Profile (System Krupp) als Flansche von geschweißten Trägern.

Profile aus Bandstahl

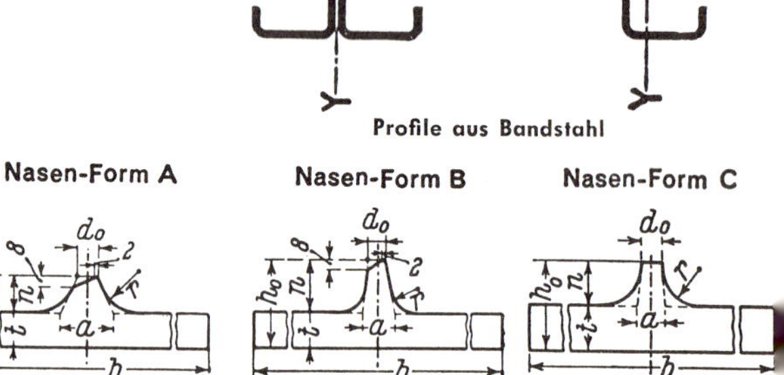

St-Profile für geschweißte Vollwandträger

Für die Verarbeitung merke:

Beim Bestellen von Profilen sind die Regellängen und die Lagerlängen zu beachten. Beispiel: Für I-Stahl ist die Regellänge 4 ... 15 m, die größte Länge 14 ... 20 m d. h. bis zu diesen Längen werden die I-Profile hergestellt. Die Lagerlängen bewegen sich zwischen 4 ... 9 m mit Abstufungen von 200 mm und 9 ... 15 m mit Abstufungen von 250 mm, d. h., diese Längen werden im Werk auf Lager gehalten.

Über Regellängen und Lagerlängen geben DIN-Blätter, Tabellen- und Musterbücher Auskunft.

Alle Profile weisen durch den Walzvorgang bedingte kleine Ungenauigkeiten (Abmaße) in der Dicke, Länge und Richtung auf. Profile mit feinen Abmaßen, genau abgeschnitten und gerichtet, sind nur gegen Über- bzw. Sonderpreise erhältlich.

Selbst finden und behalten:

1. Suche in einem Tabellenbuch das Doppel-T-Profil mit 140 mm Steghöhe! Stelle fest: Flanschbreite und Neigungswinkel, Stegdicke, A in cm², Gewicht/m, Wurzelmaß und Durchmesser für die Flanschenlöcher!
2. Suche das U-Leichtprofil aus Bandstahl mit 120 mm Höhe! Stelle fest: Banddicke, Kantenmaß a, Fläche A, Gewicht/m.
3. U 65 hat ein Widerstandsmoment W_x von 17,7 (= Widerstand gegen Durchbiegung). Leichtprofil U 120×2,25 zeigt lt. Tabelle das gleiche Widerstandsmoment. Vergleiche die Metergewichte der beiden gleichwertigen Profile und stelle die Gewichtsersparnis durch Leichtbau fest!
4. Welche Arten von Winkel-Stählen stehen zur Verfügung? (Tabellenbuch!)
5. Welche Rohre eignen sich für Stahlkonstruktionen? In welchen Abmessungen und Wandstärken sind diese erhältlich?
6. Wie lautet die Bestellung von 50 m Flachstahl von 45 mm Breite und 8 mm Dicke?

MERKE:

Stahlprofile, Bleche, Rohre und Draht werden meist in genormten Stärken und Längen hergestellt und auf Lager gehalten.

Bei Formstahl ist die Höhe in mm anzugeben. Genaue Maße und Werte findet man in den DIN-Blättern, Tabellenbüchern und Musterbüchern der Lieferwerke.

II. Nichteisenmetalle eignen sich für manche Zwecke besser als Eisen und Stahl

Eine Aluminiumleiter ist leichter als eine Stahlleiter, die Dachrinne aus Zink rostet nicht, Heizschlangen aus Kupferrohr geben ihre innere Wärme rasch an die Umgebung ab. Diese wenigen Beispiele deuten an, wo die Verwendungsgebiete der Nichteisenmetalle liegen. Wenn wir die wichtigsten NE-Metalle aufzählen, wobei 5 kg/dm³ Dichte die Grenze zwischen Leicht- und Schwermetallen bildet, so ergibt sich etwa folgende Reihe:

Metall	Zeichen	Dichte
Magnesium	(Mg)	Dichte 1,74
Aluminium	(Al)	Dichte 2,7
Titan	(Ti)	Dichte 4,5
Antimon	(Sb)	Dichte 6,6
Chrom	(Cr)	Dichte 6,8
Zinn	(Sn)	Dichte 7,1
Zink	(Zn)	Dichte 7,2
Mangan	(Mn)	Dichte 7,4
Kobalt	(Co)	Dichte 8,6
Kadmium	(Cd)	Dichte 8,6
Nickel	(Ni)	Dichte 8,85
Kupfer	(Cu)	Dichte 8,9
Wismut	(Bi)	Dichte 9,8
Molybdän	(Mo)	Dichte 10,3
Silber	(Ag)	Dichte 10,5
Blei	(Pb)	Dichte 11,3
Quecksilber	(Hg)	Dichte 13,5
Wolfram	(Wo)	Dichte 19,0
Gold	(Au)	Dichte 19,3
Platin	(Pt)	Dichte 21,5

Obwohl die meisten dieser Metalle als Beimischungen zu verschiedenen Stählen eine Rolle spielen, sind doch nur einige wenige als selbständige Baustoffe für den Bauschlosser und Stahlbauer von Bedeutung.

1. Die Leichtmetalle als stärkste Konkurrenten des Stahls

a) Aluminium (Al)

Das im Gegensatz zu Silber „nichtglänzende" Leichtmetall wurde, obwohl es in der Erdrinde am häufigsten auftritt, erst 1827 von Friedrich Wöhler entdeckt und 1845 zum erstenmal als Metall dargestellt. Seither wird es in jährlich steigenden Mengen aus den chemischen Verbindungen Bauxit und Laterit (tonerdehaltig!) durch Spalten der Tonerde (Al_2O_3) im Elektrolyse-Ofen gewonnen.

Das sehr reine Aluminium wird dann zu kleinen Barren oder Blöcken, auch Stangen gegossen, um später durch Gießen oder Walzen, Ziehen und Strangpressen oder Schmieden verformt zu werden. Die Alu-Profile ähneln den Stahlprofilen, die Vielfalt der Sonderformen übertrifft aber jene der Stahlprofile bei weitem.

Kennkarte:	**Aluminium**	(Alu)	**Normung:** DIN 1712
	Dichte	2,7 kg/dm³	Formnormen:
	Schmelzpunkt	660 °C	DIN 1745 = Alu-Bleche
	Zugfestigkeit	70–190 N/mm²	DIN 1745 = Alu-Band
	Dehnung	20 . . . 45 %	DIN 1746 = Alu-Rohr
	Schwindmaß	1,8	

Die Eigenschaften des reinen Aluminiums lassen Wünsche offen:

Festigkeit gering, dafür ist es sehr dehnbar und läßt sich kalt walzen, ziehen, bieger treiben, hämmern, drücken.
(Reinalu = kein Konstruktionswerkstoff, sondern mehr für Verkleidungen, Behälter, Dachbelag u. ä.)

Korrosionsbeständigkeit gegen Luftfeuchtigkeit gut (bildet dünnes, dichte Oxidhäutchen);
gegen die meisten organischen Säuren oder Lebensmittel gut;
gegen die nichtorganischen Säuren (Salz-, Schwefelsäure usw.) schlecht;

Schweißbarkeit bei Verwendung von Spezialpulvern oder Schutzgas gut. Auc hartlötbar.

Für die Verarbeitung merke:

Alu ist weiß, deshalb vor Kratzern, Beulen schützen, Bleche, Stangen, Rohre aufrecht ste hend lagern, nur mit Bleistift anreißen, weiche Spannbacken verwenden! Alu verlang größere Biegeradien als Stahl. Alu soll mit Leichtmetallwerkzeugen spanabhebend bear beitet werden (schlankere Schneidenwinkel, gefräste Feilen).
Alu kann durch Erwärmung auf etwa 380 °C und Abschrecken wieder weich gemacht wer den, wenn es durch Hämmern oder Ziehen hart geworden ist. Die Temperatur erkennt ma an der Strichfarbe, die ein Tannenholzspan hinterläßt.

b) Aluminium-Legierungen (DIN 1725)

Legieren heißt innig vermischen!

Durch Zuschmelzen bestimmter Metalle zu einem Grundmetall kann man Werkstoffe erzeu gen, die für gewisse Zwecke bestens geeignet sind. Daß dafür andere gute Eigenschafte der reinen Metalle mehr oder weniger leiden, läßt sich nicht umgehen. So legiert ma Aluminium mit Kupfer, Magnesium, Mangan und Silizium und erzielt dadurch Werkstoff von großer Zähigkeit, Festigkeit und Härte, muß aber bei den meisten dieser Legierunge eine schwächere Biegefähigkeit, Korrosionsbeständigkeit und elektrische Leitfähigkeit i Kauf nehmen.

Nach **DIN-Blatt 1725** ist es dem Schlosser möglich, sich in der verwirrenden Vielzahl de Leichtmetall-Legierungen einen Überblick zu verschaffen und die für einen bestimmten Bau zweck geeignetste Legierung zu finden. Noch besseren und genaueren Rat holt man sic natürlich in den Musterbüchern und Werkstoff-Merkblättern der Leichtmetall-Fabriken. Vo den beiden großen Gruppen der Knet- und Gußlegierungen, welche das DIN-Blatt unter scheidet, interessiert uns fast nur die erstere, und deshalb möge ein kurzer Auszug aus de verschiedenen „Gattungen" genügen:

Knetlegierungen:
Dichte 2,6 ... 2,8 kg/dm³, Schmelzp. ung. 570 °C

Bezeichnung nach DIN	Zugfestigkeit	Besondere Merkmale und Richtlinien für die Anwendung
Al Cu Mg F 40	400–460	Vergütete, hochfeste Al-Legierung für hochbeanspruchte, tra gende Konstruktionsteile (Nietausführung).
Al Cu Mg pl F 43	430	Mit Reinaluminium plattiert in Form von Blechen. Verbundwerk stoff, hohe Festigkeit, gute Oberflächenbeständigkeit.
Al Zn 4,5 Mg 1	520–620	Vergütete, hochfeste Al-Legierung für besondere Festigkeits ansprüche (Profile).
Al Mg Si 0,5	200–260	Kupferfreie, vergütbare Al-Legierung, mittlere Festigkeit, gu korrosionsbest., gut verformbar, polierbar, eloxierfähig. Für tragende Bauteile.
Al Mg 5 F 28	280–320	Kupferfrei, nicht vergütbar, korrosionsbeständig, besonders ge gen Seewasser, gut geeignet für Schweißkonstruktionen.
Al Mn F 9	90–120	Gut korrosionsbest., dekorativ eloxierbar. Verwendung an Stell von Reinaluminium.

Die Alu-Knetlegierungen erhalten ihre Form durch Walzen, Ziehen, Strang-Pressen, Gesenkschmieden und Pressen, die Alu-Gußlegierungen durch Vergießen in Sand-, polierten Stahl- oder Druckgußformen.

Gußlegierungen: Dichte 2,6 ... 2,8 kg/dm³

Bezeichnung nach DIN	Zug-festigkeit	Besondere Merkmale und Richtlinien für die Anwendung
G-Al Cu 4 Ti ta	115	Für **K**okillenguß geeignet, hoch beanspruchte Teile, teilausgehärtet.
GK-Al Si 10 Mg ka	195	**K**okillenguß, kalt **a**usgehärtet, hochbeanspruchte, dünnwandige Gußstücke.
GD-Al Mg 9	210	**D**ruckguß, chemisch sehr beständig, Teile mit dauerglanzpolierten Oberflächen.

Zwecks sachgemäßer Verarbeitung muß der Schlosser den Anlieferungszustand der Leichtmetallhalbzeug- und -fertigteile kennen. Besonders für Kaltverformung (Biegen), aber auch spanabhebende Bearbeitung (Bohren, Drehen) und das Schweißen ist es nicht gleichgültig, ob der **Werkstoff weich (w), hart (h), kalt ausgehärtet (ka), warm ausgehärtet oder ungetempert** in die Werkstatt kommt. Ausgehärtete Leichtmetalle müssen z. B. vor dem Biegen und Nieten ausgeglüht werden, durch Wärmebehandlung (Löten und Schweißen) aber würden sie ihre Festigkeitswerte verlieren.

Was heißt „Vergüten" beim Leichtmetall?

Das Material (z. B. Baublech) wird bei etwa 500 °C (Natronsalpeterbad) geglüht, in Wasser abgeschreckt und dann bei Raumtemperatur (natürlich) oder bei höheren Temperaturen künstlich „gealtert". Die dadurch erreichte Festigkeit kann durch Nachverdichten (Kaltaushärten) bis zu 600 N/mm² und 145 Brinell gesteigert werden. Das Vergüten oder Aushärten kann zum Zweck der leichteren Verformbarkeit beliebig oft wiederholt werden. Aushärtbar sind nur bestimmte Gattungen: Al-Cu-Mg, Al-Cu-Ni, Al-Cu, Al-Mg-Si, G-Al-Mg-Si, GAl, Cu-Ni. Während die Gattung Al-Cu-Mg (Bondur) natürlich, also bei Raumtemperatur altert (in etwa 5 Tagen), müssen die übrigen Legierungen bis zu 30 Stunden auf 130 bis 170 °C erwärmt werden, um ihre größte Festigkeit zu erreichen (= Tempern).

Was heißt „Weichglühen" beim Leichtmetall?

Material, welches durch Treiben, Drücken, Ziehen, Schweifen oder Stauchen kaltverfestigt wurde, oder ausgehärtete Teile glüht man ¼ bis 5 Stunden bei 300 bis 450 °C (Vorschrift der Lieferfirma genau beachten!). Infolge der eintretenden Kornverfeinerung erzielt man nicht nur ein weiches, dehnbares Gefüge, sondern auch größere Korrosionsbeständigkeit. Da schon geringe Temperaturüberschreitungen gegenteilige, ja über 500 °C sogar zerstörende Wirkungen hervorrufen, überwachen wir die Erwärmung mit Hilfe von Thermochromstiften, die im Handel erhältlich sind und die Temperatur mit ausreichender Genauigkeit anzeigen.

Jede Leichtmetallegierung hat eine schwache Seite, die Oberfläche

Das Mischgefüge (z. B. Al + Cu + Mg) begünstigt die elektro-chemische Zersetzung (= Korrosion) an der Oberfläche (im Abschnitt Korrosion und Oberflächenschutz genauer erläutert!) und erfordert deshalb besondere Schutzmaßnahmen:

Plattieren: Sehr dünne Schichten Reinaluminium werden warm auf legierte Bleche beidseitig aufgewalzt (z. B. Duralplat).

Eloxieren: Durch künstliche Oxydation in einem Elektrolyt-Bad überzieht sich das Leichtmetall mit einer kratzfesten und witterungsbeständigen Oxidschicht, die noch dazu verschieden getönt werden kann (Schaufenster, Türen, Treppen u. ä.).

Die heute vielerorts bevorzugte Leichtmetall-Bauweise zwingt den Bau- und Stahlbauschlosser, sich auf die besonderen Erfordernisse dieser leichten, aber auch empfindlichen Werkstoffe ein- und umzustellen.

Für die Verarbeitung merke:

Für die Leichtmetalle gelten sinngemäß die gleichen Regeln wie für Reinaluminium, doch die unterschiedlichen Festigkeits- und Härtezustände sowie die Korrosionsempfindlichkeit mahnen zu besonderer Vorsicht.

Leichtmetallegierungen schonend transportieren und lagern! (Holzunterlagen, Papierzwi schenlagen, nicht schleifen über den Werkstattboden, Bleche und Profile stehend in trok kenem Raum aufbewahren, durch Zettel oder Farbmarkierung Werkstoffverwechslun gen verhindern, Abfälle getrennt sammeln.)

Leichtmetallegierungen möglichst abseits von anderen Werkstoffen, vor allem Kupfer unc Blei, mit eigenen Werkzeugen verarbeiten! (Glatte, spänefreie Werkbänke und Unter lagen, Holz- oder Gummihämmer, niemals Bleihämmer benützen.)

Leichtmetallegierungen zerspane nach der Regel: V i e l S c h n i t t , g e r i n g e r V o r s c h u b , h o h e D r e h z a h l ! (Schnellstahl- und Hartmetallwerkzeuge mit richtige Schneideformen bei vorschriftsmäßiger Schmierung und Kühlung.) Tabellenwerte ein halten!

Leichtmetallegierungen leiden, wenn du beim Kaltbiegen nicht den Härtezustand und bein Warmbiegen nicht die Erwärmungsvorschriften beachtest.

Leichtmetallegierungen müssen im Mischbau (mit Stahlteilen z. B.) vor dem Nieten ode Verschrauben isoliert werden, sonst Korrosion! (Speziallacke, Isolierkitt, verzinkte ode kadmierte Schrauben und Unterlegscheiben, Niete aus der gleichen LM-Legierung, we mit Bleimennige oder Bleifarben!)

Leichtmetallegierungen lassen sich gut und sicher schweißen, wenn man die richtigen Ver fahren und Hilfsstoffe anwendet! (Schweißstelle peinlich sauber, Zusatzdraht aus glei chem Material oder Elektrode nach Vorschrift, nach dem Schweißen Flußmittel restlo entfernen [10%ige Salpetersäurelösung neutralisiert am besten], neutrales Flußmitte bei Rohrschweißungen, elektrische Argonarc-Schutzgasschweißung).
Für das Hart- und Weichlöten sind Speziallötstäbe im Handel, die gute und beständig Nähte gewährleisten.

Leichtmetallprofile und ihre Verwendung

Die Abbildungen S. 127 ff. zeigen nur eine verschwindend kleine Auswahl der Querschnitts formen, welche die Leichtmetallwerke für die handwerkliche Verarbeitung herstellen. Pro fillisten sind bei den LM-Firmen erhältlich. Wer sich für Einzelfragen der Leichtmetallver arbeitung interessiert, findet in den Merkblättern der „Aluminium-Zentrale" Düsseldor Jägerhofstr., Auskunft und Rat.
Stahlbaukonstrukteure und Architekten bevorzugen bei modernen Bauten das Leichtmeta in steigendem Maße teils wegen der Gewichtsersparnis, teils wegen seiner eleganten unc schönen Oberflächenwirkung sowie seiner Witterungsbeständigkeit. Für den Bau- unc Stahlschlosser weitet sich dadurch der Auftragskreis zu mannigfachen Arbeiten: Dach deckungen, Regenrinnen, Leitern, Treppen, Schaufenster, Ladenfronten, Türen, Dachbinde Gitter und Heizkörperverkleidungen und mehr aus Leichtmetall treten zu den bisherige Arbeiten aus Stahl.

Richtige Isolierung im Mischbau

c) Magnesium (Mg) ist nur legiert als Baustoff geeignet

Karnallit, Magnesit und Dolomit sind ir Inland in so reichem Maße vorhanden, da das hieraus gewonnene Magnesium im Ge gensatz zum Aluminium ohne Einfuhr de Ausgangsstoffe erzeugt werden kan (Schmelzfluß-Elektrolyse). Da reines Magne sium weich und sehr witterungsempfindlic ist, legiert man es mit Aluminium, Zink Mangan oder Silizium und erhält dadurc Guß- und Knetlegierungen (nach **DIN 1729**) welche ähnlich den Alu-Legierungen zu de verschiedensten Formen verarbeitet werde (Bleche, Rohre, Stangen, Preß- und Schmie destücke, Guß- und Druckgußteile). Beir Biegen sind große Biegehalbmesser erfor derlich. Sollten einmal Konstruktionsteil oder Gußstücke in der Werkstatt zu bear beiten sein, dann muß der Schlosser außer den Regeln für LM-Legierungen folgende beachten:

Mg-Legierungen nur bei 250 °C bis 300 °C mit angewärmten Werkzeugen spanlos verformen!
Mg-Legierungen beim Zerspanen nur mit Petroleum kühlen!
Mg-Legierungen geraten als feiner Span leicht in Brand. Nicht mit Wasser, sondern mit Sand löschen!
(Dichte 1,8 – Schmelzpunkt 655 °C – Zugfestigkeit 160 . . . 350 N/mm^2)

Selbst finden und behalten:

1. Stelle mit Hilfe deines Fachlehrers in einer Wirtschaftszeitung den Tagespreis der verschiedenen NE-Metalle fest, und zeichne ein Stabschaubild der Metallwerte!
2. Beobachte, wo und wie zu Hause, auf deinem Weg, in der Werkstätte Alu- und Leichtmetall-Legierungen verwendet sind!
3. Welche Gattungen von LM-Legierungen eignen sich für folgende Arbeiten und warum: Rettungsleiter, Treppengeländer, Schaufensterprofil, Füllungsgitter für Außentüre?
4. Wie unterscheidet sich ein Leichtmetallbohrer bzw. ein LM-Drehstahl von solchen Werkzeugen für Stahl?
5. In der Werkstatt wird ein Türrahmen aus U-Stahl mit Bleimennige gestrichen und dann mit einem Leichtmetallprofil verkleidet. Beurteile dieses Verfahren! Welche anderen Möglichkeiten gibt es für den Korrosionsschutz?
6. Rohre aus AlCuMg werden ausgehärtet bezogen und zu einem Vordachbinder verschweißt. Was hältst du von diesem Verfahren?
7. Was ist beim Vernieten, Verschrauben und Schweißen von Leichtmetallegierungen zu beachten?
8. Welche Legierungsbestandteile können Mg-Legierungen enthalten, und welche allgemeinen Eigenschaften zeigen diese Legierungen?

MERKE:

1. **Die technisch verwendeten Leichtmetalle sind Aluminium (2,7) und Magnesium (1,8). (Kurzzeichen Al und Mg.)**
2. **Außer Reinaluminium (Behälter und Verkleidung) werden nur die Knet- und Gußlegierungen für Bauzwecke genommen.**
3. **Bestimmte Legierungsgattungen sind natürlich oder künstlich aushärtbar. Bei der Verarbeitung aller LM-Legierungen ist auf den Anlieferungs-Zustand Rücksicht zu nehmen.**
4. **Schonende Behandlung, Verwendung von Spezialwerkzeugen, gründlicher Korrosionsschutz, vorsichtige Wärmebehandlung sind Voraussetzung für einwandfreie und dauerhafte Arbeiten in Leichtmetall.**

Gepreßte Leichtmetallprofile aus AlMg 3 F 18

Alle Profile mit Bestellnummern sind aus Leichtmetall, die Grundprofile ohne Nr. aus Stahl

Zweifarbige Kämpferkonstruktion

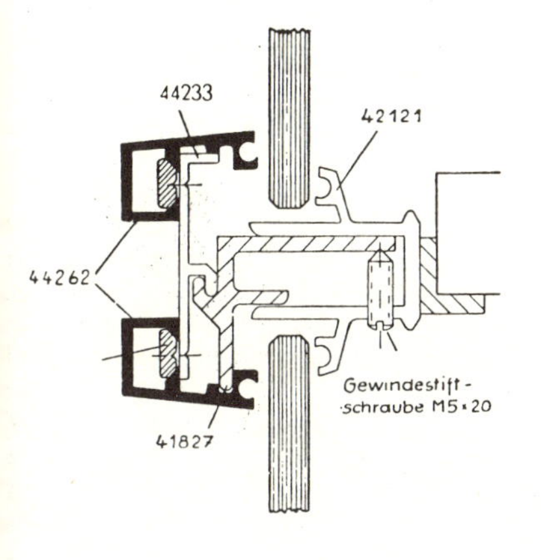

Türanschlag- und Übersteck-Profile

Türkonstruktion, Oberflächen vollständig aus Leichtmetall

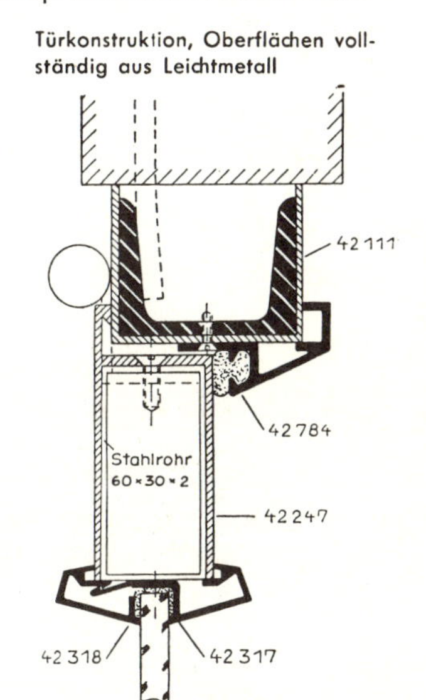

Vertikalschnitt durch einen Türsockel

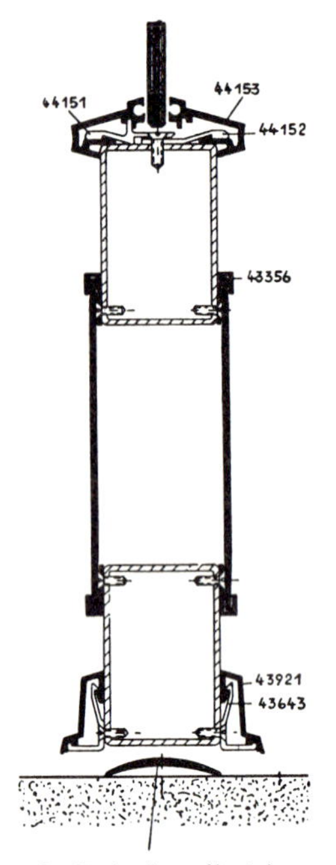

Für Türschwellenprofile sind Werkzeuge vorhanden

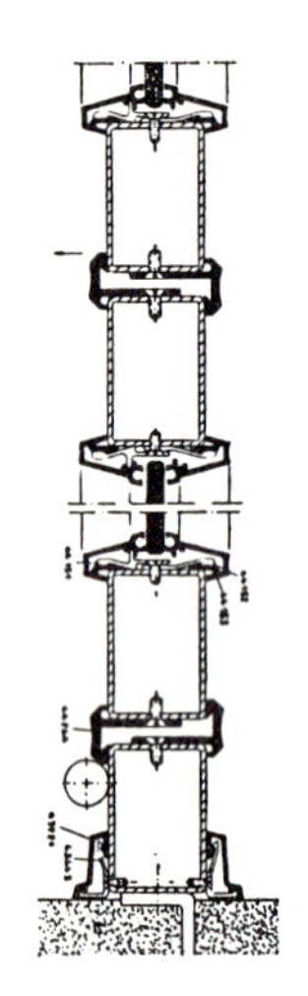

Horizontalschnitt durch Doppeltür

Sprossen-Profil

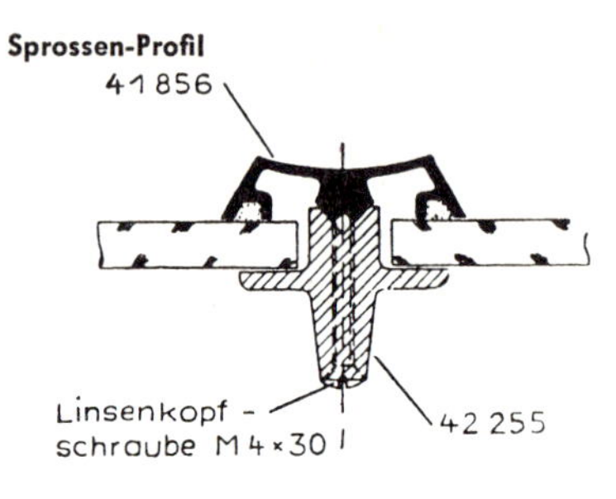

Zweiteiliger Stab für vorspringende Ecke
Für Winkel von 70 bis 180°
verwendbar

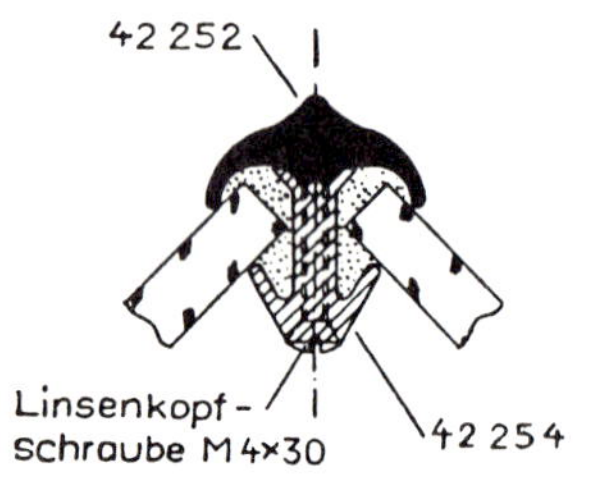

Haltewinkel

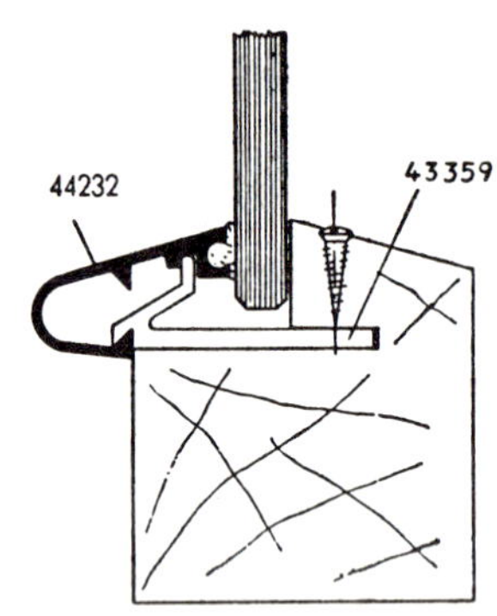

Einfache Deckleiste, auf Holz oder Stahlrohr verwendbar

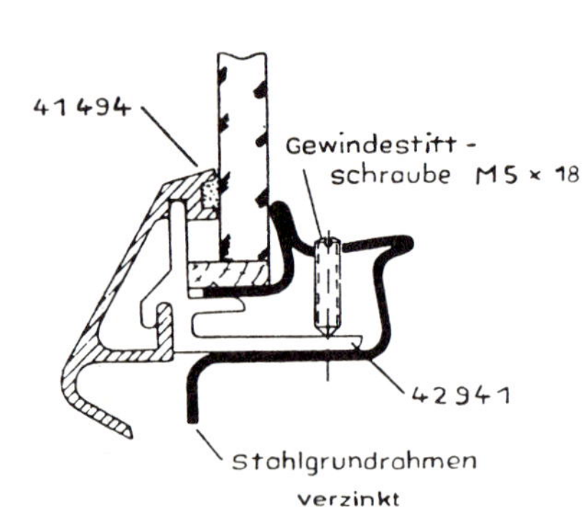

Haltewinkel (42941) für Eisen-Unterkonstruktion

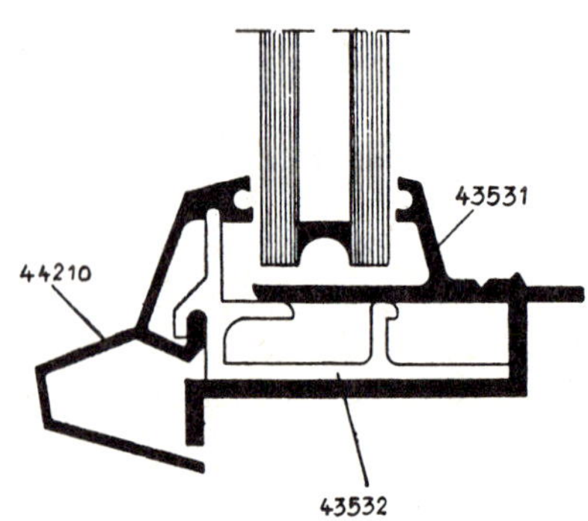

Anwendung für Mehrscheiben-Isolierglas

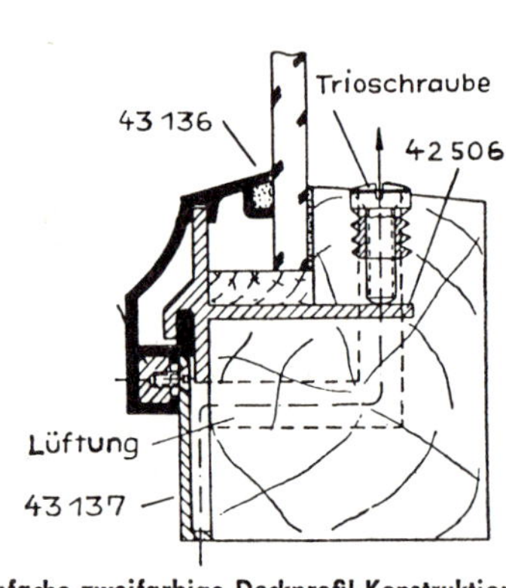

Einfache zweifarbige Deckprofil-Konstruktion auf beliebigem Holzrahmen

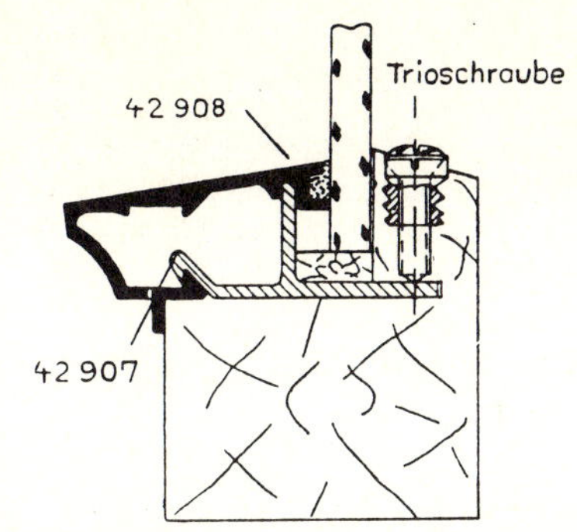

Deckprofilkonstruktion auf Holz mit Eckverbindung aus Profil 42989 und 43108

44232
41711
44234
44233
41685

Zweifarbige Ausführung auf Winkeleisen-Unterkonstruktion Falztiefe 34 mm

Zweiteiliger Stab für einspringende Ecke
Für Winkel von 70 bis 180°
verwendbar

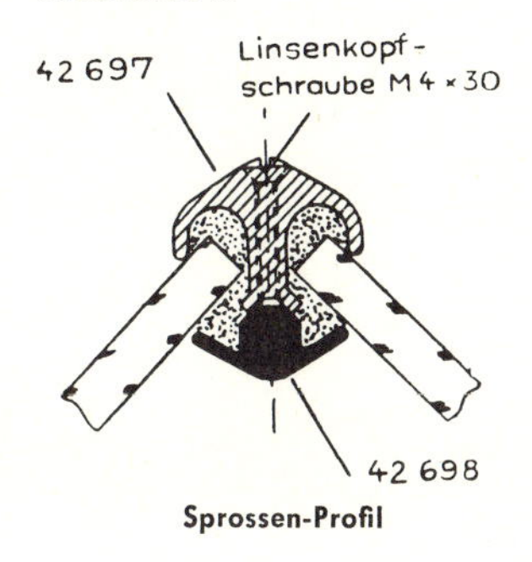

Sprossen-Profil

Schnitt durch Schaukasten

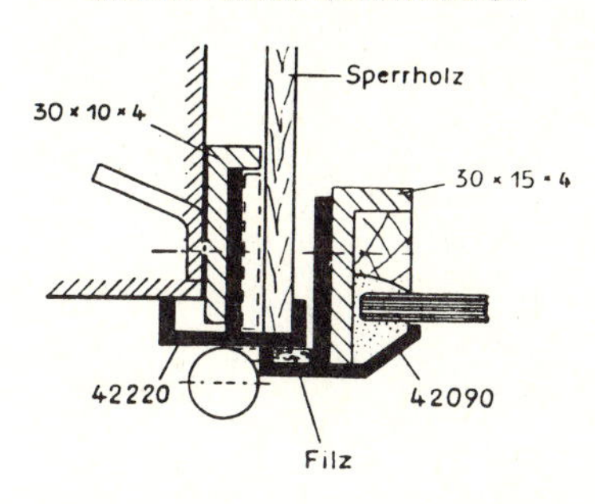

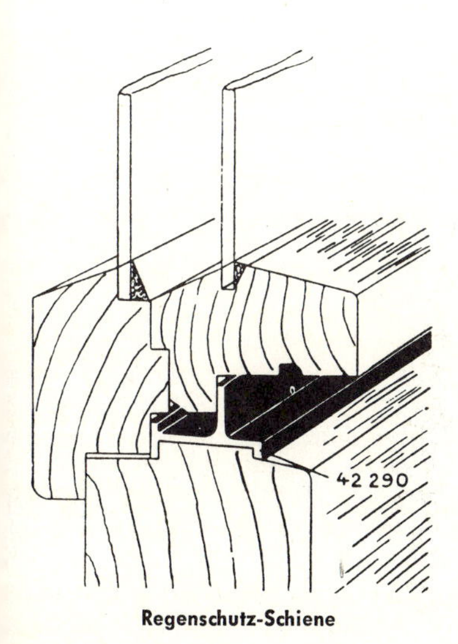

Regenschutz-Schiene

2. Auch auf die teuren Schwermetalle können wir in der Werkstatt nicht ganz verzichten

a) Kupfer

Nordamerika, Afrika und Spanien sind die Hauptlieferanten der kupferreichen Erze. In Deutschland finden sich nur im Mansfeldischen und im Harz recht bescheidene Erzlager. Das fleischrote, ziemlich weiche Metall leitet vor allem den elektrischen Strom und die Wärme ausgezeichnet. Es läßt sich spanlos und mit Schneidwerkzeugen recht gut verformen, weich-, hartlöten und schweißen.
Gegen Salzsäure und Schwefelsäure ist Kupfer ziemlich widerstandsfähig, auch Salzlösungen schaden ihm nicht. Essigsäure bildet mit Kupfer den hellgrünen giftigen Grünspan (Kupferazetat), weshalb kupferne Gefäße für Nahrungsmittel verzinnt sein müssen. An der Luft überzieht sich Kupfer mit einer blaugrünen dichten Oxidschicht, die das Metall vor weiterer Zerstörung bewahrt (Kupferkarbonat). Wir bewundern diese „Patina" auf den Kupferdächern alter Kirchen und Häuser.

Der Werkstoff wird als Blech, Formstab, Draht, Band, Rohr gehandelt und vor allem dort verwendet, wo man auf seine Wärme- bzw. elektrische Leitfähigkeit nicht verzichten kann (Heizschlangen, Feuerbuchsen, Kühlschlangen, Brauereikessel, Lötkolben). Wichtiger noch ist Kupfer als Legierungsbestandteil von Messing, Bronze, Alu-Legierungen und Schlagloten – und rosthemmendem Stahl (Patina-Stahl). Kupfer wird durch längeres Hämmern hart und spröde. Durch Glühen auf etwa 500 °C und Abschrecken in Wasser (Zunderbeseitigung) erlangt es seine Geschmeidigkeit wieder.

Kennkarte:	**Kupfer**	(Cu = Cuprum)	Dehnung	35–50 %
	Dichte	8,9 kg/dm³		hart gezogene
	Schmelzpunkt	1070 °C		Drähte = etwa 2 %
	Zugfestigkeit	200–360 N/mm²		
		Drähte bis 600 N/mm²		

Normung: DIN 1708

Marke	Kurzzeichen	% Cu	Verwendung
Hüttenkupfer A	S A-Cu	99,0	Feuerbuchsen, Stehbolzen
Hüttenkupfer B	S B-Cu	99,0	Für Guß- und Knetlegierungen, Walz-, Preß- und Schmiedeerzeugnisse
Hüttenkupfer C, D, F	C-Cu	99,5	Für Legierungen mit mehr als 60 %
	D-Cu	99,6	Cu-Gehalt für Stangen, Rohre,
	F-Cu	99,9	Bleche
Kupfer E	E-Cu	99,98	Elektrotechnik
Kupfer sauerstofffrei	SD-Cu, SF-Cu	—	Schweißteile, Plattierungen

Die Halbzeuge für die Werkstatt sind ebenfalls genormt:

DIN 1751	**Kupferblech** kaltgewalzt	Dicken: 0,1–5 mm Breite: bis 1000 mm Länge: bis 2000 mm (über 1 mm Dicke auch bis 3000 mm)
DIN 1754	**Kupferrohr** nahtlos gezogen	Außendurchmesser: 5–100 mm Wanddicken: 0,5–3 mm
DIN 1766	**Kupferdraht** rund, in Ringen	Durchmesser: 0,1–8 mm
DIN 1767	**Kupferstangen** gezogen	Durchmesser: 2–50 mm
DIN 1768	**Flachkupfer** gezogen mit scharfen Kanten	Breite × Dicke: Von 5×2 mm bis 60×20 mm
DIN 17 674	**Kupfer-Vollprofile**	Verschiedene Querschnitte (siehe Hersteller-Musterbücher!)
DIN 1791	**Kupferband** kaltgewalzt zum Stanzen und Ziehen	Dicken: 0,1–4 mm Breiten: 4–200 (auch 600) mm Längen: Über 2 mm Dicke in Streifen bis 4 m.

b) Zink

Die Zinkerze Zinkblende und Galmei findet man im Rheinland, im Harz und in Oberschlesien. Doch sind wir weitgehend auf Erzeinfuhr aus den USA, aus England, Kanada und Schweden angewiesen. Das im Muffelofen erschmolzene oder durch Elektrolyse gewonnene grobkristalline Metall hat eine sehr große Wärmeausdehnung (Zinkdächer!), gute Korrosionsbeständigkeit und Schmelzbarkeit. Gut biegen und bördeln läßt es sich nur bei 110–150 °C. Zum Feilen von Zink greift man zur einhiebigen Feile, weil andere verschmieren. Da reines Zink nur geringe Festigkeit zeigt und außer von Säuren und Laugen auch von kohlensäurehaltigem Wasser und Ammoniak angegriffen wird, ist seine Verwendbarkeit beschränkt:

Zinkblech, Zinkrohr, Zinkdraht, Zinküberzüge (Feuerverzinkung!); Legierungsbestandteil.

Kennkarte:				
	Zink	(Zn = Zincum)	Zugfestigkeit	30 N/mm^2 (Guß)
	Dichte	7,2 kg/dm^3		110 N/m^2 (Walzzink)
	Schmelzpunkt	419 °C	Dehnung	1 % (Raumtemperatur)
				bis 25 % (bei 100–150 °C)

Normung: Werkstoff DIN 1706

c) Zinn

Ein Blick auf die Metallpreise in der Wirtschaftszeitung verrät, daß dieses bläulich-weiße, geschmeidige Metall ungewöhnlich teuer in den Handel kommt. Kein Wunder, wenn man bedenkt, daß die Verhüttung von Zinnstein und Zinnkies in den Hauptfundorten Hinterindien (Bankazinn, Malakkazinn), England, Südamerika und Australien immer schwieriger und kostspieliger wird. Wir greifen deshalb nur dort auf Zinn zurück, wo es nicht durch Austauschstoffe ersetzbar ist: Verzinntes Stahlblech (= Weißblech) oder Kupfer hält Pflanzensäuren stand (Konservendosen, Kochgeschirr). Auch für gute Lote und Bronzen ist Zinn als Legierungsbestandteil unentbehrlich.

Kennkarte:				
	Zinn	(Sn = Stannum)	Zugfestigkeit	50 N/mm^2
	Dichte	7,3 kg/dm^3	Dehnung	40 %
	Schmelzpunkt	230 °C		

Normung: Werkstoff DIN 1704

d) Blei

Wo Zinkerze lagern, finden wir meist auch den schwefelhaltigen Bleiglanz, aus dem das Werkblei (noch stark verunreinigt) und dann das reine Blei geschmolzen wird. Einige Fundstätten liegen in Deutschland (Rheinland, Harz, Erzgebirge, Oberschlesien). Das sehr weiche und giftige Blei wird durch Antimonzusatz härter (Hartblei, Letternmetall!). Ausschlaggebend für seine technische Verwendung sind seine Weichheit und Widerstandsfähigkeit gegen Säuren (außer Salpeter- und Essigsäure!), sein guter Einfluß auf Zerspan- und Gießbarkeit in Mischmetallen:

Blei für säurefeste Behälter, Rohre, Bleche; Bleimäntel für Kabel; Bleiwolle und -stricke als Dichtungen; Bleibäder zum Härten, Beifarben (Bleimennige = Rostschutz); Blei in Bronzen und Messingen, Lagermetallen, Bleiplatten und -schürzen als Strahlungsschutz.

Kennkarte:				
	Blei	(Pb = Plumbum)	Zugfestigkeit	10–20 N/mm^2
	Dichte	11,4 kg/dm^3	Dehnung	30–50 %, über 100 °C
	Schmelzpunkt	327 °C		spröde!

Normung: Werkstoff DIN 1719

3. Schwermetall-Legierungen zweckmäßiger als reine Metalle

Die Schwermetalle sind zwar in der Regel weniger empfindlich als die Leichtmetalle, doch decken sich auch ihre natürlichen Eigenschaften recht selten mit den Erfordernissen der Technik. (Beispiel: Glocken aus reinem Kupfer oder aus reinem Zinn, Lagermetall aus reinem Blei oder Antimon, Schrauben aus reinem Kupfer oder Zink, elektrischer Widerstandsdraht aus Kupfer oder Nickel undenkbar! – Warum?)

Schmilzt man jedoch zwei oder mehrere Grundmetalle zu einer Legierung, so lassen sich bestimmte Eigenschaften im Hinblick auf irgendeinen Verwendungszweck verbessern. Im allgemeinen werden durch Legieren

verbessert:		**vermindert:**
Härte	Zerspanbarkeit	Elektrische Leitfähigkeit
Festigkeit	Farbwirkung	Wärmeleitfähigkeit
Gleiteigenschaften	Korrosionsfestigkeit	Dehnbarkeit
	Schmelzbarkeit	

Zuerst gruppieren wir die vielen Legierungen in überschaubare Abteilungen:

Kupferlegierungen	Zinklegierungen	Zinnlegierungen	Bleilegierungen
Cu-Zn-Legierungen	Sn–Zink	Weichlote	Blei-Spritzgußlegierungen
Cu-Sn-Legierungen	Alu–Zink (Zamak)	Lagermetalle	
Cu-Sn-Zn-Legierungen	Spritzgußlegierungen		
Hartlote			

a) Kupferlegierungen:

Kupfer-Zink-Legierungen (Messinge)

Mit 67–90 % Kupfer als TOMBAK, mit 50 bis 67 % Kupfer als Messing im Handel. Es gibt Kupfer-Zink-**Knet**legierungen und Kupfer-Zink-Gußlegierungen (Sandguß, Druckguß, Schleuderguß). Das Material kann weich, halbhart, hart und federhart geliefert werden (Kaltverfestigung durch Walzen).

Aus den Warm- und Kaltwalzstühlen, auch aus der Strangpresse und von der Ziehbank kommen Messingstäbe, Drähte, Rohre, Profile in allen erdenklichen Querschnittsformen.

Sondermessinge (So Ms) haben Kupfergehalte zwischen 55 und 60 % und festigkeitsteigernde Zusätze von Mangan, Alu, Eisen, Zinn, Nickel. Alle Messinge lassen sich gut zerspanen, warm und kalt spanlos verformen, löten und schweißen.

CuZn 37 (Formstücke, Draht, Stangen, Profile) und CuZn 39 Pb 2 sowie die unter den Markenbezeichnungen Delta-, Duranametall bekannten Sondermessinge (CuZn 20 Al) sind für den Schlosser (z. B. Schaukasten-, Schaufensterbau und Innenraumgestaltung) von gewisser Bedeutung.

Die Werkstofftafeln bieten einen Auszug der wichtigsten Legierungen.

Kennkarte	Legierung	Cu + Zn	Schmelzpunkt	980 °C
Cu-Zn-Legierung	Dichte	8,5 kg/dm³	Schwindmaß	1,7 %

Normung: Werkstoff DIN 17 660 und 17 661
Form DIN 1750 ... 1791

Für die Verarbeitung merke:

G-CuZn 33 verwendet der Schlosser als Baubeschlag (Türdrücker).

Durana- und Deltametall sind Sondermessinge, die außer Cu und Zink noch Blei, Mangan, Nickel, Eisen enthalten und sich für den Schaufenster-, Türen- und Ziergitterbau eignen. Diese witterungsbeständigen Legierungen lassen sich dunkelrotwarm ausgezeichnet schmieden.

Hartes und sprödes Messing wird durch Glühen bei 600 °C wieder geschmeidig.

Messingteile lassen sich durch Spezialbeizen und durch Polieren verfärben und verschönern.

Auswahl von Halbzeugen aus Cu-Zn-Legierungen:

Form	DIN	
Blech kalt gew.	1751	Dicke: 0,1–5 mm Breite: bis 1000 mm Länge: 1500, 2000 ... 3000 mm
Rohr nahtlos, gezogen	1755	Außendurchmesser: 5 ... 80 mm Wanddicken 0,4 ... 3 mm
Draht gezogen	1757	Durchmesser: 0,2 ... 8 mm
Band kalt gew.	1777 1791	Wie Kupferband
Profile gepreßt, gezogen	1756 1765	Verschiedene Querschnittsformen (siehe Hersteller-Musterbücher)

An der polierten Oberfläche und an der frischen Schnitt- oder Bruchfläche läßt sich ungefähr der Kupferanteil bestimmen:

Kupfergehalt:	bis 60 %	60–63 %	67 . . 72 %	über 80 %	85 . . 90 %	über 90 %
Farbe:	ockergelb	rötlich-gelb	grünlich	hellrot	gold-rot	kupfern

Auswahl von Kupfer-Zink-Knetlegierungen:

Bezeichnung nach DIN Handelsübliche bisherige Bezeichnung	Zugfestigkeit	Besondere Merkmale und Richtlinien für die Verwendung
CuZn 39 Pb 3 Hartmessing	300–400 N/mm²	Gut zerspanbar, Schrauben, Stangen, Profile, Warmpreßteile, Bleche
CuZn 40 Schmiedemessing	in weichem oder	Gut warm schmiedbar, Drähte, Stangen, Profile, Bleche, Rohre
CuZn 37 Drückmessing	geglühtem Zustand	Tiefziehfähig, treibfähig, Drähte, Stangen, Profile, Bleche, Bänder, Treibarbeiten
CuZn 33 Halbtombak, Lötmessing	halbhart = 1,2fach,	Kaltverformbar, gut hartlötbar, tiefziehfähig, Drückarbeiten, Zieharbeiten, Lötungen
CuZn 28	hart = 1,4fach,	Sehr dehnbar, sehr tiefziehfähig, Biege- und Prägearbeiten, Drähte, Bänder, Bleche, Rohre
CuZn 40 Al 1 Sondermessing	federhart = 1,8fach so fest	Sehr hohe Festigkeit, Konstruktionsteile mit hoher Belastung
CuNi 25 Zn 15 Neusilber		(Cu + Ni + Zn) gut kaltverformbar, anlaufbeständig, Schanktische, Ladenfronten

Kupfer-Zinn-Legierungen (Bronzen)

Der hohe Preis der Zinnbronzen ist in Anbetracht der wertvollen Grundmetalle verständlich. Ihre Verwendung beschränkt sich auf solche Bauteile und Arbeiten, für die man auf die besonderen Eigenschaften der Bronzen (Korrosionsfestigkeit, dekorative Wirkung, Druckfestigkeit, Härte, Verschleißfestigkeit, Gleitfähigkeit, Gießbarkeit, Elastizität) nicht verzichten kann oder will.

Normung: Werkstoff: DIN 17 662, DIN 1705, DIN 1714, DIN 1716

Auswahl von Kupfer-Zinn-Knetlegierungen:

Bezeichnung nach DIN Handelsübliche bisherige Bezeichnung	Zugfestigkeit N/mm²	Besondere Merkmale und Richtlinien für die Verwendung
CuSn 4 Zinnbronze 4	–	Elastisch, gut zerspanbar, korrosionsfest, Schrauben, Federn, Drehteile
CuAl 4 Alu-Bronze 4	300–600	Korrosions- und seewasserbeständig, chem. Industrie, Schiffbau
CuNi 30 (Nickelbronze)	–	Für elektrotechnische und dekorative Zwecke
GC-CuSn 7 (Zinnbronze)	–	Mittelharter Werkstoff mit hoher Verschleißfestigkeit, Gleitlagerbuchsen

Um Bronzen zu erhalten, die sich für bestimmte Zwecke ganz besonders eignen (z. B. schmiedbaren Torbeschlag, Rohre für chemische Betriebe, Rohre für Heißdampf, Lagerschalen für hohe Drücke und Drehzahlen, seewasserbeständige Armaturen), legiert man sie an Stelle oder neben dem Zinn noch mit Alu, Blei, Silizium, Mangan und Beryllium. Auf diese Weise entstehen Sonder-Bronzen, welche man nach ihrem wichtigsten Legierungsbestandteil bezeichnet (Aluminiumbronze, Manganbronze usw.). Soweit die Bronzen gieß- bzw. walzbar sind, kommen sie als Guß- und Knetlegierungen, letztere in allen benötigten Halbzeugformen in den Handel.

Kennkarte:	**Cu-Sn-Legierungen**		Schmelzpunkt	850 . . . 1000 °C
	Legierung	Cu+Sn	Schwindmaß	1,6 . . . 1,8 %
	Dichte	7,8 . . . 9,0 kg/dm³		

Kupfer-Zinn-Zink-Legierungen (Rotguß)

Die rötlich-gelbe Gußlegierung ist vor allem druck- und korrosionsfest und begegnet dem Schlosser nur in Gestalt von Lagerschalen, Buchsen, Flanschen, Ventilen, kleinen Maschinenteilen. Der Zinngehalt beträgt 4 . . . 10 %. Der Werkstoff ist auf DIN-Blatt 1705 genormt.

Hartlote

Zum Löten von Bandsägen (biegsam), Schnellstahlplättchen auf Stahlschäfte (warmfest), Muffen und Flanschen (korrosionsfest) benötigen wir
Messinglote (Schlaglote) DIN 8513
und Silberlote DIN 1734
Ihr Schmelzpunkt muß über 500 °C liegen.

Festigkeit und Schmelzpunkt sind um so höher, je größer der Kupfergehalt ist.

L-ZnCu 42 bedeutet Messinglot mit 42 % Kupfer.

L-Ag 12 bedeutet Silberlot mit 12 % Silber (Argentum = Silber!).

Siehe auch S. 93.

b) Zinklegierungen

Mit Zinkwalzlegierungen (genannt „Zamak") und Zinkdruckgußlegierungen hat der Schlosser wenig zu tun. Man unterscheidet bei letzteren die Alu-Zinklegierung (bis zu 25 kp/mm² Festigkeit) und die Zinn-Zink-Legierungen (180–270 N/mm²). Beispiele für die Verwendung: Hähne für Öl und Benzin, Bleistiftspitzer, Radio-Skalentriebwerk, Spulenkörper.
Vollständige Übersicht auf DIN-Blatt 1743.

c) Zinnlegierungen

Weichlote

Für Lötverbindungen, welche keiner oder nur geringer Erwärmung und mechanischer Beanspruchung standhalten, aber dicht und biegsam sein sollen, wählt man ein Weichlot. Dazu zählen die Zinnlote und die Alu-Weichlote (Zinn + 8 . . . 15 % Zink + 5 . . . 12 % Alu).
Die Zinnlote enthalten mit wachsender Güte und Leichtflüssigkeit zwischen 8 und 90 % Zinn. Eine Sonderstellung nimmt das Sickerlot (65 % Zinn + 35 % Blei) ein. Es wird bei 182 °C, wo alle anderen Lote erst langsam breiig werden, sofort flüssig, hat also einen scharf begrenzten Schmelzpunkt. Alle Weichlote werden unterhalb 330 °C flüssig. Auf DIN 1707 sind die Zinn-Blei-Lote genormt.

L-Sn 25 bedeutet Zinnlot mit 25 % Zinn und 75 % Blei. Gutes Zinnlot knirscht beim Biegen (Zinnschrei).

Siehe auch S. 92.

Lagermetalle

Zum Ausgießen von Gleitlagern besorgt sich der Schlosser ein dem Lagerdruck und der Drehzahl angepaßtes Weißmetall, d. i. eine Legierung aus Zinn + Antimon + Cu + Blei oder Cadmium. In die weiche, gut vergießbare Grundmasse sind Cu und Antimon als Härtekörper eingelagert, welche die Welle tragen.
Antimon (Sb = Stibium) ist ein sehr hartes, sprödes, silberweiß glänzendes Metall. (Dichte = 6,6 kg/dm³, Schmelzp. = 630 °C)

Auswahl von Lagermetallen: DIN 1703

Bezeichnung nach DIN	Legierungsanteile: Blei	Antimon	Zinn	Kupfer	Cadmium
Lg Pb Sn 10	74	14,5–16,5	9,5–10,5	0,5–1,5	–
Lg Pb Sn 9 Cd	76	13–15	8–10	0,8–1,2	0,3–0,7
Lg Sn 80	2	12	80	6	–

d) Bleilegierungen

Ebenso wie die Zinklegierungen kommen die Blei-Spritzgußlegierungen als Werkstoff für unseren Beruf kaum in Frage. Diese Legierungen aus Blei, Zinn, Antimon und Kupfer finden wir nur bei Drucklettern, Schwunggewichten, Meßgeräten.

Selbst finden und behalten:

1. Warum sind Lötkolben, Leitungsdrähte, Sudkessel für Bier, Blechdächer aus Kupfer?
2. Wie bekommt man hartgehämmertes Kupferblech wieder weich?
3. Was ist beim Biegen und Verlegen von Zinkblech zu beachten?
4. Wozu wird Zinn hauptsächlich verwendet und warum?
5. Welche wichtigen Eigenschaften hat Blei, und wie werden diese in der Schlosserei ausgenützt?
6. In welcher Form verarbeitet der Schlosser Messing und wozu?
7. Warum werden Bronzen vom Bauschlosser nur selten im Schaufenster- und Türenbau verarbeitet? Welche Arten von Bronzen stehen dafür hauptsächlich zur Verfügung?
8. Was für ein Lot nimmst du zum Löten eines Schlüssels, eines Schnellstahlplättchens auf den Werkzeugschaft, einer Bandsäge?
9. Woran erkennst du gutes Weichlot mit dem Gehör?
10. Suche Werkstücke und Auftragsbeispiele, bei denen sich Schwermetall-Legierungen nicht durch Leichtmetall-Legierungen ersetzen lassen! (Beispiel: Hartlot für Bandsäge.)

MERKE:

1. **In der Bau- und Stahlbauschlosserei werden neben Stahl und Eisen und Leichtmetallen auch Schwermetalle und ihre Legierungen gebraucht; die wichtigsten sind: Kupfer, Zink, Zinn, Blei.**
2. **Durch Legieren dieser reinen Metalle gewinnt man Werkstoffe mit besseren Eigenschaften. Am häufigsten werden in der Werkstatt die Kupfer- und Zinnlegierungen gebraucht.**
3. **Schwermetalle und ihre Legierungen sind in der Regel sehr teuer und deshalb sparsam zu verwenden.**

III. Gesinterte Werkstoffe

Auf der Suche nach härteren, hochverschleißfesten, wärmebeständigen und doch vielgestaltig formbaren und legierfähigen Werkstoffen fanden die Werkstofforscher eine neue Art: die gesinterten Werkstoffe.

Die Werkstoffleistungsblätter des Fachverbandes Pulvermetallurgie unterscheiden gegenwärtig bei den eigentlichen „Sinterwerkstoffen" nach dem Grad der Raumerfüllung R_x acht Gruppen mit den Kennbuchstaben A ... H, von 40%iger R_x bis fast 100%iger R_x. Die Beizahl gibt Zusammensetzung und fortlaufende Numerierung an.

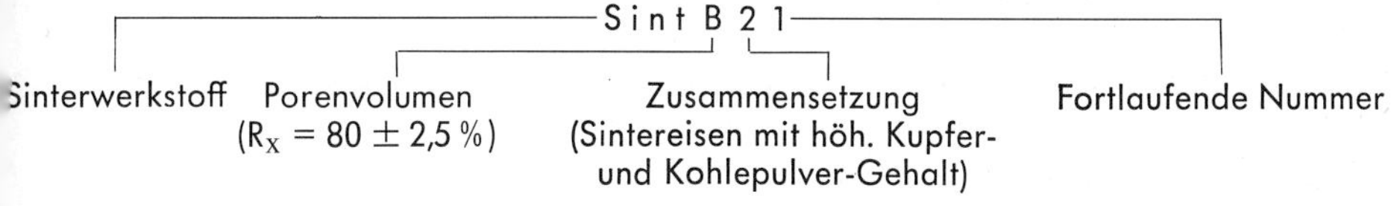

1. Das Herstellungsverfahren ist für alle gesinterten Werkstoffe im wesentlichen gleich

Fein gepulvertes Eisen, Kupfer, Zinn, Zink, Blei oder Metallkarbide und Oxide werden zu Platten, Stäben bzw. unmittelbar in endgültiger Form gepreßt (800 MPa Druck!).

Im Elektro-Induktionsofen erhitzt man dann die Preßlinge bis knapp unter die Schmelztemperatur, wobei das poröse Pulvergefüge teigig wird und zusammenbackt. Diesen Vorgang, der dem Preßling eine außerordentliche Festigkeit verleiht, nennen wir „Sintern".

„Halbzeug" wie Platten und Stäbe sintert man zunächst auf eine geringere Festigkeit vor und nach dem Aufteilen in Einzelstücke fertig.

2. Sintereisen entsteht aus Pulvern von Grauguß, Reinsteisen und Stahl (Sint – B 20)

Durch Stufung des Preßdruckes lassen sich Porosität (für Lager), Festigkeit, Härte und Maßhaltigkeit (für Maschinenteile) regeln (150–500 N/mm² Zugfestigkeit, ± 0,2 mm Maßgenauigkeit).
V e r w e n d u n g : Lagerschalen, Buchsen, Zahnräder, Ritzel, Flansche, Schloßteile (Riegel, Nuß), Dauermagnete.

3. Gesinterte Nichteisenmetalle liefern hochwertige Lagerwerkstoffe (Sint – B 50)

Pulver aus Zinn, Blei, Kupfer, oft auch vermischt mit Graphit, ergeben durch Pressen und Sintern feinporöse Lager. Diese saugen sich mit heißem Öl voll und geben es im Betrieb an die Laufflächen ab. Die Zugfestigkeit liegt zwischen 100 und 200 N/mm².

4. Tonerde (Al_2O_3) bildet den Hauptanteil in unseren härtesten Schneidstoffen

Feinkörniges Alu-Oxid-Pulver und Bindemittel werden bei etwa 1000 °C zu drei-, vier- oder sechskantigen Schneidplättchen gepreßt. Die oxidkeramischen Schneidstoffe sind korrosionsfest und schneidhaltig bis zu 1200 °C. Die Vickershärte beträgt 21 000 ... 23 000 N/mm², die Druckfestigkeit $\approx$ 3000 N/mm².
V e r w e n d u n g : In einem Spezial-Klemmhalter eingespannt, werden die kleinen Wendeplättchen zum Schlichten und Feinstschlichten von GG, härterem Stahl, NE-Metallen und Kunststoffen auf der Drehbank verwendet. Wenn die 6 bis 8 Ecken der Wendeplättchen stumpf sind, wirft man sie fort. Die hohen Schnittgeschwindigkeiten und Standzeiten verringern die Werkzeug- und Lohnkosten.

5. Gesinterte Hartmetalle enthalten kein Eisen

Hartmetalle werden aus Wolframkarbid, Titankarbid, Tantalkarbid und Kobalt als Bindemittel zusammengemischt und bei 1400–1600 °C fertiggesintert. Ihre wesentlichen Vorzüge sind: annähernd Diamanthärte (... 18 500 N/mm²), geringe Wärmeempfindlichkeit (schneidhaltig bis zu 900 °C), Schnittgeschwindigkeit bis zu achtmal höher als bei Schnellschnittstahl!).
Die bekanntesten Marken sind: Widia, Titanit, Böhlerit, Rheinit, Miramant. Auf dem DIN-Blatt 4990 sind die Hartmetalle nach ihrem Verwendungszweck genormt. Die Auswahl der geeigneten Sorte für den jeweiligen Arbeitseinsatz ist sehr wichtig.

E i n t e i l u n g :

a) Schneidplättchen für langspanende Werkstoffe:
Kennbuchstabe P, Kennfarbe blau (P 01 ... P 20 ... P 50)
b) Schneidplättchen für mittelspanende Werkstoffe:
Kennbuchstabe M, Kennfarbe gelb (M 10 ... M 30 ... M 40)
c) Schneidplättchen für kurzspanende Werkstoffe:
Kennbuchstabe K, Kennfarbe Rot (K 01 ... K 20 ... K 40)
d) Formteile zu spanloser Verformung (Ziehsteine, Stanzwerkzeuge)
Kennbuchstabe G (G1 ... G 3 ... G 60)

Niedere Nummern (z. B. P 01) kennzeichnen große Sprödigkeit und Verschleißfestigkeit, hohe Nummern: größere Zähigkeit.

V e r w e n d u n g :

Schneidplättchen, aufgelötet oder aufgespannt, für Drehstähle, Hobelstähle, Bohrer, Fräser (Schleifen: nur mit Siliziumkarbid- oder Diamantscheiben von großem Durchmesser, unter geringem Anpreßdruck! Trocken oder mit reichlicher Wasserkühlung!).
Ziehsteine, Ziehdorne, Sandstrahldüsen, Körnerspitzen, Führungslineale in der Schleiftechnik, Bewehrung von Meßzeugen, Lünetten u. a.

Selbst finden und behalten:

1. Worin besteht der Unterschied zwischen Sintern und Schmelzen?
2. Wozu wird Sintereisen verwendet?
3. Woraus werden selbstschmierende Gleitlager hergestellt?
4. Was versteht man unter oxidkeramischen Schneidstoffen?
5. Wie heißen die Ausgangsstoffe für die Hartmetalle?
6. Welche Vorteile weisen hartmetallbestückte Werkzeuge auf?
7. Was ist beim Schleifen von Hartmetallen zu beachten?

IV. Kunststoffe – mehr als Ersatz

Architekten- und Kundenwünsche zwingen auch den Bauschlosser, sich mit Eigenschaften und Verarbeitung der Kunststoffe vertraut zu machen (z. B. Verlegen eines Kunststoff-Handlaufs).

Die Kunststoffe – Wunderkinder der Chemie: Aus Kohle, Kalk, Wasser, Luft, Holz oder Kasein schufen unsere Chemiker durch künstlichen Aufbau (Synthese) oder durch Umwandlung eine Vielzahl von Werkstoffen, welche sich vor allem durch folgende Eigenschaften auszeichnen:

Geringe Dichte, glatte Oberfläche, hohe Korrosionsbeständigkeit, gute Isolierfähigkeit gegen Wärme und Elektrizität, leichte Verformbarkeit durch Pressen, Biegen, Zerspanen oder Schweißen.

1. Zahnräder aus Kohle und Luft?

Das Herstellungsschema zeigt, daß dies tatsächlich möglich ist. Ergebnis zweier verschiedener Fabrikationsprozesse sind die

Phenolharze (bernsteinfarben, nachdunkelnd) und
Harnstoffharze (farblos und lichtbeständig)

Gemahlen, mit Füllstoffen vermischt (billiger und fester!) auf etwa 150 °C erwärmt und auf polierten Stahlformen gepreßt – entstehen die Formpreßstoffe und Schichtpreßstoffe: (Fertigteile und Halbzeug, wie Rohre, Platten, Stangen)

Formpreßstoffe: Bakelit, Durax, Pollopas, Trolitan u. a.

Schichtpreßstoffe: Pertinax (Hartpapier) – Resitex, Novotex (Hartgewebe) – Lignofol (Preßholz).

(**Beispiel:** Feine Leinenbahnen werden mit Phenolharz getränkt und getrocknet, dann aufeinandergelegt und warm gepreßt; aus den so entstandenen Novotexplatten werden geräuschlose Zahnräder geschnitten und gefräst.)

Phenol- und Harnstoffharze bleiben nach dem Pressen „dauerhaft verformt", daher der Sammelbegriff: DUROPLASTE.

Verwendungsmöglichkeiten:
Zahnräder, Lagerschalen, Handräder, Seilrollen, Dichtungen, Kupplungsscheiben, Werkzeuggriffe, Hämmer für Leichtmetall, Beschläge, Türdrücker.

Kohle – Luftstickstoff – Teer – Kohlenoxyd – Kohlendioxyd – Ammoniak – Karbolsäure – Formalin – Harnstoff – Phenolharz – Füllmittel – Harnstoffharz – Edelkunstharz Lacke – Pressmassen Hartgewebe Hartpapier Hartholz – Lacke

Herstellung der Duroplaste

Zu den Duroplasten zählen ferner

Polyesterharze:
Filon, Spimalit, Scobalit, Lamilux
Klebeharze für Metall; mit Glasfaser verstärkte lichtdurchlässige Wellplatten, Bootskörper, Karosserien; Beschichtung von Stahlblech.

Melaminharze:
Ultrapas
Hellfarbige Preßteile, Hartplatten, Kalt- und Warmleim.

Epoxyharze:
Epoxin, Epikote, Metallon, Araldit
Isolatoren, Metallkleber, Tiefzieh- und Abkantwerkzeuge

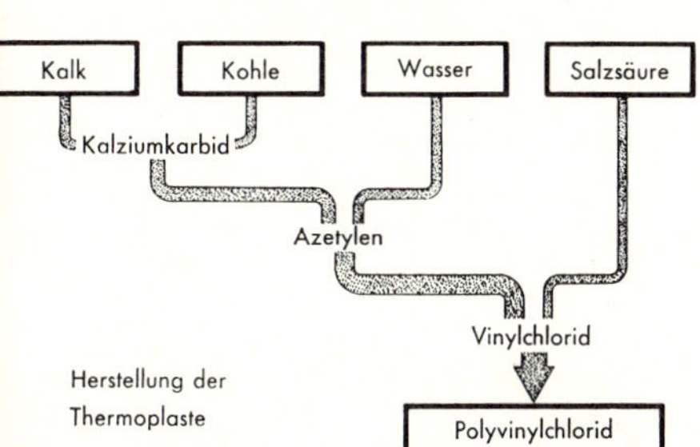

Herstellung der Thermoplaste

2. Glasdächer aus Kalk und Kohle?

Gemeint ist natürlich Plexiglas, und dieser Werkstoff ist dadurch entstanden, daß der Chemiker die Moleküle der Grundstoffe künstlich zu langen Fadenmolekülen aneinanderreihte (= Polymerisation). Deshalb führen alle nach dem folgenden Schema erzeugten Kunststoffe den Namen Polymerisate. Im Gegensatz zu den DUROPLASTEN bleiben sie dauernd wärmebildsam bei erneuter Erwärmung, daher der Sammelbegriff: THERMOPLASTE.

Je nach der mitverwendeten Säure unterscheiden wir:

Polyvinylchloride (PVC): Mipolam, Igelit, Astralon.
Chemisch sehr beständig: Röhren, Filter, Spritzgußteile, Handläufe, Treppenleisten, Schrumpfrohre, Lacke.

Polystyrole: Trolitul, Styroflex, Styropor.
Isolierend: Isolierstoffe für die Elektrotechnik und Formteile (Reklamefiguren).

Polymethacrylat: Plexiglas, Plexigum, Acronal.
Wasserhell durchsichtig: Sicherheitsglas, Glasdächer, Anreiß- und Prüflehren u. ä.

Polyamide: Nylon, Perlon, Durethan, Ultramid
Spanabhebend bearbeitbar; Lagerschalen, Zahnräder, Seile, Treibriemen mit Chromlederbelag, Sicherheitsmuttern, Baubeschlag, Dübel (Nylon).

Polyäthylen (PE): Weich-PE: Lupolen, Supralen, Vestolen
Ölerflaschen, Schaumstoffpolster, weiche Rohre.
Hart-PE: Hostalen, Vestolen, Supralen
Walzen, Rollen, Zahnräder, Dichtungen, Werkzeuggriffe, Gießkannen, Wannen, harte Rohre, Kunststoffschrauben (Hostaform C).

Polytetrafluoräthylen: Fluorplastic, Fluorsimrit, Teflon, Hostaflon
Spanabhebend sehr gut bearbeitbar, sehr kälte- und wärmebeständig; ölfreie Lagerschalen, Ventil- und Absperrhähne, Innenbelag für Rohre und Gehäuse, Drahtisolation.

Buna: Künstlicher Gummi, öl-, benzin- und abreibfest.

Für den Bauschlosser sind hauptsächlich die Polyvinylchloride wichtig; als Material für Treppenhandläufe, Treppenbelag, Treppenkanten, Schrumpfrohre haben sie ihm ein weites Arbeitsfeld erschlossen.

3. Kunststoffe aus organischen Stoffen

Neben den synthetischen Kunststoffen (DUROPLASTE und THERMOPLASTE) gibt es noch zwei Gruppen, welche durch chemische Umwandlung von organischen (gewachsenen) Stoffen entstehen:

Kunststoffe aus Zellulose
Vulkanfiber: Dichtungen, Bremsbeläge u. ä.
Zellglas: Cellophan
Zellhorn: Spielwaren, Zaponlack, Kämme, Kinofilm
Kunststoffe aus Kasein
Galalith (Kunsthorn): Knöpfe, Griffe, Gabeln u. ä.

Für die Verarbeitung merke:

1. Die Kunststoffe sind sehr leicht (1,1–1,5 kg/dm³), korrosionsbeständig ohne Nachbehandlung, dagegen erreicht ihre Zugfestigkeit höchstens 120 N/mm² (Hartpapier), und ihre Dehnung ist unterschiedlich.
2. Kunststoffe sind als Halbzeug in Platten, Röhren, Stangen, Profilen erhältlich.
3. Alle Thermoplaste lassen sich bei 80 bis 120 °C (Heißluft!) gut biegen und verformen. Schrumpfschläuche in verschiedenen Wandstärken, Schmuckprofilen und Farben bilden einen korrosionsfesten Überzug über Griffe, Geländerstäbe u. ä. Man schiebt die Schläuche lose über das Stahl- oder Leichtmetallprofil und erwärmt sie dann mit Heißluft auf etwa 100 °C. Durch die Erwärmung schrumpft der Kunststoff und bildet einen dauerhaften Überzug.
4. Kunstharze lassen sich mit einer Spezial-Spritzpistole auch flüssig auf Metalle aufspritzen. (Korrosionsschutz!)
5. Mit einem elektrisch beheizten Schweißhammer lassen sich nicht härtbare K. wie Handläufe, Rohre usw. leicht stumpf „schweißen". Der entstandene Grat ist mit dem Messer mit Vor- und Schlichtfeile sorgfältig zu entfernen.
   Durch Abschmirgeln mit Körnungen 80...120, Abwischen mit Methylenchlorid und Nachpolieren mit normalem farblosem Bohnerwachs wird die Schweißstelle praktisch unsichtbar.
6. Beim Zerspanen (Bohren, Drehen) müssen wir auf die Eigenheiten der Kunststoffe Rücksicht nehmen. Die schlechte Wärmeabfuhr und die Unmöglichkeit der Flüssigkühlung (Quellgefahr!) zwingen zur Vorsicht. (Ausglühen des Bohrers oder Verkohlen des Kunststoffs!)

Der Spiralbohrer soll steilen Drall und kleinen Spitzenwinkel $\approx 80^\circ$ haben ($v = 35$ m/min, $s = 0{,}1 \ldots 0{,}4$ mm/Umdr.). Für Thermoplaste soll der Spitzenwinkel des Bohrers 100–130° betragen. Der Drehstahl erzielt bei großen Span- und Freiwinkeln den saubersten Schnitt, $v = 50 \ldots 200$ m/min, $s = 0{,}1 \ldots 0{,}5$ mm/Umdr.

Selbst finden und behalten:

1. Ein Paar Bremsbacken aus Vulkanfiber, ein Maßstab aus Galalith, ein Stück Handlauf aus Mipolam und ein Zahnrad aus Resitex liegen vor dir.
   Zu welcher der 4 Kunststoffgruppen gehören die Gegenstände? Aus welchen Grundstoffen sind sie entstanden? Auf welche Weise wurden sie geformt? Welchen Gegenstand kannst du durch Erwärmung wieder weich machen?
2. Welche Kunststoffeigenschaft macht Hartgewebe-Lagerschalen für schnellaufende Wellen ungeeignet?
3. Vergleiche Plexiglas mit normalem Glas. Vorteile und Nachteile? Preis?
4. Welche Vorteile haben Kunststoffhandläufe gegenüber Stahl-, oder NE-Handläufen, und welchen Eigenschaften verdanken sie ihre Beliebtheit?
5. Warum ist der Ausdruck „Ersatz" für die Kunststoffe nicht angebracht?

MERKE:

1. **Kunststoffe sind neuartige vollwertige Werkstoffe. Sie sind entweder aus Kalk, Kohle, Luft und Wasser künstlich aufgebaut (DUROPLASTE und THERMOPLASTE) oder aus pflanzlichen und tierischen Rohstoffen durch chemische Umwandlung entstanden (ZELLULOSEKUNSTSTOFFE und KUNSTHORN).**
2. **Verwendung, Verarbeitungsverfahren und Werkzeuge müssen den Eigenschaften des jeweiligen Kunststoffes angepaßt sein.**
3. **Für das Schlosserhandwerk sind die PVC-Kunststoffe besonders wichtig: Handläufe, Schrumpfschläuche, Rohre.**
4. **Die PVC-Kunststoffe sind schweißbar (Heißluftbrenner oder elektr. geheizt. Schweißhammer).**

Auch Werkstoffe werden geprüft

Die Werkstoffuntersuchung **vor** der Verarbeitung verschafft uns Gewißheit, daß der Stahl richtig und geeignet ist. Andererseits empfiehlt es sich, warm behandelte oder geschweißte Werkstücke **nach** der Arbeit daraufhin zu überprüfen, ob sie keine Fehler aufweisen.

Bei wichtigen Niet- und Schweißkonstruktionen, für deren Sicherheit ein öffentliches Interesse vorliegt, sind solche Prüfungen entweder vom Auftraggeber oder behördlich vorgeschrieben.

Untersucht werden

Eigenschaften:	Festigkeit, Härte, Verformbarkeit, Korrosionsbeständigkeit, Dauerbruchfestigkeit
Aufbau:	Legierungsbestandteile, Gefügezustand, Werkstoffehler

1. Stahl kann krank sein

Die Ursachen hierfür sind entweder schon im Walzprozeß oder in falscher Warmbehandlung zu suchen. Schweißnähte verbergen oft gefährliche Gefügeveränderungen und Spannungen.

Kaltbrüchigkeit läßt auf überhöhten Phosphorgehalt schließen und äußert sich in Rissen beim Biegen und Ziehen.

Rotbrüchigkeit tritt ein, wenn der Stahl zuviel Schwefel enthält oder aus schlechten Schmiedekohlen aufgenommen hat. Auch Gaseinschlüsse (unberuhigter Stahl) machen den Stahl über 800 °C schwer verformbar.

Faulbrüchigkeit wirkt sich beim Kalt- und Warmverformen aus. Der Stahl spaltet sich der Länge nach auf. Schuld sind Schlackeneinschlüsse, welche beim Walzen der Stahlblöcke streifenartig ausgewalzt wurden. In der Schweißnaht kann ebenfalls eine Art Faulbruch entstehen, wenn Sauerstoff in die Schmelze eindringt und sich mit Silizium zu Kieselsäure (Quarzsand = SiO_2) verbindet. Diese „versandeten" Stellen treten besonders bei der Gußeisen-Schweißung leicht auf.

Blaubrüchigkeit hat ihre Ursachen im Schmieden oder Biegen von weichem Stahl bei Blauwärme (200 bis 300 °C). Der Stahl bleibt spröde und bricht leicht.

Schwarzbrüchigkeit zeigt der „abgestandene" Stahl, der zu lange über hellkirschrot geglüht wurde. Das Gefüge wird dadurch grobkörnig, morsch. Ein Teil des Kohlenstoffs scheidet sich als Temperkohle zwischen den Kristallen aus. Eine Schweißflamme mit Azetylenüberschuß erzeugt in der Schweißnaht den gleichen Fehler.

II. Einfache Werkstoffuntersuchungen

Klangprobe. Der frei aufgehängte, gute, rissefreie Werkzeugstahl klingt beim Anschlagen rein, hell und anhaltend. Gewöhnlicher Baustahl gibt einen dumpferen, kurzen Klang.

Bruchproben verraten die Stahlgüte durch Farbe und Körnung. Kohlenstoffreicher, fester und harter Stahl (Bohrer, Feile) zeigt eine gleichmäßig graue, samtartige Bruchfläche. Verbrannter, überhitzter Stahl ist an grobem, unregelmäßigem Korn zu erkennen.

Funkenprobe. Mit einiger Erfahrung kann man die verschiedenen Stahlsorten durch ihr Funkenbild unterscheiden. Bereitgehaltene Vergleichsstücke von bekannter Zusammensetzung erhöhen die Treffsicherheit.
Günstigste Versuchsbedingungen:
Umfangsgeschwindigkeit der Scheibe 20 . . . 25 m/s, Scheibenhärte N . . . P, Korngröße 36 . . . 50, Probestab mindestens 10 mm Ø, abgedunkelter Raum.

Nr.	Bezeichnung	Legierung %	Farbe des Strahles	Form
1	**Einsatzstahl**	0,15 C	gelb weiß	glatter Strahl, wenige, stachelförmige C-Explosionen
2	**Unlegierter Werkzeugstahl**	0,5 C	gelb weiß	wie 1 mehr Stacheln
3	**Unlegierter Werkzeugstahl**	1 C	gelb weiß	viele C-Explosionen, am Fuße der Garbe beginnend, stark verästelt
4	**Mn-Si-legierter Werkzeugstahl**	0,55 C 1,0 Si 1,0 Mn	gelb	C-Explosionen ähnlich W 65. Vor C-Explosionen helle Anschwellungen im Grundstrahl und viele kleine seitliche Verästelungen
5	**Mo-legierter Werkzeugstahl**	0,5 C 1,4 Cr 0,7 Mo 0,3 V	gelb orange	ähnlich 2 jedoch Strahlenenden mit Lanzenspitzen versehen
6	**Cr-W-legierter Werkzeugstahl**	1 C 1 Mn 1 Cr 1,2 W	rötlich orange	sehr dünne Strahlen, lebhaftes Funkenbild, Strahlenenden zungenförmig
7	**Cr-W-Si-legierter Werkzeugstahl**	0,5 C 1,0 Si 1,2 Cr 2,0 W	rot orange	wenig feine C-Explosionen mit anschließend heller, länglicher Keule
8	**hoch Cr-legierter Werkzeugstahl**	2 C 12 Cr 0,8 W	rot orange	kurze Garbe geglüht: mit wenig, gehärtet: mit vielen hellen C-Explosionen
9	**Schnellarbeitsstahl**	0,9 C, 4 Cr, 2,6 Mo | 2,5 V, 3,0 W	rot orange	glatte und unterbrochene Strahlen mit vereinzelten C-Explosionen
10	**Schnellarbeitsstahl**	0,75 C 4 Cr 18 W 1 V	rot	gestrichelte Funken-Garbe, fast ohne C-Explosionen
11	**Rostbeständiger Stahl**	0,4 C 14 Cr	orange	kurze Garbe mit stacheligen C-Explosionen
12	**Säurebeständiger Stahl**	0,1 C 18 Cr 8 Ni	gelb orange	glatte Strahlen ohne C-Explosionen

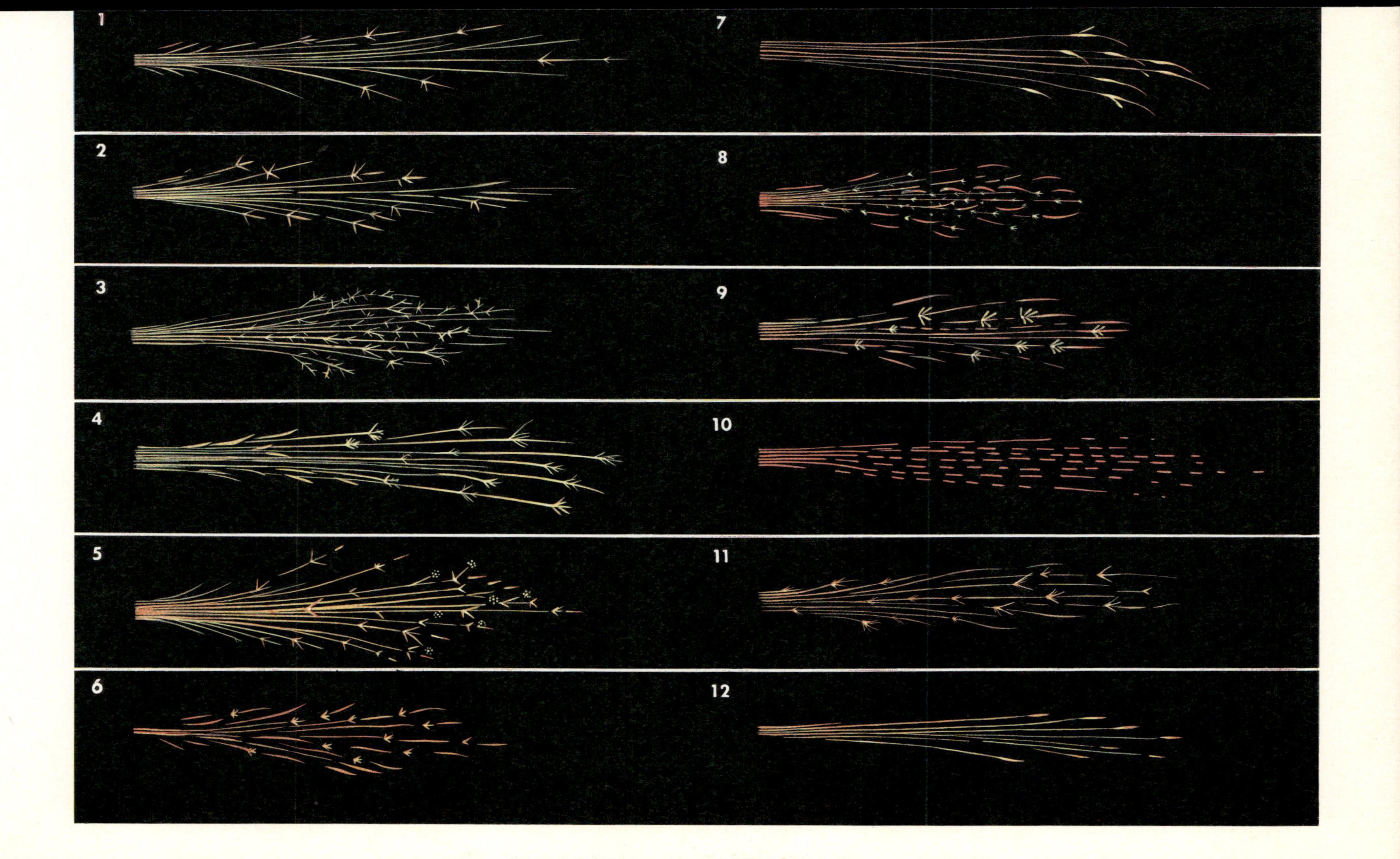
1
7
2
8
3
9
4
10
5
11
6
12

Feilprobe. Eine Vorfeile nimmt von weichem Stahl helle, gerollte, glänzende, von Grauguß dagegen schwarzgraue, sandartige glanzlose Späne ab. Aus dem mehr oder weniger starken Angreifen der Feile schließen wir auf den Härtegrad des Kohlenstoffstahls.

Aufweitprobe. Die rißfreie Aufweitung erweist, daß sich das Rohrmaterial zum Einwalzen oder für überlappte Schweißnähte eignet.

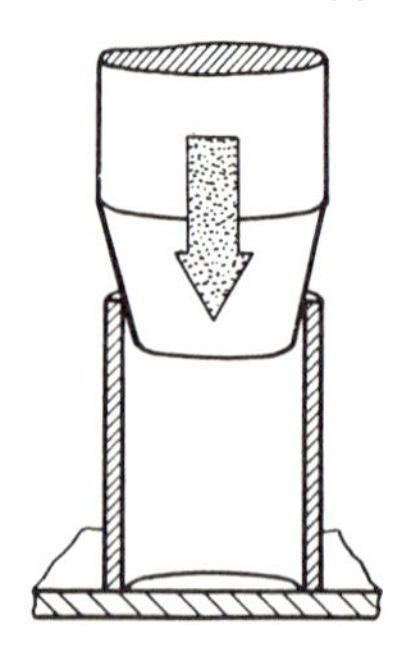

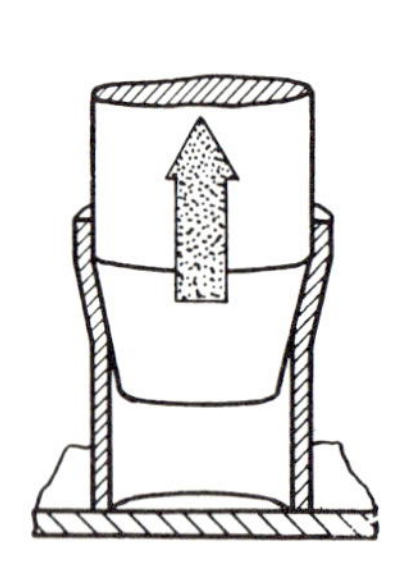

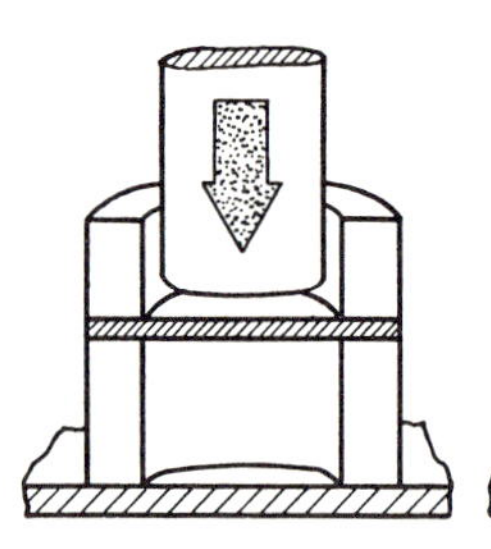

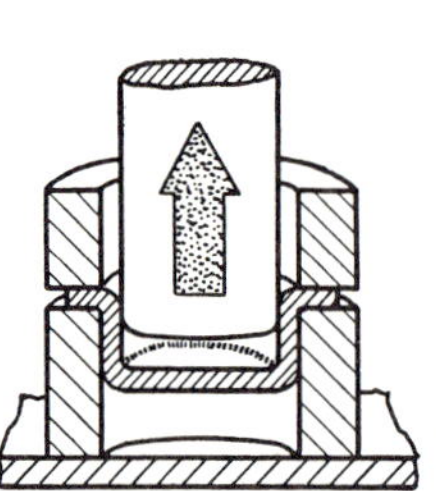

Tiefziehprobe. Die Eindringtiefe bis zur Rißbildung ist ein Maßstab für die Eignung dünner Bleche zum Tiefziehen und für Treibarbeiten (gestanzte Beschlagteile, Buchsen).

Stauchprobe. Nietdraht wird auf seine Stauchfähigkeit untersucht, indem man ein Stück von 1,8 mal Durchmesser kalt auf ein Drittel herunterstaucht. Der Rand der Probe darf keine Risse bekommen.

Bördelprobe. Um die nötige Dehnung von Blech und Rohmaterial zu prüfen, bördelt man den sauber geglätteten Rand auf 90° um.

Kaltbiegeprobe. Die Zähigkeit von Blechen und Vollprofilen aller Art wird durch die ohne Riß erreichten Biegewinkel bzw. durch die Zahl der möglichen Hin- und Herbiegungen angezeigt.

Schmiedeprobe. Ob sich ein Stahl einwandfrei strecken und breiten, warmbiegen, lochen und spalten läßt, muß man vor der Anfertigung von Schmiedearbeiten wissen. Zwei einfache Proben sind deshalb zu empfehlen:

a) Vierkantstahl 10 mm zu einem 5 mm dicken Band ausschmieden und dann falten.

b) Zur zweiten Art der Probe, die vor allem eine etwaige Rotbrüchigkeit verrät, nehmen wir einen 8–10 mm dicken Flachstahl und bearbeiten ihn ebenfalls bei 800 bis 900 °C, wie die Abb. zeigt. (Abspalten, einen der Lappen zu langem Vierkantstab ausstrecken und um den Flachstab wickeln. Anderes Ende fächerförmig ausbreiten, lochen.)

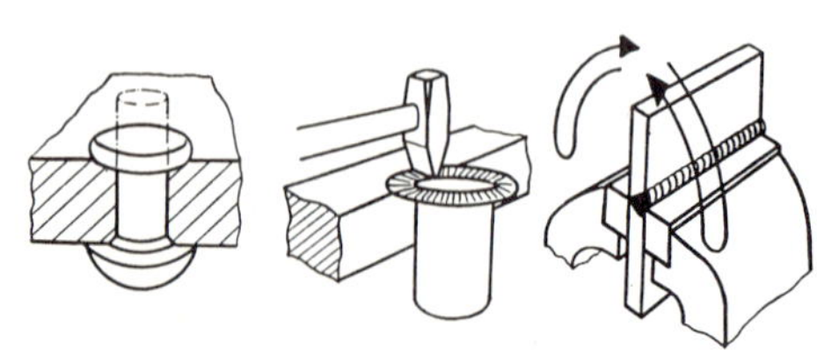

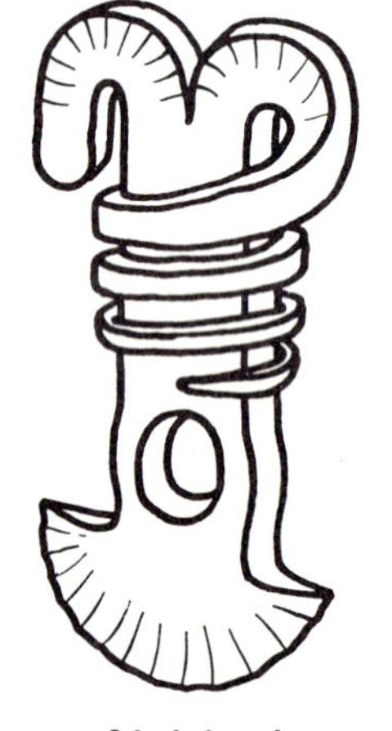

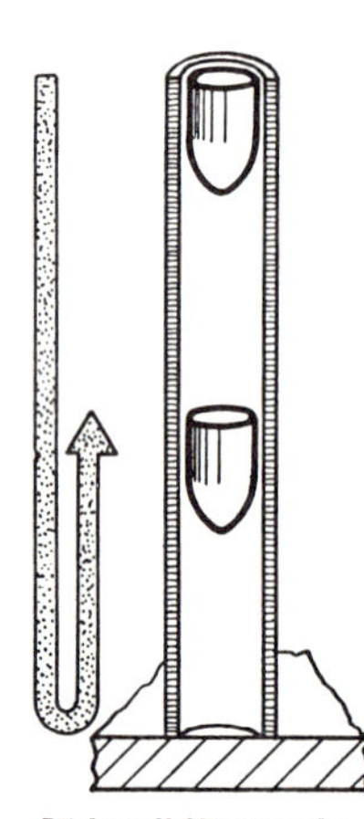

Stauchprobe Bördelprobe Kaltbiegeprobe Schmiedeprobe Rückprall-Härteprobe

Rückprall-Härteprobe. Mit ihr lassen sich die Härten verschiedener Werkstücke einer Serie oder die Aufhärtung in der Nähe von Schweißnähten vergleichsweise bestimmen.
Eine gehärtete Stahlkugel (Kugellager) und eine passende Glasröhre von 100–120 mm Länge ersetzen ein Skleroskop (Rückprall-Härteprüfgerät). Je härter die Stahloberfläche, desto höher springt die Kugel. Maßeinheit: Glashärte = 100 „Shore".
Brinellhärte und Zugfestigkeit lassen sich auch ziemlich genau mit dem **„Kugelschlaghammer"** ermitteln (Poldihammer).

III. In Großbetrieben wird der Werkstoff mit besonderen Einrichtungen untersucht

Sie ermitteln Zusammensetzung und Eigenschaften mit wissenschaftlicher Genauigkeit.

Zugversuch. Die Zerreißmaschine erfaßt die Zugfestigkeit in N/mm² und die Bruchdehnung in %. Den Probestab schneidet man aus dem zu prüfenden Werkstoff (Welle, Stange, geschweißtes Blech), spannt ihn in die Backen der Zerreißmaschine ein und belastet ihn allmählich steigend bis zum Bruch. (Die Maße der Probestäbe sind besonders genormt.)

Neuzeitliche Maschinen halten den Verlauf des Versuchs in einem Schaubild fest (siehe Abb.).

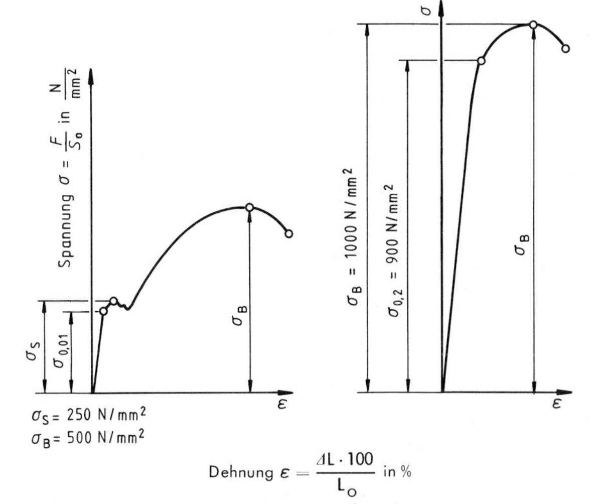

Streckgrenzenverhältnis $= \frac{250}{500} = 0{,}5$

Weicher Stahl

Streckgrenzenverhältnis $= \frac{900}{1000} = 0{,}9$

Vergüteter Stahl

Aus der Kurve dieses Spannungs-Dehnungs-Schaubildes können wir sehr viel herauslesen:

Zunächst steigt die Kurve gleichmäßig in einer Geraden an, d. h., die Dehnung wächst im gleichen Verhältnis wie die Spannung. Würde man jetzt die Belastung wegnehmen, ginge die Dehnung wieder auf 0 zurück (Vergleich: mäßig gedehntes Gummiband).

Schließlich wird aber ein Punkt erreicht, über den hinaus eine bleibende Formveränderung eintritt (Vergleich: Überdehntes Gummiband). Um diese Grenze der Elastizität praktisch messen zu können, wählt man dafür d i e Spannung, bei der die bleibende Dehnung 0,01 % (bei 200 mm Meßlänge = 2/100 mm) erreicht.

$\sigma_{0,01}$ = **Elastizitätsgrenze** (auch Dehngrenze $R_{p0,01}$)

Nach weiterem Lastanstieg kommt ein Punkt, von dem ab die Kurve vor allem bei zähem Werkstoff einen Knick zeigt und etwas wellig etwa in waagrechter Richtung verläuft. Ohne daß die Belastung merklich zunimmt, streckt sich der Stab weiter, er „fließt" ein Stück von dem Punkt σ_S ab.

σ_S = **Streckgrenze** (auch R_e)

Bei harten Stählen ohne ausgeprägten Fließbereich gilt als Streckgrenze die Belastung in N/mm², bei der die bleibende Dehnung = 0,2 % der Meßlänge. Diese Grenze wird als 0,2-Grenze ($\sigma_{0,2}$) oder $R_{p0,2}$ bezeichnet.

Maschinen und Bauteile dürfen nur im elastischen Bereich belastet werden!

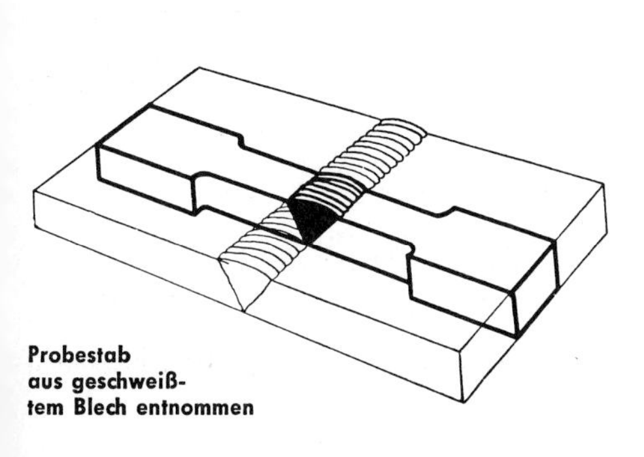

Probestab aus geschweißtem Blech entnommen

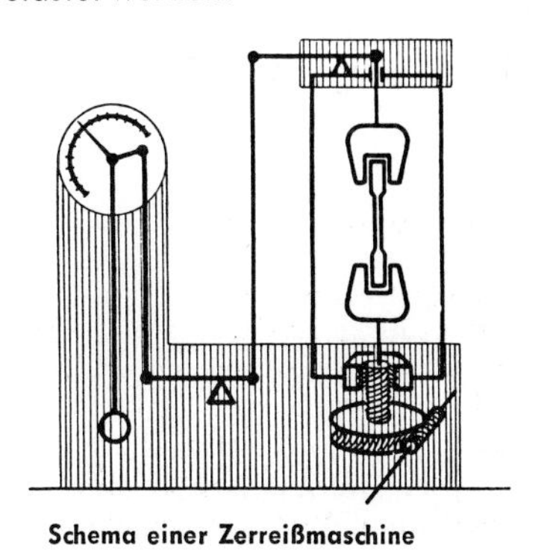

Schema einer Zerreißmaschine

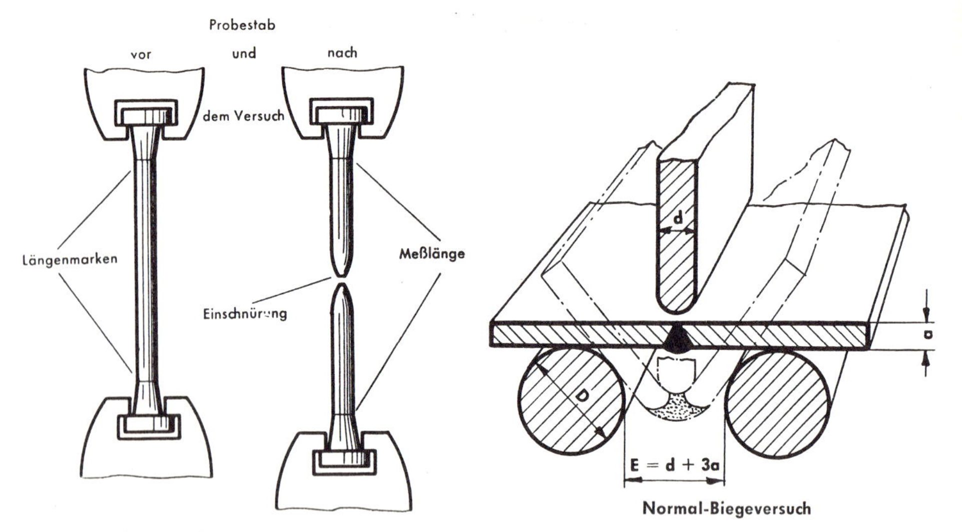

Normal-Biegeversuch

Danach aber verläuft die Kurve in einem flachen Bogen, was besagt, daß die Dehnung wesentlich schneller zunimmt als die Spannung. Schließlich erreicht sie ihren höchsten Punkt, die Grenze der Belastbarkeit oder Bruchgrenze. Daraus wird die Zugfestigkeit errechnet.

σ_B = **Bruchgrenze** (auch R_m)

Hinter σ_B fällt die Spannungskurve trotz bleibender Belastung ab, weil der Werkstoff stark einschnürt und endlich abreißt.

Beispiel:

Der Rundstahl für einen Windverband (Hallendach) soll auf seine Zugfestigkeit und Dehnung geprüft werden.

Durch Ablängen und Abdrehen wird aus dem Material ein Normalstab mit 200 mm Meßlänge und 20 mm Durchmesser herausgearbeitet. Der Meßquerschnitt ist also

$$\frac{20^2 \cdot 3{,}14}{4} = 314\ \text{mm}^2.$$

Der Stab zerreißt bei 127 700 N Bruch-Belastung, nachdem er sich von 200 mm auf 244 mm gedehnt hat.

Zugfestigkeit des Rundstahls:

$$\sigma_B\,(R_m) = \frac{F}{S_o} = \frac{127\,700\ \text{N}}{314\ \text{mm}^2} = 406\ \frac{\text{N}}{\text{mm}^2}$$

Bruchdehnung des Rundstahls:
(sprich delta Bruch)

$$\delta_B\,(A) = \frac{L - L_0}{L_0} \cdot 100 = \frac{244 - 200}{200} \cdot 100 = 22\,\%.$$

Biegeversuch. Die Biegemaschine erlangt eine erhöhte Bedeutung durch die Notwendigkeit, geschweißte Verbindungen auf ihre Versprödung zu prüfen. Die Ausführungsbestimmungen für den Versuch sind durch Normung einheitlich vorgeschrieben.

Nach DIN 4100 a = 10 mm
d = 20 mm
D = 100 mm
E = 50 mm

Kerbschlagversuch. Bauteile, welche eine bestimmte ruhende Belastung ohne weiteres aushalten, gehen zu Bruch, wenn die gleiche Belastung schlag- oder stoßartig erfolgt (Kran, Bagger, Bremsgestänge, Federn). Deshalb muß hier der Werkstoff auf seine Widerstandsfähigkeit gegen schlagartige Beanspruchungen (= Kerbschlagzähigkeit) untersucht werden. Der Pendelfallhammer fällt aus einem begrenzten Winkel gegen den gekerbten Stab, wird dadurch abgebremst und pendelt auf der Rückseite noch eine gewisse Höhe hinauf. Je

zäher der Werkstoff ist, desto geringer ist der rückwärtige Ausschlag. Aus dem Winkelverhältnis $\alpha : \beta$ kann man die Kerbschlagzähigkeit in Nm/cm^2 errechnen. Probestäbe und Kerben sind auch für diesen Versuch genormt.
Vergleichswerte: Die Kerbschlagzähigkeit von elektrisch geschweißten Nähten bewegt sich zwischen 40 Nm/cm^2 und 200 Nm/cm^2, je nach Werkstoff, Elektrode und Nachbehandlung.

Dauerbruchversuch. Maschinen- und Bauteile, welche dauernden starken Erschütterungen, Schwingungen, wechselnder Belastung ausgesetzt sind (Kurbelwellen, Achsen, Maste, Druckkessel, Rohrleitungen, Brückenteile), brechen, obwohl sie weit unter der Bruchgrenze beansprucht werden. Die Widerstandsfähigkeit gegen diese Ermüdungserscheinungen stellt man durch Dauerbruchversuche fest. Hierbei ahmt man in Spezialmaschinen die wirkliche Beanspruchung nach, indem die Probestäbe dauernd hin- und hergedreht, gedrückt und gezogen, hin- und hergebogen werden.

Härteversuch. Den Widerstand, welchen ein Werkstoff dem Eindringen eines anderen Körpers entgegensetzt, nennen wir Härte. Sie wird am fertigen Werkstück oder an einem gleich behandelten Probestück durch Eindrücken einer gehärteten Kugel oder einer Diamantspitze geprüft.
Das Ergebnis des Kugeldruckversuchs ist die „Brinellhärte" (Brinell = schwedischer Ingenieur, † 1925). Beim Normalversuch belastet man eine Stahlkugel von 10 mm ∅ innerhalb von 10 Sek. allmählich bis 29 420 N und läßt diese Prüflast 10 s lang einwirken.
Der auf 1/100 mm genau abgelesene Eindruckdurchmesser ergibt den Tabellenwert für die Brinellhärte. Härtewert $= \frac{0{,}102 \cdot F}{A}$ HB

F = Prüfkraft in N
A = Eindrucksoberfläche in mm^2

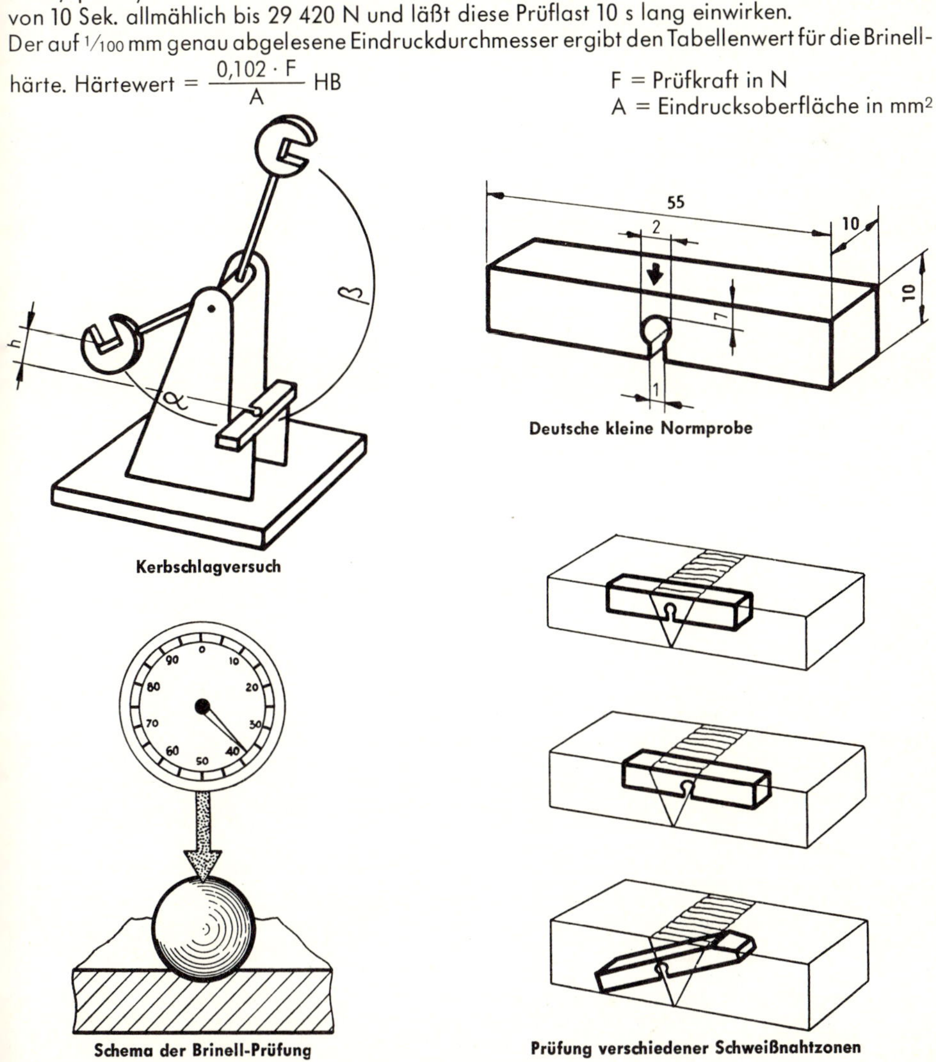

Kerbschlagversuch

Deutsche kleine Normprobe

Schema der Brinell-Prüfung

Prüfung verschiedener Schweißnahtzonen

	weich:	größte Härte:
Vergleichswerte:	St 33 = 100 — 115 HB	—
	St 37 = 110 — 120 HB	—
Verb.-Schweißnaht	St 37 = 130 — 140 HB	—
	St 70 = 180 — 240 HB	610 — 670 HB
	GG 20 = 160 — 180 HB	—
	GS 38 = 110 HB	550 — 560 HB
	C 45 = 150 — 160 HB	—

Bei den Verfahren von Rockwell (HRB, HRC) und Vickers (HV) tritt an Stelle der Kugel eine Diamantspitze. Weil diese Methoden sehr kleine Eindrücke hinterlassen, werden sie besonders für fertige Werkstücke und Schweißarbeiten sowie für sehr harte Werkstücke bevorzugt.
Aus der Brinellhärte läßt sich bei ungehärteten Kohlenstoffstählen die Zugfestigkeit ungefähr errechnen:

$$\sigma_B = \text{HB mal } 3{,}5 \text{ N/mm}^2$$

Zerstörungsfreie Prüfverfahren. Diese Methoden dienen zum Nachweis von Lunkern, Rissen, Gasblasen und Schweißfehlern an fertigen Gußstücken und Stahlkonstruktionen, Behältern, Rohren und Maschinenteilen.

a) Auf dem Leuchtschirm bzw. Film des Röntgengeräts zeichnen sich Schlackennester als dunkle Risse, Wurzelfehler, Gasbläschen als helle Flecken und Streifen ab, neuerdings wendet man auch eine Durchstrahlung mit künstlichen Radium-Isotopen an, welche mit einem bedeutend einfacheren und handlicheren Gerät durchzuführen ist. (Vgl. Röntgenbild S. 184.)

b) Bei der Durchschallung werden Ultraschallwellen, die ein Schallkopf aussendet, von der Fehlerstelle zurückgeworfen. Die Tiefe der Fehlerstelle kann auf einem Leuchtschirm abgelesen werden.

c) Bis zu 6 mm Tiefe lassen sich Härterisse und Fehler an blanken und geschweißten Werkstücken durch das Magnetpulververfahren genau eingrenzen. Handgeräte sind in jeder Werkstätte anwendbar.

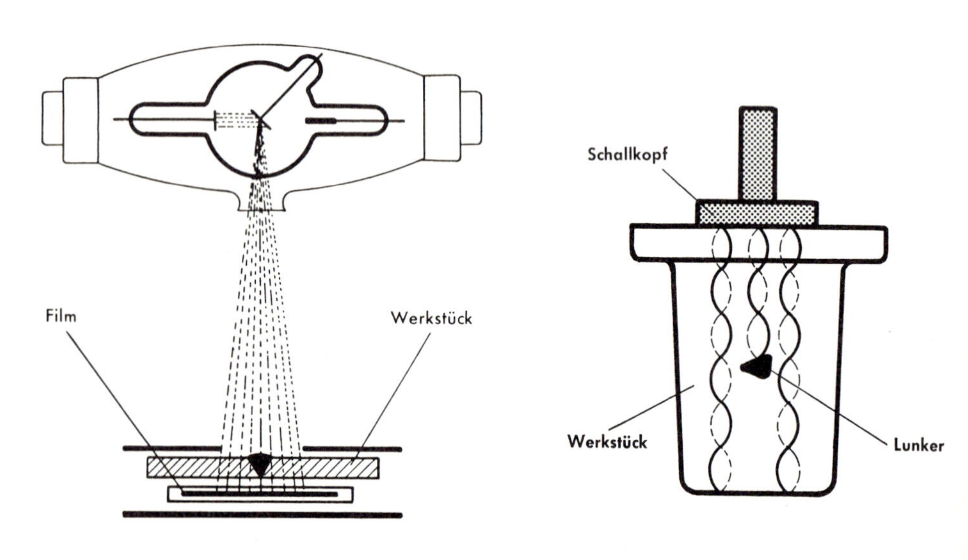

Röntgen-Prüfung

Durchschall-Prüfung

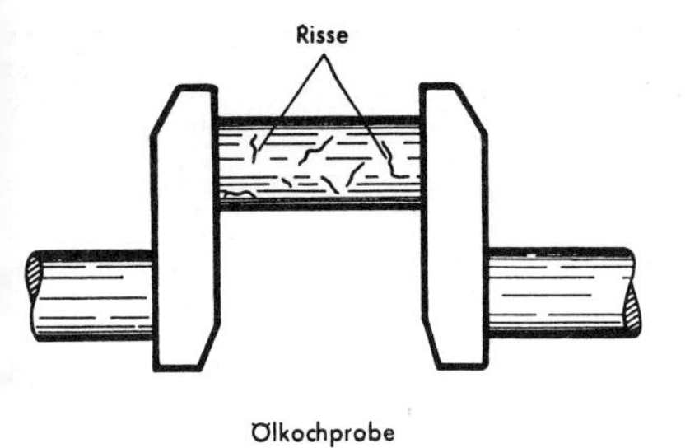

Ölkochprobe

d) Die Ölkochprobe eignet sich vornehmlich dazu, an kleinen Werkstücken und geschweißten Teilen Härterisse oder Schweißnahtrisse sichtbar zu machen.
Das beim Kochen in die Risse eingedrungene Öl wird beim Erkalten wieder herausgequetscht und zeichnet sich auf der mit Kalkmilch bestrichenen Oberfläche dunkel ab.

Werkstattwinke:

1. Vergewissere dich vor schwierigeren Schmiede- und Schweißarbeiten durch Proben, ob sich der Werkstoff eignet.
2. Verwende besonders bei abnahmepflichtigen Stahlbauten und Schweißkonstruktionen nur die in der Zeichnung vorgeschriebenen Stahlsorten und Elektroden. St 33 darf für tragende Bauteile nicht verwendet werden!
   Handelsbaustahl darf für geschweißte Stahlbauteile nicht verwendet werden!
3. Beachte, daß die „zulässigen Spannungen für Bauteile und Verbindungsmittel" nur etwa vier Zehntel der wirklichen Mindestzugfestigkeit annehmen dürfen. Für geschweißte Stahlbauten müssen diese Werte noch mit 0,75 vervielfacht werden.
4. Die genauen Sicherheitsbestimmungen und Vorschriften findest du in

DIN 1050 „Berechnungsgrundlagen für Stahl im Hochbau"
DIN 4100 „Vorschriften für geschweißte Stahlhochbauten"
DIN 8560 „Prüfung von Handschweißern für das Schweißen von Stahl" (bisher DIN 4100 Bl. 3)
DIN 4115 „Stahlleichtbau und Stahlrohrbau im Hochbau"

Selbst finden und behalten:

1. In welchen Fällen wird der Werkstoff geprüft?
2. Vergleiche die Bruchflächen eines abgescherten Vierkant-, Rund- oder Winkelstahls und einer abgebrochenen Feile oder eines Spiralbohrers! Unterschiede in Farbe und Körnung?
3. Beobachte auch die Funkenbilder beider Werkstoffsorten und präge sie dir ein! Um was für Stahlsorten handelt es sich?
4. Welche Prüfungen lassen sich in der Werkstatt durchführen?
5. Wie kannst du folgende Werkstoffeigenschaften feststellen:
   Rotbrüchigkeit, Faulbrüchigkeit, Biegefähigkeit, Dehnbarkeit, Härte, Streckfähigkeit, Stauchfähigkeit?
6. Welcher Zusammenhang besteht zwischen Elastizitätsgrenze und zulässiger Spannung?
7. Wie kannst du Schweißnähte zerstörungsfrei und zerstörend prüfen?

MERKE:

1. Die Werkstoffprüfung hat die Aufgabe, Zusammensetzung und Eigenschaften der Werkstoffe zu untersuchen sowie die fertigen Arbeiten auf Fehler zu überprüfen.
2. Die Prüfungen erfolgen
   a) mechanisch (Zug-, Biege-, Härte-, Schmiede-, Stauchprobe .....)
   b) metallographisch (Schliffbilder des Gefüges)
   c) chemisch (Legierungsbestandteile)
   d) zerstörungsfrei (Röntgen, Durchschallen, Magnetpulververfahren, Ölkochprobe).
3. Für Stahlhochbauten und Schweißkonstruktionen bestehen strenge Sicherheitsvorschriften (DIN 1050, DIN 4100, DIN 8560, DIN 4115).

Auf gute Verbindung kommt es an

Stangen, Flachstähle, Profile, Rohre, Bleche lassen sich auf sehr verschiedene Art und Weise verbinden. Doch ist für einen bestimmten Zweck immer nur e i n e Ausführung die z w e c k m ä ß i g s t e. Aus diesem Grunde wollen wir die Verbindungsmöglichkeiten und ihre Anwendung kennenlernen, aufbauend auf dem Grundlehrgang.
Werkstoffteile können l ö s b a r und unlösbar miteinander verbunden werden. Unter unlösbaren Verbindungen versteht man solche, die sich nur durch Zerstörung des Werkstoffs wieder trennen lassen.

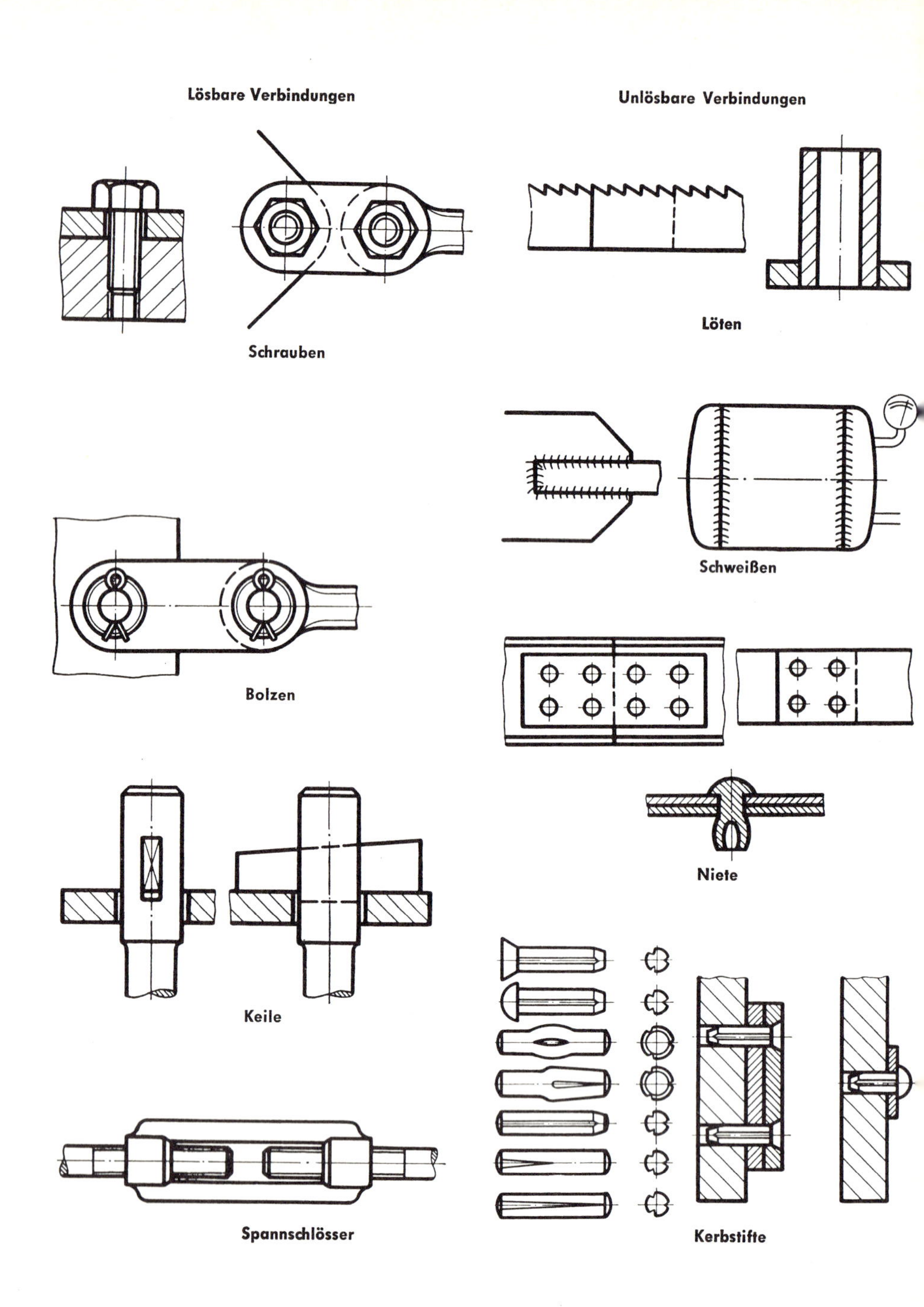

I. Schraubenverbindungen

In der Bauschlosserei und im Stahlbau dienen die Schrauben hauptsächlich zum Heften, Befestigen und kraftschlüssigen Zusammenbau von Stahlteilen oder Metallteilen.

1. Für jeden Zweck hält der Eisenhandel die passende Form bereit

Die Hauptarten der Befestigungsschrauben, nämlich solche für Metall und Holz, lassen sich nach ihrem Werkstoff in Leichtmetall-, Messing- und Stahlschrauben und letztere wieder in rohe, blanke, verzinkte, kadmierte usw. unterteilen. Von der Erkenntnis ausgehend, daß für eine Schraube nicht das äußere Aussehen, sondern der innere Wert entscheidend ist, stellt

DIN-Blatt 267

fest, wie die technischen Eigenschaften bei einer Bestellung zu kennzeichnen sind, und zwar in bezug auf Oberflächenbeschaffenheit, Zugfestigkeit und Streckgrenzenverhältnis.

Beispiel:

Sechskantschraube M 10 x 40 DIN 931 m 8.8

Sechskantschraube M 10, 40 lang nach DIN 931, Oberflächenbeschaffenheit mittel, aus Stahl mit 800 N/mm² Mindestzugfestigkeit und einem 10fachen Streckgrenzenverhältnis = 8

$$(\text{Streckgrenzenverhältnis} = \frac{\text{Mindeststreckgrenze}}{\text{Mindestzugfestigkeit}})$$

Kennziffern für die Festigkeitsklasse:

1. Zahl	3	4	5	6	8	10	12	
= Mindestzugfestigkeit	340	400	500	600	800	1000	1200	N/mm²

2. Zahl	.6	.7	.8	.9
= 10faches Streckgrenzenverhältnis	6	7	8	9

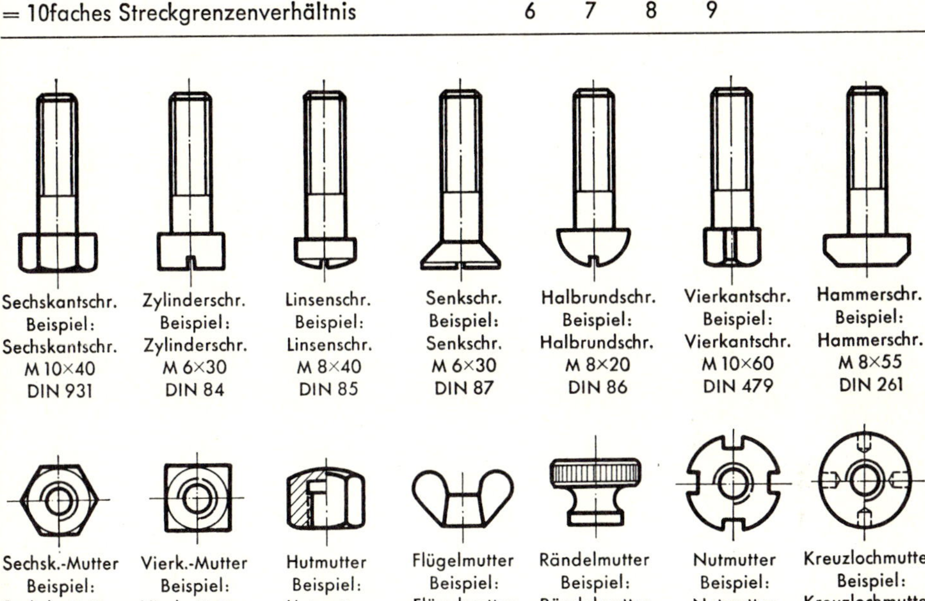

Sechskantschr. Beispiel: Sechskantschr. M 10×40 DIN 931

Zylinderschr. Beispiel: Zylinderschr. M 6×30 DIN 84

Linsenschr. Beispiel: Linsenschr. M 8×40 DIN 85

Senkschr. Beispiel: Senkschr. M 6×30 DIN 87

Halbrundschr. Beispiel: Halbrundschr. M 8×20 DIN 86

Vierkantschr. Beispiel: Vierkantschr. M 10×60 DIN 479

Hammerschr. Beispiel: Hammerschr. M 8×55 DIN 261

Sechsk.-Mutter Beispiel: Sechsk.-Mutter M 5 DIN 555 (roh)

Vierk.-Mutter Beispiel: Vierk.-Mutter M 8 DIN 557 (roh)

Hutmutter Beispiel: Hutmutter M 6 DIN 1587 M 24 DIN 917

Flügelmutter Beispiel: Flügelmutter M 12 DIN 315

Rändelmutter Beispiel: Rändelmutter M 8 DIN 466

Nutmutter Beispiel: Nutmutter M10 DIN 1804

Kreuzlochmutter Beispiel: Kreuzlochmutter M 6 DIN 1816

führungen alle genormt, was die Bestellung erleichtert und Verwechslungen ausschließt. Das gleiche gilt für die Muttern.

Die am häufigsten gebrauchten Schraubenarten sind:

a) Sechskantschrauben mit und ohne Mutter, mit und ohne glatten Schaftteil.
b) Vierkantschrauben mit und ohne Bund.
c) Senkschrauben mit Nase (Pflugschrauben).
d) Flachrundschrauben (Schloßschrauben) mit Vierkant unter dem Kopf. Vorwiegend zum Befestigen auf Holz verwendet.
e) Innensechskantschrauben. Lassen sich kräftiger anziehen als Schlitzschrauben; zu empfehlen, wenn die Schraube wegen ihrer Lage nicht mit einem Sechskantschlüssel angezogen werden kann.
f) Stiftschrauben für Verbindungen, die häufig gelöst werden müssen. Das Gewinde des Einschraubendes läuft in eine Kegelkuppe, das Gewinde des Mutterendes in eine Linsenkuppe aus. Länge des Einschraubendes für Werkstücke aus Stahl = 1 d, für Werkstücke aus

Grauguß = 1,25 d, für Werkstücke aus Leichtmetall = 2 d.
Zum Eindrehen oder Lösen einer Stiftschraube bedient man sich eines Stiftsetzers oder zweier gegeneinander festgezogener Muttern.

g) Paßschrauben, bei denen der glatte Schaftteil etwas dicker als der Gewindedurchmesser ist und genau in die geriebene Bohrung paßt.

h) Steinschrauben mit verschieden geformten Enden zum Befestigen von Bauteilen und Maschinen in Fundamenten. Dazu gibt es passende Anschweißenden.

i) Gewindestifte (auch Wurm- oder Madenschrauben genannt) – ohne Kopf – haben nur einen Schlitz für den Schraubenzieher oder ein Innensechskant. Die unterschiedlich geformten Enden (Zapfen, Kegelkuppe, Spitze, Ringschneider) sind meist gehärtet. Die Stifte dienen zur Lagesicherung, z. B. Nabe auf Welle.

k) Schneidschrauben. Im Einsatz gehärtete Schrauben (C 15) mit verschiedenen Kopfformen, die sich ihr Gewinde selbst schneiden; Kernloch muß genau nach Tabelle vorgebohrt werden. Nur Durchmesser zwischen M 2,6 und M 8 im Handel. Schraube vor dem Eindrehen in Schneidöl tauchen und beim Einschrauben mit dem Steckschlüssel oder Schraubenzieher kräftig axial drücken.
Blechschrauben zählen zu den Schneidschrauben. Sie ähneln den Holzschrauben und schneiden sich ihr Gewinde in das vorgebohrte oder gestanzte Kernloch selbst, und zwar bis zu 4 mm Gesamtblechdicke. Blechschrauben gibt es von 2,2 bis 9,6 mm Gewindedurchmesser in gestuften Längen.

l) Holzschrauben werden entweder als Schlitzschrauben, Kreuzschlitzschrauben oder in größeren Abmessungen als Vierkant- bzw. Sechskantschrauben hergestellt.

2. Dauernde Schwingungen, Stöße und Erschütterungen lösen die Mutter

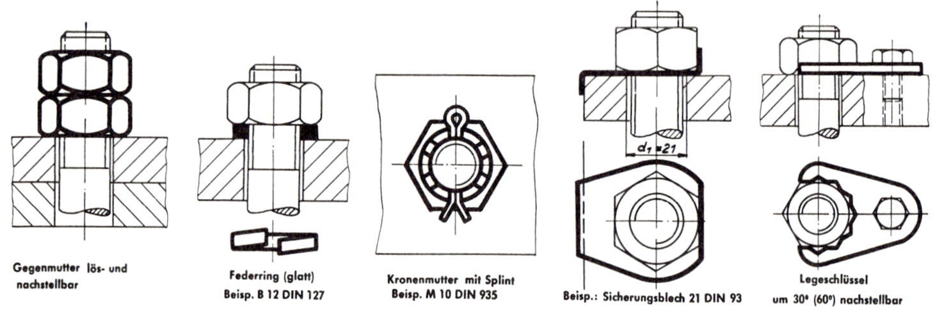

Gegenmutter lös- und nachstellbar

Federring (glatt) Beisp. B 12 DIN 127

Kronenmutter mit Splint Beisp. M 10 DIN 935

Beisp.: Sicherungsblech 21 DIN 93

Legeschlüssel um 30° (60°) nachstellbar

Verschraubungen an Fahrzeugen, Kränen, Brücken, Maschinen und überall, wo durch Lockern von Schrauben Gefahren entstehen, müssen zweckmäßig gesichert sein. Lösbare und nachstellbare Sicherungen sind dem Verstemmen mit dem Körner vorzuziehen (Abb.).

3. Die richtige Unterlegscheibe gehört dazu

Ohne Unterlegscheibe verkratzt die Mutter das weichere Stahlblech oder frißt sich fest, unebene oder schiefe Auflageflächen (Trägerflansche!) führen zu einseitiger Belastung, bei zu großen Bohrungen oder Langlöchern wäre die Auflagefläche u. U. zu klein. Die Abb. zei-

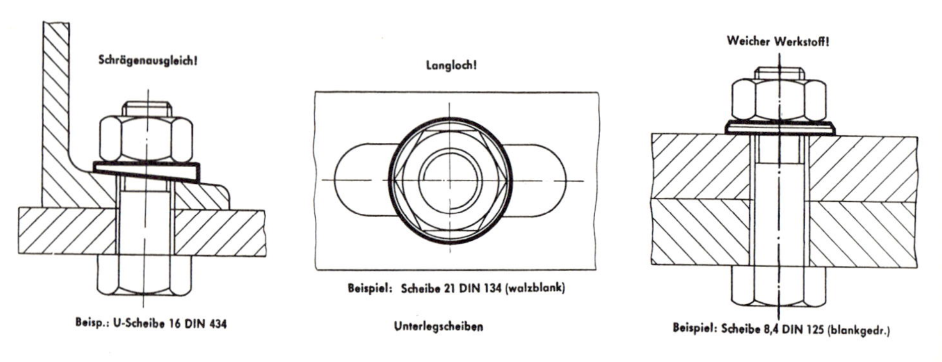

Beisp.: U-Scheibe 16 DIN 434

Beispiel: Scheibe 21 DIN 134 (walzblank)

Unterlegscheiben

Beispiel: Scheibe 8,4 DIN 125 (blankgedr.)

gen, wie man diesen Mängeln begegnet. Unterlegscheiben sind roh und blank und größenmäßig genormt erhältlich. Ihr Durchmesser soll immer größer als das Eckmaß der Mutter sein. (Warum?)

Bezeichnungsbeispiele:

„Scheibe 21 DIN 125" = Scheibe (Ausführung mittel) mit Lochdurchmesser 21 mm.
„Scheibe A 24 DIN 7989" = Scheibe (Ausführung grob) mit Lochdurchmesser 24 mm für Sechskantschrauben DIN 7990/7968.

4. Warum Mutter oder Schraubenschlitz erst beschädigen? Nimm gleich den passenden Schlüssel bzw. Schraubenzieher!

Verschiedene Muttern (Abb.) erfordern verschiedene Schlüssel. Wer auf den Schlüssel ein Rohr zur Verlängerung aufsteckt, zerstört meist die Schraube. Wie wäre es mit Petroleum oder einem Rostlösemittel?

Werkstattwinke:

1. Sorge bei Außenarbeiten für Korrosionsschutz:
   Stahlteile vor dem Zusammenbau mit Schutzanstrich versehen!
   Im Leicht- und Schwermetallbau Schrauben aus dem gleichen Material oder mit entsprechendem Metallüberzug verwenden.
2. Verwende nur passende Schraubenschlüssel und Schraubenzieher!
3. Sichere die Muttern gegen Lockerwerden, wo es nötig ist!
4. Für kraftschlüssige Verschraubungen gelten die gleichen Bestimmungen über Lochabstände wie für das Nieten.
5. Verwende als Schrägenausgleich für I-Stahl (= 14% Fußneigung) eine Beilage mit 1 eingewalzten Rille (T DIN 435), für U-Stahl (= 8% Fußneigung) eine Beilage mit 2 eingewalzten Rillen (U DIN 434).

Selbst finden und behalten:

1. Suche im Werkstattlager verschiedene Schrauben und versuche, sie richtig zu benennen!
2. Welche Schraubenformen braucht der Bauschlosser und Stahlbauer am häufigsten? Schlage in einem Tabellenbuch die genormten Durchmesser und Längen nach!
3. Wo wird mit einem Federring gesichert, und worauf beruht seine Wirkung?
4. Welches Werkzeug brauchst du zum Eindrehen oder Lösen einer Stiftschraube?
5. Warum ist das gewaltsame Lösen einer Schraube mit einem aufgesteckten Rohr unfachmännisch? Was wäre besser?

MERKE:

1. **Die Verschraubung wenden wir dort an, wo die Verbindung lösbar sein soll oder eine andere Verbindungsart (Nieten, Schweißen) nicht möglich oder unzweckmäßig ist.**
2. **Der Bau- und Stahlbauschlosser verwendet hauptsächlich Sechskant-, Schloß-, Haken- und Steinschrauben.**
3. **Verschraubungen sind gegen selbsttätiges Lösen und Korrosion zu sichern.**

II. Bolzenverbindungen

An Dachbindern, Aufzügen, Kränen u. ä. Stahlbauten tritt oft eine gelenkige Stabverbindung an die Stelle einer starren. Die meist sehr erheblichen Zug- oder Druckkräfte müssen in diesem Falle von einem

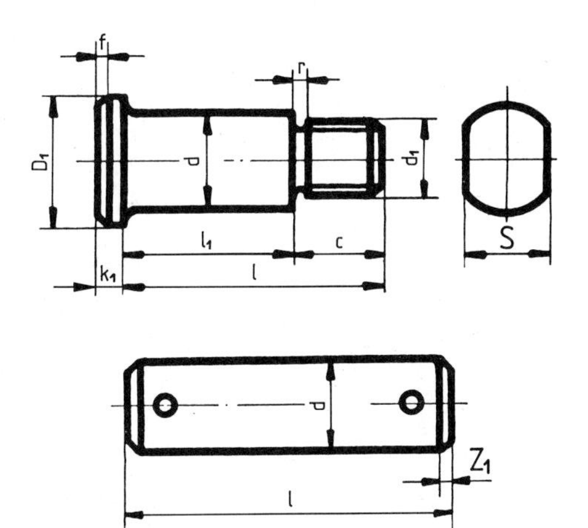

DIN 1433: Bolzen ohne Kopf, mit Splintlöchern

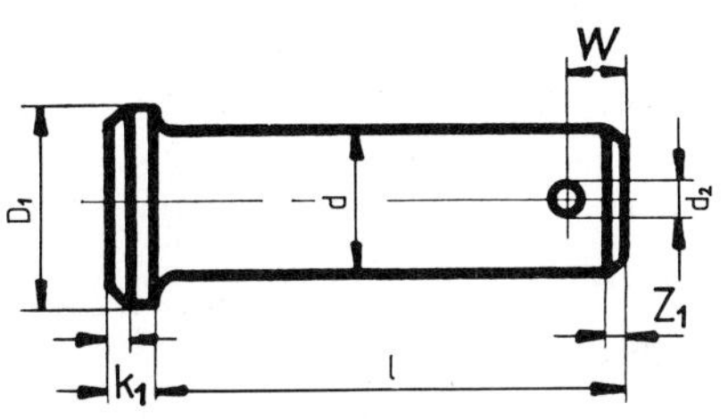

DIN 1435: Bolzen mit kleinem Kopf und Splintloch

Drehbolzen einerseits und dem Auge andererseits aufgenommen werden. Damit keine Verbiegungen auftreten, soll die Verbindung stets zweischnittig sein.

1. Bolzen sind in ihren Abmessungen genormt

Die Abb. zeigen drei gebräuchliche Formen. Da der Bolzen das Loch nicht so ausfüllt wie ein Niet und deshalb nicht nur auf Abscherung, sondern auch auf Biegung beansprucht wird, ist sein Durchmesser entsprechend größer zu wählen. Die Sicherung erfolgt entweder einseitig oder zweiseitig durch Splinte bzw. Schrauben. Als Bolzenwerkstoff eignen sich die Stähle St 50 und St 60, für geringere Kräfte auch St 42.

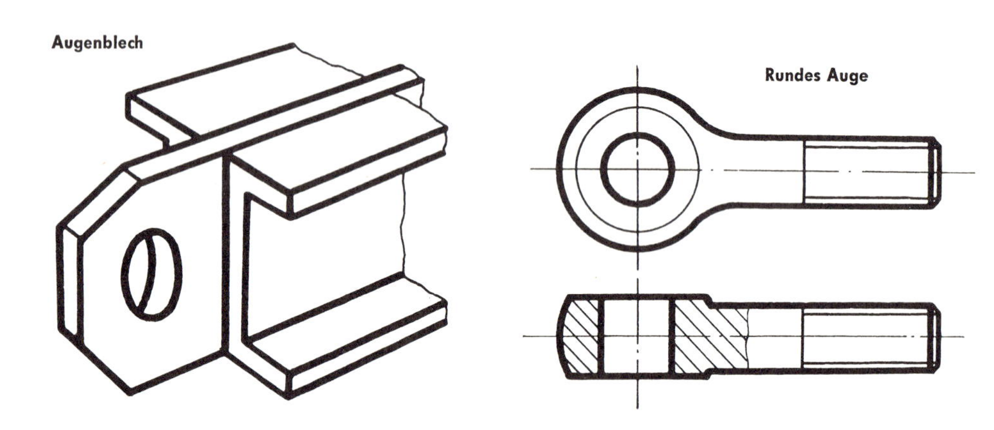

2. Das Auge kann verschieden geformt sein

An Rund-, Vierkant- und Flachstäbe läßt sich ein Auge einfach anschmieden oder anschweißen. Hierbei sind alle eckigen Übergänge zu vermeiden. Nur gut ausgerundete Übergänge gewährleisten einen gleichmäßigen Kraftfluß.

III. Keilverbindungen

Soll eine Zugstange lösbar verankert werden, dann verwendet man Keil oder Splint. Die Stahlbaukeile unterscheiden sich von den genormten Maschinenbau-Keilen durch einen meist größeren Anzug (1 : 20 . . . 1 : 30 gegenüber 1 : 100!) und durch schlankere Form. Der Anzug ermöglicht aber auch hier ein Nachspannen der Stange, während der gleich starke Splint nur als Widerlager wirkt. Werkstoff: Maschinenbaustahl.

Zweckmäßige Abmessungen verbürgen Haltbarkeit!

1. Stangenende so aufstauchen, daß der durch das Keilloch geschwächte Querschnitt gleich dem der Stange ist.
2. Keildicke = 1/4 des Stangenenden-Durchmessers.
3. Mittlere Keilhöhe = 5/4 des Stangenenden-Durchmessers.
4. Keillochabstand vom Stangenende = Stangenenden-Durchmesser.
5. Für Splinte gelten diese Verhältnisse sinngemäß.

IV. Spannschlösser

Spannschlösser sind in vielen Größen im Handel. Sie dienen zum Spannen von Zugstangen oder Zugseilen bzw. zur Verlängerung derselben (Stoß). Die geschlossenen Spannschlösser, Muffen genannt, haben den Nachteil, daß man die Einschraublänge nicht sieht. Durch Drehen des Schlosses, welches ein Links- und ein Rechtsgewinde hat, schrauben sich die Gewindeenden in das Spannschloß hinein. Die Abb. zeigen auch einen Spannring, wie er z. B. für Stangenkreuzungen bei Windverbänden von Hallendächern Anwendung findet.

Selbst finden und behalten:

1. Welchen besonderen Zwecken dienen die Bolzenverbindung, die Keilverbindung und das Spannschloß? Suche dir bekannte Beispiele an Stahlbauteilen!
2. Worauf ist bei Bolzen- und Keilverbindungen zu achten, damit Bruch oder Lösen vermieden wird?
3. In welcher Weise werden Bolzen und Keile beansprucht?
4. Erkläre „Anzug 1:30"!

MERKE:

1. **Der Bau- und Stahlbauschlosser stellt mittels Schrauben, Bolzen, Keilen und Spannschlössern lösbare Verbindungen her.**
2. **Jede Verbindung ist dahin zu überprüfen, ob Werkstoff und Abmessungen der zu übertragenden Zugkraft entsprechen.**

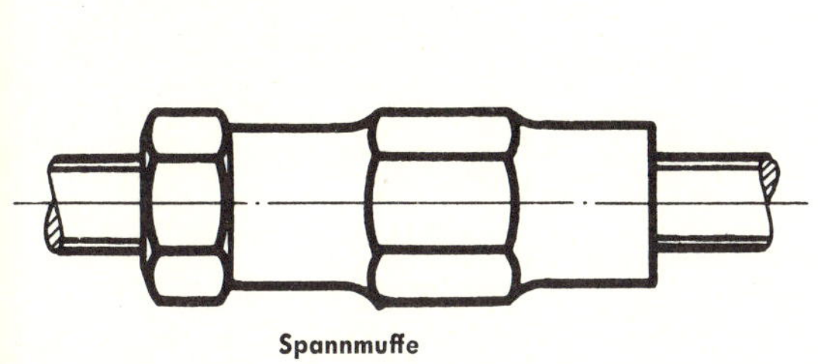

Spannmuffe

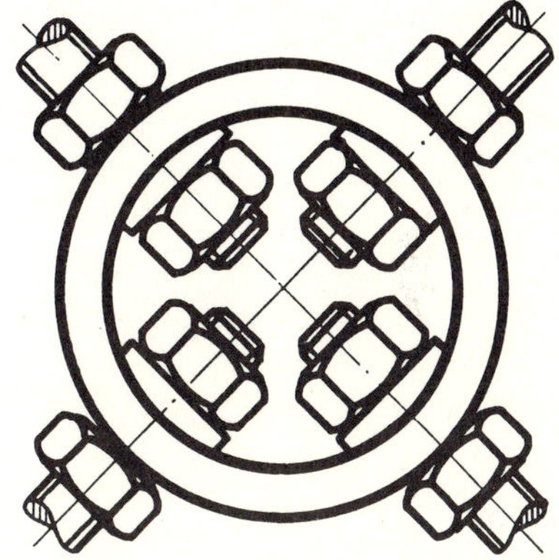

Spannring

V. Lötverbindungen

Die technische Ausführung des Lötens haben wir auf der Grundstufe erlernt. Für den Bauschlosser ist aber nicht weniger wichtig, daß er beurteilen kann, wo eine Lötverbindung vorzuziehen ist und wie man die Verbindung fachmännisch gestaltet. Im Stahl- und Behälterbau gewährleistet nur die Hartlötung die nötigen Festigkeitswerte.

1. Das Hartlöten ist weiterhin eine unentbehrliche Verbindungstechnik

Im Schlosserhandwerk kann trotz bester Schweißeinrichtungen in gewissen Fällen nicht auf das Hartlöten verzichtet werden, wenn es gilt, Reparaturen oder Verbindungen auszuführen.

Das Hartlöten gestattet,

ähnliche und unähnliche Werkstoffe miteinander zu verbinden (Messingring auf Rundstahl, Hartmetall auf Schnellstahl),
sehr dünne Bleche oder sehr unterschiedliche Wandstärken zu verbinden,
einwandfreie Rohrverbindungen herzustellen,
die Verbindung von Nähten, welche nicht direkt mit der Flamme erreichbar sind.

Beim Hartlöten verringert sich

die Gefahr der Verwerfungen und Spannungen (höchstens 1070 °C Arbeitstemperatur, weiche und breite Flamme!),
in vielen Fällen die Arbeitszeit (schnelles Abfließen des Lots),
die Nacharbeit (Naht verläuft glatt!).

2. Durch Hartlöten lassen sich auch Werkstoffe verbinden, die schwer oder gar nicht schweißbar sind

Die folgenden Beispiele sind nur eine Auswahl:

Werkstoff	Lot	Flußmittel	Bemerkungen
Unlegierter Werkzeugstahl	CuZn-Lote	Borax	
leicht legierte Stähle	AgCuZn-Lote	Borax	
hochlegierte, rostfreie Stähle	L-Ag 27 . . . 40	Borax + Halogensalze (Fluor)	Lötstelle vorbehandeln!
Aluminium und Alu-Legierungen	L-AlSi 13 L-Al 80	Spezial-Alu-Flußmittel	
Kupfer und Cu-Legierungen	CuZn-Lote L-Ag 45 . . . 12 L-Ag 15 P L-Cu P 8	Borsäure, Borate unterhalb 700 °C fluorhaltiges Gemenge	Für Reinkupfer L-Ag 15 P
CuNiZn-Legierungen	L-Ag 30 Cd 5 CuZn-Lote L-Ag 20 . . . 50		
Nickel	CuZn-Lote L-Ag 50 L-Ag 30 Cd 5	Boratgemische	Oberhalb 800 °C Dehnungsrückgang, daher besser Schweißung
Gußeisen	L-Ag 25 CuZn-Lote	Borate und Kupferoxide	Schwierig, Lötstelle vorher entkohlen
Hartmetalle	L-SCu CuNi-Lote	Borsäure und Silikatgemische	

3. Je größer die Haftfläche, desto besser die Haltbarkeit

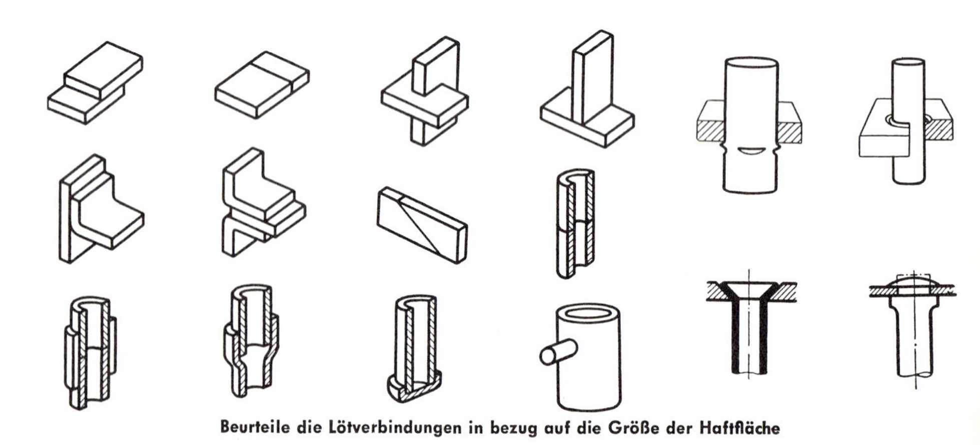

Beurteile die Lötverbindungen in bezug auf die Größe der Haftfläche

Weil beim Löten die Werkstoffe nicht wie beim Schweißen ineinanderfließen, sollen die Stäbe, Bleche und Rohre so vorbereitet sein, daß sie mit einer möglichst großen Fläche aufeinanderhaften. Stumpfe, Eck- und Kehlnähte sind deshalb weniger zuverlässig. Die Abb. zeigen gute und schlechte Anordnungen.

VI. Schweißverbindungen

Sachgemäß ausgeführt, lassen sich durch das Schweißen bis zu 40 % an Werkstoff und sehr viel Arbeitszeit und Kraftaufwand einsparen. Dies gilt sowohl für gewöhnliche als auch für abnahmepflichtige Schweißarbeiten.
(Abnahmepflichtig = die Bauteile müssen von Kommission geprüft [abgenommen] sein, bevor sie ihrem Verwendungszweck zugeführt werden dürfen.)
Dazu gehören z. B. Brücken, Aufzüge, Kranbahnen, Kräne, Maste, Druckbehälter, Behälter für Säuren.

1. Von der Haftschweißung zur Kraftschweißung

Die größtmögliche Sicherheit an Stahlhochbauten erreichen wir, wenn wir
die richtigen Werkstoffe verwenden,
das zweckmäßigste Schweißverfahren wählen,
die Bauteile schweißgerecht gestalten.
Die genauen behördlichen Sicherheitsbestimmungen sind zusammengefaßt in
DIN 4100 (Vorschriften für geschweißte Stahlhochbauten),
DIN 4115 (Stahlleichtbau und Stahlrohrbau im Hochbau).
Das Wichtigste aus diesen DIN-Blättern muß der Bau- und Stahlbauschlosser kennen:

a) Werkstoffe

Für geschweißte Stahlhochbauten sind nur St 37, schweißbare Rohrstähle sowie mit gewissen Auflagen St 52 zugelassen. Bei der Stahlbestellung ist anzugeben, daß der Stahl für geschweißte Bauteile gebraucht wird. Geprüfte Schweißdrähte nach DIN 1913!

b) Schweißverfahren

Es können Lichtbogenschweißungen, elektrische Widerstands-, Gasschmelzschweißungen oder gaselektrische Schweißungen angewendet werden. In den Bauvorlagen sind die gewählten Schweißverfahren anzugeben. Nur geprüfte Schweißer dürfen Stahlhochbauten ausführen, und zwar nur unter der verantwortlichen Aufsicht eines Schweißfachingenieurs oder zumindest eines geprüften „Schweißfachmannes".

c) Bauliche Durchbildung

Die Stabquerschnitte und Anschlüsse sind der Besonderheit der Schweißtechnik anzupassen. (Gut zugänglich, möglichst nicht überkopf, die Schwerlinien der Stäbe sollen mit den Netzlinien zusammenfallen und fluchten, symmetrische Stabquerschnitte.)
Tragende Kehlnähte sollen nicht kürzer als 40 mm und Flankenkehlnähte nicht länger als 100 mal Nahtdicke sein. Wegen der auftretenden Schrumpfung und Spannung nicht zu viele Nähte an einer Stelle anhäufen.

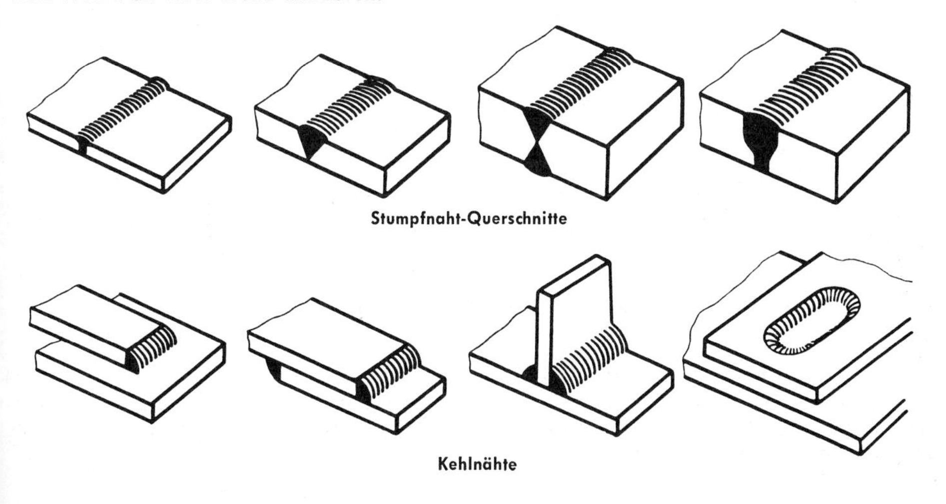
Stumpfnaht-Querschnitte

Kehlnähte

2. Das dünnere Blech bestimmt die Nahtdicke!

Im Stahlbau sind Stumpfnähte und Kehlnähte üblich. Nach Lage der Schweißnaht unterscheiden wir zwischen Stirn- und Flankenkehlnaht oder auch Schlitznaht. Diese Nähte können wiederum voll oder leicht, durchlaufend oder unterbrochen sein. Die Dicke „a" der Kehlnaht soll mindestens 3 mm und im allgemeinen nicht mehr als 0,7 t betragen (= Dicke des dünnsten Bleches).
Ebenso wie eine zu dicke Naht ist auch eine zu lange Naht nur von Übel und erhöht keineswegs die Festigkeit des Anschlusses. Als günstigste Längen gelten die Maße zwischen 15 · a Mindestlänge und 100mal Nahtdicke.

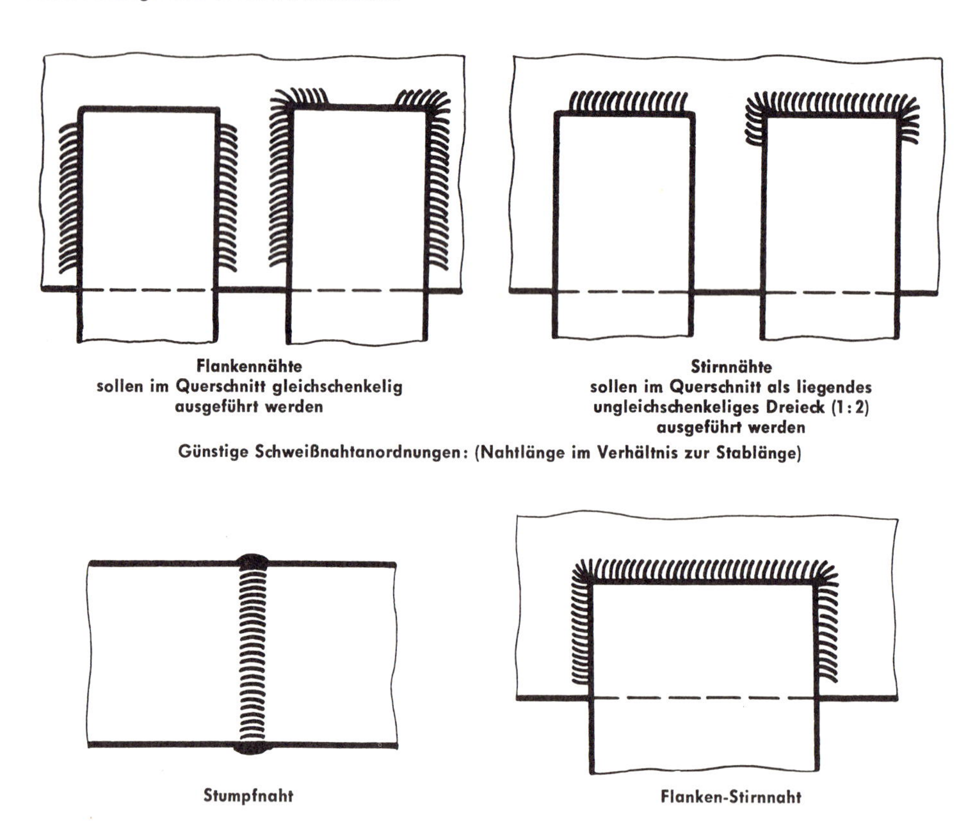

Flankennähte sollen im Querschnitt gleichschenkelig ausgeführt werden

Stirnnähte sollen im Querschnitt als liegendes ungleichschenkeliges Dreieck (1 : 2) ausgeführt werden

Günstige Schweißnahtanordnungen: (Nahtlänge im Verhältnis zur Stablänge)

Stumpfnaht

Flanken-Stirnnaht

3. Die Gestaltung der Schweißverbindungen ist entscheidend!

Bei allen Schweißungen, die nicht nur „kleben", sondern größere Zug-, Druck-, Biegungs- und Scherkräfte übertragen sollen, muß vor allem auf einen möglichst ungestörten Kraftfluß gesehen werden. Sonst entstehen Hebelwirkungen (Momente), die den Werkstoff zusätzlich beanspruchen, wie wir an den Beispielen beobachten werden.
Aus diesem Grund ist die Stumpfnaht stets der Kehlnaht vorzuziehen, wenn es die Konstruktion erlaubt. Weil das Schweißen im Gegensatz zum Nieten oder Schrauben keine breite Auflagefläche erfordert, kann und soll man schon beim Entwurf auf alle unsymmetrischen Profile wie Winkel- oder U-Stähle verzichten. Worauf es ankommt, wollen die folgenden Beispiele zeigen:

Stabverbindungen

Stoß bei geringem Dickenunterschied

Stoß bei größerem Dickenunterschied

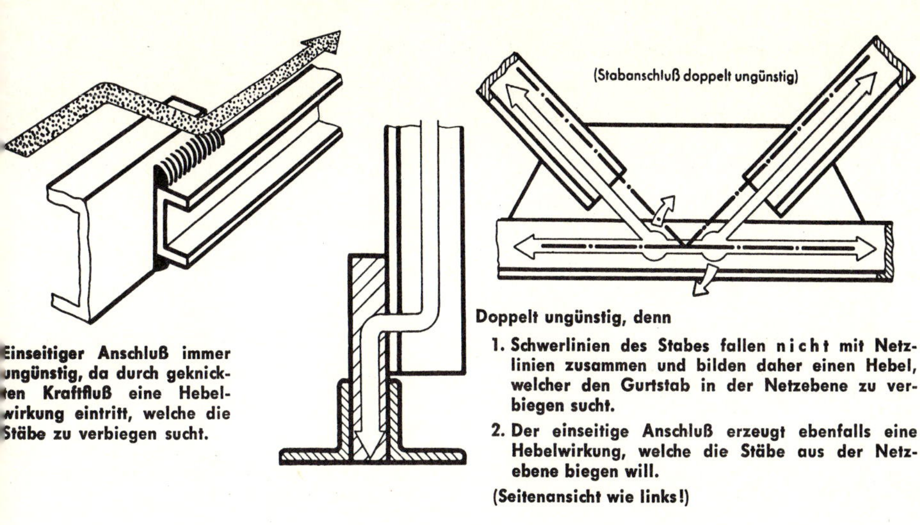

Einseitiger Anschluß immer ungünstig, da durch geknickten Kraftfluß eine Hebelwirkung eintritt, welche die Stäbe zu verbiegen sucht.

Doppelt ungünstig, denn

1. Schwerlinien des Stabes fallen **n i c h t** mit Netzlinien zusammen und bilden daher einen Hebel, welcher den Gurtstab in der Netzebene zu verbiegen sucht.
2. Der einseitige Anschluß erzeugt ebenfalls eine Hebelwirkung, welche die Stäbe aus der Netzebene biegen will.

(Seitenansicht wie links!)

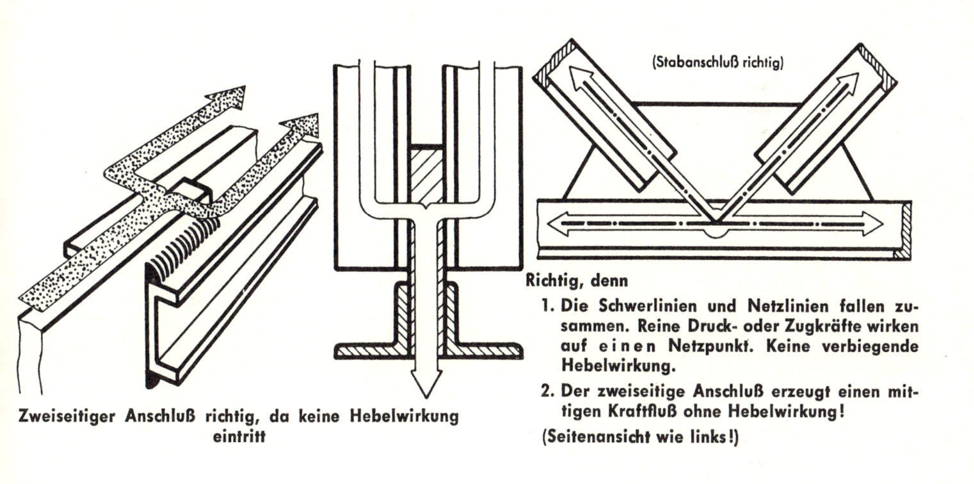

Zweiseitiger Anschluß richtig, da keine Hebelwirkung eintritt

Richtig, denn

1. Die Schwerlinien und Netzlinien fallen zusammen. Reine Druck- oder Zugkräfte wirken auf **e i n e n** Netzpunkt. Keine verbiegende Hebelwirkung.
2. Der zweiseitige Anschluß erzeugt einen mittigen Kraftfluß ohne Hebelwirkung!

(Seitenansicht wie links!)

Laschenverbindungen

Laschenverbindungen sind nicht nur teuer, sondern meist auch überflüssig, wenn die Stumpfnaht einwandfrei ausgeführt ist. Sehr vorteilhaft erscheint dagegen die Schrägstumpfnaht.

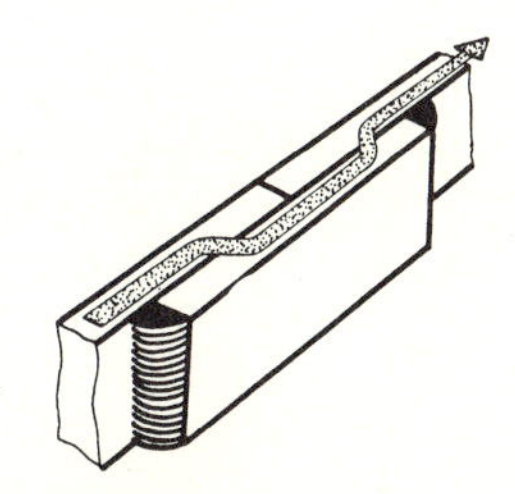

Doppelt ungünstig, denn

1. Hebelwirkung durch einseitige Lasche.
2. Starke Knickung des Kraftflusses durch Stirnnaht.

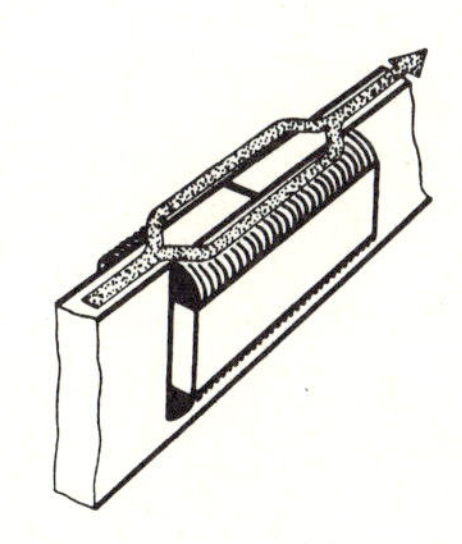

Richtig, denn

1. Keine Hebelwirkung, da zweiseitige Lasche.
2. Geringe Ablenkung des Kraftflusses durch Flankennaht.

B i n d e b l e c h e

Sie sollen nicht nur ein Ausknicken der Träger verhindern, sondern auch Winkelsteifigkeit bewirken. Dies wird am zuverlässigsten durch Flanken- u n d Stirnnähte erreicht.

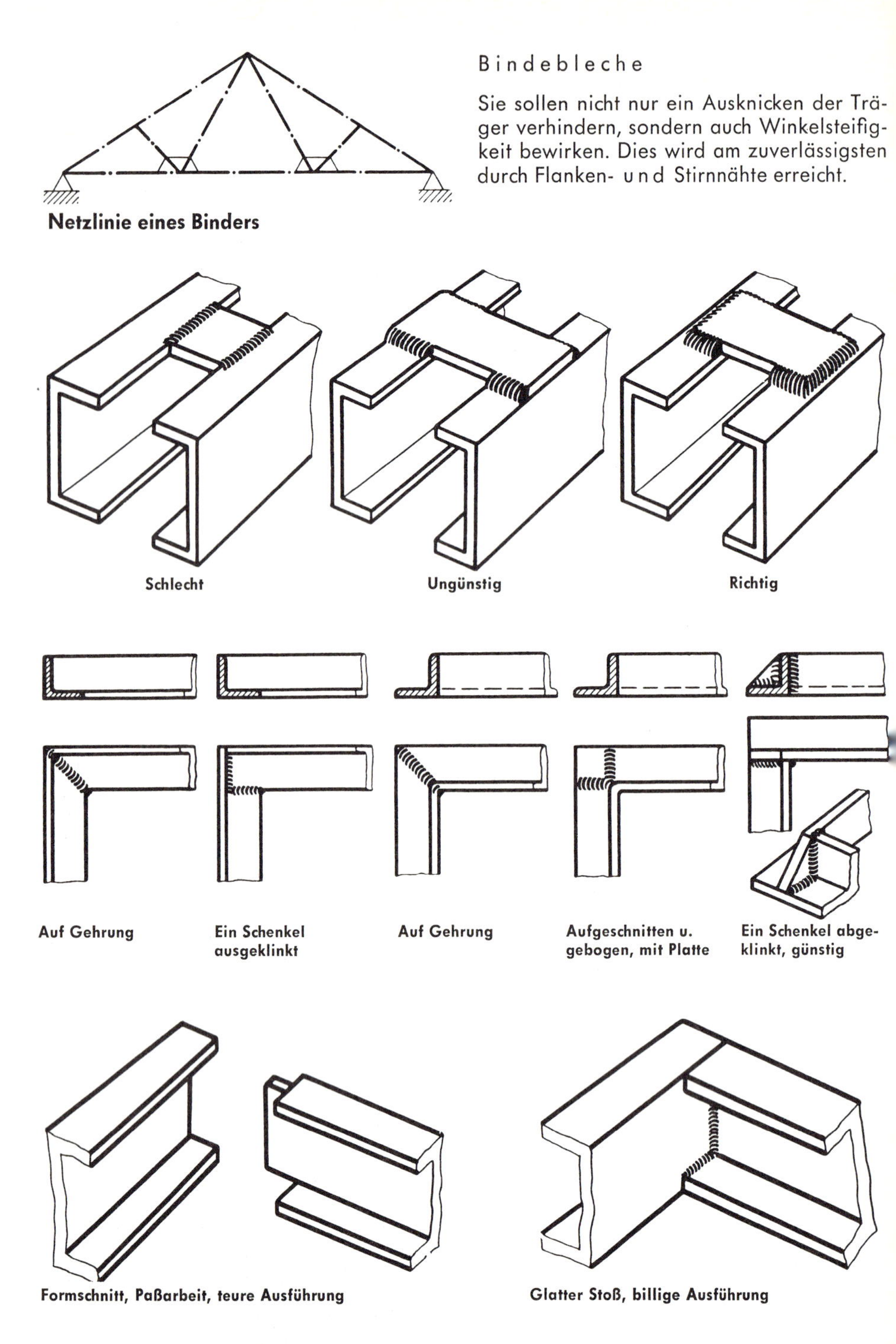

Netzlinie eines Binders

Schlecht | **Ungünstig** | **Richtig**

Auf Gehrung | **Ein Schenkel ausgeklinkt** | **Auf Gehrung** | **Aufgeschnitten u. gebogen, mit Platte** | **Ein Schenkel abgeklinkt, günstig**

Formschnitt, Paßarbeit, teure Ausführung | **Glatter Stoß, billige Ausführung**

4. Rohrverbindungen sind vorteilhaft

Das Rohr, insbesondere mit kreisförmigem Querschnitt, stellt unser idealstes Bauelement dar, weil es bei geringstem Werkstoffgewicht die größte Steifigkeit und Knickfestigkeit besitzt. Hätte sonst die Natur, der sparsamste Baumeister, für den Weizenhalm, für den Vogelknochen oder für den Schaft der Vogelfeder nicht eine andere Form gewählt? Wenn trotzdem die Rohrkonstruktion erst jetzt eine allerdings sprunghafte Aufwärtsentwicklung zeigt, so leshalb, weil erst gut schweißbare Rohrtähle von genügender Festigkeit und elekrische Schweißverfahren entwickelt werden nußten, welche den Rohrstahlbau kraftchlüssig und wirtschaftlich machen. Obvohl wir für nahtlose gute Stahlrohre fast las Doppelte zahlen wie etwa für das gleihe Gewicht Winkelstahl und die Elektrochweißung höhere Kosten verursacht, ergibt ich infolge der Gewichtsersparnis schon bei Dachbindern über 15 m Spannweite ein Preisvorteil. Große, stützenlose Hallen- und Kirchendächer wurden erst durch Übergang um Stahlrohrbau möglich. Selbst ein geringer Mehrpreis ist dort gerechtfertigt, wo es auf Gewichtseinsparung ankommt, z. B. bei Kränen, Brücken, Toren.

Die wesentlichsten Vorteile des Stahlrohrbaues sind

Gewichtsersparnis bis zu 60 %
Verbilligter Montageaufwand
Herabsetzung der Transportauslagen
Geringe Anstrich- und Unterhaltungskosten
Kein Innenrosten, da dichtgeschweißte Rohre
Formschönheit

Werkstoff

Für Durchmesser bis 50 mm meist längsgeschweißte Gasrohre nach DIN 2440 U in der Werkstoffgüte St 33–2.

Für Durchmesser über 50 mm nahtlose Rohre nach DIN 2448 in der Werkstoffgüte St 35 und St 55.

Da St 55 infolge seines höheren Kohlenstoffgehalts schwierig zu schweißen ist, wurden durch Manganzusatz im Martinofen Sonderstähle (Feinkornstahl) entwickelt, die sich bei gleicher Festigkeit ausgezeichnet schweißen lassen (z. B. Rohrstahlwerkstoff RHB 36, entwickelt von den Mannesmannwerken).

Die Wanddicke beträgt durchweg etwa 3 bis · mm.

Vorbereitung

Nur sauber vorbereitete Stabenden gewährleisten haltbare Verbindungen. In der Werkstatt trennt man die Rohre auf genaues Maß mit der Säge, wenn das Rohr im Winkel befestigt werden soll, gleich auf Gehrung.

Strebenrohre erhalten ihre Anschlußform durch einen Walzenfräser mit dem Durchmesser des Gurtrohres. Zur Not kann man das Rohr auch mit dem Schneidbrenner ausschneiden.

Soll mit Hilfe eines eingeschweißten Knotenblechs eine lösbare Rohrverbindung entste-

Gehrungsschraubzwinge zum Schweißen

Neue Dachkonstruktion aus Rohrstahl (Mittelalterliches Kornhaus in Ulm, Spannweite 23 m, Länge 33 m, Stahlgewicht 15 t)

Für den Zusammenbau vorbereitete Rohrenden

hen, dann spannt man das Rohr in eine Drehbank mit Hohlspindel, erhitzt das umlaufende Rohrende mit einem starken Schweißbrenner auf Weißglut und „kümpelt" es mit einem Profilstahl zu (S. 161).

Anschlußformen

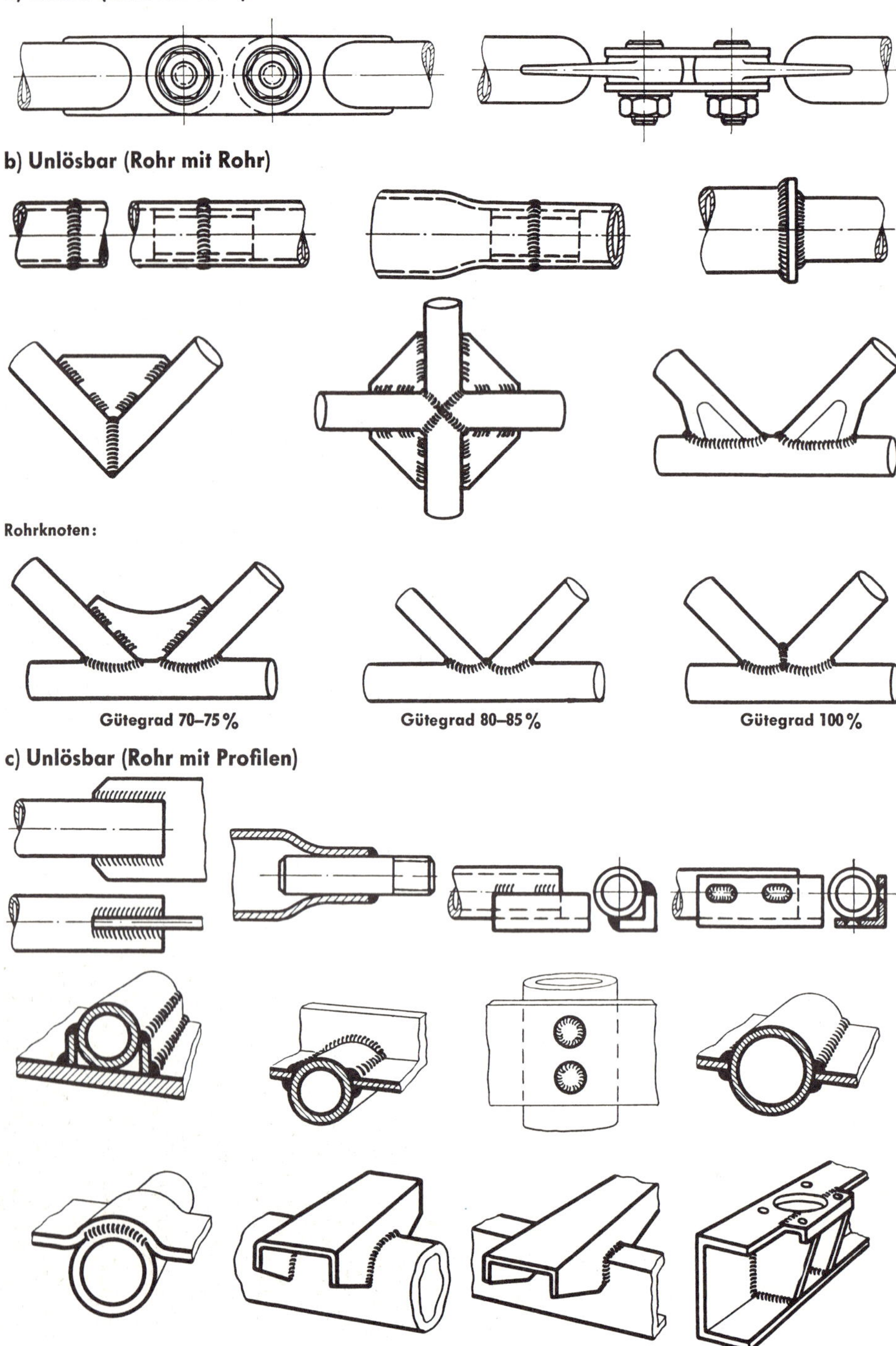

Zukümpeln der Rohrenden auf Hohlspindelbank

Auslegen der Rohre für einen Dachbinder in der Schablone

Rohrträger-Konstruktion

Zusammenbau eines Rohrträgers

5. Mindestlänge von Flanken- und Stirnnähten

a) Weil bei Schweißnähten mit Fehlstellen gerechnet werden muß, dürfen sie nach DIN 1400 nur mit einem Teil der für die Profile zulässigen Spannung belastet werden. Zulässige Spannung nach DIN 1050 = σ_{zul} (sprich sigma zulässig). Die kleinere zulässige Spannung für geschweißte Stahlverbindungen bezeichnet man mit ϱ_{zul} (sprich rho zulässig):

	Beanspruchung	Zulässige Spannung ϱ_{zul}
Stumpfnähte	Zug	$0{,}75 \cdot \sigma_{zul}$
	Druck	$0{,}85 \cdot \sigma_{zul}$
	Zug oder Druck und Biegung	$0{,}80 \cdot \sigma_{zul}$
	Abscheren	$0{,}65 \cdot \sigma_{zul}$
Kehlnähte	alle Beanspruchungsarten	$0{,}65 \cdot \sigma_{zul}$

b) Flanken- und Stirnnähte sind überwiegend auf Abscherung beansprucht. Man denkt sich diese Beanspruchung auf die schräge Längsschnittfläche a · l verteilt (siehe Abb.).
a = Schweißnahtdicke
l = Schweißnahtlänge (ohne Endkrater)
Da die geschweißte Fläche a · l pro cm² weniger Kraft weiterleiten darf, muß sie größer sein als der Profilquerschnitt A, um die gleiche Gesamtkraft übertragen zu können.

Für $\varrho_{zul} = 0{,}65\ \sigma_{zul}$ gilt dann:
Schweißfläche a · l verhält sich zur Profilfläche A wie 1 : 0,65 oder $\frac{a \cdot l}{A} = \frac{1}{0{,}65}$ oder $\boxed{l = \frac{A}{0{,}65 \cdot a}}$

c) **Ein Beispiel aus der Praxis**

Ein Zugstab ⊥ 90 (Flanschdicke = 10 mm) wird mit 2 Flankennähten (a = 0,7 cm) an ein Blech von 12 mm Dicke geschweißt. Dem Tabellenbuch entnehmen wir die Querschnittsfläche des ⊥-Profils mit 17,1 cm².

$l = \frac{A}{0{,}65 \cdot a} = \frac{17{,}1\ \text{cm}^2}{0{,}65 \cdot 0{,}7} \approx 38\ \text{cm}$ l Flankennaht $= \frac{38}{2} = 19\ \text{cm}$ ohne Endkrater

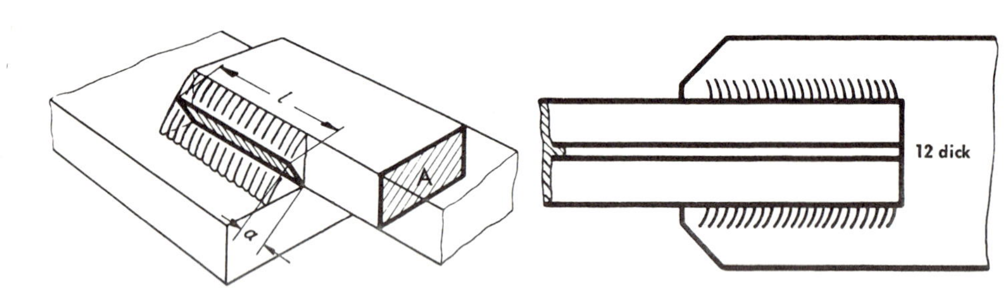

Werkstattwinke:

1. Wende die Hartlötung dann an, wenn sehr verschiedene Werkstoffe, sehr unterschiedliche Werkstoffdicken und schwer schweißbare Werkstoffe verbunden werden sollen oder die Erhitzung auf Schweißtemperatur nicht ratsam ist!
2. Verwende das zum Grundwerkstoff passende Lot und Flußmittel.
3. Sorge für eine genügend große, metallisch reine, genau passende Haftfläche! (Abbeizen besser als Schaben und Schmirgeln!)
4. Gestalte jede Schweißverbindung so, daß die Vorteile dieser Technik zur Geltung kommen: Möglichst Stumpfstöße ohne Knotenblech. Symmetrische Profile (Rohre). Fluchten der Schwerlinien.
5. Schweiße die Nähte nicht dicker und nicht länger als nötig!
6. Beachte, daß sich nur Stähle bis 0,25 % C (etwa bis St 42) gut schweißen lassen. Höher gekohlte Stähle oder größere Wandstärken (z. B. bei Rohrkonstruktionen) müssen vorgewärmt werden! Warum?
7. Vermeide die Anhäufung von Schweißnähten an einer Stelle!

Selbst finden und behalten:

1. An einen Kupferkessel ist eine Öse anzulöten. Welches Lot eignet sich am besten? Flußmittel?
2. An eine gußeiserne Klappe ist ein kleines Zapfenlager anzulöten. Welches Lot und Flußmittel sind hierfür zu empfehlen?
3. Wie unterscheidet sich die Lötflamme von der Schweißflamme?
4. Ein kräftiger U-Stahlrahmen ist aus 4 Seitenteilen zusammenzuschweißen. Wie sind die Eckverbindungen am zweckmäßigsten zu gestalten, und in welcher Reihenfolge werden die Ecken geschweißt, damit die geringsten Spannungen entstehen (Flansch nach innen)?
5. Welchen Nachteil haben einseitige Stab- und Laschenanschlüsse?
6. Warum sind Flankennähte den Stirnnähten vorzuziehen?
7. Auf welche Weise können Rohrstöße und Rohrknotenpunkte hergestellt werden?
8. Wie ermittelt man die Mindest-Nahtlänge für einen einfachen Stabanschluß?

MERKE:

1. **Durch Hartlöten und Schweißen entstehen unlösbare Verbindungen von Metallen.**
2. **Das Schweißen tritt nicht einfach an die Stelle des Nietens, sondern fordert schon im Entwurf der Bauteile eine Berücksichtigung seiner eigenen Gesetze.**
3. **Durch schweißgerechtes Konstruieren (Stahlrohrbau) werden Werkstoff und Arbeitszeit gespart.**

VII. Vernietungen

Genietet wird im Stahlbau (= kraftschlüssige Verbindung)
im Kesselbau (= kraftschlüssige und dichte Verbindung)
im Behälterbau (= dichte Verbindung)

1. Die Nietform ist dem Verwendungszweck angepaßt

Von den Nieten sind hauptsächlich die Formen nach DIN 124 und DIN 302 im Stahlbau gebräuchlich.
Es gibt Niete aus Stahl, Kupfer, Kupfer-Zink-Legierungen, Alu und Alu-Legierungen. Die Stahlsorten, aus welchen Niete hergestellt werden, sind in DIN 17111 neu genormt und führen die Kurzzeichen U St 36, U Q St 36, R St 36, U St 38, U Q St 38, R St 38, R St 44-2
Bezeichnungsbeispiel: Halbrundniet DIN 124 - 14 x 40 U Q St 38

2. Niete sollen nur auf Abscherung beansprucht werden

Die Haltbarkeit jeder Nietung wird einerseits durch den Widerstand des Nietschafts gegen Abscheren, andererseits durch den Widerstand des Bleches (der Lochleibung) gegen Ausreißen bestimmt. Deshalb ist die mehrschnittige und mehrreihige Anordnung der einschnittigen und einreihigen überlegen. Besonders ungünstig ist die einschnittige Verbindung, weil hier durch Hebelwirkung eine Verbiegung eintritt.

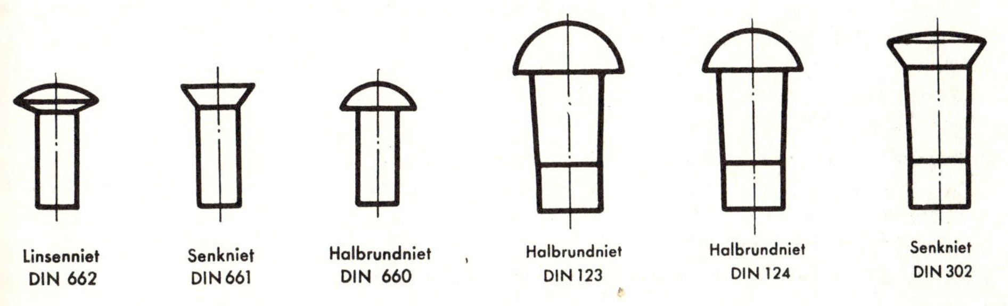

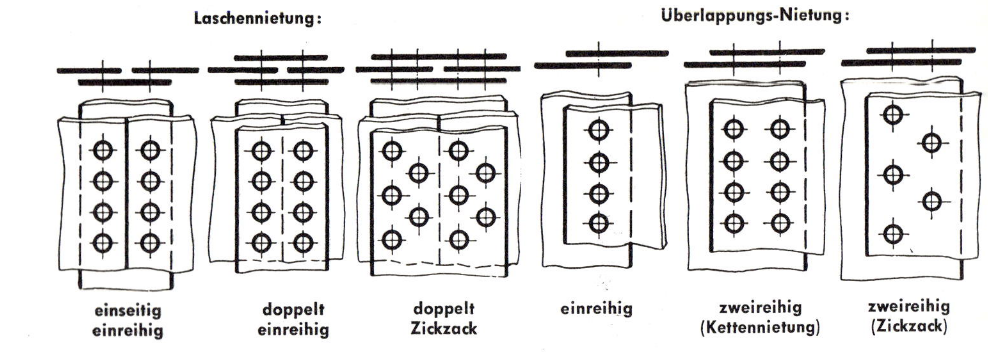

3. Durch richtige Anordnung der Niete wird die Nietung sicher und wirtschaftlich

Wahl des Nietdurchmessers:
Über die zulässigen Nietlochdurchmesser d_1 und damit auch über die Nietdurchmesser d beim Nieten von Profilen im „Stahlbau" geben die Profiltabellen Aufschluß (vgl. Seite 119!). Im übrigen ist der Nietdurchmesser durch die kleinste Laschen- bzw. Plattendicke s_1 bestimmt und begrenzt (vgl. Seite 82!). Der Nietdurchmesser darf nicht größer als 1/3 der Flachstahl- oder Flanschenbreite sein.

Wahl der Nietteilung:
Durch Einhalten der Tabellenwerte verhindern wir sowohl das Ausreißen der Bleche als auch das Klaffen oder Wellen derselben.
Im Stahlbau sind als **kleinste Nietteilung 3 · d_1** und als **größte Nietteilung 6 · d_1** zulässig (d_1 = Nietloch-∅). Der Randabstand in Kraftrichtung darf 2 ... 2,5 d_1, quer zur Kraftrichtung 1,5 ... 2 · d_1 betragen. Genaue Werte siehe Tabellenbuch!
Bei Schenkellängen über 100 mm ordnet man die Niete in zwei Reihen an (parallel oder versetzt).

4. Die Nietrißlinien sind durch die Streich- und Wurzelmaße festgelegt

Als Wurzelmaß w bezeichnet man den Abstand der Nietrißlinie von der Winkelecke des Profils (einfach oder doppelt).
Als Streichmaß a bezeichnet man den Abstand der Nietrißlinie von der Schenkelkante des Profils.
Die Steghöhe h von U- und Z-Profilen ist beim Befestigen von Laschen oder anderen Anschlußteilen zu beachten.
Alle drei Maße finden wir in den DIN-Blättern 996 und 997 oder im Tabellenbuch.

Werkstattwinke:

1. Das Lochen ist nur für untergeordnete Schlosserarbeiten erlaubt, Nietlöcher für tragende Stahlbauten müssen gebohrt werden!
2. Bereite die Nietung gut vor: Genauer Anriß, richtiger Nietdurchmesser, erforderliche Schaftlänge. Löcher gefluchtet, entgratet?
3. Ein passender Gegenhalter ist wichtig.
4. Verwende im Stahlbau nach Möglichkeit folgende Nietlochdurchmesser
   11 (M 10) – 13 (M 12) – 17 (M 16) – 21 (M 20) – 23 (M 22) – 25 (M 24) – 31 (M 30), damit sie mit den eingeklammerten metrischen Schrauben austauschbar sind.
5. Beginne beim Reihennieten in der Mitte und niete von hier aus nach beiden Richtungen. Schlage nie mehr als 5 Niete in einer Reihe, die überzähligen tragen nicht mehr! (Ausnahme: Heftnietung an Rahmen oder Behältern.)
6. Prüfe jeden Niet auf einwandfreien Sitz! (Hammerprobe!)

Selbst finden und behalten:

1. Die Löcher einer zweischnittigen Nietung fluchten nicht genau. Mit welchen Werkzeugen hilfst du nach? Warum sind Rundfeile oder Stahldorn ungeeignet?
2. Wie groß ist der Unterschied zwischen Nietlochdurchmesser und Rohnietdurchmesser bei Nieten über 9 mm ∅?

3. Welche Zusatzsinnbilder sieht DIN ISO 5261 für Senk- und Linsenniete oder für auf Montage zu schlagende Niete vor? (Tabellenbuch!) Vgl. S. 321!
4. Welchen Nachteil hat eine einschnittige, überlappte Nietverbindung?
5. Ein Zugstab 45 x 8 soll durch den gleichen Flachstahl verlängert werden. (Doppellaschenstoß!) Wähle Laschendicke und -länge, Nietdurchmesser und Rohlänge, triff unter Berücksichtigung der Mindestabstände lt. Tabelle die günstigste Nietanordnung!
   Gesamtlast F = 37 000 N.

MERKE:

1. Durch Nieten werden Verbindungen hergestellt, welche man nur nach Zerstörung des Niets wieder lösen kann (Nietquetscher, Schlitzbrenner).
2. Wir unterscheiden Dichtnietung, Dicht- und Kraftnietung, Heftnietung und reine Kraftnietung.
3. Vom Behälter- und Kesselbau abgesehen, können im Stahlbau Stöße und Anschlüsse der verschiedensten Art genietet werden.
4. Jede Kraftnietung muß auf Abscherung u n d Lochleibung berechnet werden.

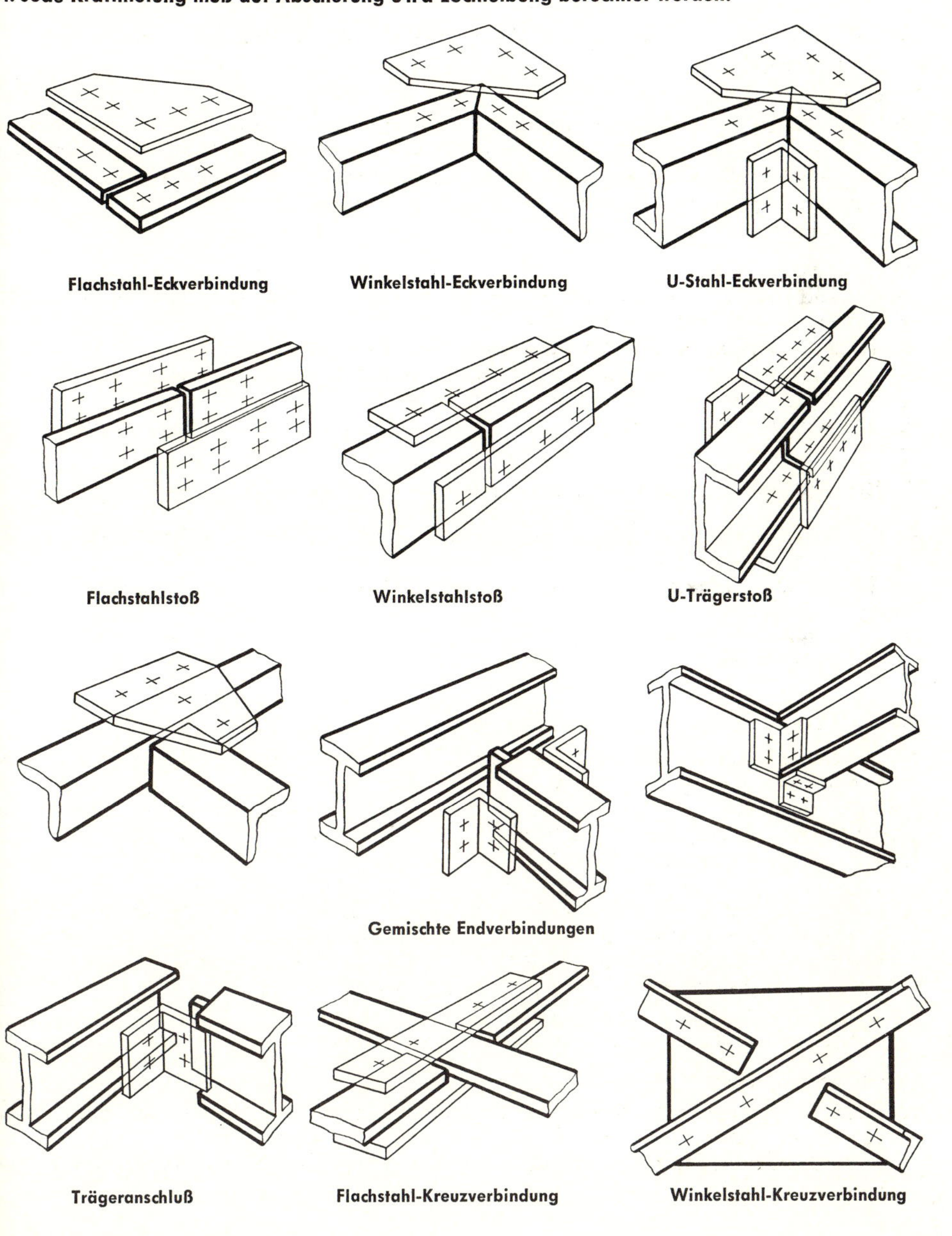

Flachstahl-Eckverbindung — **Winkelstahl-Eckverbindung** — **U-Stahl-Eckverbindung**

Flachstahlstoß — **Winkelstahlstoß** — **U-Trägerstoß**

Gemischte Endverbindungen

Trägeranschluß — **Flachstahl-Kreuzverbindung** — **Winkelstahl-Kreuzverbindung**

VIII. Kleben von Metallen und Kunststoffen

Bei der Fügetechnik des Klebens bewirken Adhäsion zwischen Klebstoff und Fügeteilen und Kohäsion der Klebermoleküle eine kraftschlüssige Verbindung. Statt durch Nieten, Löten oder Schweißen werden vielfach schon Hauben, Rahmen, Verkleidungen, Rohrverbindungen, Behälter, Schilder, Leichtmetalltüren und -fenster, Stahlbaufachwerke geklebt. Manche Bauweisen, z. B. im Flugzeug- und Raketenbau, wären ohne Metallklebeverfahren gar nicht möglich.

1. Als Kleber werden Kunststoffe verwendet (Reaktionsklebstoffe)

Die chemische Basis der im Handel befindlichen Kleber bilden Epoxidharze, Phenolharze, Polyurethane, Polyester, Polyester-Epoxidharze, Epoxid-Silikonharze, Acrylharze, Cyanacrylate, Neopren, Perbunan u. a. Es handelt sich um hochmolekulare, aushärtbare Kunststoffe, die sich nach der Vernetzung durch den Härteprozeß durch sehr hohe Haftfestigkeit und innere Festigkeit auszeichnen.

Die Aushärtung wird in der Regel ausgelöst und unterhalten

Die Kaltkleber, auch Zweikomponentenkleber genannt, härten bei Raumtemperatur (20 °C) aus und erreichen ihre höchste Festigkeit meist erst nach mehreren Tagen. Durch Zusatz eines „Beschleunigers" als dritte Komponente kann der Prozeß verkürzt werden (Mehrkomponentenkleber). Die durch Kaltkleben erzielten Festigkeiten sind geringer als die von warm geklebten Verbindungen. Kaltkleber-Verbindungen erfordern weniger Fertigungsaufwand und kommen billiger.
Die Warmkleber (z. B. auf Epoxidharzbasis) werden oft als Einkomponentenkleber bezeichnet. Doch diese Klassifizierung ist nicht ganz zutreffend, denn auch dem fertigen Warmkleber ist in der Regel schon ein Härter beigemischt, der allerdings erst bei Aushärtungstemperaturen zwischen 100 und 200 °C reagiert.
Die Aushärtezeit liegt hier zwischen wenigen Minuten und etwa 24 Stunden.

2. Nur vorschriftsmäßige Verarbeitung garantiert einwandfreie Haltbarkeit

a) Um die Adhäsion zwischen dem Kleber und den Oberflächen der Fügeteile voll wirksam werden zu lassen, müssen die metallischen Klebeflächen gründlich gesäubert und entfettet werden (bürsten, abschleifen mit Schmirgelpapier, entfetten mit Tetrachlorkohlenstoff, Trichloräthylen). Klebeverbindungen aus Alu und Alu-Legierungen, welche höheren Beanspruchungen ausgesetzt sind, soll man durch Beizen der Klebeflächen mit einer Lösung aus verdünnter Schwefelsäure und Natriumbichromat (= Picklingsprozeß) vorbereiten. Zum Beizen von Stahl- und Schwermetallflächen eignen sich Salpetersäure und verdünnte Salzsäure.
Bei der **Vorbereitung von Kunststoffen** ist zunächst wissenswert, daß deren Klebeeignung sehr unterschiedlich ist. Polystyrol, PVC, Polycarbonate, Polyacrylate, Polyurethane und im allgemeinen die Duroplaste lassen sich gut kleben.
Weich-PVC, Polyamide, synthetischer Kautschuk sind weniger geeignet. Polyolefine, Polyfluorolefine, Siliconharze und Polyacetate lassen sich nur bedingt nach entsprechender Vorbehandlung kleben. Dementsprechend unterschiedlich ist auch die Vorbereitung des Haftgrundes. Diesbezügliche Hinweise des Kunststoffherstellers sind zu beachten.
Reinigen und Entfetten mit Trichloräthylen, Azeton u. ä. genügen bei PVC, Polystyrol, Polycarbonat, Polyamid, Polyisobutylen, Celluloseester.

Aufrauhen der Haftflächen durch Bürsten oder Sandstrahlen ist zusätzlich vor allem bei glatten Preßstoffen zu empfehlen.
Chemische, thermische oder elektrische Vorbehandlung ist erforderlich für Polyacetate, Polyolefine, Polyfluorcarbonate, Polyoxymethylene, Polyäthylen, Polypropylen.
Beim Fügen von gleichartigen thermoplastischen Kunststoffen kann man auch ohne Kleber auskommen. Mit einem geeigneten Lösungsmittel werden die Klebeflächen aufgeweicht und dann zusammengedrückt.

b) Die Anwendungsvorschriften für die im Handel befindlichen Kleber sind so verschieden, daß allgemeingültige Regeln nicht aufgestellt werden können. Wichtig ist, daß die Verarbeitungsvorschriften der Lieferfirma hinsichtlich Vorbereitung der Oberfläche, Ansetzen bzw. Mischen des Klebers, Dicke des Kleberauftrags, Passung, Topfzeit genau eingehalten werden. (Topfzeit = Zeitspanne vom Ansetzen bis zu dem Zeitpunkt, zu dem der Klebstoff verarbeitungsfähig bleibt.)

3. Kraftschlüssige Verbindungen setzen klebegerechte Gestaltung der Fügeteile voraus

Klebeverbindungen sollen möglichst so erfolgen, daß sie nur durch Druck- oder Zugscherkräfte beansprucht werden. Gegen aufbiegende (= schälende) Kräfte ist die Klebeverbindung besonders empfindlich. Wo schälende Kräfte auftreten können, müssen vorbeugende Maßnahmen getroffen werden, z. B. Absicherung durch ein Niet oder eine Schraube, durch Falzen oder Bördeln.
Stumpfstöße erbringen zu kleine Klebeflächen, Schäftungen sind meist zu schwierig und aufwendig, deshalb sind Überlappungsverbindungen zu bevorzugen. Klebestellen sollen vor Witterungs- und Feuchtigkeitseinflüssen geschützt werden (z. B. durch Lacküberzug).

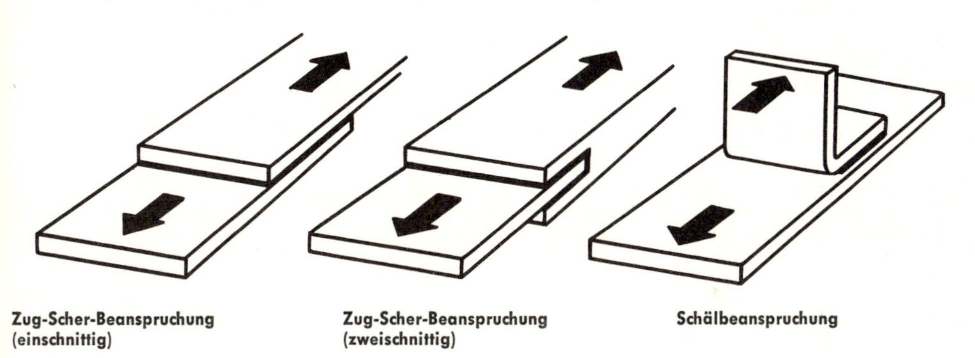

Zug-Scher-Beanspruchung (einschnittig) — **Zug-Scher-Beanspruchung (zweischnittig)** — **Schälbeanspruchung**

Beispiele für klebegerechte Verbindungen:

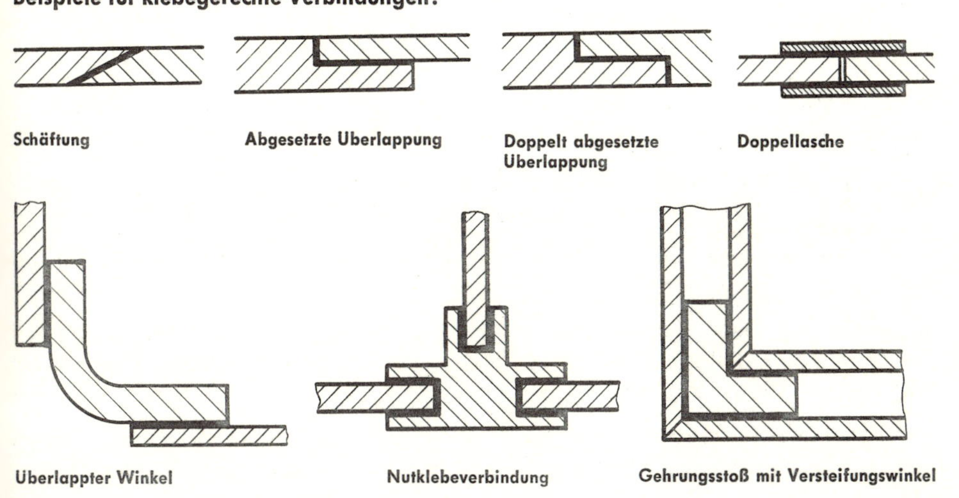

Schäftung — **Abgesetzte Uberlappung** — **Doppelt abgesetzte Uberlappung** — **Doppellasche**

Uberlappter Winkel — **Nutklebeverbindung** — **Gehrungsstoß mit Versteifungswinkel**

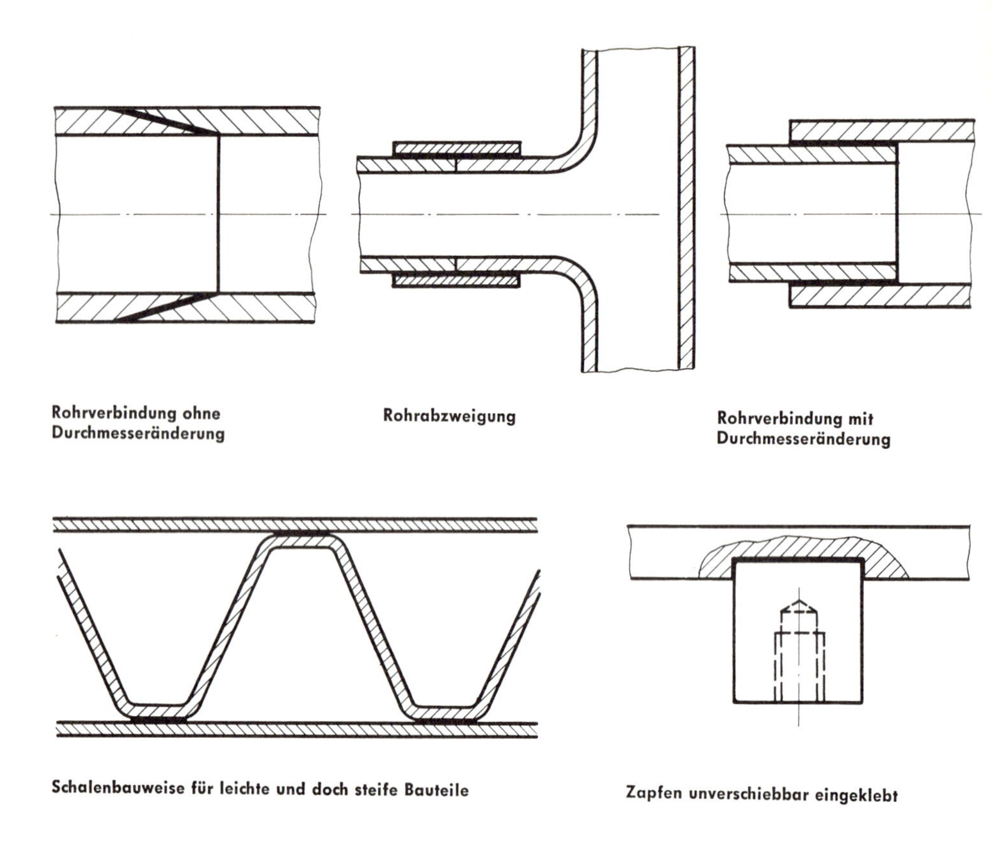

4. Die Verbindungen mit Reaktionsklebstoffen haben unterschiedliche Eigenschaften

Trotzdem gelten im allgemeinen folgende Angaben für

a) Physikalische Eigenschaften

Die Klebeverbindungen werden von Lösungsmitteln (Aceton, Benzin, Benzol, Äther, Alkohol) und anderen Flüssigkeiten (Öl, Wasser, Kochsalzlösung, Laugen, verdünnten Säuren) nicht angegriffen.

Sie sind fast durchweg alterungsbeständig. Dauernde Feuchtigkeit setzt die Scherfestigkeit um etwa 20 % herab.

Sie haben bei Raumtemperatur die höchste Festigkeit. Oberhalb 60 ... 150 °C nimmt die Festigkeit stark ab. Über 200 °C, bei einigen Klebern auch noch darüber, zersetzt sich der Klebstoff.

b) Mechanische Eigenschaften

Das Verhältnis der Bruchlast zur Klebefläche bei Zugscherbeanspruchung, die Bindefestigkeit τ'_B, ist die wichtigste Kenngröße für Klebeverbindungen.

Für Kaltkleber gilt: $\tau'_B \approx 15 \dots 30\ \text{N/mm}^2$

Für Warmkleber gilt: $\tau'_B \approx 30 \dots 50\ \text{N/mm}^2$

Die Dauerfestigkeit kann man ungefähr mit $0{,}2 \dots 0{,}6 \cdot \tau'_B$ ansetzen.

Selbst finden und behalten

1. Auf welche Weise kann die Aushärtung (Vernetzung) bei den Reaktionsklebstoffen ausgelöst werden?
2. Welche zwei Arten von Kräften bewirken zusammen die Festigkeit der Klebeverbindung?
3. Was versteht man unter Topfzeit?
4. Welche Vorteile hat das Kleben gegenüber anderen Fügeverfahren?

MERKE:

**1. Das Fügeverfahren zum Verbinden von Teilen durch Oberflächenhaftung mittels geeigneter Klebstoffe nennt man Kleben.
Die wichtigsten und hochwertigsten Klebstoffe für Metalle und Kunststoffe sind die Reaktionsklebstoffe.**

2. Besonders beim Verbinden von Kunststoffen muß der Kleber auf deren chemische Zusammensetzung abgestimmt sein.

3. Die Aushärtung des Klebstoffs erfolgt bei Raumtemperatur oder nach Erwärmen bis zu 200 °C mit oder ohne Druck.

4. Die Festigkeit der geklebten Verbindung hängt im wesentlichen ab von der Wahl des geeigneten Klebers, von der klebegerechten Gestaltung der Teile, der Vorbehandlung der Klebeflächen und der Dicke der Klebeschicht. Diesbezügliche Vorschriften der Herstellerfirmen sind zu beachten.

5. Das Fügen mittels Kleben hat gegenüber anderen unlösbaren Verbindungstechniken einige Vorteile: Verschiedenartige Metalle sowie Metall-Nichtmetall lassen sich kleben. Die Fügeteile können unterschiedlich dick sein.

**6. Klebeflächen können gegen Elektrizität, gegen Vibration und Schall isolieren.
Wegen der geringen Erwärmung ist keine Gefügeänderung im Werkstoff zu befürchten wie etwa beim Schweißen.
Gewichts- und Werkstoffeinsparungen, glatte Oberflächen, dichte Abschlüsse.**

Schweißen verlangt fachliches Wissen und Handfertigkeit

Schweißen heißt gleichartige Werkstoffe in teigigem oder flüssigem Zustand unlösbar verbinden. Die Hammer- oder Feuerschweißung ist uralt wie das Schmiedehandwerk, doch die Techniken des Gasschmelz- und Elektroschweißens wurden erst mit der Jahrhundertwende möglich. Erst als Prof. Linde ein Verfahren gefunden hatte, Sauerstoff in großen Mengen wirtschaftlich aus flüssiger Luft zu gewinnen, erst als der Betriebsingenieur Ernst Wiß von der damaligen Chemischen Fabrik Griesheim-Elektron-Frankfurt den rückschlagsicheren Wasserstoff-Sauerstoff-Schweißbrenner entwickelt hatte, konnte das Gasschmelzschweißen allmählich, gehemmt durch zwei Weltkriege, zu seiner heutigen Vervollkommnung und Bedeutung gelangen. Das Elektroschweißen jedoch, welches erst nach der Entwicklung geeigneter Schweißstrom-Maschinen und Elektroden in den dreißiger Jahren von sich reden machte, wird in den meisten Betrieben bevorzugt.

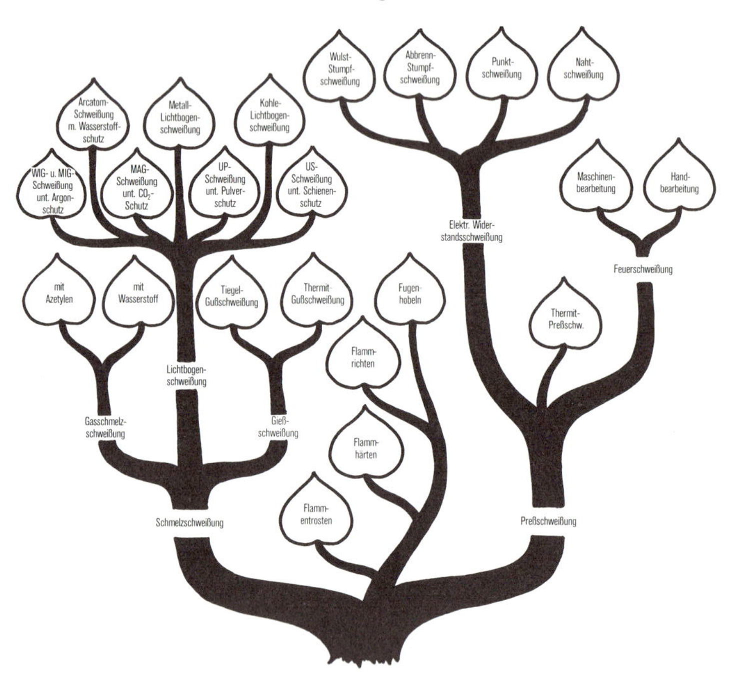

Ein Schaubild zeigt die gegenwärtige Verzweigung der Schweißverfahren.
Bei einem Teil der Verfahren wird der Werkstoff nur bis zu 1300 °C erhitzt und im teigigen Zustand durch Pressen verbunden, beim anderen Verfahren jedoch verlaufen die flüssigen Werkstoffteile ohne Druck „aus sich selbst heraus" (= auto-gen) ineinander.

I. Gasschmelzschweißen

1. Brenngase und Sauerstoff erzeugen durch Verbrennen die Schweißhitze:

Obwohl auch Wasserstoff, Leuchtgas, Propan, Benzol eine heiße Stichflamme liefern, wird A z e t y l e n wegen seiner hohen Verbrennungstemperatur und Billigkeit bevorzugt.
Kalzium-Karbid wird fabrikmäßig hergestellt, indem man Kalk und Kohle im Elektroofen verschmilzt. Durch Brechen und Sieben entstehen verschiedene Korngrößen (2/4, 4/7, 7/15, 15/25, 25/50, 50/80), welche der Verbraucher in 50- oder 100-kg-Trommeln bezieht.

Im Entwickler bildet sich dann durch chemische Verbindung des Karbids mit Wasser das brennbare und explosible Azetylengas (gefährlicher Druck ab 1,5 bar!).
1 kg Karbid ergibt praktisch nutzbar ≈ 250 bis 310 l Gas.
Bei der Aufstellung und für den Betrieb von Entwicklern sind die „Druckgasverordnung" und „Azetylenverordnung" genau zu beachten. Jugendliche unter 16 Jahren dürfen Schweißanlagen nicht selbständig bedienen. Alle Entwickler stellen selbsttätig die Gasbildung ein, wenn die Entnahme aufhört. Wenn heute mehr und mehr Hochdruckentwickler gekauft werden, so deshalb, weil diese eine größere Gasmenge speichern und daher stündlich mehr abgeben können, was zum Schweißen und Schneiden dicker Bleche, aber auch zum Autogenhärten oder Flammentrosten sehr wichtig ist.

Kalzium-Karbid + Wasser → Azetylen + Kalkschlamm + Wärme

$$CaC_2 + 2\,H_2O \rightarrow C_2H_2 + Ca(OH)_2 + \text{Wärme}$$

Die Entwickler lassen sich unterscheiden:

Nach der Wirkungsweise	Nach der Größe	Nach dem erzeugten Gasdruck
Karbideinwurf-entwickler (Großentw.)	Bis 2,5 kg Karbidfüllung (Montage-Entw.)	bis 0,2 bar = Niederdruckentwickler
Verdrängerentwickler (Regelung der Gas-entwicklung durch Wasserverdrängung)	Bis 10 kg Karbidfüllung (Werkstatt-Entwickler) I-Entwickler, für Innenräume zugel.	
Wasserzulaufentwickler (Regelung des Wasser-zulaufs durch Gasdruck)	Über 10 kg Karbidfüllung (Großentwickler für Auf-stellung in abgeteilten Räumen)	bis 1,5 bar = Hochdruckentwickler
	S-Entwickler (Ortsfest, stationär)	Vgl. Abb. S. 171, 172, 174, 175!

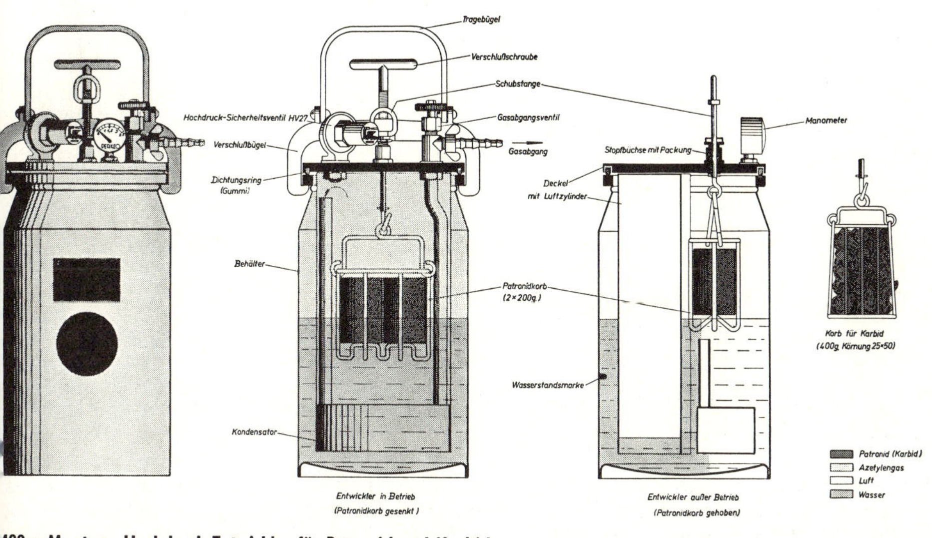

400-g-Montage-Hochdruck-Entwickler für Patronid und Karbid

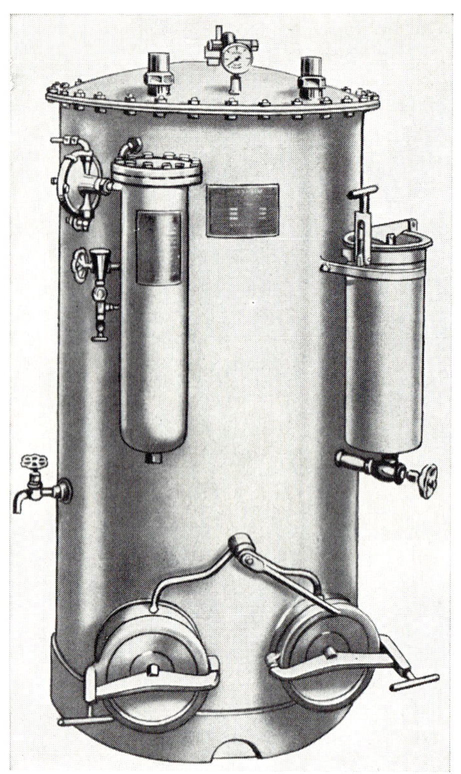

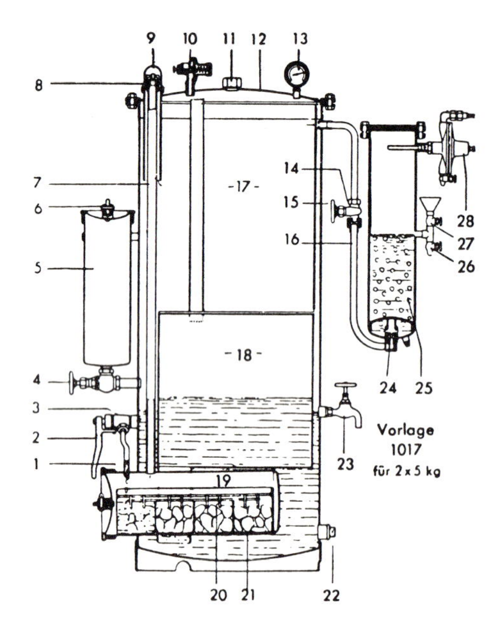

Bild und Schnitt eines Hochdruck-Schubladenentwicklers

BESCHREIBUNG UND WIRKUNGSWEISE:

Der Apparat ist ein Schubladenentwickler mit zwei Retorten.

Seine wesentlichen Bestandteile sind:

Hauptbehälter 17,
Deckel 12,
Manometer 13,
Sicherheitsventil 10,
Füllstutzen 11,
Hauben 9,
Ablaßventil 23,
Steigleitungen 7,
Rückschlagventile 8,
Innenbehälter 18,
Wasservorfüller 5,
Deckel 6,
Ventil 4,
Abgangsleitung 16,
Ablaßstutzen 22,
Retorten 19,
Schubladen 21,
Roste 20,
Wasserleitungen 1,
Verteilungshahn 3,
Hebel 2,
Ventil 15,
Sieb 14 (im Regler 28),
Wasservorlage 25,
Rücktrittventil 24,
Kontrollventil 26,
Füllventil 27,
Regler 28.

Der Entwickler arbeitet nach dem Wasserzuflußsystem. Aus dem Hauptbehälter fließt das Wasser in die Schubladen. Das entwickelte Gas strömt über die Steigleitungen in den Hauptbehälter und aus diesem über die Vorlage in den Regler zum Brenner. Der Innenbehälter regelt die Vergasung. Bei steigendem Druck tritt das Wasser in den Innenbehälter, und der Wasserzufluß in die Schubladen hört auf.

Der Wasservorfüller 5 dient zum Nachfüllen von Frischwasser in den Hauptbehälter. Jeder Gasrücktritt und Flammenrückschlag wird in der Vorlage aufgehalten.
Der Regler 28 ist auf 0,2 bar fest eingestellt.

BETRIEBSVORSCHRIFTEN:

a) Gesetzliche Bestimmungen für den Aufstellraum:

1. Arbeitsräume, in denen dieser Entwickler aufgestellt wird, müssen mit guten Lüftungseinrichtungen versehen sein und für jeden Entwickler mindestens 60 m^3 Luftraum und 20 m^2 Grundfläche haben.
2. Die Entwickler müssen von offenem Licht und von Feuerstellen mindestens 3 m, von anderen Entwicklern mindestens 6 m Abstand haben.
3. **Bei jeglicher Hantierung am Entwickler ist die Möglichkeit des Vorhandenseins explosibler Azetylen-Luft-Gemische zu beachten. Insbesondere sind Licht und offene Flammen strengstens fernzuhalten.**
4. Von Explosionen hat der Betriebsunternehmer oder sein Stellvertreter unverzüglich der Ortspolizeibehörde Anzeige zu erstatten. Nach einer Explosion darf die Anlage erst wieder in Betrieb genommen werden, wenn durch eine Abnahmeprüfung gemäß § 21 Abs. 1 der Azetylenverordnung der ordnungsgemäße Zustand des Entwicklers festgestellt und bescheinigt ist.

b) Erste Inbetriebsetzung:

1. Alle Ventile und Hähne schließen. Hebel 2 nach oben stellen.
2. Wasservorlage 25 über Ventil 27 bis zum Kontrollventil 26 mit Wasser füllen.
3. Stutzen 11 öffnen, Entwickler bis oben mit Wasser füllen. Stutzen schließen.
4. Linke Retorte öffnen, die drei vorderen Gefache der Schublade mit Karbid füllen. Retorte schließen.
5. **Ablaßventil 23 ganz öffnen.**
6. Hebel 2 nach der linken Retorte legen. Vergasung beginnt. Azetylen strömt über Leitung 7 im Hauptbehälter und drückt Wasser durch Ventil 23 aus dem Apparat. Manometer 13 beobachten; steigt der Druck über 1 bar, Hahn 3 so lange schließen (Hebel 2 nach oben drehen), bis der Druck auf 0,5 bar gefallen ist.
7. Nach einigen Minuten strömt Gas aus Ventil 23. Dieses Ventil schließen, sobald der Druck unter 0,5 bar sinkt. Damit sind die Wasserstände ordnungsgemäß hergestellt. Nach Öffnen des Ventils 15 ist der Apparat betriebsbereit. An der Schlauchtülle des Reglers das Gas etwa ½ Minute unschädlich ins Freie leiten und den Apparat für die Folge gemäß c) bedienen.

c) Täglich beachten:

1. **Beschicken.** Schubladen nur so weit mit Karbid der Körnung 25/50 oder 35/50 füllen, daß der Rost noch waagerecht eingeklappt werden kann. Für jede Schubladenfüllung Karbid einen Inhalt des Wasservorfüllers 5 einlaufen lassen. Abgestellte Schublade noch 10 Minuten zwecks vollständiger Ausgasung in der Retorte belassen. Schublade und Retorte vor jeder Neufüllung gründlich säubern.
2. **Prüfen des Wasserstandes.** Bei 0,4 bis 0,5 bar Ventil 23 öffnen. Bei richtigem Wasserstand soll ein Gas-Wasser-Gemisch austreten. Strömt nur Gas aus, über Vorfüller 5 Wasser nachfüllen. Fließt nur Wasser aus, Überschußwasser ablassen.
3. **Wasservorlage.** Vor Betriebsbeginn bei geschlossenem Ventil 15 etwa ¼ l Wasser über Ventil 27 einfüllen und überschüssiges Wasser am Ventil 26 ablassen.
4. **Sicherheitsventil.** Durch Drücken auf den Knopf etwas Azetylen ablassen.
5. Karbidreste und Karbidschlamm nicht in Müllgefäße werfen. Verursachen Explosionen und gefährden das Bedienungspersonal. Beseitigen nur in einer Schlammgrube oder einem Behälter mit Wasserüberschuß.

d) Behebung von Betriebsstörungen:

I. Apparat gibt kein Gas, Betriebsdruck zu niedrig.

1. Ursache: Zuwenig Wasser im Hauptbehälter.
   Beweis: Ventil 23 öffnen, es tritt nur Gas aus.
   Hilfe: Über Wasservorfüller 5 so viel Wasser nachfüllen, bis bei 0,4 bis 0,5 bar ein Gas-Wasser-Gemisch austritt.
2. Ursache: Gassteigleitung 7 verstopft oder Rückschlagventil 8 hängt fest.
   Beweis: Bei einwandfreiem Wasserzulauf in Retorte zeigt Manometer 13 keinen Druck an, Hauben 9 bleiben kalt.
   Hilfe: Hauben 9 abnehmen, Rückschlagventile 8 und Steigleitungen 7 säubern.

II. Betriebsdruck ist zu hoch.

1. Ursache: Zuviel Wasser im Hauptbehälter.
   Beweis: Oberhalb 0,5 bar strömt Wasser aus Ventil 23.
   Hilfe: Am Ventil 23 so viel Wasser ablassen, bis zwischen 0,4 und 0,5 bar ein Gas-Wasser-Gemisch austritt.

III. Beim Öffnen der Retorte strömt dauernd Azetylen aus der leeren Retorte.

Ursache: Rückschlagventile 8 undicht.
Hilfe: Hauben 9 abnehmen und Rückschlagventile 8 säubern.

IV. Druck steigt auf 1,5 bar an. Sicherheitsventil bläst dauernd ab.

Ursache: Wenn nicht zuviel Wasser im Behälter, dann Innenbehälter 18 undicht.
Hilfe: Apparat nach zweimaligem Überschwemmen mit Wasser auseinandernehmen und Undichtheit beheben.

Die Wasservorlage muß der Entwicklerleistung angepaßt sein.

Es gibt deshalb Niederdruck-, Mitteldruck- und Hochdruck-Wasservorlagen. Zu jedem angeschlossenen Schweißbrenner gehört eine Wasservorlage, welche etwaige Flammenrückschläge und Sauerstoffrücktritt in den Entwickler verhindert. Die Wirkungsweise sei an einer Hochdruck-Vorlage beschrieben:

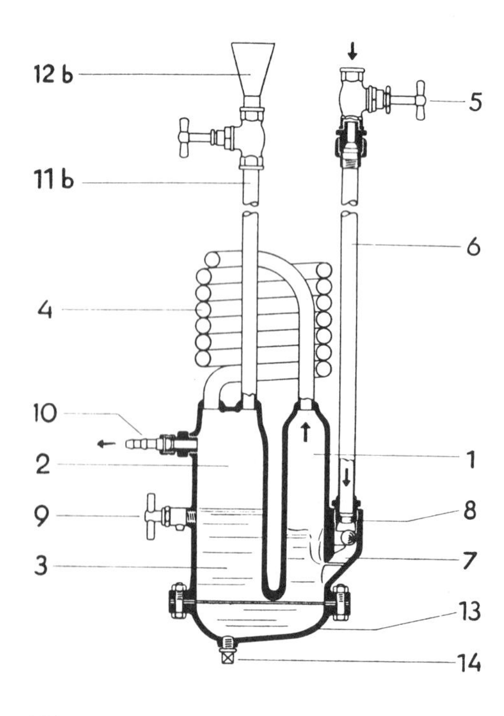

Beschreibung
Die Spiral-Wasservorlage besitzt zwei Gasräume, den Eingangsgasraum 1 und den Ausgangsgasraum 2. Die beiden Gasräume sind unten durch einen Wasserverschluß 3 voneinander getrennt und oben durch eine Metallrohrschlage 4 miteinander verbunden.
In den Eingangsraum 1 mündet das mit einem Absperrventil 5 versehene Gaseingangsrohr 6. Im Eingangsstutzen 7 befindet sich ein Rücktrittventil 8 mit schwimmender Gummikugel, Sitz und Kugelführung. Am Gasausgangsraum 2 sind ein Wasserstandskontrollventil 9, eine Gasabgangsschlauchtülle 10 und bei **Hochdruck-Wasservorlagen** ein mit absperrbarem Fülltrichter 12b versehenes Füllrohr 11b angebracht. Der Boden 13 ist abschraubbar und mit Entleerungsstutzen 14 versehen.
Die Wasservorlage trägt ein Fabrikationsschild, auf dem unter anderem
die Konzessionsnummer,
der höchstzulässige Gasdruck
und die höchstzulässige Entnahmemenge angegeben sind.

Wirkungsweise
Bedienung. Die Vorlage wird bei geschlossenem Gaseingangsventil 5 und offenem Wasserstandskontrollventil 9, d. h. in drucklosem Zustand, durch den Fülltrichter 12b mit sauberem Wasser gefüllt. Wenn Frostgefahr besteht, können Frostschutzmittel zugesetzt werden, die die Vorlagenwerkstoffe nicht angreifen. Eine Mischung von einem Teil Glyzerin mit zwei Teilen Wasser kann bis zu Temperaturen von minus 20° C benutzt werden. Die Vorlage ist täglich vor Beginn der Arbeit, außerdem vor jeder größeren Schweißarbeit und nach jedem Flammenrückschlag mit 1/4 Liter sauberem Wasser oder Frostschutzlösung nachzufüllen; die überschüssige Menge muß abgelassen werden. Monatlich ist das gesamte Wasser zu erneuern; jährlich die Vorlage auseinanderzunehmen und gründlich zu reinigen.
Entnahme. Das Gas strömt durch das Gaseingangsrohr 6 und das Rücktrittventil 8 nach Überwindung der kleinen Wassersperre des Eingangsstutzens 7 in den Gaseingangsraum 1, von hier durch die Rohrschlange 4 in den Gasausgangsraum 2 und durch die Schlauchtülle 10 zum Schlauch und Brenner.
Sauerstoffrücktritt. Tritt vom Brenner Sauerstoff in die Vorlage zurück, so drückt dieser das Sperrwasser 3 in den Eingangsstutzen 7, hebt die Kugel gegen den Ventilsitz des Rücktrittventiles 8 und schließt die Verbindung zwischen Wasservorlage und Gaszugangsleitung ab.
Flammenrückschlag. Erfolgt ein Flammenrückschlag vom Brenner, so bewirkt der Druckanstieg in den Gasräumen 1 und 2 ein Schließen des Rücktrittventiles 8, während die zurückschlagenden, hoch erhitzten Gase in der Rohrschlange 4 abgekühlt und verzögert werden, so daß sie das Gaseingangsrohr 6 nicht mehr erreichen können.
Die Wasservorlage muß jedoch jeden Tag und nach jedem Rückschlag geprüft werden, wenn sie ihren Zweck erfüllen soll.
Richtig prüfen:
Absperrventil zwischen Entwickler und Vorlage schließen,
Brenner öffnen;
Prüfhahn öffnen (Wasser soll tropfen).

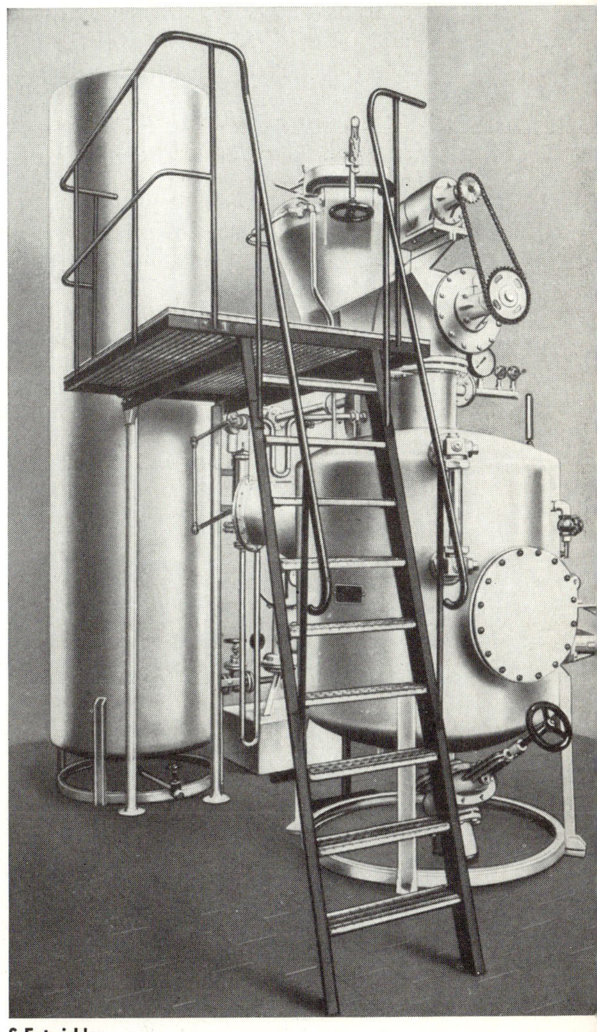

S-Entwickler
Karbid-Einfallsystem

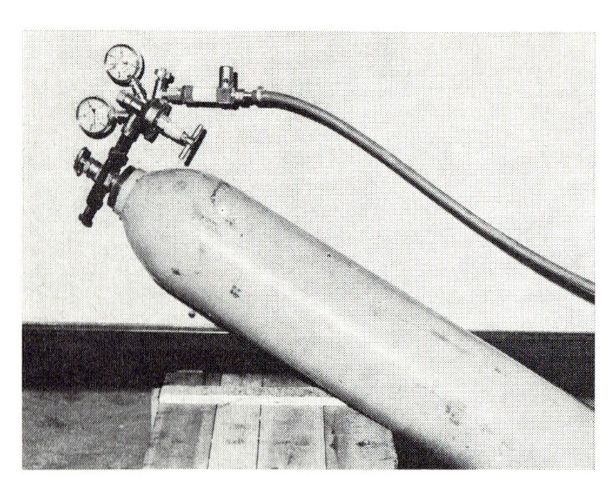

Wenn schon behelfsmäßige Lagerung:
Flaschenkopf hoch gelagert, Druckminderer nach oben gewendet
Besser: Senkrecht anketten

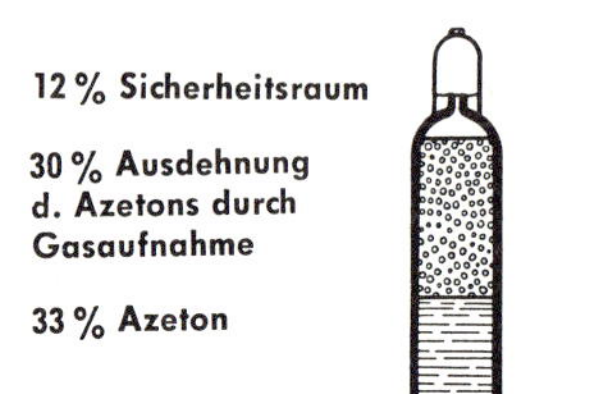

Schnitt durch die Azetylenflasche

2. Azetylen aus der Flasche ist teurer, aber trocken und rein

Die Azetylenflasche, nahtlos gezogen, ist mit einer porösen Masse (Kohlepulver, Asbest, Kieselgur) gefüllt. Diese Masse wird mit Azeton getränkt, welches imstande ist, das Azetylengas in sich zu lösen (Dissousgas). Auf diese Weise kann das Gas mit 18 bar ohne Explosionsgefahr in die Flasche gepreßt werden (5850 l). In der Praxis liegt die Füllung der 40-Liter-Azetylenflasche zwischen 6,7 und 6,8 kg. Das entspricht 5700 bis 5800 Liter Azetylen bei 15 °C. Damit aber das flüssige Azeton bei der Gasentnahme nicht mitgerissen wird, soll man Azetylenflaschen nie liegend verwenden und nie mehr als 1000 l/Std. (600 l/Std. bei Dauerbelastung) entnehmen. Für größeren Verbrauch gibt es Flaschen-Kupplungen, welche das Zusammenschalten mehrerer Flaschen gestatten.

Äußerlich erkennt man die Azetylenflasche am gelben Anstrich und am Bügelverschluß. Wasserstoffgas wird ebenfalls in Flaschen abgefüllt (roter Anstrich und ½″-Linksgewinde) (Dünnblech- und NE-Schweißung). Besondere Vorsicht ist beim Umgang mit der Sauerstoff-Flasche geboten. Die 6000 l Sauerstoff drücken mit 150 bar auf die Flaschenwand. Druckerhöhung durch Sonnenstrahlung oder Schweißflamme sowie Erschütterungen bedeuten Explosionsgefahr! Blauer Anstrich und ¾″-Rechtsgewinde schließen Verwechslung mit anderen Flaschen aus. Die Leichtstahlflasche faßt 10 000 l (50 l/bar Rauminhalt × 200 bar Fülldruck).

Zweistufiger Druckminderer mit Flaschenventil

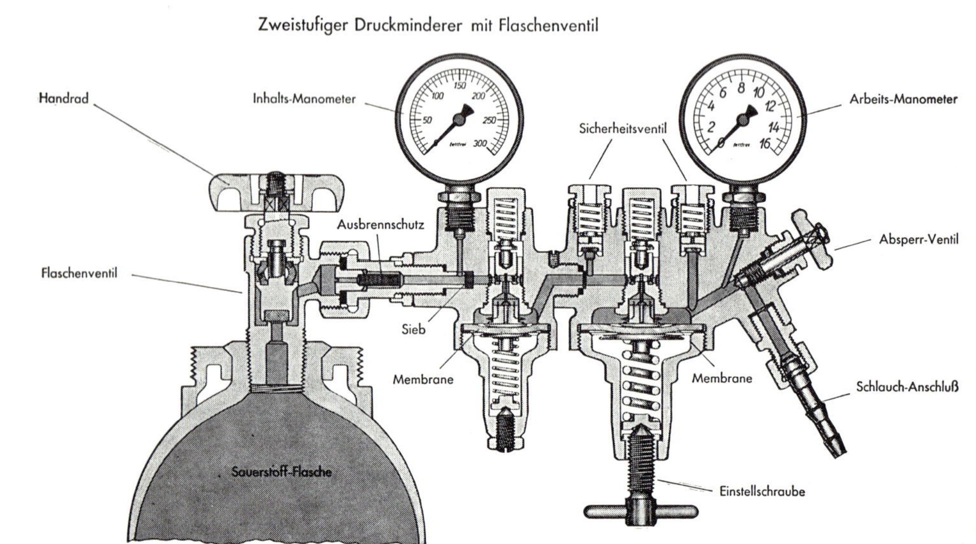

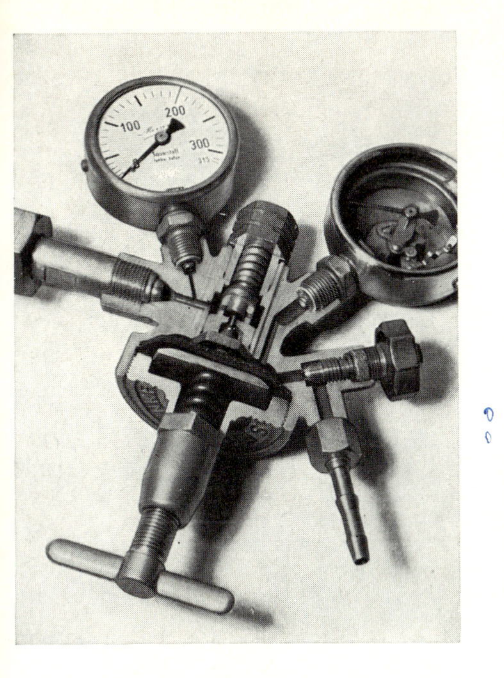

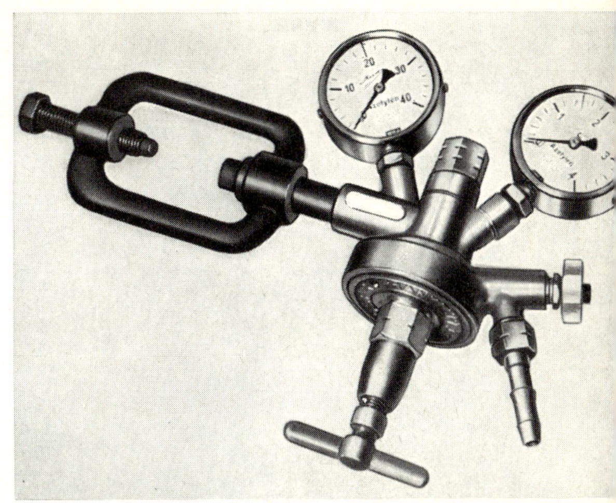

Azetylen-Druckminderer 0,1–1,5 bar

Sauerstoff-Druckminderer, 1stufig, 1–10 bar

Zweifach ist die Aufgabe des Druckminderventils

Die ein- bzw. zweistufigen Druckminderer aus Messing oder Rotguß drosseln den Flaschendruck auf den Arbeitsdruck herunter u n d halten ihn gleich hoch.

Vor dem Anschluß des Sauerstoff-Druckminderers lassen wir die Flasche kurz abblasen, damit etwaige Rost- und Staubteilchen nicht in die feinen Öffnungen gelangen und sie verstopfen. Sollen Ventilfedern und Membrane nicht leiden, müssen wir die Flasche stets langsam öffnen, nachdem die Einstellschraube etwas gelöst ist, und nach der Arbeit gleich wieder schließen. Der richtige Arbeitsdruck kann nur eingestellt werden, wenn das Gas aus dem Brenner strömt.

Rechtes Manometer. Das linke Manometer zeigt den Flaschendruck und damit den Inhalt an:

z. B. 115 bar × 40 = 4600 l Sauerstoff,
7,5 bar × 325 ≈ 2437 l Azetylen
(= nur bei 15 °C zutreffend)

Gase, die plötzlich entspannt werden, kühlen sich stark ab und entziehen ihrer Umgebung (hier dem Druckminderergehäuse) viel Wärme. Wenn der Sauerstoff sehr kühl gelagert wurde oder viel Gas entnommen wird, kann also das Druckminderventil vereisen und muß mit warmen Tüchern aufgetaut werden (keine offene Flamme!).

3. Das richtige Gasgemisch bildet sich im Schweißbrenner

Am gebräuchlichsten ist der Saug- oder Injektorbrenner, in dessen Druckdüse das Azetylen vom Sauerstoff angesaugt wird. Der Brenner setzt sich zusammen aus dem Griffrohr und den 8 auswechselbaren Brennereinsätzen für die verschiedenen Materialstärken (0,5–30 mm).

Der Gleichdruckbrenner, in den die Gase unter gleichem Druck einströmen, um sich nur zu mischen, wird fast ausschließlich zum Wasserstoffschweißen oder Hartlöten verwendet.

Sauerstoff- oder Azetylenüberschuß in der Flamme?

Beides ist für bestimmte Werkstoffe erwünscht, doch für Stahlschweißungen soll die Flamme „neutral" sein, d. h. Azetylen und Sauerstoff verhalten sich wie 1:1.

Das Bild der neutralen Flamme läßt drei Zonen erkennen:

Zone 1: Sauerstoff und Azetylen verbrennen unvollkommen zu Kohlenoxid (CO) und Wasserstoff (H).

Zone 2: Kohlenoxid und Wasserstoff holen sich aus der Umgebung Sauerstoff zur weiteren Verbrennung. Hier ist die Hitze am größten (3200 °C), und da rund um die Flamme Sauerstoff mangelt, wirkt sie an dieser Stelle reduzierend. Mit dieser „Schweißzone" schmilzt man die Stoßkanten der Naht auf.

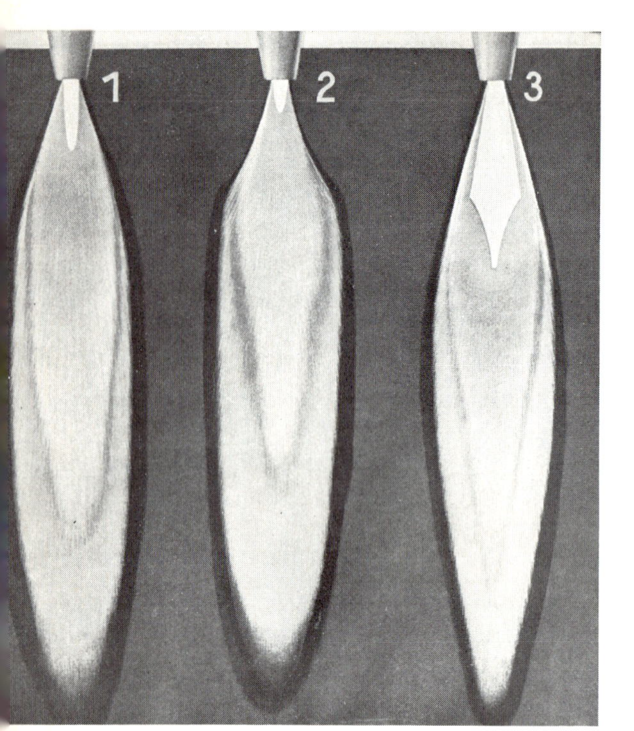

Neutrale Flamme — Sauerstoff-überschuß — Azetylen-überschuß

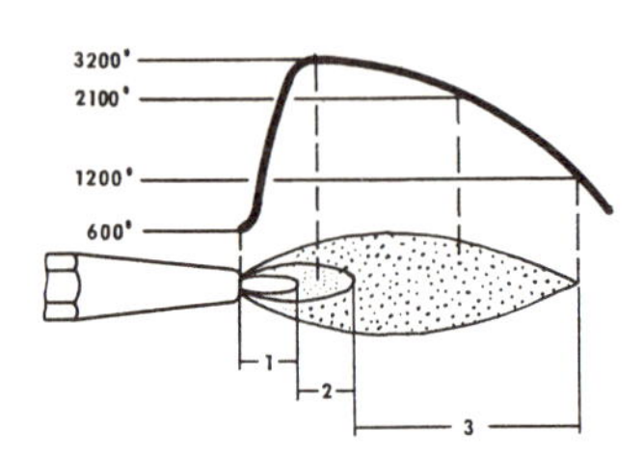

Zone 3: Streuflamme der restlichen Verbrennung.

- Mit **Sauerstoffüberschuß** wird die Flamme eingestellt zum Anwärmen (Rohrbiegen), zum Flammstrahlen, zum Flammrichten und zum Schweißen von Messing.
- Mit **Azetylenüberschuß** wird die Flamme eingestellt zum Schweißen von Leichtmetallen und Gußeisen sowie beim Auftragschweißen.

Alle drei Flammenbilder können h a r t oder w e i c h eingestellt werden. Das Mischungsverhältnis Sauerstoff-Azetylen ändert sich hierbei n i c h t ! Unter einer harten Flamme versteht man eine Flamme mit hoher Ausströmungsgeschwindigkeit, während bei einer weichen Flamme eine niedrige Ausströmungsgeschwindigkeit vorliegt. Die Ausströmungsgeschwindigkeit läßt sich durch den Sauerstoffdruck ändern. Mit einer harten Flamme erzielt man höhere Leistungen. Soll beispielsweise mit dem Schweißbrennereinsatz „6 bis 9" ein 9 mm dickes Blech geschweißt werden, wird die Flamme hart eingestellt; soll mit dem gleichen Brennereinsatz dagegen ein 6 mm dickes Blech geschweißt werden, wird die Flamme weich eingestellt. Auch Aluminium soll mit weicher Flamme bei ganz geringem Azetylenüberschuß geschweißt werden.

Schweißbrenner

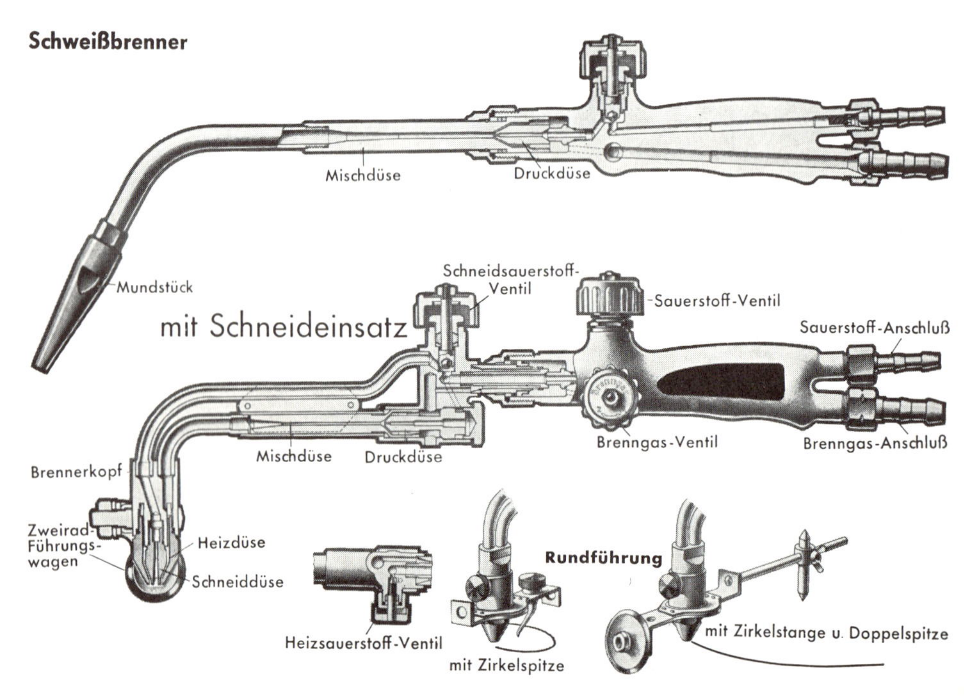

Verstopfte Schweißmundstücke dürfen nur mit Düsenbohrern gereinigt werden. Sauerstoffventil immer zuerst öffnen und zuletzt schließen, sonst verrußt das Mundstück! Heiße Brennerspitzen verursachen Flammenrückschläge (Knattern!), deshalb öfters in Wasser kühlen.

4. Vorschriftsmäßige Bedienung der ganzen Anlage verhütet Unfälle

Beim Schweißen mit Entwicklergas:
Karbid- und Wasserfüllung sowie Reiniger und Wasservorlage überprüfen.
Beim Schweißen mit Flaschengas:
Flasche befestigen – Kappe und Schutzmutter entfernen – Sauerstoff-Flasche kurz abblasen – Druckminderer anschrauben – Ventile langsam öffnen und abblasen – Schlauch mit Klemme anschließen – Schlauch ausblasen – Schlauch an Brennertülle befestigen (große Tülle = Brenngas) – Griffrohr ausblasen – Brennereinsatz mit Überwurfmutter anschrauben – Schraubverbindungen mit Seifenwasser auf Dichtigkeit prüfen – zuerst Sauerstoff-, dann Gasventil öffnen.

5. Die Nahtform hängt von der Blechdicke ab

Die Güte einer Schweißnaht beruht nicht zuletzt darauf, daß die Stoßkanten bis zum Grund (Wurzel) aufgeschmolzen werden, andererseits hat die einseitige Abschrägung dickerer Bleche eine ungleichmäßige Schrumpfung zur Folge. Bei eingespannten Teilen, die der Schrumpfung nicht nachgeben können, bedeutet dies übermäßige Spannungen und Rißgefahr. Deshalb soll der Nahtwinkel nur so groß gehalten sein, daß man die Wurzel gerade noch mit der Flamme erfassen kann (etwa 70°).
Wie die einzelnen Blechdicken vorzubereiten sind, ist der Tabelle (S. 180) zu entnehmen: Weil Schweißen immer mit starker örtlicher Erwärmung und daher Schrumpfspannungen verbunden ist, lassen sich Verzug und Verformungen schwer vermeiden. Durch entsprechende Vorgaben oder schweißgerechte Nahtanordnung wird aber dieser Nachteil ausgeglichen, wie die Abb. zeigen:

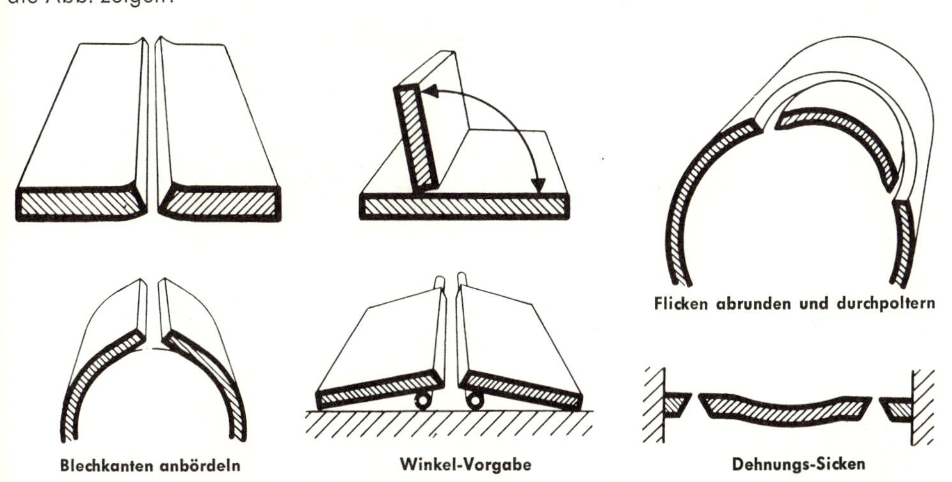
Flicken abrunden und durchpoltern

Blechkanten anbördeln

Winkel-Vorgabe

Dehnungs-Sicken

6. Schweißrichtung und Zwangslagen bestimmen die Brennerführung

Der Schweißer wird bemüht sein, die Stoßkanten so zu legen, daß er eine liegende waagrechte Naht ziehen kann, Kehlnähte in Wannenlage. Neuzeitliche dreh- und schwenkbare Aufspanntische machen sich bezahlt. Doch zwingen oft große Behälter, Stahlbauten oder verlegte Rohre zum Schweißen stehender, waagrecht stehender, von Überkopf- oder Kehlnähten. Diese Zwangslagen-Schweißungen sind schwieriger.
Bis zu 4 mm Blechdicke und bei Alu wendet man die Nach-links-Schweißung, über 4 mm unbedingt die Nach-rechts-Schweißung an.
a) Nach-links-Schweißung:
Der Brenner (Neigung 50°) wird mit halbkreisförmigen Bewegungen von rechts nach links geführt, schmilzt den Zusatzdraht tropfenweise ab und legt die Raupen. Der geringeren Durchbrenngefahr stehen große Nachteile gegenüber:

- Die Schlacke wird nicht herausgerührt
- Die Wurzel ist schlecht zu beobachten
- Der glühende Werkstoff ist dem Luftsauerstoff ausgesetzt (siehe Abb.).

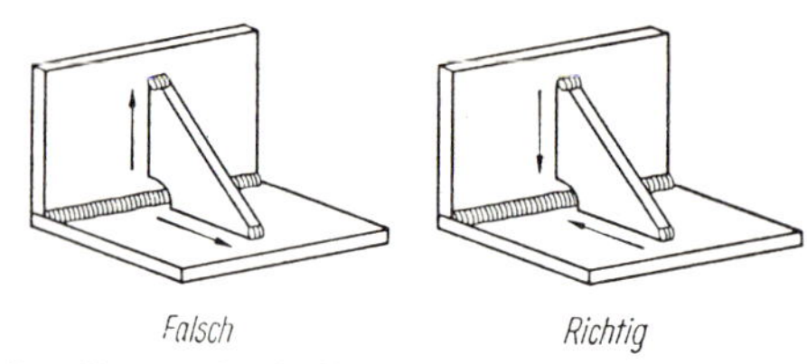

Der Verzug durch Versteifungsrippen an Winkel-, T-, Doppel-T- und U-Profilen wird wesentlich vermindert, wenn man von außen nach innen schweißt.

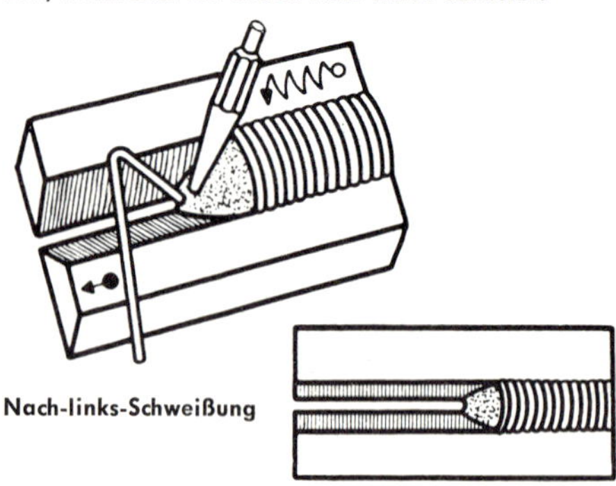

Nach-links-Schweißung

b) Nach-rechts-Schweißung:
Der Brenner (Neigung 50°) wird ziemlich geradlinig von links nach rechts geführt. Der Zusatzstab rührt mit halbkreisförmigen Bewegungen die Schlackenteilchen aus dem Bad und schmilzt dabei ab. Vorteile dieses Verfahrens:
An dem birnenförmigen Loch in der Wurzel kann der Schweißer kontrollieren, ob der Nahtgrund genügend aufgeschmolzen ist.

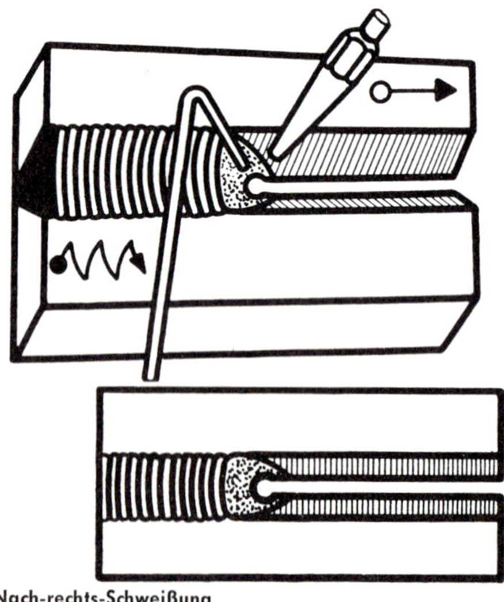

Nach-rechts-Schweißung

Die rückwärtsgerichtete Flamme erzeugt einen Wärmestau und erhöht damit die Schweißgeschwindigkeit.
Die Flamme glüht den geschweißten Werkstoff nach (feineres Gefüge, weniger Spannungen) und hält den Luftsauerstoff fern.
c) Stehende Naht:
Die Zwangslage erfordert eine besondere Technik, um das Schmelzbad zu halten. Die Schweißrichtung von unten nach oben entspricht zwar der Links-Schweißung, doch macht der Draht die Rührbewegungen wie beim Rechtsschweißen. Wenn möglich, schweißt man

Schweiß-Sinnbilder nach DIN 1912

	Bördelnaht		
	I-Naht		
	V-Naht mit Gegenlage		
	Doppel-V-Naht (X-Naht)		
	Y-Naht mit ebener Oberfläche		
	U-Naht		
	Kehlnaht Schweißung auf der Bezugsseite		
	Kehlnaht gewölbt Schweißung auf der Gegenseite		
	Doppel-Kehlnaht hohl		
	Kehlnaht ringsum verlaufend		

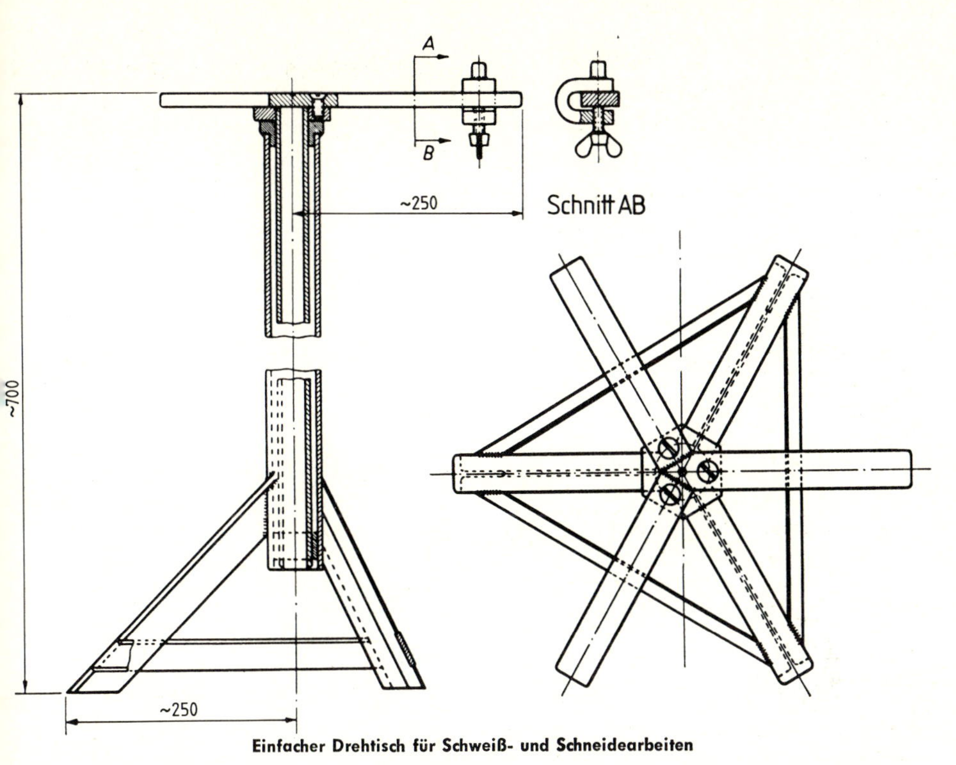

Einfacher Drehtisch für Schweiß- und Schneidearbeiten

von 6 mm ab von zwei Seiten gleichzeitig, wobei die Kanten erst bei Blechdicken über 12 mm abgeschrägt werden müssen. Aus den Skizzen sind die Neigungswinkel und die Drahtbewegungen ersichtlich.

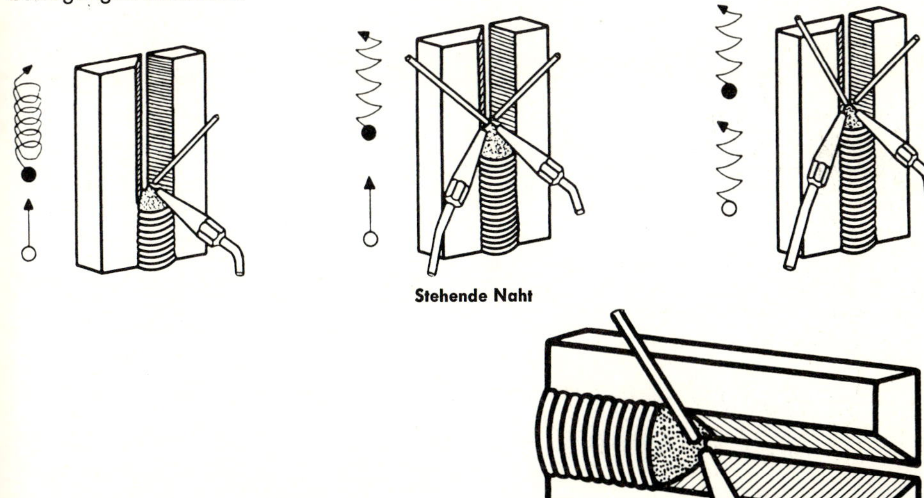

Stehende Naht

d) Stehend waagrechte Naht:

Diese Zwangslage ist noch schwieriger zu meistern, weil das Schmelzbad leicht wegsackt, wobei Rand- oder Wurzelkerben entstehen. Die Rechts-Schweißung mit kreisender Drahtbewegung bewährt sich hier am besten. Kleiner Schweißspalt und kleine Flamme tragen zum Gelingen bei.

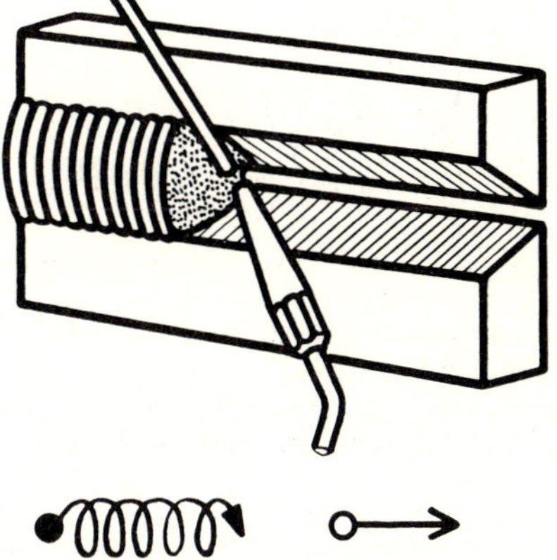

Stehend waagrechte Naht

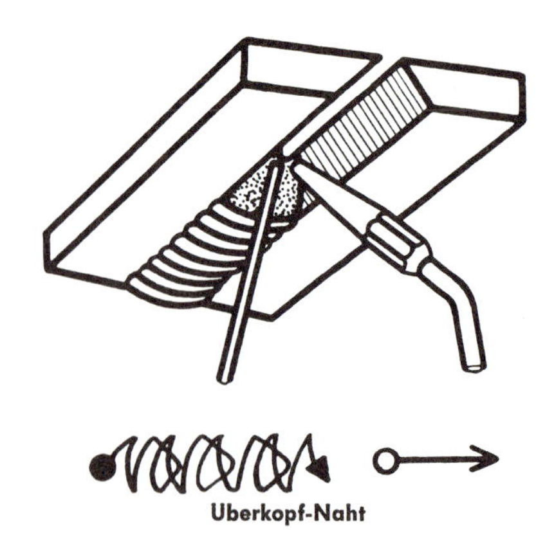
Überkopf-Naht

e) Überkopf-Naht:

Sehr viel Übung ist nötig, um in dieser Lage durchgeschweißte Nähte zu erzielen. Das Abtropfen läßt sich nur in der Rechtsschweißung, mit einem länglich gehaltenen Bad und einer besonderen Drahtführung vermeiden, wobei der Draht immer wieder die Wurzel füllt.

f) Kehlnaht:

Die Kehlnaht ist im Stahlbau sehr häufig, aber schweißtechnisch gefährlich, weil die eigentliche Kante unverbunden bleibt; besonders bei einseitigen Kehlnähten entstehen dadurch Kerben mit Rißgefahr. Die hohle Kehlnaht ermöglicht einen besseren Kraftfluß als die überwölbte, erzeugt weniger Schrumpfspannungen und ist sparsamer.

7. Nicht jeder Werkstoff ist ohne weiteres schweißbar

Zwei Tatsachen sind es, welche die Schweißbarkeit beeinträchtigen können:
Kohlenstoff über 0,3 % und Legierungsbestandteile im Stahl führen zur Aufhärtung, besonders in den Randzonen der Naht.
NE-Metalle wie Alu, Kupfer usw. bilden auf der Oberfläche der Schmelze schwer lösliche Oxidhäutchen, welche das Verschweißen behindern. (Auch bei Grauguß!)

NE-Metalle müssen mit Spezial-Flußmitteln geschweißt werden, welche die störenden Oxide chemisch auflösen. (Die Flußmittel kauft man in der Regel in Pulverform, um sie mit weichem Wasser zu einer Paste anzurühren. Damit werden Naht und Zusatzstab bestrichen.)
Außerdem sind die meist niedrigen Schmelzpunkte und die verschiedene Wärmeleitfähigkeit durch geeignete Brenngase und Brennergrößen zu berücksichtigen.
Unter diesen Voraussetzungen bereitet die Gas-Schmelz-Schweißung von Alu, Alu-Legierungen, Kupfer, Messing, Bronze, Magnesiumlegierungen und Zink heute keine Schwierigkeiten mehr.

Der Zusatzdraht ist in seiner Zusammensetzung nach DIN 8554, 8556 und 8559 genormt.

Kraftschlüssige Schweißungen erfüllen ihre Aufgabe nur, wenn die mit dem Zusatzdraht erzeugten Schmelzen die gleiche Festigkeit, Härte, Korrosionsbeständigkeit aufweisen wie der Werkstoff. Die Schweißstabklassen zum **Verbindungsschweißen** sind durch die chemische Zusammensetzung der Schweißstäbe und durch zu gewährleistende mechanische Gütewerte für die Kerbschlagarbeit gekennzeichnet. Aufgrund der chemischen Zusammensetzung unterscheidet man die 7 Klassen G I, G II . . . G VII. Die gewährleistete Kerbschlagarbeit in der Schweißverbindung wird mit den Ziffern 0, 1, 2, 3 neben der Klassenbezeichnung in Form einer Doppelnummer angegeben (z. B. 21).
Erste Kennziffer bedeutet gewährleistete Kerbschlagarbeit von 14 Joule bei einer Prüftemperatur von + 20 °C, 0 °C oder – 20 °C.
Zweite Kennziffer bedeutet gewährleistete Kerbschlagarbeit von 24 Joule bei oben genannten Prüftemperaturen.

Bezeichnungsbeispiele:

Schweißstab G I 00 DIN 8554 ist ein Stab der Klasse I ohne gewährleistete Kerbschlagarbeit. (Geeignet für Allg. Baustähle St 34–1, St 37–1, St 42–1, geschweißte Stahlrohre St 37, St 42, nahtlose Rohre St 35, St 45.)
Schweißstab G III 11 DIN 8554 ist ein Stab der Klasse III mit gewährleisteter Kerbschlagarbeit von 14 Joule bei 20 °C und von 24 Joule bei 20 °C Prüftemperatur. (Geeignet für alle unlegierten Stahlarten und Stahlsorten von St 34 bis St 52–3.)
Die genormten Gasschweißstäbe (gewalzt, gezogen, Falzdraht) sind in den Durchmessern 2, 2,5, 3, (3,25), 4, 5, (6) mm und 1000 mm lang erhältlich (auch als Schweißdraht auf Spulen).

Schweißstäbe und Schweißdrähte zum Auftragsschweißen (DIN 8555)

Durch das Auftragsschweißen sollen Werkstücke vergrößert, verstärkt (gepanzert) oder abgenutzte Teile erneuert werden. Entscheidend sind dabei Verschleißfestigkeit und Härte des Schweißgutes. Die Schweißzusatzwerkstoffe werden zunächst unterteilt in

Stäbe und Drähte zum Gasschweißen
Elektroden zum Lichtbogenschweißen
Netzmantelelektroden
Füllstäbe und -drähte zum maschinellen und Handschweißen
Schweißzusatzwerkstoffe für das Schutzgasschweißen (stromführend und nicht stromführend)

Das **Kurzzeichen** für Schweißzusatzwerkstoffe besteht aus

a) Kennbuchstaben für das Schweißverfahren (G = Gasschweißen, E = Lichtbogenschweißen, SG = Schutzgasschweißen)
b) Kennzahl für die Legierungsgruppe (1...10 = eisenhaltige, 20...23 = eisenarme, 30...32 = nichteisenhaltige Schweißzusatzwerkstoffe)
c) Angabe der Härtestufe

Härtestufe	Härtebereich
150	125 bis 175 HB
200	über 175 bis 225 HB
250	über 225 bis 275 HB
300	über 275 bis 325 HB
350	über 325 bis 375 HB
400	über 375 bis 450 HB
500	über 450 bis 530 HB

Härtestufe	Härtebereich
40	37 bis 42 HRC
45	über 42 bis 47 HRC
50	über 47 bis 52 HRC
55	über 52 bis 57 HRC
60	über 57 bis 62 HRC
65	über 62 bis 67 HRC
70	68 HRC und darüber

d) Angabe der Schweißguteigenschaften:
c = korrosionsbeständig, k = kaltverfestigungsfähig, n = nicht magnetisierbar, r = rostbeständig, s = schneidhaltig, t = warmfest, z = hitzebeständig

Bezeichnungsbeispiele:
Gasschweißdraht G 2 – 300 DIN 8555 – Fülldraht ist ein Fülldraht der Legierungsgruppe 2, Härtestufe des Schweißgutes 300 HB.
Elektrode E 8 – 200 cz DIN 8555 – umhüllt ist eine umhüllte Elektrode der Legierungsgruppe 8, Härtestufe des Schweißgutes 200, korrosions- und hitzebeständig.
Elektrode E 6 – 250 k DIN 8555 – umhüllt ist eine umhüllte Elektrode der Legierungsgruppe 6 – Härtestufe des Schweißgutes 250, das auch kaltverfestigungsfähig ist.
Schutzgasschweißdraht SG4–60 (65 W)s DIN 8555 – nackt ist ein Schutzgasschweißdraht der Legierungsgruppe 4, Härtestufe des Schweißgutes 60 HRC, das im wärmebehandelten Zustand (gehärtet) eine Rockwellhärte von ebenfalls 65 erreicht und in diesem Zustand schneidhaltig ist.

Richtwerte für die Schweißdrahtdicke beim Gasschweißen von Stahl

Blechdicke in mm	bis 1	1...2	2...3	4...6	6...8	8...10	>10
Drahtdurchm. in mm	1...1,5	2	3	4	5...6	6	8...10

Das Gefüge der Schweißnaht kann verbessert werden

Während der Stahlwerkstoff meist ein durch Walzen oder Schmieden verdichtetes Gefüge zeigt, ist das Schliffbild der Naht mehr gußartig und grobkörniger. Es kann verdichtet und verfeinert werden durch:

- Erhitzen auf Rotglut und Abhämmern.
- Langsames Erwärmen auf etwa 900 °C und rasches Abkühlen (= Normalglühen).
- Spannungsfreiglühen bei 600 bis 650 °C ist vor allem bei Stahlguß und Grauguß sehr wichtig.

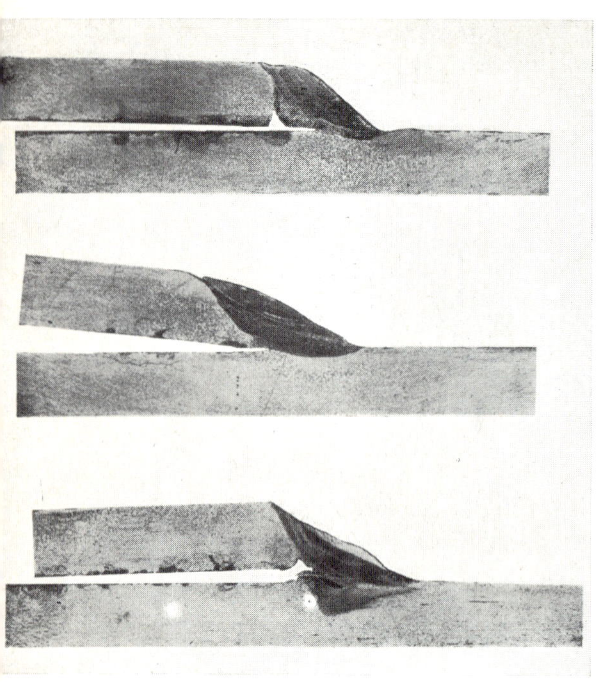

Fehlerhafte Schweißnähte

Werkstattwinke:

1. Gemische aus Luft und Azetylen, Leuchtgas, Wasserstoff, Benzindampf, Benzoldampf sind explosibel! Denke daran bei allen Schweißarbeiten!
2. Karbidtrommeln nicht mit funkenreißenden Meißeln öffnen!
3. Benzinfässer und gasverdächtige Behälter vor dem Schweißen mit Wasser füllen.
4. Prüfe die Wasservorlage, bevor du anfängst!
5. Zum Flicken und Verlängern der Schläuche nimm vorschriftsmäßige Kupplungen! Drähte schneiden den Gummi entzwei.
6. Auch du bist verantwortlich, daß keine Flasche vom Wagen rollt oder umfällt. Kälte ist für die Flaschen schädlich, Hitze und Feuer aber lebensgefährlich!
7. Öl am Verschluß der Sauerstoff-Flasche kann zur Entzündung und Explosion führen.
8. Glaube nicht, daß die Schweißbrille nur für Ängstliche bestimmt ist!

Selbst finden und behalten:

1. Erkläre den Ausdruck „autogen" für Gasschmelzschweißen!
2. Zwei U 180 DIN 1026 sind durch Stumpfstoß zu verbinden und innen mit einer Lasche aus 8 mm Stahlblech zu verstärken (nur Flankennähte). Wie bereitest du die Stoßkanten vor? Welche Brenner-

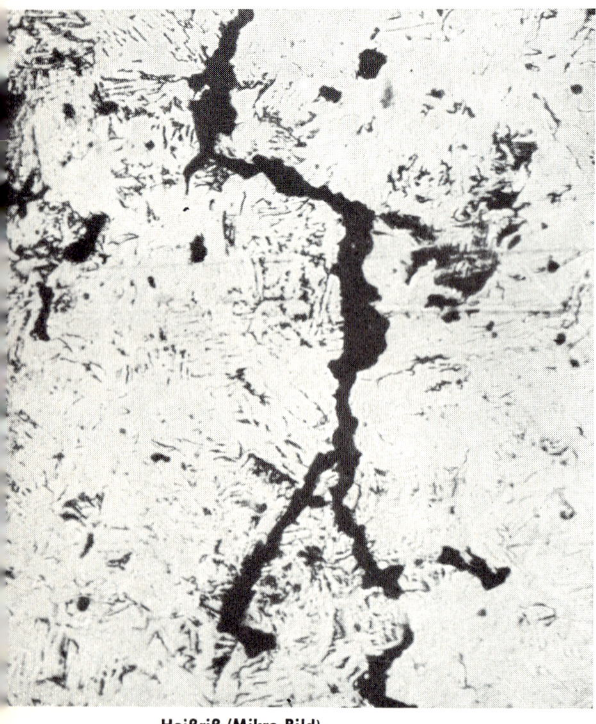

Heißriß (Mikro-Bild)

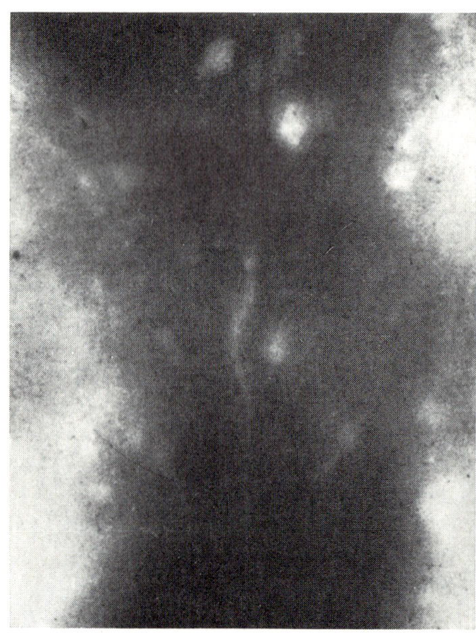

Schrumpfriß in einer Schweißnaht (Röntgenbild)

größe und welcher Arbeitsdruck werden gewählt? Skizziere die Verbindung und trage die entsprechenden Nahtsinnbilder ein! In was für verschiedenen Formen kann die Flankenkehlnaht an der Lasche ausgeführt werden?

3. Nach einiger Zeit knattert der Brenner. Ursache? Abhilfe?
4. Beim Schweißen der Lasche tritt ein Flammenrückschlag ein. Ursache? Was sind deine nächsten Handgriffe in der richtigen Reihenfolge? Was prüfst du, bevor du weiterschweißt, und wie?
5. Wie kommt es, daß der Azetylenentwickler nach einiger Zeit warm wird?
6. Warum ist es nicht gleichgültig, welche Karbidkörnung man einsetzt? Wie entsteht Karbid, und wieviel Liter Gas erhält man ungefähr von 1 kg? Erkundige dich nach dem Preis des Karbids, und rechne aus, wie teuer 6000 l Entwicklergas kommen. Vergleiche mit dem Preis von Flaschengas!

7. Was mußt du bei der Befestigung und Bedienung des Druckminderventils beachten und warum?
8. Ein Laternendach wird aus vier Blechdreiecken (1 mm dick) zusammengeschweißt. Wie bereitest du die Schweißnähte vor, und welches Verfahren in bezug auf die Richtung wendest du an? (Brennergröße? Arbeitsdruck?)
9. Warum werden längere Blechkanten vor dem Schweißen geheftet?
10. Welche Nachteile für den Werkstoff bringt das Schweißen mit sich?
11. Welche Unfallverhütungsregeln mußt du dir ständig vor Augen halten?

MERKE:

1. **Beim Gasschmelzschweißen werden die Werkstoffkanten durch selbständiges Ineinanderfließen verbunden. Die Azetylenflamme erzeugt eine örtliche Hitze von 3200 °C. Durch die örtlich begrenzte Erwärmung wird der Werkstoff nachteilig beeinflußt, es entstehen Spannungen und Verwerfungen.**
2. **Nahtform, Brennergröße und Arbeitsdruck richten sich nach der Blechdicke und nach dem Werkstoff.**
3. **Auch legierte und hochgekohlte Stähle sowie NE-Metalle können mit besonderen Hilfsmitteln geschweißt werden.**
4. **Bei allen Schweißarbeiten sind die Bestimmungen der „Druckgasverordnung" und „Azetylenverordnung" streng zu beachten.**

Behebung von Störungen beim Schweißen

Ursache:	Beseitigung:
Brenner läßt sich nicht anzünden:	
Überwurfmutter zu lose.	Überwurfmutter fest anziehen; wenn noch nicht dicht, Dichtungsringe ersetzen. Bei loser Überwurfmutter erfolgt Sauerstoff-Übertritt in die Azetylenleitung und Schlauch-Explosion.
Sauerstoffdruck nicht richtig eingestellt.	Sauerstoffdruck, wie auf Brennerrohr angegeben, einstellen. Prüfen, ob Wasservorlage in Ordnung, Sieb sauber und Azetylen-Zufuhr ungehemmt ist.
Sauerstoffventil und Azetylenventil am Brenner verstopft.	Brennerventile bei abgenommenem Einsatz auf freien Durchgang prüfen; wenn verstopft, Ventile auseinandernehmen.

Ursache:	Beseitigung:
Brenner knattert beim Schweißen:	
Mundstück zu warm geworden.	Brennerventile schließen, Brennermundstück in Wasser abkühlen. Brenner wieder betriebsbereit.
Brenner pfeift, brennt innen weiter:	
Falsche Sauerstoffdruck-Einstellung.	Brennerventile sofort schließen. Sauerstoffdruck, wie auf Brennerrohr angegeben, einstellen.
Veränderte Bohrungen des Mundstückes und Injektors.	Durch Reinigen mit scharfen Werkzeugen sind Bohrungen verändert. Düsen ersetzen.
Brenner schlägt zurück, knallt:	
Schlackenspritzer in Mundstückbohrung.	Schlackenspritzer entfernen, zweckmäßig Düsenbohrer verwenden.
Brennerinneres und Injektor stark verrußt.	Brennerinneres und Injektor reinigen.
Veränderte Bohrungen des Mundstückes und Injektors.	Durch Reinigen mit scharfen Werkzeugen sind Bohrungen verändert. Düsen ersetzen.
Brenner brennt schief oder einseitig:	
Schlackenspritzer in der Mundstückbohrung.	Schlackenspritzer entfernen, zweckmäßig Düsenbohrer verwenden.
Flamme brennt dürftig mit Brenngasmangel:	
Mundstück zu heiß.	Mundstück in Wasser kühlen.
Schlackenspritzer in der Mundstückbohrung.	Schlackenspritzer entfernen, zweckmäßig Düsenbohrer verwenden.
Brenngaszufuhr oder Druck nicht ausreichend.	Wenn Brenner genügend saugt, Entwickler oder Azetylenflasche prüfen.
Harte brüchige Schweißnaht bei Eisenblech:	
Flamme brennt mit Azetylen-Überschuß, langer, verschwommener Flammenkegel.	Azetylen am Ventil drosseln, bis Flammenkegel scharf umgrenzt ist, neutrale Flamme.
Starkes Funkensprühen, verbrannte Schweiße:	
Flamme brennt mit Sauerstoff-Überschuß, kurze Flamme mit kleinem, spitzem Kern.	Azetylenzufuhr durch Ventil steigern, Flammenkegel scharf auf neutrale Flamme einstellen.

II. Lichtbogenschweißen

Wegen seiner Einfachheit (statt Brenngas- und Sauerstoff- nur Stromzufuhr, eine Hand bei Verwendung des Schweißhelms frei), seiner Ungefährlichkeit (niedere Stromspannung) und hohen Schweißgeschwindigkeit wird das Lichtbogenschweißen heute in vielen Betrieben bevorzugt, wenn man auch für bestimmte Arbeiten auf das Gasschmelzschweißen nicht verzichten kann und soll. (Dünnblech, NE-Metalle!)

1. Die Wärmequelle liefert der elektrische Strom

Wie das Wasser nur fließt, wenn ein Gefälle, ein Druckunterschied vorhanden ist, so strömt die Elektrizität im Leiter nur, wenn eine Strommaschine (Generator) im Stromkreis für dauerndes Druckgefälle = Spannung sorgt (Spannung = U).
Die elektrische Spannung messen wir in Volt (V)

Der Stärke des Wasserstrahls ist die Stromstärke (I) vergleichbar, die von der Spannung durch den Leiter bewegt wird.

Die elektrische Stromstärke messen wir in Ampere (A)

Der strömungshindernden Reibung des Wassers im Bachbett oder in einem engen Rohr ist der Widerstand (R) vergleichbar, den der Kupferdraht oder eine kurze Luftstrecke dem Fließen des elektrischen Stromes entgegensetzt. Wird der elektrische Strom durch die Spannung gezwungen, eine „Engstelle" mit großem Widerstand trotzdem in voller Stärke zu durchfließen, so entsteht gewissermaßen eine erhöhte „Reibungswärme", d. h. Wärme- und Lichtstrahlung (Glühbirne, Funke, Blitz, Lichtbogen).

Den elektrischen Widerstand messen wir in Ohm (Ω)

Der Physiker O h m stellte für das Abhängigkeitsverhältnis dieser drei Werte folgendes Gesetz auf:

Spannung = Stromstärke × Widerstand

Die Leistungsfähigkeit, kurz Leistung (P), des elektrischen Stromes wächst mit Spannung und Stromstärke, also

Leistung = Spannung × Stromstärke
Für Gleichstrom: $P = U \times I$
Für Wechselstrom: $P = U \times I \times \cos\varphi$
Für Drehstrom: $P = U \times I \times \cos\varphi \times 1{,}73$

Die elektrische Leistung messen wir in Watt (W)

1 Watt = 1 Volt × 1 Ampere = 1 V × 1 A;
1 Kilowatt = 1000 Watt
1 kW = 1000 W = 1000 VA

Der elektrische Zähler mißt, wie lange der Strom eine bestimmte Leistung abgibt, er hält den Wert der elektrischen A r b e i t fest.

Elektrische Arbeit = Leistung × Zeit
$W = P \times t$

Die elektrische Arbeit messen wir in Wattstunden (Wh)

1 Wattstunde = 1 Watt × 1 Stunde
= 1 W × 1 h!
1 Kilowattstunde = 1000 Wattstunden
1 kWh = 1000 Wh

2. Die Schmelzwärme erzeugt der elektrische Lichtbogen des Schweißstroms

Durch Anklemmen eines Pols an das Werkstück und des anderen Pols an die Elektrode entsteht ein Stromkreis, wenn die Elektrode das Werkstück berührt. Ziehen wir die Elektrode etwas vom Werkstück ab, dann muß der Strom eine kurze Luftstrecke mit sehr hohem Widerstand überspringen. Er bildet einen heißen Lichtbogen (3600 °C), welcher Licht- und Wärmewellen ausstrahlt. Im Lichtbogen schmelzen Werkstück und Elektrodenspitze ab. Gegenüber der milderen und breiter wärmenden Gasflamme schmilzt der Lichtbogen den Werkstoff rascher und mehr punktförmig auf. Feinste Schmelztröpfchen der Elektrode werden vom Werkstück angezogen (40 bis 120 pro Sekunde, auch sprühregenartig) und füllen die Schweißnaht.

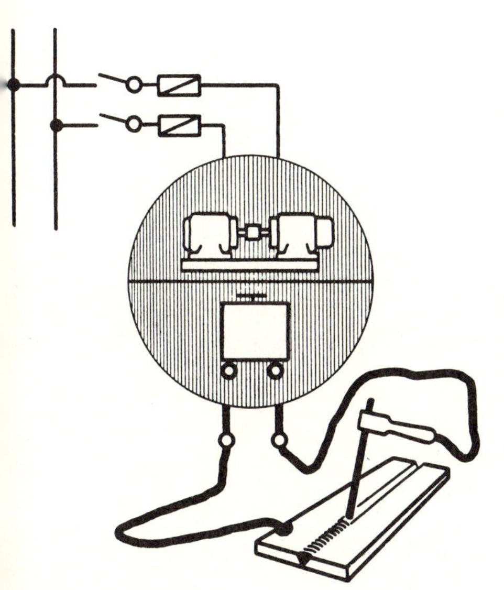

Der Pluspol ist bei Gleichstrom etwa 400 °C heißer als der Minuspol, weshalb man dünne Bleche und verschiedene NE-Metalle an den Minuspol anschließt. Doch ist stets die Polvorschrift auf der Elektrodenpackung einzuhalten.

Aus der begrenzten Abschmelzleistung der Elektrode ergibt sich weiterhin, daß man dickere Bleche in mehreren Lagen schweißen muß.

Der Schweißstrom darf als Gleichstrom höchstens 100 Volt und als Wechselstrom höchstens 70 Volt Spannung haben. Dafür ist die Stromstärke um so höher (bis 500 Ampere).

Der Netzstrom und Kraftstrom muß also durch eigene Schweißstrommaschinen in Schweißstrom umgewandelt werden.

3. Schweißmaschinen

a) Der Schweißumspanner ist billig und erfordert wenig Wartung

Der Wechselstrom des Netzes fließt durch die Primärspule und erzeugt im Takt seines Wechsels (50/Sekunde) Kraftlinienfelder. Diese schneiden im gleichen Takt die Windungen der Sekundärspule und erzeugen (induzieren) darin den Schweißstrom. Die Spannung ändert sich hierbei im Verhältnis der Windungszahlen der beiden Spulen. Je weniger Windungen der Sekundärspule geschnitten werden, um so geringer die Spannung.

In „engen Räumen" darf nur mit Umspannern geschweißt werden, deren Leerlaufspannung auf 42 V begrenzt ist.

b) Der Schweißumformer ist teurer, erfordert mehr Pflege, ist aber für alle Elektroden verwendbar

Ein Antriebsmotor, der vom Netzstrom gespeist wird, ist mit einem Generator (Stromerzeuger) auf einer Welle gekuppelt. Beim Fehlen eines Stromnetzes kann der Schweißgenerator auch von einem Diesel- oder Benzinmotor angetrieben werden. (Verlängerte Welle mit Riemenscheibe.)

Der Umformer (Generator) erzeugt stets G l e i c h s t r o m

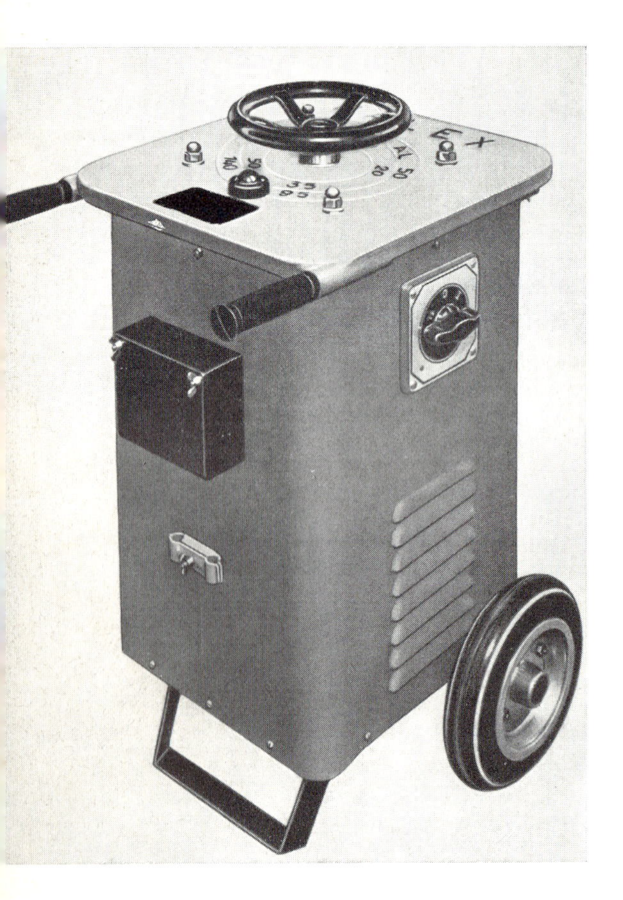

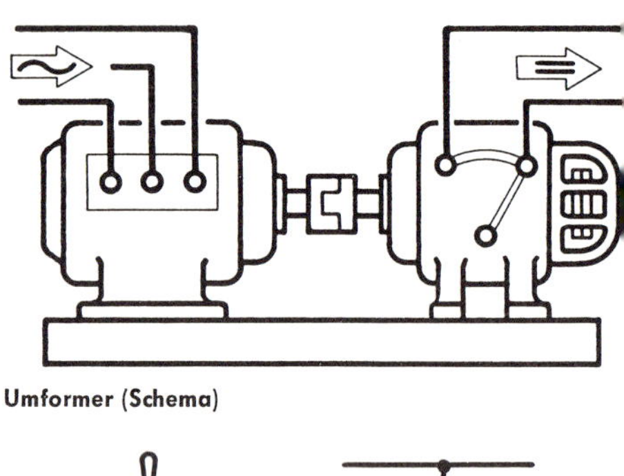

Umformer (Schema)

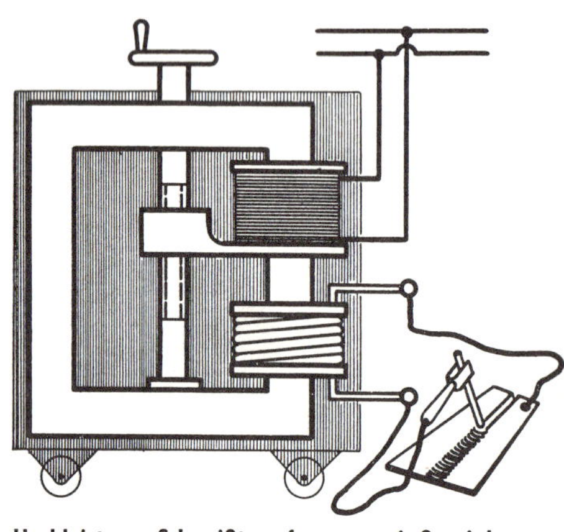

Hochleistungs-Schweißtransformator mit Spezialschaltung für Dünnblechschweißung.
Regelbereich des Schweißstroms: 20–180 A
Elektrodendurchmesser: 1–4 mm
Schweißkabel: 25 mm²

c) Der Schweißgleichrichter braucht wenig Wartung und ersetzt einen Umformer

Im Aufbau dem Umspanner ähnelnd, hat auch der Gleichrichter keine umlaufenden Teile, so daß die Überwachung der Kugellager und Kohlebürsten wegfällt. Doch wird der erzeugte Wechselstrom durch einen Trockengleichrichter (Selenzellen oder neuerdings weniger wärmeempfindliche Siliziumpatronen) geschickt. Dieser hat die Eigenschaft, den Strom nur in einer Richtung durchzulassen, und wandelt so den Wechselstrom in einen „Gleichstrom geringer Welligkeit" (Abb. S. 190).

Der Schweißgleichrichter erzeugt einen „G l e i c h s t r o m von geringer Welligkeit". Das Gerät eignet sich besonders gut zum Schweißen von Dünnblech, Alu und hochlegierten Stählen, GG-Schweißung.

4. Viele Elektroden stehen zur Wahl

Musterbücher bedeutender Elektroden-Firmen, welche wir kostenlos anfordern können, belehren uns nicht nur über Eigenschaften und Verwendung jeder einzelnen Elektrode, sondern auch über die Unmöglichkeit, alle Arten hier zu nennen. Ständig werden überdies neue und bessere Elektroden entwickelt und auf den Markt gebracht. Und doch lassen sich die fast unüberschaubaren Firmenerzeugnisse zu gleichartigen Gruppen zusammenfassen:

a) Nach dem äußeren Bau unterscheiden wir

nichtumhüllte Elektroden (nackte und Seelenelektroden) und
umhüllte Elektroden (dünnumhüllt, mitteldickumhüllt, dickumhüllt).

Die Umhüllung wird durch Tauchen oder Pressen aufgebracht. Die drei Stufen der Manteldicke beziehen sich auf den Kernstab-Nenndurchmesser (dünnumhüllt = bis 120 %, mitteldickumhüllt = 120 bis 155 %, dickumhüllt = über 155 %).

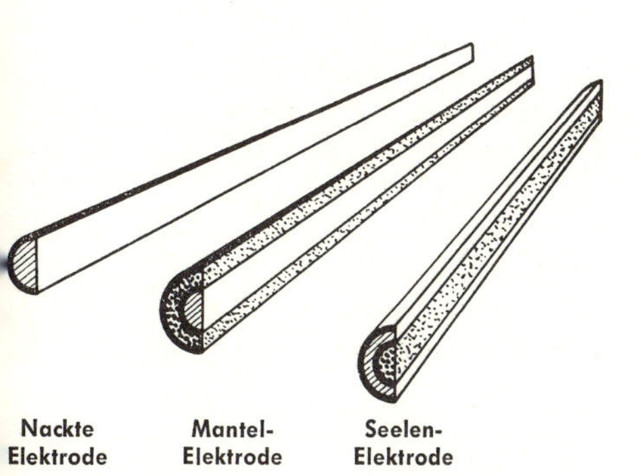

Schweiß-Trafo (Inneres)

Schweißumformer bis 450 A Schweißstrom

Gleichrichter mit Selenzellen – Trockengleichrichter

Hochleistungsgleichrichter, gut geeignet für Dünnblech und NE-Metalle. Stufenlose Schweißstromregelung: 15–250 A. Elektrodendurchmesser: 1–5 mm. Schweißkabel: 50 mm².

b) Zur Kennzeichnung der Umhüllungsstoffe und -dicken erhalten die Elektroden folgende Typ-Kurzzeichen:

A = sauerumhüllt
R = rutilumhüllt (dünn und mitteldick)
RR = rutilumhüllt (dick)
AR = rutilsauerumhüllt (Mischtyp)
C = zelluloseumhüllt
R(C) = rutilzelluloseumhüllt (mitteldick)
RR(C) = rutilzelluloseumhüllt (dick)
B = basischumhüllt
B(R) = basischumhüllt mit nichtbasischen Anteilen
RR(B) = rutilbasischumhüllt (dick)

Ganz allgemein fallen der Umhüllung wichtige Aufgaben zu:

- Gewisse Beimengungen (z. B. Rutil) ionisieren die Lichtbogenstrecke, machen sie elektrisch leitend und gewährleisten so einen stabilen Lichtbogen.
- Die abschmelzende Umhüllungsmasse bedeckt als schützende Schlacke die Naht und verlangsamt deren Abkühlung. Schrumpfspannungen werden dadurch vermindert und die Güte der Naht verbessert.
- Beim Abschmelzen der Umhüllung entwickeln sich auch Gase, welche den Lichtbogen und das flüssige Schweißgut gegen das Eindringen der schädlichen Elemente Stickstoff, Sauerstoff und Wasserstoff abschirmen. (Gefahr der Versprödung und Porenbildung!)
- Der unterschiedliche Ausbrand der Legierungsbestandteile des Stahls kann durch entsprechende Beigaben zur Umhüllung etwas ausgeglichen werden.
- Durch Zugabe von Eisenpulver in die Umhüllungsmasse erreicht man eine größere „Ausbringung", was besonders beim Schweißen von großen Nahtquerschnitten die Wirtschaftlichkeit erhöht.

c) Die marktgängigen umhüllten Elektroden-Typen werden nach ihrer Umhüllungsart und -dicke 12 Klassen zugeordnet und mit den entsprechenden Ziffern neben dem Typ-Kurzzeichen für die Umhüllung gekennzeichnet (z. B. A1, R3, B12).
Die Elektroden der einzelnen Klassen unterscheiden sich wieder durch die im Schweißgut erreichten Werte für Zugfestigkeit, Streckgrenze, Dehnung und Kerbschlagarbeit, ausgedrückt durch Kennzahlen nach DIN 1913 Teil 1 Seite 2.

Das folgende Bezeichnungsbeispiel steht für marktgängige Elektroden, deren Schweißgut im Zugfestigkeitsbereich 430 bis 550 N/mm² liegt, eine Streckgrenze $\geqq$ 360 N/mm² aufweist (E43), eine Mindestdehnung von 24 % erbringt und für das eine Mindestkerbschlagarbeit von 28 Joule bei —20 °C und von 47 Joule bei 0 °C gewährleistet ist (32), die dick-sauerumhüllt sind und der Klasse 5 entsprechen (A 5).

Bezeichnungsbeispiel:

Stabelektrode E43 32 A 5 DIN 1913

Benennung
Kurzzeichen für das Lichtbogenschweißen
Kurzzeichen für Zugfestigkeit und Streckgrenze
Erste Kennziffer für Dehnung und Kerbschlagarbeit mindestens 28 J
Zweite Kennziffer für erhöhte Kerbschlagarbeit mindestens 47 J
Typ-Kurzzeichen für die Umhüllung
Kennziffer der Klasse
DIN-Nummer

Vom Hersteller werden meist auch die Eignung für bestimmte Schweißpositionen und Stromeignung angegeben.
(w = Wannenlage, h = Horizontalposition (Kehlnaht), q = Querposition, s = Steigposition, f = Fallposition, ü = Überkopfposition)
Höher kohlenstoffhaltige Stähle wie St 50, St 60, St 70 sind wegen der Aufhärtungsgefahr nur bedingt schweißbar, d. h., sie müssen entsprechend ihrem C-Gehalt vorgewärmt werden (200 . . . 300 °C).

Neben den Gruppen der dünnumhüllten, mitteldickumhüllten, dickumhüllten und Hochleistungselektroden gibt es noch Spezialstabelektroden zum Wärmen, Schneiden, Unterwasser- und Schwerkraftschweißen.
Umhüllte Elektroden für das Metall-Lichtbogenschweißen von GG, GGG und GT sind in DIN 8573 genormt.
Für NE-Metalle wie z. B. Kupfer und Aluminium und NE-Legierungen verwendet man Spezialelektroden, die in ihrer Zusammensetzung möglichst dem Grundwerkstoff angepaßt sein sollen. Für alle Elektroden gilt die Grundregel, daß sie mit dem vorgeschriebenen Schweißstrom verschweißt werden und der Lichtbogen so kurz wie möglich zu halten ist.

5. Dicke und Art der Umhüllung beeinflussen Verschweißbarkeit und Güte der Naht

Nackte Elektroden und Seelenelektroden sind nur mit Gleichstrom verschweißbar. Es fehlen die Umhüllungsstoffe, welche die Luftstrecke für den Lichtbogen leitend machen. Auch die basische Elektrode eignet sich mehr für Gleichstrom.
Alle anderen Elektroden sind mit Wechsel- und Gleichstrom verschweißbar, doch sind – auch für die Polung – stets die Vorschriften der Hersteller zu beachten. Mit der Dicke der Umhüllung wachsen im allgemeinen die Lichtbogenstabilität, die Schweißnahtgüte und Schweißgeschwindigkeit; gleichzeitig erhöhen sich aber auch die Kosten (Elektrodenpreis + größerer Stromverbrauch). Die Verwendung von mitteldick oder gar dick umhüllten Elektroden ist nur dann vertretbar, wenn an die Schweißnaht höchste Anspüche durch dynamische, wechselnde oder schwingende Beanspruchung gestellt (Fahrgestelle, Brücken, Kräne, Kessel u. ä.) und die höheren Kosten für Elektrode und Strom durch Zeitgewinn wettgemacht werden.
Die Umhüllungsmassen setzen sich aus feinstgemahlenen organischen und anorganischen

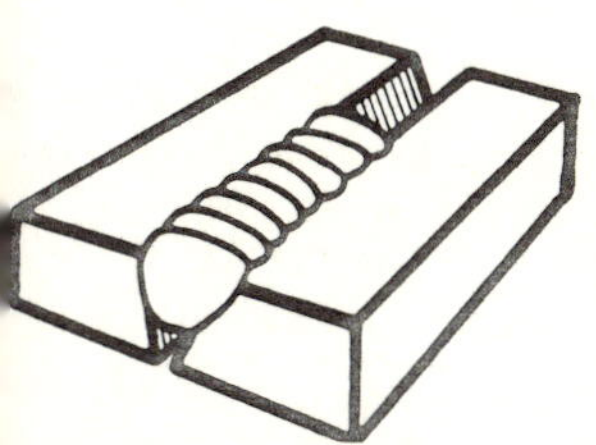

Fehler:
Nicht durchgeschweißt, zu geringer Einbrand
Behebung:
Größere Stromstärke wählen

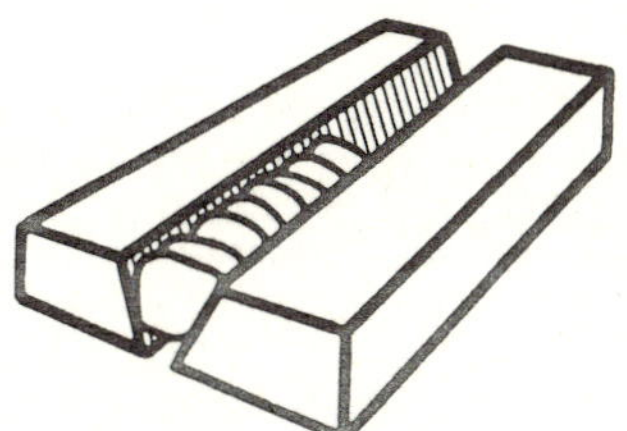

Fehler:
Seitliche Kerben
Behebung:
Mehr Lagen schweißen

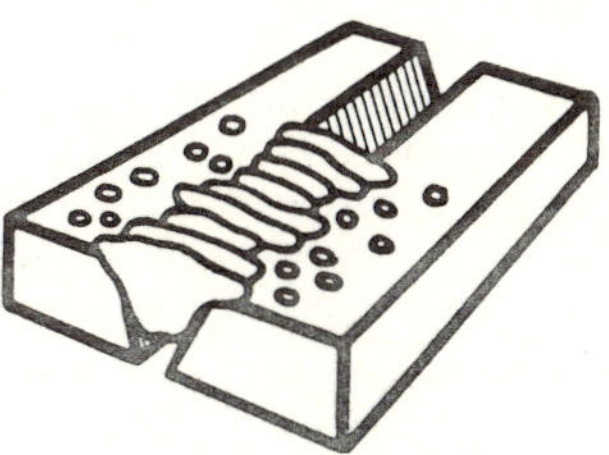

Fehler:
Zu geringer Einbrand
Starke Spritzer
Behebung:
Kleinere Stromstärke wählen!
Lichtbogen kürzer halten!

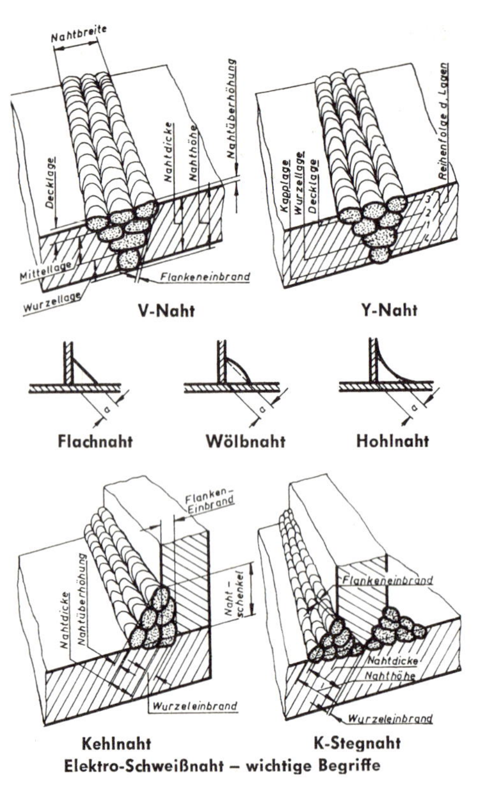

Elektro-Schweißnaht – wichtige Begriffe

Stoffen zusammen, welche mit Wasserglas oder Dextrin gebunden sind (Eisenlegierungen, Flußspat, Kalkspat, Magnesit, Asbest, Kaolin, Quarz, Rutil, Titandioxid, Magnetit, Braunstein, Holzmehl, Zellmehl).

Jeder Grundwerkstoff stellt gewisse Mindestanforderungen an das Schweißgut in bezug auf erreichbare Gütewerte.

Beispiel: Kesselblech HII (DIN 17155) erfordert eine Elektrode mit der Kennzahl 4311 = 430 bis 550 N/mm² Zugfestigkeit und 360 N/mm² Streckgrenze (43)
22% Mindestdehnung und 28 J Mindestschlagarbeit bei + 20 °C (1)
47 J erhöhte Mindestschlagarbeit bei + 20 °C (1)

Bei richtiger Einstellung des Schweißgeräts ist das Lichtbogenschweißen leichter als das Gasschweißen

Die Schweißkanten bereiten wir so vor, wie es beim Gasschmelzschweißen üblich ist. Stromart, Stromstärke und Polung verrät uns die Elektrodenpackung. Doch müssen wir Nahtdicken über 6 mm jetzt in mehreren Lagen schweißen, ohne dabei das Abbürsten jeder Schlackenschicht zu vergessen.

Obwohl wir auf kurzen Lichtbogenabstand, Erfassen der Wurzel und der Kanten achten, können sich Fehler einschleichen, die wir aber bald am Nahtaussehen erkennen und abstellen wollen. (Vgl. Bild S. 191!)

6. Auch der Blaswirkung läßt sich begegnen

Sie ist am stärksten und unangenehmsten bei Gleichstrom, aber auch von der Werkstückform, der Umhüllungsdicke und der Pollage abhängig. Elektrode, Lichtbogen und Werkstück bilden einen gebogenen Leiter, welcher von Kraftlinien umgeben ist, solange der Strom fließt. Auf der Innenseite des Bogens verdichten sich diese Kraftlinien und haben daher eine stärkere elektromagnetische Wirkung. (Vergleich: Geknickte Spiralen einer Schraubenfeder.) Das dichte Magnetfeld stößt die Elektronen des Lichtbogens ab, weshalb es scheint, als ob dieser nach der entgegengesetzten Seite „geblasen" würde.

Gegenmaßnahmen:

Elektrode in Blasrichtung neigen, Pol am Schweißtisch verlegen in Nähe der Schweißstelle, Anwärmen (schrittweises Schweißen).

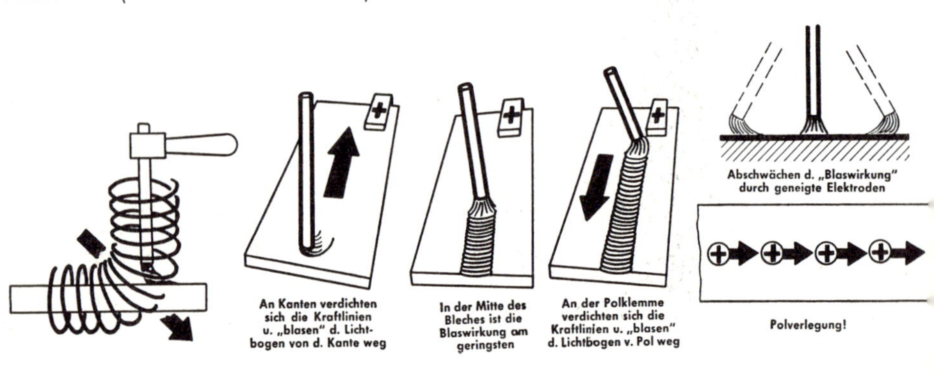

7. Gesundheitliche Schäden drohen nur dem Leichtsinnigen

Absaugung, Anschluß am Schweißtisch

Lederschurz, Handschuh und Gesichtsschirm halten die Spritzer ab. Genormte Farbgläser schützen die Augen vor den gefährlichen ultravioletten und ultraroten Lichtstrahlen (Starkrankheit!).
Allseitig isolierte und geerdete Kabel und Geräte verhüten Schäden durch den elektrischen Strom.
Gute Durchlüftung und Ventilation führen die giftigen Schweißgase rechtzeitig ab.

Werkstattwinke:

1. Versichere dich vor Anschluß einer Schweißmaschine an das Stromnetz, daß die Maschine ausgeschaltet und der Stromkreis geöffnet ist.
2. Frage, ob Leitungsquerschnitt und Sicherung für die Maschinenleistung ausreichen!
3. Vergiß nicht, bei dünnen Blechen den —Pol an das Werkstück zu klemmen.
4. Verwende Augenschutzfilter mit der **ausreichenden** Schutzstufe:
   0 bis 1 für Schweißhelfer
   6 bis 7 für Arbeiten an Dünnblech
   8 bis 9 für Arbeiten mit Schweißelektroden von ≈ 2–5 mm ⌀
   10 bis 13 für Arbeiten mit Schweißelektroden über 5 mm ⌀ und zum Schutzgasschweißen
5. Beobachte das Aussehen der Schweißnaht und reguliere die eingestellte Stromstärke nach!
6. Trage beim Schweißen keine Nagelschuhe, schweiße in engen Behältern möglichst nicht mit Wechselstrom, und sorge besonders bei feuchtem Wetter im Freien für isolierten Stand. Beachte alle Unfallvorschriften gewissenhaft.

Selbst finden und behalten:

1. Die Gasflamme ist „weicher" als der Lichtbogen. Was versteht man darunter? Welche Vor- und Nachteile ergeben sich daraus?
2. Warum wird zum Schweißen von Alu die Gasflamme vorgezogen?
3. Welchen Einfluß hat das Schweißen in mehreren Lagen auf die Größe der Spannungen und der Schweißnahthärte?
4. Welche Nahtformen begünstigen Verwerfungen durch Schrumpfen?
5. Ein abgenützter Achszapfen ist rundum durch Auftragsschweißung verschleißfest zu erneuern. Welche Elektrode würdest du wählen für Gleichstrom. Durchmesser? Stromstärke? 350 HB.
6. 2 Winkelstähle 50 × 7 sind im rechten Winkel auf Gehrung zu verschweißen (St 37). Welche Elektrode verwendest du? Durchmesser? Stromstärke? Polung? Wie sind die Schweißkanten vorzubereiten?

MERKE:

1. **Der Schweißstrom, welcher den elektrischen Lichtbogen bildet, hat eine niedere Spannung, aber hohe Stromstärke.**
2. **Der Schweißumspanner (Trafo) erzeugt Wechselstrom und erfordert umhüllte Elektroden. Anschaffung billig und wenig Wartung.**
3. **Schweißumformer (Generator) und Gleichrichter erzeugen Gleichstrom. Sie ermöglichen das Verschweißen von nackten und umhüllten Elektroden.**
4. **Die Blaswirkung beruht auf der elektromagnetischen Abstoßung des Lichtbogens durch ein verdichtetes Kraftlinienfeld. Man kann ihr durch Neigen der Elektrode, Polverlegung, Vorwärmen und schrittweises Schweißen begegnen.**
5. **Die Umhüllung beeinflußt Schweißvorgang und Schweißnaht günstig, aber in verschiedener Art und Weise. Sie muß nach Musterbüchern, dem jeweiligen Zweck und der Arbeit angemessen, gewählt werden.**

III. Elektrisches Widerstandsschweißen

Kurzschluß in der Lichtleitung! Was ist geschehen? Die zwei Kupferdrähte haben sich infolge schadhafter Isolierung so weit genähert, daß der elektrische Strom den kleinen Luftspalt mit einem kurzen Lichtbogen überbrückte. In der gleichzeitig entstehenden Hitze sind die Drähte geschmolzen. Die in diesem Falle so gefährliche Wirkung der Widerstandswärme wendet man zum Verschweißen von Metallteilen nutzbringend an. Weil der Widerstand und damit die Widerstandswärme mit der Stromstärke zunimmt, enthält jede Widerstandsschweißmaschine einen Transformator, welcher den Netzstrom auf niedere Spannung (1–10 Volt) und hohe Stromstärke umspannt (bis 50 000 Ampere!).

1. Normale Stumpfschweißmaschine und Abbrennschweißmaschine ermöglichen den Stumpfstoß von Rund- oder Vierkantstäben bis zu 6 cm² Querschnitt

In der **Stumpfschweißmaschine** werden die Stabenden von den kupfernen Elektroden zusammengedrückt. Nachdem der Strom eingeschaltet ist, erwärmen sich die Enden, werden teigflüssig und verschweißen unter Druck wie bei der Feuerschweißung. Die weichen Stabenden bilden unter der Pressung einen Wulst, der u. U. wieder abgearbeitet werden muß. Geeignet für niedrig gekohlte Baustähle, Aluminium, Kupfer, Messing.

In der **Abbrennmaschine,** die Querschnitte bis zu 600 cm² bewältigt, werden die Enden bis auf einen dünnen Spalt zusammengeführt und hin und her bewegt. Haben die Querschnittsflächen durch die Hitze der überspringenden Lichtbogen (Funkensprühen) die Schmelzwärme erreicht, schaltet die Maschine den Strom ab und schlägt die Enden zusammen. Schlackenteilchen und Zunder werden dabei herausgepreßt.

Es entsteht nur ein leichter Grat. Die verschiedensten Querschnitte und auch Werkzeugstähle lassen sich auf diese Weise hochfest verbinden.

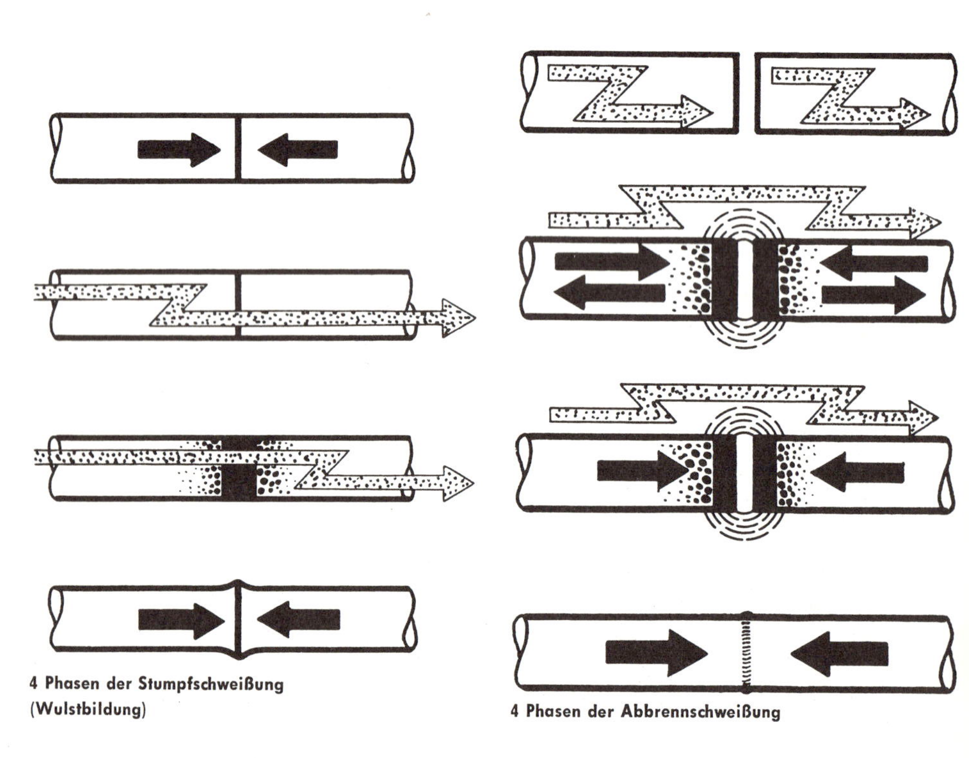

4 Phasen der Stumpfschweißung (Wulstbildung)

4 Phasen der Abbrennschweißung

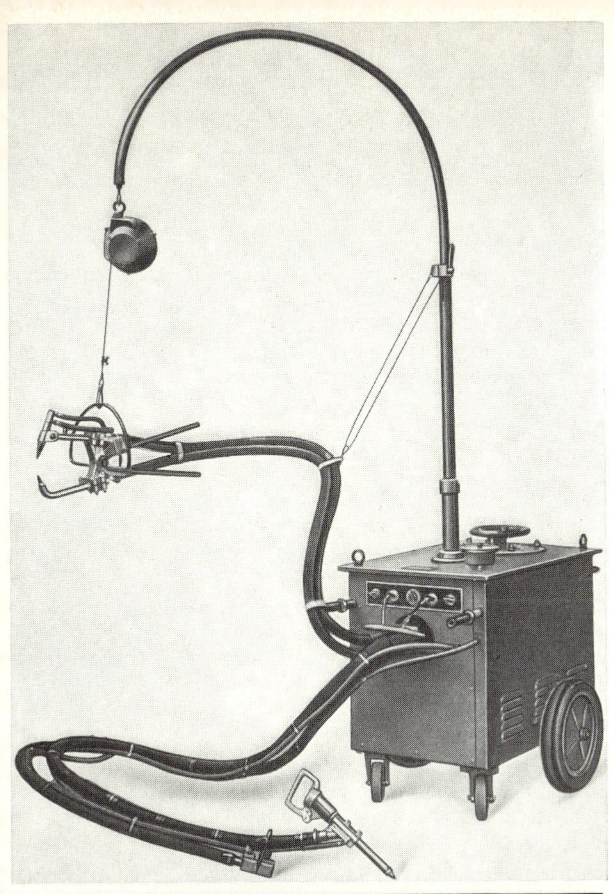

Punktschweißmaschine
nicht ortsgebunden, alle heißen Teile wassergekühlt, besonders geeignet für Fahrzeugreparaturen, Stahltüren- und Fensterbau, Behälterbau.

In der gefederten Aufhängung 4 verschiedene Schweißzangen auswechselbar.

Schweißleistung:
1,5 mm Aufschweißstärke bei Stahlblech
Verschweißt Stahldraht bis 5 mm + 5 mm

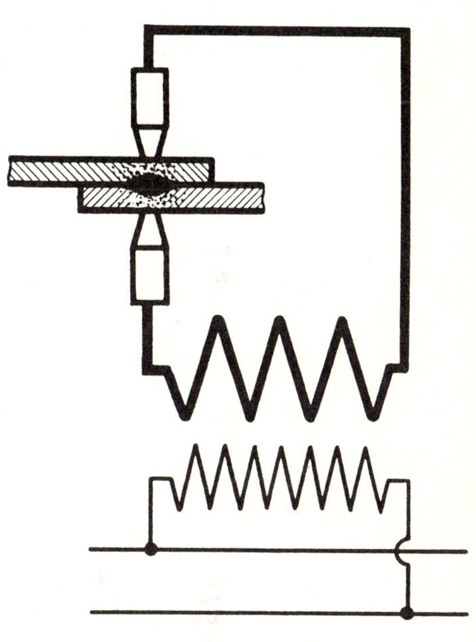

Punkt- und Nahtschweißmaschinen arbeiten nur mit Wechselstrom. Schema des Primär- und Sekundärstromkreises einer Punktschweißmaschine

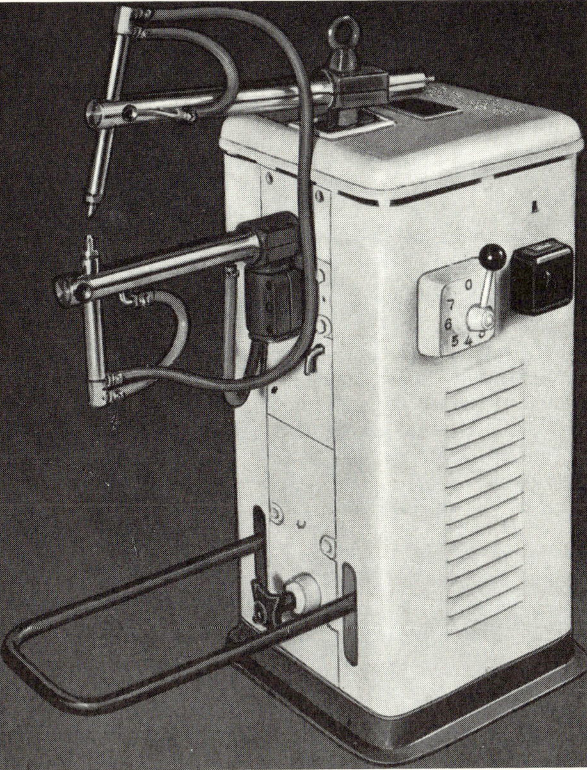

Punktschweißmaschine mit 350 mm Ausladung, Preßluftbetätigung und Zeitschalter. Alle heißen Teile wassergekühlt.

Schweißleistung:
Spitze:
Stahlblech 3 + 3 mm / 5 + 5 mm
Stahldraht 6 + 6 mm / 10 + 10 mm
Dauernd:
Stahlblech 2 + 2 mm / 3 + 3 mm
Stahldraht 4 + 4 mm / 6 + 6 mm

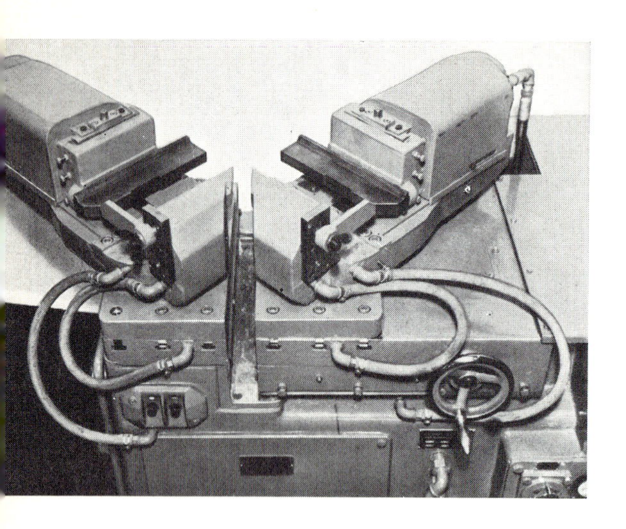

2. Punkt- und Nahtschweißmaschine ersetzen das umständliche Nieten

Nicht zu starke Bleche (Leistungsschild!) drückt man mit zwei meist wassergekühlten Kupferelektroden zusammen. Die Berührungspunkte werden durch die Widerstandswärme teigig und verschweißen. Voraussetzung ist, daß die Bleche vorher entzundert, entrostet und entfettet sind.
Die Nahtschweißmaschine arbeitet genauso, nur daß hier die Elektrodenstifte durch Rollen ersetzt sind, welche eine durchlaufende Dichtnaht aus aneinandergereihten Punkten erzeugen. (Vgl. Bild S. 195!)

Spannvorrichtung für Gehrungs-Schweißungen

IV. Sonderschweißverfahren

Im Bereich der Schweißtechnik wurden und werden laufend neue Verfahren entwickelt, um die Schweißnahtgüte zu verbessern, die Schweißgeschwindigkeit zu erhöhen, schwierig zu verbindende Werkstoffe und Querschnitte zu bewältigen und die Kosten zu senken. Immer mehr Klein- und Mittelbetriebe machen sich die Vorteile und Möglichkeiten einiger der neuen Verfahren zunutze, besonders im Stahl-, Behälter- und Metallbau.

1. Schweißen unter Schutzgas

Bei diesen Verfahren werden Elektrode, Lichtbogen und Schweißstelle von einem Gas umspült, welches die Elektrode kühlt und Luftsauerstoff und Stickstoff fernhält bzw. unschädlich macht.

a) Atomares Lichtbogenschweißen

Der Lichtbogen brennt zwischen zwei nicht abschmelzenden Wolfram-Elektroden unter Wasserstoff als Schutzgas. Schweißstromquelle (Trafo), Wasserstoff-Flasche, Strom- und Schutzgasregler, Schlauchkabel, Brenner gehören zur Einrichtung. Technik ähnlich dem Gasschmelzschweißen mit Zusatzdraht. Lichtbogentemperatur bis zu 4000 °C. Außer Grauguß lassen sich alle Metalle, soweit sie schweißbar sind, durch „Arcatom-Schweißen" verbinden. Nur für Sonderzwecke wirtschaftlich, daher für das Handwerk kaum von Bedeutung.

b) WIG- und MIG-Schweißen

Als Schutzgas für Wolfram-Elektrode und Lichtbogen dient das chemisch neutrale (= inerte) Edelgas Argon, daher der Name **W**olfram-**I**nert-**G**as-Schweißen.

Das Schutzgas soll in seiner Zusammensetzung dem Grundwerkstoff angepaßt sein.

Das Edelgas Argon wird als Nebenprodukt bei der Sauerstoffherstellung aus der Luft gewonnen. Auf 200 bar komprimiert, kommt es in verschiedenen Qualitäten in Stahlflaschen in den Handel:

Bezeichnung	Erläuterung	Geeignet für
Ar R	Reinstargon mit 99,99 % Reinheitsgrad	Zirkon- und Titanlegierungen
Schweißargon 99,95	Reinheitsgrad 99,95 %	Aluminium, Alu-Legierungen, Alu-Guß, Magnesium, Mg-Legierung, Mg-Guß
Ar S 1	Argon mit 1 % Sauerstoffzusatz	Hochlegierte, rostfreie Stähle, Kupfer, Cu-Legierung
Ar S 3, S 5	Argon mit 3 % bzw. 5 % Sauerstoffzusatz	Kohlenstoffstähle, warmfeste, niedrig-leg. Stähle
Ar W	Schweißargon 99,95 mit 15 % Zusatz von Reinstwasserstoff	Schweißen von Zwischen- und Decklagen dicker Nahtquerschnitte (höhere Temp. durch Verbrennen des Reinstwasserstoffs im Lichtbogen bewirkt höhere Schweißgeschwindigkeit)

Die Durchmesser der Elektroden und der auswechselbaren Gasdüsen richten sich nach der erforderlichen Stromstärke.

Neben den reinen Wolfram-Elektroden werden heute vorwiegend thorierte Wolfram-Elektroden verwendet. Der Zusatz von etwa 2 % Thorium-Oxid erhöht die Lichtbogenstabilität sowie die Standzeit und läßt höhere Stromstärken zu. Die 175 mm langen Wolfram-Elektroden werden mittels Spannhülse im WIG-Brenner befestigt. Die Elektrode ragt bis 5 mm (bei Kehlnähten bis 8 mm) aus der Argon-Düse vor.

Bei **Gleichstromschweißung** werden die Elektroden bleistiftförmig angespitzt, bei **Wechselstromschweißung** werden thorierte Elektroden nur leicht in Form eines Kegelstumpfes angeschärft (feinkörnige Schmirgelscheibe). **Reine Wolfram-Elektroden können stumpf verwendet werden.**

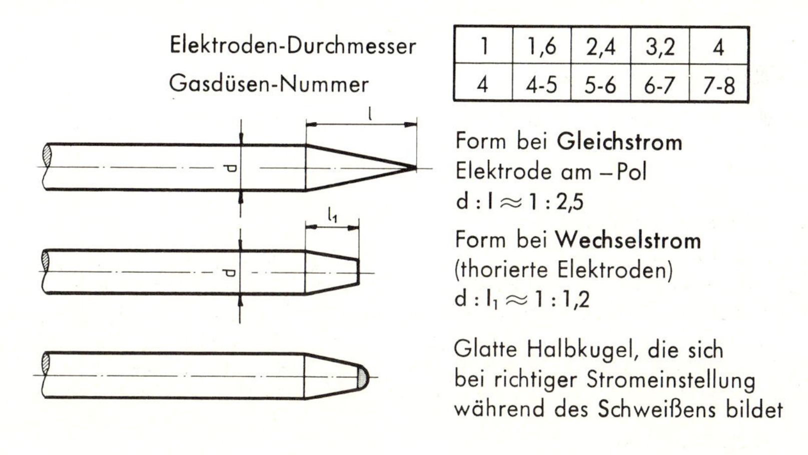

Elektroden-Durchmesser	1	1,6	2,4	3,2	4
Gasdüsen-Nummer	4	4-5	5-6	6-7	7-8

Anschliff der Wolframelektroden

Die genaue Stromeinstellung ist für den Erfolg ausschlaggebend. Bei Überlastung wird die Elektrodenspitze flüssig, es bildet sich ein vibrierender Wolframtropfen, der leicht in das Schmelzbild übergehen und es verunreinigen kann. Bei zu geringer Stromstärke wandert der

Lichtbogen auf der Elektrodenspitze hin und her und erschwert das Schweißen. Nachstehende Tabelle enthält Richtwerte für die Strombelastbarkeit.

Wolfram-Elektroden Durchmesser mm	Strombelastbarkeit Gleichstrom Minuspol A	Pluspol A	Wechselstrom A
1	10– 80	–	10– 70
1,6	50–150	10–20	40–120
2,4	170–240	15–30	100–180
3,2	200–370	25–45	150–270
4	300–500	30—70	180–340

Die Wahl der Stromart richtet sich nach dem Werkstoff

Gleichstrom:

Mit dieser Stromart eignet sich das WIG-Verfahren für die Schweißung von

Allgem. Baustahl **Kupfer und Kupferlegierungen**
Legierten Stählen **Messing**
Hart-Auftragungen **Nickel**
Grauguß **Monel**

Der Brenner (mit Wolfram-Elektrode) wird am Minuspol der Stromquelle angeschlossen.

Wechselstrom:

Diese Stromart mit ihrer periodisch wechselnden Polarität eignet sich vorzüglich für die WIG-Schweißung von

Aluminium und Aluminiumlegierungen, Magnesium und Magnesiumlegierungen.

Denn bei Wechselstrom fließen die Elektronen für 1/100 Sekunde von der Elektrode zum Werkstück und für 1/100 Sekunde in umgekehrter Richtung. In dieser zweiten „Halbwelle" der Stromkurve wird das schwer schmelzbare Oxidhäutchen des Leichtmetalls durch die austretenden Elektronen aufgerissen, was die Schweißarbeit erleichtert.

Den Schweißstrom liefern kombinierte Geräte (Transformatoren mit Gleichrichterteil), die durch einfaches Umschalten für das Leichtmetall- oder das Stahlschweißen eingesetzt werden können. Zur Ausrüstung einer WIG-Schweißanlage gehören je nach Bedarf außer dem Brenner mit Schlauchpaket

Steuergeräte: HF-Zündgerät, Impulsgenerator, Nachströmeinrichtung, Zündüberwachung, Wassermangelschalter

Zusatzgeräte: Siebkondensator, Kraterfülleinrichtung, Wasserdruckregler, Kühlwassersystem

Wassergekühlte WIG-Schweißanlage

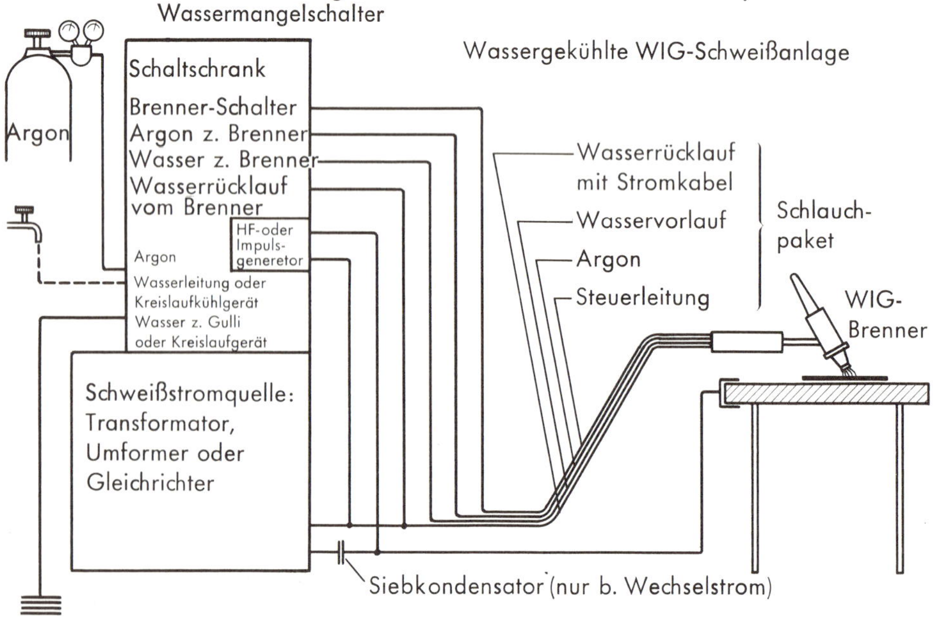

Das WIG-Schweißen erfordert einige besondere Maßnahmen:

Weil sich Wolfram gern mit Leichtmetall legiert, darf der Lichtbogen nicht durch Berühren gezündet werden. Das Zünden erfolgt durch HF- bzw. Impulsübertragung.

Bei Stahl und allen übrigen Schwermetallen kann in der Schweißfuge gezündet werden.

Im allgemeinen wird die Nach-Links-Schweißung angewandt (Brennerneigung 70°, Neigung des Zusatzdrahtes 45°).

Der Brenner muß nach dem Füllen des Endkraters so lange unter dem nachströmenden Argon auf die Endstelle gehalten werden, bis das Schmelzbad erkaltet ist.

Ersetzt man die Wolframnadel durch einen automatisch von der Rolle ablaufenden blanken Schweißdraht, der abschmilzt, dann spricht man vom MIG-, d. h. **M**etall-**I**nert-**G**as-Schweißen, früher SIGMA-Verfahren genannt. Es kann halb- oder vollautomatisch eingesetzt werden und ermöglicht doppelt bis dreifach so hohe Schweißgeschwindigkeiten wie bei der reinen Handschweißung.

Die „Argonarc"-Verfahren, wie man sie noch nennt, erweisen sich besonders im Metallbau (z. B. Schaufensteranlagen, Behälter) und zum Schweißen von hochlegierten sowie plattierten Stählen als zweckmäßig und wirtschaftlich.

c) MAG-Schweißen

Beim **M**etall-**A**ktiv-**G**as-Schweißen wird die Argon-Flasche durch eine Flasche mit dem ungleich billigeren Kohlendioxid ausgewechselt. CO_2 ist ein aktives Gas, d. h., seine Bestandteile reagieren im Lichtbogen chemisch mit den beteiligten Stoffen. Stähle bis St 60 sowie Kessel- und Röhrenstähle können mit diesem Schutzgas einwandfrei verschweißt werden. Abschmelzleistung, Schweißgeschwindigkeit und vor allem die Gütewerte der Schweißnaht liegen bedeutend höher als die der Handschweißung. Wegen seiner Wirtschaftlichkeit und Vorteile hat das Verfahren heute schon in vielen Schlossereien und Stahlbaubetrieben seinen festen Platz.

Für niedriglegierte Stähle und höher beanspruchte Schweißnähte bieten verschiedene Firmen Mischgase an (Corgon, Coxogen, Coxyd), welche preislich und gütemäßig zwischen reinem Argon und CO_2 liegen.

Beispiele für die Zusammensetzung dieser Gase: 79% Reinargon, 15% CO_2, 6% O oder 89% Rohargon, 5% CO_2, 6% O.

2. Unter-Pulver-Schweißung

Schweißautomat mit blankem Zusatzdraht, welcher sich selbsttätig abspult. Vor der Drahtelektrode Streurohr für das Schweißpulver, hinter der Elektrode Saugrohr, welches das nicht geschmolzene Pulver wieder aufnimmt. Lichtbogen brennt unsichtbar unter dem Pulver zwischen Elektrode und Werkstück. Hohe Schweißgeschwindigkeit und Nahtgüte. Verfahren nur in Großbetrieben wirtschaftlich.

3. Thermit-Schweißung

Das Aluminothermische Verfahren wird vorwiegend zum Verschweißen von Schienen angewendet. Stoßenden von Keramikform mit Einguß und Steiger umgeben. Thermitpulver (= Alu und Eisenoxid) verbrennt in Spezialtiegel zu Eisen + Alu-Oxid und entwickelt dabei etwa 3000 °C Reaktionstemperatur. Beim Thermit-Gießschweißen fließt das flüssige Eisen in die Fuge und verschweißt mit den Stoßenden. Beim Thermit-Preßschweißen dienen Schlacke und Eisenschmelze nur zum Erwärmen der Stoßenden. Diese werden dann im teigigen Zustand mittels einer Klemmeinrichtung zusammengepreßt.

WIG-Schweißbrenner

V. Der Schneidbrenner ist unentbehrlich zum Trennen, Ausklinken, Abschrägen und Ausführen von Formschnitten

1. Nur Baustähle, legierte Stähle und Stahlguß sind schneidbar

Vor dem Schneiden muß die Trennstelle mit Hilfe der Heizflamme auf Hellrotglut erwärmt werden. Der daraufhin angestellte Sauerstoffstrahl verbrennt den erhitzten Stahl und bläst durch seinen Druck die entstandene Schlacke aus der schmalen Trennfuge, welche beim Vorschub des Brenners entsteht. Liegt der Schmelzpunkt des Metalls unter dem Verbrennungspunkt (wie z. B. bei Grauguß, Aluminium und Kupfer), dann erfolgt keine Verbrennung, sondern nur ein Abschmelzen. Aus diesem Grund sind nur die oben genannten Stähle wirklich schneidbar. Wie beim Schweißen tritt durch die starke örtliche Erhitzung in Stählen über 0,3 % C und in legierten Stählen eine mehr oder weniger spürbare Aufhärtung ein, weshalb man diese Werkstoffe nur bei etwa 250 ... 400 °C Vorwärmung schneiden soll. (Vorschrift der Stahllieferanten beachten!)

2. Ein sauberer Schnitt setzt richtige Düsengröße, genauen Düsenabstand, angepaßte Schneidgeschwindigkeit und entsprechenden Sauerstoffdruck voraus

Der Schneidbrenner unterscheidet sich vom Schweißbrenner durch eine zusätzliche Düse für reinen Sauerstoff (drei Ventile). Die Heizdüse ist bei älteren Modellen als Einzel- oder Stufendüse ausgebildet. Weil die Heizflamme bei dieser Anordnung nur in Schneidrichtung vorwärmt, lassen sich damit nur vorwiegend gerade Schnitte ausführen. Neuzeitliche Brenner besitzen eine Ring- oder noch besser, eine Blockdüse. Bei letzterer umgibt ein Kranz von meist 8 Vorwärmeflammen die mittig liegende Schneidsauerstoffdüse. Ring- bzw. Blockdüsen ermöglichen das Schneiden nach jeder Richtung. Weitere Vorzüge der Brenner mit Blockdüse: Sparsam im Gasverbrauch; hohe Rückschlagsicherheit, große Schnittgeschwindigkeit und scharfe Schnittoberkanten gewährleistet. Der Kleinschneidbrenner (Stufendüse) gestattet saubere Schnitte an Dünnblechen (0,5 ... 10 mm). Führungssporn, Führungswagen, Zirkel erleichtern das gleichmäßige Vorwärtsbewegen und Abstandhalten. Größe der Düsen, Düsenabstand und Sauerstoffdruck wählen wir am sichersten nach Schneidtabellen, welche mit den Schneidgeräten geliefert werden (vgl. S. 205).

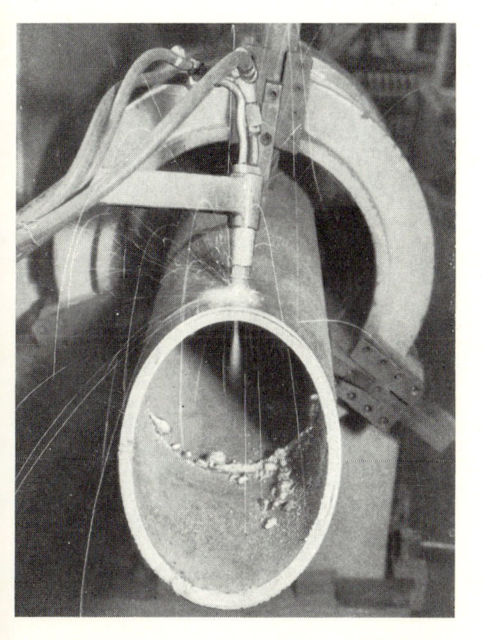

Handschneidbrenner für Azetylen – gestreckte Ausführung

Wellen-Schneidmaschine

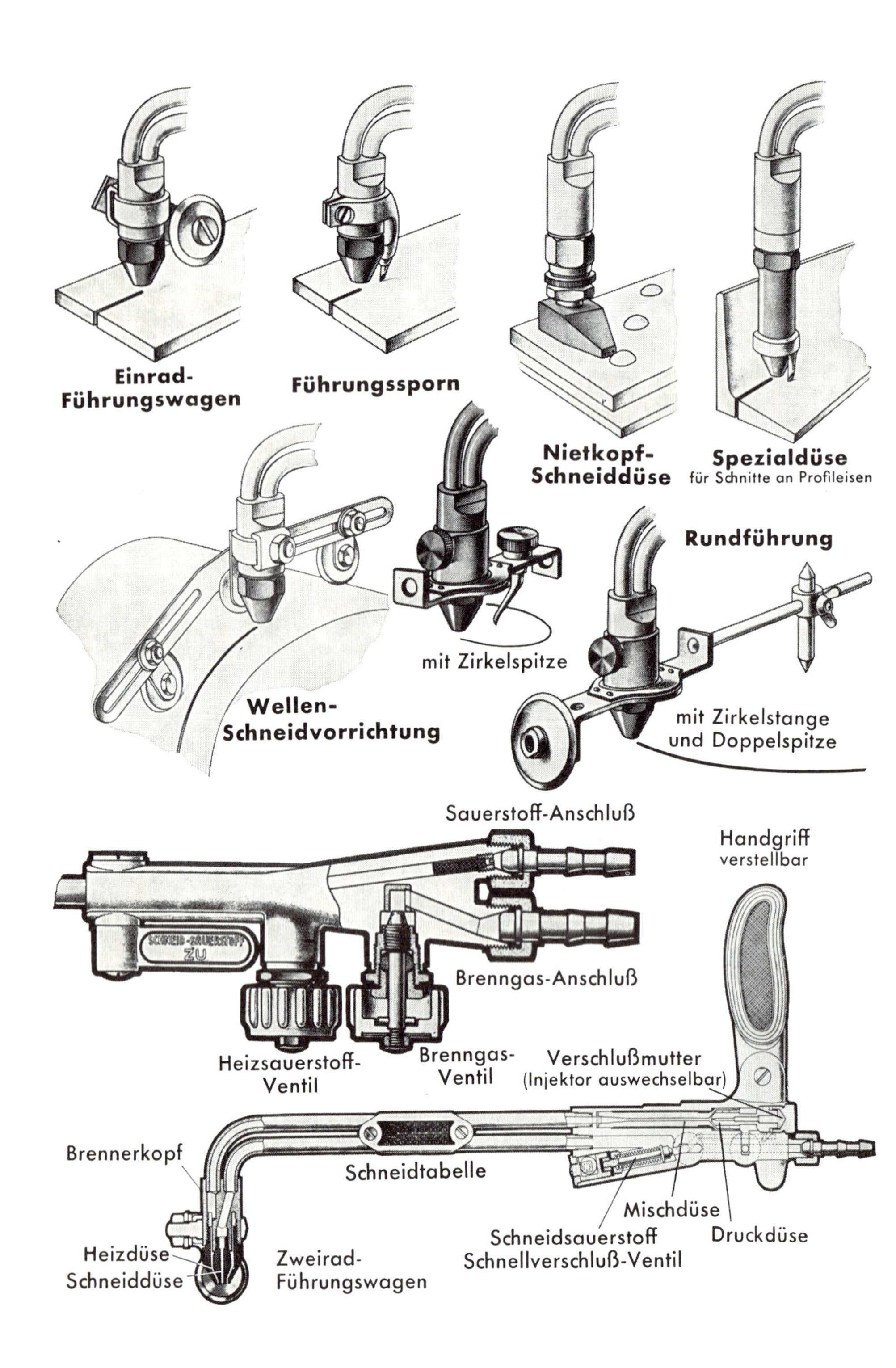
Einrad-
Führungswagen
Führungssporn
Nietkopf-
Schneiddüse
Spezialdüse
für Schnitte an Profileisen
Rundführung
mit Zirkelspitze
Wellen-
Schneidvorrichtung
mit Zirkelstange
und Doppelspitze
Sauerstoff-Anschluß
Handgriff
verstellbar
SCHNEID-SAUERSTOFF
ZU
Brenngas-Anschluß
Heizsauerstoff-
Ventil
Brenngas-
Ventil
Verschlußmutter
(Injektor auswechselbar)
Brennerkopf
Schneidtabelle
Mischdüse
Schneidsauerstoff
Schnellverschluß-Ventil
Druckdüse
Heizdüse
Schneiddüse
Zweirad-
Führungswagen

Seit im Jahre 1901 der Chemiker Dr. Menne in Creuzthal/Westfalen den ersten primitiven Brenner zum Freischneiden der Hochofen-Stichlöcher anbot, wurden die Modelle immer mehr verbessert, und heute stehen dem Bauschlosser neben verschiedenen Brennern praktische Schneidmaschinen zur Verfügung:

Längs-Schneidmaschine:
Schnittlängen bis 4 m, Querschnitt bis 400 mm, Schweiß- und Stemmkanten.
Profileisen-Schneidmaschine:
Gerad- und Gehrungsschnitte, Ausklinkungen, Schweißkanten.
Kreis-Schneidmaschine:
Kreise und Kurven von 100 bis 2000 mm Durchmesser.
Wellen-Schneidmaschine:
Wellen und Rohre bis 800 mm Durchmesser.
Loch-Schneidmaschine:
Löcher und rechteckige Ausschnitte bis zu 100 mm Durchmesser.
Hand-Brennschneidmaschine
Die mit einem Elektro-Universalmotor ausgerüstete Klein-Brennschneidmaschine ist vielseitig verwendbar. Sie gestattet:
Kurvenschnitte: Maschine nach Anriß von Hand geführt
Geradschnitte: Maschine von Führungsschiene geführt
Kreisschnitte: Maschine von Zirkeleinrichtung geführt.

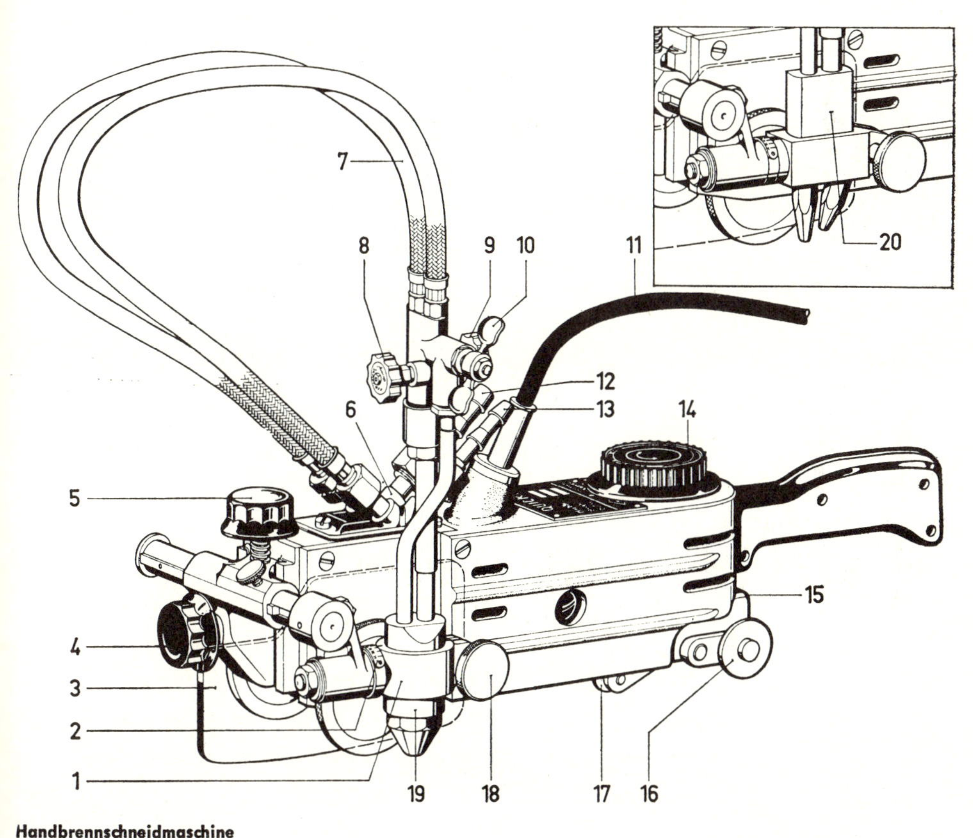

Handbrennschneidmaschine

1 Brennerhalter
2 Skala für Gehrungsschnitte
3 Wärmeschutzschild
4 Brenner-Seitenverstellung
5 Brenner-Höhenverstellung (fein)
6 Anschlußblock
7 Schläuche für Brenngas und Sauerstoff
8 Einstellventil für Heizsauerstoff
9 Einstellventil für Brenngas
10 Ventil für Schneidsauerstoff
11 Netz-Anschlußleitung
12 Schlauchtülle für Brenngas
13 Schlauchtülle für Sauerstoff
14 Einstellknopf für Schnittgeschwindigkeit mit Skala
15 Motorschalter
16 Führungsrolle für Geradschnitte
17 Spornrolle für Kurvenschnitte
18 Brenner-Höhenverstellung (grob)
19 Rundkopf-Schneidbrenner
20 Flachkopf-Schneidbrenner

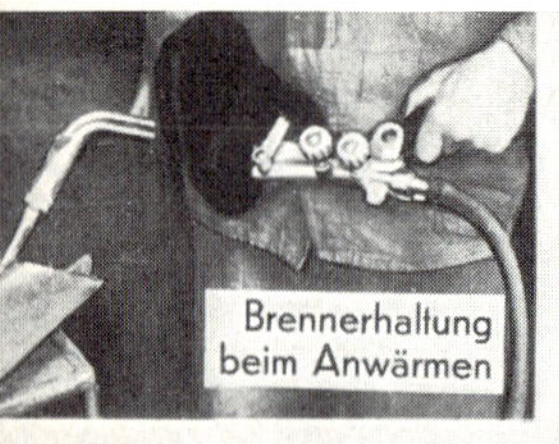

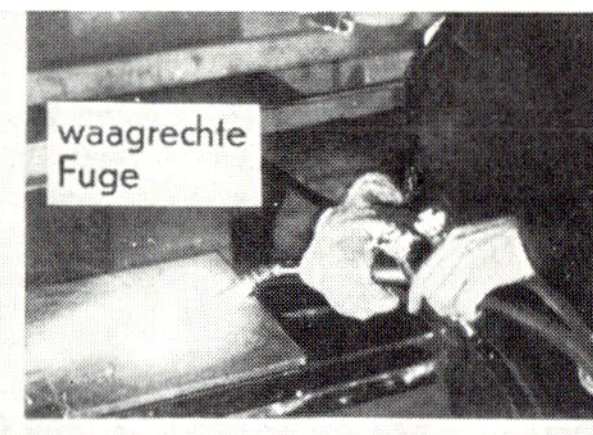

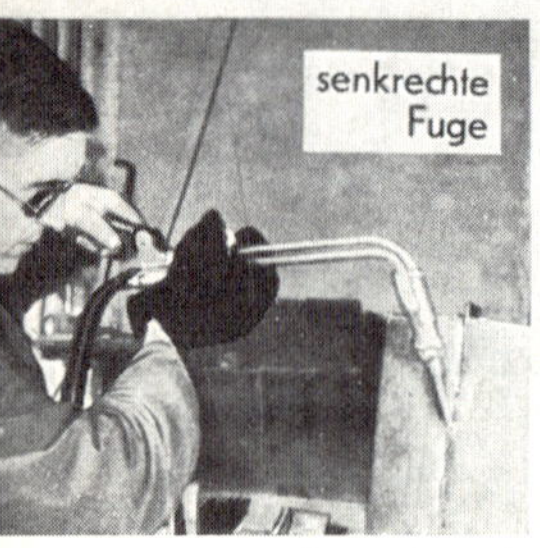

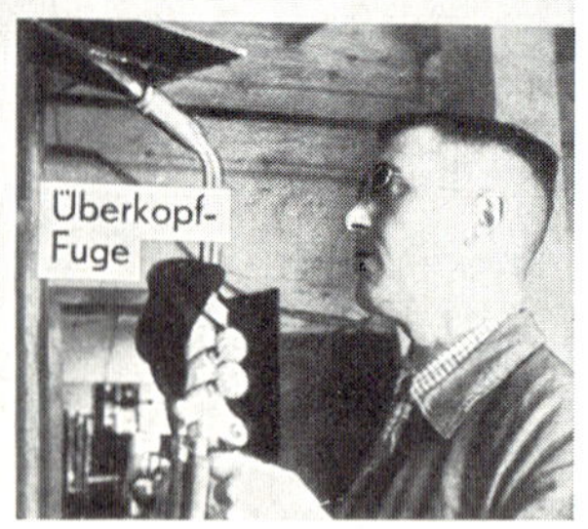

Anwendung des Fugenhoblers

Für Gehrungsschnitte kann der Winkel an einer Skala eingestellt werden. Zum Schneiden von X-, Y-, K-Kanten und Streifen wird ein zweiter Schneidbrenner an der linken Maschinenseite montiert. Die günstigste Schnittgeschwindigkeit ist mit Drehknopf stufenlos einstellbar und wird durch die eingebaute Bi-Metallbremse jeder Betriebstemperatur angepaßt.
Schneidbereich: 5 bis 100 mm Werkstückdicke

Fugenhobler:

Ersetzt die teure Meißelarbeit beim Auskreuzen von Rissen, Säubern der Wurzel von Schweißnähten. Der Fugenhobler wird bedient wie ein Schneidbrenner, nur muß die Flamme sofort nach kurzem Anwärmen etwa in Richtung der Blechebene gehalten und flott weiter bewegt werden. Der Sauerstoff bläst das aufgeschmolzene Material vor sich her und erzeugt so eine glatte Rille oder Fuge.

Der Fugenhobler bringt es an den Tag:

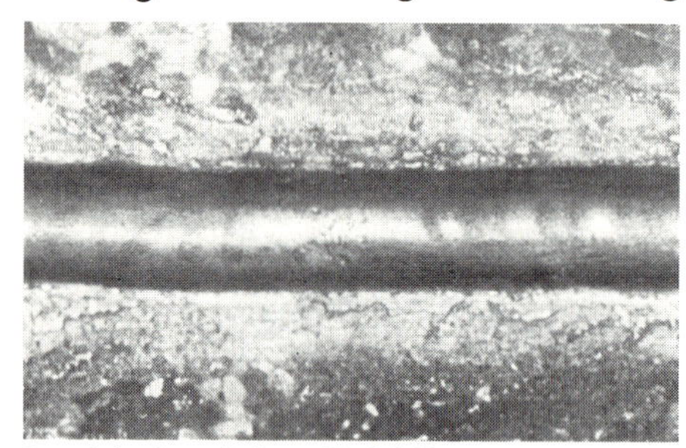

Grund der Fuge frei von Bindefehlern

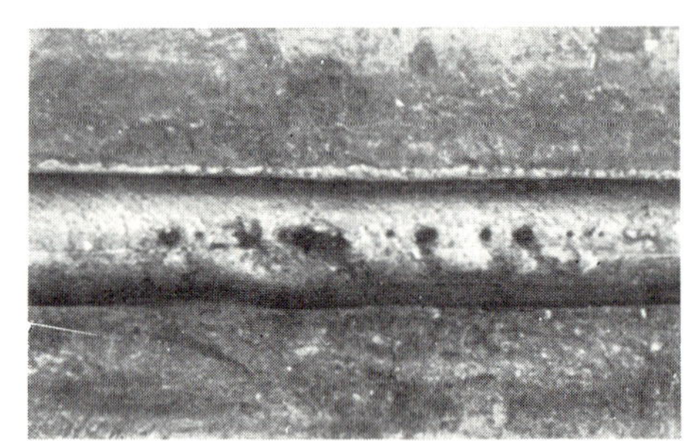

Grund der Fuge mit fehlerhaften Stellen

3. Wer die Fehlerursache kennt, kann sie leichter abstellen
Behebung von Störungen beim Schneiden

Ursache:	Beseitigung:
Schlechtbrennende Flammen:	
Verschlackte Schneid- und Heizdüsen.	Unter Beachtung der nötigen Vorsicht mit Holzspan oder Düsennadel reinigen.
Beschädigte oder mit Grat behaftete Düsen.	Mündungsbohrung und Kanten vorsichtig glätten.
Verstopfte Druckdüse des Injektors.	Injektor vorsichtig herausschrauben, reinigen, dabei beachten, daß keine Bohrungsveränderung stattfindet. Sorgfältig wieder zusammenbauen.
Verschmutzte Schläuche.	Schläuche von Brenner abnehmen und kräftig durchblasen. Zu enge Schläuche dürfen nicht mit glühendem Eisen ausgebrannt und passend gemacht werden; verbrannte Gummiteilchen setzen sich in den feinen Düsenbohrungen fest.
Gasmangel oder Luft im Brenngas.	Wasservorlage auf richtige Wasserfüllung, Entwickler auf Leistung nachprüfen.
Feuchtigkeit im Brenngas.	Wasservorlage ist überfüllt oder zu klein.
Aceton ist im Brenngas (bei Flaschen-Azetylen)	Es werden zu große Mengen Azetylen entnommen, und

	es müssen daher mehrere Flaschen zusammengeschlossen werden. Aus jeder Flasche dürfen nur 1000 l/Std. entnommen werden.
Schiefbrennende Flammen:	
Nicht zentrisch sitzende Düsen.	Prüfen, ob Dichtflächen sauber und nicht verzogen sind. Düsen vorsichtig richten.
Mangelhafter Schnitt:	
Mangelnder Sauerstoffdruck.	Durch Nachdrehen der Stellschraube auf vorgeschriebene Höhe bringen. Bei stärkeren Schnitten mehrere Flaschen zusammenschließen.
Unsaubere Schnittkanten:	
Düsenabstand vom Material zu klein oder zu groß.	Abstand nach Vorschrift einstellen.
Schnittfläche ausgekolkt und stark riefig:	
Es wird zu langsam geschnitten.	Richtige Schnittgeschwindigkeit beachten.
Schnittstruktur ist riefig und nachlaufend:	
Es wird zu schnell geschnitten.	Richtige Schnittgeschwindigkeit beachten. Schneidfunkengarbe muß gerade nach unten durchschlagen.
Schnitte riefig:	
Heiz- und Schneiddüsen sind falsch gewählt.	Richtige Düsen, nach der Materialstärke und Gasart gestempelt, einsetzen.
Störungen durch Mangel an Gas:	
Sauerstoff-Druckminderventil ist eingefroren; zu erkennen am stark zitternden Manometerzeiger.	Sauerstoff vorwärmen durch Auflegen von heißen Tüchern auf Druckminderventil oder durch elektrische Heizpatrone.
Störungen durch Gerätefehler:	
Brenner wird am Kopf heiß und neigt zum Zurückschlagen. Heizdüse und Schneiddüse stehen nicht bündig.	Durch vorsichtiges Abfeilen Länge regulieren; darauf achten, daß in der Bohrung kein Grat stehen bleibt. Heiz- und Schneiddüsen müssen bündig stehen. Schneiddüse darf höchstens bis 0,2 mm vorstehen. Bei Propan muß die Heizdüse etwa 2 mm vorstehen.
Düsen sind nicht fest angezogen.	Nachziehen.
Injektor ist nicht fest angezogen.	Nachziehen.
Störungen durch Mängel des Werkstoffes:	
Material ist verzundert oder mit Farbe verkrustet.	Oberfläche der Schnittlinie entlang mit scharfer Drahtbürste reinigen.
Schnitt reißt ab:	
Es sind Dopplungen oder Schlackenstellen im Material.	Schnitt aus der anderen Richtung nochmals beginnen.
Material ist schlecht schneidbar:	
Zu hoher Kohlenstoffgehalt.	Werkstück auf 250 ... 400 °C vorwärmen!

Richtwerte für das Brennschneiden

Blechdicke (mm)	3	5	10	15	20	25	30
Heizdüse Nr.	1	1	1	1	1	1	1
Schneiddüse Nr.	1	1	1	1	1 (2)	2	2
Düsenabstand (mm)	2...3	2...3	2...4	2...4	3...5	3...5	3...5
Sauerstoffdruck (bar)	1,5	2...3	2,5...3,5	3,5	4	4...4,5	4,5

Selbst finden und behalten:

1. Welche Sonderschweißverfahren kennst du?
2. Worin liegen die Vorzüge dieser Verfahren?
3. Warum sind diese Schweißverfahren im allgemeinen nur für Spezialwerkstätten wirtschaftlich?
4. Warum kannst du Werkstücke aus Alu, Kupfer, Grauguß nicht brennschneiden?
5. Welche Rolle spielt der Sauerstoff beim Brennschneiden?
6. In der Werkstatt sind an folgenden Profilen Schnitte auszuführen: Stahlrohr mit 2,5 mm Wandstärke, Winkelstahl 60/60/8, Stahlwelle mit 65 mm Durchmesser, Stützenplatte mit 30 mm Dicke.
   Wie groß sollen Sauerstoffdruck und Düsenabstand in jedem Falle sein?
7. Welche Schneidmaschinen stehen für handwerkliche Betriebe zur Verfügung, und welche Vorteile bringt ihre Verwendung?

MERKE:

1. **Die wichtigsten Sonderschweißverfahren sind: Arcatom-, Argonarc-, Sigma-, Unter-Pulver-, Thermit- und Kunststoffschweißung. Für handwerkliche Betriebe, die sich auf Leichtmetall- und Kunststoffarbeiten eingestellt haben, kommen nur Arcatom-, Argonarc- und Kunststoffschweißung in Frage.**
2. **Brennschneiden beruht auf dem Verbrennen des vorgewärmten Werkstoffs durch den Sauerstoffstrahl. Gut schneidbar sind deshalb nur Baustähle, legierte Stähle und Stahlguß mit höchstens 0,25 % C-Gehalt. Werkstoffe, deren Verbrennungstemperatur über der Schmelztemperatur liegt (z. B. GG), schmelzen nur ab.**
3. **Die Einstellung des Brenners erfolgt nach der Schneidtabelle und nach dem Augenschein und ist von der Blechdicke abhängig.**
4. **Zur sauberen Ausführung von Gehrungs-, Loch-, Form- und Trennschnitten wurden auch für den kleineren Handwerksbetrieb verschiedene Handschneidmaschinen entwickelt.**
5. **Neben den für alle Gasschweißungen geltenden Vorsichtsmaßregeln ist beim Brennschneiden besonders darauf zu achten, daß die Schneidflamme weder Gasschläuche noch andere brennbare Gegenstände erfassen kann.**

Durch Warmbehandlung ändern wir die Eigenschaften des Stahls

Aus der Werkstatterfahrung wissen wir:
Ein schlecht gekühlter Bohrer „glüht aus", wird weich und schneidet nicht mehr. Vergessen wir einen Flachstahl rechtzeitig aus dem Schmiedefeuer zu nehmen, dann verbrennt er oder zeigt zumindest eine bröckelige, morsche Beschaffenheit. Stecken wir einen frisch geschmiedeten Meißel ins Wasser, dann ist er glashart, seine Schneide würde in diesem Zustand beim Draufschlagen splittern.
Um die Ursachen dieser Erscheinungen zu verstehen, wollen wir einen Blick in das Stahlinnere tun.

I. Stahl ist kein einheitlicher Stoff

Schon mit bloßem Auge, noch besser aber mit einem Mikroskop erkennen wir an Bruchstellen und geätzten Schliffen von Grauguß, Flußstahl und Werkzeugstahl mehr oder weniger große Kristalle. Die Erfahrung sagt uns, daß Stähle mit winzig kleinen Kristallen (feinem Gefüge) sehr fest und zäh, solche mit großen Kristallen (grobes Gefüge) weniger fest, aber sehr spröde sind.

Feines Gefüge verleiht dem Stahl große Festigkeit

Die Mischkristalle bestehen aus Eisen (**Fe**rrum) und Kohlenstoff (**C**arboneum). Beim Erschmelzen des Stahls geht das Eisen mit Kohlenstoff stets eine chemische Verbindung ein im Verhältnis 93:7, das heißt, das Molekül enthält etwa 7,5 % C. Man nennt diese Verbindung Eisenkarbid und die daraus aufgebauten Kristalle im Hinblick auf ihre große Härte „Zementit".

Das Eisenkarbid verleiht dem Stahl seine natürliche Härte

Die Grundmasse des Stahls besteht aus Kristallen von reinem Eisen. Man nennt sie Ferrit. Diese Kristalle sind sehr weich. (Vergl. Kistennagel, Hufnagel, Draht aus kohlenstoffarmem Stahl!)

Die Grundmasse aus reinen Eisenkristallen nennt man Ferrit.

Zementit und Ferrit lagern sich bei unlegiertem Stahl in Schichten aneinander, die stets das gleiche Dickenverhältnis haben, so daß der Schichthaufen immer 0,9 % C enthält. Unter dem Mikroskop betrachtet, schimmert das geschliffene und geätzte Gefüge wie Perlmutter. Daher der Name „Perlit".

Das Schichtgefüge mit 0,9 % C heißt Perlit

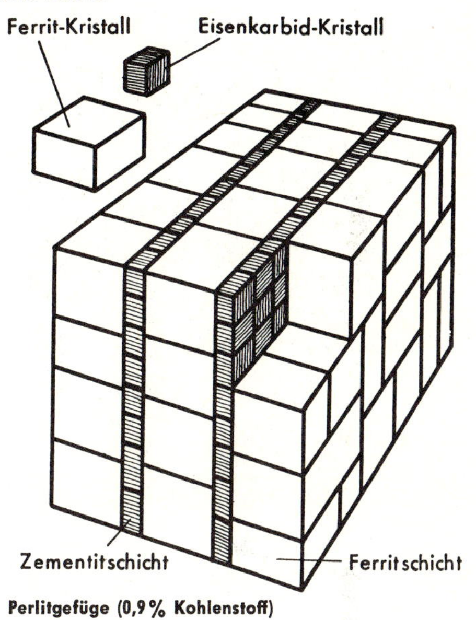

Perlitgefüge (0,9 % Kohlenstoff)

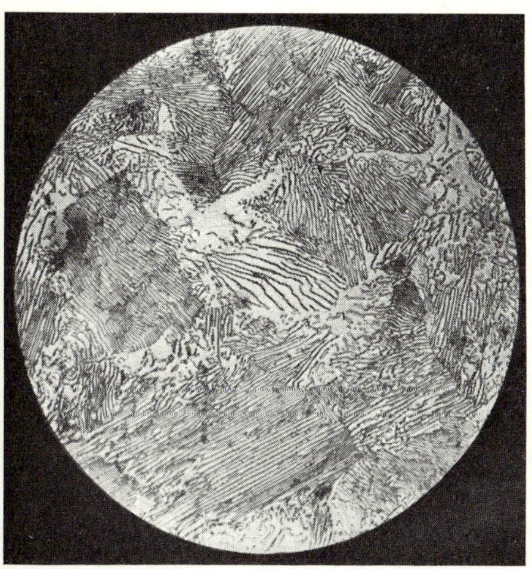

Streifiges Perlitgefüge, 340mal vergrößert (etwa C 60)

Perlitgefüge

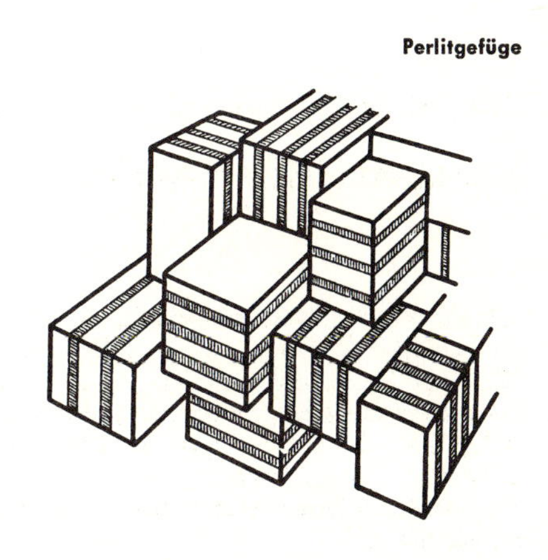

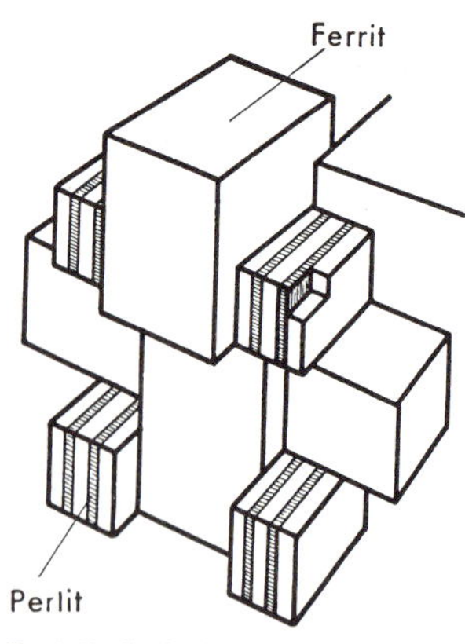

Ferrit-Perlit-Gefüge

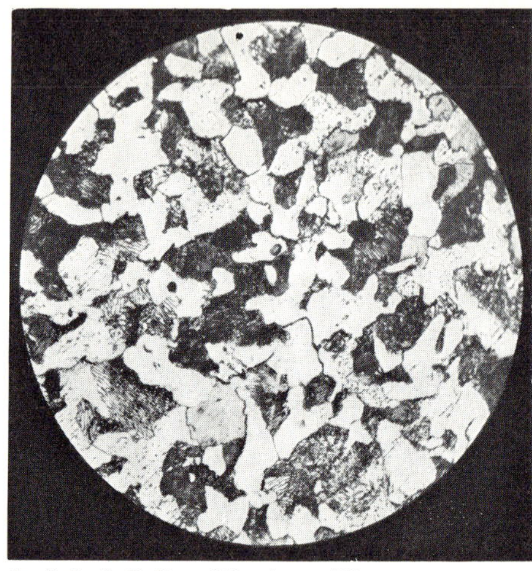

Ferrit-Perlit-Gefüge, 340mal vergrößert (Vergüt. Stahl C 45 ungeglüht)

Weicher Baustahl, etwa Winkelstahl, hat höchstens 0,15 % C, dieser reicht aus, um den ganzen Stahl gleichmäßig schichtweise zu durchsetzen. Reine Ferritkristalle bleiben übrig.
Stahl unter 0,9 % C hat ein Ferrit-Perlit-Gefüge

Bei einem Werkzeugstahl mit 0,9 % C reicht der Kohlenstoff gerade aus, im ganzen Stahl Schichten zu bilden. Er zeigt reines Perlitgefüge.
Stahl mit 0,9 % C hat Perlitgefüge

Enthält ein Werkzeugstahl mehr als 0,9 % Kohlenstoff, etwa 1,3 %, so bleibt nach der Schichtenbildung noch Zementit übrig. Dieser lagert sich in Schalen um die Perlithaufen und verleiht dem Stahl eine außerordentliche Härte. Stahl über 1,5 % läßt sich deshalb nicht mehr schmieden.
Stahl über 0,9 % C hat Perlit-Zementit-Gefüge

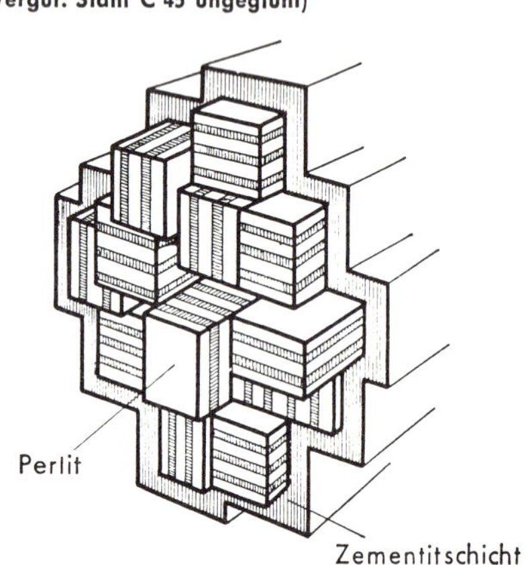

Perlit-Zementit-Gefüge

II. Beim Erwärmen baut der Stahl um

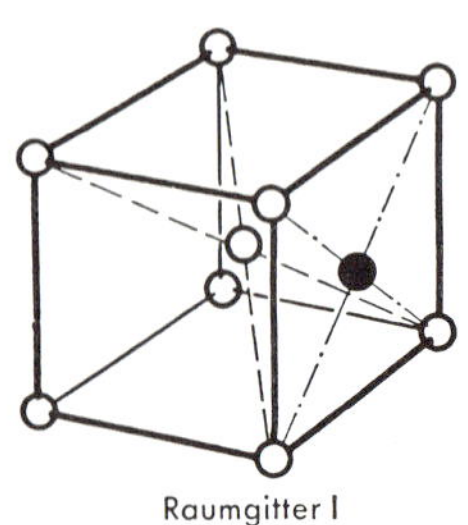

Raumgitter I
eines Eisenkarbid-Moleküls (Schema)

Das kleinste Teilchen (Molekül) des Eisenkarbids können wir uns als Würfelgitter vorstellen, in jeder Ecke und in der Mitte ein Fe-Atom, irgendwo in einer Wandfläche ein C-Atom. Erwärmen wir nun den Stahl über 721 °C (kirschrot), so beginnen die Eisenkarbid-Würfel sich nacheinander so umzuformen, wie die Abb. S. 209 zeigt.
Mehrere Eisenatome ordnen sich zu einem größeren Würfel, das Kohlenstoff-Atom wandert in die Mitte. Haben sich alle Würfel mit steigender Hitze auf diese Weise umgeformt, dann sind alle Kohlenstoffatome gleichmäßig im Eisen verteilt. Diese „feste Lösung" nennen wir „Austenit".
Die feste Lösung über Härtetemperatur heißt Austenit.

Stecken wir nun den glühenden Stahl in Asche und lassen ihn langsam abkühlen, dann verwandelt sich die feste Lösung wieder in die ursprüngliche Form zurück. Der Stahl ist genauso weich wie zuvor.

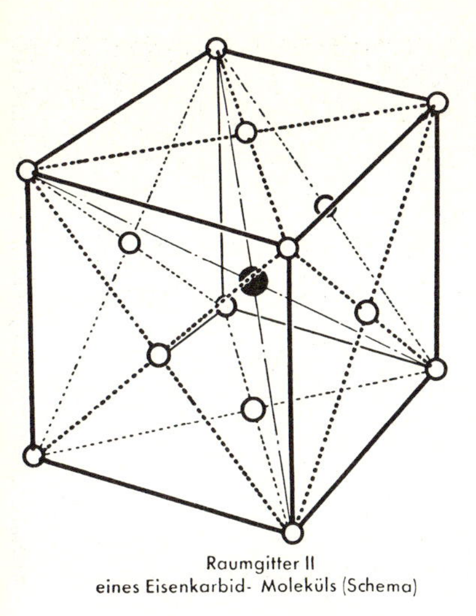

Raumgitter II
eines Eisenkarbid- Moleküls (Schema)

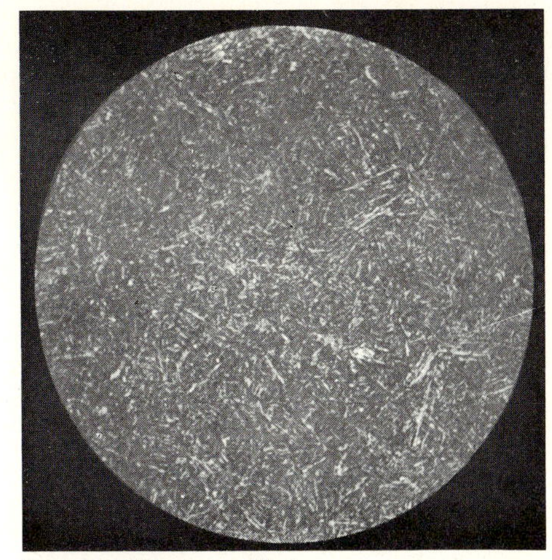

Martensit, 340mal vergrößert
(Böhler EZ mit 1,1% C bei 810° gehärtet)

Nicht so, wenn wir dem Stahl durch rasches Abschrecken in Wasser die Zeit hierzu nehmen. Ist nämlich die Wärme schnell unter 220 °C gesunken, dann können die Atome ihren Platz nicht mehr wechseln. Das Kohlenstoffatom bleibt zwangsweise in der Mitte des Würfels. Da aber diesen Platz wieder ein Eisenatom einnehmen will, verharren beide Atome in der Raummitte zusammengepreßt. Dieser Zwangszustand verursacht die Härte. Der Zwangszustand zeichnet sich äußerlich in einem spitznadeligen, feinen, glasharten Gefüge ab, doch tritt eine fühlbare Härtung erst ab 0,3 % C-Gehalt ein.

Das abgeschreckte harte Gefüge heißt Martensit.

Erwärmen wir den abgeschreckten Stahl anschließend wieder über 220 °C, dann bilden sich die Würfel nacheinander gleichlaufend mit der ansteigenden Temperatur aus ihrem Spannungsgitter zum Normalgitter um. Die Härte läßt nach, bis der Stahl erneut ganz abgeschreckt wird.

Das Kohlenstoffschaubild S. 211 zeigt den Umwandlungszustand der unlegierten Stähle in Abhängigkeit von Kohlenstoffgehalt und Temperatur. Erhitzen wir also die Stähle je nach ihrem unterschiedlichen C-Gehalt über die Umwandlungslinie G-S-K, dann haben wir die richtige Härtetemperatur. Stähle über 0,9 % C müßten eigentlich über die Linie S-E erwärmt werden, doch die Härte der Zementitschalen in ihrem Gefüge macht dieses überflüssig.

In niedrig- und hochlegierten Stählen, die meist weniger C enthalten, übernehmen die Legierungsbestandteile Cr, Mo, V, Ni u. ä. die Rolle des Kohlenstoffs beim Härten. Da diese Härtevorgänge sehr kompliziert sind, müssen wir uns genau an die in Versuchen ermittelten Härtevorschriften der Lieferfirmen halten.

III. Das Härteverfahren richtet sich nach dem C-Gehalt, Legierungsgehalt und Verwendungszweck des Stahls

1. Unlegierte Kohlenstoffstähle sind Wasserhärter

Werkzeuge (Meißel, Hammer, Feile) und Maschinenteile (z. B. Druckbolzen aus St 70) werden je nach C-Gehalt auf 730 bis 850 °C (kirschrot bis hellkirschrot) erhitzt und die Schneide bzw. das ganze Werkstück in Wasser abgeschreckt. Anschließend läßt man sie von innen oder von außen bis zur verlangten Härte an.

Die auf dem blankgeriebenen Werkstück erscheinende Anlauffarbe ist ein Gradmesser für die Anlauftemperatur.
Wasserhärter verlangen eine hohe Abschreckgeschwindigkeit und härten deshalb meistens nicht durch. Kern bleibt zäh.

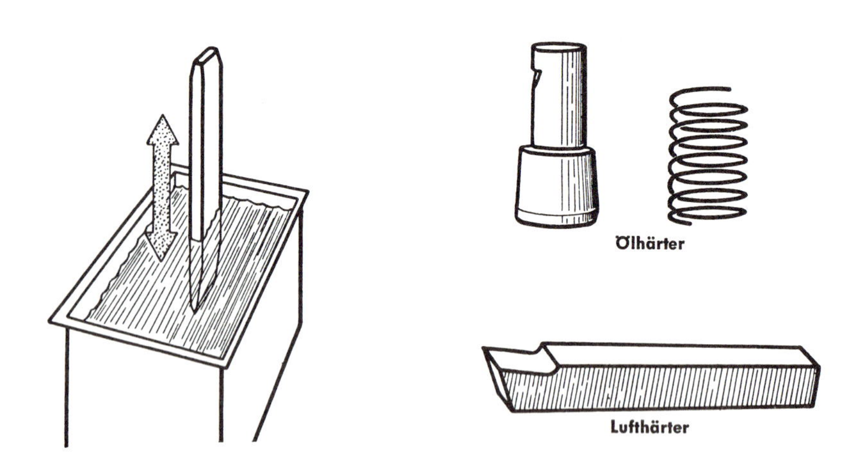

2. Niedrig legierte Stähle sind Ölhärter

Federstahl, Schmiedegesenke, Schnittstempel und Maschinenteile (Ritzel), welche bis zu 5 % Legierungsanteile aufweisen, härtet man nach Vorschrift der Lieferfirma. In Öl abschrecken! (Spezial-Härteöle im Handel.)
Im Bruch sind diese Stähle von gleichmäßigem, samtartigem Gefüge. Die Gefahr des Verziehens ist infolge der milden Härtung gering.

3. Hoch legierte Stähle sind Lufthärter

Der hohe Legierungsgehalt (bis zu 30 %) etwa bei den Schnellschnittstählen setzt die erforderliche Abschreckgeschwindigkeit bedeutend herab, so daß das Gefüge auch bei dem sehr milden und langsamen Abschrecken an der Luft oder Preßluft ganz durchhärtet. (Die Härtevorschriften für Drehstähle, Hobelstähle, Bohrer, Sägeblätter aus solchen Stählen sind genau zu beachten.)

4. Die Erwärmung im Schmiedefeuer hat Nachteile!

Im Schmiedefeuer soll man nur einfache, weniger empfindliche Werkstücke härten. Die Gefahren der Verzunderung, der Schwefelaufnahme aus den Kohlen und der ungleichmäßigen Durchwärmung bzw. Überhitzung sind zu groß.
Härteöfen sind aber erst wirtschaftlich bei größerem Anfall von Härtegut. Sie werden mit Gas, Öl oder elektrisch geheizt, schließen die Verzunderung aus und ermöglichen eine genaue Kontrolle der Härtetemperatur (Pyrometer, Segerkegel).

5. Richtiges Abschrecken und Anlassen verhütet Spannungen, Härterisse, Verziehen

Abschrecken: Für alle Fälle gültige Regeln gibt es nicht. Doch wollen wir uns einige Grundsätze merken:

a) Lange Werkstücke der Länge nach eintauchen.

b) Bei ganz zu härtenden Stücken die größere Masse voraus!

c) Das Werkstück im Wasser oder Öl hin und her bewegen, damit stets frische Flüssigkeit an den Stahl gelangt.

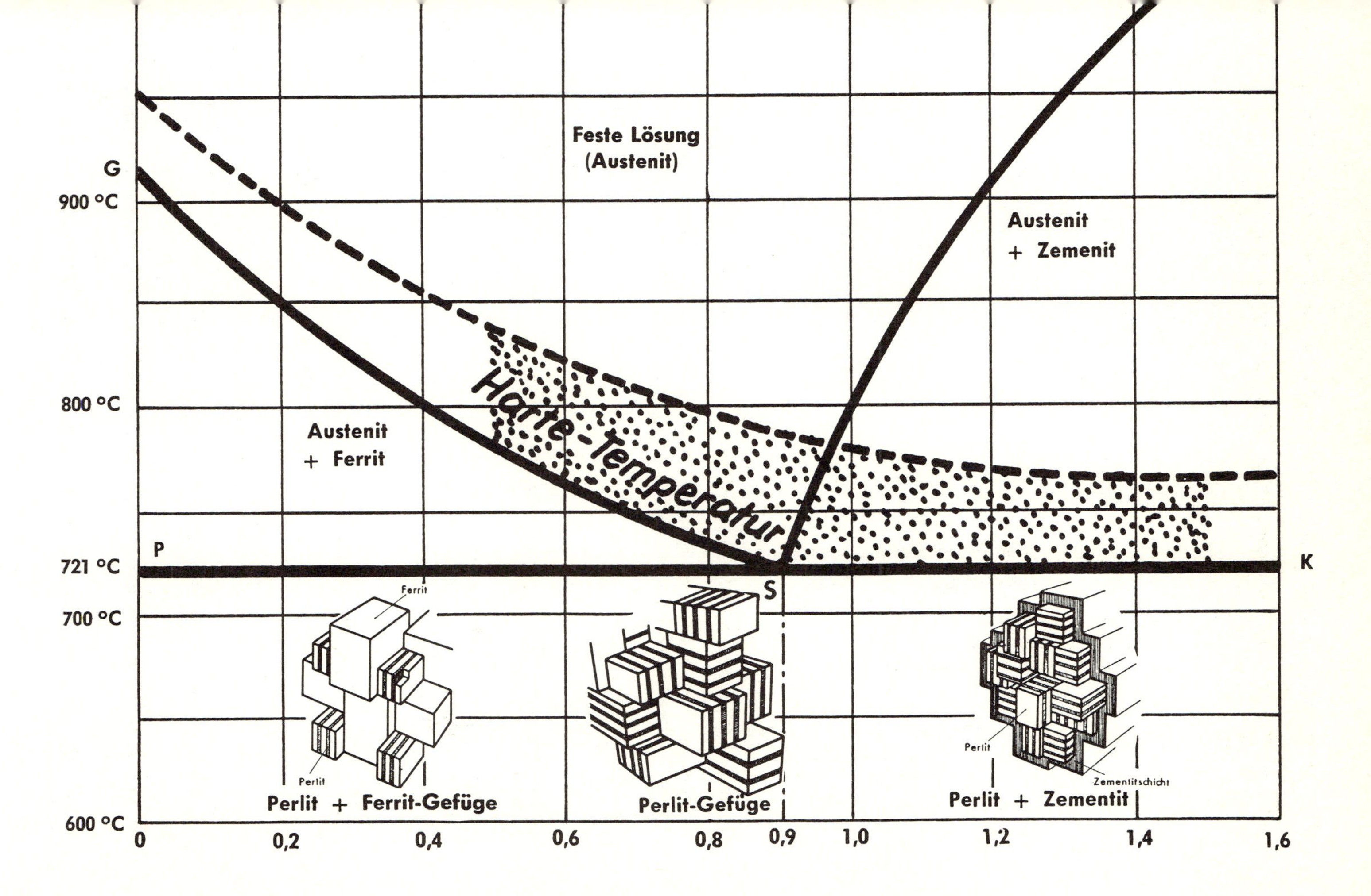
Feste Lösung
(Austenit)
Austenit
+ Zemenit
Austenit
+ Ferrit
Härte-Temperatur
G
900 °C
800 °C
P
721 °C
700 °C
600 °C
S
K
Ferrit
Perlit
Perlit + Ferrit-Gefüge
Perlit-Gefüge
Perlit
Zementitschicht
Perlit + Zementit
0
0,2
0,4
0,6
0,8
0,9
1,0
1,2
1,4
1,6

d) Teile, die nicht hart werden sollen (Schäfte von Schnittstempeln, Gewindelöcher, Hammerloch ...), soll man beim Härten in Lehm einpacken.
e) Zusätze von Kochsalz, Ameisensäure verschärfen die Abschreckwirkung, Zusätze von Öl, Glyzerin, Kalkmilch oder warmes Wasser mildern sie.
f) Dünne Werkstücke (z. B. Sägeblätter, Nadeln ...) zwischen kalten Stahlplatten abschrekken.

Anlassen

Der glasharte Stahl (Martensit) wird durch langsame Wiedererwärmung auf 220 ... 330 °C weicher. Je höher die Erwärmung, desto kräftiger bildet sich das dünne Oxidhäutchen auf der blankgescheuerten Oberfläche. Die durch Lichtbrechung erzeugten Farben scheinen „vor-

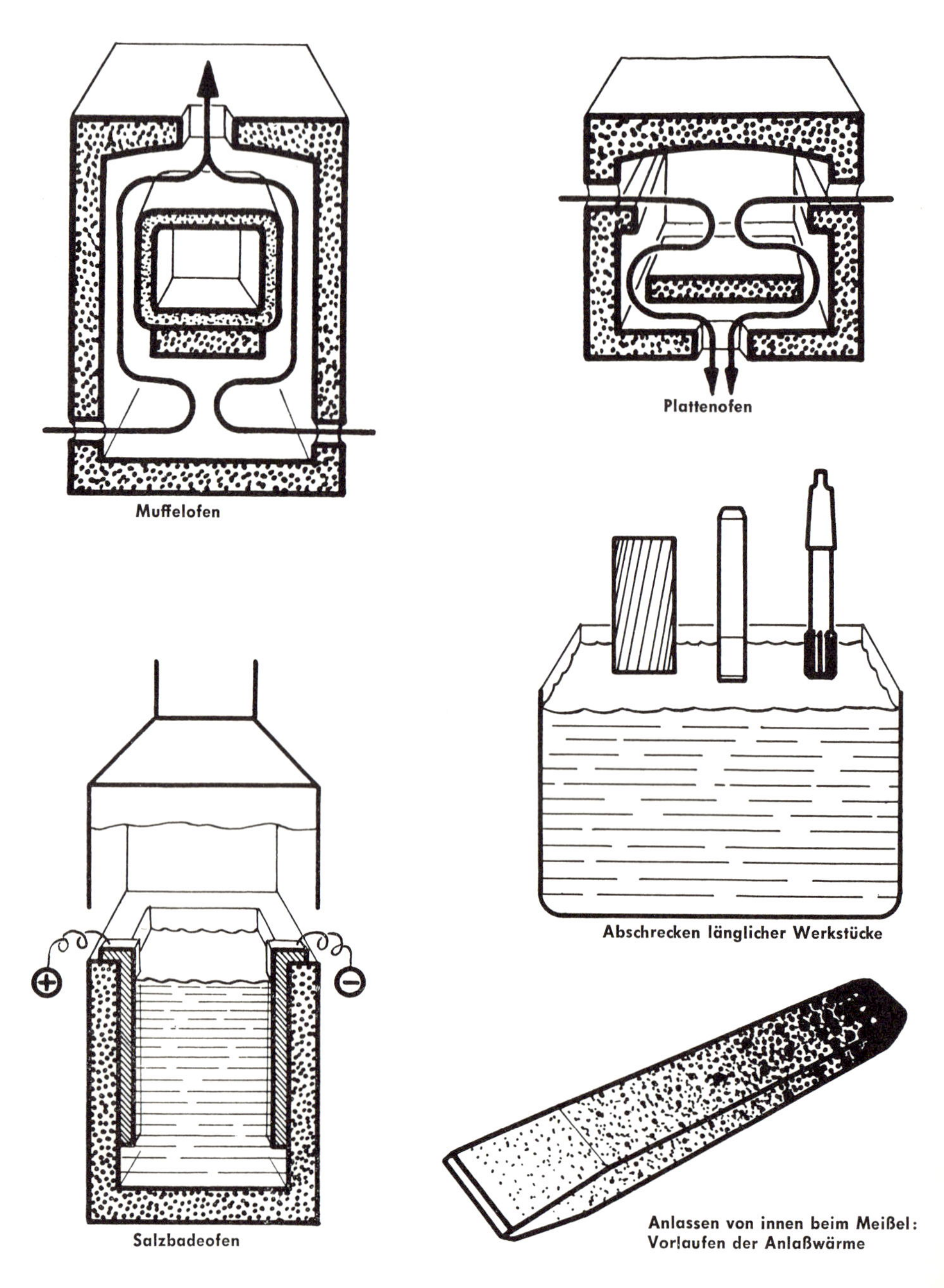

zulaufen". Jeder Farbe entspricht eine bestimmte Temperatur, wie die untenstehende Tabelle zeigt. Die Werkstücke werden entweder mit eigener Wärme „von innen" oder „von außen" mit Fremdwärme angelassen, und zwar:
Auf glühender Stahlplatte (Reißnadel, Winkel)
Im heißen Sandbad (Schnittstempel)
Im Ölbad-Ofen (Federstahl)
Im Salzbad (Senker, Fräser)
Im Bleibad (Feilenangel)

Anlaßfarben:		°C
Bohrer, Reibahlen	Hellgelb	220
Metallsägen, Scheren, Hobelstähle, Fräser, Hämmer	Dunkelgelb	240
Gewindebohrer, Durchschläge, Körner	Gelbbraun	250
Schraubenzieher	Rotbraun	260
Meißel, Nietdöpper, Steinmeißel	Purpurrot	270
Kaltschrotmeißel, Lochstempel, Federn	Violett	280
Stemmeisen, Warmschrotmeißel, Äxte, Beile	Dunkelblau	290
Handsägen, Holzbearb.-Werkzeuge	Hellblau	310
Schmiedegesenke	Grau	330

IV. Maschinenbau-, Einsatz- und Vergütungsstähle eignen sich für Wärmebehandlungen besonderer Art

1. Oberflächenhärtung

Bei diesen Verfahren wird nur die Oberfläche hart und verschleißfest, der Kern bleibt weich und zäh. Geeignet sind in erster Linie unlegierte und legierte Einsatzstähle, zum Autogenhärten nur unlegierte und legierte Vergütungsstähle.

a) Abbrennhärten:

Die zu härtende Fläche mit dem Schweißbrenner auf hellrot erhitzen, gelbes Blutlaugensalz (Ferro-Zyankali) aufstreuen, noch mal erhitzen und in Wasser abschrecken. Härteschicht höchstens 0,02 mm dick. Wiederholung möglich.

b) Einsetzen:

Das Einsatzgut (z. B. Zahnräder) mit Holz-, Knochen-, Lederkohlenpulver oder handelsüblichem Einsatzpulver in Blechkästen packen und mit Lehm abdichten. Bei 6- bis 10-stündigem Glühen erreicht die aufgekohlte Schicht über 2 mm Dicke. Abschließend härten wie sonst.

Flüssige Einsatzmittel (zyanhaltige Salze) und Gase (Azetylen, Leuchtgas, Propan) wirken noch schneller und gleichmäßiger. Im Stahlbau genügt oft eine Azetylenflamme mit größerem Gasüberschuß, Bolzen oder Muttern, Schlüsselmäuler und dgl. verschleißfester zu machen.

Zahnrad, einsatzgehärtet, mit deutlich sichtbarer Aufkohlungsschicht

c) Nitrieren:

Zylinderlaufbuchsen, Ventile, Gleitbahnen, welche auch bei höherer Betriebstemperatur nicht verschleißen sollen, werden bis zu vier Tage lang bei etwa 500 °C im Ammoniakgas (Stickstoff!) geglüht. Das Ergebnis ist eine zwar dünne, aber äußerst harte Oberfläche. Nitrierstähle sind Sonderstähle mit Alu- und Chromzusatz.

d) Autogenhärten:

Nur bei härtbarem Maschinenbau- und Vergütungsstahl möglich, da keine Aufkohlung, sondern nur Erhitzung und Abschreckung erfolgt.

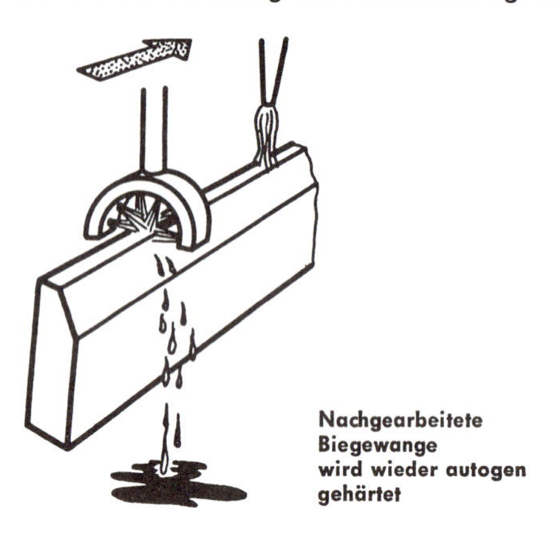

Nachgearbeitete Biegewange wird wieder autogen gehärtet

2. Vergüten

Soll eine Triebwelle, eine Laufbuchse, ein Schaltrad, eine Bohrspindel o. ä. besonders zäh und fest (bis zu 1600 N/mm²) werden, dann fertigt man sie aus St 60-2, St 70-2 oder ausgesprochenen Vergütungsstählen an (C 35) und unterwirft sie einer Sonderbehandlung, dem „Vergüten". Der Maschinenteil wird dabei normal gehärtet, dann aber je nach C-Gehalt bis zu 700 °C angelassen. Die dadurch bewirkte Kornverfeinerung macht den Stahl sehr fest und zäh.

V. Durch Glühen wird Stahl für die Bearbeitung vorbereitet oder nach der Bearbeitung verbessert

Bei der ausführlichen Betrachtung des Stahlgefüges wurde uns klar, daß Stahl, Stahlguß, Grauguß und Sphäroguß in ihrem Gefüge wandlungsfähig sind. Durch Erwärmen kann man also das Korn verfeinern oder vergröbern, Spannungen hervorrufen oder beseitigen.

1. Weichglühen

Gehärtete Werkzeuge, hart angelieferte, oder durch Walzen, Ziehen, Pressen, Schmieden, Treiben versprödete Stähle erhitzen wir auf 680 ... 720 °C (Umwandlungsgrenze) und lassen sie in Asche oder Glaswolle möglichst langsam abkühlen. Für niedrig legierte Stähle liegen die Umwandlungstemperaturen bei 700–800 °C, bei hoch legierten Stählen bei 780–880 °C.

2. Normalglühen

Beim Schmieden und Schweißen bildet sich im Werkstück ein grobes, ungleichmäßiges Gefüge, das die Festigkeit herabsetzt. Als Gegenmaßnahme erwärmen wir das Werkstück noch einmal auf etwa 40 °C über die Umwandlungsgrenze (Schmiedefeuer, Glühofen, Schweißbrenner). Das grobe Korn erfährt dabei eine Verfeinerung und Verfestigung, es wird „normalisiert".

3. Spannungsfrei-Glühen

Werkstücke, welche starker spanloser Verformung oder örtlicher Erwärmung (Schweißen) ausgesetzt waren, weisen gefährliche Spannungen auf. Diese Spannungen führen besonders bei Schweißnähten leicht zu Rissen und zum Verziehen.
Hier genügt es, die Werkstücke je nach Kohlenstoffgehalt auf 400 ... 600 °C zu erwärmen, weil bei dieser Temperatur der Stahl plastisch wird. Die Spannungen gleichen sich aus, ohne daß eine Gefügeänderung eintritt.

Werkstattwinke:

1. Werkstücke zum Härten erst langsam bis in den Kern gleichmäßig durchwärmen und dann schnell auf Härtetemperatur bringen.
2. Verwende gut durchgebrannte, schwefelfreie Kohle, Holzkohle oder noch besser Glühöfen.

Temperaturbestimmung in der Werkstatt durch einfache Methoden

°C	Thermocolor-Farben		Thermochrom-Meßfarbstifte		Kernseife wird nach	Beim Aufstreichen von Tannen- oder Fichtenholz	Schlauch aus Naturgummi	Zucker
	Ausgangsfarbe	Umschlagfarbe	Ausgangsfarbe	Umschlagfarbe				
40	rosa	blau						
60	hellgrün	blau						
65			grau	hellblau				
75			hellgrau	grünblau				
80	rosa	blau						
95	rosa	lila						
100			rosa	preuß.-blau				
110	gelb	violett						
120			elfenbein	ultramarinblau				
140	purpur	blau						
150			gelbgrün	violett				
165	blaugrün	schwarz						schmilzt
170								bleibt 1 min farblos
175	weiß	braun	lila	dkl.blau				
180								bleibt 30 sec farblos, wird n. 60 sec gelbl.
200			blau	schwarz				wird n. 5 sec gelblich, nach 20 sec goldgelb
220	grün	braun	weiß	ocker				
225								wird n. 2 sec gelblich, nach 5 sec goldgelb
250					10–20 sec gelblich			wird sofort goldgelb
280			hellgrün	schwarz				
290	gelb	rotbraun						
300			grün	olivgrün	5–10 sec gelb			
320			blaugrün	weiß				
340	weiß	braun					wird breiig	
350			gelbbraun	rotbraun	5 sec braun und nach 30 sec dunkelbraun	entsteht ein hellbr. Strich b. langs. Reib. unt. gering. Druck		
375			hellviolett	schwarz				
400					10 sec schwarz	entsteht ein brauner Strich b. langs. Reib. unt. leicht. Druck	wird dünnflüssig	
410			weiß	gelbbraun				
440	grün	weiß						
450			hellrosa	schwarz	5 sec schwarz u. trocknet nach 10 sec ein	entsteht ein dklbr. Strich b. langs. Reib. unt. leicht. Druck, dageg. ein hellbr., wenn rasch u. leicht gestrichen wird		
500			Fleischfarbe dunkel	schwarz	1 sec schwarz u. trocknet ein	entsteht ein schw. Strich, d. n. 5–10 sec bei raschem u. leicht. Streichen vergeht		
520	rot	hellgrau						
550						vergeht d. Strich n. ½–1 sec		
üb. 550						verschwindet der Strich sofort u. der Holzstab verbrennt		
560	rot	gelb						
600			dkl.blau					
640	gelb	hellgrün		weiß				
670			dkl.grün	weiß				
715	gelb	oliv						
805	beige	braun						
900	grau	dkl.braun						
1000	grün	braun						
1100	hellblau	blauschw.						
1200	grau	schwarz-braun						
1260	hellgrau	braun						
1350	graugelb	schwarz						

3. Schütze empfindliche Stücke wie Bohrer, Meßwinkel u. ä. vor der Verzunderung und Entkohlung, indem du sie in Rohre oder Blechkästen packst und mit Lehm verschließt.
4. Vergewissere dich, ob du es mit einem Wasser-, Öl- oder Lufthärter zu tun hast.
5. Tauche das Härtegut richtig in die Abkühlflüssigkeit ein und bewege es hin und her.
6. Lasse auch ganz gehärtete Stücke möglichst sofort nach dem Abschrecken auf die gewünschte Härtestufe an.
7. Werkzeugstähle auf keinen Fall zu hoch (nicht über hellkirschrot!) und zu lange glühen, sonst ist der Stahl verdorben.

Selbst finden und behalten:

1. Welchen Zweck verfolgt man mit dem Härten eines Bohrers, eines Steinmeißels, eines Schlüsselmauls?
2. Warum läßt sich ein Rundstahl aus St 37-2 nicht härten?
3. Wie verlaufen Umwandlungs- und Härtelinie für die Stähle unter 0,9 % C und über 0,9 % C?
4. Erkläre die Gefügezusammensetzung in einem Winkelstahl, einer Feile mit 0,9 % C und einem Scherenblatt mit 1,1 % C!
5. Warum wird die Härte erst durch Abschrecken erreicht, und welche Abschreckmittel gibt es?
6. Welche Rolle spielt die Abschreckgeschwindigkeit bei den verschiedenen Stahlarten?
7. Wie lassen sich Härterisse vermeiden?
8. Was wird mit dem Anlassen bezweckt?
9. Beschreibe das Anlassen eines Meißels, eines Stemmeisens, eines Bohrers, einer Reißnadel!

MERKE:

Durch Härten sollen Werkzeuge schneidfähig und andere Werkstücke verschleißfest werden.
Härtbar sind nur Kohlenstoffstähle von 0,5–1,5 % und legierte Stähle von einem bestimmten Legierungsgehalt an.
Die Härtetemperaturen sind verschieden, weil vom Kohlenstoffgehalt abhängig.
Reines Martensitgefüge ist glashart. Durch Anlassen zwischen 220 °C und 330 °C wird es auf Gebrauchshärte gelockert.
Sorgfältig ausgeführte Glühverfahren erleichtern die Bearbeitung der harten Stähle und verbessern die Eigenschaften der fertigen Stücke.

Viele Milliarden verliert unsere Wirtschaft jährlich durch Korrosionsschäden

Das durchrostete Drahtseil einer Bergbahn, zerfressene Schrauben oder Niete einer Brücke, morsche Schiffswände oder Gas- und Dampfbehälter aber kosten unter Umständen Menschenleben. Bauschlossern und Stahlbauern erwächst daraus die Verpflichtung, ihre Arbeiten gewissenhaft vor dem Zerfall, welcher an der Oberfläche beginnt, zu schützen.

I. Die Metalloberfläche hat viele Feinde

Luftfeuchtigkeit, Gase, Säuren, Regen, Seewasser, Hitze greifen die Oberfläche der meisten Metalle verschieden stark an und zernagen sie. Diesen Vorgang nennen wir „Korrosion" (lat. corrodere = annagen).

1. Chemische Angriffe

Der blanke Flachwinkel läuft rot an, wo ihn die Schweißfinger berührten, der Drahtzaun rostet, der Messinghahn zeigt Grünspan, das neue Kupferdach wird bald schwarzbraun und schließlich blaugrün. Die Metalloberfläche neigt dazu, sich mit dem Luftsauerstoff,

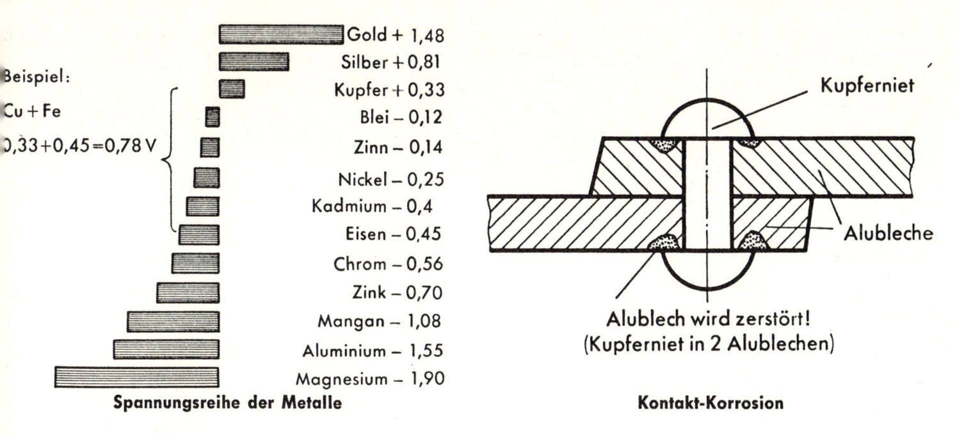

Spannungsreihe der Metalle **Kontakt-Korrosion**

säurehaltigen Flüssigkeiten und Dämpfen chemisch zu verbinden. Nur „edle Metalle" wie Gold und Platin widerstehen diesen Einflüssen.
Die entstehenden dünnen Oxidschichten sind entweder porös und fressen immer weiter (Eisenrost) oder sie sind dicht wie Lack und schützen den Werkstoff darunter vor weiterer Zerstörung (Alu, Kupfer).

2. Elektrochemische Angriffe

Hängt man zwei verschiedene Metalle (z. B. Kupfer und Zink) in angesäuertes Wasser (Schwefelsäure = Elektrolyt), so beginnt infolge des elektrischen Druckunterschieds der Metalle ein Strom zu fließen, und zwar vom unedleren Metall zum edleren. Das unedlere Metall wird dabei langsam zersetzt (Zink). In der Taschenlampenbatterie wird dieser Spannungsunterschied (zwischen Kohle und Zink) als Stromquelle ausgenützt. Entsprechend den auftretenden Spannungen zwischen den verschiedenen Metallen lassen sich diese zu einer Spannungsreihe ordnen, welche vom unedlen zum edlen Metall ansteigt.
Je weiter nun die Metalle in dieser Spannungsreihe auseinanderliegen, um so größer ist der Spannungsunterschied und um so rascher wird das unedlere Metall zerstört.
Überall, wo sich also zwei verschiedene Metalle berühren (Kontakt haben) und Feuchtigkeit hinzukommt, beginnt die Kontaktkorrosion. Als Elektrolyten sind Wasserdampf, Schweiß, Löt- und Schweißmittelrückstände, Seewasser, Regenwasser fast gleich gefährlich.

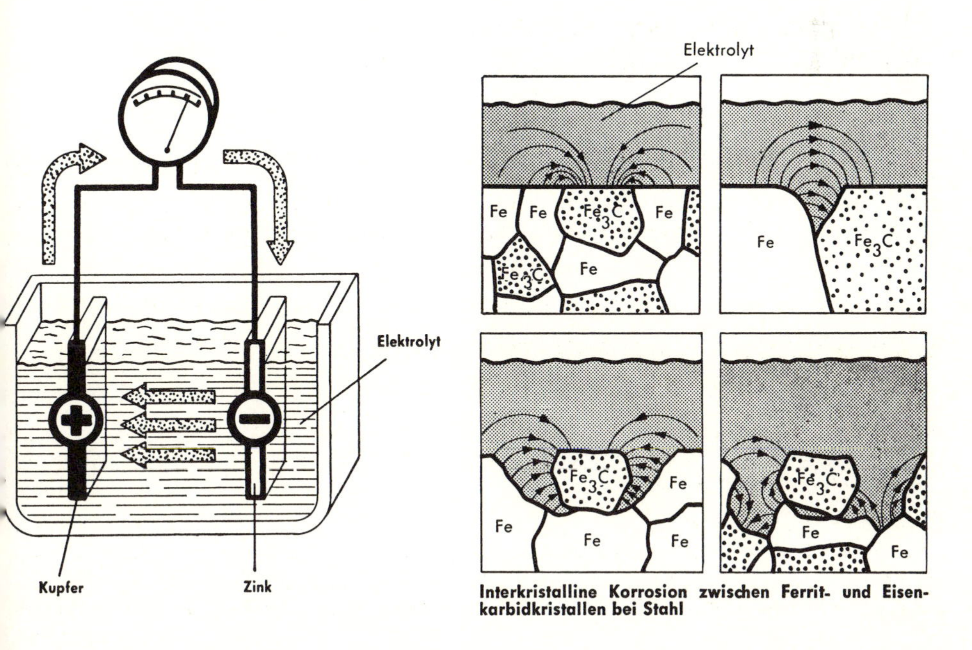

Interkristalline Korrosion zwischen Ferrit- und Eisenkarbidkristallen bei Stahl

Der elektrochemische Spannungsausgleich kann aber auch schon zwischen den verschiede-nen Kristallen eines legierten Metalls einsetzen. Wir sprechen dann von einer Korrosion zwischen Metallkristallen oder interkristalliner Korrosion.
Magnesium-Kupfer-Legierungen sind in dieser Beziehung besonders anfällig, wie aus der Spannungsreihe zu ersehen ist. Magnesium liegt noch unter Alu (–1,90!).

Die Korrosion können wir also verhüten, wenn wir
a) verhindern, daß sich zwei verschiedene Metalle direkt berühren (Anstrich, Überzug, Zwischenlagen);
b) Feuchtigkeit, Säuren, Laugen von der Oberfläche fernhalten.

II. Ohne ausreichenden Oberflächenschutz kein Bestand und keine Sicherheit

1. Regelmäßig ölen und fetten

Blanke Werkzeuge, Gleitflächen an unseren Maschinen, Spindeln, Schrauben usw. schützen wir vor Rost durch säurefreie Fette und Öle. Dies empfiehlt sich auch bei lagernden Leicht-metallblechen in nicht ganz trockenen Räumen.

2. Anstriche sind der billigste Dauerschutz

Doch die Metalloberfläche muß vorher fett-, rost- und schmutzfrei sein.
Entfettungsmittel: Benzin, Benzol (feuergefährlich!); Trichloräthylen, P 3, Siliron (nicht feuer-gefährlich).
Entrostungsmittel: Schleifen, Bürsten, Sandstrahlen, Flammstrahlen. (Flammstrahler = Auto-genbrenner mit mehreren Düsen in verschieden breiten Einsätzen.)
Beizmittel: Für Stahl, Stahlguß, Grau-, Temperguß, Kupfer und Kupferlegierungen = ver-dünnte Schwefelsäure 1:10.

Flammstrahl-Entroster
Brenner RH 50 für Azetylen mit 100 mm Arbeitsbreite

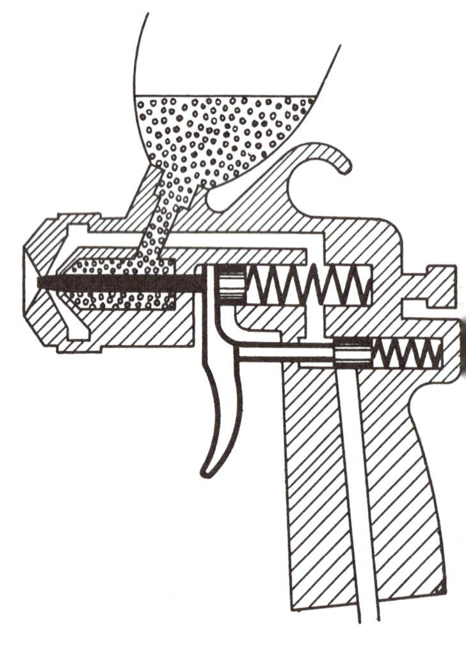

Farbspritzpistole

ür Zink = 40 %ige Natronlauge als Vorbeize + 5 %ige Schwefelsäure als Nachbeize. Gut pülen!

ür Aluminium und Alu-Legierungen = heiße, mit Kochsalz gesättigte Natronlauge. Gut pülen!

n Stahlbau hat sich der Zwei- bzw. Mehrfachanstrich am besten bewährt

weifachanstrich: Magere Bleimennige (12 Teile Leinöl auf 88 Teile Farbe).

Deckanstrich in der gewünschten Farbe als Spirituslack (nicht wetterbeständig), Nitrolack (rasch trocknend, sehr widerstandsfähig, feuergefährlich), Leinölfarben geschmeidig, nicht sehr hart.

lehrfachanstrich: Magere Bleimennige

Fette Bleimennige (15–23 Gewichtsteile Leinöl + 3 Gewichtsteile Verdünnung). Deckanstrich.

ür Rohre, Behälter, Stahlbauten, welche dauernder Feuchtigkeit ausgesetzt sind, bewähren ich T e e r u n d A s p h a l t l a c k. Auf heißen Stahl aufgetragener Asphaltlack bindet auch veitere Farbanstriche sehr gut.

unstschmiedearbeiten und Beschläge gewinnen im Aussehen durch rasch trocknende matte i s e n l a c k e (z. B. Münchopon, Teutopal), welche ohne Grundanstrich auf der gut gebürteten Oberfläche haften.

Vird an Türen, Behältern, Profilen u. ä. Wert auf eine schöne, glatte Farb- oder Lackfläche elegt, spachteln wir die Unebenheiten vor dem Farbüberzug aus.
pachtelkitt = steifer Teig aus Schlämmkreide oder Schiefermehl und trocknenden Ölen mit larzzusatz.

rst den völlig getrockneten Kitt dürfen wir glattschleifen (Bimsstein), sonst war die Arbeit msonst.

. Neuartige Anstrichstoffe und Auftragstechniken sind vorteilhafter

berzugsstoffe:

lennige	Ölfarbe	Lackfarbe	Teer/Asphalt	Zement
isen- oder leioxid als arbkörper + einöl und twas Terpentin = ichte, rost- emmende Grun- ierschicht. leu: aktol- leimennige, triemenfrei.	Natürliche oder künstl. Trocken- farben (Alu!) + Leinöl und evtl. Verdünn.-Mittel = luft- und wasserdichte, geschmeidige Deckschicht.	Kunstharze oder Naturharze (Schellack) + rasch trocknende oder verflüchten- de Verdünnung. **Am besten die kombinierten Nitro-Kunst- harzlacke** = **gütemäßig überlegene Deckschicht, hart bis zur Stoß- und Schlagfestigkeit.**	Nebenerzeug- nisse bei der Verkokung, als Grund- und Deckanstrich zu verwenden. Biegsam, rost- sicher, aber sonnen- empfindlich.	Dünner Brei aus Portland- zement und Wasser, mehrmaliger Anstrich bindet etwaige leichte Roststellen und bildet sicheren Rostschutz. Stahlpfähle, Fundamente

Auftragstechniken:

Streichen	Spritzen	Tauchen
Die Farbe wird mit kurzgebundemen Pinsel möglichst dünn aufgetragen. Für Stahlkonstruktionen und dünnes winkeliges Gestänge. Zeitraubend, großer Farbverbrauch.	Farbe oder Lack werden mit einer Preßluft-Spritzpistole aufgebracht. Für kleinere Massenteile oder größere Flächen besonders geeignet. (Fahrzeuge!) Zeitsparend, sparsam, dichter und fester Film. Gleichmäßig!	Rahmen, Behälter, Beschlagteile werden kurz in dünnflüssige Farben oder Lacke getaucht. Fast nur für Massenfertigung wirtschaftlich. Zeitsparend, verhältnismäßig hoher Farb- und Lackverbrauch.

Die Trockenzeiten der handelsüblichen Farben und Lacke sind heute zwar meist kurz, aber doch so verschieden, daß wir uns am besten an die aufgedruckten Gebrauchsanweisungen halten.

4. Chemische Metallüberzüge lassen wir von Spezialwerkstätten ausführen

Atramentieren, Parkern oder Bondern erzeugt auf der Stahloberfläche eine harte, korrosionsfeste Phosphatschicht.
Ein Turmkreuz z. B., das mit Kupferblech beschlagen, oder Stahlfenster, die mit Alu-Legierungen verkleidet werden sollen, würden ohne Schutz Elemente bilden und korrodieren. Das wird durch obige Verfahren verhindert. Die Werkstücke taucht man zu diesem Zweck in bestimmte Bäder von 98 bis 100 °C (etwa Atramentol + Wasser), und in 5 bis 60 Minuten je nach dem Verfahren ist der neutrale Überzug fertig. Die hauchdünne, unlösliche Phosphatschicht mit ihrer fischschuppenartigen Oberfläche gibt einen ausgezeichneten Haftgrund für weitere Anstriche ab, kann aber auch mit Speziallösungen geschwärzt werden.

Schwarzbrennen ist nur an Schmiedearbeiten für Innenräume ratsam.
Einen geschmiedeten Leuchter (sauber abgebürstet) bestreichen wir dünn mit rohem Leinöl und brennen es in rauchlosem Schmiedefeuer ab (etwa 300 °C). Bei größeren Gittern greifen wir zur Lötlampe. Viele kleine Beschlagteile brennt man rationell in einer Blechtrommel ab, die mit leinölgetränktem Sägemehl gefüllt ist und über einer Gasflamme so lange gedreht wird, bis Schwarzfärbung eintritt.

Eloxieren macht die empfindliche Leichtmetalloberfläche wetterfest.
(Eloxal bedeutet **el**ektrisch **ox**idiertes **Al**uminium). Die Alu-Leichtmetall-Profile und -Bleche werden in einem Schwefelsäurebad mit Hilfe des elektrischen Stromes künstlich oxydiert. Die Oxidschicht wächst nach innen, ist sehr hart und kratzfest, chemisch widerstandsfähig und bis zu einem gewissen Grad biegsam. Färbungen und Farbanstriche möglich. Bei nachträglichen Wärmebehandlungen (Schweißen, Löten) treten allerdings meist Verfärbungen auf, was aber durch Verschraubung zu umgehen ist.

Das MBV (**M**odifiziertes **B**auer-**V**ogel-Verfahren) besteht im Kochen der Werkstücke in einem Soda-Natriumchromat-Bad und hat ähnliche Wirkung, doch ist es nur bei Reinaluminium und kupferfreien Alu-Legierungen anwendbar.

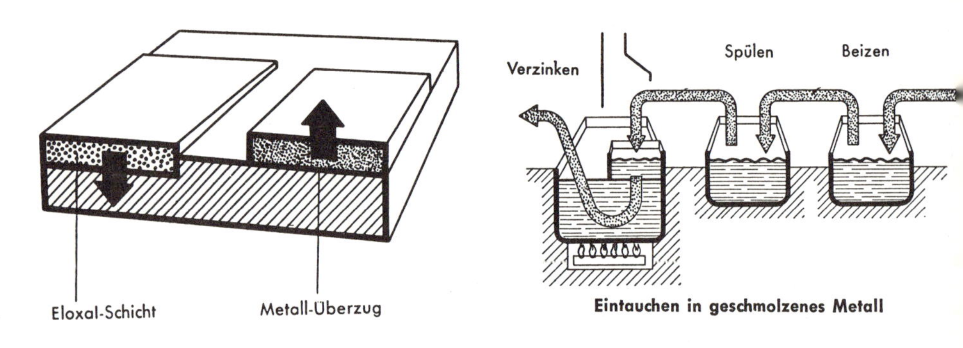

Eintauchen in geschmolzenes Metall

5. Auch metallische Überzüge können in der Regel nur erfahrene und entsprechend eingerichtete Betriebe aufbringen

Das e c h t e Schutzmetall liegt in der Spannungsreihe unter dem Grundmetall, das u n e c h t e oberhalb. (Warum?)

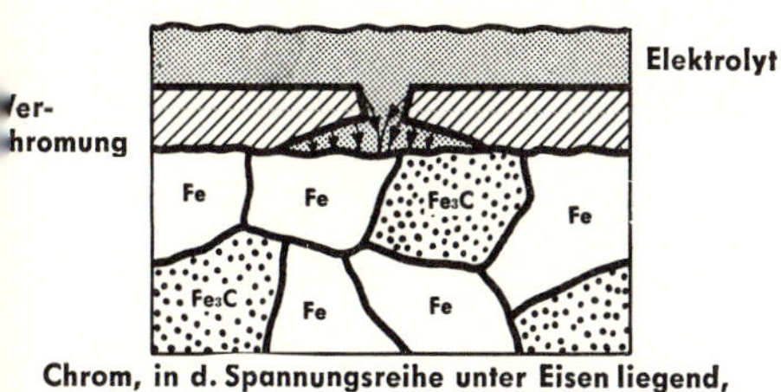

Chrom, in d. Spannungsreihe unter Eisen liegend, wird eher zerstört = echtes Schutzmetall

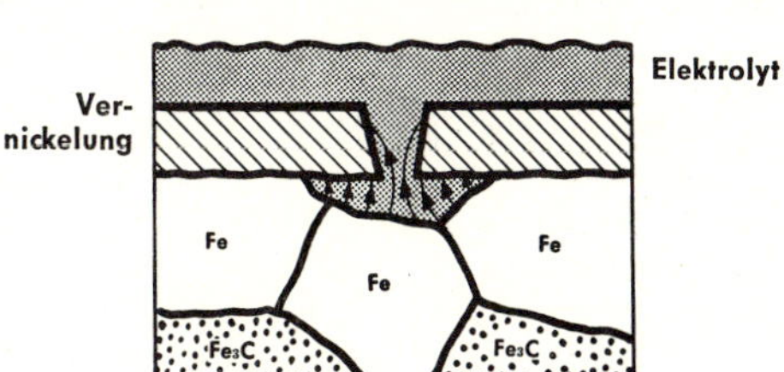

Nickel, in d. Spannungsreihe über Eisen liegend, wird später zerstört = unechtes Schutzmetall

Die Techniken:

Verzinken (Bild Seite 220):

Um Verdampfungsverluste des flüssigen Zinks zu vermeiden, muß das Bad abgedeckt sein. Den Eintauchkasten füllt man mit Salmiak, der auf der Zinkoberfläche schwimmt und dieselbe luftdicht abschließt.

Verzinken ist auch in der Schlosserwerkstätte möglich. Der Zinküberzug erfolgt je nach Zweckmäßigkeit durch Tauchen, Feuerverzinken oder Aufspritzen.

Galvanisieren:
Die entstehenden Überzüge sind nur 1/100 bis 1/1000 mm stark, aber sehr dicht und gleichmäßig. Als Schutzmetalle für Stahl (Instrumente, Werkzeuge, Beschläge, Haushaltsartikel und maschinen ...) werden verwendet: Ni, Cr, Cu, Cd, Sn, Zn. Neuerdings gibt es sogar ein wirtschaftliches Verfahren zur galvanischen Verzinkung von Maschendraht.

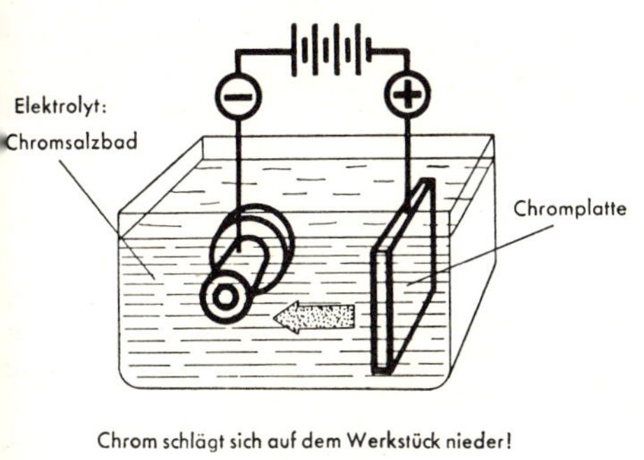

Chrom schlägt sich auf dem Werkstück nieder!
Galvanisieren

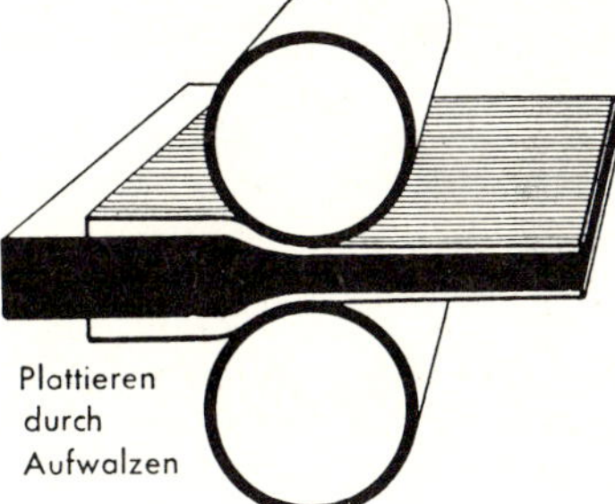

Plattieren:
Auf die sehr korrosionsanfälligen Legierungen aus Al-Cu und Al-Cu-Mg werden kupferfreie Deckschichten von Reinaluminium oder Al-Mg-Si warm aufgewalzt bzw. beim Strangpressen mitgepreßt. Stahl erhält Plattierungen aus rostbeständigem Stahl, Kupfer oder Nickel.

Das Aufspritzen (Verfahren nach Schoop): Handliche Metallspritzpistolen gestatten es auch dem Bauschlosser und Stahlbauer, durch dieses neue Verfahren Behälter, Gitterteile oder Stahlkonstruktionen u. ä. mit haltbaren, dichten und sehr feinkörnigen Überzügen zu versehen.

Das Metall (Zink, Zinn, Alu, rostfreier Stahl, Bronze) wird als Draht von etwa 2 mm Durchmesser in die Pistole eingeführt und an der Mündung durch eine Gasflamme oder elektrisch geschmolzen. Die aus der Manteldüse strömende Preßluft (3 bar) zerstäubt das geschmolzene Metall und schleudert es auf die Werkstückoberfläche.

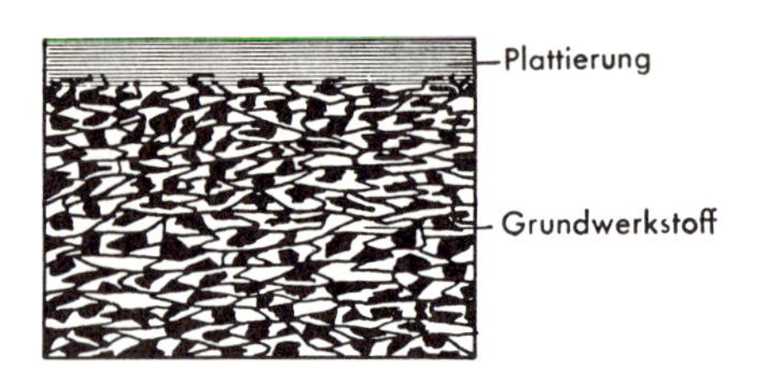

Querschnitt eines plattierten Bleches

Plattieren oder Aufspritzen mit der Spritzpistole

Die Metalle und ihre Eignung:

Nickel (unecht) – Chrom (echt), erfordert aber Zwischenschicht (Kupfer) – Kadmium (echt) – Zinn (unecht) – Kupfer (unecht) – Blei (unecht)

Unechte Metalle müssen dicht und fest aufgebracht werden, damit keine Unterrostung eintritt (Zwischenschichten).

6. Kunststoffüberzüge

Die chemische Industrie hat thermoplastische Kunststoffe entwickelt, welche hart, kratzfest chemisch widerstandsfähig, isolierend und kochfest sind (z. B. Trovidur, Polyäthylen). Diese Kunststoffe sind in farbigen Platten, Folien und Pulvern erhältlich. Damit läßt sich z. B. eine Wanne aus billigem Stahlblech säurefest auskleiden oder ausspritzen. (Platten verschweißen oder Pulver mit Heißluftpistole spritzen.) Die Lieferfirmen machen aber bis jetzt den Verkauf der Materialien vom Besuch eines Kunststoffverarbeitungs-Lehrgangs und gewisser Betriebseinrichtungen abhängig.

Werkstattwinke:

1. Sorge bei allen Verbindungs- und Belagarbeiten dafür, daß sich Teile aus verschiedenen Metallen nicht direkt berühren.
   (Isolierung durch Farbe, Lack, Kunststoffe, Gummi.)
2. Verwende nur säurefreie Öle und Fette als Schutz für blanke Teile!
3. Säubere jede Oberfläche vor Aufbringung des Schutzüberzugs vollständig und gründlich von Fett, Farbe, Rost und Schmutz!
4. Leichtmetalle vor dem Anstrich eloxieren oder mit einem Spezial-Haftanstrich versehen, weil sonst die Deckfarbe schlecht hält.
5. Trage alle Anstriche möglichst dünn auf und lasse vor dem nächsten Anstrich gründlich trocknen. (Bleimennige, die sich staubtrocken anfühlt, kann unter dem Deckhäutchen noch weich sein!)
6. Vermeide Gesundheitsschädigung und Unfälle durch Sandstaub, Beiz- und Nitrodämpfe und feuergefährliche Verdünnungen (Lüften, Atemmasken, Brille).
7. Streiche möglichst an warmen Tagen oder in trockenen, staubfreien Räumen!
8. Beachte die Unfallvorschriften: Leitern sichern, auf Stahlbauten anseilen!

Selbst finden und behalten

1. Wodurch werden Metalloberflächen angegriffen?
2. Suche Beispiele für chemische und elektrochemische Korrosion!
3. Welche Möglichkeiten hast du, um ein Füllungsgitter, ein Gartentor, ein geschmiedetes Kamingitter, eine Wetterfahne, einen Dachbinder vor dem Rosten zu schützen?
4. Warum lassen sich sandgestrahlte Oberflächen besonders dauerhaft streichen und spritzen?
5. Worin besteht der Unterschied zwischen Farbanstrichen und Lacken?
6. Wo kannst du als Bauschlosser oder Stahlbauer das Metallspritzen anwenden?
7. Was ist bei der Verarbeitung von eloxierten Leichtmetallprofilen zu beachten?

MERKE:

1. **Alle unedlen Metalle unterliegen der chemischen oder elektrochemischen Korrosion, die entweder nur die Oberfläche (Kupfer) oder den ganzen Werkstoff nach und nach angreift (Eisenrost).**
2. **Die Korrosion wird verhindert durch: Einfetten, Farbauftrag, chemische Überzüge, Metallüberzüge, Kunststoffüberzüge.**
3. **Die zwei wichtigsten Voraussetzungen für einen dauerhaften Schutz sind:**
   a) Gründlich gesäuberte Oberflächen
   b) Dichte, widerstandsfähige Überzüge.

Unsere Werkzeugmaschinen wollen richtig bedient und gut behandelt werden

In der Bauschlosserei und im Stahlbau erleichtern einige Maschinen die Arbeit und beschleunigen die Fertigung. Während die Maschinen im weiteren Sinne wie Hebelschere, Exzenterpresse und Abkantmaschine nur die menschliche Kraft durch Übersetzungen verstärken, arbeiten die Maschinen im engeren Sinne wie Bohrmaschine, Kreissäge, Schleifmaschine mit fremdem Kraftantrieb (Kraftstrom).

I. Verschiedene Antriebe übertragen die Motorkraft und regeln die Geschwindigkeit

1. Der Gruppenantrieb über Transmissionen ist ungünstig und veraltet

(Großer Platzbedarf, lichtschluckend, staubaufwirbelnd, Lärm, Leerlaufverluste, Unfallgefahr, viel Wartung.)

Der Einzelantrieb durch Fußmotor ist wirtschaftlicher. Ein kurzer Riemen oder Keilriemen sorgt für ruhige, elastische Kraftübertragung.

Beim Einzelantrieb mittels Flanschmotor und Übersetzungsgetriebe ist jeder Riemenschlupf ausgeschaltet, doch kann sich das Vibrieren des Motors bei feinen Dreh- oder Bohrarbeiten ungünstig auswirken. Dafür raumsparend und unfallsicher, größte Durchzugskraft.

Getriebe unterschiedlicher Bauart ermöglichen das Einstellen der zweckmäßigsten Arbeitsgeschwindigkeit.

Stufenscheiben erlauben nur 2 bis 5 festliegende Drehzahlen, genügen aber für einfache Bohrmaschinen oder Sägen.

2. Zahnrädergetriebe schalten nicht nur Übersetzungs-Ungenauigkeiten durch Schlupf aus, sondern zeigen auch viel feinere und zahlreichere Abstufungen

Es sind dies:

Das Schieberadgetriebe:

Durch Verschieben eines Zahnradsatzes bringt man je nach Bedarf verschiedene Zahnräder zum Eingriff und kuppelt sie mit der Abtriebswelle.

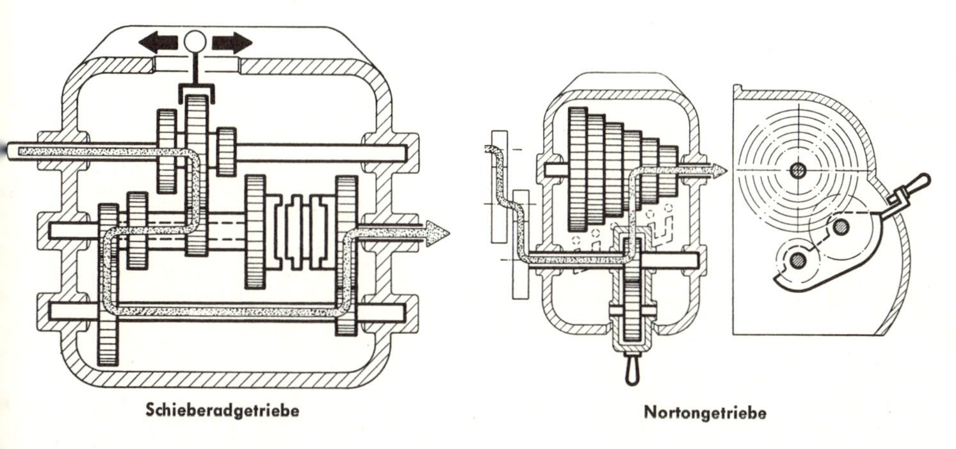

Schieberadgetriebe **Nortongetriebe**

Das Nortongetriebe:

Ein Verschieberad auf der Antriebswelle steht mit dem Schwenkrad im Eingriff. Dieses kann also auf jedes gewünschte Rad eines Stufenrädersatzes auf der Abtriebswelle gelegt werden und erzeugt so verschiedene Drehzahlen.

Das Ziehkeilgetriebe:

Auf der Antriebswelle sind alle Stufenräder festgekeilt. Die Gegenräder auf der hohlen Abtriebswelle laufen lose. Ein Keil mit Schleppfeder kann so hin und her gezogen werden, daß sich jedes beliebige Rad mit der hohlen Welle verriegeln läßt.

3. Es gibt mechanische, flüssigkeitsgesteuerte und elektrisch gesteuerte Lösungen der stufenlosen Drehzahlregelung

Für stufenlose Getriebe ist besonders der Bohrer dankbar, weil er dann mit seiner vorteilhaftesten Schnittgeschwindigkeit laufen kann.

Der Kegelscheibenantrieb:

Die geteilten Kegelscheiben sind axial verstellbar (Hebel). Je weiter der Keilriemen auf der Antriebsscheibe nach außen gedrängt wird, um so weiter zieht er sich auf der Abtriebsscheibe nach innen und umgekehrt. Auf diese Weise kann während der Arbeit jedes Übersetzungsverhältnis zwischen 1:1 und 1:10 eingestellt werden.

Das PIV-Getriebe:

Statt des Keilriemens liegt hier eine kräftige Gliederkette zwischen den Kegelrädern. Im übrigen ist die Wirkungsweise die gleiche.

Flüssigkeitsgetriebe:

Bei modernen Hochleistungs- und Präzisionsmaschinen erfolgt die Kraftübertragung auch durch Öldruck, welcher durch Ventile stufenlos gesteuert wird.

Elektrische Drehzahlregelung:

Diese teure und empfindliche Einrichtung ist nur bei Gleichstrommotoren möglich (umpolen).

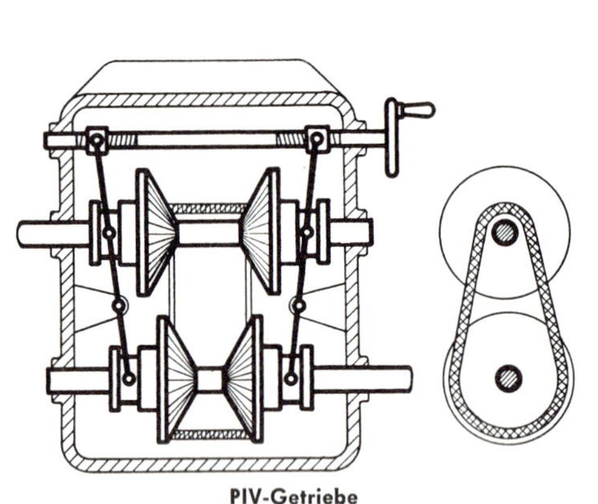

PIV-Getriebe

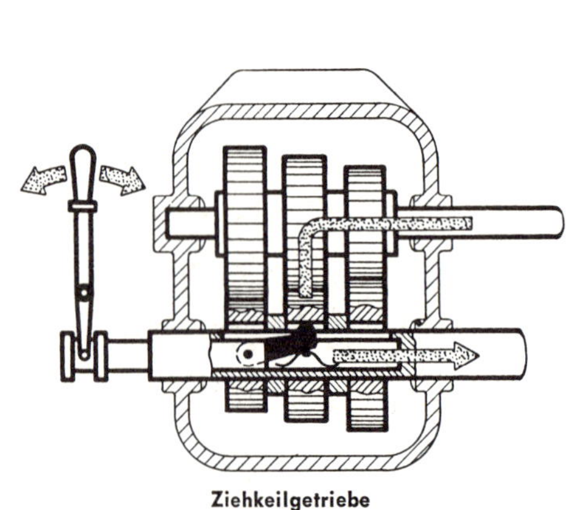

Ziehkeilgetriebe

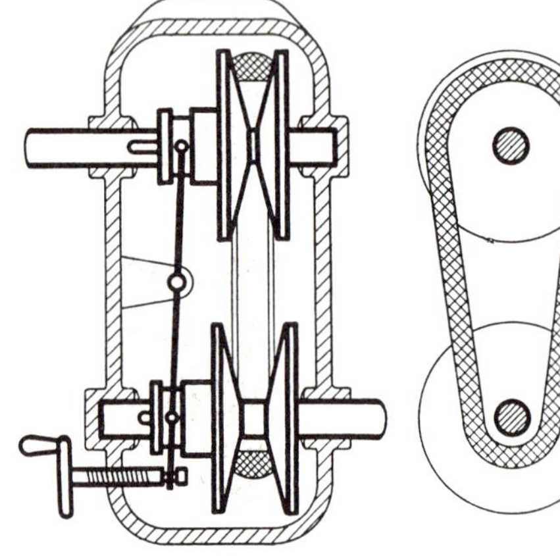

Kegelscheibenantrieb

II. Drei Bewegungen müssen wir an den Maschinen überwachen

Am klarsten erkennen wir dieselben an der Stößelhobelmaschine (Shaping-Maschine).

1. Der Hobelmeißel nimmt im Vorwärtsgleiten einen Span ab. Man nennt dies die Haupt- oder Schnittbewegung

Ihre Geschwindigkeit mißt man in m/min oder m/s (= v).
Die Schnittbewegung kann auch durch das Werkstück erfolgen (Hobelmaschine) und kreisförmig sein (Drehbank).
Aus wirtschaftlichen Gründen soll sie möglichst hoch gewählt werden, doch sind dabei zu berücksichtigen:

Werkstoffhärte	Oberflächengüte
Werkzeugart	Kühlung und Schmierung.

2. Nach jedem Doppelhub des Hobelmeißels rückt der Tisch mit dem Werkstück um Spanbreite nach seitwärts, also senkrecht zur Schnittbewegung, er macht eine Vorschubbewegung

Sie wird gemessen in mm/U (Bohren), in mm/min (Fräsen) oder in mm/Hub (Hobeln) (Vorschub = s).

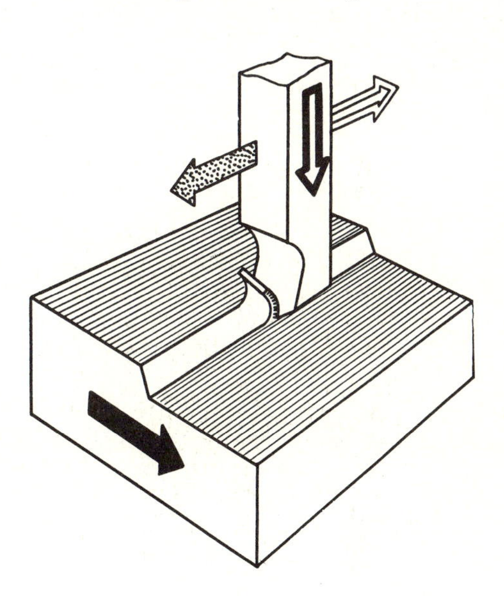

3. Die Spantiefe ist festgelegt durch die Zustellbewegung (a)

Das Maß der Zustellbewegung (mm) und sein Verhältnis zum Vorschub wird ebenfalls von der Leistungsfähigkeit der Maschine und des Werkzeugs, aber auch von der Werkstoffhärte und der verlangten Oberflächengüte abhängen.

III. Wer gut schmiert, der gut führt

Welchen zusätzlichen Kraftaufwand ein trockenes, schlecht oder falsch geschmiertes Lager verursacht, haben wir vielleicht schon an unserem Fahrrad erlebt. Um wieviel schlimmer müssen die Folgen für die viel schneller laufenden und viel schwereren Maschinen sein, wenn wir ihnen die nötige Schmierung vorenthalten!

1. Trockene Lager bremsen, werden heiß und führen zu raschem Verschleiß

Durch geeignete Schmiermittel, welche der Drehzahl, dem Lagerdruck und der Lagertemperatur angepaßt sind, erzeugen wir daher in den Lagern einen dichten, zusammenhängenden Schmierfilm, welcher die trockene Reibung in eine flüssige Reibung verwandelt.
Bei neuen Maschinen hält man sich an die Schmieranweisung der Maschinenfabrik, in allen anderen Fällen aber gilt die Grundregel:
„Das Schmiermittel muß um so dünnflüssiger sein, je höher die Drehzahl, je geringer der Lagerdruck, je feiner das Lagerspiel."

2. Billige Öle und Fette sind Verschwendung!

Die vielen marktgängigen Mittel sind entweder Mineralöle (aus Erdöl) oder Fette. Erstere sind mehr oder weniger leichtflüssig (viskose) und sollen vor allem frei von Säuren sein, welche den Stahl angreifen. Als Fette kennen wir die steifen Staufferfette, welche durch Aufquellen von Seife in Mineralöl entstanden sind und sich für geringer beanspruchte Lager eignen. Feine Stahlspäne oder Staub werden durch das Fett sicherer ferngehalten als durch Öl.

3. Beim Zerspanen sind Schmieren und Kühlen gleich wichtig

Schnellaufende Werkzeugmaschinen zum Bohren, Fräsen oder Drehen sind deshalb heute meist mit einer kräftigen Schmierölpumpe ausgerüstet, welche das schneidende Werkzeug dauernd mit einem Ölstrahl versorgt. Dieser vermindert die Reibung an der Werkzeugschneide und damit Kraftaufwand und Reibungswärme, führt die Zerspanungswärme ab, schwemmt die Späne fort.
Für die groben Arbeiten in der Schlosserei verwenden wir die üblichen Bohröle, vermischt mit Wasser (feine Verteilung = Emulsion). Bohröle sind Lösungen von flüssiger Seife in Mineralöl.
Für feinere Arbeiten (Gewinde) und für verschiedene Leichtmetallegierungen sind Schneidöle zu empfehlen. Wer nicht über die nötige Erfahrung verfügt, soll sich in Schmiermittel-Tabellen Rat holen.

Werkstattwinke:

1. Lasse die Finger von einer Maschine, bevor du dich nicht mit allen Hebeln, Schaltern und Druckknöpfen vertraut gemacht hast!
2. Vergewissere dich, ob Schutzvorrichtungen und Sicherungen in Ordnung sind!
3. Prüfe die Schmierstellen nach!
4. Schmiere nur bei stillstehender Maschine!
5. Achte darauf, daß die Maschine nicht ruckartig unter Voll-Last anlaufen muß.
6. Schalte Gleichstrom-Motoren langsam ein!
7. Beachte die richtige Schnittgeschwindigkeit und Leistungskraft der Maschine!
8. Begegne der erhöhten Unfallgefahr:
   Sei mit allen Gedanken bei der Arbeit!
   Spanne die Werkstücke fest ein!
   Entferne die Späne nicht mit der Hand und nicht bei laufender Maschine!
   Trage enganliegende Kleidung!

Selbst finden und behalten:

1. Erkläre die Begriffe Hauptbewegung, Vorschub und Zustellbewegung an der Shapingmaschine, Bohrmaschine, Kreissäge, Drehbank!
2. Suche in einem Tabellenbuch die Werte für Schnittgeschwindigkeit und Vorschub für Bohrungen verschiedener Metalle mit WS- und SS-Bohrern und vergleiche!
3. Rechne nach, ob die Bohrmaschine in deiner Werkstätte eine Drehzahl aufweist, die der Schnittgeschwindigkeit für Alu gerecht wird!
4. Worin liegen die Vorteile der stufenlosen Getriebe?
5. Warum sollen die Keilriemen nur mit den Flanken aufliegen?
6. Welche Schmiermittel sind für diese Arbeiten geeignet: U-Stahl bohren, Alu-Platte abhobeln, Plexiglas bohren, Gußdeckel bohren?

MERKE:

1. **Die Maschinen erleichtern und beschleunigen das Trennen, spanlose und spanabhebende Verformen der Werkstoffe.**
2. **Der stufenlose Einzelantrieb ist den übrigen Antriebsarten vorzuziehen.**
3. **Bei der Maschinenarbeit sind folgende Punkte besonders beachtenswert:**
   Schnittgeschwindigkeit und Vorschub richtig wählen,
   Leistungsschild beachten,
   vorschriftsmäßig aufspannen,
   Schmierung und Schutzvorrichtungen.

Maschinenelemente

Für den pfleglichen Einsatz von neuzeitlichen Maschinen in der Schlosserei und im Stahlbau ist es wichtig, daß auch der Schlosser über die wichtigsten Maschinenelemente Bescheid weiß.

I. Achsen werden vorwiegend auf Biegung beansprucht

1. Aufgabe und Form der Achsen

Eine Achse dreht sich entweder mit den auf ihr befestigten Rollen oder Rädern (Achse der Eisenbahnwagen), oder die Rolle dreht sich auf der feststehenden Achse (Laufrolle). Achsen tragen Lasten und Drücke, übertragen aber keine Drehmomente. Die meist abgesetzten Enden von sich drehenden Achsen nennt man Lagerzapfen, Enden von feststehenden Achsen heißen Tragzapfen. Je nach der Höhe der Beanspruchung werden die Achsen aus St 50-2, St 60-2 oder aus legierten Einsatzstählen gefertigt.

2. Bolzen können als kurze Achsen angesehen werden

Werden wenig oder gar nicht bewegte Teile, wie z. B. Zugstangen, beweglich verbunden, spricht man von Gelenkbolzen. Seilrollen, Zahnräder, Laufräder drehen sich auf Lagerbolzen. Die Bolzen sind als Normteile von 3 bis 100 mm Durchmesser erhältlich (DIN 1433 bis 1439). Je nach der erforderlichen Biege- bzw. Scherfestigkeit wählt man als Werkstoff St 50, St 60, 9 S 20 K; für Bolzen, die eine glasharte, verschleißfeste Oberfläche aufweisen sollen, ist legierter Einsatzstahl (gehärtet) das geeignete Material.

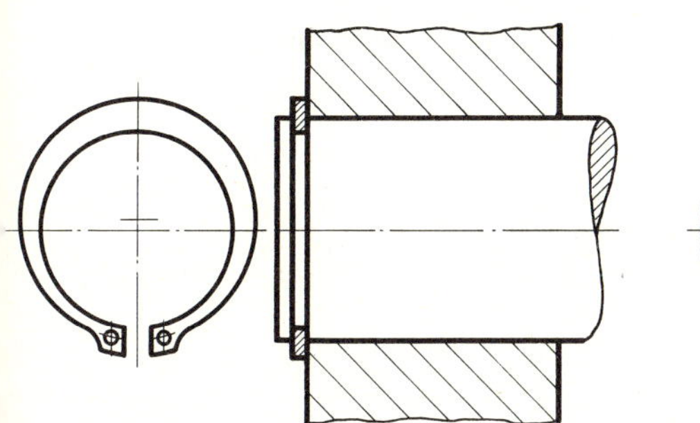

Sicherungsring für Wellen DIN 471
Bezeichnungsbeispiel:
Sicherungsring 30×2 DIN 471
(Ring für einen Wellendurchmesser d_1 = 30 mm und Dicke s = 2 mm)

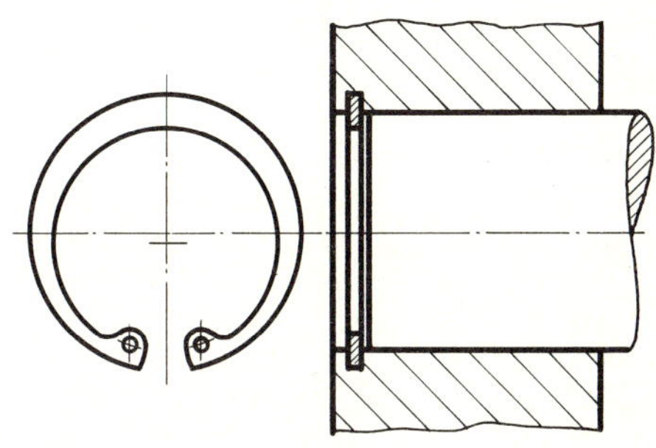

Sicherungsring für Bohrungen DIN 472
Bezeichnungsbeispiel:
Sicherungsring 55×2,5 DIN 472
(Ring für einen Bohrungsdurchmesser d_1 = 55 mm und Dicke s = 2,5 mm)

Bolzenverbindungen werden als Spielpassungen zusammengebaut. Der genormte Bolzen ist nach dem Toleranzfeld h 11 bemessen. Regelmäßige Schmierung, vor allem bei Lagerbolzen, z. B. durch ein axiales Schmierloch, ist wichtig. Gegen axiales Verschieben kann man die Bolzen mit Sicherungsblechen, Sicherungsringen, Sicherungsstiften, Spannringen und Splinten fixieren.

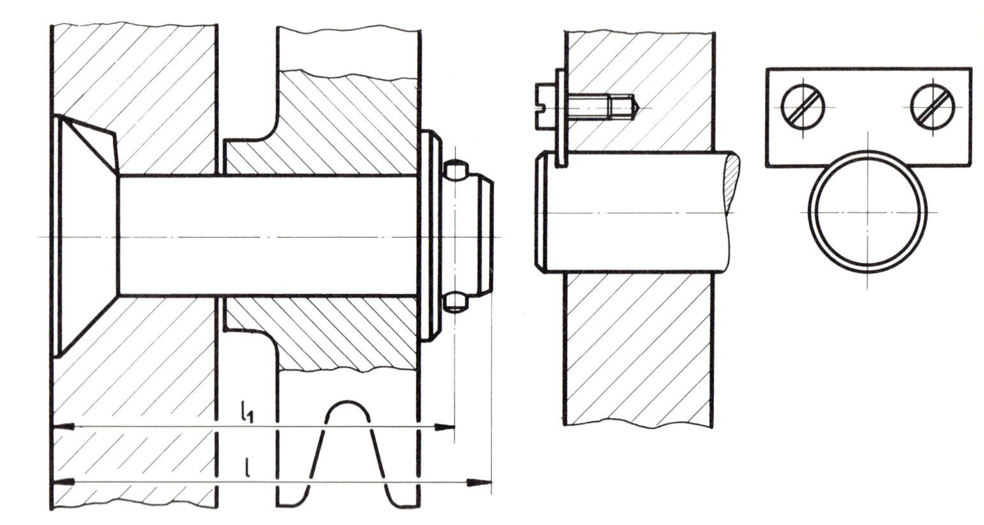

Senkbolzen mit Nase als Lagerbolzen für Seilscheibe
Bezeichnungsbeispiel:
Senkbolzen 16 h 11 × 60 × 55 DIN 1439
(Halbblanker Senkbolzen mit Nase von 16 mm Durchmesser d, 60 mm Länge l und 55 mm Splintlochabstand l_1)

Sicherungsblech zum Feststellen eines Bolzens

II. Stifte und Spannhülsen dienen zur Herstellung lösbarer Verbindungen und lassen sich in der Regel öfters verwenden

1. Nach dem Zweck der Verbindung unterscheiden wir Paßstifte, Befestigungsstifte und Abscherstifte

Paßstifte haben die Aufgabe, die genaue Lage zusammengefügter Bauteile zu gewährleisten. Je größer der Abstand zwischen zwei Paßstiften ist, desto besser erfüllen sie ihren Zweck (Ober- und Unterteil in Schnittwerkzeugen!).

Befestigungsstifte verbinden zwei Bauteile dauerhaft und billig miteinander (Kegelstift im Drückerstift am Türschloß!)

Abscherstifte stellen eine Sicherung wertvoller Maschinen gegen Beschädigung durch Überlasten dar. So wird z. B. der Stift an der Abschersicherung der Drehmaschinenleitspindel bei Überlastung abgeschert und schützt dadurch die Zahnräder und andere Getriebeelemente vor der Zerstörung. Wie elektrische Sicherungen dürfen auch Abscherstifte nur durch die vorgeschriebenen ersetzt werden.

2. Form und Toleranzen der Stiftarten sind genormt

Zylinderstifte von 0,8 bis 50 mm Durchmesser mit den Toleranzen m 6, h 8, h 11 werden aus den Werkstoffen St 50 K oder 9 S 20 K hergestellt. Sie finden Verwendung als Paß-, Befestigungs- und Nietstift.

Zylinderstift mit Linsenkuppe DIN 7

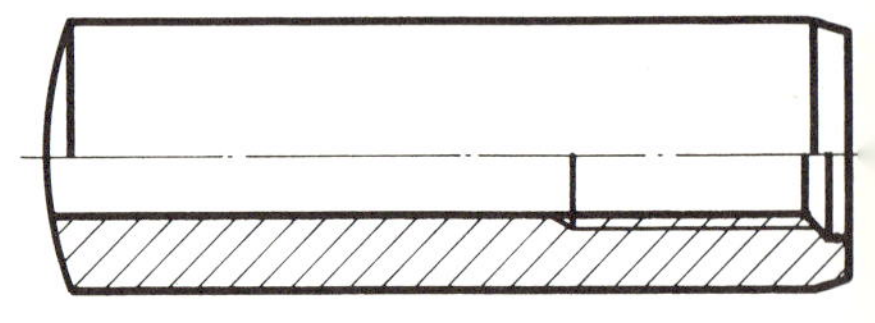

Zylinderstift mit Innengewinde DIN 7979

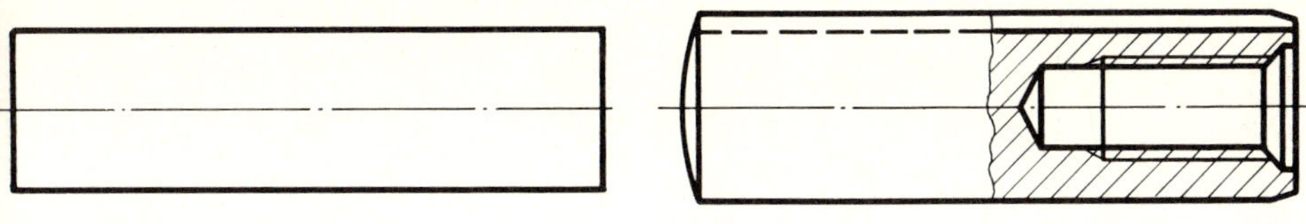

Zylinderstift mit glatten Enden DIN 7 (verwendet als Nietstift)

Zylinderstift mit Längsrille und Innengewinde DIN 7979 (verwendet für Grundlöcher)

Kegelstifte von 0,8 bis 50 mm Durchmesser und Kegel 1 : 50 gibt es mit geschliffener (Form A) und geschlichteter Oberfläche (Form B). Die Herstellung einer Kegelstiftverbindung ist zwar aufwendig und teuer (bohren und aufreiben mit kleiner Reibahle!), doch die genaue Lage der Bauteile bleibt dafür auch bei häufigem Lösen gewährleistet.
Kegelstifte wie auch Zylinderstifte müssen zum Herausziehen aus Grundlöchern mit einem Gewindezapfen oder mit Innengewinde versehen sein.

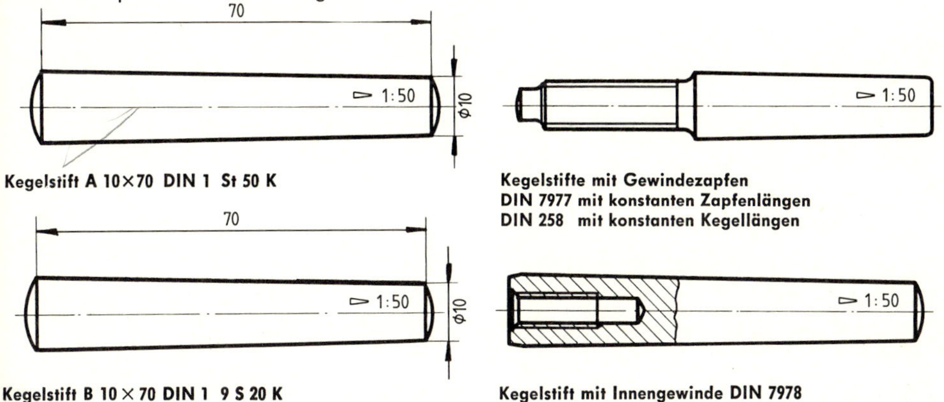

Kegelstift A 10×70 DIN 1 St 50 K

Kegelstifte mit Gewindezapfen
DIN 7977 mit konstanten Zapfenlängen
DIN 258 mit konstanten Kegellängen

Kegelstift B 10 × 70 DIN 1 9 S 20 K

Kegelstift mit Innengewinde DIN 7978

Kerbstifte sind billig (keine teure Paßarbeit!) und vielseitiger verwendbar als Befestigungs- und Abscherstifte. Die Bohrungstoleranz richtet sich nach dem Stiftdurchmesser (bis 1,5 mm = H 8, bis 3 mm = H 9, über 3 mm = H 11). Eine Vielzahl von Formen, auch in NE-Metall und Kunststoff sind im Handel erhältlich. Die Wirkungsweise der Kerbstifte besteht darin, daß die Kerbwulste beim Eintreiben in die Kerbfurche zurückgestaucht werden und dadurch eine hohe Preßspannung erzeugen.

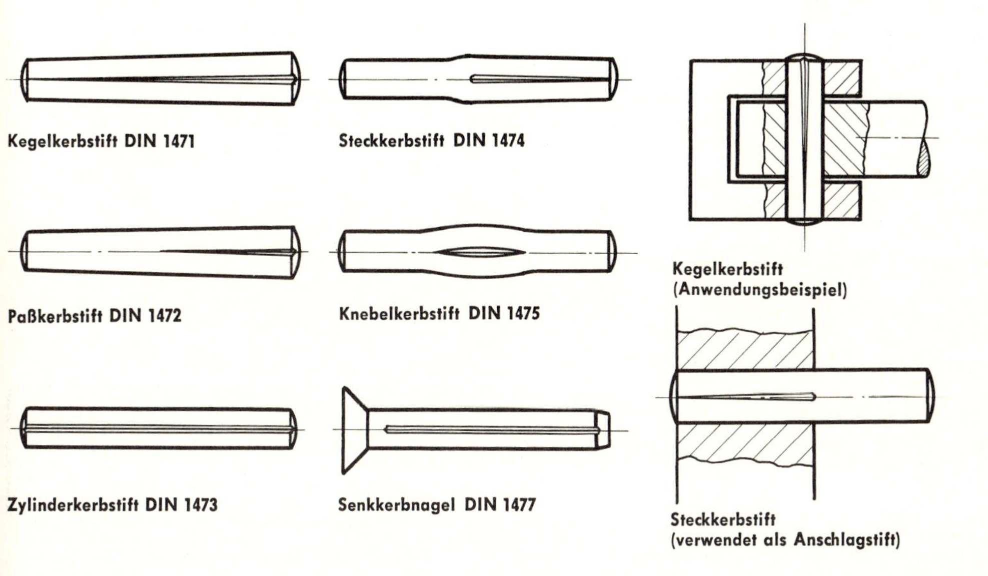

Kegelkerbstift DIN 1471

Steckkerbstift DIN 1474

Kegelkerbstift (Anwendungsbeispiel)

Paßkerbstift DIN 1472

Knebelkerbstift DIN 1475

Zylinderkerbstift DIN 1473

Senkkerbnagel DIN 1477

Steckkerbstift (verwendet als Anschlagstift)

Spannhülsen (Spannstifte), der Form nach geschliffene Hohlstifte aus Federstahl bzw. spiralig gewickelte Zylinder mit kegelförmiger Anschrägung, werden ebenfalls als Befestigungselemente, aber auch als Schrauben- und Bolzenhülsen verwendet. Wenn man die Hülse in das auf Nennmaß (Toleranz H 12) vorgebohrte Loch eintreibt, wird sie von ihrem Übermaß (0,2 . . . 0,5 mm) auf dem Bohrlochdurchmesser zusammengepreßt und erhält einen festen Sitz.

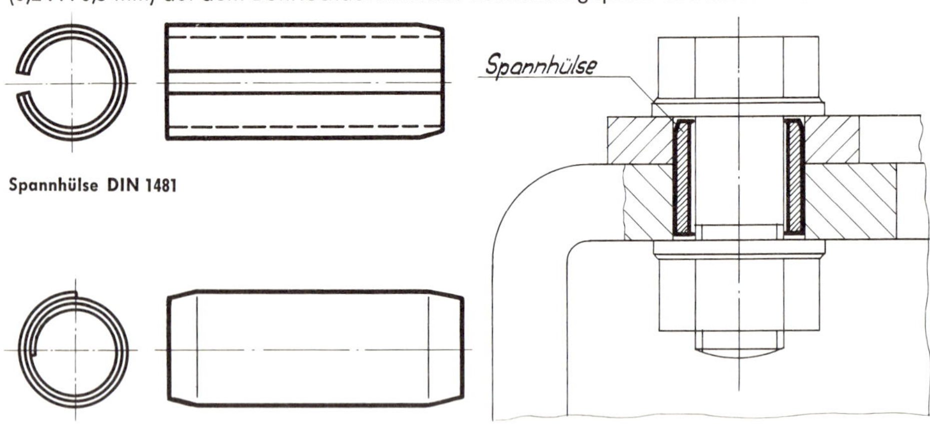

Spannhülse DIN 1481

Spiralspannstift DIN 734

Spannhülse (verwendet als Schraubenhülse)

III. Wellen dienen zur Übertragung von Drehmomenten

1. Wellen-Arten

Durch die auf den Wellen sitzenden Räder, Zahnräder, Riemenscheiben usw. werden die Wellen nicht nur auf Verdrehung, sondern auch noch zusätzlich auf Biegung beansprucht. Manchmal treten auch Längskräfte auf (Bohrspindel, schräg verzahnte Stirnräder!). Es gibt starre Wellen, Gelenkwellen und biegsame Wellen. Die starren Wellen können gerade, gekröpft (Kurbelwelle), glatt oder abgesetzt sein. Mit Hohlwellen spart man Gewicht. Die in den Lagern steckenden zylindrischen, kegeligen oder kugelförmigen Wellenteile bezeichnet man als Zapfen (Kurbelzapfen, Spurzapfen, Halszapfen, Stirnzapfen). Die Rundstähle für Wellen werden je nach den gestellten Anforderungen aus Allgemeinem Baustahl, Vergütungs-, Einsatz- oder Automatenstählen gefertigt.

2. Die Lager übernehmen das Tragen und Führen der Wellen und Achsen

a) Lagerarten:

- Radial-(= Quer-) und Axial-(= Längs-)Lager je nach Richtung der Lagerkraft.
- Stehlager, Hängelager, Pendellager, Flanschlager je nach Bauform.
- Fettschmier-, Ringschmier-, Druckschmierlager je nach Art der Schmierung.
- Gleit- und Wälzlager je nach Art der Bewegungsverhältnisse.
- Stahllager und Kunststofflager.

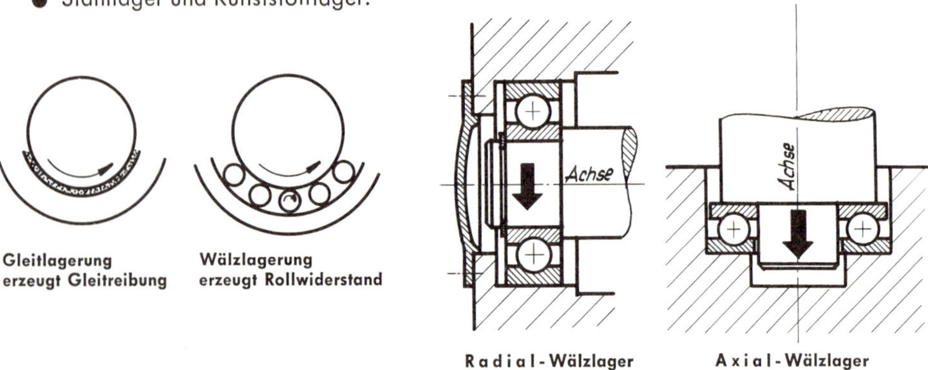

Gleitlagerung erzeugt Gleitreibung

Wälzlagerung erzeugt Rollwiderstand

Radial-Wälzlager

Axial-Wälzlager

b) Gleitlager: Die Zapfen der Welle laufen in Lagerschalen, Lagerbuchsen oder im Lagerkörper selbst.
Gleitlager können ungeteilt oder geteilt (für Kurbelwellen oder Pleuelstangen) sein.
Die verhältnismäßig großen Schmierflächen wirken stoß- und geräuschdämpfend. Dichtungen sind kaum erforderlich. Wenn vorschriftsmäßig geschmiert, erreichen Gleitlager auch bei hohen Drehfrequenzen fast unbegrenzte Lebensdauer. Diesen Vorteilen stehen gegenüber der große Schmierstoffverbrauch, der Überwachungsaufwand und der hohe Anlaufwiderstand. Letzterem kann man jedoch bei schweren, langsam laufenden Maschinen dadurch begegnen, daß man dem Lager schon vor dem Anlauf radial aus vier Richtungen Drucköl zuführt. In solchen „hydrostatischen" Lagern herrscht stets Flüssigkeitsreibung.

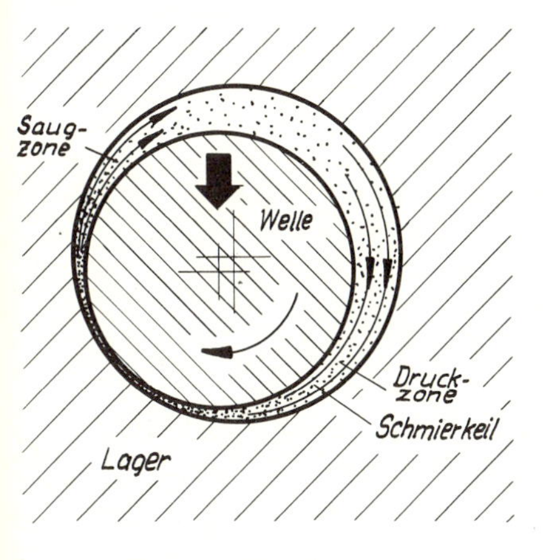

Verlagerung des Wellenzapfens bei kleinen Drehfrequenzen

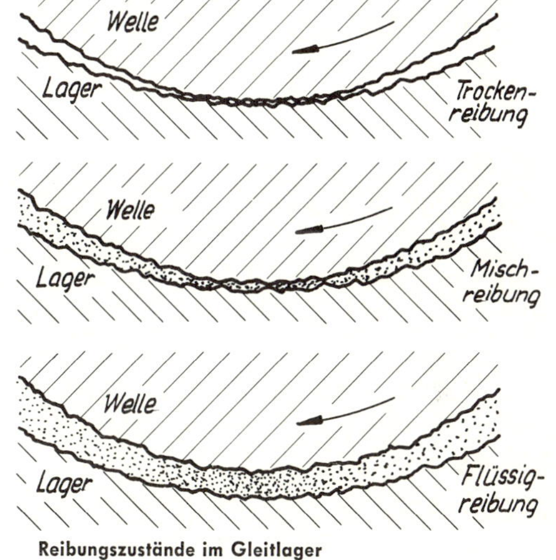

Reibungszustände im Gleitlager

c) Lagerwerkstoffe für Gleitlager
Außer den auf DIN 1703 genormten Lagermetallen auf Blei- und Zinngrundlage eignen sich auch Kupfer-Zinn-Legierungen, Kupfer-Zinn-Zink-Gußlegierungen, Grauguß, Sinterwerkstoffe (z. B. Sint B 00, B 10, B 20, B 50, C 31, H 52, H 54) und Kunststoffe (Polyamide).

d) Gleitlager werden mit Fett oder Öl geschmiert
Damit der Wellenzapfen nach kurzem Anlauf in einem zusammenhängenden Schmierfilm schwimmt, ist eine stetige Schmiermittelversorgung äußerst wichtig. Es gibt dazu verschiedene Methoden: Dochtschmierung, Tropfschmierung, Ringschmierung, Tauchschmierung, Druckumlaufschmierung. Dort wo es nicht möglich ist, das Lager ständig mit Schmiermitteln zu versorgen, und bei extrem hohen Temperaturen haben sich Mehrstoff-Trockenlager bewährt. Deren Lagerschalen setzen sich von außen nach innen aus Schichten von Stahl, Kupfer, Kupfer-Zinn-Legierung und einer dünnen Einlaufschicht aus Polytetrafluoräthylen und Blei zusammen.
In seltenen Fällen (Kunststofflager, Pumpenlager) ist Wasserschmierung oder Trockenschmierung mit Molybdänsulfid oder Graphit zweckmäßiger.

e) Wälzlager
Während beim Gleitlager der Lagerdruck und damit auch die Reibung flächenhaft wirken, wird der Druck im Wälzlager theoretisch entweder punktförmig (Kugellager) oder linienförmig (Rollenlager) aufgenommen. Ein Wälzlager setzt sich in der Regel zusammen aus einem Außen- und Innenring mit Laufflächen, den Wälzkörpern (Kugeln, Zylindern, Tonnen, Kegeln, Nadeln) und dem Käfig, der die Wälzkörper im gleichen Abstand voneinander hält.
Ring und Wälzkörper bestehen aus hochfestem Chrom-Mangan-Stahl (gehärtet, geschliffen, Rollenflächen poliert), der Käfig aus Stahl- oder Kupfer-Zink-Blech.
Je nach Vorspannung bzw. Lagerdruck sind nur einige oder alle Wälzkörper belastet. Der auftretende Rollenwiderstand ist nur etwa ein Zehntel der vergleichbaren Gleitreibung. Im Hinblick auf die Belastung unterscheidet man auch hier Radiallager und Axiallager.

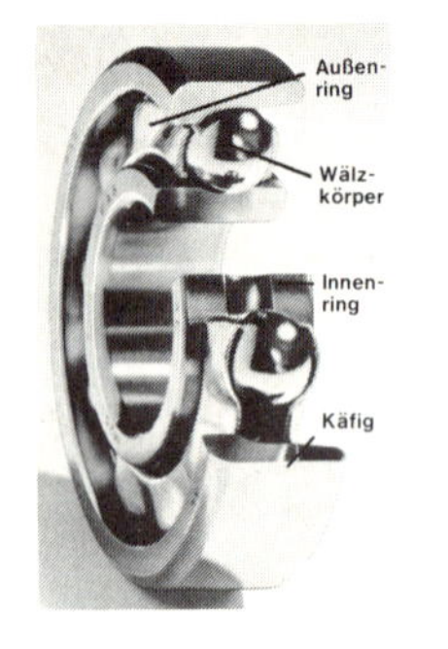

Schulterkugellager

Rillenkugellager

Kegelrollenlager

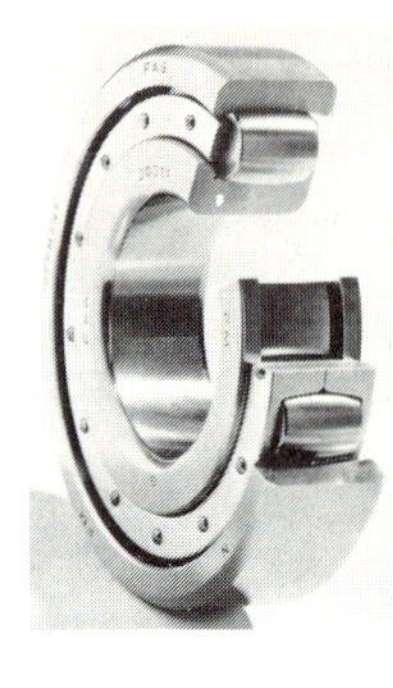

Tonnenlager

Axial-Rillenkugellager

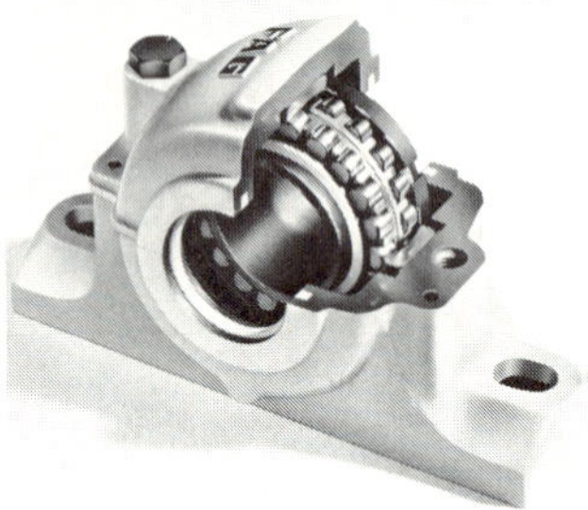

Stehlager
mit zweireihigem Pendelrollenlager

Axial-Pendelrollenlager

Kugellager haben nur punktförmigen Kontakt mit den Laufringen und sind deshalb für höhere Belastungen nicht geeignet.

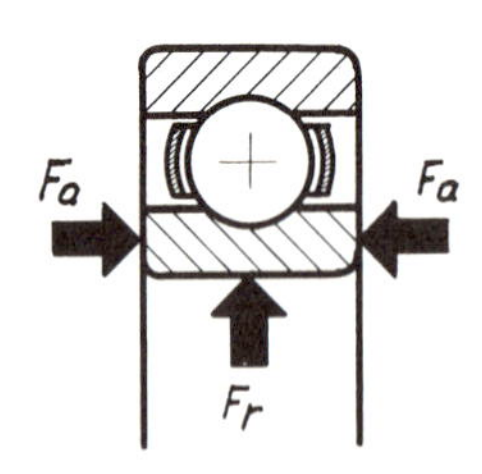

Rillenkugellager
F_a = axiale Belastung
F_r = radiale Belastung

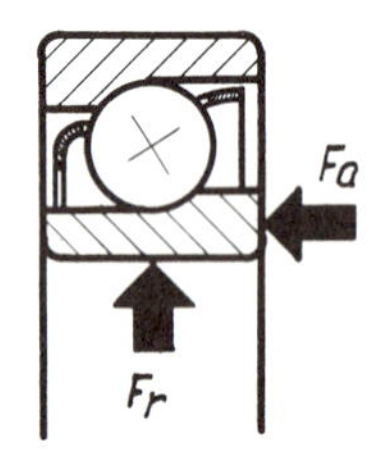

Schrägkugellager

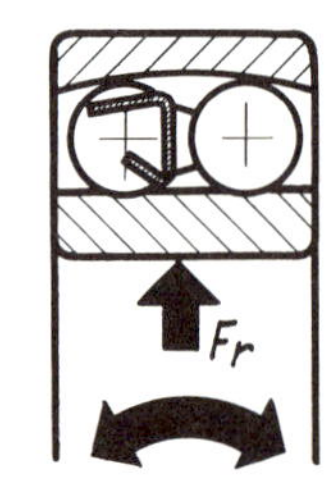

Zweireihiges Pendelkugellager

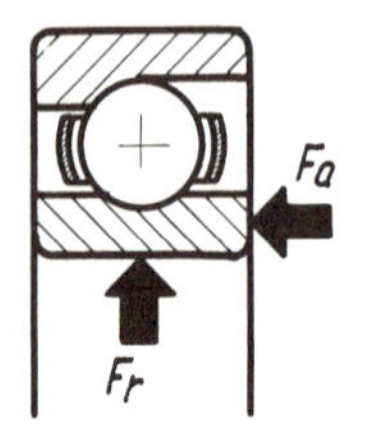

Zerlegbares Schulterkugellager

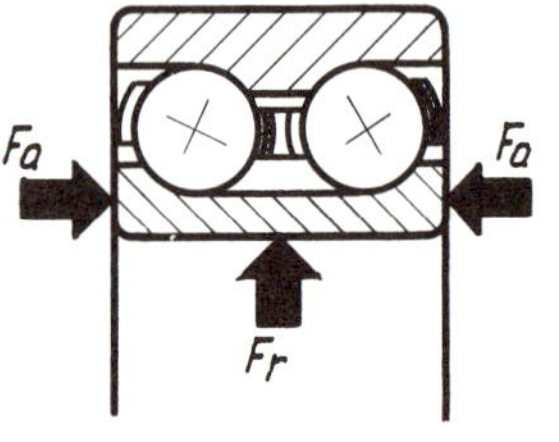

Zweireihiges Schrägkugellager

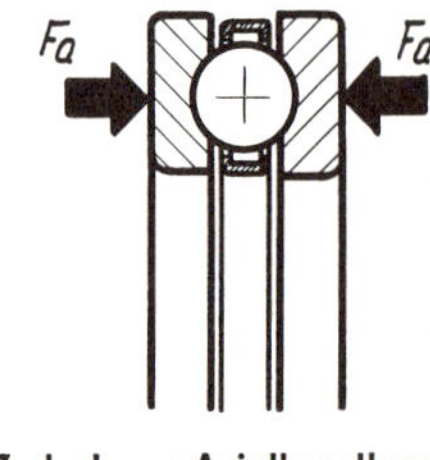

Zerlegbares Axialkugellager

R o l l e n l a g e r haben linienförmigen Kontakt mit den Laufringen und sind deshalb für hohe Lagerdrücke geeignet.

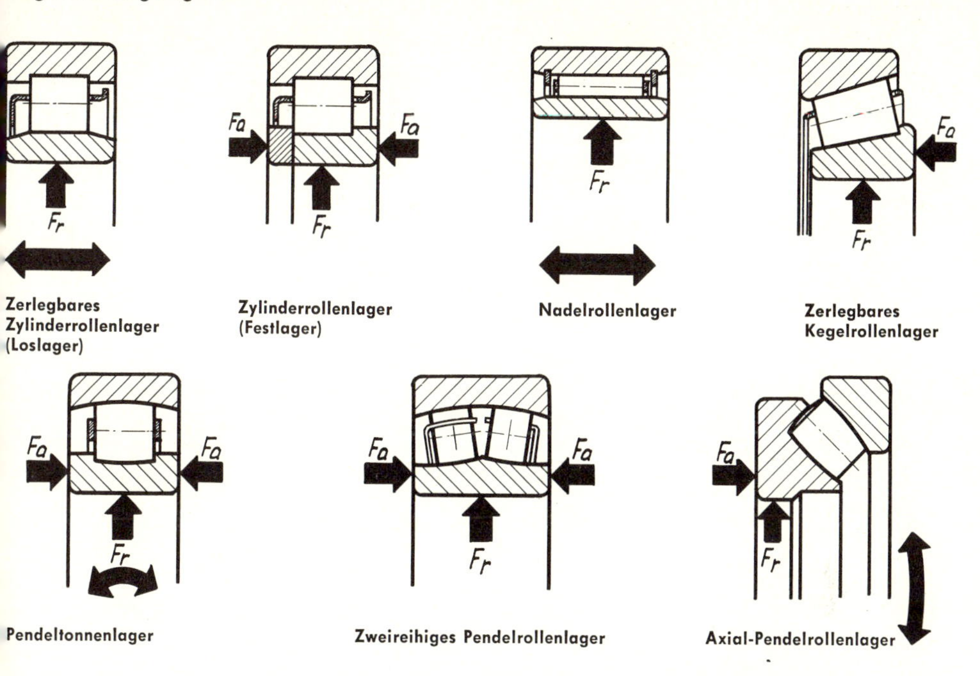

Zerlegbares Zylinderrollenlager (Loslager)

Zylinderrollenlager (Festlager)

Nadelrollenlager

Zerlegbares Kegelrollenlager

Pendeltonnenlager

Zweireihiges Pendelrollenlager

Axial-Pendelrollenlager

F e s t l a g e r – L o s l a g e r : Läuft eine Welle in mehreren Lagern, dann baut man eines als Festlager, die anderen als Loslager. Letztere sind dann axial etwas verschiebbar und können sich einer etwaigen Ausdehnung der Welle durch Erwärmen anpassen.

Einbau und Ausbau von Wälzlagern müssen unbedingt gewissenhaft und fachmännisch erfolgen.
Für die Wahl der Passungen ist DIN-Blatt 5423 (Wälzlager-Toleranzen – siehe Tabellenbuch) maßgebend.
Unverpackte Wälzlager müssen unbedingt vor dem Eindringen von Staub, Schmutz oder Spänen bewahrt werden. Nach dem Auswaschen oder nach dem Entfernen des Rostschutzfettes sofort wieder hauchdünn einfetten.
Die Lager dürfen weder beim Einbau noch beim Ausbau verkantet werden. Deshalb passende, einwandfreie Vorrichtungen verwenden: zum Einbau Preßhülsen oder Treibhülsen, zum Ausbau Abziehvorrichtungen. Beim Auftreiben des Lagers auf die Welle muß die Treibkappe den Innenring, beim Eintreiben des Lagers in ein Gehäuse muß die Treibkappe den Außenring bewegen. Durch Ausnützen der Wärmedehnung (Erhitzen des Lagers im Ölbad auf etwa 80 °C bzw. durch Erwärmen des Gehäuses) kann man sich die Arbeit unter Umständen erleichtern; läßt sich das eingebaute Lager leicht und geräuschlos von Hand bewegen, sitzt es richtig.

Wälzlager erfordern weniger Schmierung als Gleitlager
Für hohe Belastungen und Drehzahlen bewährt sich eine Ölschmierung als Umlauf-, Tauch- oder Nebelschmierung. In den meisten Fällen genügt für einfache Wälzlager mit beidseitiger Abdichtung eine einmalige Füllung mit einem steifen Fett, das den Betriebsverhältnissen entspricht (z. B. Wälzlagerfett nach DIN 51 825). Wälzlager werden meist durch Radial-Wellendichtung abgedichtet.

Kunststoffe haben sich auch beim Bau von Wälzlagern als vorteilhaft erwiesen
Die Lagerringe dieser neuesten Maschinenelemente werden aus glasfaserverstärktem Polyesterharz gepreßt. Die Laufrollen werden von vier Stahldrahtringen gebildet, in denen die Kugeln aus Stahl oder Kunststoff in Käfigen sich abwälzen. Die Vorzüge der Kunststofflager sind neben chemischer Beständigkeit Korrosionswiderstand, gute Dämpfungseigenschaften, vor allem geringes Gewicht und Wartungsfreiheit.

IV. Keile ermöglichen eine lösbare, kraftschlüssige Verbindung

1. Wirkungsweise:

Längskeile verbinden Welle und Nabe, wobei das Drehmoment durch Haftreibung übertragen wird. Die genormten Keile haben einen Anzug (Neigung) von 1:100. Durch das Eintreiben des Keils zwischen Welle und Nabe entsteht eine selbsthemmende Pressung. Weil aber gleichzeitig die Nabe geringfügig gedehnt und die Welle gequetscht wird, sitzt letztere nicht mehr mittig. Bei hoher Drehfrequenz entsteht dadurch eine Unwucht.
Keilverbindungen sind also nur für die Kraftübertragung bei kleineren Drehfrequenzen zu empfehlen.

2. Werkstoff und Form:

Längskeile aus Keilstahl (DIN 6880) sind hinsichtlich Form, Wellennuttiefe und Nabennuttiefe sowie Länge genormt (DIN 6881 ... 6889).

Keilformen:

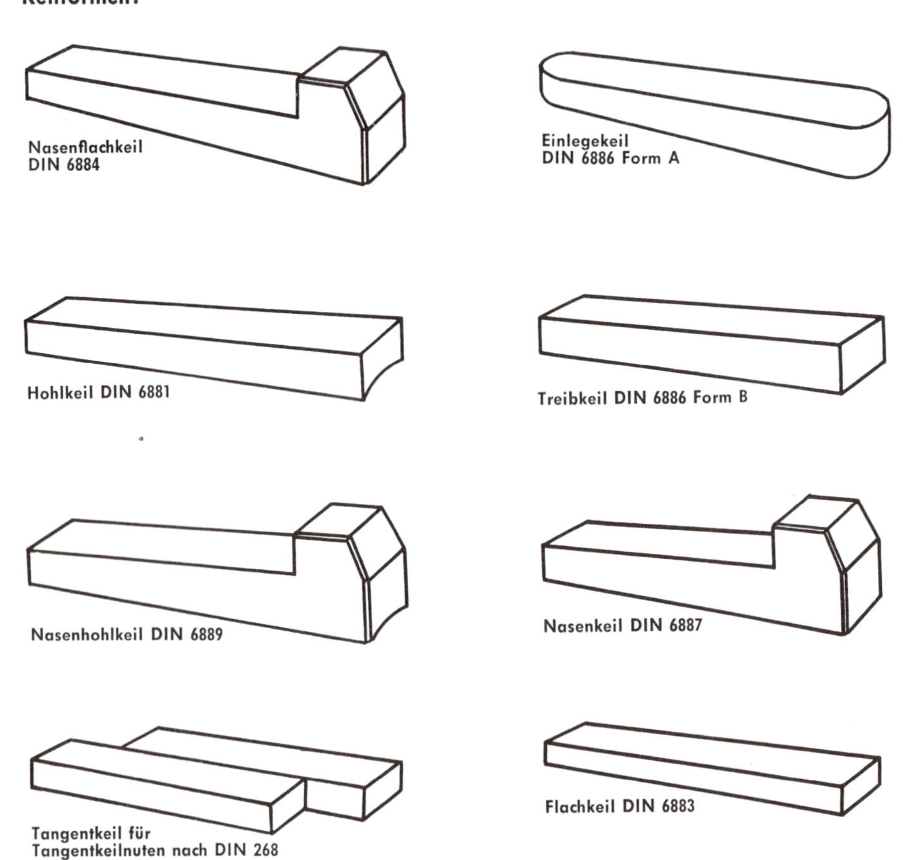

3. Anwendungsmöglichkeiten

a) Wo genügend Platz zum Eintreiben ist, findet der **Treibkeil** Verwendung.

b) Der **Einlegekeil** wird in die mit einem Langlochfräser erzeugte Wellennut eingelegt, wenn der Platz knapp ist. Hier muß die Nabe aufgetrieben werden.

c) **Flachkeil** und **Hohlkeil** sind nur für untergeordnete Zwecke mit geringen Kräften geeignet.

d) Zum Verkeilen von schweren Rädern von größeren Wellendurchmessern über 100 mm bieten sich **Tangent-Keile** an.

e) Fehlt der Platz zum Austreiben, dann muß man zum **Nasenkeil** greifen.
Schutzkappe zum Abdecken anbringen wegen Unfallgefahr.

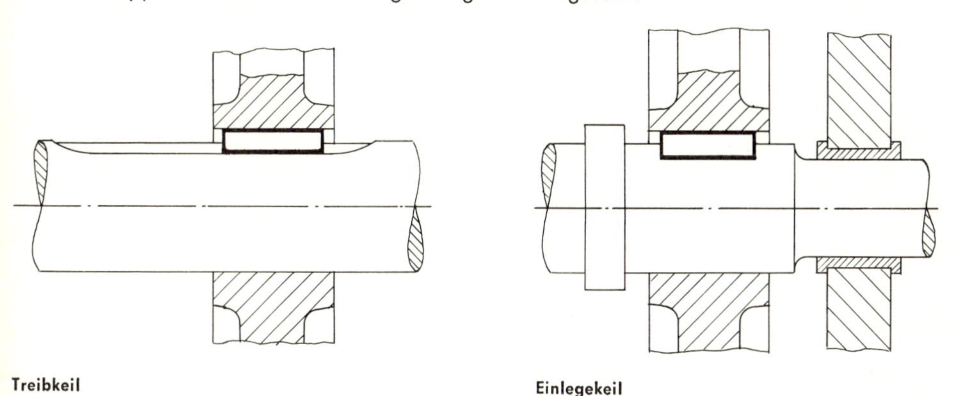

Treibkeil **Einlegekeil**

4. Querkeile werden zum Nachstellen und zum Verbinden von stangenförmigen Teilen gebraucht

Ihr Anzug ist größer, meist 1 : 20, 1 : 30 oder 1 : 40.

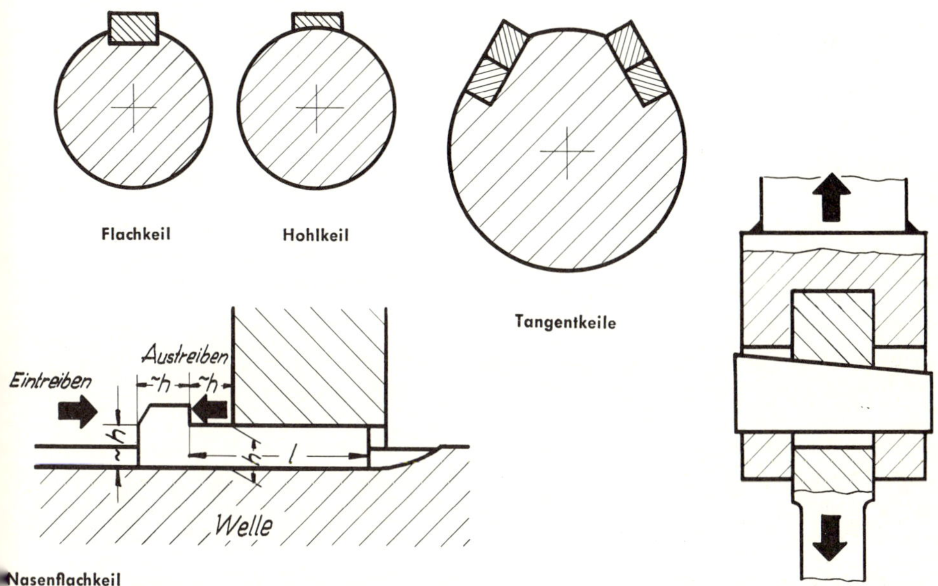

Flachkeil **Hohlkeil** **Tangentkeile**

Nasenflachkeil
Bezeichnungsbeispiel: Nasenflachkeil 10×6×40 DIN 6884
(Nasenflachkeil mit 10 mm Breite b, 6 mm Höhe h und 40 mm Länge l)

Querkeil-Verbindung

V. Federn erzeugen eine lösbare, formschlüssige Mitnehmerverbindung

1. Wirkungsweise:

Die Flanken der Federn liegen an der Wellen- bzw. Nabennut mit Preßpassung oder Spielpassung (Gleitfeder). Zwischen dem Grund der Nabennut und dem Federrücken ist stets ein Spiel vorhanden, die Feder wird nur auf Abscherung beansprucht.

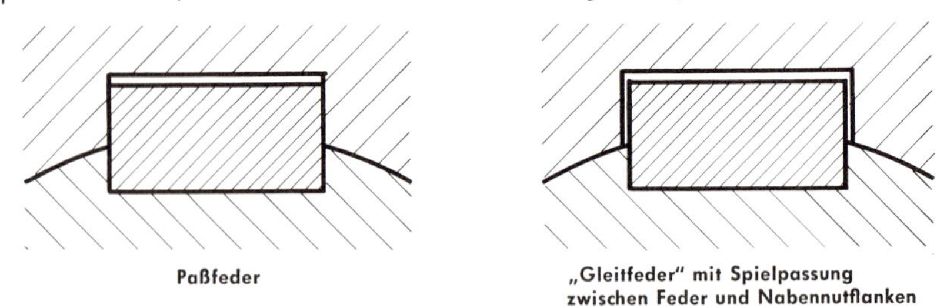

Paßfeder

„Gleitfeder" mit Spielpassung zwischen Feder und Nabennutflanken

2. Werkstoff und Form sind teilweise genormt

Federn werden in der Regel aus St 60 K hergestellt. Genormt sind Paßfedern (DIN 6885), Scheibenfedern (DIN 6888) und die ebenfalls nach dem Federprinzip wirkenden Formwellen (DIN 5461 . . . 5482).

Federformen:

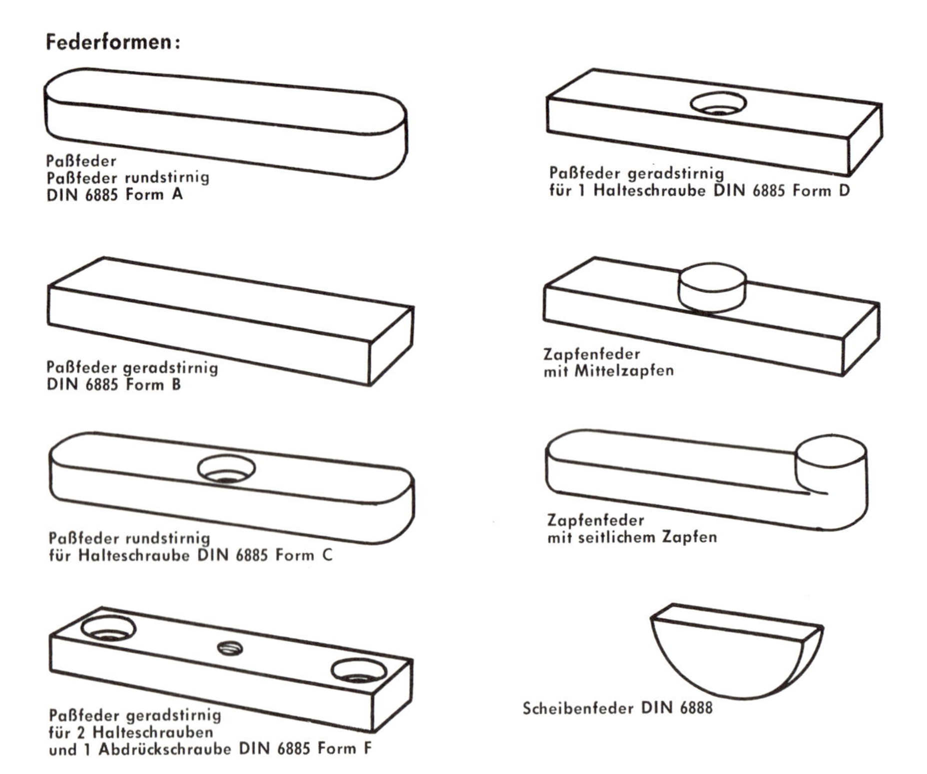

Bezeichnungsbeispiel:

Paßfeder E 14×6×90 DIN 6885

(Paßfeder rundstirnig für 2 Halteschrauben und 1 oder 2 Abdrückschrauben, Breite = 14 mm, Höhe = 6 mm, Länge = 90 mm)

3. Anwendungsmöglichkeiten

a) Die Wellennut für die **geradstirnige Paßfeder** wird mit einem Scheibenfräser, für eine **rundstirnige Paßfeder** mit einem Fingerfräser gefertigt. Die Naben müssen gegen axiales Verschieben gesichert werden.

b) Müssen z. B. Zahnräder in Getrieben axial verschoben werden, dann verwendet man als Mitnehmer eine **Gleitfeder** (in der Nabe Spielsitz!).

c) Die **Scheibenfeder** aus Halbrundstahl (DIN 6882) ermöglicht eine billige Mitnehmerverbindung in konischen Wellenzapfen. Nachteilig ist die Schwächung des Wellenquerschnitts.

d) Bei einer **Zapfenfeder** sorgt ein Zapfen für die Mitnahme des Verschiebezahnrades.

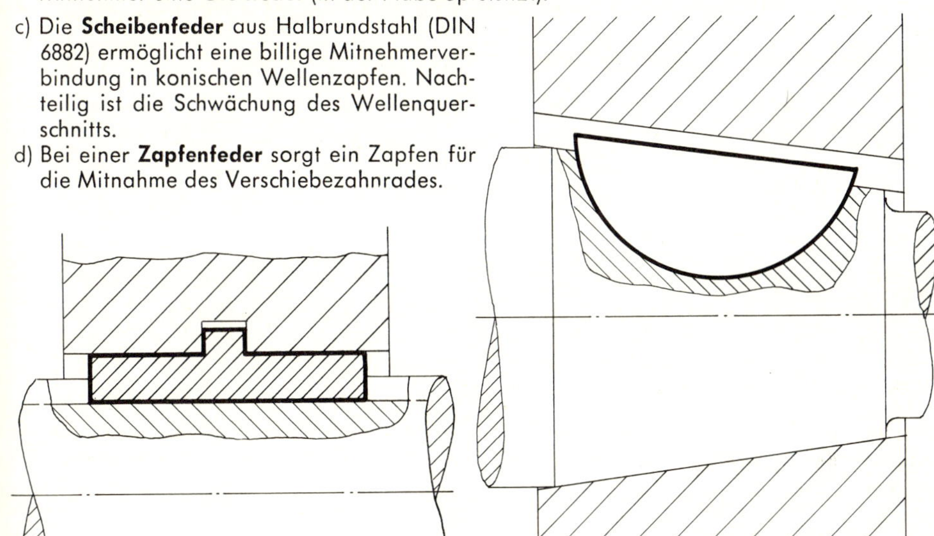

Zapfenfeder

Scheibenfeder

4. Formwellen

Zu diesen Verbindungselementen zählen Vielkeilwelle (richtiger wäre: Vielfederwelle), Kerbzahnwelle und Polygonwelle.

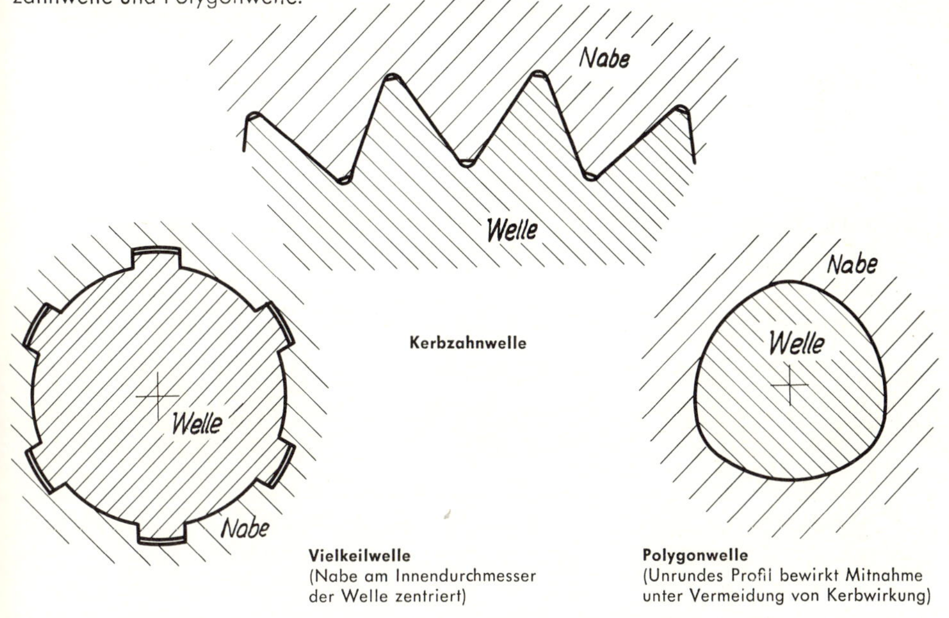

Kerbzahnwelle

Vielkeilwelle
(Nabe am Innendurchmesser der Welle zentriert)

Polygonwelle
(Unrundes Profil bewirkt Mitnahme unter Vermeidung von Kerbwirkung)

Diese Mitnehmerverbindungen ermöglichen die unwuchtfreie Übertragung größerer Drehmomente an Werkzeugmaschinen und Kraftfahrzeugen bei hohen Drehfrequenzen.

Selbst finden und behalten:

1. Worin besteht der Unterschied zwischen Wellen und Achsen?
2. Erkläre den Unterschied zwischen „Bolzen" und „Zapfen"!
3. Nenne Beispiele für „kraftschlüssige" und für „formschlüssige" Übertragung von Drehmomenten!
4. Welche Arten von Zapfen unterscheidet man nach ihrer Form?
5. Nenne einige Sicherungsmöglichkeiten für Bolzen!
6. Welche zwei Arten von Lagern gibt es hinsichtlich der Richtung der Lagerkraft?
7. Wo werden Gleitlager bevorzugt und warum?
8. Welche Vorteile haben Wälzlager?
9. Wie setzt sich die Lagerschale eines Mehrstoff-Trockenlagers zusammen?
10. Welche Eigenschaften weisen Lager aus porösen Sinterwerkstoffen auf?
11. Welche Arten von Wälzlagern gibt es hinsichtlich der Form der Wälzkörper?

MERKE:

1. Wichtige Kraftübertragungselemente in Maschinen sind Achsen, Wellen, Bolzen, Stifte, Lager, Kupplungen.

2. Achsen tragen sich drehende Maschinenteile, übertragen aber keine Drehmomente.

3. Starre Wellen, Gelenkwellen und biegsame Wellen werden auf Verdrehung und zusätzlich oft auf Biegung beansprucht.

4. Gleitlager werden bevorzugt
a) für „Dauerläufer" wie Wasserturbinen mit hohen Belastungen
b) für Lager, welche starke Stöße aufnehmen müssen (Pressen, Stanzen)
c) für einfache, wenig beanspruchte Lager (Landmaschinen, Haushaltsmaschinen)

5. Wälzlager werden bevorzugt
a) für Lager, die möglichst wartungsfrei sein sollen (Motoren, Werkzeugmaschinen, Ventilatoren)
b) für Lager, die einen möglichst geringen Anlaufwiderstand aufweisen sollen (Spindelführung)

6. Keile stellen eine kraftschlüssige Verbindung her. Keile mit Anzug 1:100 sind genormt. Man unterscheidet Längs- und Querkeile.

7. Federn und Formwellen bewirken eine formschlüssige Verbindung.

Wir lernen unsere Werkzeugmaschinen genauer kennen

I. Maschinen zum Sägen und Trennen

Mittels Sägen oder Trennschleifen längen wir Profile und Stabmaterial auf genaues Maß ab, schlitzen ein oder schneiden im Winkel (auf Gehrung). Zu diesem Zweck stehen in jedem Betrieb mindestens eine Hubsäge und dort, wo Umfang und Art der anfallenden Trennarbeiten es erfordern, Kreissägen, Bandsägen, Schnelltrennsägen und Trennschleifmaschinen.

1. Die Hubsäge

Ihre Wirkungsweise entspricht ganz einer Handbogensäge mit maschinellem Antrieb. Dieser erfolgt über eine Riemenscheibe, meist mit feststehender Drehzahl, und Klauenkupplung. In dem Schlitz der Kurbelscheibe können wir den Drehbolzen der Triebstange nach außen oder innen verstellen und so die Hublänge vergrößern oder verkleinern. Während eine Prismenführung das seitliche Kippen des Bügels verhindert, bewirkt ein Schiebegewicht den Vorschub. (Eindringen des Sägeblattes nach unten.) Die Spannvorrichtung mit Ringnuten ermöglicht sowohl rechtwinkelige als schiefwinkelige Schnitte. Die abzusägende Länge stellen wir mit dem ausziehbaren Anschlag ein.
Bessere Ausführungen verfügen über eine Bügelabhebevorrichtung für den Rücklauf (Schonung der Zähne) und Selbstausschaltung nach beendetem Schnitt.

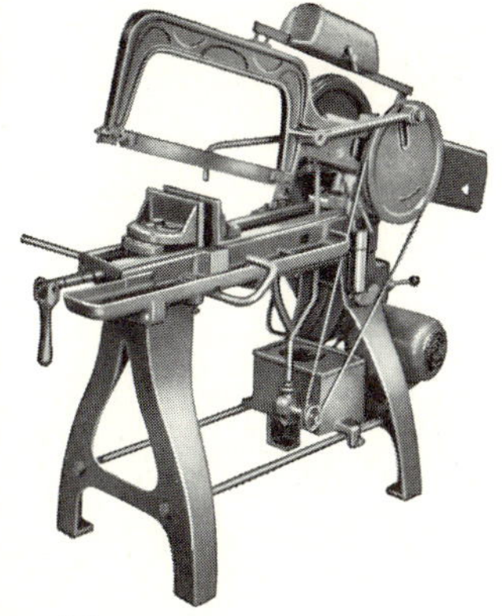

Bügelsäge

Nenn-Arbeitsbereich 150 × 150 mm
mit Kühleinrichtung, angebautem polumschaltbarem Drehstrommotor – dadurch 2 Schnittgeschwindigkeiten – hydraulisch gesteuerte Bügelabhebevorrichtung beim Rücklauf.
Für alle vorkommenden Sägearbeiten unter Verwendung von Schnellstahlsägeblättern.

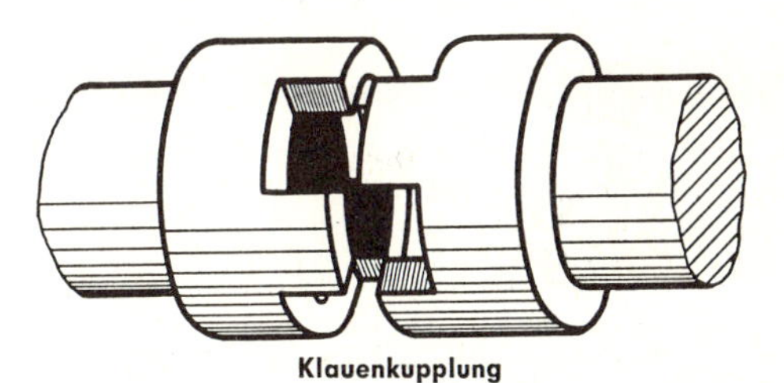

Klauenkupplung

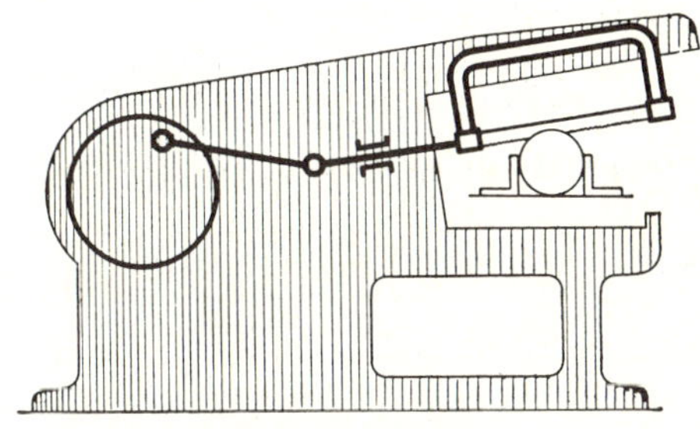

Schema der Hubsäge

Hochleistungs-Hubsägen schneiden Rundstahl bis 350 mm Durchmesser und sind weitgehend automatisiert. Beim Arbeitshub regelt eine selbsttätige Ölpumpe das An- und Abschwellen des Schnittdruckes (Belastung), beim Leerhub hebt eine Kurvenscheibe den Bügel hoch. Durch Polumschalter und Keilriemenwechsel kann man die Schnittgeschwindigkeit abstufen.

Die abgebildete Hochleistungs-Metallbügelsägemaschine erlaubt sechs praxisnah abgestimmte Schnittgeschwindigkeiten für leistungsbezogenen Dauereinsatz beim Trennen jeder spanbaren Materialgüte – Vollstahl – Profile – dünnwandige Rohre. Die maximale Vorschubgröße wird durch Hydraulik mit Schnittdruckautomatik exakt gesteuert. Ein Hebel für EIN-AUS-Eilhochgang des Bügels gewährleistet einfache Bedienung. In der Hebelmittelstellung kann der Bügel in jeder notwendigen Höhenlage gehalten werden. Mit dem serienmäßigen Sparschraubstock werden die Sägeblätter über die ganze Länge ausgenutzt, und mit der Gegenspanneinrichtung können kurze Reststücke aufgeschnitten werden.

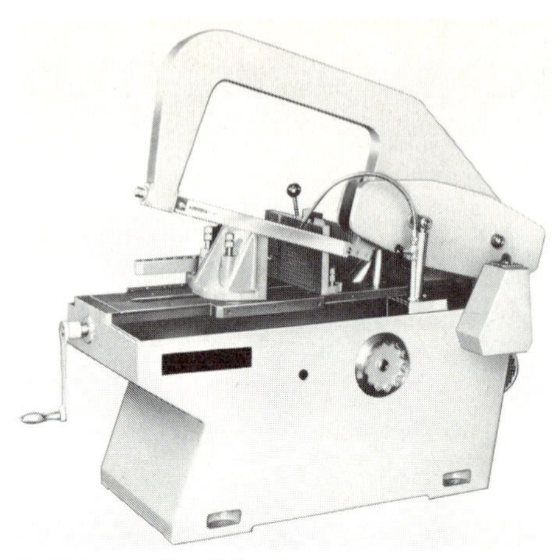

Hochleistungs-Metallbügelsäge.

Eine Besonderheit der Maschine ist eine neue Führung, welche das Sägeblatt nicht in gerader Richtung, sondern der Höhe nach in einem leichten Bogen arbeiten läßt (bogenförmiges Räumsägen!). Analog einer Tangente, die den Kreis nur in einem Punkt berührt, kommen hier nicht alle Zähne im Sägeschlitz zum Eingriff, sondern nur einige, auf die sich der ganze Schnittdruck konzentriert. Vorteil: Mit einem wesentlich geringeren Schnittdruck erzielt man die gleiche Spanleistung, das bedeutet leichtere Ausführung einzelner Maschinenelemente und geringere Antriebsleistung.

Über die Leistung und Einsatzmöglichkeiten der Maschine in drei verschieden schweren Ausführungen geben die nachstehenden Daten Aufschluß:

		BS 2206	**BS 2706**	**BS 3206**
Schnittbereich rund	mm	220	270	320
Schnittbereich vierkant (Breite x Höhe)	mm	210 x 230	250 x 280	290 x 280
Schnittbereich Profil	NP	220	260	320
Schnittbreite bei 45°	mm	125	155	170
Drehstrommotor 220 oder 380 V, 50 Hz, n = 700/1390 /min	kW	0,7 / 1,4	0,7 / 1,4	1,0 / 1,6
6 Hubzahlen	/min	41 / 52 / 65 – 83 / 104 / 130		
mittlere Schnittgeschwindigkeit	m/min	11 / 14 / 18 – 23 / 29 / 36		

Hochleistungs-Metallbügelsägeautomaten
dienen der Rationalisierung beim Sägen und machen sich besonders bei hohen Stückzahlen bezahlt. Die Rüst- und Nebenzeiten fallen weitgehend fort durch Vorwahl der Schnittzahl und -länge, Vorwahl der Schnittgeschwindigkeit und des Schnittdrucks.

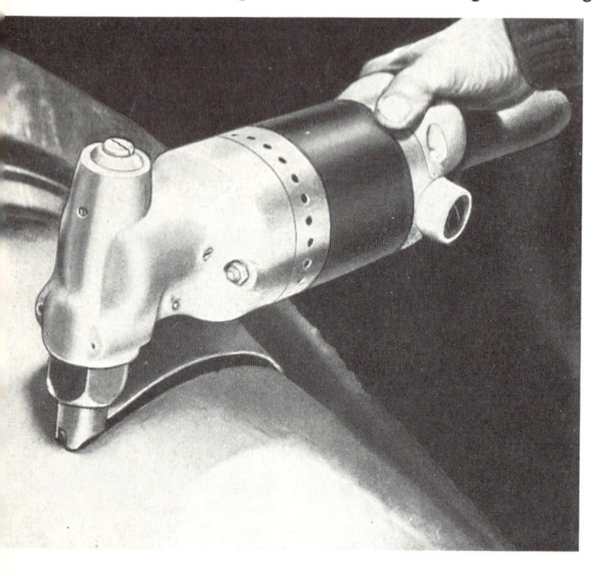

Elektro-Knabber (Allstrom)
Dieses Schneidwerkzeug ist eine wertvolle Ergänzung der Blechschere. Wo es sich um das Schneiden stark verformter Arbeitsstücke und sehr kleiner Krümmungen handelt, wie sie bei Röhren, Hauben, Profilen oder bei Herstellung kleinster Öffnungen und dergleichen vorkommen, ist dieses Werkzeug anzuwenden. Der Schneidvorgang setzt sich aus einer aneinandergereihten Stanzarbeit zusammen, d. h., mittels des auf- und abgehenden Messers und der eingesetzten Matrize werden laufend kleine sichelförmige Teile aus dem Arbeitsstück geschnitten. Hierdurch entsteht nicht nur ein gratfreier Schnitt, sondern die Blechränder werden auch nicht verletzt oder, was bei Verarbeitung großer Tafeln wichtig ist, nicht zusätzlich verformt. In vielen Betrieben ist dieses Werkzeug daher unentbehrlich geworden. Leistung: 1,5 . . . 6,5 mm St-Blech, 2 . . . 7 mm Al-Blech.

Elektro-Stichsäge zum Schneiden von Stahl- und Graugußröhren bis 150 mm ∅ sowie für Profilstahl bis zu einer Höhe von 270 mm

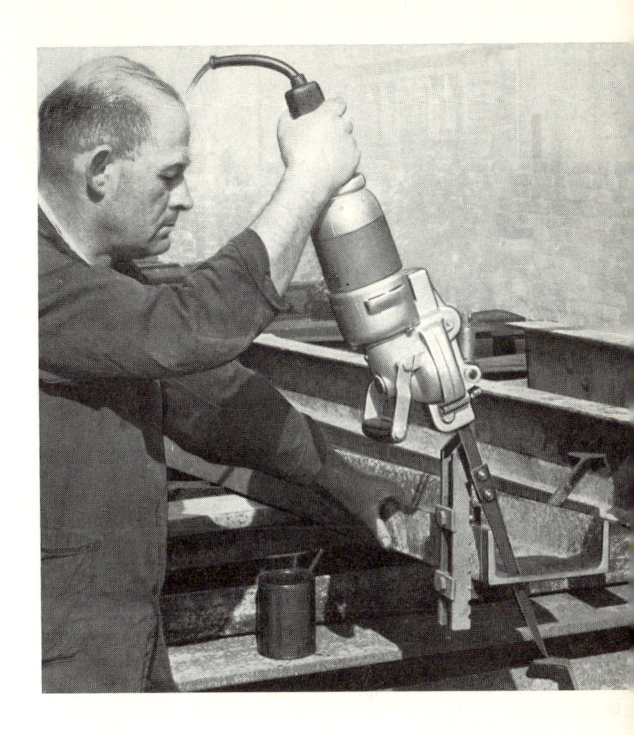

2. Die Bandsäge

Geringe Schnittverluste, große Schnittgeschwindigkeit und Genauigkeit (bis zu 0,1 mm!) sind ihre Vorzüge. Das hartgelötete endlose Band wird von der unteren Scheibe angetrieben und mit Hilfe der oberen elastisch gespannt. Das dünne und schmale Sägeband läßt auch Kurvenschnitte zu, welche man sonst nur mit dem Schneidbrenner ausführen kann. Stufenloser Einzelantrieb, Werkstückschnellspannung und Führungsrahmen, Vergrößerungsoptik und Schnittfugenbeleuchtung kennzeichnen die neuesten Modelle.

Verwendbar für:
St, GG, Ms, Alu, Alu-Legierungen, Kunstpreßstoffe, Plexiglas, Holz.

Bandsäge

Die aufgrund jahrzehntelanger Erfahrungen im Bau von Sägemaschinen entwickelte horizontale Metallbandsäge übertrifft durch ihren ruhigen und **kontinuierlichen** Schnitt die Leistung einer Bügelsäge schon allein durch den **Fortfall des Rücklaufes.** Der Schnittverlust ist bei dem Bandsägeblatt mit ca. 1,2 mm Schränkbreite **wesentlich geringer** als bei dem Bügelsägeblatt mit ca. 3 mm Schränkbreite. Die **Materialersparnis** bei jährlich vielen Tausenden von Schnitten läßt sich leicht errechnen. Das bei HS 260 ca. 3,70 m lange Bandsägeblatt ist wesentlich **billiger** als 10 Bügelsägeblätter à 0,37 m. Die Sägezähne werden beim Bandsägeblatt **total** und **gleichmäßig** ausgenutzt, während ein Bügelsägeblatt schon unbrauchbar ist, wenn die mittleren Zähne abgenutzt, die Zähne an den Blattenden aber völlig unbenutzt sind.

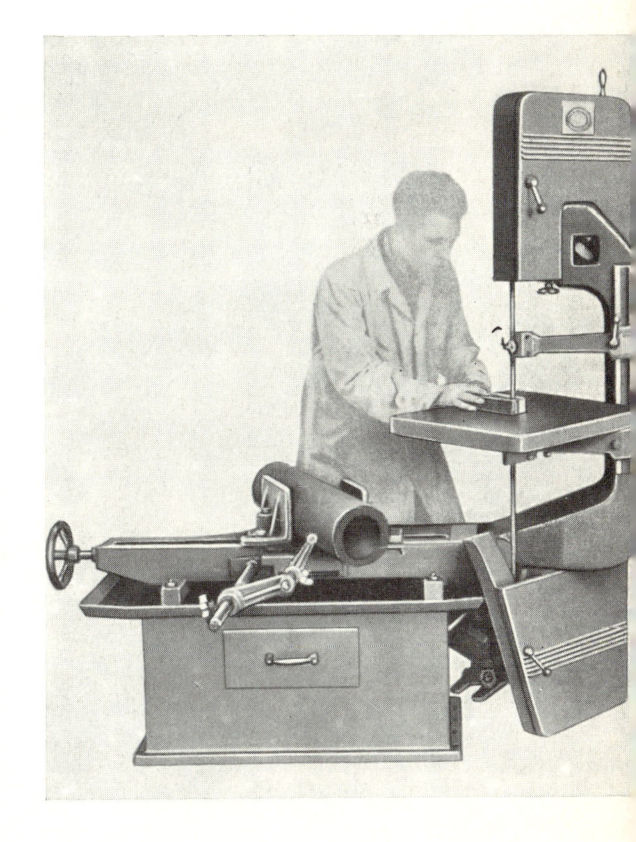

Der **Sägerahmen** besteht aus einem kräftigen Hohlgußstück. Die Sägeführungen sind an verstellbaren Armen montiert und können schnell auf die jeweilige Materialstärke eingestellt werden. Der Spannstock ist auf dem Maschinenbett befestigt und für Gehrungsschnitte bis 45° einstellbar.

Eine **selbstansaugende Pumpe** leitet das Kühlmittel zur Schnittstelle. Durch den gelochten Spänekasten läuft das gesiebte Kühlwasser in den darunter liegenden großen Behälter.

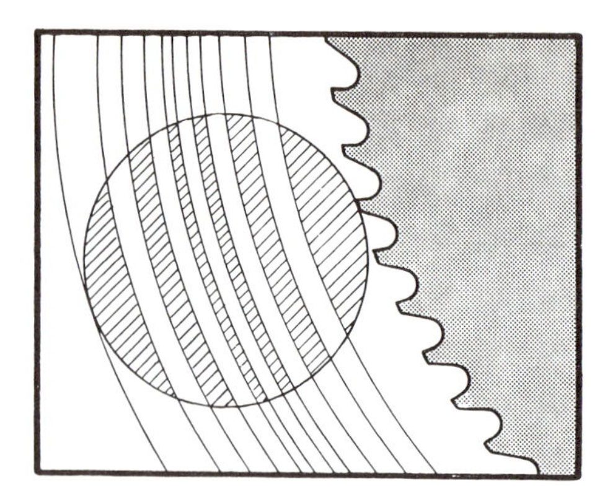

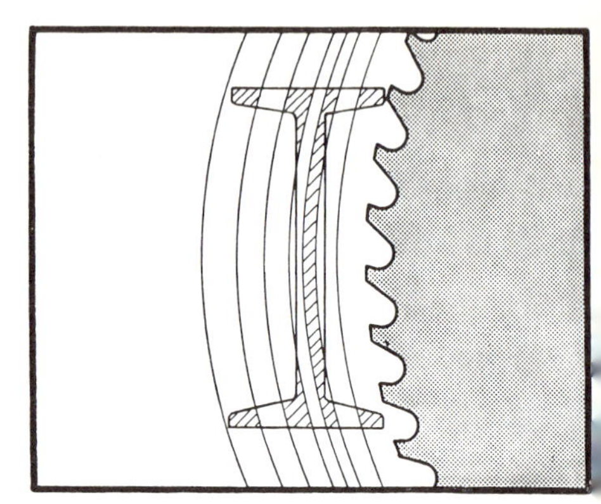

Durch den **hydraulischen Stützzylinder** läßt sich der Sägerahmen in jeder Höhe feststellen. Ferner wird hierdurch die Senkgeschwindigkeit des Sägerahmens so eingestellt, daß man nach beendetem Schnitt und Hochheben des Sägerahmens die nötige Zeit hat, während des automatischen Senkens das Arbeitsstück zu entspannen, für den nächsten Schnitt bis zum Anschlag vorzuschieben und festzuspannen.
Die Maschine läßt sich so einstellen, daß sie nach beendetem Schnitt selbsttätig ausschaltet. Man kann aber auch den Motor durchlaufen lassen, um denselben nicht bei jedem Schnitt erneut einschalten zu müssen.
Der Antrieb erfolgt durch Drehstrommotor über ein **stufenlos regelbares** Getriebe mit Schnittgeschwindigkeitsbereich ca. **20–60 m/min.**
Die Regelung der Schnittgeschwindigkeit erfolgt in einfacher Weise durch Handrad. An diesem befindet sich eine Skala, welche die für das zu sägende Material und dessen verschiedene Stärken erforderliche **Schnittgeschwindigkeit** und die **Zähnezahl** des Bandsägeblattes angibt. Zur **Normalausrüstung** gehört ferner ein schnittfertiges Sägeblatt 25 mm breit und Bedienungsschlüssel.

3. Die Kreissäge

Wegen ihres geringen Raumbedarfs, ihrer großen Leistungskraft und ihrer Genauigkeit in Winkelschnitten hat sich diese Maschine überall eingeführt. Wie das Schema eines Sägen-

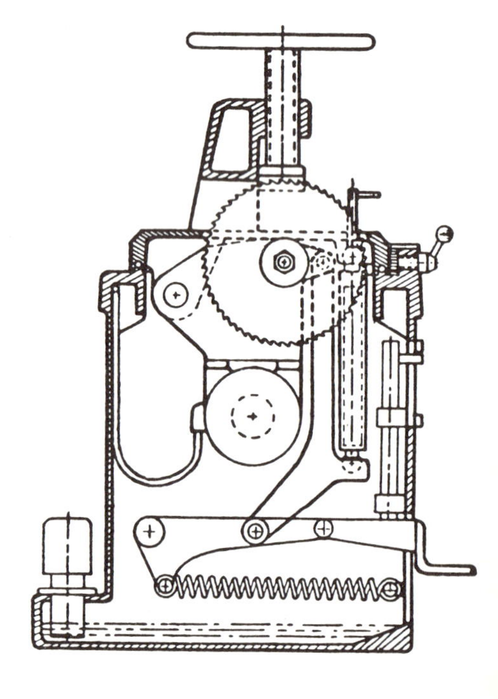

Gehrungs-Kaltkreissäge, Ansicht und Schnitt

durchgangs zeigt, paßt sich bei den neuzeitlichen Maschinen der Vorschub genau dem Schnittquerschnitt an und schließt dadurch eine Überlastung selbst bei größten Querschnitten aus. (Vgl. Bild S. 242.)

Das meist nach oben schneidende Sägeblatt sitzt entweder in einem Schlitten (Schlittensäge) oder in einem Schwingarm (Arm- bzw. Hebelsäge). Stufenloses Getriebe.

Hochleistungskreissägen arbeiten vollautomatisch einschl. Werkstücknachschub und Spannen, sind aber nur für Massenfertigung wirtschaftlich.

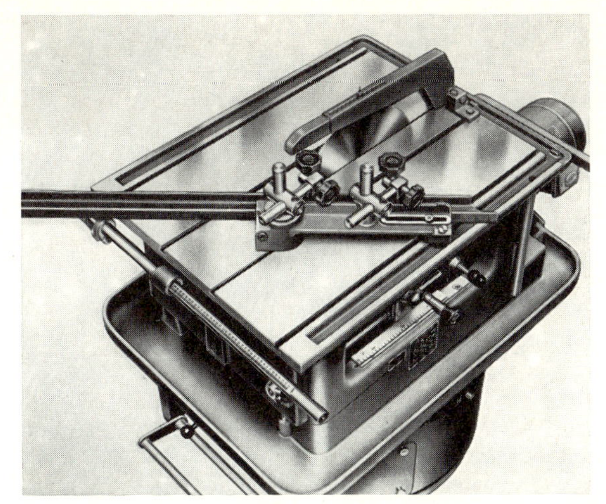

Metall-Kreissäge

Gehrungs-Kaltkreissäge

Überall dort, wo Rahmenprofile in Gehrung zusammengefügt werden, spielt die Genauigkeit und Sauberkeit des Zuschnitts eine entsprechende Rolle. Die Ansprüche sind hier höher als bei jeder anderen Verbindung. Im Schaufensterbau kann man die Sauberkeit der Gehrung geradezu als Maßstab für die Qualität der fertigen Arbeit ansehen.

Bei der abgebildeten Gehrungssäge (vgl. Schnitt) ist das Kreissägeblatt in einer drehbaren Tischplatte versenkt gelagert. Je nach der Einstellung des Tisches an der Winkelgradskala schneidet das nach oben sägende Kreissägeblatt rechtwinklig oder in Gehrung. Längsschnitte und Einschnitte, wie sie zum Beispiel bei Türrahmen zum Einsetzen von Scharnieren und Schlössern erforderlich sind, können ohne große Umrichtzeiten geschnitten werden. Die drehbare Tischplatte mit dem versenkten Kreissägeblatt wird hierzu quergestellt und der Schraubstock um das gewünschte Maß rückwärts verschoben.

Das Modell ist mit selbsttätigem, hydraulischem Vorschub ausgerüstet. Das Federpaket für den Vorschub wird vom Arbeiter nach jedem Schnitt durch ein Fußpedal gespannt, so daß beim Sägen keinerlei Kraftanstrengung erforderlich ist.

Die Maschine ist mit vier Geschwindigkeiten für Stahl, Messing und Aluminium ausgerüstet. Der Schnittbereich in Gehrung 45° umfaßt U 120 liegend, U 80 stehend. Türrahmenprofile 220 mm breit, Rohr 90 mm ⌀, Rundstahl 60 mm ⌀.

Metall-Kreissäge, gut verwendbar zum Schneiden von Stäben, Rohren, Profilen und Blechen aus Stahl, NE- und Leichtmetallen, mit hydraulischem Sägeblattvorschub bei ruhendem Werkstück mit freier Tischplatte, hydraulisch bewegtem Sägeblattschlitten, drehbarem Oberteil und als Kühlmittelbehälter ausgebildetem Untergestell, mit 6stufigem, im Ölbad laufendem Schaltgetriebe mit gehärteten Zahnrädern, für 6 Drehzahlen von 33,5 bis 1050 in geometrischer Abstufung,
mit 2 in den Tischnuten verschiebbaren und feststellbaren sowie auf beliebige Winkel einstellbaren Winkelanschlägen und verstellbaren Längeneinstellern, mit vorschriftsmäßigem Sägeblattschutz, 3 Schlüsseln und 1 Fettpresse,
mit selbstansaugender elektrischer Kühlmittelpumpe,
mit anschlußfertig angeflanschtem Drehstrom-Motor einschl. Einbauschalter, Motor-Luftschütz und Steuerschalter, Motorleistung 1,5 kW, Drehzahl n = 1500 für Drehstrom 220 oder 380 oder 500 Volt.

Sonderzubehör:

Abnehmbares Anschlag-Lineal für Formatschnitte, mit Doppelklemmung, auf geschliffener Gleitspindel geführt, mit justierbarer Skala und Feineinstellung von 0–350 mm Schnittbreite einstellbar.
Einspannvorrichtung für Rohre, Profile, Vierkant- und Flachmaterial, mit 2 allseitig verstellbaren Spannspindeln, eingerichtet zur Befestigung auf einem Winkelanschlag.

Trennschleifmaschine

4. Die Metalltrennsäge

Reibung erzeugt Wärme, welche bei genügend hoher Temperatur Metalle glatt durchschmilzt. Auf dieser Beobachtung sind die Metalltrennsägen aufgebaut. Im Aufbau einer einfachen Kreissäge ähnlich, besitzt sie ein zahnloses, leicht aufgerauhtes, dünnes Schneidblatt, welches mit sehr hoher Geschwindigkeit rotiert. Durch die starke örtliche Erhitzung werden Profile und Stangen infolge Reibung mit einem sauberen Schmelzschnitt getrennt.

5. Die Trennschleifmaschine

Ebenso zeitsparend arbeitet die Trennschleifmaschine, ist aber noch vielseitiger verwendbar. Die 2...4 mm dicke kunstharzgebundene Korund-Schleifscheibe schneidet nämlich nicht nur alle Stahlsorten, sondern auch alle Gußsorten, Hartmetalle, NE-Metalle und sogar Steine. Ein kräftiger Elektromotor verleiht der Scheibe eine Umfangsgeschwindigkeit von mindestens 80 m/s. Bei der Auswahl der Scheiben halten wir uns genau an die Vorschriften der Lieferfirma. Für den Bauschlosserei- und Stahlbaubetrieb genügen in der Regel zwei verschiedene Scheiben zwischen 300 und 400 mm Durchmesser, und zwar eine für NE-Metalle. Der Zeitgewinn wird durch folgenden Vergleich deutlich:

Zum Trennen einer Stahlwelle 50 Ø aus St 50–2 benötigt
die Bügelsäge (SS-Blatt) = 90 s
die Trennschleifmaschine = 8 s

6. Zahnung, Schnittgeschwindigkeit und Vorschub sollen dem Werkstoff entsprechen

Ein Sägeblatt taugt nicht für alle Arbeiten! Die Werkzeugindustrie bietet Bügelsägeblätter und Kreissägeblätter in verschiedenen Güteklassen (WS-, SS- und HSS-, Segmentblätter), in verschiedenen Breiten, Dicken und Durchmessern, mit verschiedenen Zahnformen (Winkelzahnung, Bogenzahnung, Wechselschliff, Vorschneider und Nachschneider), mit verschiedenen Zahnteilungen an (fein, mittel, grob = 32 bis 4 Zähne auf 25 mm).

Feine Zahnteilung:	Harte Werkstoffe, Rohre, dünne Bleche, Leichtbauprofile, Werkzeugstahl
Mittlere Zahnteilung:	Formstahl, Grauguß, Kupfer, Messing
Grobe Zahnteilung:	Dicke Formstähle, Wellen, Vierkantstähle, Leichtmetall (schwere Maschinen)

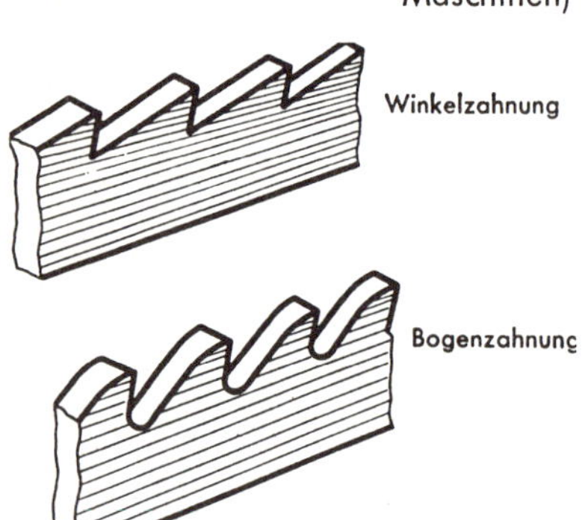

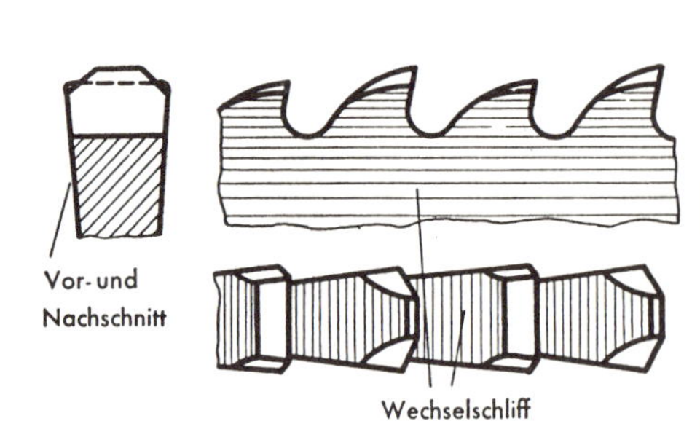

Schon im Hinblick auf den Preis begnügen wir uns mit der wolframlegierten WS-Güte, welche für Stahlbauarbeiten ausreicht. Die Maße richten sich nach unserer Maschine, aber u. U. auch nach der Schnittgeschwindigkeit bzw. Drehzahl der Säge. (Bei festliegender Drehzahl wird die Schnittgeschwindigkeit um so größer, je größer der Scheibendurchmesser ist!) Um unnötigen Schnittverlust und Kraftaufwand zu vermeiden, soll das Blatt so dünn wie möglich sein. Die Winkelzahnung finden wir an gewöhnlichen Kreissägeblättern mit feiner bis mittlerer Zahnung, an Bügel- und Bandsägeblättern. Für Hochleistungsblätter und für Leichtmetalle ist die teure Bogenzahnung vorgesehen.

Auf alle Fälle müssen wir aber wenigstens drei verschiedene Zahnteilungen bereit haben und auch je nach Härte des zu trennenden Querschnitts aufspannen:

Richtwerte für Schnittgeschwindigkeit (v) und Vorschub (s')

Schnitt-tiefe	v s'	Stahl bis 700 N/mm²	Grau-guß	Bronze Messing	Leicht-metall	Kunst-preßstoffe
Bis 4 mm	v	45–50	30–40	300–400	300–400	25 m/min
	s'	60–75	60–80	200–500	200–400	50–60 mm/min
Bis 8 mm	v	40–45	30–35	300–400	300–350	20 m/min
	s'	45–60	45–60	150–300	150–200	50 mm/min
Bis 20 mm	v	35–40	20–30	300–350	200–300	15–20 m/min
	s'	25–30	25–35	100–200	80–150	40–50 mm/min

Nicht nur zu hohe Schnittleistungen (gemessen in cm²/min), sondern auch zu geringe Vorschubdrücke stumpfen die Zähne vorzeitig ab. Deshalb soll man die Arbeitswerte nach Möglichkeit den Richtwerten angleichen. (Hublänge verstellen, Scheibendurchmesser im Verhältnis zur Drehzahl wählen, stufenlose Drehzahlregelung.)

Werkstattwinke:

1. Wähle ein Sägeblatt, das in Zahnform und Zahnteilung dem Werkstoff und Querschnitt entspricht.
2. Stelle nach Möglichkeit Schnittgeschwindigkeit und Vorschub nach den Richtwerten ein.
3. Beachte beim Aufspannen, daß die Zähne in die Schnittrichtung zeigen.
4. Spanne die Werkstücke genau waagrecht (Späne entfernen!) und fest. Lange Stangen durch Ständer unterstützen.
5. Sorge bei nichtautomatischen Sägen für geringen Vorschubdruck beim Anschneiden. Neue Sägeblätter erst allmählich belasten!
6. Vergiß vor allem bei den Kreissägen nicht, werkstoffgemäß zu kühlen: Stahl mit Bohremulsion.
   Grauguß und Leichtmetalle trocken oder letztere mit Petroleummischung. Elektron trocken.
7. Hüte dich vor Unfällen an den schnelllaufenden Band-, Kreissägen und Trennscheiben: Hände aus dem Sägeblattbereich, enganliegende Ärmel, Schutzvorrichtungen nicht entfernen.

Selbst finden und behalten:

1. Beschreibe den Bau einer einfachen Hubsäge und ihre Wirkungsweise! Was kann man an dieser Säge verstellen und wie?

2. Welche Säge eignet sich zum Ausschneiden von runden Deckeln aus Duralblech 3 mm dick? Welche Schnittgeschwindigkeit verlangt die Arbeit? Berechne die einzustellende Drehzahl nach der Formel:

$$(\text{Antriebsrad} = 700 \text{ mm } \phi) \qquad n = \frac{v \cdot 1000}{d \cdot 3{,}14}$$

3. Was geschieht, wenn du das Duralblech mit einem Sägeblatt feiner Zahnteilung schneidest? Was für ein Blatt würdest du richtiger auflegen? Warum?

4. Ein U-Stahl 220 ist auf Gehrung zu schneiden. Was für eine Zahnteilung soll das Kreissägeblatt haben? Wie hoch ist die Schnittgeschwindigkeit zu wählen? Wie bewältigt die Kreissäge den verschieden starken Querschnitt des Profils?

5. Welcher Unterschied besteht in der Wirkungsweise von Trennschleifscheiben und Trennsägen? Warum sind diese Maschinen sehr vorteilhaft?

MERKE:

1. **Zum Trennen oder Schlitzen von Profilen und Blechen verwendet man Hubsägen, Bandsägen, Kreissägen, Trennsägen und Trennschleifmaschinen.**

2. **Zahnung, Schnittgeschwindigkeit und Vorschub der Sägeblätter sollen den verschiedenen Werkstoffhärten und -formen angepaßt sein.**

3. **Die schnellaufenden Sägeblätter bedeuten erhöhte Unfallgefahren.**

II. Pressen zum Lochen und Ausklinken

Die Versteifungsschiene für eine Stahltüre soll mit einer Reihe von Nietlöchern versehen, die Winkelstähle für den Türrahmen zum Schweißen der Ecken ausgeklinkt werden. Diese und ähnliche Arbeiten erledigen wir am schnellsten mit einer Lochpresse bzw. einer Schnitt- oder Ausklinkpresse. In der Werkstatt spricht man noch vielfach vom „Lochstanzen"; doch wir sollen den Begriff „Stanzen" gemäß einer Entscheidung des Ausschusses für wirtschaftliche Fertigung in Zukunft nur noch für die schnittlose Werkstoffverformung mittels Maschinen gebrauchen (z. B. Bandeinrollmaschine, Biegestanze für Blechwinkel u. ä.). (Die abgebildeten Schnittwerkzeuge sind noch als „Stanzen" bezeichnet.)

1. Wie das Schnittwerkzeug arbeitet

Nachdem wir das zu schneidende Rund- oder Vierkantloch angekörnt bzw. angerissen haben, bringen wir das Werkstück unter die Presse. Deren wichtigste Teile sind der Schnittstempel (Patrize) aus zähem, gehärtetem Werkzeugstahl und die Schnittplatte (Matrize). Wir stecken den passenden Stempel in den Stößel und schrauben ihn fest. Der Stößel selbst gleitet in einer Zylinder- oder Schlittenführung auf und ab. Je nach Bauart der Maschine erfolgt der Antrieb von Hand oder durch Motor mittels Hebel-, Spindel-, Exzenter- oder Zahnradübersetzung. Die Maschine ist zur Vermeidung von Unfällen mit einer Sicherheitsvorrichtung ausgerüstet, welche den Stempel nach jedem Doppelhub am Nachschlagen hindert. Nachdem wir die Lochplatte mit dem genauen Lochdurchmesser festgespannt haben, dürfen wir nicht vergessen, den Abstreifer so hoch einzustellen, daß das gelochte Werkstück von dem eingeklemmten Stempel nicht wesentlich hochgezogen werden kann. Das Spiel zwischen Patrize und Matrize soll etwa $^1/_{20}$ Werkstückdicke betragen. (Je dünner das Blech, desto geringer das Spiel!)

Vielschnittstanze

Stanzdruck maximal	daN	22 000
Ausladung	mm	200
Stanzt Löcher bis ⌀ in Stahl bis	mm	16 ⌀ in 10
oder Löcher bis ⌀ in Stahl bis	mm	50 ⌀ in 3
Stanzt T-Stahl für Fensterkreuze bis	mm	30×4
Gehrungen in Winkelstahl bis	mm	50×5
Sprossenstahl	mm	26×20×4
Ausklinkungen bis	mm	40×40×4
Schneidet mit Messerlänge	mm	120
Flachstahl bis	mm	120×8
Rund- und Vierkantstahl bis	mm	20
L- und T-Stahl in 1 Schnitt bis	mm	30×30×4
L- und T-Stahl schenkelweise	mm	100×8

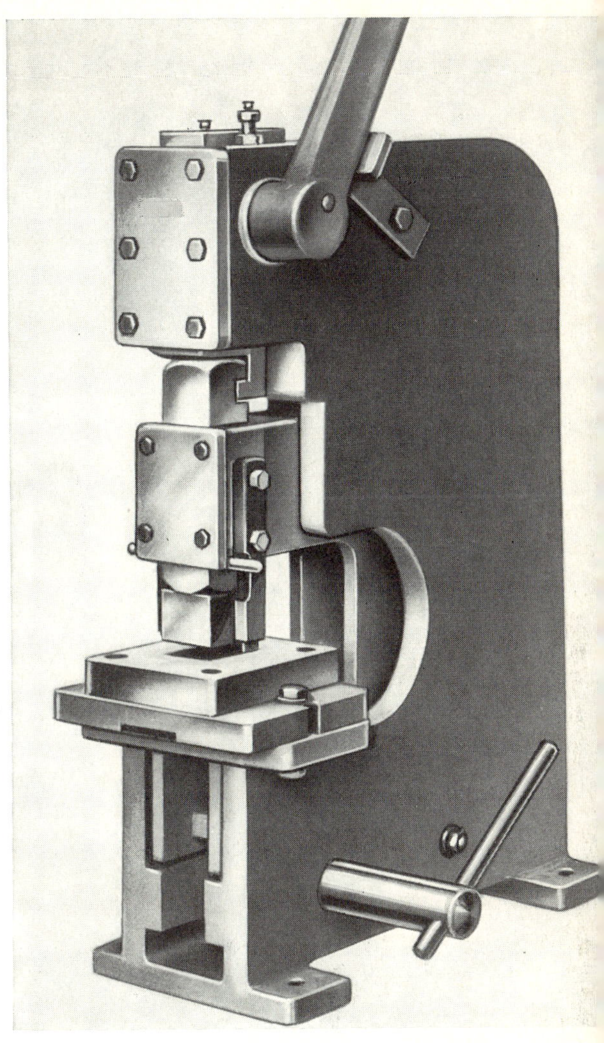

Handelt es sich um dickes Material, etwa 60×16, dann vergewissern wir uns erst auf dem Leistungsschild der Maschine, ob wir den höchstzulässigen Lochdurchmesser und die höchstzulässige Stahlstärke nicht überschreiten. Zur Bohrmaschine müssen wir auch dann Zuflucht nehmen, wenn der Lochdurchmesser kleiner als die Materialstärke ist, denn dann würde der zu dünne Stempel wahrscheinlich durch den hohen Schnittdruck zerstört.

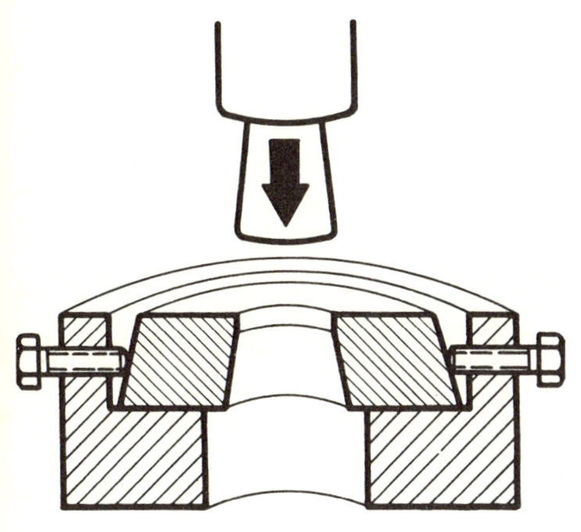

Freischnitt

Verfolgen wir nun den Lochvorgang: Der Stempel trifft auf und drückt den Werkstoff mit der Schneide ein. Die Faserung der Oberkante wird nach unten gezogen (= runder Rand). Vgl. Bild Seite 248!

Beim weiteren Eindringen schneidet der Stempel die Fasern durch und drückt den „Putzen" besonders in der Mitte nach unten, da die zähen Fasern im unteren Teil noch nicht getrennt sind.

Schließlich wird der Mitteldruck so groß, daß die Fasern etwa im unteren Drittel reißen. Damit ist uns klar, daß das erzielte Loch nicht genau zylindrisch und glattwandig sein kann, sondern vielmehr nach unten weiter, rauh und rissig wird. Das ist der Grund,

Verschiedene Werkzeugeinsätze zur Vielschnittstanze

warum Löcher für Druckbehälter und Stahlbauten mit wechselnder Beanspruchung gebohrt werden müssen.

Schereneinsätze zur Vielschnittstanze

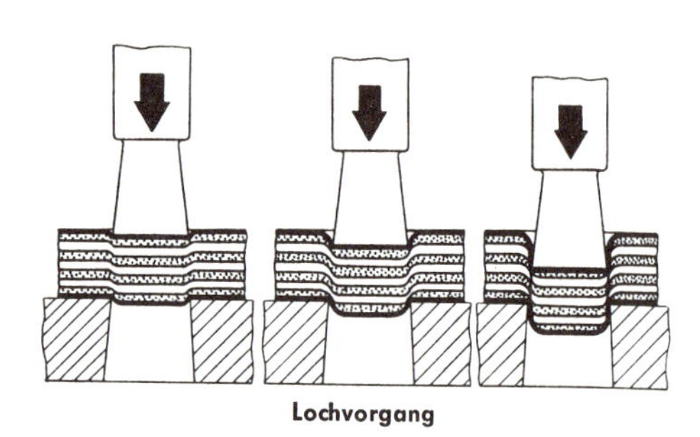

Lochvorgang

Reibscheibenspindelpresse

2. Maschinen mit verschiedener Leistung stehen uns zur Verfügung

a) Handhebelpresse

Diese Pressen gibt es von der leichten Tischpresse bis zur schwersten Ausführung. Sie sind verhältnismäßig billig.

b) Handspindelpresse

Bei dieser Maschine wird die Wucht der in Bewegung gesetzten Kugelgewichte zum Aufspeichern der Arbeitsenergie ausgenutzt und durch eine kräftige Spindel nach dem Gezetz der schiefen Ebene auf den Stempel übertragen. (Schutzreifen um die Gewichte und Rückschlagsicherung wichtig!)

c) Reibscheibenspindelpresse

Die Spindel wird hier von einem Motor über einen Reibrädersatz in Bewegung gesetzt. Rücken wir die waagrechte Antriebswelle mittels Hebelgestänge nach rechts, dann steht das linke Rad im Eingriff, die Spindel schraubt sich nach unten, rücken wir nach dem Schnitt die Antriebswelle nach links, reibt das rechte Rad am Spindelrad und bewirkt das Hochgehen des Stempels. Der Kranz des Spindelrades speichert den Schwung. Diese Maschine arbeitet ziemlich langsam, erzeugt aber hohe Drücke (vgl. Abb. links).

d) Vielstempelpresse

Im Revolverkopf dieser Handpresse lassen sich die verschiedensten Stempel unterbringen. Das zeitraubende Auswechseln während eines Arbeitsgangs, der unterschiedliche Lochungen erfordert, erübrigt sich damit. Einfaches Weiterschalten des Kopfes genügt (vgl. Abb. auf S. 249).

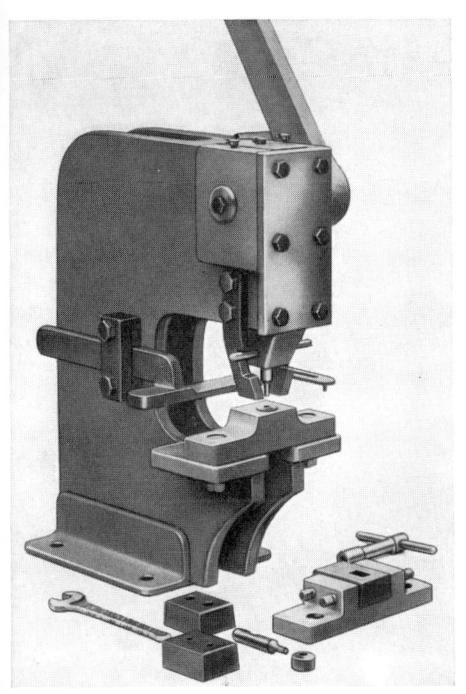

Hebellochstanze
stanzt 12 Durchmesser in 8 mm Blech
stanzt Gehrungen in L 30×4
stanzt Ausklinkungen in L 25×3

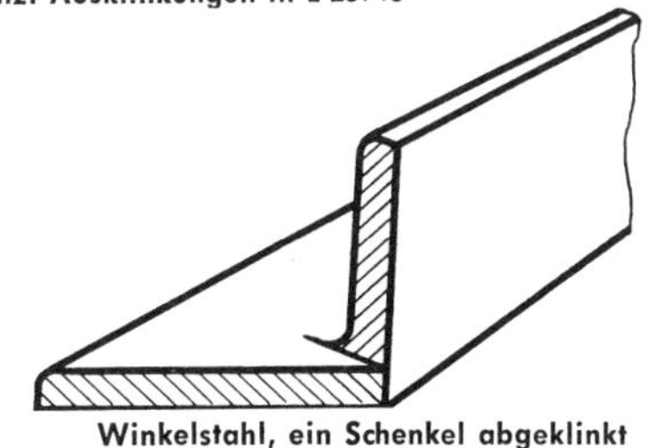

Winkelstahl, ein Schenkel abgeklinkt

Vielstempelstanze mit 12 Werkzeugen
Leistung wie Hebellochstanze

Der Bauschlosser und Stahlbauer verwendet fast nur den Freischnitt.
Für genaue Massenfertigung gibt es Schnittwerkzeuge, die das Werkstück seitlich durch Platten führen (Plattenführungsschnitt) oder Stempel und Werkstück durch vier senkrechte Stifte zuverlässig fluchten (Säulenführungsschnitt). Doch auf diese zusätzlichen Einrichtungen können wir verzichten.

3. Arbeitsvorteile beim Lochen wahrnehmen!

a) So wenig es sich lohnt, für ein paar Lochungen einen eigenen Schnittstempel anzuschaffen, so wirtschaftlich wird das Verfahren dann, wenn Profile oder Bleche viele Löcher gleichen Durchmessers, vor allem aber Unrunde oder Vierkante, erhalten sollen. In diesem Falle ersetzt ein schneller Schnitt Bohr- und Feilarbeit. Bei größerer Stückzahl sparen wir uns das Ankörnen, indem wir eine passende Schablone mit Raststiften anschrauben.

b) Zum Ab- und Ausklinken dünner Profile (etwa bis 6 mm) brauchen wir keinen Schneidbrenner!

Die Verlängerungen der Schneidkanten dürfen sich erst in der neutralen Faser des hochstehenden Schenkels kreuzen (vgl. Bilder Seite 250).

Werkstattwinke:

1. Vergewissere dich in Zweifelsfällen, ob die Druckleistung der Maschine ausreicht!
   Beispiel: In einem Betrieb steht eine kombinierte Werkstattschere mit Kraftantrieb und Einrichtung zum Lochen. Das Leistungsschild beschränkt die Druckkraft auf 200 kN, enthält

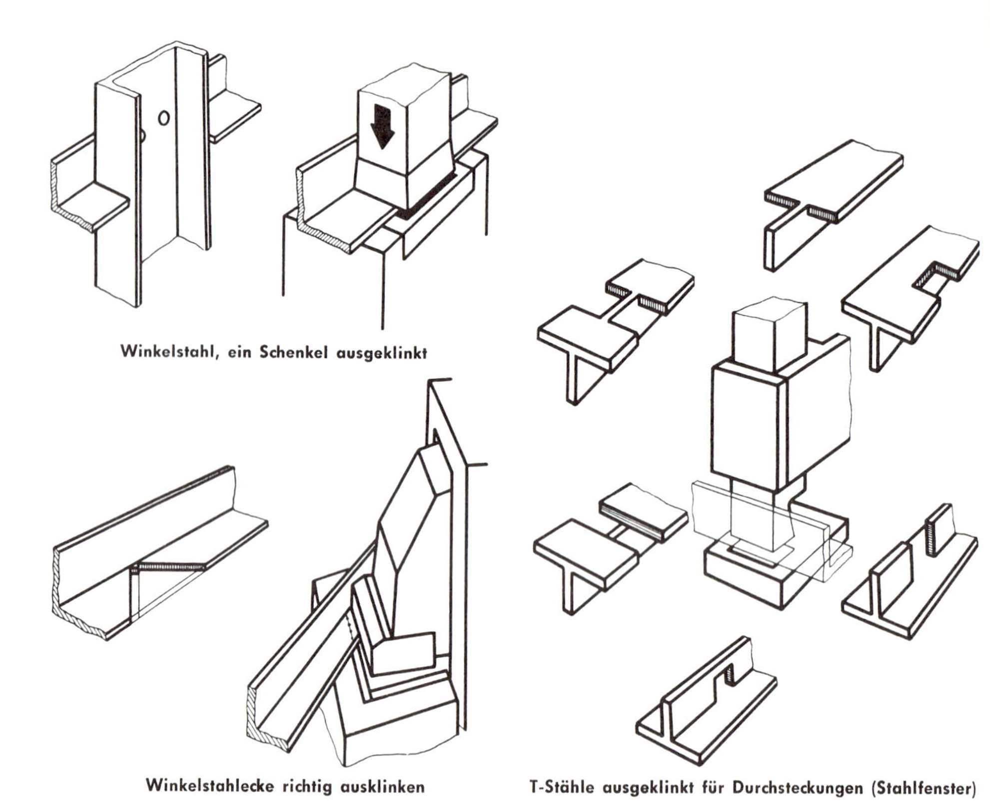

Winkelstahl, ein Schenkel ausgeklinkt

Winkelstahlecke richtig ausklinken

T-Stähle ausgeklinkt für Durchsteckungen (Stahlfenster)

aber keine Angaben über höchstzulässige Blechdicken oder Profile. Mit dieser Maschine sollen in die Flanschen von Z 140 DIN 1027 Löcher von 17 ⌀ geschnitten werden. Weil der Z-Stahl ziemlich stark ist, kommen dem Arbeiter Bedenken, ob die Druckkraft der Schere wohl ausreiche. Er rechnet also:

Die Flanschendicke beim Z 140 beträgt 10 mm. Festigkeit = 370 N/mm².

$$\begin{aligned} \text{Schnittwiderstand} &= \text{Lochumfang} \times \text{Blechdicke} \times \text{Scherfestigkeit} \\ &= 17\ \text{mm} \times 3{,}14 \times 10\ \text{mm} \times 370\ \text{N/mm}^2 \\ &= 197\,500\ \text{N} \end{aligned}$$

Nun hat der Arbeiter die Gewißheit, daß die Druckleistung der Maschine gerade noch ausreicht.

2. Stempel und Matrize sauber einfluchten und gut festspannen.
3. Profile und Bleche vorher entzundern.
4. Stempel mit dickem Öl schmieren, ebenso die Spindel.
5. Schutzvorrichtungen nicht entfernen, auf Schwunggewichte der Spindelpresse achten, Rückschlagsicherung prüfen! Finger weg!

Selbst finden und behalten:

1. Welche Maschinen dienen zum Lochen und Ausklinken? Auf welche Weise wird der Schnittdruck erzeugt?
2. Die Scherfestigkeit eines Stabstahls ist 370 N/mm². Berechne den Schnittwiderstand, welchen eine Presse überwinden muß, nach der Formel Schnittwiderstand = Lochumfang × Blechdicke × Scherfestigkeit für ein Vierkantloch 8/8 in Winkelstahl 30/4, für die Eckausklinkung eines Winkelstahls 50/5, für die Lochung eines Flachstahls 45 × 8 (Lochdurchmesser = 22 mm).
3. Welche Unfallgefahren drohen an den Pressen und Schnittwerkzeugen?

MERKE:

Der Lochvorgang erzeugt keine genauen und glatten Schnittflächen wie das Bohren und Reiben, ist aber für viele untergeordnete Arbeiten brauchbar und wirtschaftlicher.

III. Drehmaschinen

Von den vielen Ausführungen, der einfachsten bis zu den Sondermaschinen und Automaten, ist in kleinen und mittleren Betrieben am häufigsten die Drehmaschine mit Zugspindel und Leitspindel anzutreffen. Sie ermöglicht außer den eigentlichen Dreharbeiten auch Bohr- und Reibarbeiten, Gewindeschneiden und Federwickeln.

1. Aufbau der Drehmaschine

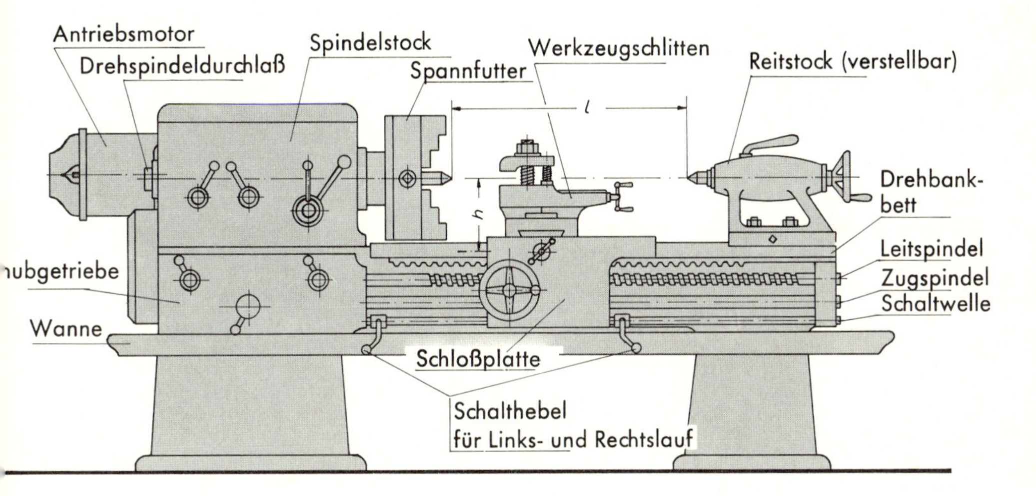

Leit- und Zugspindel-Drehmaschine

So verschieden die Drehmaschinen auch konstruiert sind, gewisse Baugruppen finden sich an jedem Fabrikat wieder:

Gestell und Bett tragen die anderen festen und beweglichen Bauteile und nehmen die Zerspanungskräfte auf.

Der Spindelstock nimmt Arbeitsspindel und Hauptgetriebe auf.

Durch das Vorschubgetriebe wird die Hauptbewegung auf die Zugorgane (Leit- und Zugspindel) zur Erzeugung von Längs-, Plan- und Gewindevorschüben übertragen.

Die Zugspindel bewirkt den Längs- und Quervorschub, die Leitspindel den Gewindevorschub.

Der Werkzeugschlitten mit Schloßplatte nimmt das Werkzeug auf und ermöglicht seine Bewegungen längs, quer und schräg zum Drehmaschinenbett, von Hand oder mechanisch.

Der Reitstock mit Pinole dient als Gegenhalterung für das Werkstück und kann Werkzeuge wie Bohrer, Bohrstangen, Reibahlen, Gewindeschneidwerkzeuge aufnehmen.

Für den Arbeitsbereich der Maschine wichtige Maße sind der Umlaufdurchmesser über Bett, die Spitzenhöhe, die Spitzenweite und die Spindelbohrung.

2. Arbeitsbewegungen beim Drehen

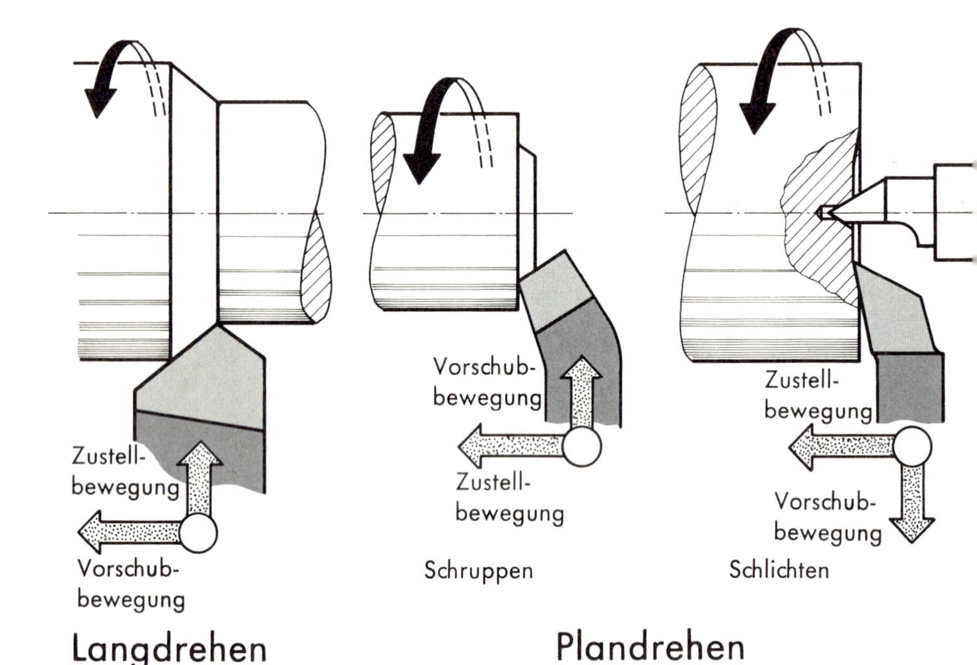

Die **Schnittbewegung** führt das sich drehende Werkstück aus. Durch sie entsteht die Spanlänge.
Die **Vorschubbewegung** führt das Werkzeug aus. Durch sie entsteht die Spandicke.
Die **Zustellbewegung** führt das Werkzeug aus. Durch sie entsteht die Spanbreite.
Die **Wirkbewegung** entsteht durch das gleichzeitige Wirken von Schnittbewegung und Vorschubbewegung.

3. Drehwerkzeuge

Zur Spanabnahme an der Drehmaschine stehen zur Verfügung:

a) Drehmeißel mit Kopfstück aus HSS, mit dem Stahlschaft stumpf verschweißt, oder Drehmeißel mit aufgelöteten HSS-Schneidplatten. Warmstandfestigkeit dieses Werkstoffs bleibt bis 600 °C erhalten.
b) Formscheibendrehmeißel mit Halter.
c) Handdrehmeißel.
d) Drehlinge aus HSS oder Stellit zum Einspannen in Stahlhaltern.
e) Hartmetallplatten der drei Zerspanungsgruppen P, M, K auf Stahlhalter aus St 70–2 hartgelötet oder in Klemmvorrichtungen gehalten. Warmstandfestigkeit bis ≈ 900 °C.
f) Oxidkeramische Schneidstoffe (Cermets) als Wendeplatten in Klemmhaltern eingespannt. Ihre Verschleißfestigkeit ist bis 10mal höher als die von HM, und die Warmstandfestigkeit reicht bis 1200 °C.

4. Formen und Winkel der Drehmeißel

Die Drehmeißel mit Schneiden aus Schnellarbeitsstahl und mit Schneiden aus Hartmetal sind genormt (Tabellenbuch!). Je nach Lage des Schneidkopfes zum Schaft gibt es vier Grundformen: Gerade, gebogene, gekröpfte, abgesetzte Drehmeißel.
Hält man den Drehmeißel (oben liegend) zum Beschauer gerichtet und die Hauptschneide zeigt nach rechts, so ist es ein **rechter** Drehmeißel. Er schneidet von rechts nach links. Zeigt die Hauptschneide nach links, ist es ein **linker** Drehmeißel. Er schneidet von links nach rechts. Abb. S. 253 veranschaulicht die Anwendung verschiedener Drehmeißelformen.

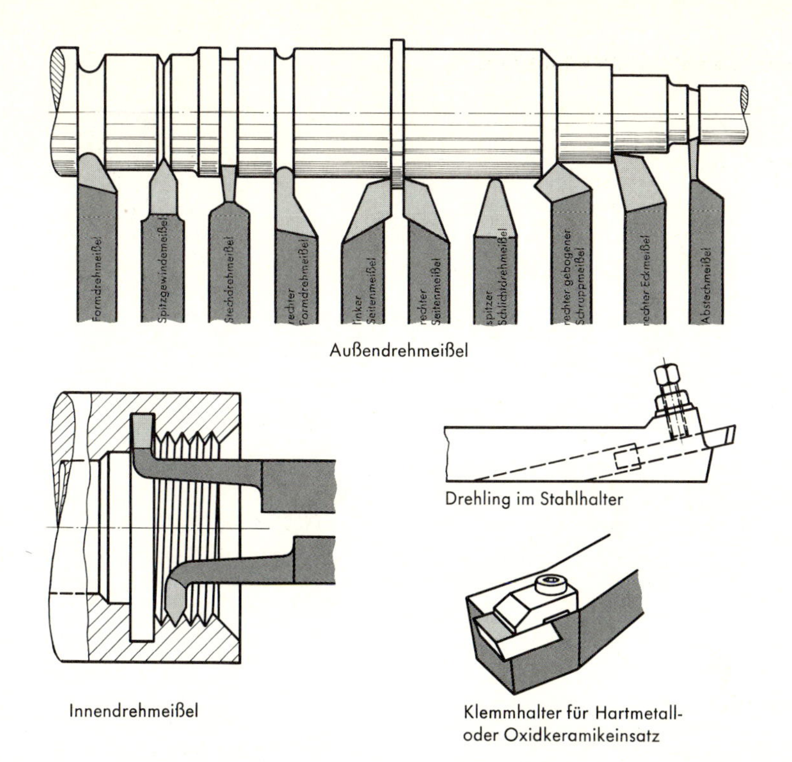

Außendrehmeißel

Drehling im Stahlhalter

Innendrehmeißel

Klemmhalter für Hartmetall- oder Oxidkeramikeinsatz

Für ein wirtschaftliches Arbeiten ist nicht nur die Wahl des zweckmäßigsten Drehwerkzeugs (HSS, HM, Drehling usw.) wichtig, sondern vor allem sind es die Winkel am Schneidkopf, welche über große Spanleistung, lange Standzeit und ausreichende Oberflächengüte den Ausschlag geben.

Die Abb. gibt Aufschluß über Lage und Bezeichnung von Winkeln und Fläche.

Die für die verschiedenen Werkstoffe und Werkzeuge geeignetsten Winkel sind Tabellen zu entnehmen.

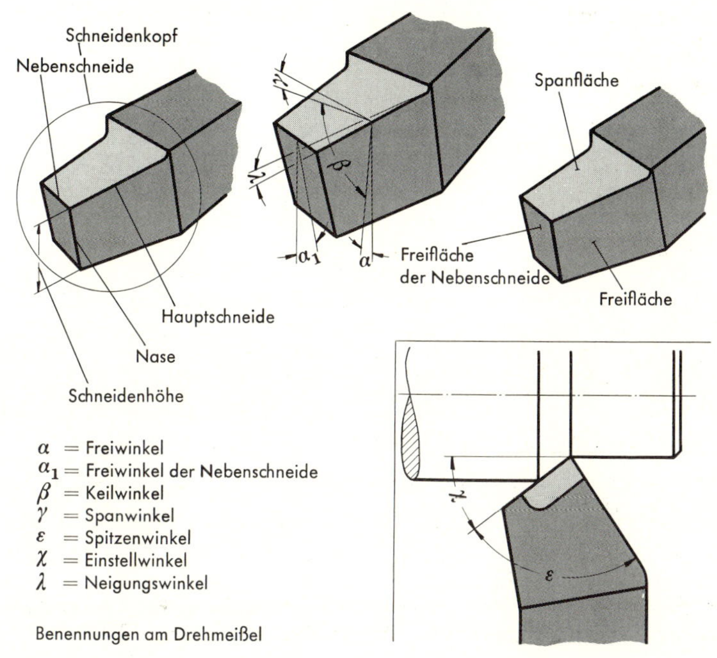

α = Freiwinkel
α_1 = Freiwinkel der Nebenschneide
β = Keilwinkel
γ = Spanwinkel
ε = Spitzenwinkel
χ = Einstellwinkel
λ = Neigungswinkel

Benennungen am Drehmeißel

5. Kräfte am Drehmeißel

Den Widerstand, den das Werkstück dem Abtrennen des Spans entgegensetzt, bezeichnet man als Schnittkraft (F). Sie belastet sowohl das Werkstück (Durchbiegen einer langen Welle!) als auch das Werkzeug und wirkt in drei Komponenten zerlegt als

Hauptschnittdruck F_H
Vorschubdruck F_V
Rückdruck F_R

Diese im Rhythmus von Spanstauchung und Spanabscherung in feinen Schwingungen an- und abschwellenden Kräfte hängen im wesentlichen ab
von der Festigkeit und Härte des Werkstoffes,
von dem Spanquerschnitt und dem Verhältnis von Spanbreite und Spandicke,
von den Winkeln und der Schärfe der Werkzeugschneide.

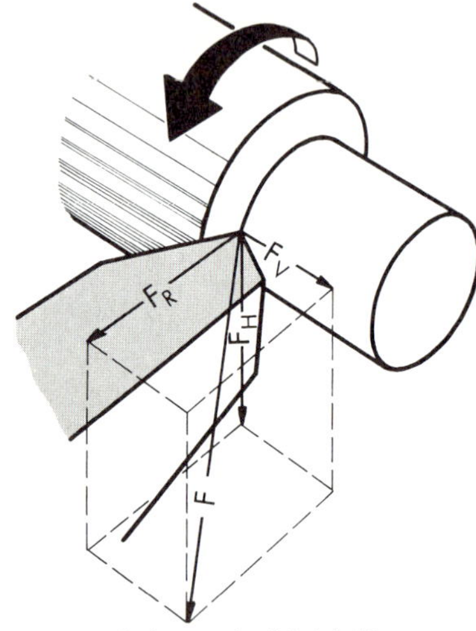

Zerlegung der Schnittkräfte

Beim Drehen beobachten wir ferner verschiedene Formen des Spanabfließens:

a) Besteht der Span aus einzelnen gestauchten, unzusammenhängenden Elementen, dann spricht man von einem **Reißspan.** Die erzeugte Arbeitsfläche ist relativ uneben.

b) Fließt der Span bei weichen, zähen Werkstoffen und hohen Schnittgeschwindigkeiten in zusammenhängenden Locken ab, spricht man von einem **Fließspan.** Bester Oberflächengüte steht hier die Behinderung der Arbeit durch die anfallenden langen Späne gegenüber.

c) Erwünscht ist meist ein **Scherspan,** der in seinen Eigenschaften etwa in der Mitte liegt und eine brauchbare Oberfläche liefert. Durch Verwendung von Automatenstählen, geeignete Schnittgeschwindigkeiten und Spanwinkel läßt sich die Art des Spanabflusses beeinflussen.

Auch die für die Oberflächengüte sehr abträgliche Aufbauschneide kann man durch Steigern der Schnittgeschwindigkeit und Läppen der Schneiden weitgehend verhindern.

Die Kraft, welche zum Abtrennen von 1 mm^2 Spanquerschnitt erforderlich ist, nennt man spez. Schnittkraft ($K_S = \frac{F_H}{A}$)

Mit ihrer Hilfe läßt sich der für eine Drehmaschine höchstzulässige Spanquerschnitt berechnen und damit der Vorschub für bestimmte Spantiefen.

Das Verhältnis $\frac{\text{Spantiefe}}{\text{Vorschub}} = \frac{a}{s}$ nennt man Schlankheitsgrad.

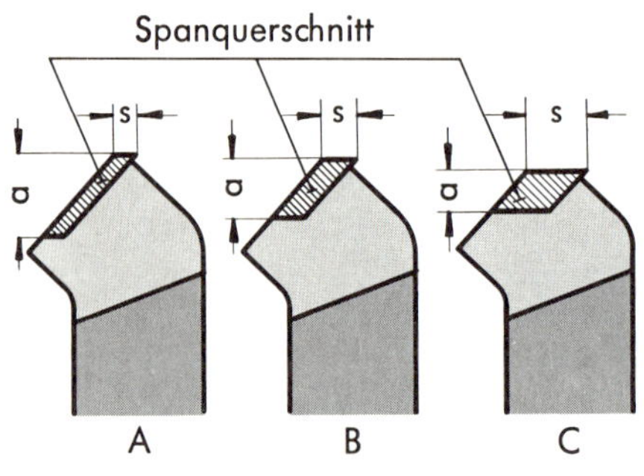

Spanquerschnittsformen von gleicher Querschnittsfläche

Beim **Spanquerschnitt** nach Form A mit einer langen genutzten Schneide kann die Zerspanungswärme besser zum Schaft hin abfließen, die Schneidtemperatur bleibt niedriger, die **Standzeit länger. → Einsparung von Werkzeugkosten.**

Beim **Spanquerschnitt** Form C ist die spez. Schnittkraft K_S wesentlich geringer, die erforderliche Maschinenleistung auch. → **Einsparung von Maschinenleistung.**

e nachdem, ob man der Maschine wie z. B. beim Schruppen eine große Spanleistung $\frac{kg}{min}$ bverlangen oder mehr die Werkzeugkosten in Grenzen halten will, wählt man den Schlank-eitsgrad zwischen $\frac{1}{1} \ldots \frac{10}{1}$. In der Regel ist der Schlankheitsgrad 3 bis 5 am günstigsten.

. Arbeitsverfahren beim Drehen

) **Aufspannen des Werkstückes.** Kurze Werkstücke mit größerem Durchmesser und unrunde Teile lassen sich auf der **Planscheibe** befestigen, entweder mit 4 Spannklauen oder mit Hilfe von Spanneisen und Spannschrauben. Das Ausrichten bei zunächst mäßig angezogenen Spannschrauben erfolgt mit Parallelreißer oder Meßuhr.

Werkstück mittels 4 Spannklauen auf Planscheibe befestigt.

urze, runde, drei- und sechsseitige Werkstücke sowie Rohre spannt man im **Dreibacken-utter.** Die drei numerierten Backen können zum Spannen von größeren Hohlzylindern im utter umgedreht werden.

Spannen einer Scheibe im Dreibackenfutter.

ange Werkstücke spannt man **zwischen die Spitzen.**
ach dem Zentrieren der Stirnfläche (Zentrierglocke, Zentrierwinkel) versieht man sie mit entrierbohrungen (Zentrierbohrer 60°). Arbeitsspindel und Reitstockpinole nehmen je einen örner auf. Eine mitlaufende Körnerspitze im Reitstock ist besonders günstig.
uf dem linken Ende des Werkstückes wird ein Drehherz oder Sicherheitsmitnehmer so fest-eschraubt, daß es vom Mitnehmerbolzen mitgenommen wird.

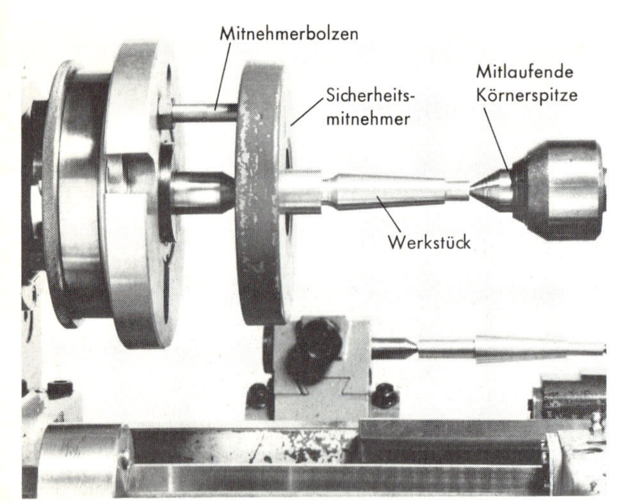

Spannen zwischen den Spitzen

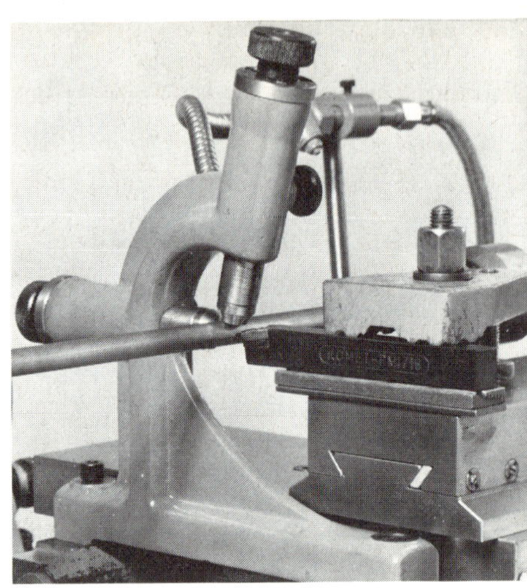
Auf Bettschlitten mitgeführter Setzstock.

Bei besonders langen und dünnen Wellen verhindert ein Setzstock (feststehend oder auf dem Bettschlitten mitgeführt) das Durchbiegen.
Kurze, gebohrte Werkstücke werden zum genauen zentrischen Drehen auf **Spanndornen** festgehalten (feste Dorne, Spreizdorne). In **Spannzangen** mit entsprechendem Nenndurchmesser erhalten kurze zylindrische Werkstücke schnell und sicher ihren genauen Sitz.

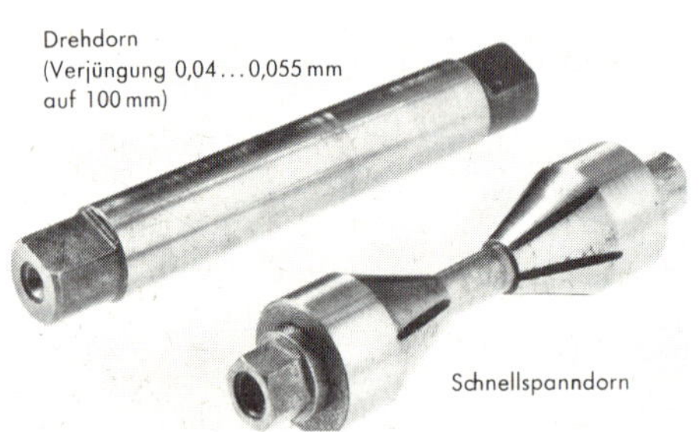

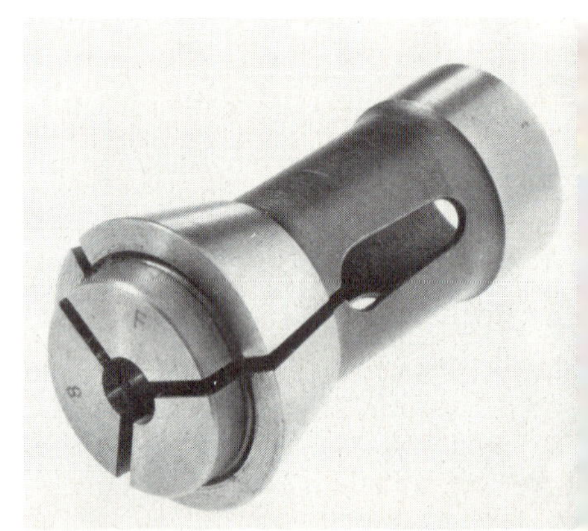
Spannzange.

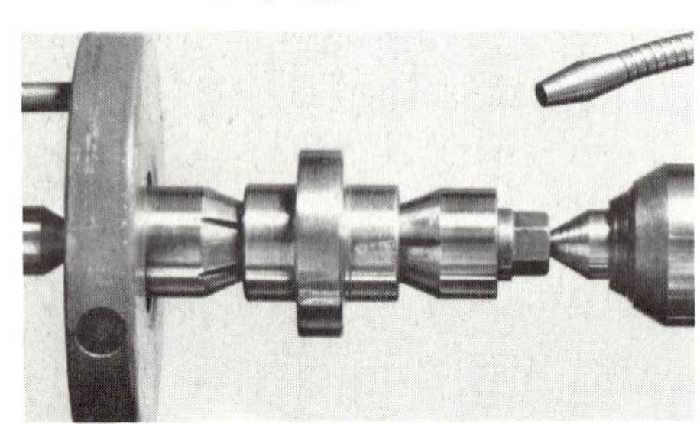
Kurze Büchse mit Bund mittels Schnellspanndorn aufgespannt.

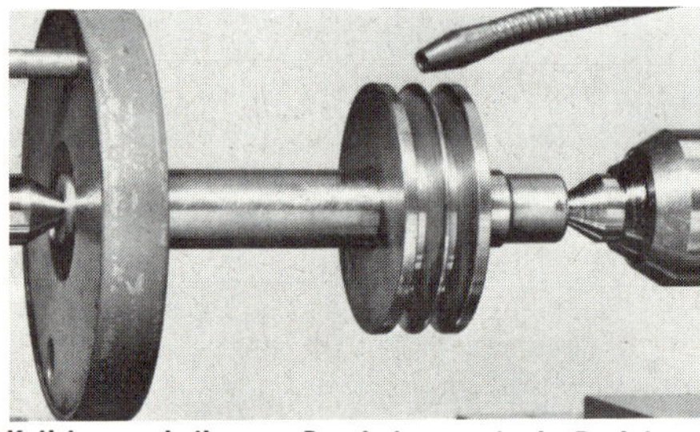
Keilriemenscheibe zur Bearbeitung mittels Drehdorn aufgespannt.

Spannen eines dünnen Bolzens mittels Spannzange.

b) **Spannen der Drehwerkzeuge**

Damit der Drehmeißel nicht vibrieren, durchfedern oder gar abbrechen kann, ist er möglichst **kurz** und **fest** einzuspannen. Bei Werkstücken mit kleinen Durchmessern, beim Ein- und Abstechen, beim Kegeldrehen, Gewindedrehen und bei Formdreharbeiten muß der Drehmeißel genau auf Werkstückmittenhöhe (Reitstockspitze!) eingestellt werden.

Zum **Schruppen** kann sich eine bis zu 2% des Werkstückdurchmessers überhöhte Einstellung günstig auswirken, denn der Spanwinkel γ wird größer und damit die Schnittwirkung.

Zum **Schlichten** können durch Anstellen etwas unter Spitzenhöhe das Hineinfedern der Schneide in die Arbeitsfläche und deren Beschädigung verhindert werden.

Spannklaue.

Vierfachstahlhalter.

Stahlhalter mit eingespanntem Drehmeißel (links im Bild) und Stahlhalterkopf mit Exzenterhebel.

Stahlhalter am Stahlhalterkopf festgespannt.

Während mit der **Spannklaue** nur ein Stahl zwischen Oberschlitten und Pratze gespannt werden kann, nimmt der **Vierfachstahlhalter** gleichzeitig vier verschiedene Drehmeißel auf, die durch Drehen des Halters um 90 Grad in Arbeitsstellung gebracht werden. Sehr bequem und wirtschaftlich ist der **Schnellwechselmeißelhalter** zum schnellen Wechseln verschiedener Bearbeitungswerkzeuge bei gleichbleibender Wechselgenauigkeit. Durch den Exzenterhebel mit kurzem Spannweg wird der Stahlhalter schnell und unverrückbar gegen den Stahlhalterkopf gepreßt. Durch die präzisionsgeschliffenen Führungen wird eine Wiederholungsgenauigkeit von 0,01 mm garantiert. Der Kopf mit 40 Zähnen ermöglicht 40 Winkelstellungen der Werkzeuge im Abstand von 9 Grad. Die Einrichtung auf den günstigsten Anstellwinkel für den Drehmeißel wird durch eine Gradeinteilung auf der Deckplatte des Kopfes erleichtert. Jeder Stahlhalter kann durch eine Rändelschraube, die sich am Stahlhalterkopf abstützt, in der Höhe verstellt werden. Dadurch ist eine genaue Voreinstellung der einzelnen Werkzeuge ohne weiteres Hilfsmittel möglich.

c) Beim **Langdrehen** werden Längsflächen bearbeitet.
Durch Längszug (mechanischer Vorschub) erhält man eine gleichmäßigere Oberfläche als mit der Handkurbel. Spindeldrehzahl und Vorschub werden nach Tabellen eingestellt.

d) Beim **Plandrehen** werden Stirnflächen bearbeitet.
Der Drehmeißel wird von Hand oder mittels Planzug quer zur Werkstückachse bewegt. Beim Schlichten mit dem Seitenstahl fährt man das Werkzeug von innen nach außen, beim Schruppen und bei großen Durchmessern besser von außen nach innen. Die gleichbleibende Drehfrequenz bewirkt eine mit dem Drehdurchmesser stetig abnehmende Schnittgeschwindigkeit, was besonders zu berücksichtigen ist.

e) Beim **Einstechen** werden Nuten eingedreht.
Wegen der schlanken Form des Werkzeugs sind verminderte Schnittgeschwindigkeit und geringer Vorschub angebracht bei reichlicher Kühlung und Schmierung.

f) Beim **Abstechen** werden Werkteile getrennt.
Zweckmäßigerweise erhält der Abstechstahl einen Einstellwinkel von etwas über 0°, damit am abgetrennten Teil kein Grat bleibt. Wie beim Einstechstahl ist auf genau winkelige Anstellung zu achten.

g) Beim **Kegeldrehen** bewegt sich das Werkzeug in einem Winkel zur Längsachse des Werkstücks.

Durch **Verstellen des Oberschlittens** lassen sich kurze Kegel herstellen. Der Schlitten muß zu diesem Zweck um den halben Kegelwinkel $\frac{\alpha}{2}$ gedreht werden.
Der Längsvorschub wird notgedrungen durch Drehen der Handkurbel bewirkt.

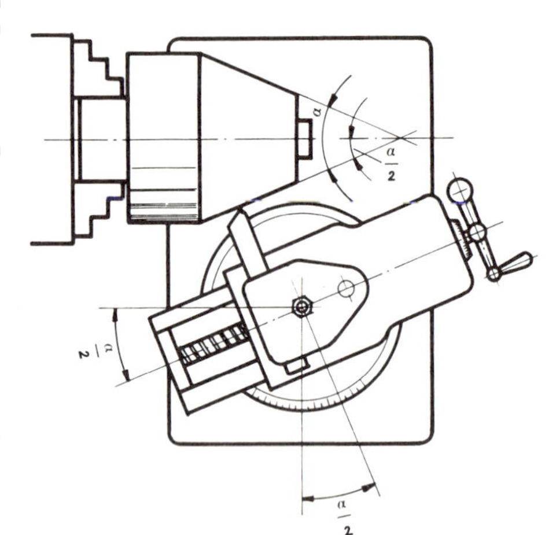

Kegeldrehen durch Verstellen des Oberschlittens. ▶

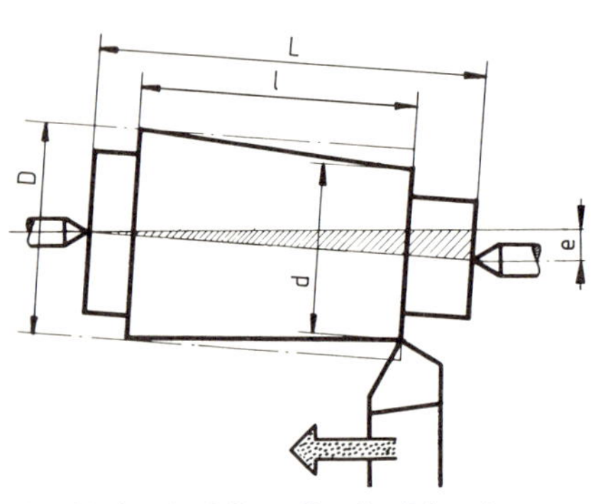

Kegeldrehen durch Verstellen des Reitstocks.

Mittels **Reitstockverstellung** kann man nur sehr schlanke Kegel drehen.

Die Reitstockspitze ist so weit außer Mitte zu stellen, daß die spätere Mantellinie des fertigen Kegels parallel zum Drehmaschinenbett verläuft. Das Verstellmaß v darf nicht mehr als 1/50 der Kegellänge betragen und wird mit nachstehender Formel berechnet:

$$v = \frac{D-d}{2} \cdot \frac{L}{l} \text{ oder } \frac{1}{2k} \cdot \frac{L}{l}$$

Durch Anwendung des mechanischen Langzugs wird eine gute, gleichmäßige Oberfläche erzielt.

Mittels **Kegellineal** stellt man kegelige Werkstücke bis zu einem Kegelwinkel von 20° und in der Regel unter 500 mm Länge her. Die Leitschiene (Lineal) wird um den Einstellwinkel $\frac{\alpha}{2}$ oder ein entsprechendes mm-Maß verstellt und übernimmt die Führung des Querschlittens (Zustellung). Zu diesem Zweck muß natürlich die Verriegelung zwischen Querschlitten und Querschlittenspindel gelöst werden. Der Vorschub erfolgt durch den Längszug.

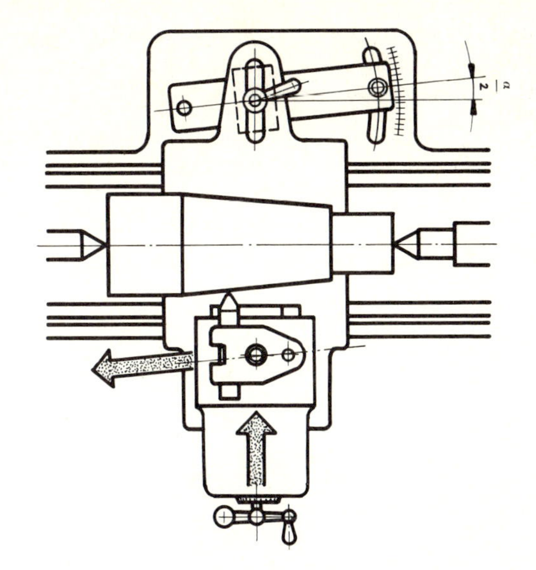

Kegeldrehen mittels Kegellineal. ▶

h) **Gewindeschneiden auf der Drehmaschine**
Außengewinde lassen sich mit Schneideisen, Schneidkluppe oder Außengewindestahl, Innengewinde mit Gewindebohrern oder Innengewindestählen auch auf der Drehmaschine anfertigen. Für Schneideisen bzw. Gewindebohrer dient der Reitstock als Führung. Man schneidet zunächst das Gewinde mit der Hand an, schaltet dann den Hauptantrieb mit langsamer Drehfrequenz ein.

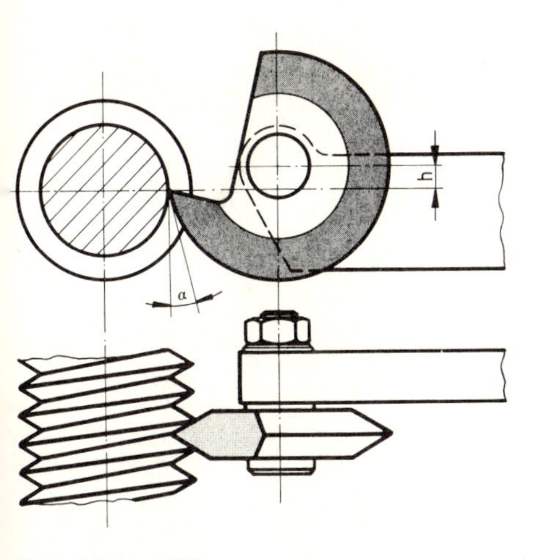

Gewindeformmeißel.

Die Gewindemeißel weisen keinen Spanwinkel auf, weil dieser das Gewindeprofil verzerren würde. Bevorzugt werden daher heute die scheibenförmigen Gewindeformmeißel in Spezialhaltern. Ihre geneigte Spanfläche kann im vorgegebenen Spanwinkel nachgeschliffen werden, ohne daß das Gewindeprofil sich ändert.

Zum Schneiden mehrgängiger Gewinde bietet sich der Gewindestrehler an.

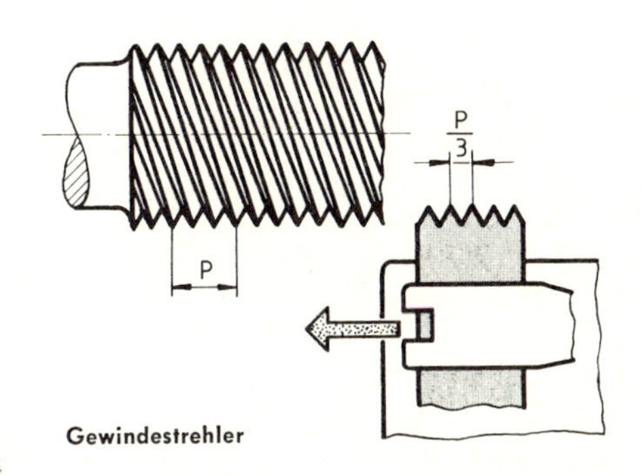

Gewindestrehler

Wichtig ist, daß der Gewindemeißel nicht nur genau auf Spitzenhöhe, sondern mit Hilfe der Gewindeeinstellehre im richtigen Winkel zur Werkstückachse eingerichtet wird.

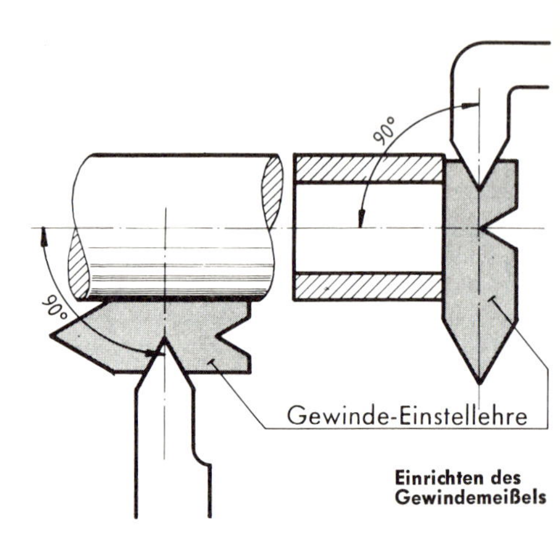

Einrichten des Gewindemeißels

Der Leitspindelvorschub zur Erzielung der verlangten Gewindesteigung wird an der neuzeitlichen Drehmaschine nicht mehr umständlich mit Wechselrädern, sondern durch Hebelschaltung eingestellt.
Das Schruppen des Gewindes erfolgt in mehreren Durchgängen bei reichlicher Schmierung und Kühlung. Der Gewindemeißel wird nach jedem Durchgang einmal senkrecht zum Werkstück, zum andern am Oberschlitten etwas nach links zugestellt. Damit erreicht man, daß immer nur eine Schneide spant. Erst bei der letzten Zustellung (Fertigschlichten) wird das Werkzeug nur noch senkrecht zugestellt.
Zum Zurückholen des Drehmeißels in die Ausgangsstellung über die Leitspindel verfügen neuere Maschinen über einen zeitsparenden Schnellgang.

Werkstattwinke:

1. Arbeite nie allein an einer Drehmaschine, bevor du nicht mit allen Bedienungselementen vertraut bist!
2. Spanne das Drehwerkzeug in der richtigen Höhe, kurz und fest ein.
3. Vermeide das Messen und Prüfen bei umlaufendem Werkstück!
4. Späne nur bei Stillstand der Maschine mit dem Spanhaken entfernen.

Selbst finden und behalten

1. Was sagen dir die Begriffe „Spitzenweite" und „Spitzenhöhe" bei der Drehmaschine?
2. Welche Bewegungen kann man durch das Schloßplattengetriebe auslösen?
3. Wie bezeichnet man die Winkel und Flächen an der Drehmeißelschneide?
4. Wie wird die Schnittkraft F durch die Größe des Spanwinkels und die Form des Spanquerschnitts beeinflußt?
5. Wie verhalten sich Schnittgeschwindigkeit und Standzeit der Werkzeugschneide?
6. Was versteht man unter wirtschaftlichem Spanquerschnitt?
7. Welche Überlegungen können für die Wahl der Werkzeugschneide aus HSS-Stahl, Hartmetall oder Oxidkeramik im Einzelfall maßgebend sein?
8. Nenne die drei Möglichkeiten des Kegeldrehens und die Grenzen ihres Anwendungsbereichs!

Merke:

1. Die Drehmaschine ermöglicht Lang-, Plan-, Kegeldrehen, Bohr- und Reibarbeiten, Gewindeschneiden und Federwickeln.
2. Wichtige Maße für die Drehmaschine sind die Spitzenweite, die Spitzenhöhe und der Innendurchmesser der hohlen Arbeitsspindel.
3. Wirtschaftliches Arbeiten mit der Drehmaschine hängt davon ab, wie rationell man eine möglichst hohe Schnittgeschwindigkeit einerseits mit einer erforderlichen Mindeststandzeit des Werkzeugs andererseits in Einklang bringt.
4. Die schnell umlaufenden Werkstücke bringen erhöhte Unfallgefahren mit sich.

Tabelle mit Erfahrungswerten (Höchstwerten) für Schnittgeschwindigkeit (m/min) und Vorschub (mm/U) beim Drehen.

Werkstoff		Schruppen		Schlichten	
		HSS-Stahl	Hartmetall	HSS-Stahl	Hartmetall
Stahl bis 500 N/mm²	v	22	150	30	250
	s	1,0	2,5	0,5	0,25
Stahl 500 . . . 700 N/mm²	v	20	120	24	200
	s	1,0	2,5	0,5	0,25
Stahl 700 . . . 850 N/mm²	v	15	80	20	140
	s	1,0	2,0	0,5	0,2
Stahlguß, Temperguß	v	20	140	30	220
	s	1,0	2,0	0,5	0,2
Grauguß bis GG 20	v	18	150	21	220
	s	1,0	2,0	0,5	0,2
Rotguß, Bronze, Messing	v	40	350	70	500
	s	0,5	1,0	0,5	0,15
Aluminium	v	200	500	1200	2500
	s	1,5	1,0	0,4	0,1
ausgehärtete Alu-Legierungen	v	75	150	300	400
	s	1,5	1,0	0,3	0,1
Duroplaste	v	30	50	180	300
	s	1,0	0,8	0,2	0,15

Muster einer Maschinentafel zum Einstellen der Drehfrequenz $\left(\frac{1}{\text{min}}\right)$

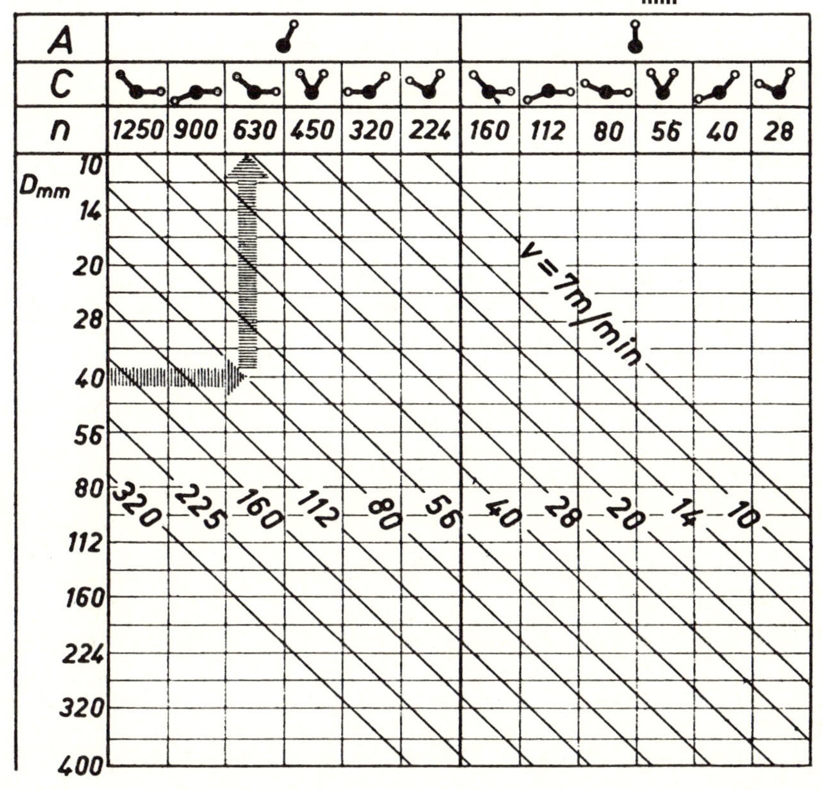

Neuzeitliche Drehmaschine

IV. Bohrmaschinen

Mit Hilfe der Bohrmaschinen erzielen wir genaue Niet- und Schraubenlöcher, brauchen sie aber auch zum Senken und Aufreiben. Die Technik des Bohrens ist uns vom Grundlehrgang her bekannt, weshalb ein kurzer Überblick über die wichtigsten Maschinentypen an dieser Stelle genügt.

1. Die Bohrknarre als Handbohrmaschine für Montagearbeiten

Drillbohrer, Brustleier und Bohrknarre ermöglichen das Bohren auf dem Stahlgerüst, an schweren Trägen und eingebauten Teilen und überall dort, wo kein Stromanschluß vorhanden ist (vgl. Bild Seite 62).

2. Elektrische Handbohrmaschinen leisten schnelle Arbeit

Diese Bohrgeräte sind in verschiedenen Größen und mit verschiedenen Höchstdrehzahlen im Handel. Bei ihrer Verwendung ist besonders auf sicheres Spannen leichter Werkstücke und senkrechte Bohrerführung zu achten, sonst erfolgt durch Haken das gefährliche Herumschleudern oder Bohrerbruch. Erdleitung und Kabelumhüllung sind ständig zu überprüfen (Unfall durch elektrischen Strom!)

3. Die Tischbohrmaschine für kleine Teile und Profile

Der Lochdurchmesser ist auf dem Leistungsschild meist auf etwa 10 mm begrenzt. Dafür besitzen die in der Regel durch Keilriemen angetriebenen Maschinen heute fast durchwegs ein Schnellganggetriebe mit stufenloser Drehzahländerung. Bei älteren Modellen sind zwei bis drei Stufen durch Umlegen des Riemens einstellbar.

4. Säulenbohrmaschine

Die Säulen- und Ständerbohrmaschinen schaffen auch große Durchmesser und tiefe Löcher an schweren Bauteilen.

Der Antrieb erfolgt bei neuen Maschinen durch einen kräftigen Kopfmotor über Zahnräder und stufenloses Getriebe, wodurch die bestmögliche Ausnutzung des Bohrers gegeben ist. Automatischer und regelbarer Vorschub sowie Anschlag und Auslösevorrichtung erleichtern die Bedienung.

Die Säulenbohrmaschine eignet sich für leichtere Arbeiten. Bei tiefen Bohrungen, die aber im Stahlbau selten vorkommen, besteht die Gefahr, daß der Bohrer etwas verläuft, denn die Bohrspindel tritt dabei weit aus ihrer Lagerung. (Vgl. Abb. S. 264.)

Bei der abgebildeten Säulenbohrmaschine wird dieser Nachteil durch den hinteren Spindelschlitten aufgehoben!

Säulenbohrmaschine

Der Antrieb erfolgt durch einen Flanschmotor mit besonders gelagertem Wellenstumpf. Ein Räderpaar treibt die Lamellenwendekupplung an.

Das **Antriebsräderpaar** kann auch nachträglich gewechselt werden, falls neue Arbeits- oder Betriebsverhältnisse andere Geschwindigkeiten bedingen.

Die Lamellenwendekupplung für Rechts- und Linkslauf gestattet augenblickliches Ein-, Aus- und Umschalten. Die Durchzugskraft ist so berechnet, daß auch im starken Schnitt unmittelbar eingeschaltet werden kann.

Für **kleinere Gewindeschneidarbeiten** ist ein volles Einschalten oft nicht nötig, weil die Spindeldrehung bereits durch leichtes Andrücken veranlaßt wird.

Eine **Schnellbremse** wird gleichzeitig mit der Kupplung betätigt. In der Mittelstellung ist die Bremse geschlossen, so daß der Spindelauslauf besonders bei hohen Drehzahlen verkürzt wird.

In Verbindung mit dem polumschaltbaren Motor, $n = 1440/2880$, können durch Schieberäder 12 geometrisch geordnete Geschwindigkeiten eingestellt werden. (Stufen φ 1,41).

Säulenbohrmaschine

Die Getrieberäder sind aus Chromnickelstahl angefertigt, im Einsatz gehärtet und an den Flanken geschliffen. Auch die Keil- und Ritzelwellen sind gehärtet und auf Keilwellenschleifmaschinen geschliffen.

Sämtliche sich drehenden Teile laufen auf Kugellagern. Eine Kolbenpumpe schmiert umlaufend Kugellager und Getriebe.

Die **Vorschubbewegung** wird oberhalb des Spindelschlittens von der Bohrspindel abgeleitet und über Schieberäder, Schnecke und Schneckenrad auf den Spindelschlitten oder auf Spindel- und Bohrschlitten übertragen. Eine zwischen Getriebe und Schnecke eingebaute Überlastungssicherung springt bei zu großer Belastung über und sichert Werkzeug und Getriebe.

Die **Vorschubkupplung** ist als Kerbzahnkupplung durchgebildet und kann in jeder Stellung, auch bei höchster Belastung, durch leichten Axialdruck ein- oder ausgeschaltet werden.

Die **beiden Kupplungshebel** dienen auch zur Schnellverstellung von Spindel- und Bohrschlitten, je nachdem wie die Räder für den Selbstgang im Eingriff stehen.

Die Umschaltung der Vorschubbewegung für Spindel- und Bohrschlitten erfolgt durch das Handrad auf der linken Schlittenseite. Im **eingeschobenen** Zustand werden **Spindel- und Bohrschlitten** sowohl von Hand als auch mit Selbstgang gleichzeitig betätigt. Die Bohrtiefe des Spindelschlittens wird in diesem Falle verdoppelt; auch die Vorschubwerte verdoppeln sich.

In **herausgezogenem** Zustand dient das Handrad lediglich für die Höhenverstellung des Bohrschlittens.

Der selbsttätige Vorschub sowie die Handverstellung an den beiden Kupplungshebeln wirken jetzt **nur auf den vorderen Spindelschlitten.**

Mittels zwei Handgriffen kann der Bohrschlitten am Ständer festgestellt werden. Für schwere Arbeiten ist außerdem noch ein Anschlagstück vorgesehen, welches in drei Höhenstellungen am Ständer festgeschraubt werden kann, um dem Bohrschlitten als Gegenstütze zu dienen.

Bei **normalen Bohrarbeiten** wird allgemein mit dem vorderen Spindelschlitten gearbeitet.

Beim **Bohren mit Bohrstangen** genügt vielfach die Bohrtiefe des Spindelschlittens nicht. Für diese Fälle wird durch Umschaltung des Selbstgangs auf Spindel- und Bohrschlitten die Bohrtiefe verdoppelt.

Beim Bohren mit **Mehrspindelköpfen** wird bei hochgestelltem Spindelschlitten der untere Schnappzahn festgesetzt, damit er nicht mehr in die Zahnstange greifen kann. An den freien Prismenführungen wird ein Anschlußgehäuse befestigt. Am Flansch mit Zentriersitz können nun Mehrspindelköpfe auswechselbar verschraubt werden.

An Stelle des Spindelschlittens mit normaler Bohrspindel können auch langgelagerte Mehrspindelköpfe am Bohrschlitten befestigt werden. Eine kurze Antriebsspindel mit Zentralrad treibt dann die Spindeln und das Vorschubgetriebe an.

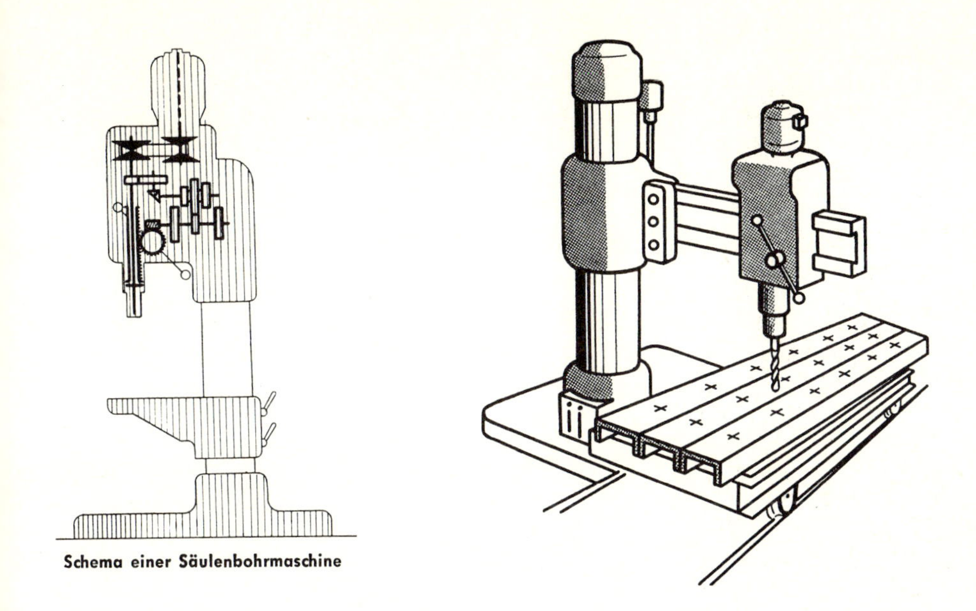
Schema einer Säulenbohrmaschine

Die **Bohrspindel** ist aus legiertem Stahl geschmiedet und läuft für den Seitendruck in zwei besonders ausgesuchten doppelreihigen Kugellagern, für den Längsdruck in zwei Längslagern. In ihrem oberen Teil ist die Bohrspindel als Vielkeilwelle ausgebildet und wird in der geräumten Spindelhülse zentrisch geführt.

Der **Maschinenständer** ist auf der Grundplatte verschraubt und trägt an seinen langgestreckten Führungsbahnen Schlitten und Tisch. Im Innern sind die Gegengewichte für Bohr- und Spindelschlitten untergebracht. Die Kettenrollen laufen auf Kugellagern.

5. Ständerbohrmaschine

Bei der Ständerbohrmaschine, die starrer gebaut ist, macht der ganze Schlitten die Vorschubbewegung, wodurch größte Genauigkeit auch für tiefe Löcher gewährleistet ist. Im übrigen arbeitet sie ähnlich wie die Säulenbohrmaschine.

6. Auslegerbohrmaschine

Die Ausleger- oder Radialbohrmaschine ist am vielseitigsten verwendbar. Der stabile Ausleger läßt sich um die geschliffene Hohlsäule drehen, und außerdem kann man den Bohrschlitten auf dem Ausleger radial verschieben. Dadurch ergeben sich viele Einstellmöglichkeiten, und das Werkstück braucht nur in seltenen Fällen zum Bohren mehrerer Löcher umgespannt zu werden.

Ihre Einsatzmöglichkeiten werden durch die Abbildung angedeutet, welche die Bearbeitung mehrerer gleicher Teile für eine Stahlkonstruktion zeigt.

Werkstattwinke:

1. Prüfe vor jeder Arbeit, ob alle Schalter und Hebel richtig liegen!
2. Wähle die dem Werkstoff entsprechende Bohrerform, Schnittgeschwindigkeit und Drehzahl. Blau anlaufende Bohrspäne deuten auf zu hohe Drehzahl hin.
3. Säubere vor dem Aufspannen Tisch und Führungen von Spänen.
4. Schmiere ausreichend: GG, Mg-Leg. und Kunstharzpreßstoffe trocken bohren, alle übrigen Stahlbau-Werkstoffe mit Bohremulsion.
5. Bringe schlagende Bohrspindeln oder Spindeln mit totem Gang bald in Ordnung oder melde sie zur Reparatur. (Anweisung der Lieferfirma!)
6. Entferne Späne nur mit Haken oder Pinsel. (Fingerverletzungen!)
7. Langes Kopfhaar und lose Ärmel führten schon zu schweren Unfällen!

Radialbohrmaschine

Leistungen bei		St 60 – GG 20	
Bohren ins Volle	mm	25	25
Aufbohren (Vorbohrung D/2)	mm	35	50
Gewindebohren	mm	22	25
Größte Ausladung (ab Säule)	mm	650	
Größter Bohrradius	mm	745	
Kleinste Ausladung (ab Ständerfuß-Vorderkante)	mm	150	
Bohrspindel Drehzahlen	Anzahl	8	
Bereiche	Umdr/min	95-1050	
	oder Umdr/min	190-2100	
Vorschübe	Anzahl	3	
Stufung	mm/Umdr	0,03 0,06 0,12	
	oder mm/Umdr	0,05 0,10 0,20	

Selbst finden und behalten:

1. Wozu eignen sich die verschiedenen Maschinen. Welche Teile bedürfen besonderer Beobachtung und Pflege?
2. Suche die Schmierstellen an den Bohrmaschinen in deiner Werkstätte und berichte, welche Gleitstellen sie versorgen!
3. In eine Vierkantstange 22 sollen acht genaue Löcher von 12 mm Durchmesser gebohrt und entgratet werden. Überlege: Aufspannung, Bohrerdurchmesser, Drehzahl, Kühlung, Vorschub, Senker? (Stange = St 42, Bohrer SS).
4. Suche im Lager ein Senkniet DIN 661 (etwa 6 mm Durchmesser), ein Linsensenkniet DIN 673 (etwa 8 mm) und ein Halbversenkniet DIN 301 (etwa 16 mm Durchmesser) und vergleiche ihre Senkwinkel.

MERKE:

1. Der Bau- und Stahlschlosser verwendet:
Bohrknarre, mechanische und elektrische Handbohrmaschinen, Tischbohrmaschinen, Ständer- oder Säulenbohrmaschinen, Ausleger-Bohrmaschinen.

2. Gute Bohrarbeit hängt ab von richtiger Bohrerform, Drehzahl, Aufspannung und Kühlung.

V. Schleifmaschinen

Sind Reißnadel, Durchschlag, Meißel, Bohrer und andere Werkzeuge zu schärfen, Brennschnitte oder Scherenschnitte an Blechen und Profilen zu glätten, Bohrlöcher zu entgraten, Schweißraupen zu verputzen, Paßflächen zu ebnen, dann bedienen wir uns der Schleifscheibe.

1. Welche Schleifscheiben spannen wir auf?

Weil der Bauschlosser und Stahlbauer die Schleifscheibe für die verschiedensten Zwecke benützen muß, die Anschaffung zahlreicher Scheibenarten aber schon aus wirtschaftlichen Gründen nicht möglich ist, soll er die wenigen Scheiben für seine Arbeiten besonders sorgfältig auswählen und ihre Eigenschaften kennen.

Auf dem einer neuen Scheibe angehefteten Etikett finden wir folgende Angaben: Herstellerfirma, Abmessungen, Material, Körnung, Härte, Struktur (= Gefüge), Bindung, zulässige Höchstgeschwindigkeit bei Zuführung des Werkstücks.

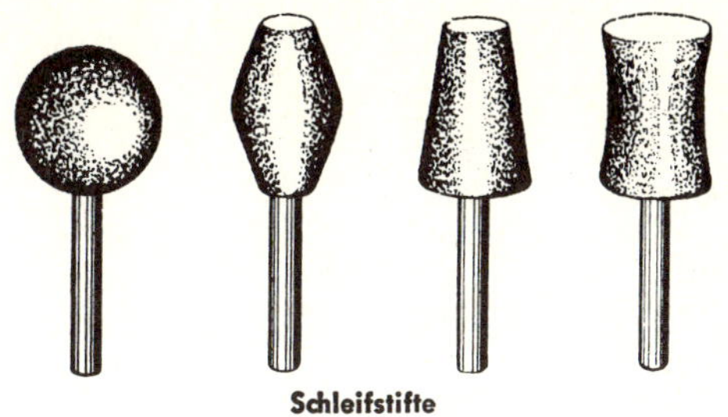
Schleifstifte

a) Größe und Form:

Durchmesser und Scheibenbreite richten sich mehr oder weniger nach unseren Maschinen. Der Form nach genügen Flachscheiben, eine Ausspitzscheibe für große Spiralbohrer und einige Scheibenstifte für schwer zugängliche Stellen (z. B. Innen-Schweißnaht einer Gehrung).

b) Körnung:

Von den natürlichen Schleifmitteln Korund, Schmirgel und Sandstein verwendet man nur noch den letzteren, und zwar zum Scharfschleifen von Meißeln, Feilen und Holzbearbeitungswerkzeugen im Naßschliff. Die neuen Schleifmittel werden künstlich hergestellt, und zwar als Elektrokorund (Alu-Oxid, aus Tonerde im elektrischen Lichtbogen erzeugt. Kornhärte 9 nach Mohs. Farbe bräunlich. Marken je nach Gefügedichte: „Borundum", „Elektrorubin", „Aloxit", „Edelkorund". Geeignet für zähen Stahl, zum Scharfschleifen, Verputzen, Entgraten) und Siliziumkarbid (Karborundum, aus Quarzsand, Koks, Sägemehl und Kochsalz im elektrischen Lichtbogen erzeugt, Kornhärte 10 nach Mohs. Farbe schwarz bis hellgrün. Marken je nach Gefüge: „Carborite", „Carbolon", „Silicar", „Chrystolon". Geeignet für Grau- und Hartguß, Nichteisenmetalle, Glas, Marmor, Hartmetalle).

Die Körner werden gesiebt und je nach der Maschenzahl des Siebes je Zoll mit Nummern bezeichnet:

6–24 = grob	70–180 = fein
30–60 = mittel	220–600 = sehr fein

Für den Stahlbau und Metallbau sind demnach eine grobkörnige Elektrokorundscheibe zum Verputzen, Entgraten u. ä., eine feinkörnige Elektrokorundscheibe zum Werkzeugschleifen und ebensolche Karborundumscheiben zum Bearbeiten von Guß und NE-Metallen bzw. zum Schleifen von Hartmetallwerkzeugen empfehlenswert.

Neue Kurzzeichen: A = Elektrokorund; C = Siliciumkarbid; D = Diamant.

c) Härte und Bindung

Die feinen Körner müssen durch ein Bindemittel zusammengehalten werden. Je nachdem diese Bindung die stumpf gewordenen Körner leicht oder schwer ausbrechen läßt, sprechen wir von weichen oder harten Scheiben. Mit der Körnerhärte hat also die Scheibenhärte nichts zu tun. Die Scheibenhärte erkennen wir an aufgedruckten Buchstaben:

E, F, G	= sehr weich	L, M, N, O	= mittel	T, U, V, W	= sehr hart
H, I, J, K	= weich	P, Q, R, S	= hart	X, Y, Z	= extra hart

Bei der Auswahl der Bindung für unsere Schleifscheiben gehen wir nach der Regel:

Für harte Werkstoffe (auch Flächenschleifen) = weiche Scheiben

Für weiche Werkstoffe = harte Scheiben

Auch das Gefüge spielt bei der Spanleistung eine Rolle (vergleiche Schlicht- und Schruppfeile). Schleifscheiben mit offenem Gefüge haben größere Poren und somit größere Spanleistung. Das Gefüge wird durch arabische Ziffern von 0 bis 14 gekennzeichnet:

1, 2, 3 = dicht	4 . . . 7 = mittel	8 . . . 11 = offen	12 . . . 14 = porös

Jede Bindung hat ihre Vor- und Nachteile:

Keramische Bindung: Aus Feldspat, Quarz und Ton gebrannt. Deshalb sehr empfindlich gegen Stoß und Schlag. Für Naß- und Trockenschliff geeignet, hält auch starke Erwärmung aus. Kurzzeichen für keramische Bindung = V.

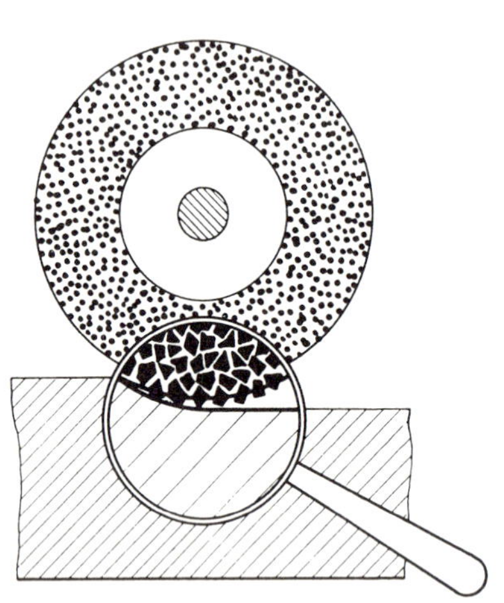

Wirkungsweise der Schleifscheibe

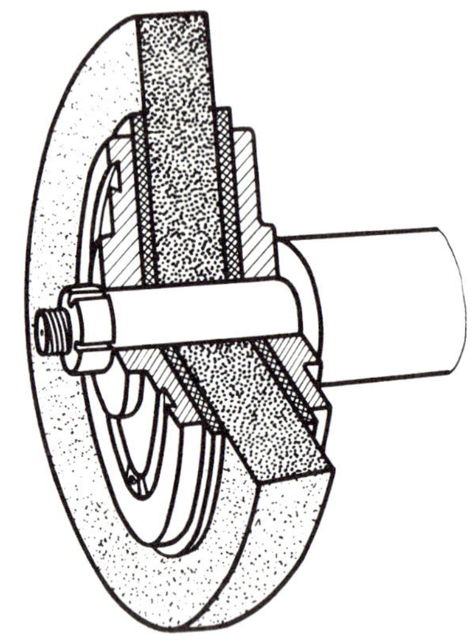

Winkelschnitt durch aufgespannte Scheibe mit Ausgleichsgewichten in den Flanschnuten

Mineralische Bindung: Magnesitscheiben nur für Trockenschliff verwendbar, da nässeempfindlich. Silikatscheiben (Wasserglas) sind auch für Naßschliff brauchbar. Kurzzeichen für Magnesitbindung = Mg, für Silikatbindung = S.

Pflanzliche (vegetabilische) Bindung: Gummi- und Schellackmasse macht die Scheiben zäh und elastisch, aber bei Erwärmung klebrig und schmierend. Für Profil- und dünne Scheiben. Kurzzeichen für Gummibindung = R, für Schellackbindung = E.
Kunstharzmasse als Bindemittel verträgt auch höhere Temperaturen und ist deshalb besonders für Trennscheiben das richtige Material. Kurzzeichen für Kunstharzbindung = B.

2. Unsachgemäßes Aufspannen der Scheiben führt zu schweren Unfällen!

Soll der Schleifbock eine neue Scheibe erhalten, dann überzeugen wir uns zuerst durch Anschlagen der frei aufgehängten Scheibe mit dem Holzhammer, ob sie rein klingt. Ein unreiner Ton verrät uns einen gefährlichen Sprung. Diese Probe ist jedoch nur bei keramisch oder mineralisch gebundenen Scheiben möglich. Bei elastischer Bindung Sichtprobe!
Vor dem endgültigen Festspannen nach Abbildung prüfen wir die langsam gedrehte Scheibe auf eine etwaige Unwucht und auf genaues Rundlaufen (mit Kreide an der Auflage). Neuzeitliche Befestigungsflansche haben Schwalbenschwanznuten, in denen sich kleine Ausgleichsgewichte zum Einregulieren der Wucht verschieben lassen.

Neue Scheiben mindestens 5 Minuten zur Probe laufen lassen. Gefahrenbereich absperren!

Die Schnittgeschwindigkeit ist bei den einfachen Maschinen mit dem Scheibendurchmesser und der Spindeldrehfrequenz gegeben (z. B. beim Schleifbock $n_{Spindel} = 3000 \frac{1}{min}$). Die günstigsten Werte sind aus der Tabelle ersichtlich:

Schleifart	Werkstück aus	Bindung	Schnittgeschwindigkeit in m/s
Werkzeug-schliff	Werkzeugstahl	keramisch	15 25
	Schnellstahl	oder	15 25
	Hartmetall	vegetabilisch	 45
Freihand-Abgraten und Verputzen	Leichtmetall		15
	Grauguß, Bronze	keramisch	25
	Stahl, Temperguß		30

3. Im Stahlbaubetrieb kommt man mit wenigen Schleifmaschinen aus

a) Handschleifgeräte

Diese von einem fahrbaren Elektromotor über eine biegsame Welle angetriebenen Geräte sind zur Bearbeitung größerer Schweißkonstruktionen, Behälter und für Montagearbeiten bereits unentbehrlich geworden.
Spezialgeräte ermöglichen das hochtourige Schleifen mit Kunstharzscheiben bis zu 100 m/sec. Diese freitragenden Kunststoffscheiben leisten etwa das 3fache normaler Schleifscheiben und kommen besonders zum Abschleifen und Glätten von Schweißnähten, Abtrennen kleiner Steiger und Trichter sowie zum Verputzen von Guß zur Verwendung. Mit einem elastischen Gummischleifteller und bakelitgebundenen Vulkanfiberscheiben können gerade und gewölbte Flächen geschliffen werden.
Der hochtourige Winkelschleifer zur Verwendung kunststoffgebundener Schleifscheiben bis 80 m/s Umfangsgeschwindigkeit hat einen sehr starken und robusten Universalmotor mit einer Leistungsabgabe von 1400 Watt und besitzt damit die Voraussetzungen, unter denen die Kunststoffscheiben am günstigsten arbeiten: große Antriebsleistung und hohe Drehzahl. Die Arbeitsdrehzahl bei dieser Maschine beträgt ca. 8500/min. Es können Scheiben bis zu einem Durchmesser von 178 mm verwendet werden (siehe Bild!).

b) Sichtschleifmaschine

Die unzerbrechliche Scheibe besitzt eine Anzahl Langlöcher, durch welche man bei Drehfrequenz n = 2900/min die von unten angedrückte Werkzeugschneide beobachten kann.

c) Bandschleifmaschine

Mit Hilfe der breiten Schleifbänder lassen sich bei Blecharbeiten saubere Flächen erzielen.

d) Schleifbock

Er hält zwei verschiedene Scheiben, z. B. eine Elektrokorund- und eine Siliziumkarbidscheibe, für die verschiedensten Arbeiten bereit. Die Auflage soll nicht mehr als 2 mm von der Scheibe abstehen. Schutzhauben und Schleifbrille sind Vorschrift! Verschmierte, unrunde und unebene Scheiben rechtzeitig abrichten!

Das Abrichten erfolgt mittels gerillter Hartmetallrädchen, Diamanten oder noch besser mit gegenläufigen Schleifscheiben.

Werkstattwinke:

1. Prüfe beim Aufspannen einer anderen Scheibe, ob die zulässige Drehzahl nicht überschritten wird. Besonders bei Magnesitbindung wichtig!

   Eine farbliche Kennzeichnung der Scheibe weist neuerdings auf die höchstzulässige Umfangsgeschwindigkeit hin:

blau = 45 m/s	rot = 80 m/s
gelb = 60 m/s	grün = 100 m/s

Verputzen mit Winkelschleifer

2. Wähle nach Möglichkeit die Scheibe, welche dem Werkstoff entspricht.
3. Schleife nur mit Schutzbrille und angebrachter Schutzhaube. Werkzeugauflage bei abgenutzter Scheibe nachstellen, sonst kann das Werkstück hineingezogen und eingeklemmt werden (Handverletzung, Scheibenbruch!).

Selbst finden und behalten:

1. Stelle fest, welche Scheiben in deiner Werkstätte in Betrieb oder vorrätig sind! (Korn, Bindung, Härte, Gefüge). Für welche Werkstoffe und Arbeiten eignen sich die einzelnen Scheiben am besten?
2. Im Regal liegt eine Scheibe mit folgendem Aufdruck: Erkläre die Angaben!
3. Was versteht man unter „weicher" oder „harter" Scheibe? Welche Regel gilt für ihre Anwendung?
4. Wozu kannst du die Schleifstifte verwenden?

Kom. Nr. 155 505			Erz. Nr.	
Abmessungen 200x25 x32			Aussp.-Din Pr.	
Material	Korn	Härte	Strukt.	Bind.
C	80	K	7	V
Zulässige Höchstgeschwindigkeit bei Zuf. d. Wst.				
Umdreh. / Min.		Umf.-Geschw. m/s		
v. Hand	m. Support	v. Hand	m. Support	
2877	3353	30	35	
Nach Richtlinien des DSA durch Probelauf geprüft				

MERKE:

1. **Die Schleifscheiben unterscheiden sich durch Korn, Bindung, Härte und Porigkeit (Gefüge).**
2. **Elektrokorund und Siliziumkarbid sind die wichtigsten Schleifmittel.**
3. **Die hohe Drehzahl (3000 bis 18 000/min) und die abfliegenden Schleifspäne führen häufig zu Unfällen, wenn die Schutzvorschriften nicht eingehalten werden.**

VI. Abkantmaschinen und Abkantpressen

Wie wir bereits erfahren haben, sind mit dem Stahlleichtbau große Gewichts- und Preisvorteile verbunden. Leistungsfähige Firmen liefern offene und geschlossene Profile in Stahl, Metall und Leichtmetall in einer Unzahl von Formen. Da sich aber der Bezug dieser Profile in kleineren Mengen oft nicht lohnt oder Sondermaße vom Kunden verlangt werden, bedienen sich auch kleinere Betriebe der Abkantmaschinen oder Abkantpressen.

1. Worin liegt der Unterschied zwischen beiden Maschinen?

Auf beiden lassen sich aus Blechstreifen die mannigfachsten Profile z. B. für Türrahmen oder Fensterrahmen herstellen. Die unterschiedliche Arbeitsweise ist aus den Schemazeichnungen zu ersehen:

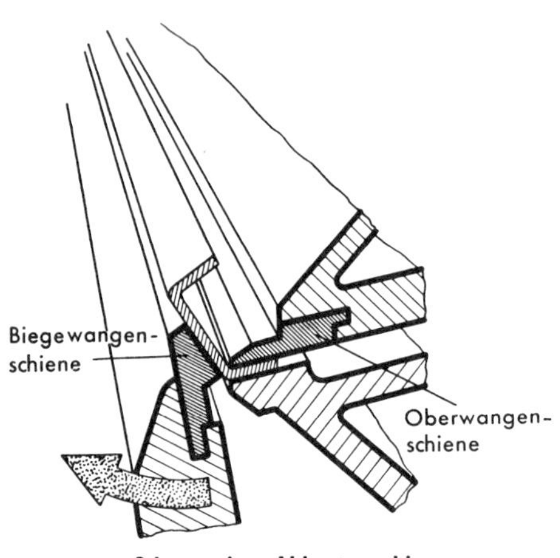

Schema einer Abkantmaschine

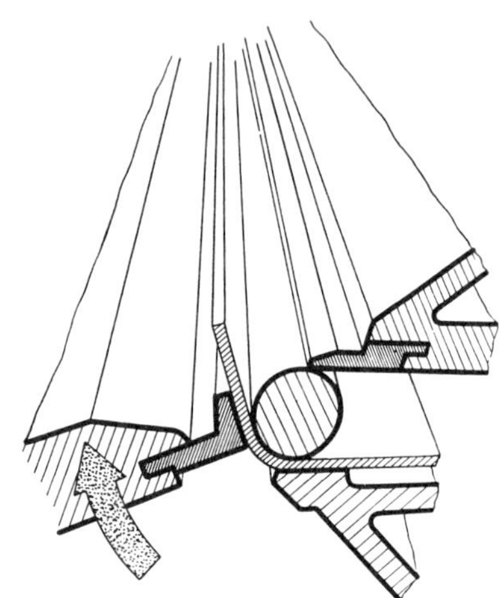
Schema: Runden mit der Abkantmaschine

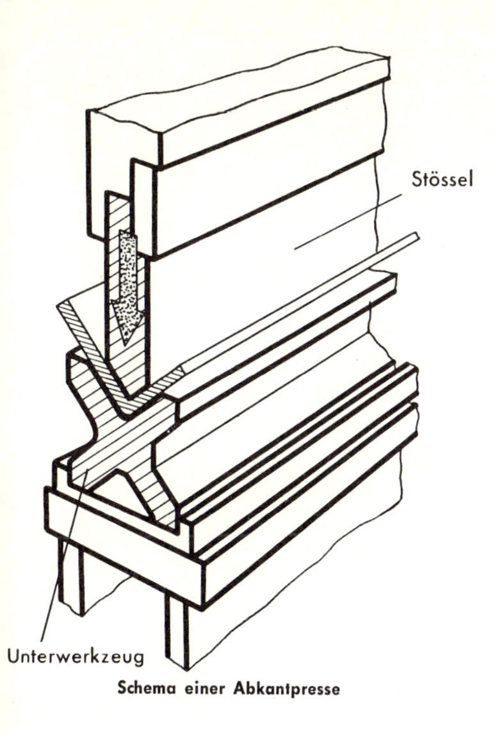

Schema einer Abkantpresse

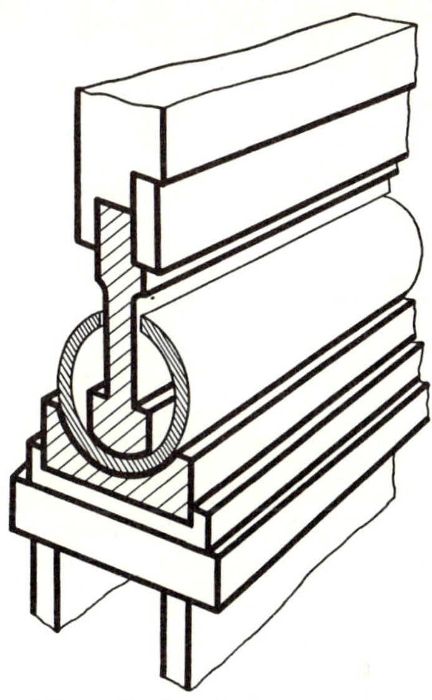
Schema: Runden mit der Abkantpresse

Abkantmaschine

Das Blech wird bis zum verstellbaren Anschlag eingeschoben und zwischen Ober- und Unterwange festgeklemmt. Durch Hochschwenken der Biegewange erfolgt das Kanten. Oberwangenschiene und Biegewangenschiene sind auswechselbar, weshalb sich verschiedene Biegeradien einstellen lassen.

Abkantpresse

Das auswechselbare Oberwerkzeug ist im Stößel der Presse festgeschraubt. Der Stößel selbst besteht aus einer starren, durchbiegungssicheren Stahlplatte und wird durch Kurbelantrieb nach unten gepreßt. Das Unterwerkzeug enthält Ausschnitte (Kimme), welche man aber kleiner im Winkel wählt als den Abkantwinkel, da die Bleche bekanntlich mehr oder weniger zurückfedern.
Durch Einlegen eines entsprechenden Rundstabes zwischen Oberwange und tiefgestellter Unterwange kann man die Maschine auch zum Runden von Blechen verwenden. Der Vorgang erfolgt natürlich schrittweise. Auch die Abkantpresse läßt sich zum Formen fast geschlossener Rohre benützen, wobei sie dickere Bleche auch bewältigt.
Ebenso sind mit besonderen Werkzeugen Loch- und Falzarbeiten möglich.

2. Das Einstellen der Abkantbreite entscheidet über die Maßhaltigkeit

a) Bei der Abkantmaschine sind die auswechselbaren Biegeschienen auf folgende Biegeradien genormt:
Radius = 0,6; 1,0; 1,5; 2,5; 4; 6; 10; 15 mm.
Für die verschiedenen Werkstoffe gelten etwa folgende kleinste Biegeradien (s = Blechdicke!):

Stahl, Cu-Zn, Cu, Al, Al-Mg-Si	Al-Cu-Mg, Al-Mg	Mg-Al
r = 1,5 s	r = 2,5 s	Kalt: r = 4 s Warm: r = 2 s

Für eine Stahltüre soll ein Rahmen nach umstehender Skizze aus 2-mm-Blech abgekantet werden. Wie breit ist das Blechband zu schneiden? Würden wir einfach die Außenmaße zusammenrechnen ($2 \cdot 140 + 40 + 2 \cdot 19 = 358$ mm), so blieben uns nach dem Kanten etwa

12 mm Abwicklungsbreite übrig, denn bei jeder rundkantigen Biegung tritt eine Verkürzung ein, d. h., man braucht weniger, als die Summe der Außenmaße ausmacht. Die Verkürzung berechnen wir mit ziemlicher Genauigkeit nach der Faustformel

$$v = \frac{r}{2} + s$$

In unserem Falle wäre also die vorzurichtende Abwicklungsbreite nicht 358 mm, sondern

$$\begin{aligned} \text{Breite } b &= \text{Außenmaße} - 4 \cdot v \\ &= 358 - 4 \cdot \left(\frac{r}{2} + s\right) \\ &= 358 - 4 \cdot 3{,}5 \text{ mm} = 344 \text{ mm} \end{aligned}$$

Um die Abkantbreiten richtig einzustellen, können wir

- die Mitte der Abkantungen anreißen, indem wir von jeder Schenkellänge die halbe Verkürzung abziehen (Anrißlinie beim Einspannen knapp unter der Oberwange verschwinden lassen, sonst entsteht trotzdem ein kleiner Maßfehler von 0,3 · s);
- die freie Abwicklungsbreite mit Anschlag, Maßstab oder Tiefenmaß nach der Formel vor der Oberwange einstellen und den Reststreifen einspannen (nur für einfache Winkel zu empfehlen!); l = innere Schenkelbreite!
- einen Probestreifen abkanten und so die genauesten Einstellbreiten ermitteln.

b) Bei der Abkantpresse stellen wir den Anschlag für den abzukantenden Schenkel so ein, daß der Abstand Kimmenmitte – Anschlag gleich dem Fertigmaß abzüglich der halben Verkürzung ist.
Die Abkantpresse erweist sich als vorteilhafter!
   - Sie arbeitet schneller, weil das Spannen wegfällt.
   - Sie arbeitet genauer auf der ganzen Länge infolge der starren Form und des gleichmäßigen Drucks.
   - Sie ermöglicht höhere Arbeitsdrücke als die Abkantmaschine und damit die Verarbeitung dickerer Bleche.
   - Sie gestattet größere Abkantlängen bis zu 6 m und bei stufenweisem Kanten noch mehr.

   Die Maschinen zum Abkanten sind für Handbetrieb, Öldruck- und elektrohydraulischen Antrieb gebaut.

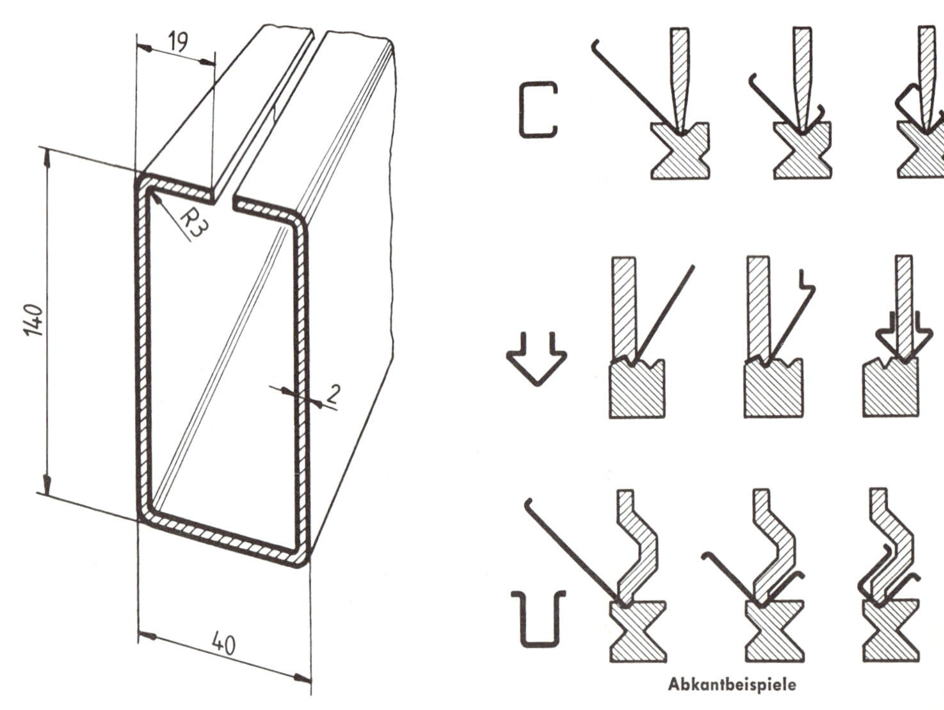

Abkantbeispiele

Werkstattwinke:

1. Nimm bei jeder Arbeit Rücksicht auf die im Leistungsschild der Maschine angegebene Höchstleistung.
2. Verwende eine Biegeschiene bzw. ein Unterwerkzeug mit genügend großem Radius, sonst kann das Blech reißen.
3. Richte verbeulte Bleche vor dem Kanten und schneide die Blechstöße sauber zu.
4. Stelle die Biegewange genau auf die Blechdicke ein, sonst wird entweder bei zu kleinem Abstand das Blech gequetscht oder bei zu großem Abstand das Fertigmaß falsch.
5. Überlege die zweckmäßigste Arbeitsfolge und mache Probekantungen.
6. Bleche vor dem Runden stets anrunden.

Selbst finden und behalten:

1. Warum müssen beim Kanten für Stahlblech, Messing, Alu, Dural usw. verschiedene Mindestradien eingehalten werden?
2. Woran liegt es, wenn ein auf der Abkantmaschine gebogener 2 m langer Winkel im mittleren Teil etwas krumm ist?
3. Welche Vorteile besitzt eine durch Öldruck gesteuerte Abkantpresse gegenüber einer mechanisch bedienten?
4. Warum kann man mit der Presse auch Profile biegen, die länger sind als die Maschine?

MERKE:

1. **Zum Abkanten bedient man sich der Abkantmaschinen und Abkantpressen.**
2. **Die Abkantmaschinen verformen das Blech mittels der Biegeschiene, die Abkantpressen mittels eines Oberwerkzeugs. Letztere sind leistungsfähiger und arbeiten genauer.**
3. **Die Abwicklungsbreite für das Profil errechnet man durch Abziehen der Verkürzungen von der Summe der Außenmaße.**

   Faustformel: $v = \frac{r}{2} + s$
4. **Am genauesten ermittelt man die Einstellbreiten an einem Probestreifen.**

Fertigungskunde

I. Tore

Wer mit wachen Augen durch die Straßen geht und die Toreinfahrten betrachtet, wird nicht nur die große Unterschiedlichkeit in der Konstruktion, sondern auch verhältnismäßig oft schiefhängende, schlecht schließende Tore feststellen. Der letzte Umstand ist fast immer auf Anschlagfehler, schlechtes Mauerwerk oder zu weichen Untergrund und unzweckmäßige Ausbildung der Beschlagteile zurückzuführen.

1. Der Zweck des Tores, seine Lage, wirtschaftliche und künstlerische Erwägungen bestimmen seine Ausführung

Werkstoffe: Holz, Stabstahl, Rohr, Blech, Drahtgitter, Messing, Bronze.
Aufbau: Einflügelig, mehrflügelig.
Öffnungsweise: Flügeltor, Schiebetor, Rolltor, Klapptor.
Einbau: Haustor, Gartentor, Garagentor, Fabriktor.

2. Jeder Teil des Tores muß kräftig genug und sinnvoll gestaltet sein

In der Regel gehören zu einem Tor folgende Teile:
1 = Pfanne, 2 = Halseisen, 3 = Auflaufkloben, 4 = Riegel (Schloß), 5 = Sturmstangenfalle, 6 = Sturmstange, 7 = Sturmstangenkloben, 8 = Gitterschloß mit Schließkloben (Abb. 274,1).

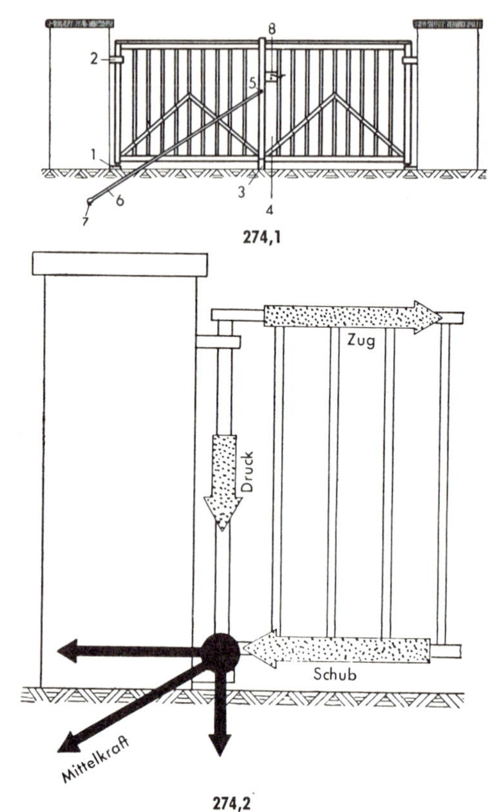

274,1

274,2

a) Die Hoftorpfanne
Da an schweren Toren ganz erhebliche Zug-, Druck- und Biegungskräfte wirksam werden, die von Pfanne und Halseisen aufzunehmen sind, ist der Ausbildung dieser Teile größte Beachtung zu schenken. Darüber hinaus müssen aber auch der Torpfosten und das Betonfundament kräftig bzw. fest genug gewählt werden, soll sich das Tor nicht in kurzer Zeit senken und neigen.
Die Pfanne muß nicht nur einem senkrechten Druck bis zu 10 000 N und mehr gewachsen sein, sondern auch einem seitlichen Schub, hervorgerufen durch die Hebelwirkung, Widerstand leisten (Abb. 274,2). Verschmutzung des Zapfenlagers beschleunigt die Abnutzung, weshalb man gehärtete Zapfen verwenden soll.
Die Pfanne selbst wählt man meist von gleicher Stärke wie die Drehsäule. Besteht der Hoftorpfosten aus U-Stahl, T-Stahl oder Doppel-T-Stahl, so wird die Pfanne mit Schloßschrauben angeschraubt oder angeschweißt. In Mauerwerk verkeilen wir die Pfannenkloben unten und oben und zementieren sie ein. Der Kloben ist zu diesem Zweck so zu schmieden oder einzubauen, daß er auf der Ober- und Unterseite glatt bleibt.
Für die Bauweise gibt es, abgesehen von leichter und schwerer Ausführung, zwei Möglichkeiten: Entweder greift die Pfanne mit einem Zapfen in das Lager der Drehsäule (Abb. 275,1), oder das Zapfenende der Drehsäule dreht sich in einer entsprechenden Vertiefung der Pfanne (Abb. 275,1). Die erste Ausführung ist zwar zeitraubender, aber vorzuziehen, da bei der anderen Bauweise das Lager leicht verschmutzt und die Abnutzung beschleunigt wird. Infolge Abnutzung senkt sich die Drehsäule mit der Zeit und sitzt dann oben auf dem Halseisen auf. Am dauerhaftesten sind Pfannen mit Kugellagern.

b) Das Halseisen
Durch das Halseisen erhält der Hoftorflügel seine Führung. Es wird durch das Gewicht des Torflügels auf Zug beansprucht, d. h., das Tor sucht den Halseisenkloben durch seine Schwere aus dem Mauerwerk zu ziehen bzw. aus seiner Verschraubung herauszureißen.
Die Befestigung muß deshalb mit besonderer Sorgfalt erfolgen. Da die Hebelwirkung um so größer wird, je tiefer das Halseisen angebracht ist, soll der Kloben möglichst nahe am

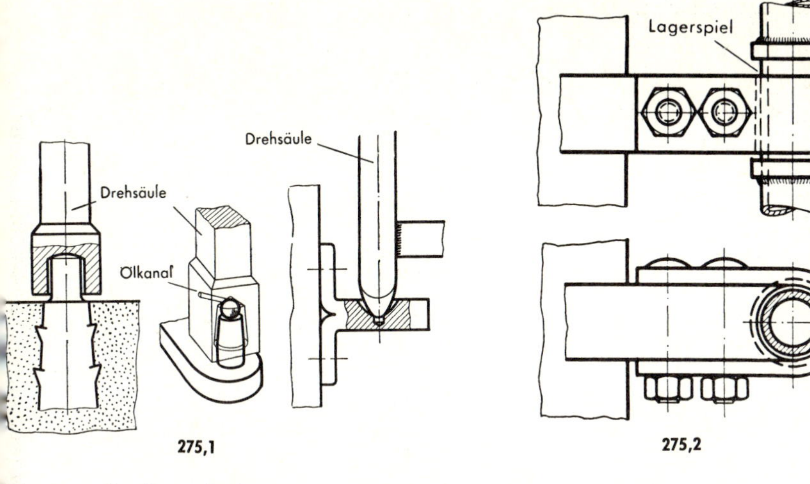

275,1 275,2

Ɔbergurt des Tores befestigt sein. Wird der Kloben im Mauerwerk verkeilt und einzemen-
iert, dann muß die Länge des eingemauerten Stahls dem Torgewicht entsprechen. Man
echnet für 50 kg Flügelgewicht etwa 10 cm, für 100 kg etwa 15 cm und für 600–1000 kg etwa
8–20 cm Einmauerungstiefe. Das Halseisen besteht aus einem Vierkantkloben und dem
:ugehörigen Halsband aus Flachstahl, welches mit 8–10 mm starken Schrauben auf dem
ℷloben festgeschraubt ist. Die Kloben stellen wir paarweise her, indem wir in der Mitte der
loppelten Länge zuerst ein kleineres Loch bohren und dann mit einem Bohrer (Durchmesser
= Stärke des Vierkantstahls) abbohren. Die Drehsäule des Torflügels wird, wenn sie nicht
chon aus einem Rundstahl oder Rohr besteht, an der Drehstelle (Hals) rundgedreht oder
efeilt. Dabei ist zu beachten, daß bei einem etwaigen Sichsetzen des Tores noch genügend La-
erspiel vorhanden ist (Abb. 275,2). Die Abb. zeigen verschiedene Ausführungen.

Der Auflaufkloben

)ieser Kloben, in manchen Gegenden auch „Mönch" genannt, dient zum Feststellen des
inen Torflügels. Je nach der Schwere des Tores nimmt man dazu Flachstahl von 6–8 mm
)icke und 50–70 mm Breite. Der Kloben nach Abb. 276,1 wird in folgender Reihenfolge an-
efertigt:
lachstahl ablängen, warm zusammenschlagen, Form biegen, einhauen (schröpfen), Riegel-
och anreißen, bohren und feilen. Weil sich der Torflügel setzen und sich seitlich etwas
erlagern kann, machen wir das Riegelloch etwas breiter.
:um Einzementieren hauen wir in das Betonfundament Löcher in Steinmeißelbreite, verkeilen
ie Enden des Klobens mit Eisenkeilen und vergießen mit Zement (Abb. 276,1).

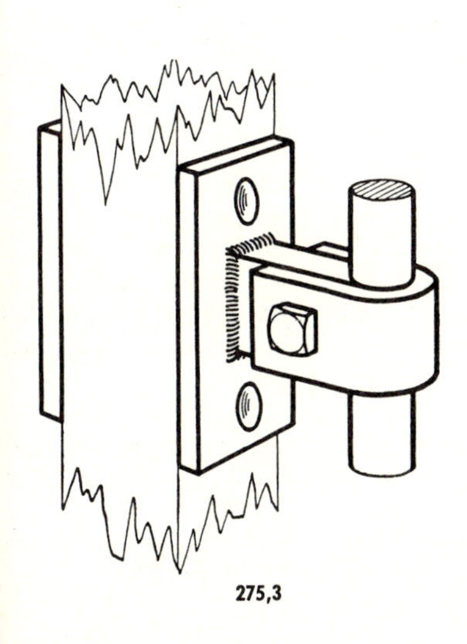

275,3

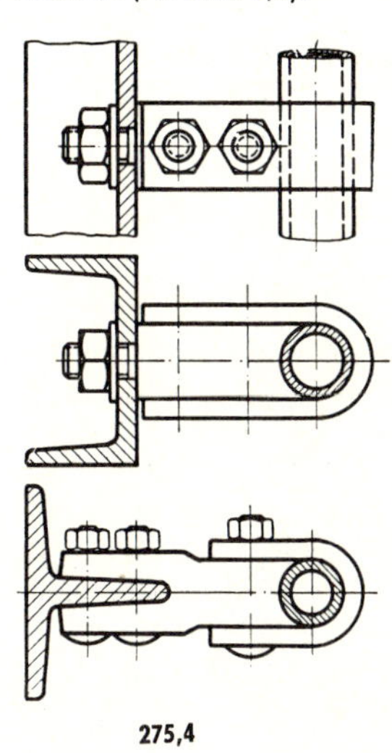

275,4

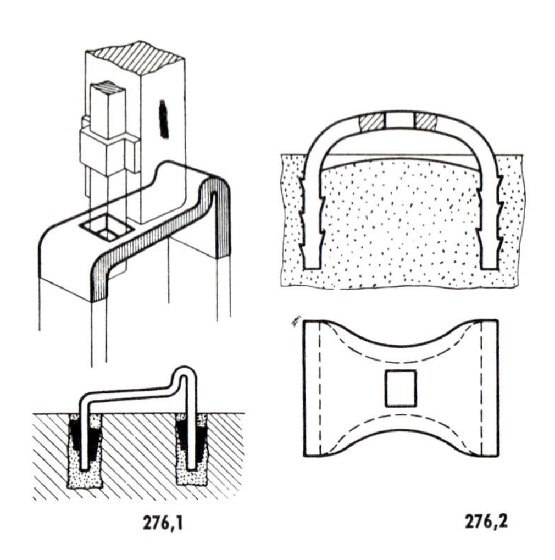

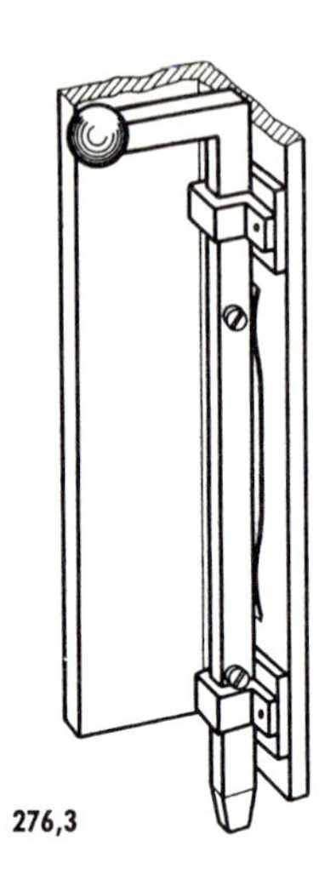

276,1 276,2 276,3

Unter sehr breiten Toren, die ein Anfahren des Auflaufklobens durch Fahrzeuge ermöglichen, läßt man den Anschlag besser weg und gibt dem Kloben eine möglichst flache und gewölbte Form. Eine solche Ausführung, bei der ein Flachstahl rund gebogen und außerdem kugelig eingezogen ist, zeigt Abb. 276,2.

d) Der Hoftorriegel

Durch den Riegel wird der Hoftorflügel im Auflaufkloben festgehalten. Der Riegel selbst kann aus Vierkant-, Flach- oder Rundstahl gearbeitet sein, bei den heute vielfach üblichen Toren aus Rohrkonstruktion bildet er meist mit der schwenkbaren Strebstange ein Ganzes. Wir wollen in Abb. 276,3 nur eine der Möglichkeiten besprechen, die gegenüber anderen Konstruktionen einige Vorteile aufweist:

Ein Vierkantstahl 14/14 wird abgelängt, an einem Ende konisch gefeilt, am anderen Ende scharfkantig gebogen (Handgriff). Aus Flachstahl 5/25 schmiedet man zwei Überkloben und schweißt sie auf Platten 70/25/5 auf. Die Schleppfeder hämmern wir aus Bandstahl 15/1,5 bohren und härten sie.
Nachdem man in Riegel und Überkloben die nötigen Löcher gebohrt und versenkt hat werden die Löcher auf dem Anschlagwinkel des Torrahmens angezeichnet und gebohrt Platten und Feder anschweißen bzw. nieten. Um den Riegelschub nach unten und oben zu begrenzen, sind noch zwei Zylinderkopfschrauben anzubringen.

Vorteile dieser Ausführung:

Die Befestigung mittels Platten ist dauerhafter und fester als die direkte Befestigung der Überkloben am Torwinkel.
Die Schleppfeder erhält durch die Platten etwas Spiel und kann zwischen Riegel und Rahmen nicht plattgedrückt und lahm werden.
Der Riegel hat „Luft" und rostet nicht so leicht fest.

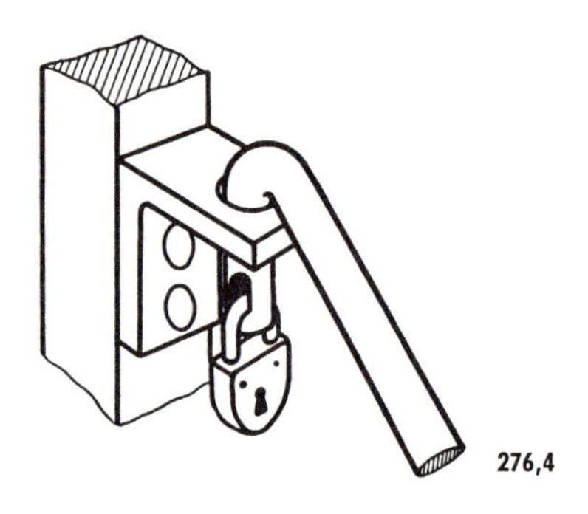

276,4

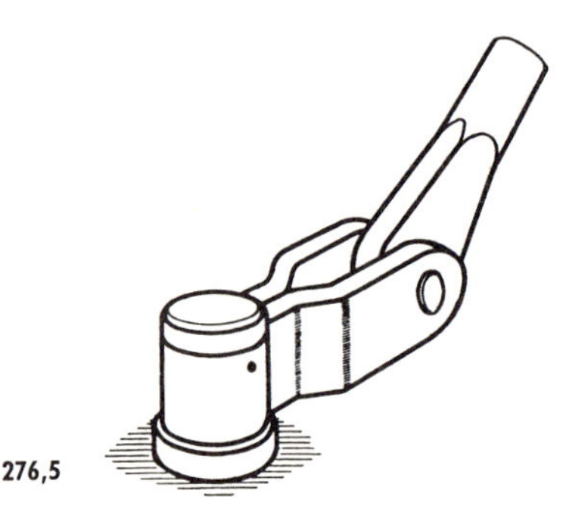

276,5

e) Die Sturmstange

Der Hoftorriegel genügt in den meisten Fällen nicht, um dem Hoftor ausreichenden Halt zu geben. Deshalb versteift man einen Flügel mit einer Sturm- oder Strebstange. Die Stärke der Strebstange richtet sich nach dem Torgewicht (16–22 mm). Man sieht Rundstahl, Vierkantstahl, aber auch Rohre verwendet. Besonders für mehrteilige Tore sind auch Patent-Strebstangen im Handel, die sich selbsttätig mitöffnen bzw. feststellen.

Der Strebstangenanfang ist ebenso wie die Art der Verbindung mit dem Kloben sehr verschieden. Abb. 276,4 zeigt, wie man die Stange einfach abwinkeln und einhaken kann. Wenn nötig, dient ein Vorhängeschloß als Sicherung.

Abb. 276,5: Eine kräftigere Ausführung der Boden-Verankerung.

Abb. 277,1: Eine seltenere Lösung, für oft und rasch zu öffnende Tore. Das Stangenende ist als Klaue ausgebildet und greift lose über eine Kugel.

f) Verschluß

Dieser wird bewerkstelligt durch Einklinken von Riegel oder Falle in den Schließkloben am festen Torflügel oder in einen entsprechenden Riegelschlitz. Je nach der Torkonstruktion verwenden wir passende Gitter- und Sicherheitsschlösser, die ein möglichst regendichtes Gehäuse erhalten. Handelt es sich um einen Schließkloben für hebende Falle (Abb. 277,2), so ist ein späteres Setzen des Tores einzukalkulieren, sonst schlägt der Torflügel mit dem Fallenkopf gegen den Schließkloben, geht aber nicht mehr über die Nase in die Rast. Man beugt dem vor, indem man den Kloben nicht fest annietet oder schweißt, sondern durch Langlöcher verschraubt. Die Langlöcher ermöglichen ein nachträgliches Tieferstellen des Schließklobens, so daß die Nase wieder paßt. Beim ersten Anpassen ist darauf zu achten, daß die Falle ohne Betätigung des Drückers oder Schlüssels über die Nase des Klobens gleitet und einrastet. Soll der Schließkloben eine schließende Falle aufnehmen (Abb. 277,3), dann kann er natürlich angenietet oder angeschweißt werden. Der Bügel muß nur noch unten so viel Spielraum gewähren, daß der Schloßriegel nicht dagegen stößt, wenn sich das Tor gesetzt hat.

Häufig wird gewünscht, daß der Torflügel selbsttätig zufällt – oder es muß berücksichtigt werden, daß die Toreinfahrt ansteigt.

Die Steigung kann so groß sein, daß der nach innen aufgehende Flügel am Boden klemmt. In beiden Fällen hilft man sich damit, daß man die Drehsäule schräg nach hinten etwas kröpft. Gleichzeitig muß die Pfanne entsprechend nach rückwärts versetzt werden. Der Torflügel erhält dadurch – geöffnet – eine leicht zur Achse geneigte schiefe Lage, wodurch er von selbst wieder zuschlägt. Da sich hierbei die Drehsäule auch schief einstellt, müssen Halseisen und Pfannenlager entsprechend unrund gefeilt werden.

3. Richtiges Anschlagen gewährleistet lange Haltbarkeit

Schwere Tore werden meist zwischen Säulen aus Beton oder Stein angebracht.

In Beton oder festem Mauerwerk können Pfannen und Halseisen so fest verkeilt werden, daß das Tor gleich nach dem Anschlagen benützt werden darf, auch wenn der Zement noch nicht abgebunden hat. Ist dagegen das Mauerwerk „mürbe“ und ein Verkeilen nicht möglich, dann muß das gut unterlegte und verstrebte Tor so lange in Ruhe stehen, bis der Zement fest ist (3 bis 4 Tage).

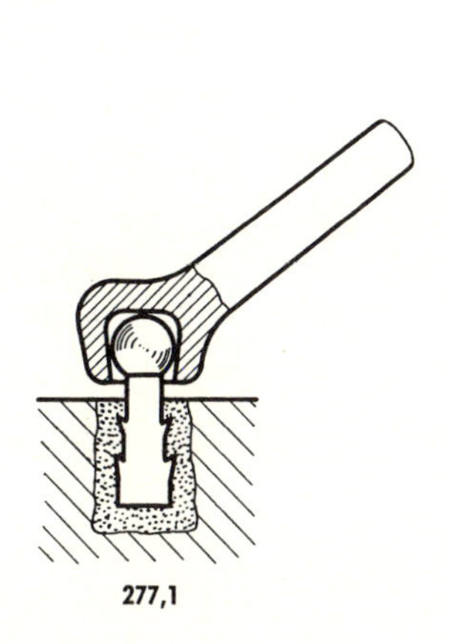

277,1

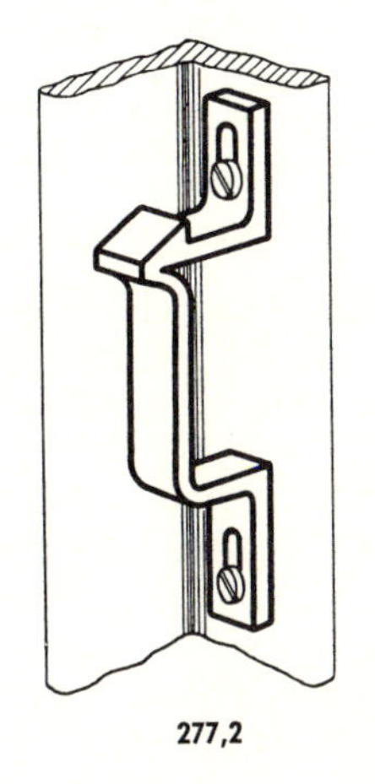

277,2

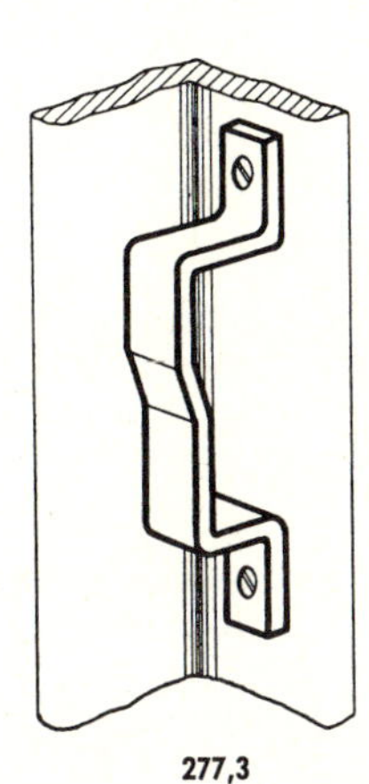

277,3

Die Reihenfolge der Anschlagarbeiten sei für ein Tor nach Abb. 274,1 geschildert.

a) Löcher für die Pfannen hauen. 45 × 45 und 120 mm tief.
b) Löcher mit Wasser annetzen, mit steifem Zementbrei ausfüllen und beide Pfannen auf breitem Flachstahl als Unterlage einsetzen. (Genaue Torbreite, gleich hoch, Wasserwaage!)
c) Über der Pfanne Keile aus Flachstahl 30/6 eintreiben. (Etwa 8 cm lang.)
d) Tor einsetzen und Lage der Halseisen anzeichnen.
e) Tor wieder entfernen und Löcher hauen.
f) Halseisen wie Pfannen verkeilen und einzementieren.
g) Tor wieder einsetzen und auf genauen Anschlag einrichten, wenn nötig, Keile nachtreiben.
h) Löcher für Auflauf- und Strebstangenkloben hauen, Kloben verkeilen und einzementieren. (Tor muß leicht auf Auflaufkloben einspielen.)

Selbst finden und behalten:

1. Vergleiche Hoftore mit massiven Holzflügeln, aus Rohrkonstruktion, aus Drahtgeflecht und aus Blech unter den Gesichtspunkten der Steifigkeit, der Wind- und Torsäulenbelastung, der Schönheit!
   Welcher Ausführung gibst du den Vorzug?
   Was ist dabei noch zu berücksichtigen? (Umgebung!)
2. Nenne verschiedene Pfannenarten, ihre Vor- und Nachteile!
3. In welcher Richtung wird das Halseisen beansprucht, und welche Faustregel gilt für die Befestigungstiefe?
4. Welche Verschlußmöglichkeiten gibt es für ein- und zweiflügelige Tore?
5. Warum muß der Drehstab über dem Halseisen Spiel haben?
6. Schreibe einen kurzen Arbeitsbericht über das Anschlagen eines Tores, an dem du selbst mitgearbeitet hast!

MERKE:

1. Torsäulen und tragende Beschlagteile sind daraufhin zu überprüfen, ob sie der Belastung dauernd standhalten können.
2. Einmauerungstiefe für Halseisen:

50 kg Flügelgewicht = 10 cm	**600 kg Flügelgewicht = 18 cm**
100 kg Flügelgewicht = 15 cm	**1000 kg Flügelgewicht = 20 cm**

3. Oft bewegte Tore erfordern gehärtete Drehzapfen oder Kugellagerung.

II. Türen

Sie verwehren oder ermöglichen den Zutritt zu geschlossenen Räumen, verhindern die Ausbreitung von Gasen, Dämpfen, Feuer, Lärm.

Die Ausführung ist zweckbestimmt:

Werkstoffe:	Holz, Glas, Stahl, Leichtmetall.
Aufbau:	Einflügelig, mehrflügelig.
Öffnungsweise:	Flügeltüre, Schiebetüre, Falltüre, Pendeltüre.
Einbau:	Zimmertüre, Haustüre, Speichertüre, Kellertüre, Garagentüre, Balkontüre, Terrassentüre.
Anschlag:	Zargentüre, Futtertüre stumpf und überfälzt, Stocktüre, Pendeltüre, Wagnertüre, Hebetüre.

Der Schlosser schlägt die verschiedenen Türen an, fertigt vorwiegend einfache Stahltüren, feuerhemmende Türen (fh), feuerbeständige Türen (fb).

1. Feuerhemmende und feuerbeständige Türen unterliegen den „Baupolizeilichen Bestimmungen über Feuerschutz"

Einbau, Bauweise, Prüfung und Kennzeichnung unterliegen genauen und strengen Vorschriften. Die Normung auf den DIN-Blättern 18082, 18084, 18250, 4102 ist noch nicht abgeschlossen.

DIN 4102 Blatt 3 unterscheidet bei den „Feuerschutzabschlüssen", zu denen auch die Stahltüren zählen, fünf Widerstandsklassen: T 30, T 60 (= feuerhemmend) – T 90, T 120 (= feuerbeständig), T 180 (= hochfeuerbeständig). Die entsprechenden Mindestzeiten für die Feuerwiderstandsdauer betragen 30, 60, 90, 120 und 180 Minuten.
Bezeichnung einer feuerhemmenden Stahltüre der Widerstandsklasse T 30 nach DIN 18 082 Teil 1:

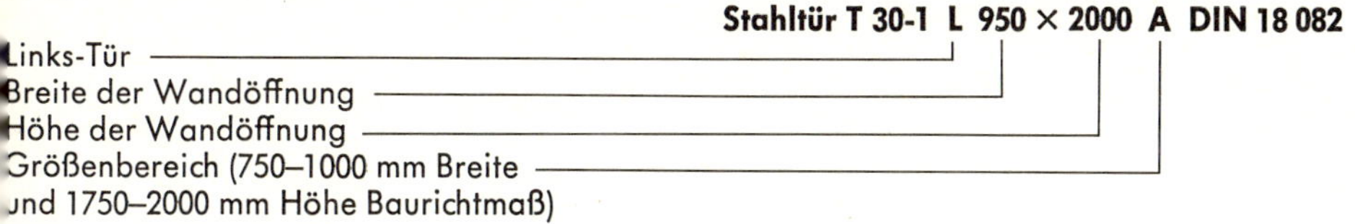

2. Links oder rechts?

Für die Auswahl oder Zustellung von Bändern, Schlössern, Schließblechen oder Drückern ist es wichtig, zu überlegen, ob die Beschläge für eine linke oder rechte Tür bestimmt sind und wie der Falz beschaffen ist. Die folgenden Abbildungen sollen diese Begriffe klären. Dabei ist besonders auf die unterschiedliche Bezeichnung von Einsteck- und Kastenschlössern zu achten.

Bei Wechselgarnituren soll daneben auch angegeben werden: Drückerteil links zeigend oder Drückerteil rechts zeigend.

Anleitung für Bestellung von Einsteck- und Kastenschlössern

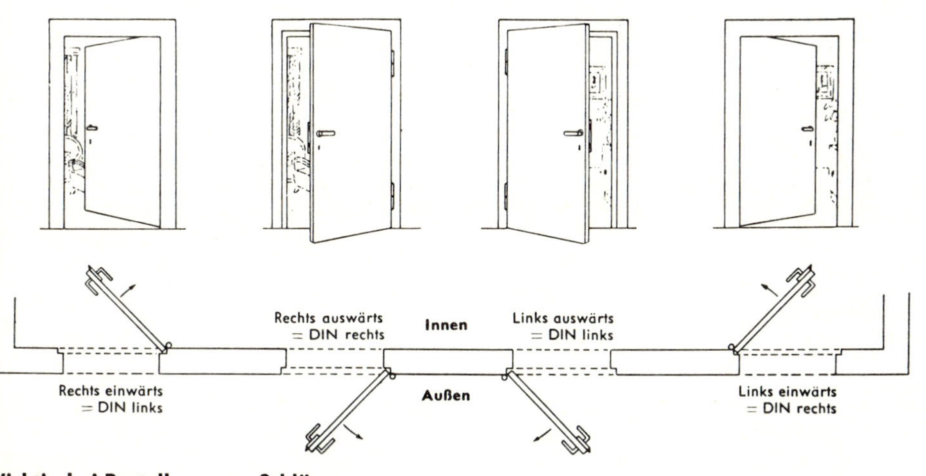

Wichtig bei Bestellung von Schlössern.

Einsteckschlösser werden nach DIN 107 bezeichnet. Die alte Angabe links oder rechts einwärts ist nicht mehr gebräuchlich. Die Türe wird von der Seite aus angesehen, auf der das Band sichtbar ist. Sitzt das Band links an der Tür, so ist das Schloß DIN links und umgekehrt.

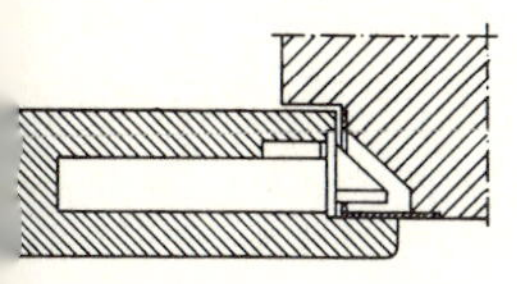

Überfälzte Türe. Zur Verwendung kommt ein Einsteckschloß mit Winkelschließblech. Wenn bei Naturtüren erwünscht ist, daß der Anschlagwinkel verkürzt, also nicht sichtbar sein soll, müssen Einsteckschlösser mit hoch liegendem Riegel gewählt werden.

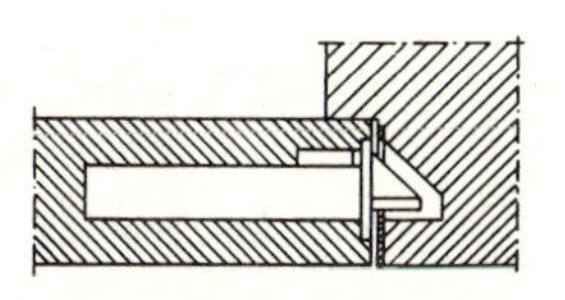

Stumpf im Falz liegende Türe. Zur Verwendung kommt ein Einsteckschloß mit Stulp auf Mitte und Lappenschließblech.

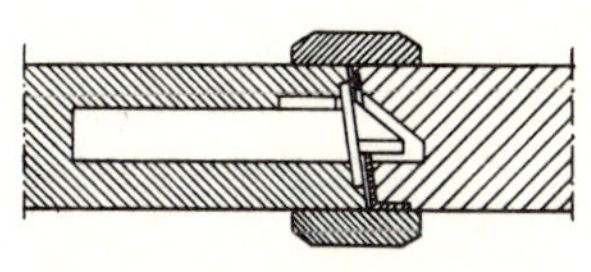

Doppeltüre mit schrägem Falz. Zur Verwendung kommt ein Doppeltürschloß mit schrägem Stulp und Lappenschließfach.

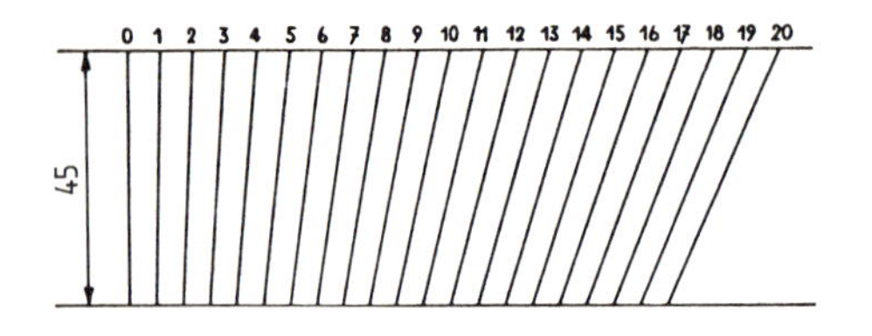

Schrägentabelle für Einsteck-Doppeltürschlösser mit schrägem Stulp.

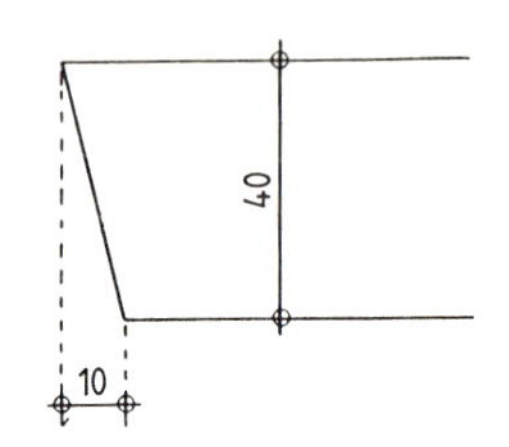

Die Falzschräge kann auch nach diesem Schema angegeben werden. Z. B. 10 mm Schräge auf 40 mm Türstärke.

3. Jede Türkonstruktion verlangt besondere Beschläge

a) Brettertür

Brettertüren bestehen aus stumpf gefügten, überfälzten oder gespundeten Brettern. Querleisten und Diagonalstreben halten und versteifen. Die Türen schlagen entweder auf Stein oder Blendrahmen. Ein Kastenschloß mit Schließkloben bildet den einfachen Verschluß.

Beschlägebedarf:

Auswärtsschlagend
auf Holz: Schließblech oder Schließkloben mit Lappen
auf Stein: Schließkloben mit Steinschraubenden (gekröpft)
Einwärtsschlagend
auf Holz: Schließkloben auf Platte oder Schließkloben mit Spitze
auf Stein: Schließkloben mit geradem Schraubende.
Aufsatzbänder, Kastenschloß.

b) Futtertür

Für Zimmer- und Korridortüren üblich. Überfälzt oder stumpf einschlagend.
Bei überfälzten Türen ist kein Türspalt sichtbar.

Beschlägebedarf: a) Stumpf: Aufsatzbänder, Einsteckschloß, Lappenschließblech
b) Überfälzt: Einstemmbänder, Einsteckschloß, Winkelschließblech.

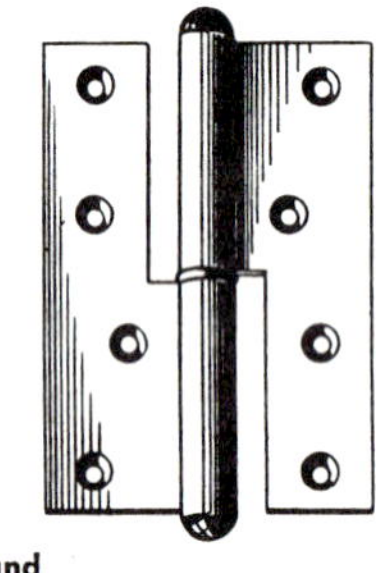

Aufsatzband

Schließkloben auf Platte, links oder rechts

Schließhaken für auswärts gehende Schlösser, klein, mittel, groß, links oder rechts

Schließkloben für Stein, gerade

Schließkloben für Stein, gekröpft, links oder rechts

Stumpf-Drückerschloß, lackiert, mit schwarz lackiertem Gußdrücker und Langschild, mit einem Schlüssel. Dornmaß............65 mm einwärts, mit Kloben auf Platte

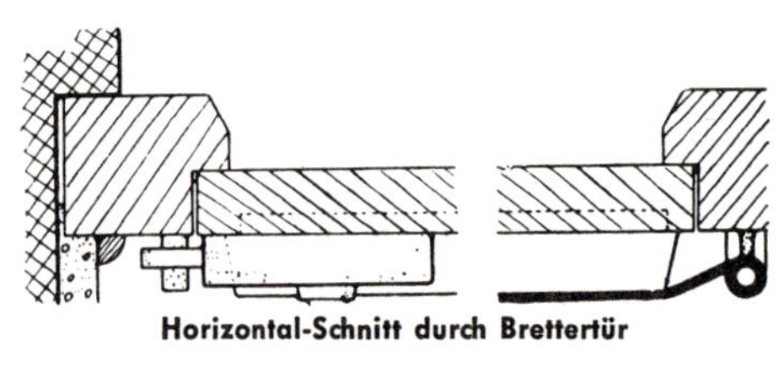

Horizontal-Schnitt durch Brettertür

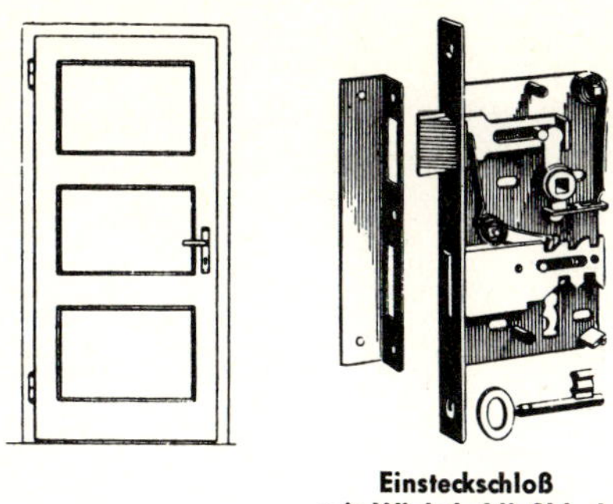

Einsteckschloß
mit Winkelschließblech

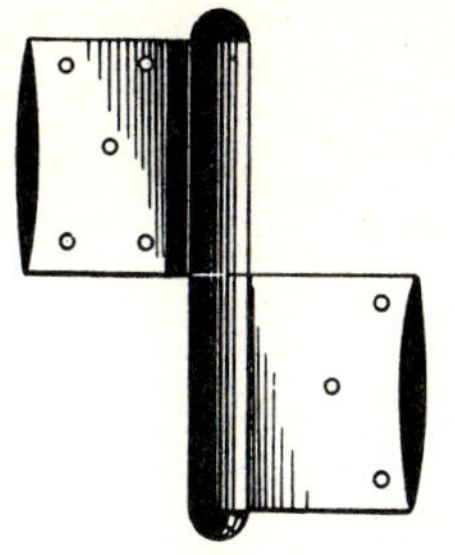

Einstemmband

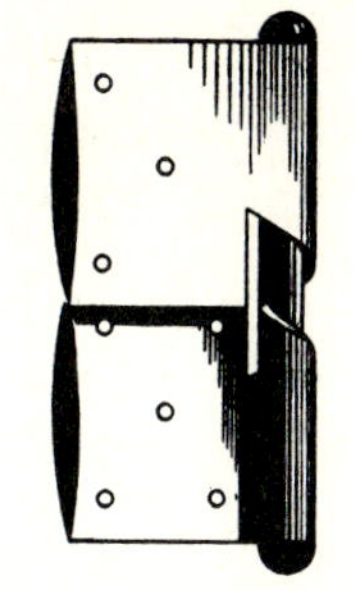

Einstemmband steigend

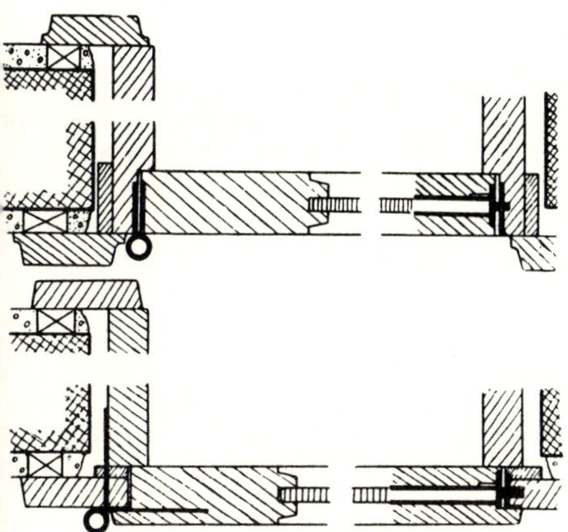

Horizontalschnitte durch Futtertüren
(oben stumpf, unten überfälzt)

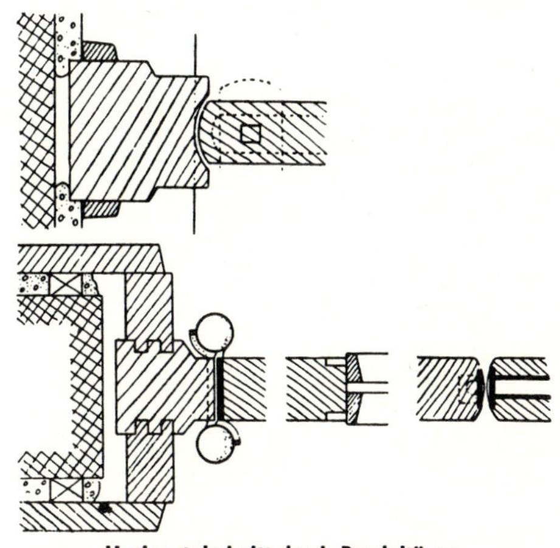

Horizontalschnitt durch Pendeltüren
(oben mit Bodentürschließer, unten mit Pendeltürband)

c) Pendeltür

Diese ein- oder zweiflügeligen Türen sind auf Rahmenmitte angeschlagen. Glasfüllungen ermöglichen die Beobachtung des Gegenverkehrs. Der Anschlag erfolgt mittels Bommerbändern oder Bodentürschließer.

Beschlägebedarf:

Bodentürschließer
Zapfenbänder oder Pendeltürbänder
Einsteckpendeltürschloß oder
Einsteckriegelschloß

Pendeltürschloß

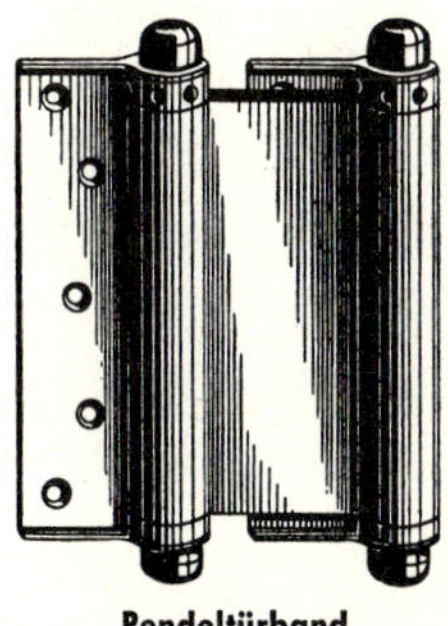

Pendeltürband

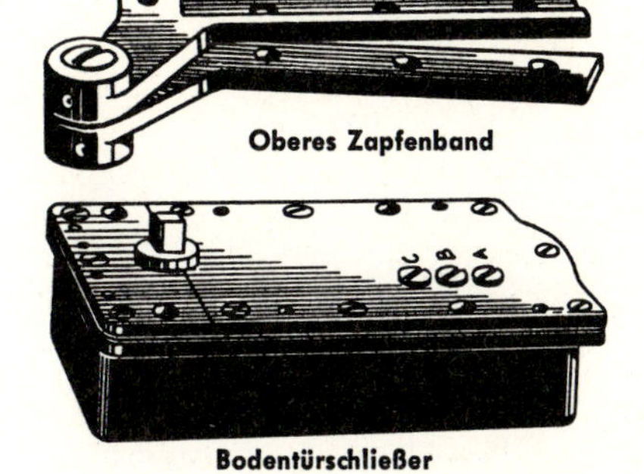

Oberes Zapfenband

Bodentürschließer

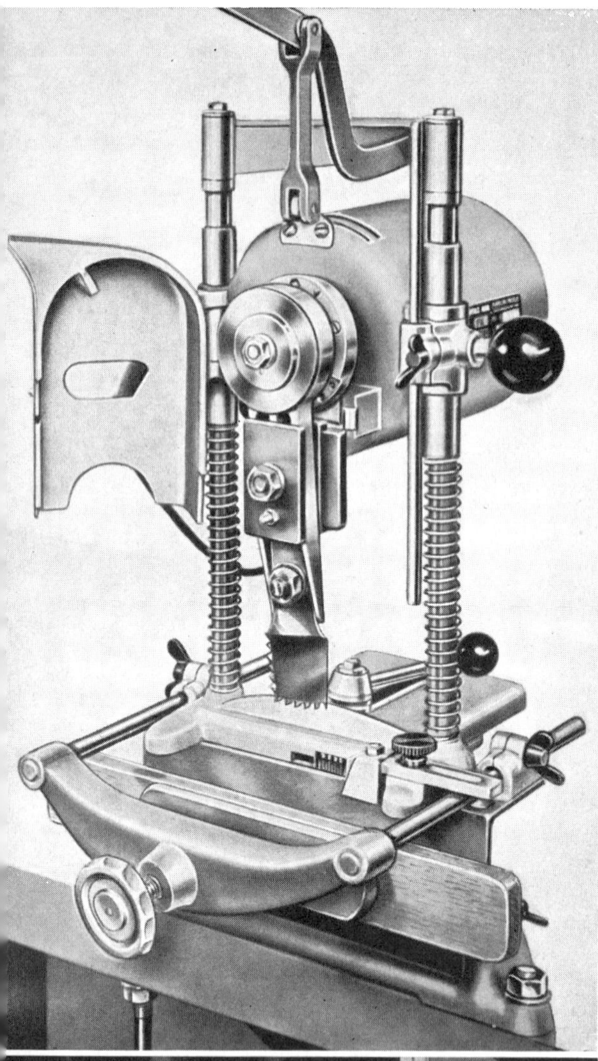

◀ Zusatz-Stemmeinrichtung mit Stemm-Messer

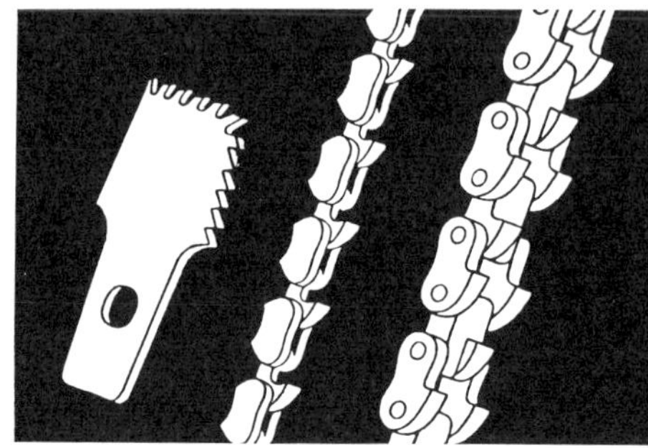

Stemm-Messer Fräsketten

Fräsen des Schlitzes für das Schloß an einer Kabinentür

Fertiger Schlitz

Fertiger Schlitz

◀ Fräsen eines Schlitzes für das Fitschband

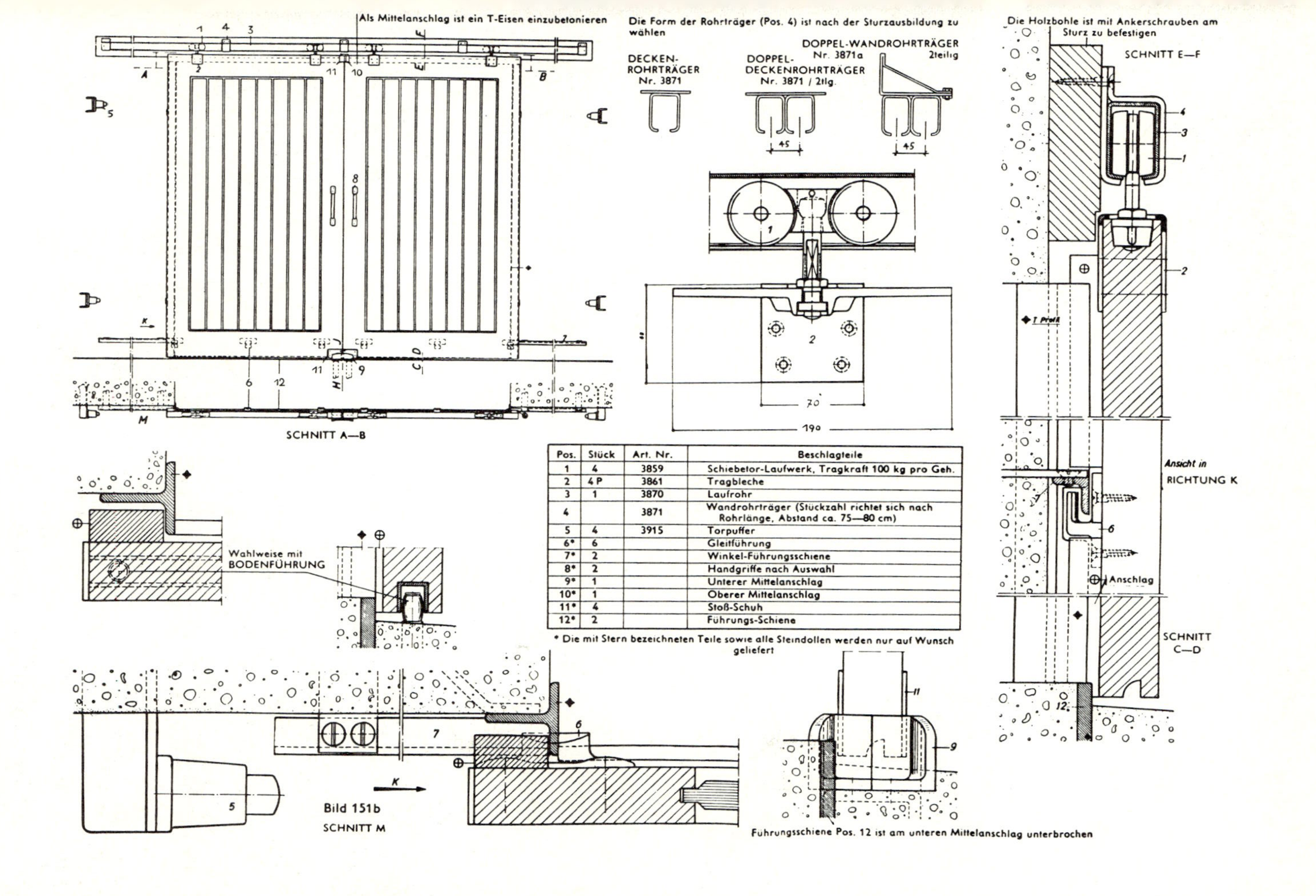

Pos.	Stück	Art. Nr.	Beschlagteile
1	4	3859	Schiebetor-Laufwerk, Tragkraft 100 kg pro Geh.
2	4 P	3861	Tragbleche
3	1	3870	Laufrohr
4		3871	Wandrohrträger (Stückzahl richtet sich nach Rohrlänge, Abstand ca. 75—80 cm)
5	4	3915	Torpuffer
6*	6		Gleitführung
7*	2		Winkel-Führungsschiene
8*	2		Handgriffe nach Auswahl
9*	1		Unterer Mittelanschlag
10*	1		Oberer Mittelanschlag
11*	4		Stoß-Schuh
12*	2		Führungs-Schiene

* Die mit Stern bezeichneten Teile sowie alle Steindollen werden nur auf Wunsch geliefert

Bild 151b

Schiebetür

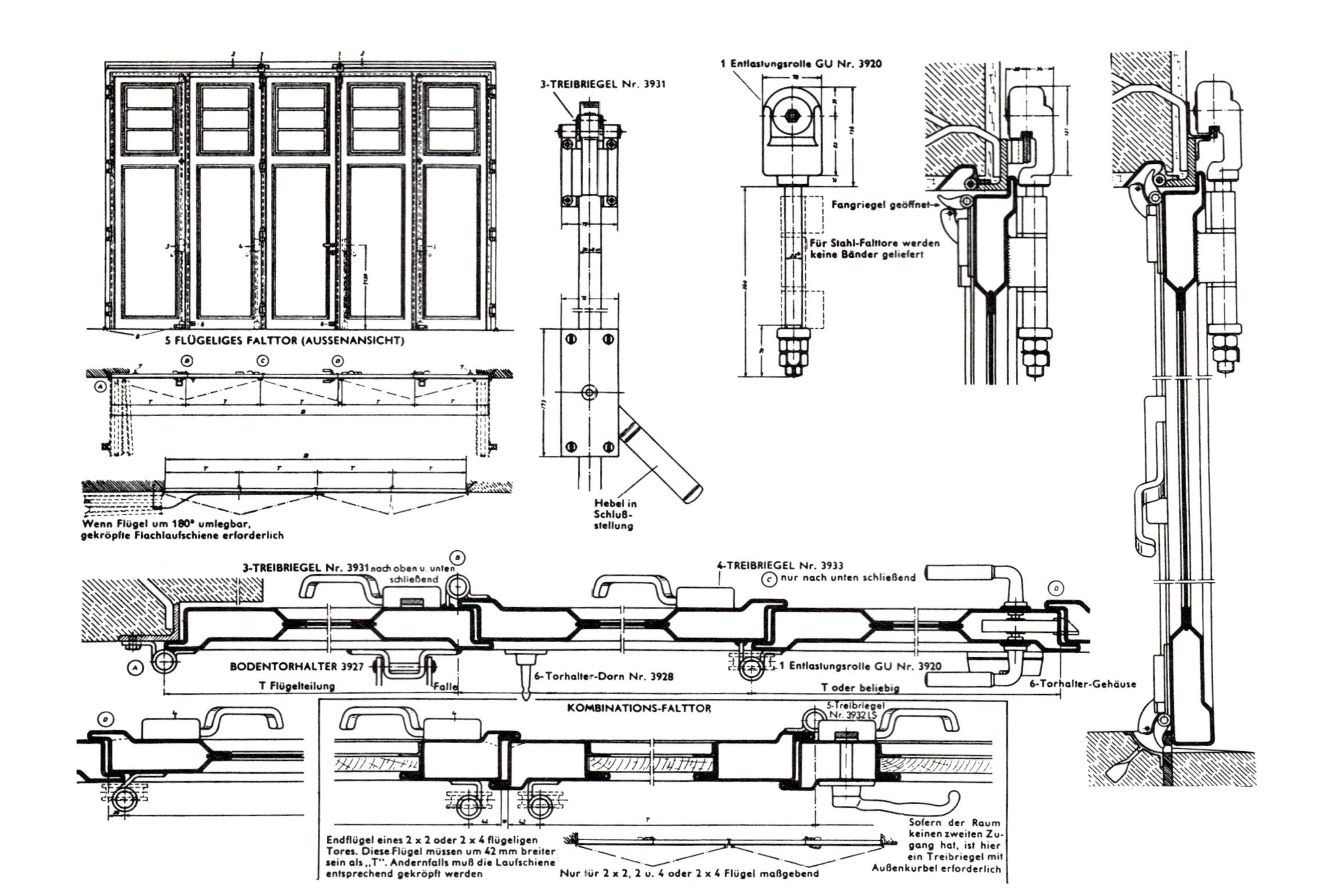

Falttor aus Stahl

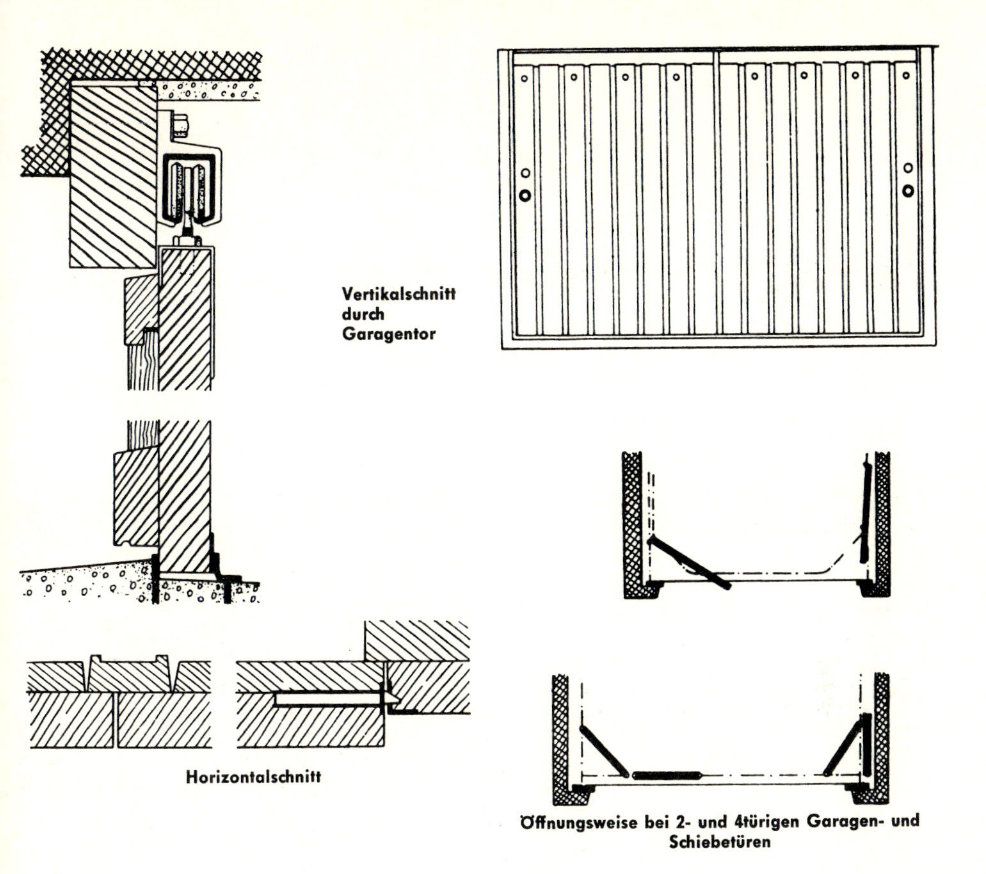

Öffnungsweise bei 2- und 4türigen Garagen- und Schiebetüren

d) Garagen-Schiebetüre

Schiebetüre dieser Art werden zwei- oder vierflügelig ausgeführt. Sie laufen je Flügel in zwei Kugellagerrollen. Die Bodenführung übernehmen U-Schienen, die parallel zur Seitenwand liegen. Der Verschluß erfolgt am Blendrahmen.

Beschlägebedarf:

Spezial-Garagentürbeschlag zweiflügelig oder vierflügelig
Spezialschloß (bei mehr als 3 Flügeln!)

Wie schwere Garagentore angeschlagen werden, zeigen die Bilder von einem Schiebetor und einem Falttor aus Stahl. (Siehe Seiten 283 und 284!)

4. Neuzeitliche Maschinen erleichtern das Anschlagen

Obwohl in manchen Gegenden und größeren Städten die Beschläge an Türen und Fenstern von eigenen „Anschlägern" angebracht werden, gehört diese Arbeit immer noch zu den wichtigsten des Bauschlossers.

a) Die Befestigungsart ist unterschiedlich:

Glatt anschlagen = z. B. Langband, Kegel auf Platte, Kastenschloß;
Einlassen = Aufsatzband, Einlaßschloß;
Einstemmen = Fitschband, Einsteckschloß;

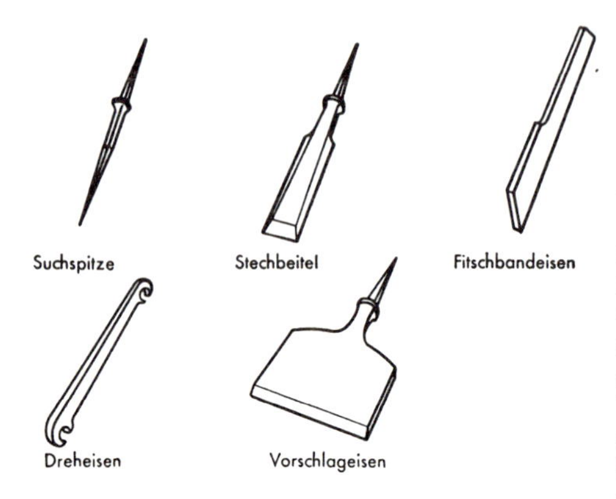

Ein neuer Schlitzstemmer ersetzt die bisher gebräuchlichen Einzweckgeräte, indem er Schlitze aller Art 1 bis 18 mm breit und 15 bis 90 mm lang stemmt und fräst. Die Maschine kann an 220 oder 380 Volt angeschlossen werden. Auf genauen Skalen lassen sich Querverstellung, Schlitzlänge und -tiefe einstellen. Besonders vorteilhaft sind die Zusatzeinrichtungen zum Einstemmen von 1 bis 10 mm breiten Schlitzen und der längsverschiebbare Support zum Ausfräsen von Schlitzen für Schlösser mit Stulp nach Anschlägen.

Als Werkzeuge dienen Fräskette und Stemmesser. Die Bilder zeigen das Gerät in seiner Anwendung (S. 282).

5. Stahltüren

Diese Türen werden vornehmlich in gewerblichen und industriellen Räumen, aber auch in Wohnhäusern verwendet, wo ein besonders sicherer Verschluß angebracht ist.

a) Die Bauelemente können sehr verschieden sein:

Die Türzarge besteht aus Winkel-, U-Stählen, Z-Stählen oder Sonderprofilen.

Der Rahmen wird aus Winkelstahl, U-Stahl oder Hohlpreßprofilen gefertigt.

Als Türblatt dient Stahlblech 1,5 bis 2 mm einfach oder doppelt oder Stahlpreßblech. Die Bänder sind als Langband oder als Lappenband, letztere ohne Löcher zum Anschweißen in den mannigfachsten Ausführungen erhältlich. Sie werden entweder aufgeschweißt oder in die Hohlprofile gesteckt und eingeschweißt.

An Schlössern finden Kastenschlösser, Einsteck- und Einsteckrohrschlösser Verwendung.

Wegen der Vielzahl von im Handel befindlichen Konstruktionen wird geraten, sich Musterbücher der einschlägigen Firmen zu besorgen, die bereitwilligst zur Verfügung gestellt werden.

b) Die wichtigsten Türenarten:

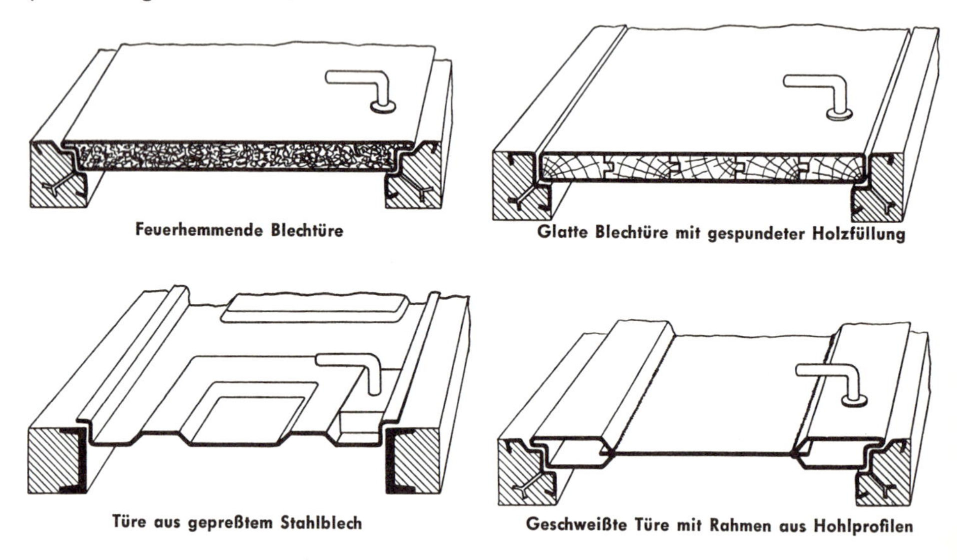

Geschweißte Türen aus Preßprofilen sind besonders leicht und schnell herzustellen:
Bei ihrem Zusammenbau ist folgendes zu beachten:

Zuerst Türprofile auf Gehrung schneiden (Trennschleifmaschine!)

Schloß und Bänder einbauen n. Abb.

Türblech in die Profile einschieben und Gehrungen verschweißen.

Türe genau eben legen und richten, anschließend mit etwa 15 mm langen Raupen mit 30–40 mm Abstand beidseitig mit Profil verschweißen.

In der Unterseite des Sockelteils Bohrlöcher zur Abführung des Schwitzwassers anbringen.

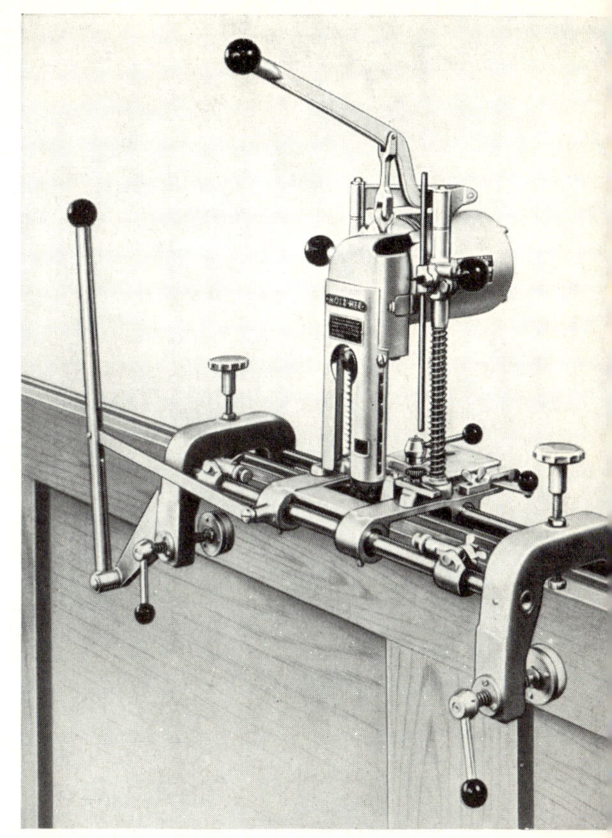

Schlitzstemmer mit Längssupport-Zusatzeinrichtung beim Ausfräsen eines Stulpes

6. Metalltüren

Hier wurden die Schwermetall-Legierungen von den billigeren Aluminiumlegierungen weitgehend verdrängt. Die Türen werden heute meist im Verbundbau, d. h. Leichtmetallprofile auf Stahlprofilen, hergestellt. Die Bauelemente sind von verschiedenen Firmen zu beziehen und ergeben viele Möglichkeiten. Einige Beispiele zeigen die Türprofile Seite 288.

Selbst finden und behalten:

1. Welche Türen unterscheidet man nach der Art ihres Einschlagens?
2. Was für Bänder und Schließbleche braucht man für eine überfälzte Futtertüre, eine Stocktüre, eine Pendeltüre?
3. Warum unterliegen die feuerhemmenden und feuerbeständigen Stahltüren baupolizeilichen Vorschriften, und was verlangen diese?
4. Versuche die Schlösser in Wohnung und Werkstätte zu bezeichnen: „Links oder rechts", „auswärts oder einwärts".
5. Welche Angaben gehören zu einer Schloßbestellung?
6. Stelle die Werkzeuge und Maschinen zusammen, die du zum Anschlagen von Holztüren brauchst!
7. Beschreibe den Bau einer einfachen Blechtür, geschweißt, mit Winkelstahlrahmen, Langbändern und Kastenriegelschloß.

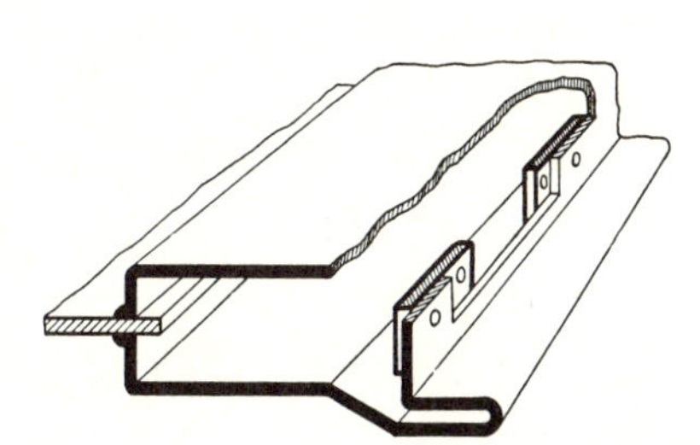

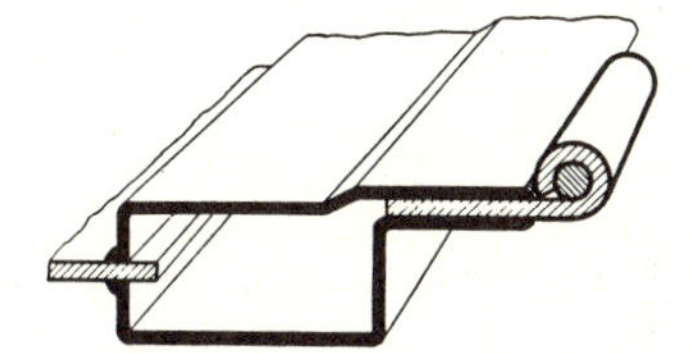

Die zwei Bleche zur Befestigung des Stulps werden am vorteilhaftesten mit selbstschneidenden Schrauben befestigt

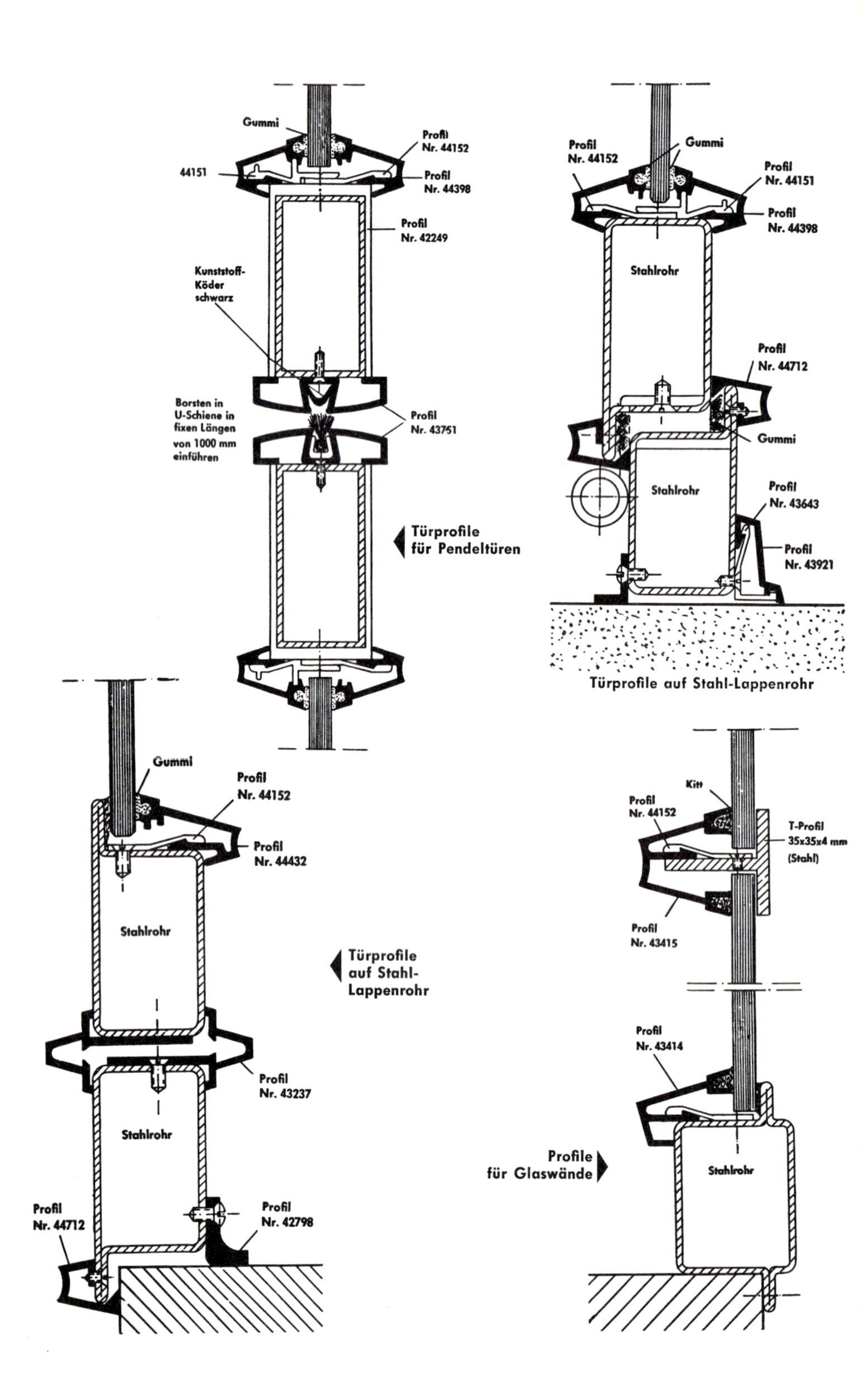
Gummi
Profil Nr. 44152
44151
Profil Nr. 44398
Profil Nr. 42249
Kunststoff-Köder schwarz
Borsten in U-Schiene in fixen Längen von 1000 mm einführen
Profil Nr. 43751
Türprofile für Pendeltüren
Profil Nr. 44152
Gummi
Profil Nr. 44151
Profil Nr. 44398
Stahlrohr
Profil Nr. 44712
Gummi
Stahlrohr
Profil Nr. 43643
Profil Nr. 43921
Türprofile auf Stahl-Lappenrohr
Gummi
Profil Nr. 44152
Profil Nr. 44432
Stahlrohr
Türprofile auf Stahl-Lappenrohr
Profil Nr. 43237
Stahlrohr
Profil Nr. 44712
Profil Nr. 42798
Kitt
Profil Nr. 44152
T-Profil 35x35x4 mm (Stahl)
Profil Nr. 43415
Profil Nr. 43414
Profile für Glaswände
Stahlrohr

8. Beschreibe die Reihenfolge beim Bau einer Blechtüre mit Hohlrahmen!
9. Was versteht man unter Verbundbauweise beim Türenbau?
   Wie sind die Leichtmetall-Profile befestigt?

MERKE:

1. **Die Türen unterscheidet man nach Werkstoff, Öffnungsweise, Einbau, Anschlag.**
2. **Feuerhemmende und feuerbeständige Türen dürfen nur nach einschlägigen Vorschriften und Normen gebaut werden (Lizenz).**
3. **Vor der Anfertigung einer Stahltüre nimmt man folgende Maße:**
   Lichte Weite, lichte Höhe, Schwellenhöhe. Außerdem ist festzulegen:
   rechts oder links, außen oder innen, Art des Mauerwerks, Putzdicke, Sturzart (Beton- oder Stahlträger).
4. **Türen aus Hohlpreßprofilen sind stabil, steif und trotzdem verhältnismäßig leicht und im Schweißverfahren schnell herzustellen.**
5. **Leichtmetall-Türen auf Stahlrohr sind formschön und haltbar, erfordern aber Erfahrung und Beachtung der Regeln für die korrosionsfreie Verarbeitung.**

III. Stahlfenster

Sie dienen der Belichtung und Belüftung und sollen in geschlossenem Zustand Kälte, Staub und Lärm abhalten.
Sie haben bei sachgemäßer Ausführung auch in Wohnbauten einige Vorteile gegenüber den Holzfenstern:
Neuzeitlicher Rostschutz (Phosphatieren!) und nichtrostende Beschläge garantieren unbegrenzte Lebensdauer.
Quellen und Schwinden und damit Undichtwerden ist nicht möglich.
Der Lichtverlust ist etwa halb so groß wie bei Holzfenstern.

1. Die Ausführung ist wieder zweckbestimmt

Für **Industriebauten:** Rahmen und Sprossen aus T- und Winkelstahl oder Fenstersprossenstahl.
Für **Wohnungsbauten:** Aus genormten Fensterprofilen nach DIN 4440 ... 4450.
Fenstergröße, Fensteröffnung, Rohbau-Richtmaße sind bei Fabrik- und Wohnungsfenstern genormt, um Paßschwierigkeiten auszuschließen (DIN 18050 ... 18062).

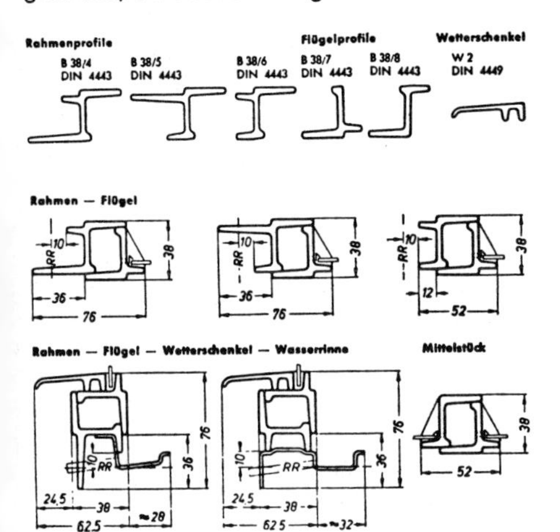

Beispiele für Rahmen, Flügel, Wetterschenkel, Wasserrinne

Aus genormten Leichtbauprofilen mit Leicht- oder Schwermetallverkleidung (Verbundbauweise).

Für **Schaufenster:** Aus Schaufenster-Grundprofilen mit Leicht- oder Schwermetall-Deckprofilen.

Der Bau- und Stahlbauschlosser fertigt hauptsächlich einfache Fenster für Industriebauten an. Die Verbundfensterprofile für Wohnungen und Schaufenster liefern die Walzwerke nur, wenn der Schlossereibetrieb die nötige Erfahrung und Werkstatteinrichtung für solche Arbeiten nachweist.

Beim Schaufensterbau sind die zwischen dem Schlosser- und dem Glaserhandwerk vereinbarten Richtlinien (5. Fassung v. Mai 1965) zu beachten.

Kipp-Flügel Klapp-Flügel Schwing-Flügel

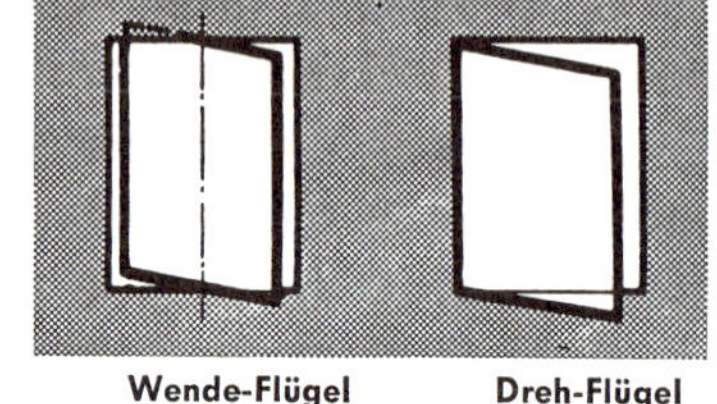

Wende-Flügel Dreh-Flügel

2. Die Flügelarten werden nach der Öffnungsweise benannt

Diese Bezeichnungen gelten auch sinngemäß für die Luftflügel bzw. Oberlichte.

3. Rahmen und Sprossen für einfache Stahlfenster

Als Rahmenprofile sind T-, Winkel- oder einfache Fensterrahmenprofile bevorzugt. Auf der Trennschleifmaschine oder Schnelltrennsäge lassen sich die Profile genau auf Gehrung schneiden und dann verschweißen.
Je nach Fenstergröße schweißen wir 2 oder 3 Steinschrauben an die Längs- und Breitseiten zum Befestigen im Mauerwerk.
Da einfache Fenster infolge der fortschreitenden Normung und Typenbeschränkung heute meist fabrikmäßig im Serienbau angefertigt werden, bleiben für den Kleinbetrieb hauptsächlich Fenster mit etwas abweichenden Maßen.
T-Stähle und eine Unzahl von Fenstersprossenprofilen dienen als Material für die S p r o s s e n. Die Querschnitte müssen der Fenstergröße schon wegen des Winddrucks angepaßt sein. Als Richtlinien können folgende Maße gelten:

Fensterbreite	1,0–1,5	1,5–2,5	2,5–3,0	3 und mehr m
Sprossenprofil	25/25	35/35	40/40	50/50

Die K r e u z u n g wird im Serienbau maschinell zugerichtet, im Einzelbau klinken wir die Profile am vorteilhaftesten so aus, wie die Abb. zeigen:

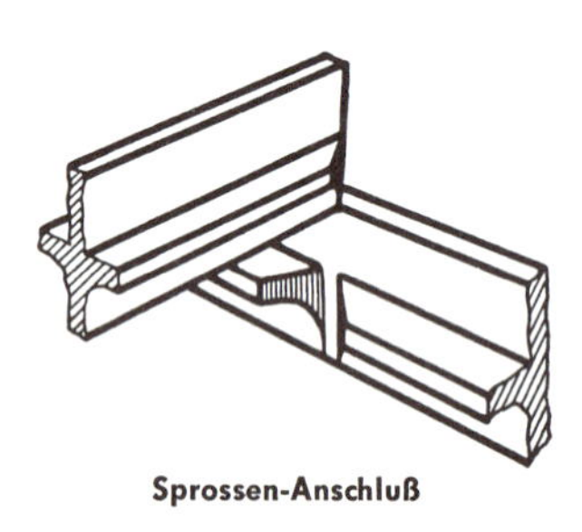

Sprossen-Anschluß

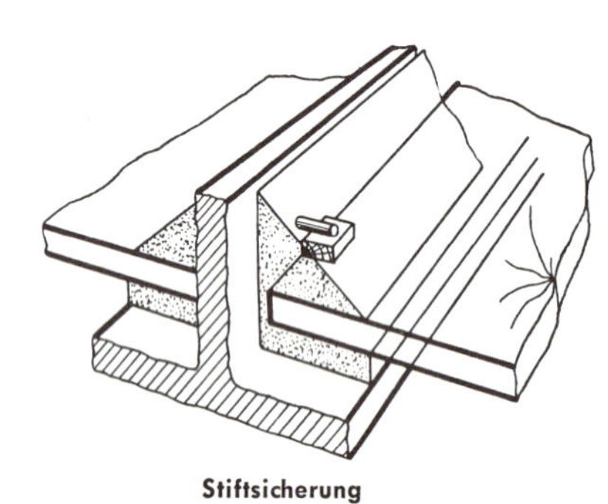

Stiftsicherung

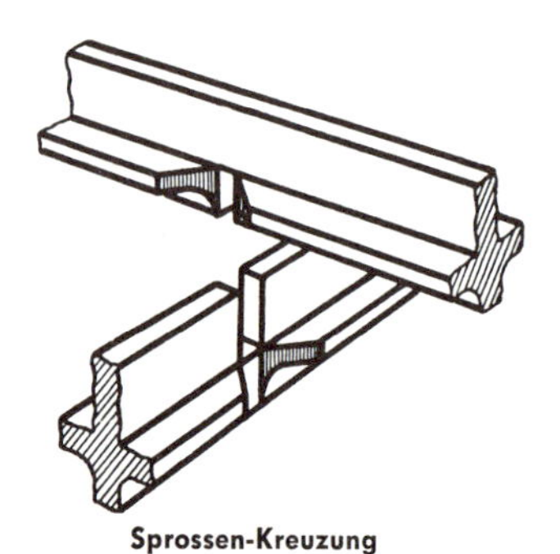

Sprossen-Kreuzung

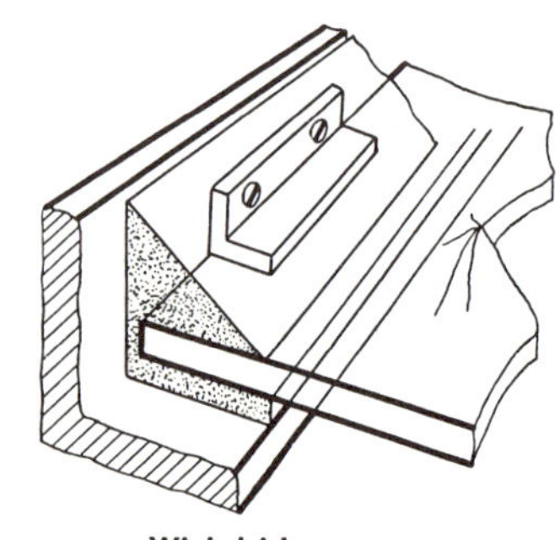

Winkelsicherung

4. Die Verglasung

Die Verglasung erfolgt von innen oder von außen. Während bei der Innenverglasung ein schöneres architektonisches Bild entsteht und der Kitt vor Witterungseinflüssen geschützt ist, wird bei der Außenverglasung der Winddruck auf die Scheiben von den Flanschen der Sprossen gleichmäßig aufgefangen. Stahlstifte oder Glashaltewinkel (in Lüftungsflügeln) sollen die Scheiben zusätzlich sichern.
Für den Stift- bzw. Winkelabstand und die Sprossenteilung müssen die genormten Scheibendicken und Scheibengrößen von Bauglas bestimmend sein, soll nicht unnötiger Verschnitt entstehen, der die Arbeit verteuert.
Das Bauglas ist in nachstehenden Maßen erhältlich: DIN 1249 Blatt 1 und 2

Dicke in mm	Bezeichnung	Breite in cm	Länge bis cm	Überlänge bis cm
1,9	Dünnglas	60	160	180
2,8	Bauglas M-D	120	160	220
3,8	Bauglas D-D	140	160	240

Die Scheibengrößen steigen um je 4 cm, was bei der Sprossenteilung zu beachten ist.

5. Die Lüftungsflügel sollen leicht schließbar sein und so angebracht werden, daß sie nicht stören

Die verschiedenen Möglichkeiten entsprechen denen bei beweglichen Fenstern.

a) Der Drehflügel:
Seine Drehachse ist senkrecht, links-, rechts- oder beidseitig. Der Baskül- oder Hebelverschluß soll in erreichbarer Höhe liegen. Großer Platzbedarf geöffnet.

b) Der Wendeflügel:
Da weniger störend, wird er auch für Wohnungsstahlfenster verwendet. Die Wendeflügellager sind mittig oder im Drittelpunkt befestigt. Ein Basküll oder einfach ein Schnäpper bilden den Verschluß. Auch diese Verschlüsse sollen in leicht erreichbarer Höhe angebracht sein.

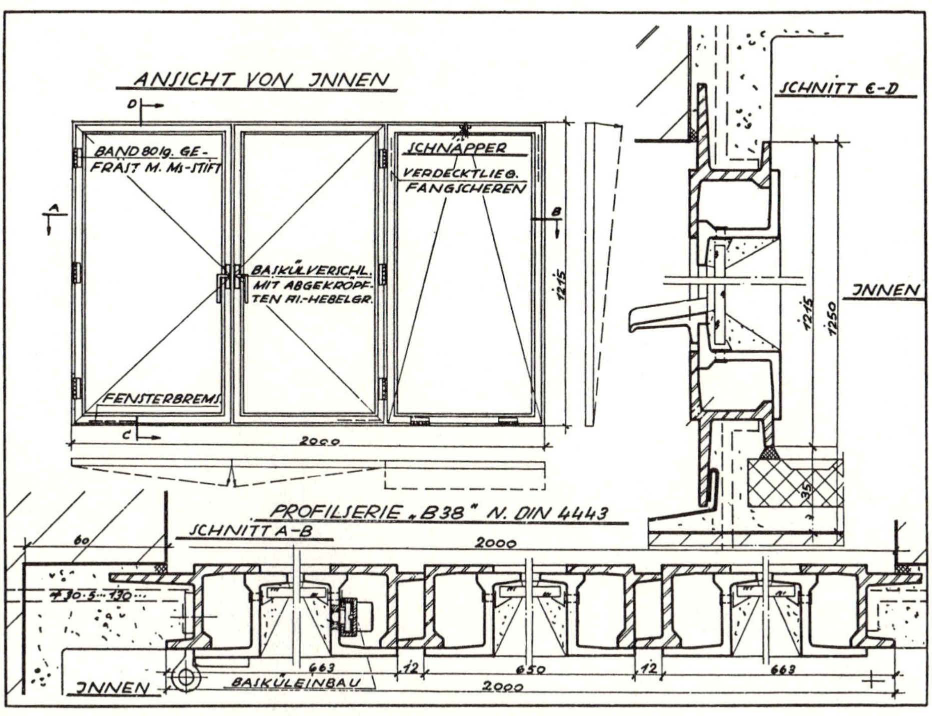

Wohnhausfenster aus genormten Profilen erfordern Präzisionsarbeit.

c) Der Kippflügel:
Die waagrechte Drehachse liegt an der Flügelunterkante. Ein Stangenverschluß ermöglicht das Öffnen und Schließen auch bei hohen Fenstern. Schnäpper und seitliche Scheren vervollständigen die Beschläge.

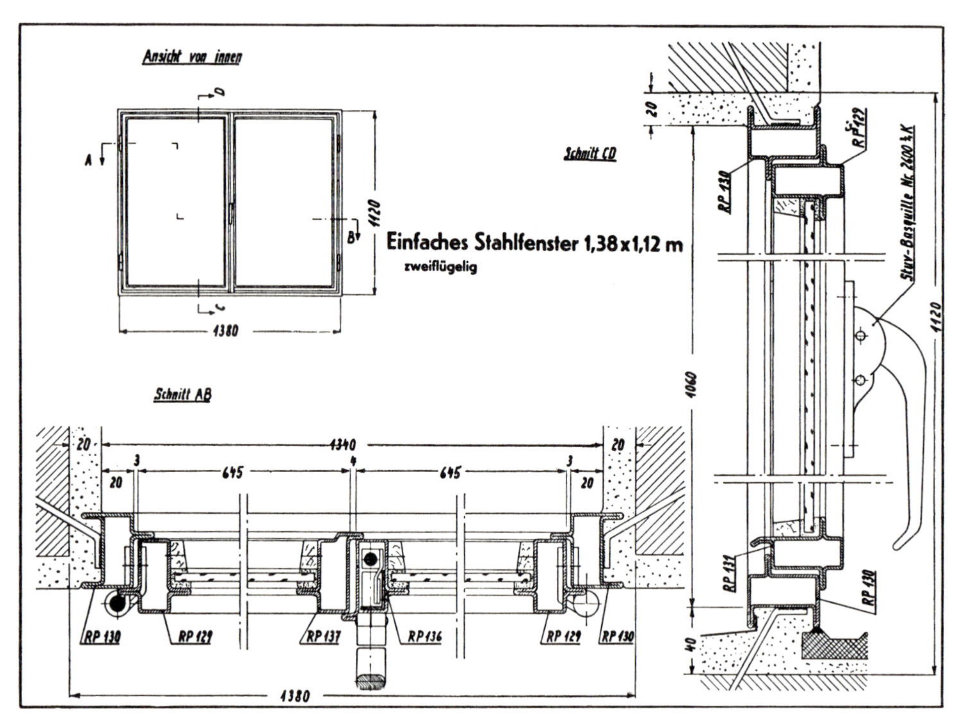

Hohlprofile sind sparsam und leicht

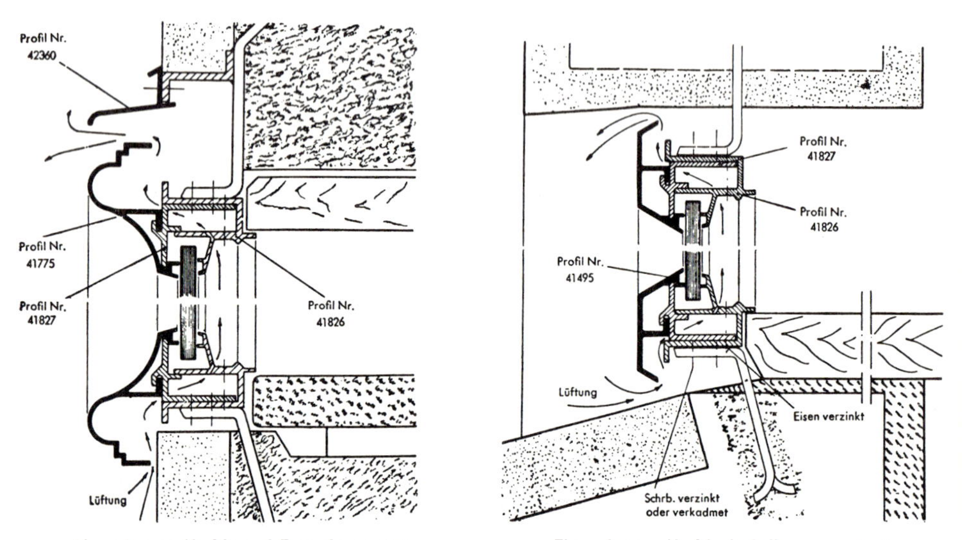

Ein- oder zweifarbig auf Fassade gesetzt — Ein- oder zweifarbig in Leibung montiert

Schaufenster mit Leicht- oder Schwermetallverkleidung sind formschön und dauerhaft

d) Der Klappflügel:
Als Gegenstück zum Kippflügel ist er um die oben liegende Achse drehbar und wird mittels Stangenverschluß betätigt.

e) Der Schwingflügel:
Die beiden Lager für den Schwingflügel schraubt man einige Zentimeter über der Mitte an, so daß der Flügel von selbst zufällt, wenn man die Haltekette nachläßt. Zum Festhalten genügt ein Schnäpper.

Selbst finden und behalten:
1. Nenne die Vorteile von Stahlfenstern!
2. Wie bezeichnet man die beweglichen Fenster nach ihrer Öffnungsweise?
3. Welche Profile finden beim Bau einfacher Stahlfenster Verwendung, und welche Richtmaße gelten für ihre Querschnittsgröße?
4. Was soll man beim Entwurf nicht genormter Stahlfenster in bezug auf Außenmaße und Einteilung auf jeden Fall berücksichtigen?
5. Welchen Vorteil hat eine Schablone für den Bau mehrerer gleicher Fenster?
6. Beschreibe und skizziere einen Rahmenanschluß und eine Sprossenkreuzung!
7. Welche Beschläge werden für die verschiedenen Luftflügel gebraucht?

MERKE:
1. Die Fenster für Industrie- und Wohnbauten sind genormt:
Fensterprofile DIN 4440 4450
Fenstergrößen DIN 18050 18062
2. Beim Bau nicht genormter Fenster sind die Scheibengrößen zu berücksichtigen.
3. Die beweglichen Fenster werden als Drehflügel, Wendeflügel, Schwingflügel, Klappflügel und Parallellüfter gebaut.

IV. Die Stahltreppe

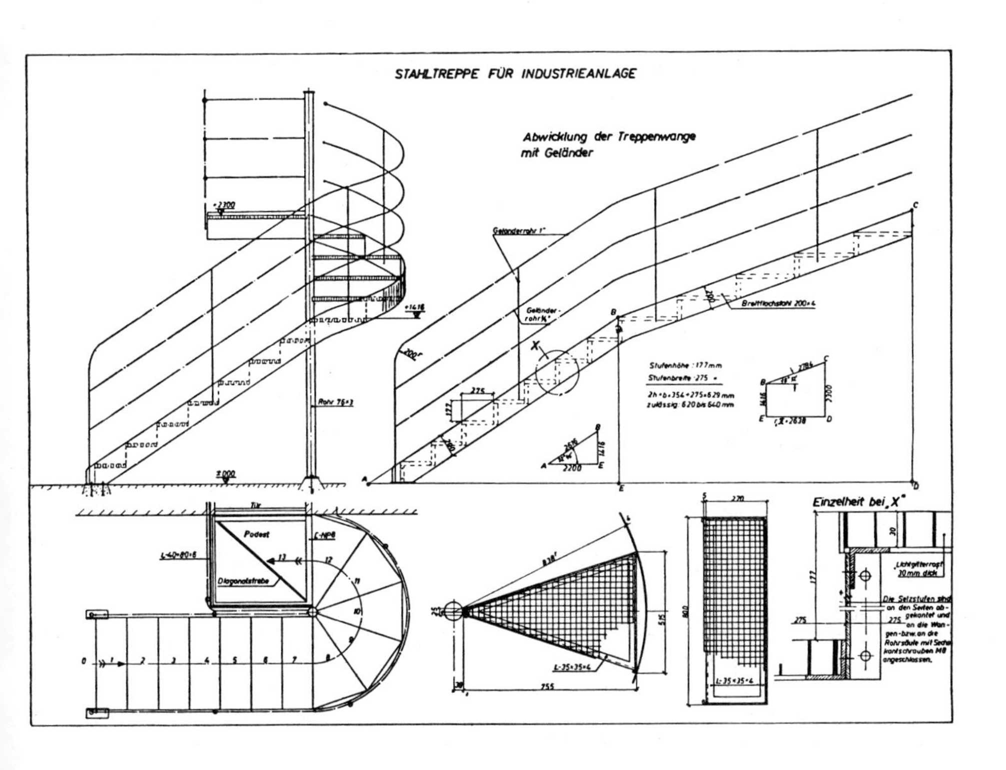

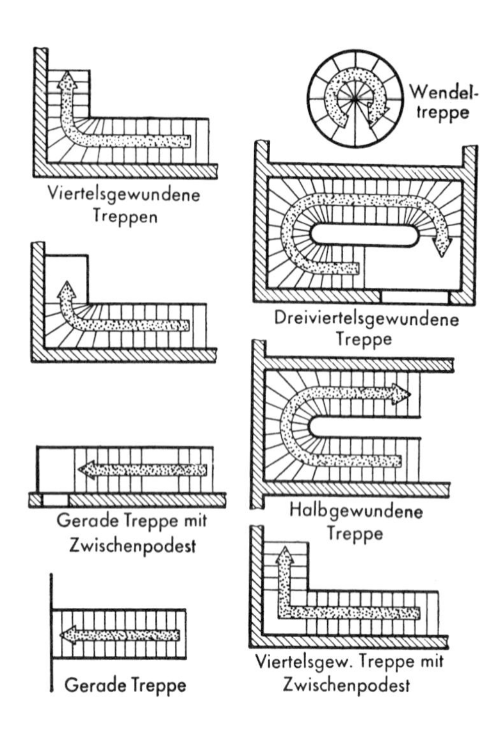

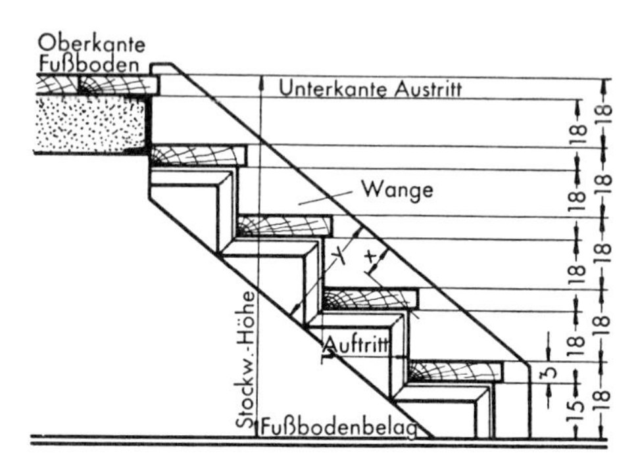

Die Treppen dienen dem Personenverkehr zwischen den einzelnen Geschossen eines Gebäudes. Während die Schlosserarbeiten sich bei Holz- und Steintreppen auf den Geländerbau beschränken, gehört die Anfertigung von Stahltreppen zu den wichtigsten Zweigen des Stahlbaues.

1. Treppen-Arten

Alle Treppen werden nach ihrem Grundriß bezeichnet. Die Abb. zeigt die Typen einer geraden Treppe mit und ohne Zwischenpodest, einer viertelsgewundenen Treppe mit und ohne Podest, einer halbgewundenen Treppe, ebenfalls in zweifacher Ausführung, einer dreiviertelsgewundenen Treppe und endlich einer ganzgewundenen oder Wendeltreppe. Die konstruktive Ausführung der Treppen richtet sich nach ihrem Verwendungszweck, ob Haupt- oder Nebentreppe, und muß den baupolizeilichen Vorschriften genügen. Eine Warenhaustreppe erfordert natürlich eine breitere und stabilere Bauweise als die kleine Treppe in einem Maschinen- oder Heizraum. Doch bevor wir auf die Konstruktion eingehen, sind einige Begriffe zu klären.

2. Konstruktionsmaße an der Treppe

a) Laufbreite:
Den Abstand von Wange zu Wange bezeichnet man als Laufbreite. Hauptverkehrstreppen (in Warenhäusern, Schulhäusern, Fabriken, auch Wohnhäusern) sollen 1,00 bis 2,50 Meter, Nebentreppen 0,70 bis 1,00 Meter, Wendeltreppen 0,60 bis 0,70 Meter breit sein.

b) Steigungshöhe:
Den senkrechten Abstand von der Oberkante des Auftritts zur Oberkante des nächsten Auftritts nennt man Steigungshöhe (siehe Abbildung). Um ein bequemes Steigen zu ermöglichen, hält man sich an folgende Maße:
Hauptverkehrstreppen 0,14–0,16 m; Wohnhäuser 0,16–0,17 m; Nebentreppen 0,18–0,20 m

c) Auftrittsbreite:
Von der gewählten Steigungshöhe ist die Auftrittsbreite (Abstand von Stoßblech zu Stoßblech) abhängig. Unter Zugrundelegung einer normalen Schrittlänge ergibt sich folgende Regel:

2 Steigungen + 1 Auftritt = 0,63 m.

Nehmen wir als Beispiel eine Treppe in einem Heizkeller an mit 0,20 m Steigung. Die Auftrittsbreite wäre in diesem Falle 0,63–2×0,20 m = 0,23 m.

d) Ganglinie:
Zum Aufreißen des Treppengrundrisses und Abtragen der Auftrittsbreite ist die „Ganglinie" (Abb. 297,2) unerläßlich. Längs der Ganglinie bleibt also die Auftrittsbreite auch bei gewundenen Treppen gleich, während sie nach innen oder außen zunehmen kann.

e) Stockwerkshöhe:
Der senkrechte Abstand zwischen Fußboden und Podestoberkante (= Stockwerkshöhe) muß beim Anreißen der Treppenwangen so eingeteilt werden, daß alle Steigungshöhen gleich sind. Angerissen werden jedoch die Wangenwinkel und n i c h t die Oberkanten der Auftritte. Wenn also z. B. der Fußbodenbelag vor dem Antritt wie in unserer Abb. 3 cm schwächer ist als der Holztritt, so muß die Steigungshöhe über Rohdecke ebenfalls um diesen Unterschied kleiner sein, also nicht 18 cm, sondern 18–3 cm = 15 cm. Auch ein Unterschied am Austritt muß auf diese Weise berücksichtigt werden.

3. Bauteile an der Treppe

a) Die Treppenwangen:
Sie haben die Eigenlast der Treppenkonstruktion sowie die Verkehrslast aufzunehmen, wofür eine Dicke von 5–6 mm ausreicht. Die Breite der Wangen hängt von Steigungshöhe und Auftrittsbreite ab und soll so groß sein, daß die Wangenwinkel gut Platz haben. Bei geraden Treppen sind beide Wangen gleich lang und gerade. Bei gewundenen Treppen ist naturgemäß die äußere Wange länger, außerdem sind die beiden Wangen verschieden stark geschwungen, um sich der kleineren bzw. größeren Auftrittsbreite anzupassen. Den gekrümmten, inneren Wangenteil nennt man Kropf. Das Aufreißen der Treppenwangen erfolgt auf Papier, Blech oder auf dem Werkstattboden (Reißboden). Wie das vor sich geht, wollen wir später an einem Beispiel lernen.

b) Die Wangenwinkel:
Sie werden durch Niete (6–8 mm) an den Wangen befestigt oder angeschweißt und tragen die Tritte aus Riffelblech bzw. Holz. Winkelstahl 30/4 genügt allen Belastungsfällen.

c) Stoßbleche:
Sie erhöhen die Verkehrssicherheit und verhindern die Durchsicht. Man schneidet sie aus 2–2,5-mm-Blech und befestigt sie an den senkrechten Wangenwinkeln.

d) Befestigungswinkel:
Der An- und Austritt der Stahltreppen ruht meistens auf Beton oder Formstahl. Mit diesen Auflagern werden die Treppenwangen durch Winkel verbunden. 18-mm-Schrauben stellen die Verbindung mit den Wangen bzw. dem Formstahl her. Steinschrauben verankern die Winkel im Beton.

e) Tritte:
Die Tritte werden entweder durch Riffelblech (etwa 5 mm), Gitterroste oder durch Eichenbretter gebildet. Das Riffelblech nietet man versenkt auf die Wangenwinkel, die Eichentritte werden aufgeschraubt. Liegen die Wangen oberhalb der Tritte, so spricht man von einer aufgesattelten Treppe.

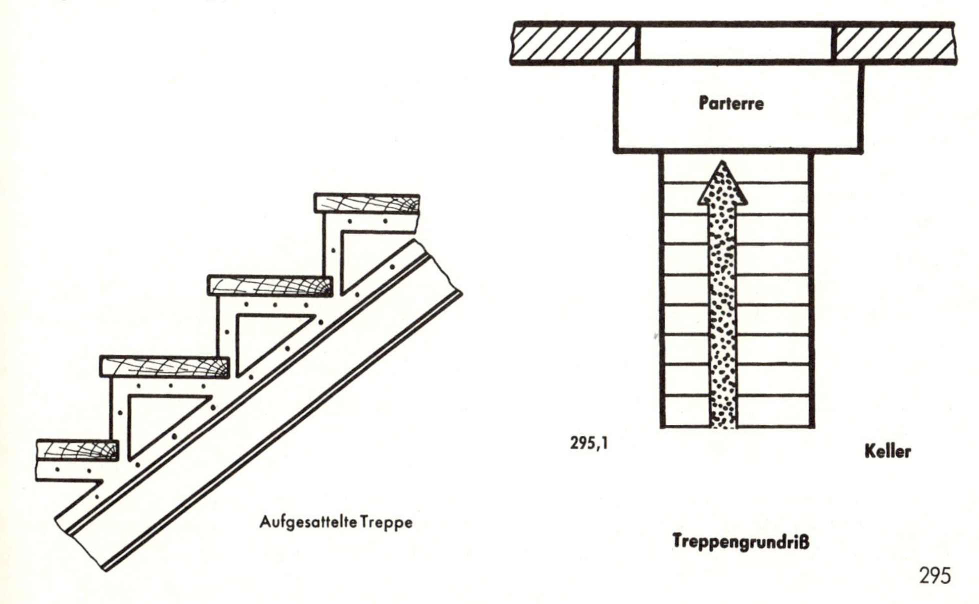

Aufgesattelte Treppe

295,1

Treppengrundriß

4. Wir bauen eine gerade Stahltreppe

Bevor wir uns an den Bau einer gewundenen Treppe wagen, wollen wir die konstruktive Durchbildung einer einfachen Treppe entwickeln.
Der Auftrag lautet:
Im Kellerraum eines Lagerhauses soll eine gerade eiserne Treppe gebaut werden. Gewünschte Breite 0,90 m, Steigung 18 cm. Die Maßaufnahme an Ort und Stelle ergibt eine Stockwerkshöhe von 1,90 m.

a) Steigungshöhe und Auftrittsbreite festlegen:
Die Anzahl der Steigungen ergibt sich, wenn man die Stockwerkshöhe durch die Steigung teilt:
1,90 m : 0,18 m = 10, . . .; damit wir ganzzahlig teilen können, wählen wir also besser 0,19 m als Steigungshöhe und bekommen dann genau 10 Steigungen. Nach der uns schon bekannten Regel ermitteln wir nun die Auftrittsbreite: $0{,}63 - 2 \times 0{,}19 = 0{,}25$ m.

b) Treppengrundriß aufreißen:
Da wir die Breite der Treppe wissen (0,90 m) und nun auch die Länge im Grundriß berechnen können (= Auftrittsbreite mal 9 Stufen = 0,25 mal 9 = 2,25 m), macht es keine Schwierigkeiten, den Grundriß als Rechteck 0,90 mal 2,25 m auf den Boden aufzureißen und durch Unterteilung die 9 Auftritte einzutragen (Abb. 295,1).

c) Bauweise:
Als Wangen verwenden wir 6 mm dicken Flachstahl. Für den Auftritt genügt 5-mm-Riffelblech, das mit 6-mm-Nieten auf den seitlichen Wangenwinkeln 35/4 befestigt wird. Um einer Durchbiegung des Auftritts vorzubeugen, verstärken wir es an der Vorder- und Hinterkante auf der Unterseite durch Stufenwinkel aus gleichem Material (35/4). Am Betonfußboden werden die Wangen durch 2 Befestigungswinkel (40/5) und je 2 Steinschrauben festgemacht. Der Austritt findet dadurch Halt, daß wir Wangen und Wangenwinkel 5 bis 10 cm im Mauerwerk lagern und einzementieren. Der Austritt (letzte Stufe) wird durch eine Winkelstahl-Leiste geschützt.

d) Treppenwangen aufreißen:
Bei geraden Treppen kann man von dem „Schnüren" und Aufreißen der ganzen Treppenwangen auf dem Reißboden absehen, wie es bei gewundenen Treppen nötig ist. Wir bedienen uns vielmehr einer Schmiege (Schrägmaß) und verfahren dabei folgendermaßen:
Auf dem Reißboden die ersten 3 Tritte aufreißen (im Profil). Die erste Stufe wird um die Riffelblechstärke (5 mm) niederer (warum?). Die Wangenbreite ergibt sich, indem man um die Punkte A und B mit dem Radius x Kreisbogen beschreibt (x = Überstand der Wange vgl. Abb. 296,1). Wir nehmen in unserem Falle x mit 20 mm an. An die Kreisbogen legen wir nun die Tangente = obere Wangenkante. Von dieser oberen Wangenkante aus schlagen wir in zwei beliebigen Punkten Kreisbogen mit y als Radius (y = angenommene Wangenbreite = 200 mm . . . vgl. Abb.).

Die Tangente ist eine Gerade, welche einen Kreis in einem Punkte berührt.

Schmiege auf den Winkel zwischen Auftritt und Wangenunterkante einstellen (Abb.).

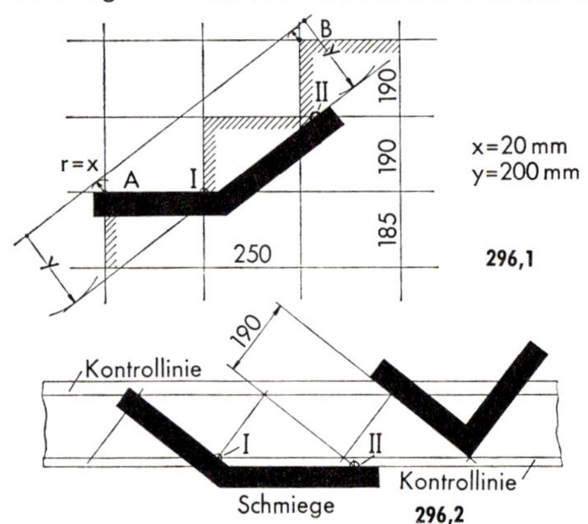

296,1

296,2

Auf der Schmiege die Punkte I und II anreißen.

Auf der Wange die Auftritte anreißen (Abb. 296,2), wobei immer Punkt II mit angerissen und die Schmiege dann bis zu diesem Punkt weitergeschoben wird.

Erst wenn die Gesamthöhe stimmt und Anreißfehler ausgeglichen sind, die Punkte I anreißen.

In den Punkten I mit rechtem Winkel die Senkrechten errichten.

Kontrollgerade durch die gefundenen Ecken legen und Ungenauigkeiten ausgleichen.

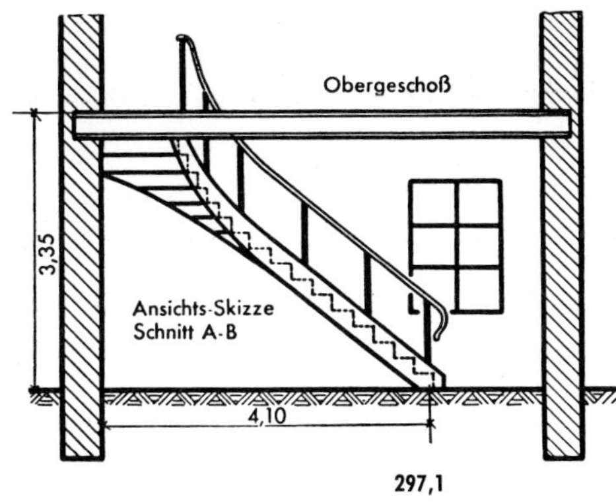

297,1

5. Zum Bau einer gewundenen Treppe müssen Auftritte und Wangen „verzogen“ werden

An einem praktischen Beispiel soll uns klarwerden, wie man die Form der Auftritte und der Wangen dabei ermittelt.
Der Auftrag lautet:
In einer Werkstätte soll eine viertelsgewundene Treppe gebaut werden, über die das Obergeschoß erreichbar ist. Die Stockwerkshöhe beträgt lt. Plan 3,35 m (Abb. 297,1).
Für den gesamten Treppengrundriß steht ein Rechteck A-B-C-D von 0,90 mal 4,10 zur Verfügung. Fußbodenantritt und Fußbodenaustritt sind Beton ohne Belag (Glattstrich). Die Auftritte werden aus Riffelblech 5 ... 7 Millimeter gewünscht. Die Steigungshöhe soll 200 mm nicht überschreiten.

a) Festlegen von Steigung und Auftrittsbreite:

Anzahl der Steigungen = Stockwerkshöhe : Steigung = 335 : 20 = rund 17. Daraus ergibt sich die genaue Steigungshöhe mit 335 : 17 = 19,7 cm. Die Treppenlänge auf der Ganglinie gemessen beträgt (Gerade + Viertelkreis):

$$3{,}20 + 0{,}90 \times 3{,}14 : 4\text{ m} = \mathbf{3{,}91\ m.}$$

17 Steigungen schließen 16 Auftrittsbreiten ein. Wir unterteilen also die Ganglinie in 16 Auftritte und erhalten so eine Auftrittsbreite von 3,91 : 16 = 0,24 m. Die gefundenen Maße sind brauchbar. (Regel: 2 Steigungshöhen + 1 Auftrittsbreite $\approx$ 0,63 m). Probe!

b) Aufreißen der Verziehung:

Zunächst zeichnen wir das Rechteck A-B-C-D, 4,10 m lang und 0,90 m breit, auf. Die 17. Steigung ist die Gerade A-E. Ein Viertelkreis um E mit Radius E-G = 0,45 m und dessen Verlängerung bis F ergibt die Ganglinie. Wir tragen auf ihr von G aus 16mal die Auftrittsbreite ab (= Auftrittspunkte 1–17). Damit die Treppe bequem begehbar wird, lassen wir die Tritte vom 11. ab schon schräg laufen. Der 10. Tritt ist also noch gerade. Die Punkte, in denen die schrägen Tritte an die innere Wange stoßen, werden nun durch „Verziehen“ gefunden.

Wir verfahren dabei wie folgt:
Von E aus 15 cm einrücken, ergibt Punkt H. Steigung 16 zeichnen. Kreisbogen um I mit Radius I - H ergibt Schnittpunkt K. Gerade K-H über H hinaus verlängern. Kreisbogen um I mit Radius L-M (gestreckte Länge der 6 Auftrittsbreiten) ergibt Schnittpunkt N. N mit I verbinden und in 6 gleiche Teile (Auftrittsbreiten) teilen (= Teilpunkte 11′, 12′, 13′ ... 16′).

Eiserne Treppe, viertelsgewunden Grundriß u. Verziehungsmethode

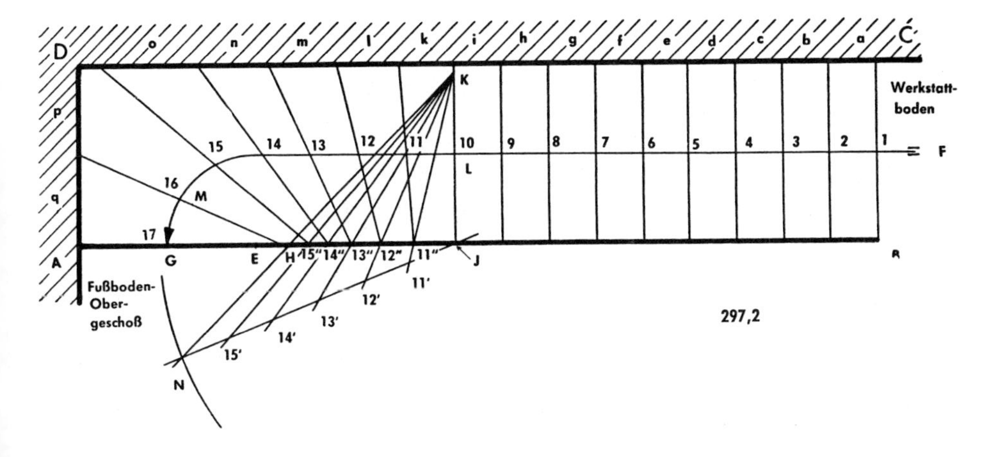

297,2

Diese Punkte mit K verbinden. Durch den Schnitt dieser Strahlen mit der Geraden (Wange) A-B ergeben sich die entsprechenden Punkte 11″, 12″, 13″, ... 16. Verlängere 11″–11, 12″–12, 13″–13, 14″–14 usw. bis zur äußeren Wangenlinie, und der Treppengrundriß ist fertig.

c) Aufreißen der Treppenwangen:

Für die Wangen wählen wir Flachstahl 250/8. Die erste Steigungshöhe vom Betonboden bis Oberkante Wangenwinkel wird um die Riffelblechstärke (5 mm) geringer, die letzte Steigungshöhe um den gleichen Betrag größer, da wir keinen Bodenbelag berücksichtigen müssen und alle Auftrittshöhen gleich sein sollen. Die Form der äußeren und inneren Wangen wollen wir nun auf dem Zeichenbogen maßstäblich festlegen. Abb. 298,1 1 : 20!
(In der Werkstatt auf dem Schnürboden 1 : 1)

Äußere Wange:

Ziehe Waagrechte A – C von der Länge A – D + D – C (Treppengrundriß) Senkrechte in A, Höhe = 3,35 m. (Maßstab 1 :20!) Ergibt A′. Auf der Waagrechten C–D–A die Auftrittsbreiten an der äußeren Treppenwange a, b, c, d, ... p, q abtragen und in den gefundenen Punkten Senkrechte errichten. Teile A–A′ in 17 Teile = Steigungshöhen. Beachte dabei:

1. Steigungshöhe = 19,7 — 0,5 cm = 19,2 cm;
17. Steigungshöhe = 19,7 + 0,5 cm = 20,2 cm.

Durch die Teilpunkte Waagrechte ziehen. Die entstehenden Tritte sinngemäß schraffieren. Die Schnittpunkte von Tritt und Steigung bezeichnen wir mit s und beschreiben um sie Kreisbogen mit dem Radius x (= Abstand der Wangenwinkel von der oberen Wangenkante). Das Maß x ist in unserem Falle 4 cm (also 2 mm im Maßstab 1 :20).

Alle kleinen Kreisbogen durch die Tangente verbunden, ergibt dann die obere Wangenkante. In abgemessenen Abständen schlagen wir dann von dieser Kante aus Kreisbogen mit Radius y (= Wangenbreite), das sind im Maßstab 1 :20 = 12,5 mm. Durch Anlegen der Tangente an diese Kreise entsteht die geschwungene Unterkante der äußeren Wange.
Aus dem allgemeinen Bild erkennt man, daß die Wange flacher verläuft, wenn die Auftrittsbreite zunimmt und umgekehrt. Bei D machen wir die Wange um 150 mm länger, da sie mit diesem Ende auf dem Auflager ruht (vgl. Abb. 298,1). Die Wangenenden am Austritt lassen wir stumpf gegen den U-Träger U 140 stoßen und befestigen ihn mit Hilfe zweier Stahlwinkel (70/6) und Schrauben M 12 mal 40.

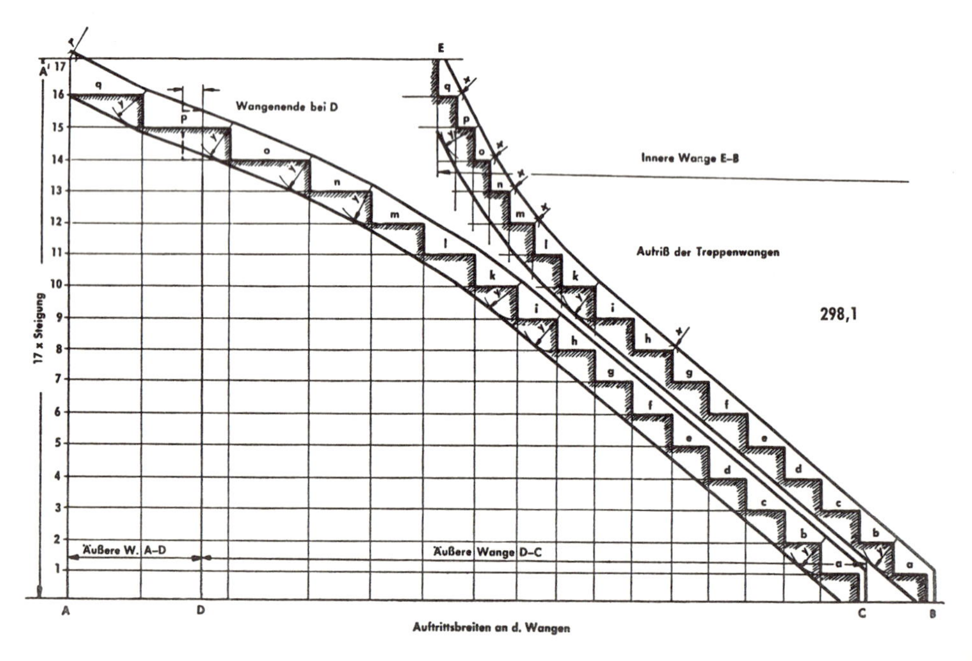

298,1

Innere Wange:
Das Aufreißen der inneren Wange B–E erfolgt sinngemäß genauso. Das Ergebnis zeigt die Abb. 298,1.

6. Geländerkröpfe sind schwierig zu biegen

Geländerkröpfe entstehen dort, wo die Treppe ihre Richtung ändert. Da es recht verschiedene Treppenarten gibt, sind auch die Kropfformen zahlreich. Doch im Grunde handelt es sich wie bei der Treppenwange um ein gleichzeitiges Biegen in einer waagrechten und einer senkrechten Ebene.

a) Allgemeine Richtlinien:

Zum Biegen wird die Handleiste bzw. der Gurt (Rohr) rotwarm gemacht. Der Kropf wird entweder an Ort und Stelle nach den angezeichneten Punkten auf den Treppenstufen gebogen (bei Holzstufen nicht zu empfehlen) oder nach einer vorbereiteten Blechschablone (Trommel) geformt. Diese Methode lohnt sich vor allem, wenn mehrere gleiche Kröpfe herzustellen sind.
Beim Biegen von Flach- oder Vierkantstahl ist darauf zu achten, daß die breite Fläche stets senkrecht zur Schablone liegt, also nicht „aufsteht".

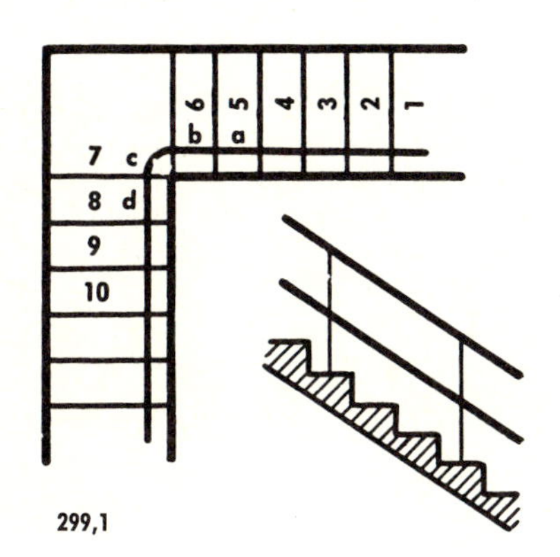

299,1

b) Das Biegen eines viertelsgewundenen Geländerkropfes

Die Treppe soll ein Geländer mit Handleiste und Zwischengurt erhalten. Das Geländer hat 6 cm Abstand von der inneren Treppenkante.

Verfahren A:

Auf der fertigen Treppe werden die Punkte a, b, c, d angezeichnet und das Geländer danach gebogen. (Abb. 299,1)

Verfahren B (vgl. Abb. 299,2):

Man hilft sich mit einer Blechschablone. Die Maße a-b, b-c (verstreckt), c-d sowie die Steigungen werden vom Neubau oder vom Plan auf eine genügend große Blechtafel

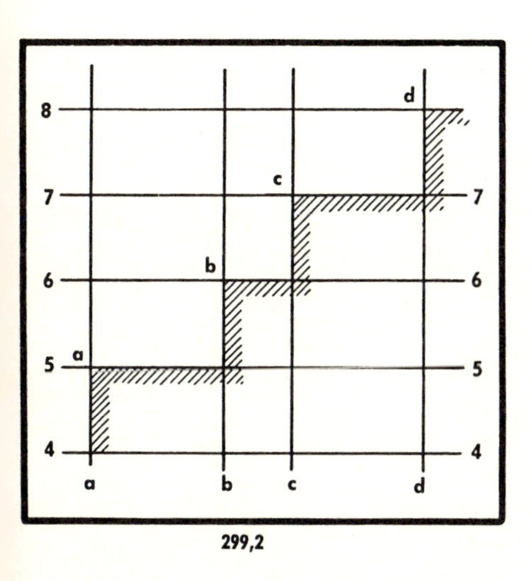

299,2

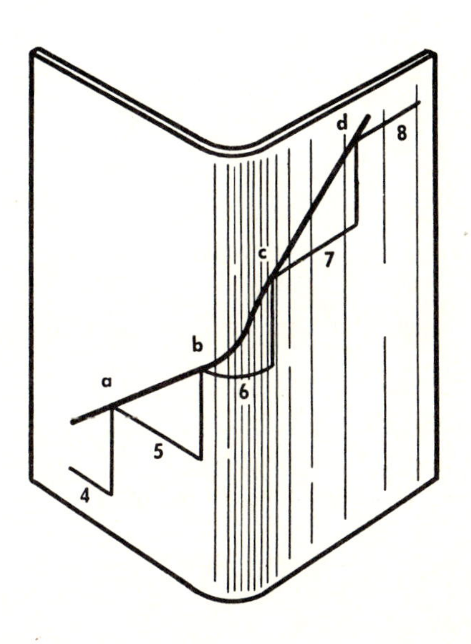

300,1

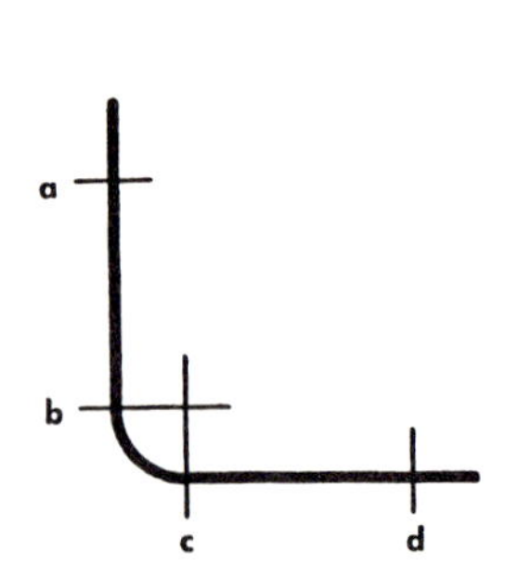

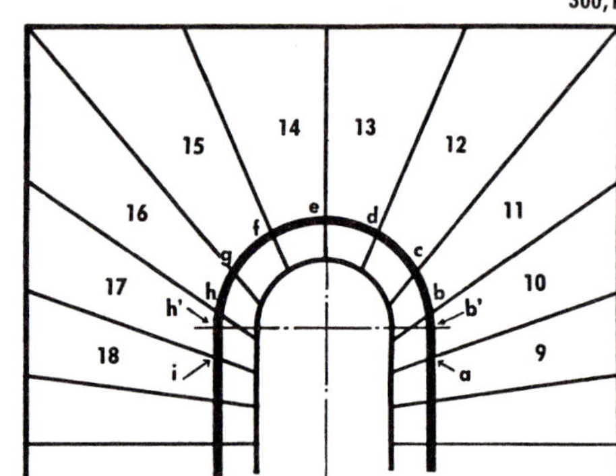

aufgerissen. Die fortlaufende Verbindungslinie der Treppenstufenkanten ergibt die Geländerlinie. Nun biegt man die Schablone um ein Rohr mit 12 cm Durchmesser. Damit ist der wirkliche Verlauf der Geländerlinie festgelegt. Nach dieser Kreidelinie läßt sich der Handlauf passend biegen. Sind mehrere gleiche Kröpfe anzufertigen, so ist es ratsam, einen Kropf aus dünnerem Flachstahl zu biegen und als Führung auf die Schablone zu schweißen.

c) Das Biegen eines halbgewundenen Rohrkropfes

(Krümmungs-Durchmesser = 35 cm, Geländerabstand von innerer Treppenkante = 6 cm.)
In diesem Fall ist das Anfertigen einer Schablone oder eines „Kerns", wie man auch sagt, unbedingt vorteilhaft. Die erforderlichen Maße für den Grundriß nach Abb. holt man sich vom Neubau und zeichnet die Lage des Geländers nach den festgelegten Punkten a, b, c, d.... i ein. Dann reißt man auf einer Blechtafel die verstreckten Längen von a-b, b-c, c-d usw. bis h-i an. Da der runde Kropf nur von b' bis h' reicht, rücken wir auf der Blechtafel ebenfalls von i aus um i-h' und von a aus um a-b'ein. Die errichteten Senkrechten schneiden sich mit den Waagrechten 9-9, 10-10... 17-17, die wir im Abstand der Steigungen einzeichnen. Damit ist die Geländerlinie gefunden. Ihren wirklichen Verlauf erhalten wir aber erst, indem wir die Blechtafel nach Abb. 270,2 um den Durchmesser b'-h' = 6 cm + 35 cm + 6 cm = 47 cm zu einem Halbzylinder biegen.
Nach den aufgerissenen Stufen legen wir eine Flachstahlleiste fest und biegen nach ihr das Rohr.
Eine weitere Möglichkeit ist das Biegen des Kropfes nach einer selbst anzufertigenden verstellbaren Lehre.

d) Wie verhindern wir die Querschnitts-Verformung von halboffenen Alu-Handläufen beim Biegen?

Hohle, unten offene Handläufe lassen sich nur hochkant krümmen, wenn man entweder die offene Nut durch Einheften eines Füllstückes ausfüllt und dasselbe nach dem Biegen wieder entfernt
oder den Hohlraum mit langen Blechstreifen ausfüllt.

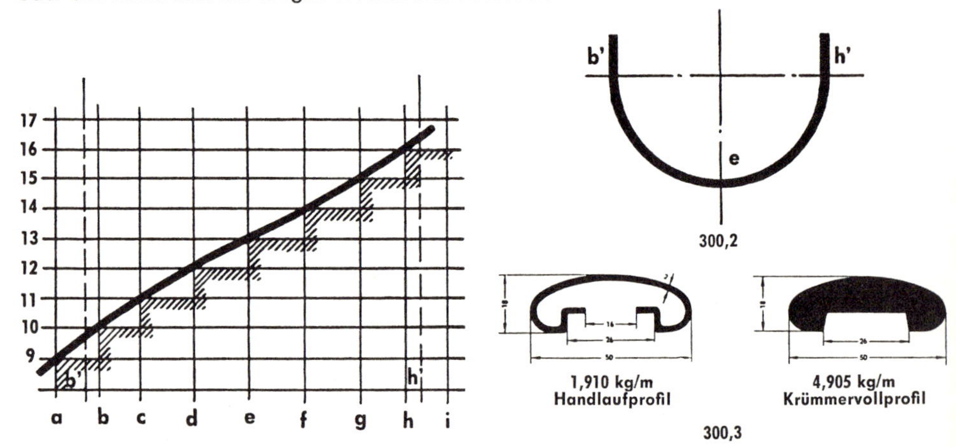

300,2

300,3

Diese immerhin zeitraubenden Verfahren lassen sich umgehen, wenn man den Krümmer aus Vollmaterial herstellt, was natürlich einen höheren Materialpreis verursacht (vgl. Abb. 300,3).

Werkstattwinke:

1. Saubere Krümmer entstehen durch Biegen auf Schablone nach gleichmäßigem Vorwärmen.
   Stahl: hellkirschrot
   Messing, Bronze, Deltametall: dunkelkirschrot
   Alulegierungen: trockener Tannenholzspan soll dunkelbraunen Strich hinterlassen.
   Biegelänge auf der Innenseite ankörnen.
2. Rohrprofile mit feinem trockenem Sand füllen und so langsam anwärmen, daß der Sand durch und durch gleich warm ist. (Enden verstopfen!)
3. Bei halboffenen Handläufen entweder einen vollen Querschnitt für den Krümmer verwenden oder durch Füllstücke bzw. Blechstreifen die Querverformung unterbinden.

Selbst finden und behalten:

1. Welche Treppen unterscheidet man nach ihrem Verlauf?
2. Welcher Zusammenhang besteht zwischen Laufbreite und Steigungshöhe?
3. Nenne die Hauptbauteile einer Stahltreppe und deren Zweck!
4. Was versteht man unter Verziehung bei der Treppe?
5. Auf welche Weise lassen sich Geländerkröpfe biegen?
6. Welche Profile werden für die Stahltreppe Seite 293 benötigt?
7. Beschreibe, wie die Tritte befestigt sind!
8. Erkläre, wie die Längen der geraden und gebogenen Wangen ermittelt werden!
9. Wie würdest du die senkrechten Geländerpfosten an der Wange befestigen?

MERKE:

1. **Stahltreppen müssen so gebaut sein, daß sie den baupolizeilichen Vorschriften hinsichtlich Belastung und Verkehrssicherheit genügen.**
2. **Die Laufbreite richtet sich nach dem Verwendungszweck, ebenso das Verhältnis von Steigung und Auftritt (2 Steig. + 1 Auftritt = 0,63 m).**
3. **Längs der Ganglinie bleibt die Auftrittsbreite gleich.**
4. **Das Biegen von halboffenen Handläufen erfordert besondere Vorbereitungen.**

V. Von Schlössern und Schlüsseln

1. Schloßbau – eine uralte Kunst

Als Hauptsitz der deutschen Schloßindustrie gelten die Städte Velbert und Heiligenhaus bei Düsseldorf. Es ist deshalb kein Zufall, daß uns gerade in Velbert das interessante „Deutsche Schloß- und Beschlägemuseum" einlädt, die Entwicklung des Schloßbaues nicht nur durch die Jahrhunderte, sondern durch die Jahrtausende, und zwar bei allen Kulturvölkern der Erde, zu verfolgen. So wenig schmeichelhaft es für uns Menschen ist, daß wir Hab und Gut vor unseren Artgenossen sichern müssen, so aufschlußreich sind die Funde an alten Schlössern und Schlüsseln. Die verwendeten Werkstoffe und die mehr oder weniger sinnreiche Konstruktion verraten uns den Stand der Technik, die Gestaltung und Verzierung an Schloß und Schlüssel die jeweilige Kunst- und Geschmacksrichtung.
Sobald die Menschen gelernt hatten, Behausungen zu bauen, ergab sich die Notwendigkeit, für einen sicheren Verschluß zu sorgen. Man legte also einen hölzernen Querbalken vor, der von außen nicht zu bewegen war. Diese einfache Form des Verschlusses, die wir heute noch vereinzelt auf dem Lande vorfinden, hielt sich allgemein bis ins 10. Jahrhundert. Der Balkenverschluß wurde allerdings durch sinnreiche Hebelwerke (aus Holz) immer mehr vervollkommnet und durch hölzerne Schlüssel ergänzt. Daß das Drehriegelschloß neben dem bei fast allen Völkern bekannten Fallriegelschloß eine uralte Erfindung darstellt, beweisen 3000 Jahre alte Funde aus süddeutschen Pfahlbaudörfern (gebogene Bronzeschlüssel).

Die Handelsbeziehungen mit den Römern, welche schon kunstvolle Verriegelungen aus Bronze entwickelt hatten, mögen auch bei uns die Weiterentwicklung gefördert haben. Die kunstfreudigen und geschickten „Kleinschmiede" des Mittelalters überboten sich in der sinnreichen und stilvollen Konstruktion von Schloßsicherungen. Die Sperrfeder-, Schraub- und Buchstabenschlösser, komplizierte „Eingerichte" und die „Besatzungen" des Schlüsselbartes verdanken wir ihnen.

Die Entwicklung der Stile von der strenglinigen Renaissance des 16. Jahrhunderts in das überschwengliche Barock und das verspielte Rokoko spiegelt sich deutlich in der Verzierung des nun erst üblich gewordenen Schloßblechs und Schloßkastens, der Schlüsselfinder und Drücker, vor allem aber der Schlüsselreiden wider.

Die Zeit der Aufklärung und das 19. Jahrhundert brachten dann auch im Kunsthandwerk eine Ernüchterung. Die kunstvoll geschmiedeten, verschnörkelten und schweren Schlösser mußten einfachen, praktischen und vor allem billigeren Verschlüssen weichen und haben heute ihre entwicklungstechnische Durchbildung in den modernen Tresorschlössern erreicht. Das Schloß, welches dem einstigen „Kleinschmied" des Mittelalters zu seiner jetzigen Berufsbezeichnung verhalf, wird heute fast ausschließlich in Spezialfabriken hergestellt. Dessenungeachtet muß der Schlosser weiterhin imstande sein, Schlösser aller Art zu reparieren, anzuschlagen, aufzusperren oder Schlüssel einzupassen. Dazu aber gehört eine gründliche Kenntnis des Schloßbaues.

2. Jedes Schloß ist seinem Zweck entsprechend gebaut

Aufgabe des Schlosses ist es, einen Raum oder Behälter zu *verschließen* und zu *versperren*.

Eine Stalltürfalle, ein einfaches Kühlschrank- oder Basquillschloß verhindern zwar das Öffnen durch Zug oder Druck, doch geben sie einer leichten Bewegung des Drückers, einer leichten Drehung des Knebels nach. Solche einfache Schloßarten bezeichnen wir deshalb als *Verschlüsse*. Die Zimmertürschlösser bis zu den Tresorschlössern mit Zuhaltungen und Sicherungen dagegen halten Riegel bzw. Fallen in der Endstellung so fest, daß sie nur mit dem passenden Schlüssel geöffnet werden können. Diese *Schlösser im engeren Sinn* enthalten daher immer ein Getriebe zum Verschieben des Riegels *und* ein Gesperre zum Festhalten des Riegels.

Nach der Art der Befestigung unterscheiden wir:

Kastenschlösser, Einsteckschlösser, Gitterschlösser.

3. Viele Teile gehören zu einem guten Schloß

In den meisten Schlössern, so verschieden sie auch sein mögen, treffen wir folgende Teile an:

Schloßblech (Schloßboden)	Falle	Schloßdecke	Zuhaltung
Umschweif	Nuß	Schenkelfüße (Füssel)	Zuhaltungsstifte
Umschweifstifte	Riegel	Federn	Nachtriegel
Stulp	Riegelführungsstift	Federstifte	Wechsel

a) Das Schloßblech oder der Schloßboden:

Es fehlt bei keinem Schloß, da es zur Befestigung der einzelnen Teile dient. Die Stifte sind im Schloßboden vernietet, ebenso der Umschweif.

b) Der Umschweif:

Er umgibt das Kastenschloß seitlich und schützt es vor Verunreinigung und unbefugten Eingriffen. Beim Einsteckschloß überflüssig.

c) Der Umschweifstift:

In der Regel befinden sich oben und unten am Schloßboden je zwei Stifte, an die der Umschweif festgenietet ist.

d) Der Stulp:

Er schließt das Innere gegen die Türkante ab und bildet die Führung für Falle, Riegel und Nachtriegel. Verschiedene Formen bei Kasten-, Einsteck- und Gitterschloß.

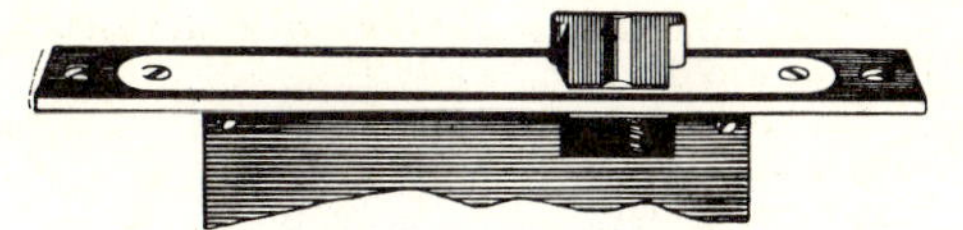

Rahmenstulp: Vor dem Streichen kann das eigentliche Schloß wieder aus der Tür genommen werden.

e) Die Schloßdecke:

Bei Einsteck- und Gitterschlössern hat sie in der Regel die gleiche Größe wie der Boden, bei Kastenschlössern jedoch wird sie meist kleiner gehalten. In der Schloßdecke sind oft Schlüsselrohr und Schleppfeder für den Hauptriegel befestigt.

f) Schenkelfüße (Füssel):

Es sind dies drei oder vier Bolzen, die auf der einen Seite in den Schloßboden eingenietet sind, auf der anderen Seite ein Gewinde zum Anschrauben der Schloßdecke haben.

g) Federn:

Zum Schloß gehören die Fallenfeder, die Zuhaltungsfeder und die Nußfeder. Sie haben die Aufgabe, die beweglichen Teile in ihre alte Lage zurückzudrücken. Häufig sind lahme oder gebrochene Federn zu ersetzen. Wenn die Feder dann im Handel gerade nicht erhältlich ist, müssen wir sie aus Bandstahl selbst wickeln. Hierbei wollen wir folgendes beachten:
Guten, etwa 1,5 mm dicken Bandstahl leicht und gleichmäßig abhämmern (aber nicht das Ende, welches auf das Vierkant des Federstifts gesteckt wird). Federbreite so wählen, daß etwa 1 mm Spiel bleibt.
Die Feder „offen" wickeln (Zwischenraum = Materialstärke, erreicht durch Eintauchen in Öl und Bestreuen mit Feilspänen).
Öl abbrennen und mild abschrecken (Federhärte).
Die Feder beim Einsetzen nicht zu stark spannen.
Einen flachen Bogen anbiegen (kein Knick!). Die Feder am Auslauf übereinanderbiegen, damit sie nicht aufspringen kann.
Nicht unter 3–4 Gänge bei der Fallen- und Zuhaltungsfeder und nicht unter 4–5 Gänge bei der Nußfeder wickeln. (Letztere muß am stärksten sein!)

h) Federstifte:

Sowohl der abgesetzte Zapfen zum Vernieten als auch der Stift selbst müssen vierkantig sein, damit sich die Feder nicht drehen kann.

i) Die Falle:

Sie dient zum Festhalten der Türe im Schließkloben, in der Schließklappe oder im Schließblech. Die hebende Falle dreht sich um die Nuß, die vom Drücker bewegt wird. Die schließende Falle bewegt sich geradlinig. Sie wird vom Hebelarm der Nuß oder des Wechsels vorgeschoben.
Gewölbte Schließnasen für die hebende Falle und günstige Fallenkopf-Formen bei der schließenden Falle vermindern die Reibung beim Zuschnappen.

Normalfalle

Spiegelfalle

Rippenfalle

Kurbelfalle

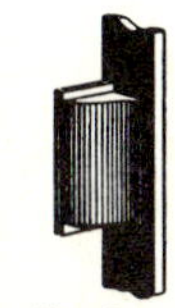

Carniesfalle

k) Die Nuß:

Dieser Schloßteil zeigt sehr verschiedene Gestalt. Einige Patente wollen die Abnützung verringern. Vorzuziehen ist eine Nuß mit langem Hebelarm, da sie auch für die Feder einen längeren Arm ermöglicht. Die Nuß steckt auf dem vierkantigen Drückerstift und hat die Drückerbewegung auf die Falle zu übertragen.

l) Der Riegel:

Er hat rechteckige Form mit verstärktem Kopf. Seine geradlinige Verschiebung bewirkt der Schlüsselbart, der bei jeder Umdrehung in die „Eingriffe" in der Unterkante des Riegels

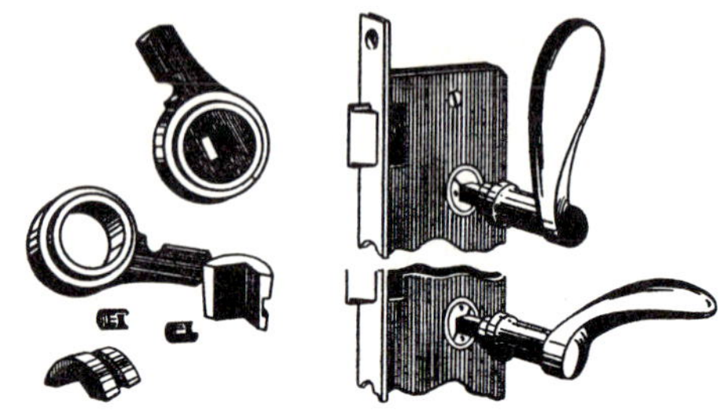

Die Schloßnuß spannt den Drückerstift allseitig und zentrisch selbständig fest. Der Drücker wird senkrecht nach oben gestellt, in das Vierkantloch der Nuß gesteckt und mit einer Vierteldrehung in die normale waagrechte Lage gebracht. Diese Drehung genügt, den Drückerstift fest einzuspannen. Unbefugtes Hochdrehen des Drückers durch Sicherungsfeder verhindert.

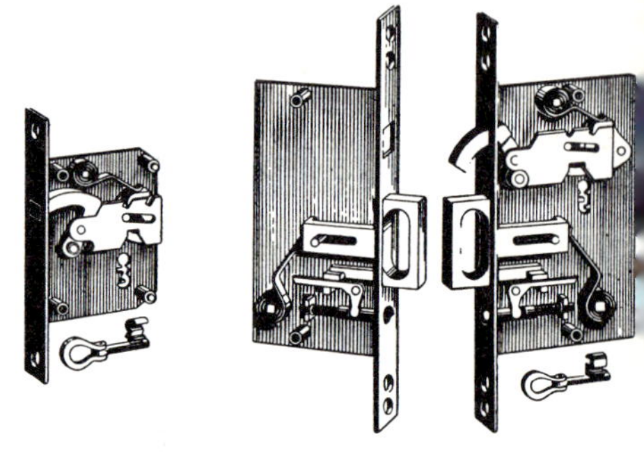

Einsteck-Schiebetürschlösser, rechts mit Drehriegel, Springgriff und Scharnierschlüssel

eingreift und ihn um eine „Tour" vordrückt bzw. zurückschleppt. Schiebetürschlösser sind mit Haken- oder Drehriegeln ausgestattet (s. Bilder). Die Länge einer Tour beträgt normal je nach Schloßgröße 12, 14 oder 16 mm und ist gleich der Schlüsselbartlänge. Nach der Tourlänge richten sich in der Regel auch alle übrigen Maße des Riegels und des Schlüssels. Sie gilt auch als Bezugseinheit für die Breite des Riegeleingriffs = $1/2$ Tour, für die Riegelschlitz-Länge = 1 bis 2 Touren, für die Riegelstiftstärke = $1/4$ Tour, für die Rastenhöhe = $1/4$ Tour und die Rastenbreite = $1/4$ Tour.
Die Rasten nehmen den Haken der Zuhaltung auf. Der Riegelschlitz dient zur genauen Führung des Riegels.
Fällt in der Praxis der Riegelführungsschlitz etwas zu kurz aus, kann sich also der Riegel nicht ganz zwei Touren verschieben, dann entsteht der sogenannte „Mausezahn". So nennt man den mittleren Zahn des Riegeleingriffs, der dann zu kurz wird.

m) Der Riegelstift:

Wie schon erwähnt, erhält der Riegel seine Führung durch den Riegelstift. Dieser kann rund oder eckig sein und hat $1/2$ Tour Durchmesser. Seltener findet man, daß der Riegel mit einer aufgenieteten Laufleiste in der Nut des Riegelstiftes gleitet.

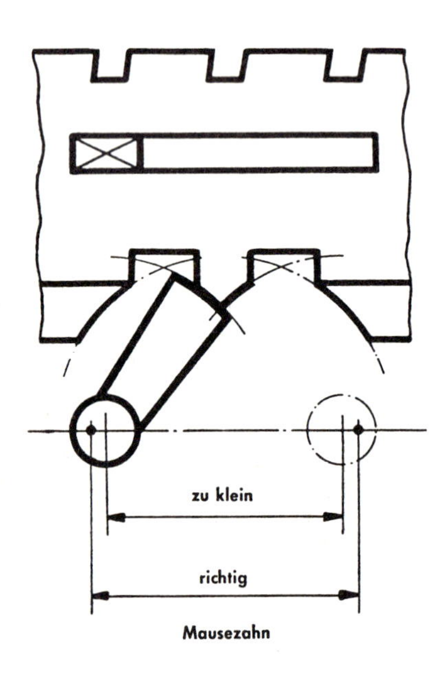

Mausezahn

n) Die einfache Zuhaltung:

Dieser schwanenhalsartig oder besser bügelförmig geschweifte Teil rastet nach jedem Vorschub des Riegels ein und hält denselben fest. Von der genauen Ausführung der Zuhaltung hängt das gute Funktionieren des Schlosses wesentlich ab.
Entscheidend ist die richtige Lage der Bügelunterkante, damit der Haken gerade dann die Raste freigibt, wenn der Vorschub beginnt und sofort einrastet, sobald der Vorschub aufhört!
Die Lage der Zuhaltungsgleitfläche kann ebenso konstruiert werden wie der Riegeleingriff.
Wann „hält das Schloß die Tour"?
Der Schlüsselbart greift an der Stirnfläche des Riegeleingriffs an und schiebt die Fläche um eine Tour vor. In dem Augenblick, da der Schlüsselbart die Fläche verläßt, muß oben der Haken einrasten, dann hält das Schloß die Tour.

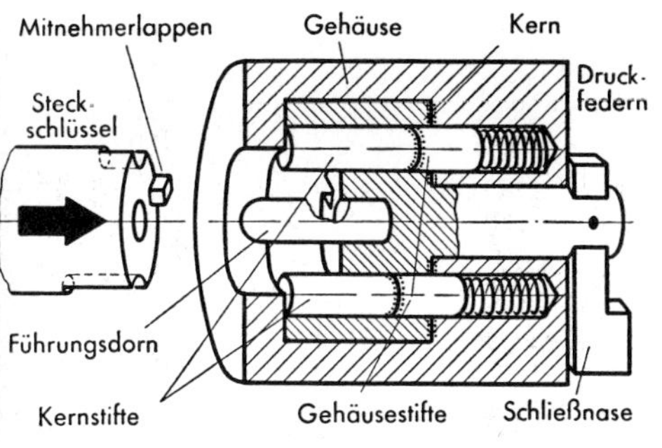

In verriegelter Stellung

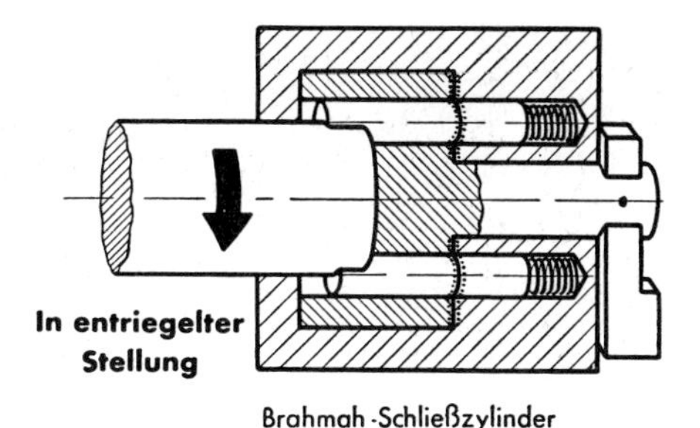
In entriegelter Stellung

Brahmah-Schließzylinder

o) Der Nachtriegel:

Er erhält seine Führung durch die Aussparung im Stulp und im Umschweif. Eine starke Schleppfeder verhindert das ungewollte Vorgleiten des Riegels. Durch einen Anschlagstift wird der Vorschub begrenzt.

p) Der Wechsel:

Dieser Schloßteil stellt einen zweiarmigen Hebel dar, welcher sich um den Wechselstift dreht (= im Riegel eingenietet). Oben greift der lange Arm in eine Aussparung des Fallenschaftes. Dadurch läßt sich die schließende Falle ohne Drücker allein mit dem Schlüssel öffnen. Sollte in ein Schloß ein neuer Wechsel einzubauen sein, so ist besonders darauf zu achten, daß derselbe bei g e s c h l o s s e n e m R i e g e l u n d g e ö f f n e t e r F a l l e weder am Stulp noch am Umschweiß anstößt.
Ist der Wechsel so mit den Zuhaltungen gekuppelt, daß er nur mit dem passenden Schlüssel betätigt werden kann, dann spricht man von einem „gesicherten Wechsel".

4. Sicherheitsschlösser sind Spitzenleistungen der Mechanik

Einfache Schlösser, von denen bisher die Rede war, lassen sich mit einem Sperrhaken verhältnismäßig leicht aufsperren; der geschweifte oder durchbrochene Schlüsselbart bildet dabei für den Fachmann kein großes Hindernis.
Zahlreiche Erfinder arbeiteten deshalb schon im 18. Jahrhundert an der Verbesserung und gleichzeitigen Verkleinerung der Schlösser und konstruierten Systeme, die heute noch ihren geistigen Vätern alle Ehre machen.

1784 wurde das Brahmah-Schloß, 1818 das Chubb-Schloß, 1848 das Yale-Schloß und 1869 das Protektor-Schloß erfunden. Unsere modernen Sicherheitsschlösser sind nach diesen verschiedenen Systemen gebaut.

Die gebräuchlichsten Schloßarten

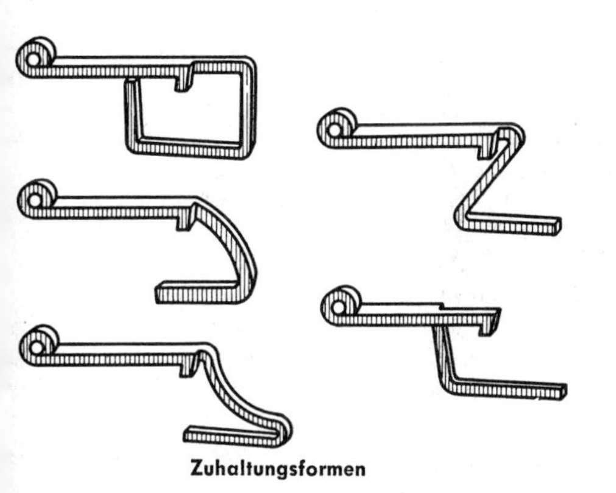
Zuhaltungsformen

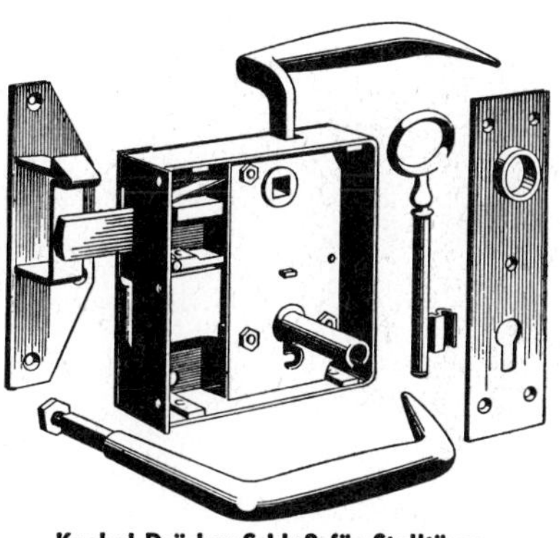
Knebel-Drücker-Schloß für Stalltüren

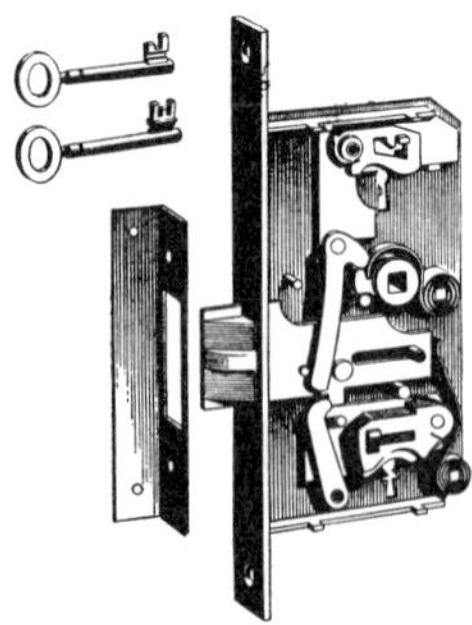

Münchener Chubb-Haustür-Absperrschloß. 4 Zuhalt., gesicherte Falle, 2 Chubb-Schlüssel u. 1 Absperrschlüssel

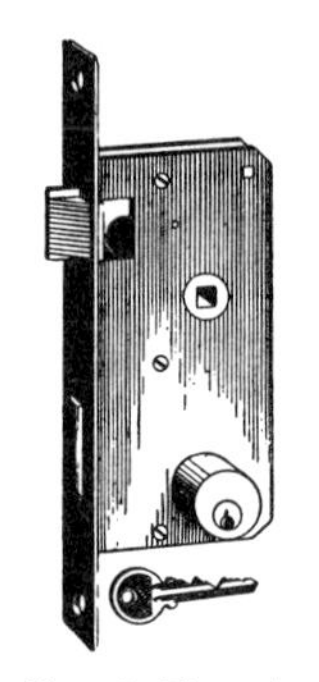

Haustür-Einsteckschloß m. 2 Zylindern

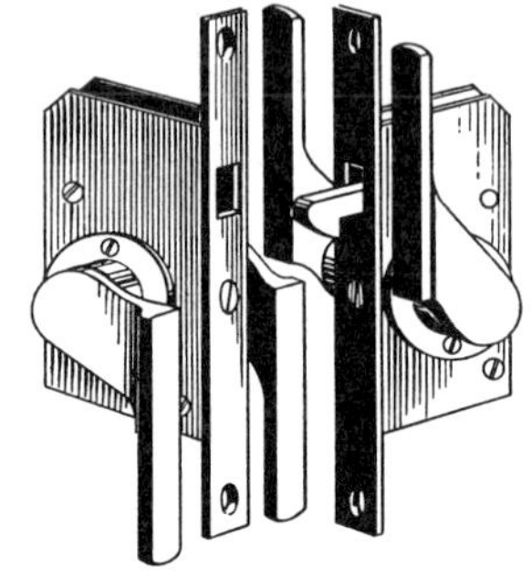

„Helios"-Schiebetür-Einsteckfalle für 1flügelige und Doppeltüren

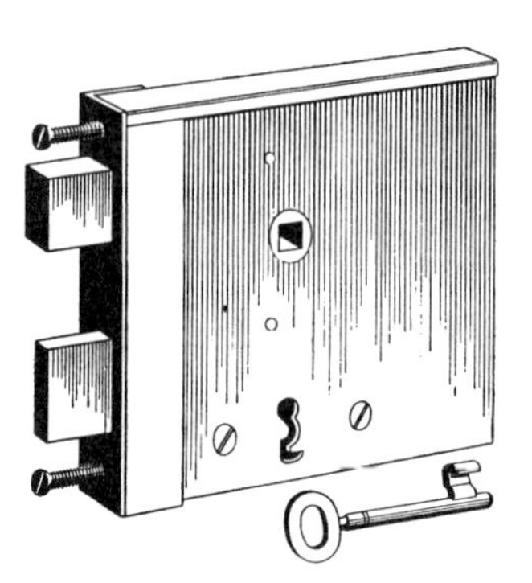

Zwei-Riegel-Gittertürschloß mit Blockfalle

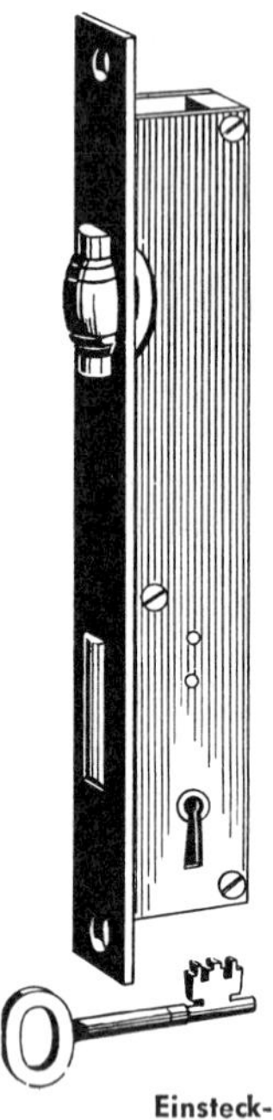

Einsteck-Rohrschloß

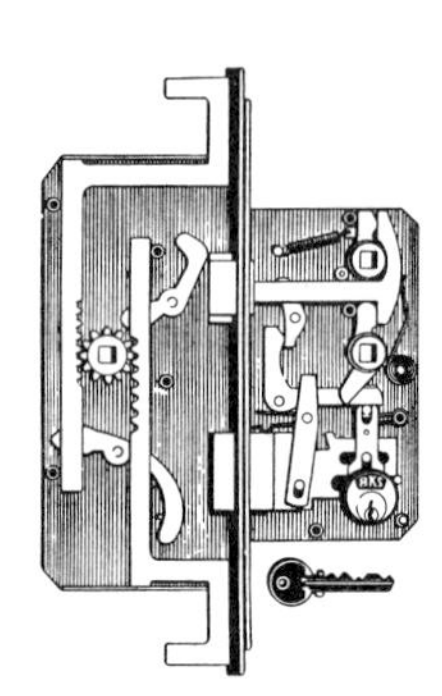

Panikschloß für 1- oder 2flügelige Türen mit Zylinder Öffnen mit Not-Türgriff möglich

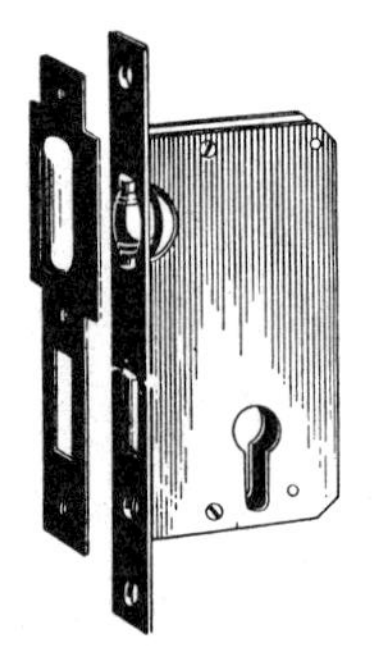

Einsteck-Rollfallenschloß mit verstellbarer Falle

Drei-Riegel-Basquillschloß für Tanksäulen

Garagen-Stangenschloß mit Zylinder

Weil sie große Sicherheit mit verhältnismäßig einfacher Bauweise vereinigen, sind heute das Chubb-Schloß und das Zylinderschloß nach Yale am weitesten verbreitet.

a) Worin besteht der Grundgedanke der Chubb-Konstruktion?

Die einfache Zuhaltung wird durch mehrere Zuhaltungsblätter ersetzt, die auf verschiedene, genaue Höhen gehoben werden müssen, damit sie den Riegel freigeben. Dadurch wird der gestufte Schlüsselbart nötig. Das Abfühlen dieser verschieden hohen und dünnen Zuhaltungen, noch mehr aber das Hochstellen derselben mit dem Sperrzeug ist äußerst schwierig. Bei mehr als 3 genau gleich ausgefeilten Blättern dürfte das unbefugte Aufsperren nur selten gelingen. Darauf beruht die Sicherheit des Chubb-Schlosses.

b) Wie ist die Chubb-Zuhaltung eingerichtet?

Nimm zum besseren Verständnis verschiedene Chubb-Schlösser auseinander und betrachte genau die Teile des Gesperres!

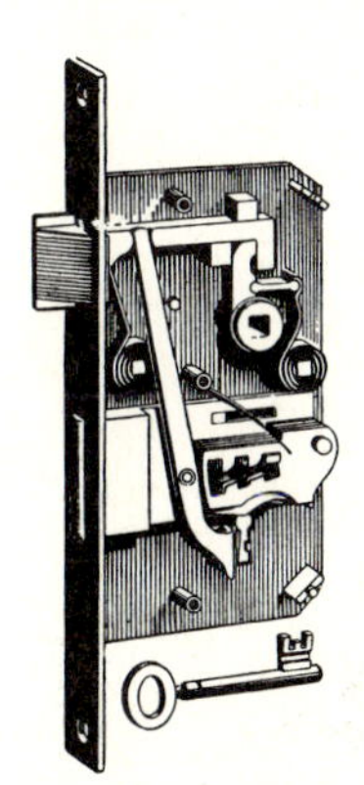

Wie die Abbildung zeigt, besteht die Zuhaltung aus 4 Blättern (Lamellen) mit „Fenstern", die sich nur durch die Breite und Schweifung der Unterkante unterscheiden. Die fensterartigen Aussparungen entsprechen den Rasten am einfachen Schloß. Sie nehmen den Riegelstift auf, der auf die Breite einer oder mehrerer Lamellen auch schräg gefeilt sein kann. Dann muß auch die betreffende Lamelle (z. B. Zuhaltung Nr. 2) schräge Schlitze aufweisen. Die Kombination von gerader und schräger Führung bedeutet eine weitere Sicherung. Damit das Schloß von innen und außen geöffnet werden kann, muß die Zuhaltung Nr.1 dicker sein als die anderen, nämlich so stark wie der Riegelschaft. Alle Zuhaltungen drehen sich um den zyl. Zuhaltungsstift. Die kreisbogenförmige Ausbuchtung der Zuhaltungsunterkante, an welcher die Bartstufe entlanggleitet, wird nach dieser Stufe konstruiert. Die Unterkante muß so genau gestanzt bzw. gefeilt sein, daß der Riegelstift eben dann, wenn der Riegelvorschub beginnt, in den waagrechten Zuhaltungsschlitz ausweichen kann. Die Normalmaße der Zuhaltung greifen auf die „Tour" als Bezugseinheit zurück.

c) Wie arbeitet die Chubb-Zuhaltung?

Beim Drehen des Schlüssels stößt die Schlüsselbartstufe gegen die entsprechende Zuhaltung, hebt sie hoch und schleift, diese in gleicher Höhe haltend, bis zur Beendigung des Riegelvorschubs die Unterkante entlang. Was über das Einrasten beim einfachen Schloß gesagt wurde, gilt auch hier. Verrostete Zuhaltungen, die sich gegenseitig mitnehmen, machen natürlich ein einwandfreies Funktionieren unmöglich, die Lamellen werden deshalb meist aus Messingblech gestanzt. Die dünnen Zuhaltungsfedern müssen aus gutem Stahl sein.

d) Wieviel Schlüssel müßte der Einbrecher bei sich haben?

Das auf dieser Seite abgebildete Haustürschloß besitzt 4 Zuhaltungen, von denen 3 ungleich sind. Daraus ergeben sich $1 \times 2 \times 3 = 6$ Schließmöglichkeiten.

Wenn man 60 unterschiedliche Bartformen annimmt, sind es bereits $6 \times 60 = 360$ Schließungen. Bei Ausnutzung von 5 verschiedenen Besatzungen im Schlüsselbart erhöht sich die Zahl der möglichen Schlüssel aber auf $360 \times 5 =$ **1800!**

Vollkommen aussichtslos wird aber das Probieren an einem schweren Sicherheits-Tresorschloß mit 14 unsymmetrischen Zuhaltungen, auch wenn der Stahlschlüsselbart ganz glatt ist. In diesem Falle gibt es nämlich $1 \times 2 \times 3 \times 4 \times 5 \times 6 \times 7 \times 8 \times 9 \times 10 \times 11 \times 12 \times 13 \times 14$ Möglichkeiten.

Wer rechnet es aus?

e) Linus Yale (Amerika) wandelte das 5000 Jahre alte Fallriegelschloß zur umwälzendsten Erfindung um

Auch das alte hölzerne Fallriegelschloß kannte bereits die Verriegelung durch mehrere Stifte von verschiedener Höhe, wie sie der Schnitt z. B. durch ein modernes BKS-Zylinderschloß erkennen läßt. Das Neue ist der drehbare Zylinderkern, welcher am Ende (oder bei Doppelzylindern in der Mitte) zu einer Schließnase (Bart) ausgebildet ist und damit das Getriebe bewegt.

Aufbau des Zylinderschlosses:

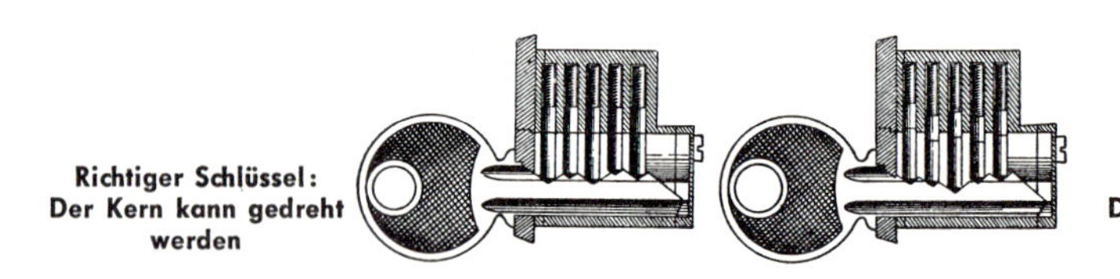

Richtiger Schlüssel: Der Kern kann gedreht werden

Falscher Schlüssel: Die Stifte sperren den Kern

Im Gehäuse aus Bronze, Messing oder Leichtmetall ist ein Zylinderkern drehbar gelagert. Gehäuse und Kern sind mit 5 gleichen Bohrungen versehen, die in einer Ebene liegen und bei Ruhestellung genau zusammenpassen. In diesen Bohrungen stecken die nichtrostenden Stiftpaare mit Federn. Neben den einfachen Schließzylindern gibt es auch solche mit 2, 3 und 4 Zuhaltungsreihen mit den entsprechenden Kreuzschlüsseln.
Die geschweifte Schlüsselführung im Kern wird durch „Räumen" eingearbeitet. Da das Räumwerkzeug und der Schlüssel mit den gleichen Formfräsern bearbeitet werden, ist eine hohe Paßgenauigkeit gewährleistet.

Wirkungsweise des Zylinderschlosses:

Bei abgezogenem oder eingeführtem falschem Schlüssel stecken die einzelnen Stifte gleichzeitig in den Gehäuse- und Kernbohrungen. Der Kern ist fünffach verriegelt und kann sich nicht drehen. Führen wir aber den richtigen Schlüssel ein, so hebt dieser alle Stiftpaare so hoch, daß ihre Trennfläche genau in die Trennfläche zwischen Gehäuse und Kern zu liegen kommt. Der Kern ist drehbar und über die Schließnase wird der Schloßriegel bewegt. Manche Firmen liefern zu ihrem Einbauzylinder ein eigenes Schließwerk mit, welches den Schließmechanismus des Einsteck- oder Gitterschlosses usw. entbehrlich macht.

Zahlen, die beruhigen:

Jeder Zylinderstift kann praktisch in 4 verschiedenen Längen hergestellt werden. Das ergibt für unser einfaches Zylinderschloß $5 \times 4 = 20$ verschiedene Zuhaltungen. Die Zahl der möglichen Schlüssel errechnen wir nach der mathematischen Formel
$2^n - 1$ (n = Zahl der Zuhaltungen)
also: $2^{20} - 1$ = etwa 1 000 000 Schlüssel (mit gleichem Profil)
Moderne Zylinderschlösser mit mehr Zuhaltungen bringen es auf über 15 Millionen Schlüsselmöglichkeiten.
Wie ein geschickter Schlosser trotzdem ein Zylinderschloß ohne Schlüssel öffnen kann, werden wir im Abschnitt Aufsperrtechnik erfahren.

Einbau:

Die handelsüblichen Zylinderschlösser werden entweder selbständig (Möbel-, Basquill-, Autoschlösser) verwendet oder häufiger als Einbauzylinder in schon vorhandenen einfachen Schlössern angebracht. Da die Art und Weise des Einbaus je nach Fabrikat verschieden ist, müssen wir uns an die mitgelieferte Anleitung der Herstellerfirma halten. Zylinderschlösser nicht ölen, sondern Flockengraphit einstäuben!

5. Am Schlüsselbund hängen die verschiedensten Schlüssel

Während früher Schlüssel mehr oder weniger kunstvoll aus dem vollen geschmiedet, gefeilt und hartgelötet wurden, kaufen wir heute die Normalschlüssel aus Stahl, Temperguß oder Leichtmetall fertig und feilen höchstens den Bart noch passend. Hierzu wird ein Satz Schlüssel- oder Raumfeilen benötigt.

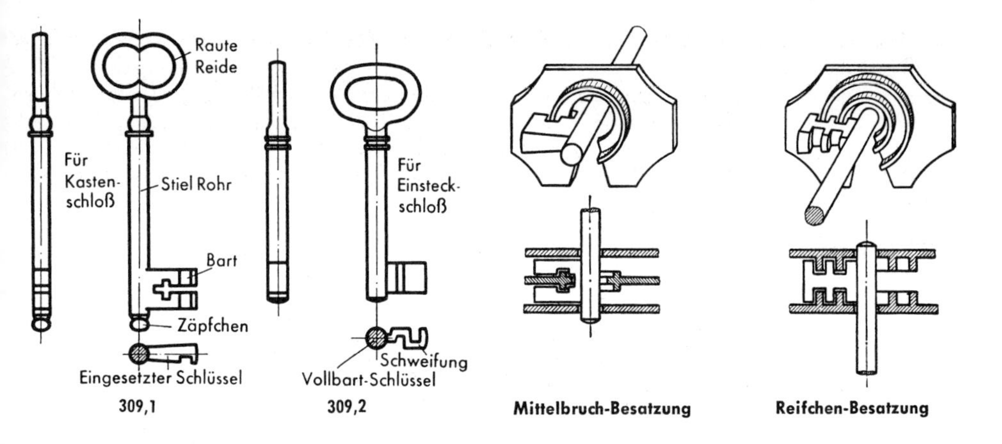

Eingesetzter Schlüssel 309,1 — Vollbart-Schlüssel 309,2 — **Mittelbruch-Besatzung** — **Reifchen-Besatzung**

a) Wie heißen die Teile des Schlüssels?

Reide (auch Ring oder Raute genannt), Gesenk (bei den neuen Schlüsseln meist nicht mehr ausgeprägt), Rohr (Stiel), Bart, Zäpfchen.
Ist der Schlüsselstiel vorne hohl, spricht man von einem Dornschlüssel.

b) Wie unterscheiden sich die Schlüssel?

Schlüssel für Kasten-, Einsteck-, Chubb-Schlösser.
Kastenschlösser haben naturgemäß längere Schlüssel als die Einsteckschlösser.
Die einzelnen Abmessungen sind in der Regel ein Vielfaches des Rohrdurchmessers d, der wiederum die Hälfte einer „Tour" beträgt.
Der Bart mißt in der Länge 1 Tour, in der Breite 3/4 bis 1 Tour, seine Form ist entweder voll (Abb. 309,2) oder eingesetzt (Abb. 309,1). Das Nachschließen wird durch 40 bis 80 verschiedene Schweifungen (Buntbart) oder durch Besatzungen, oft auch durch beides, erschwert.
Besatzungen (Eingerichte) nennt man die Blechstreifen an Schloßboden und Schloßdecke, welche in entsprechende Schlitze des Schlüsselbarts eingreifen. Sie verhindern das Drehen eines Schlüssels, der nicht genau passend geschlitzt ist.
Wie die Abbildungen zeigen, gibt es Reifchen-, Mittelbruch- und Kegelbesatzungen. Chubb-Schlüssel unterscheiden sich durch Schließung und Nutung.

6. Schlüsselarten

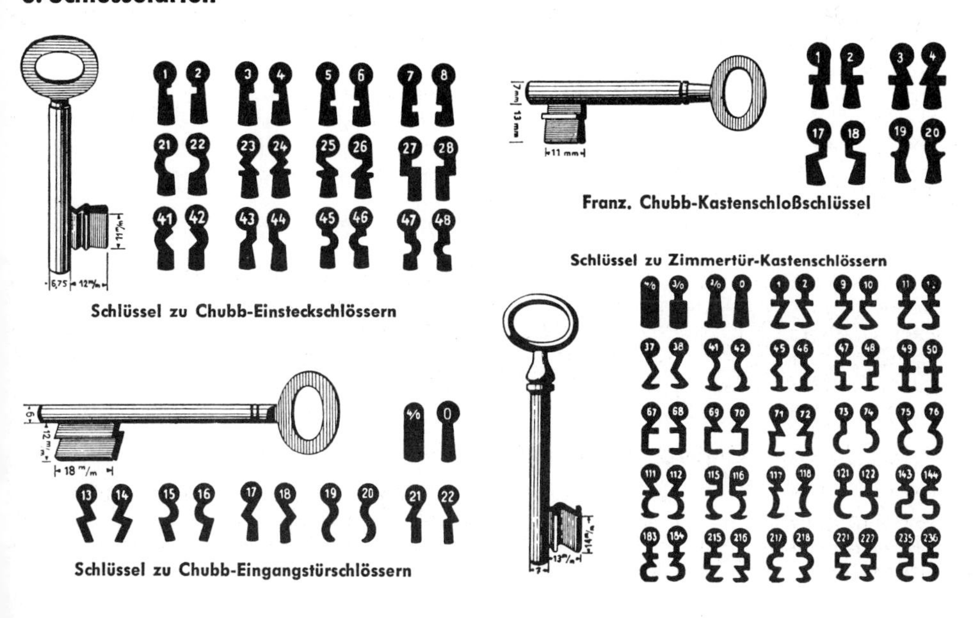
Schlüssel zu Chubb-Einsteckschlössern

Franz. Chubb-Kastenschloßschlüssel

Schlüssel zu Zimmertür-Kastenschlössern

Schlüssel zu Chubb-Eingangstürschlössern

Schlüssel zu Zimmertür-Kastenschlössern

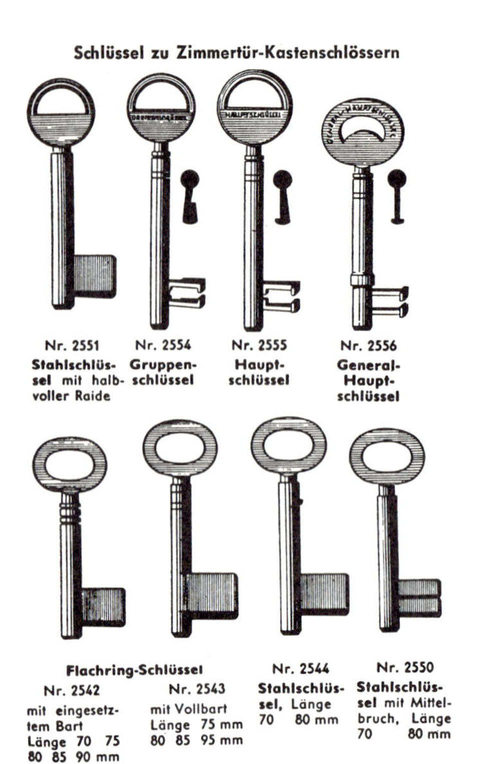

Nr. 2551 Stahlschlüssel mit halbvoller Raide

Nr. 2554 Gruppenschlüssel

Nr. 2555 Hauptschlüssel

Nr. 2556 General-Hauptschlüssel

Flachring-Schlüssel
Nr. 2542 mit eingesetztem Bart Länge 70 75 80 85 90 mm
Nr. 2543 mit Vollbart Länge 75 mm 80 85 95 mm

Nr. 2544 Stahlschlüssel, Länge 70 80 mm

Nr. 2550 Stahlschlüssel mit Mittelbruch, Länge 70 80 mm

Schlüssel zu Knebeldrücker-Zimmertürschlössern

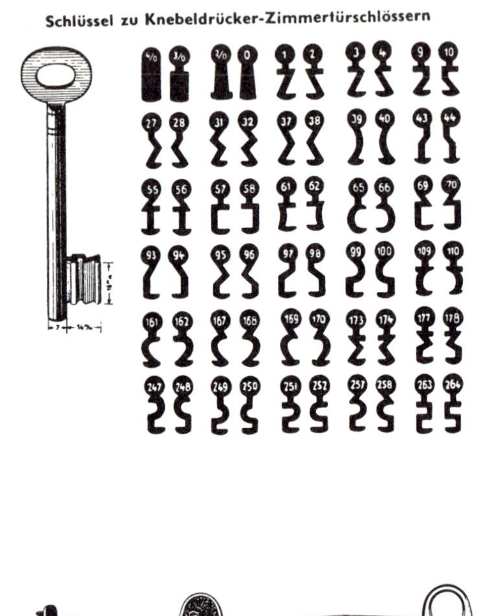

Neubauten-Schlüssel für BKS-Zylinderschlösser

Neubauten-Schlüssel mit Vierkant

Schlüssel für Zylinderschlösser:
Diese gefrästen Stahlschlüssel erreichen eine Unzahl von Formen einmal durch die Kerbung oder Kurvung der Bartkanten, zum andern durch die Profilierung des Querschnitts.

Dem Querschnitt nach unterscheiden wir hauptsächlich Flachschlüssel, Kreuzschlüssel und geschlitzte Schlüssel.

7. Das Aufsperren will gelernt sein

Ist der Schlüssel zu einer Tür oder einem Behälter abhanden gekommen, dann wird der Schlosser gerufen, damit er das Schloß mit dem Sperrhaken oder gewaltsam öffnet. Man erwartet von ihm als Fachmann, daß er diese Arbeit erledigt, ohne dabei die Türe oder den Rahmen wesentlich zu beschädigen. Unerläßliche Voraussetzung dafür ist, daß der Schlosser sich in den Schloßarten und ihrer Inneneinrichtung auskennt, ein gutes Sperrzeug besitzt, in seiner Handhabung ausgebildet ist und mit fachmännischem Gefühl vorgeht.

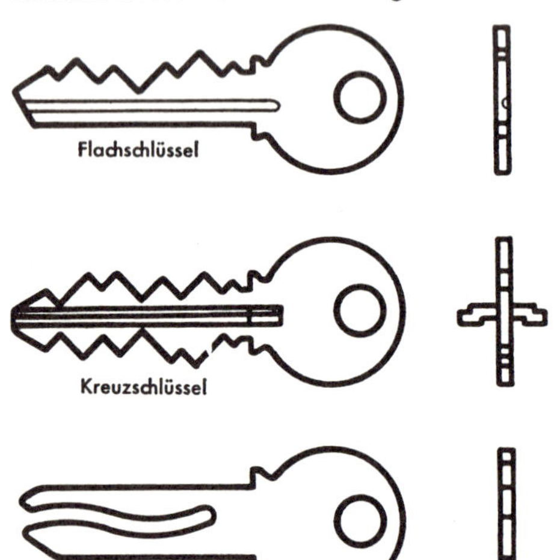

Flachschlüssel

Kreuzschlüssel

Geschlitzter Schlüssel

a) Allgemeines Verhalten:
Wirst du zum Aufsperren geholt, dann vergewissere dich, ob der Auftraggeber wirklich zum Öffnen berechtigt, also z. B. Inhaber der Wohnung ist!

Sperre nur im Beisein des Eigentümers oder von Zeugen auf!

Sperrzeug

Zeige deinen Ausweis und arbeite mit möglichst wenig Lärm und größter Rücksichtnahme auf Türe und Rahmen.

b) Aufschließen von einfachen und Chubb-Schlössern

Wir haben schon erkannt, daß weder einfache Riegel- noch Chubb-Schlösser unbedingt sicher sind. Man bedient sich im Notfalle verschieden geformter „Sperrhaken", wenn der große Schlüsselbund den passenden Schlüssel nicht enthält. Es gibt davon fertige Garnituren (Abbildung), doch viele Meister biegen und feilen sich die Haken nach eigener Erfahrung. Wichtig ist, daß die Haken aus härtbarem Stahl gearbeitet werden, um auch starker Beanspruchung standzuhalten.

Bei den Schlössern mit einfacher Zuhaltung gilt es nur, einen passenden Sperrhaken anzusetzen, der dem Schlüsselloch und der Barthöhe entspricht und Mittelbruch- bzw. Reifchenbesatzungen umgeht.

Schwieriger gestaltet sich das Aufschließen von Chubb-Schlössern. Die Aufsperrmethode beruht auf dem Umstand, daß die fabrikmäßig gestanzten Zuhaltungslamellen meist kleine Abweichungen der Riegelführung aufweisen. Will man also ein solches Schloß öffnen, dann braucht man zwei schmale Haken: Den ersten Haken führt man ein und setzt den Riegel nach rückwärts unter Druck. Um beide Hände für den zweiten Haken frei zu bekommen, versieht man den ersten mit Hebel und Gewicht, so daß er selbsttätig drückt. Mit dem zweiten Haken fühlt man dann die einzelnen Zuhaltungen ab; diejenige, welche sich am schwersten bewegen läßt, versucht man so hoch zu heben, daß der Riegelstift, welcher ja unter Druck steht, ein klein wenig in den waagrechten Schlitz des Fensters rückt und die Zuhaltung somit festhält.

Genauso verfährt man mit der nächsten Zuhaltung usw. Erst wenn die letzte Zuhaltung mit dem waagrechten Fensterschlitz genau in Stifthöhe gehoben ist, gleitet der Riegel zurück. Weil die meisten Schlösser zweitourig sind, wiederholt sich natürlich jetzt die mühevolle Arbeit.

c) Das Aufschließen von Zylinderschlössern

Sofern es sich nicht um abtast- und aufbohrsichere Schlösser handelt, kann man ihnen auf zweifache Weise zu Leibe rücken:
Verfahren A: Zwischen Gehäuse und Kern in der Zuhaltungsebene einen höchstens 0,05 mm dicken Stahlblechstreifen einschieben. Mit Stahldrahthaken (Abb.) durch den Schlüsselkanal die einzelnen Stifte erfühlen und so hoch heben, daß der Stahlstreifen zwischen das Stiftpaar nachgeschoben werden kann. Ist dieses Abtasten bei allen Stiften geglückt, dann kann der Kern gedreht werden. Natürlich kann der Blechstreifen nur eingeführt werden, wenn vorher der Kernbund aufgebohrt wurde.

Verfahren B: Nicht immer ist ein derart dünner Stahlstreifen zur Hand. Dann versuchen wir es mit einem kleinen Schraubenzieher. Schraubenzieher in den Schlüsselkanal stecken und damit den Kern leicht unter Drehspannung setzen, so daß die Bohrungen von Kern und Gehäuse etwas versetzt werden (um das Stiftspiel). Stifte mit dem dünnen Haken wieder abtasten und hochheben. Sobald der obere Stift eines Zuhaltungspaares die Kernbohrung verlassen hat, wird er durch den versetzten Rand der Kernbohrung in seiner Lage festgehalten.

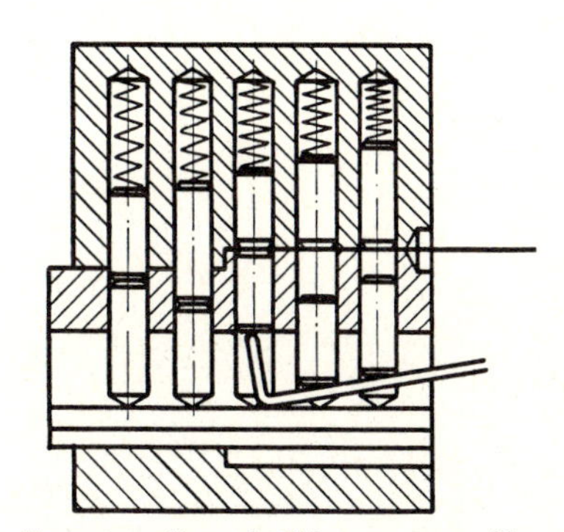

Abgesetzter Kern als Sicherung gegen Abtasten

d) Gewaltsames Öffnen:

Nicht selten jedoch hält das Schloß allen Kunstgriffen stand, die Türe muß gewaltsam geöffnet werden. Wie geht man dabei vor, um den Schaden so gering wie möglich zu halten? Bevor man nach Brecheisen und Stemmeisen greift, sieht man sich die Bänder an. Vielleicht lassen sich die Kegelbandstifte mit einer Spitzzange herausziehen. Ist das nicht der Fall, dann wird man u. U. eine Türfüllung mit der Stichsäge herausschneiden. Manchmal, wenn der Riegel nicht besonders tief im Schließfach steckt oder gar in einen Schließkloben greift, ist es zweckmäßig, die Türe gleich aufzusprengen. Damit die Holzkanten dabei nicht zu stark gequetscht werden, legt man Blechstreifen unter.

Oft wird es auch möglich sein (bei stumpfen Türen), den Riegel mit einer feinen Stichsäge einfach abzusägen.

Bei Geldschränken ist es nicht immer nötig, den Schneidbrenner anzuwenden. Leichtere Schränke lassen sich umlegen, worauf man den Boden losmachen kann.

Selbst finden und behalten:

1. Welche Schloßarten kennst du nach ihrer Befestigung? Wodurch unterscheiden sie sich?
2. Welche Teile gehören zum Getriebe und welche zum Gesperre eines normalen Einsteckschlosses?
3. Welchen Vorteil bietet ein Rahmenstulp, und wann ist er besonders zu empfehlen?
4. Welche Fallenkopf-Sonderformen gibt es, und was für einen Vorteil haben diese gegenüber der Normalfalle?
5. Welcher Zusammenhang besteht zwischen der Tour und der Schlüsselbartlänge?
6. Woran liegt es, wenn ein Schloß „die Tour nicht hält"? Abhilfe?
7. Was versteht man unter einem Mausezahn?
8. Versuche die Schlösser deines Schulzimmers, Schulhauses, deiner Wohnung, Werkstatt richtig zu bezeichnen! (z. B. Buntbart-Linksschloß überfälzt oder Chubb-Kastenschloß rechts einwärts mit Schließkloben).
9. Versuche, nicht angeschlagene Einsteck- und Kastenschlösser richtig zu bezeichnen. Wonach kannst du links und rechts, auswärts oder einwärts beurteilen?
10. Was mußt du beim Schloßanschlagen beachten,
    a) damit das neue Schloß gut und lange funktioniert, ohne zu rosten;
    b) damit keine Holzspäne von der ausgefrästen Schloßtasche in das Einsteckschloß gelangen?
11. Erkläre die Teile und die Wirkungsweise eines einfachen BKS- oder Zeiß-Ikon- oder eines ähnlichen Zylinderschlosses!
12. Wodurch entstehen die vielen Schließmöglichkeiten bei diesen Schlössern. Wo sind ihre schwachen Stellen?
13. Besorge dir eine Einbau-Anleitung und schildere die Arbeitsgänge!
14. Welche Möglichkeiten gibt es beim Aufsperren ohne Schlüssel?

MERKE:

1. Zur einwandfreien Bestellung eines Schlosses gehören folgende Angaben:
Schloßart + Richtung + Falzform (u. U. Falzschräge) + Entfernung Stulpaußenkante bis Nußmitte + Entfernung Nußmitte bis Dornmitte + ganze Kastenbreite.
Beispiel für die neue Bezeichnung nach DIN-Entwurf 18251:
„Buntbart-Rechtsschloß A DIN 18251 + Maßangaben" (Zimmereinsteckschloß)

2. Bestimmungsregeln:

Einsteckschlösser:	**Rechtes Band = rechtes Schloß, linkes Band = linkes Schloß**
Kastenschlösser:	**Tür links einwärts: LE-Schloß, rechtes Band**
	Tür rechts einwärts: RE-Schloß, linkes Band
	Tür links auswärts: LA-Schloß, linkes Band
	Tür rechts auswärts: RA-Schloß, rechtes Band
Bänder:	**Beim glatt aufliegenden Band zeigt der untere Lappen die Richtung an.**

VI. Stahlhochbauten

1. Träger aus Stahl

Horizontal liegende Stahlbauteile, welche die auf ihnen lastenden Drücke an einen oder mehrere Unterstützungspunkte weiterleiten, nennen wir Träger (Unterzug einer Geschoßdecke, Balken für Laufkatze, Brückenträger u. ä.). Ihre Belastung ist entweder über die ganze Länge gleichmäßig verteilt (Deckenbalken) oder sie greift in Form von zusätzlichen Einzellasten an verschiedenen Punkten an (Laufkran). Hierbei werden die Träger auf Biegung beansprucht.

Je nach Auflagerung, Ausführung und Form unterscheiden wir folgende Arten:

Frei- oder Kragträger

Sie sind nur an einem Ende eingespannt oder verankert.

Träger auf zwei Stützen

Sie ruhen mit beiden Enden auf einem Unterstützungspunkt (Mauer, Stütze).

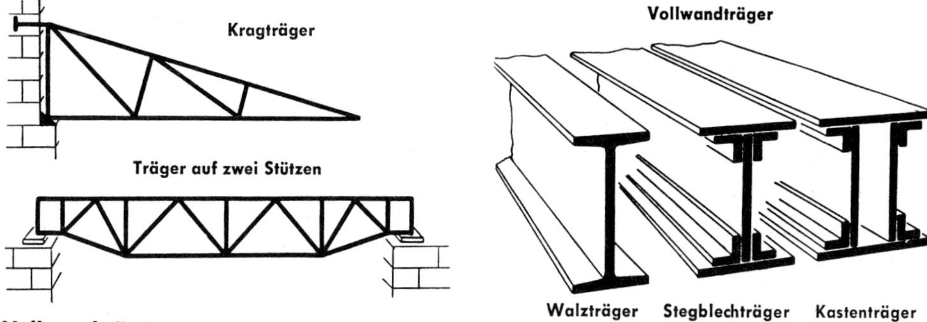

Vollwandträger

Dazu gehören

Walzträger: Einteilige Träger aus Doppel-T-, Breitflansch- oder Leichtbauprofilen

Stegblechträger: Zusammengenietet aus Stegblech, Gurtwinkeln und Gurtplatten aus Breitflachstahl oder zusammengeschweißt aus Stegblech und 2 Nasenprofilen (vgl. Seite 122)

Kastenträger: Zusammengenietet aus 2 Stegblechen, Gurtwinkeln und Gurtplatten oder zusammengeschweißt aus Breitflachstählen bzw. U-Stählen. Weil Kastenträger mehr Material erfordern und teurer sind, werden sie nur dort verwendet, wo für hohe Träger kein Raum ist.

Fachwerkträger

Hier sind Obergurt und Untergurt durch Stäbe im Dreiecksverband versteift oder bei Rohrträgern auch durch Rohrwellen verbunden.

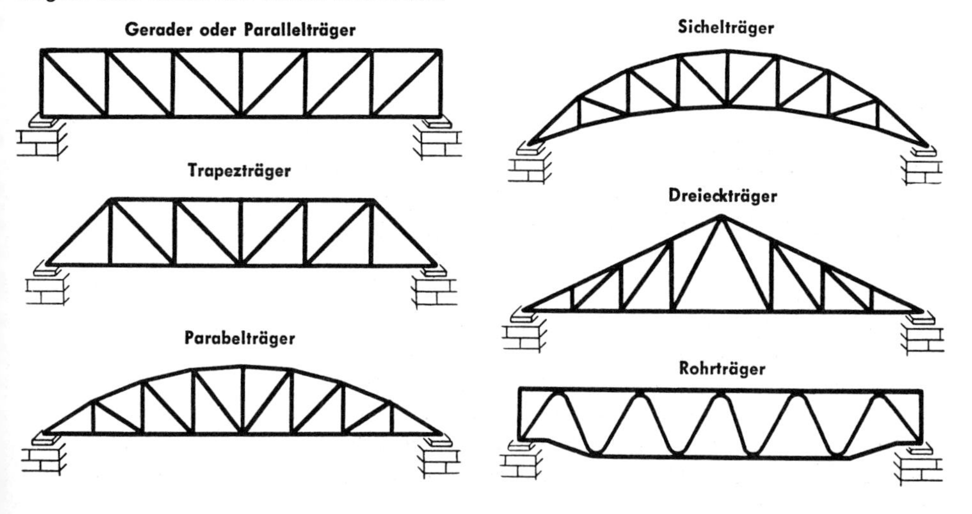

Im Hinblick auf die Verbindungstechnik unterscheiden wir genietete und geschweißte Träger.

Die Befestigung der Trägerenden an Stahlteilen nennt man Anschluß.

Seine Gestaltung hängt davon ab,

- ob geringe oder hohe Drücke vorhanden sind
- ob verschiedene oder gleiche Querschnitte zu verbinden sind
- ob der Anschluß bündig sein muß oder nicht.

a) Bündige Trägeranschlüsse erfordern das einseitige oder doppelseitige Ausklinken des Flansches an dem anzuschließenden Profil.

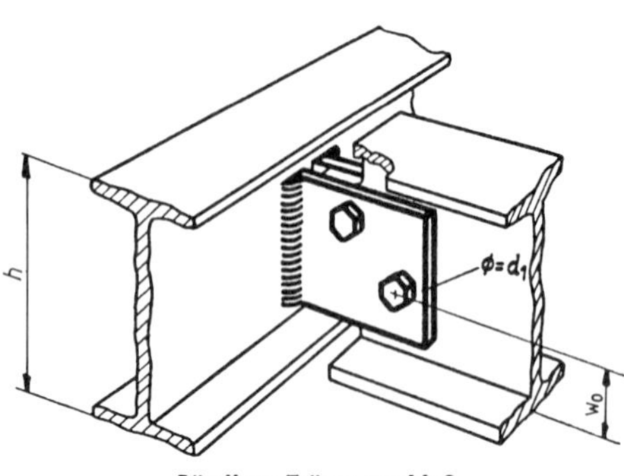

Bündiger Trägeranschluß

Werden nichteingepaßte Trägerwinkel verwendet, dann dürfen sie nur so lang sein wie die g e r a d e Steghöhe. Als Faustformel für das Maß w_0 gilt:

$$w_0 = \frac{h}{10} + 2\,d_1$$

Um Ungenauigkeiten der Trägerlängen ausgleichen zu können, lassen wir die Trägerwinkel 3–5 mm über das Trägerende vorstehen. Niedere Profile, welche nur 2 oder 3 Niete zulassen, unterstützt man mit einem Tragwinkel.

b) Nichtbündige Anschlüsse sind billiger, da sie keine Ausklinkungen bedingen.

c) Aufeinanderliegende Träger müssen gegen seitliches Verrutschen gesichert werden.

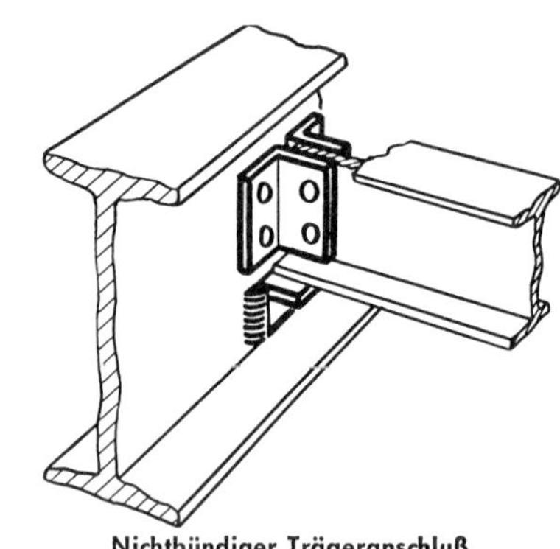

Nichtbündiger Trägeranschluß

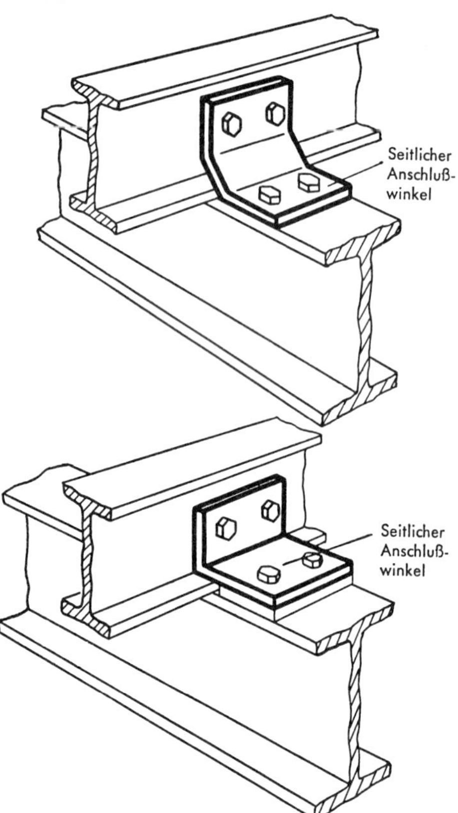

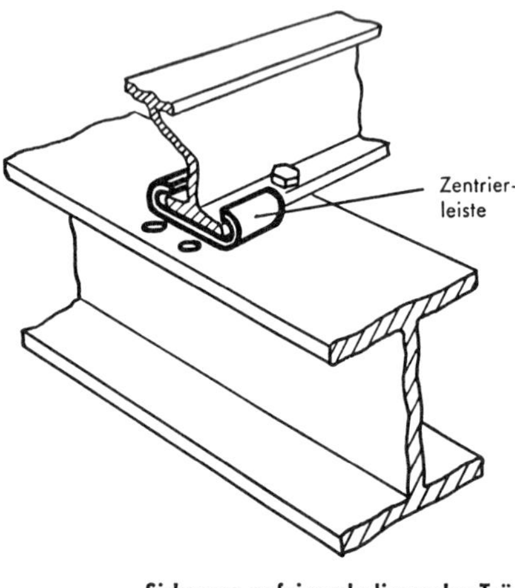

Sicherung aufeinanderliegender Träger gegen seitliches Verrutschen

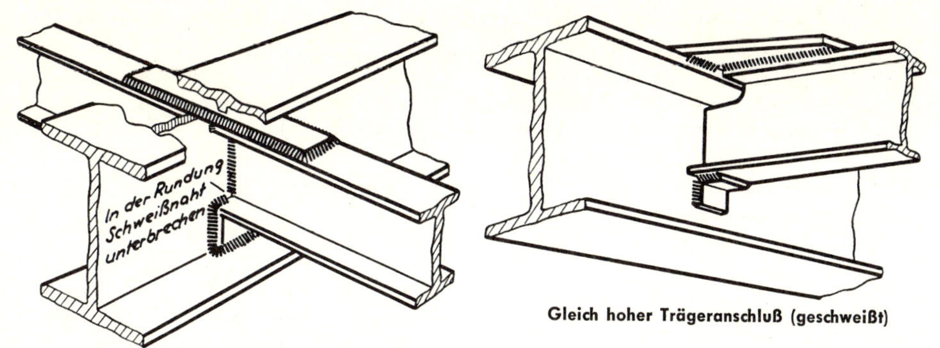

Gleich hoher Trägeranschluß (geschweißt)

Ungleich hoher Trägeranschluß (geschweißt)

d) Geschweißte Trägeranschlüsse unterliegen den Vorschriften der DIN 4100. Die Haltbarkeit hängt in diesem Falle von der richtigen Anordnung, dem ausreichenden Querschnitt der Nähte, von den verwendeten Zusatzdrähten bzw. Elektroden und der Sorgfalt des Schweißers ab. (Vgl. Abb.!)
Im Gegensatz zur Vernietung übernehmen hier auch die Flanschen einen Teil der Zugkräfte, denn die Schweißnaht soll um das ganze Profil laufen (die Rundungsradien ausgenommen!).

Mittels Trägerstoß werden die Träger verlängert.
Damit die Niete dabei nicht zusätzlich infolge Durchbiegung des Trägers beansprucht werden, soll der Stoß möglichst über ein festes Auflager zu liegen kommen.
a) Durch einseitige oder besser doppelseitige Verlaschung am Steg erzielt man einen steifen oder einen Gelenkstoß. In beiden Fällen muß der nutzbare Querschnitt der Laschen mindestens so groß sein wie der Querschnitt des Trägers.

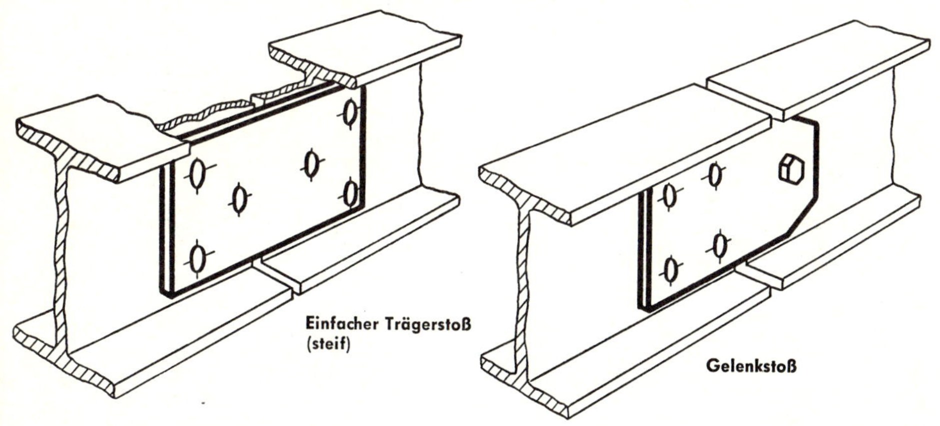

Einfacher Trägerstoß (steif)

Gelenkstoß

b) Ein biegefester Stoß entsteht, wenn auch die Flanschen durch Laschen verbunden werden

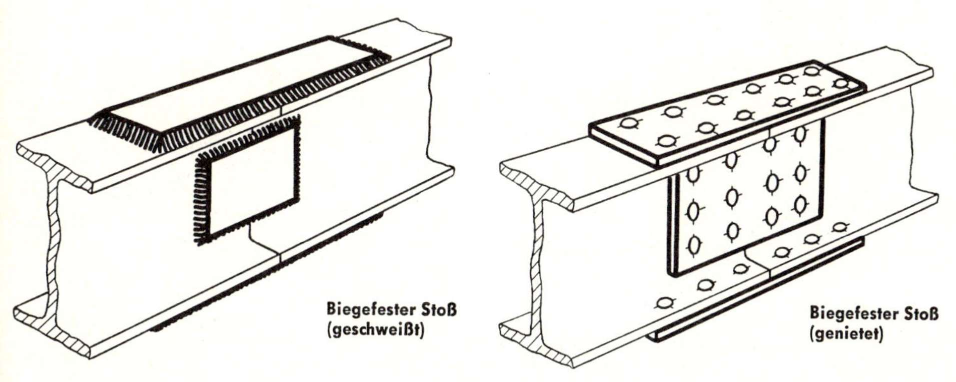

Biegefester Stoß (geschweißt)

Biegefester Stoß (genietet)

Querverbindung
mit Bolzen und Gasrohr

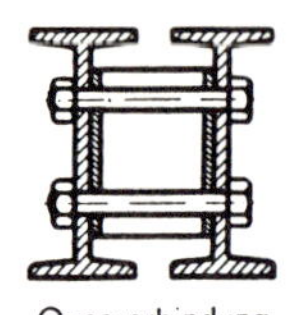

Querverbindung
mit Bolzen und [-Profil

Träger-Verkupplung

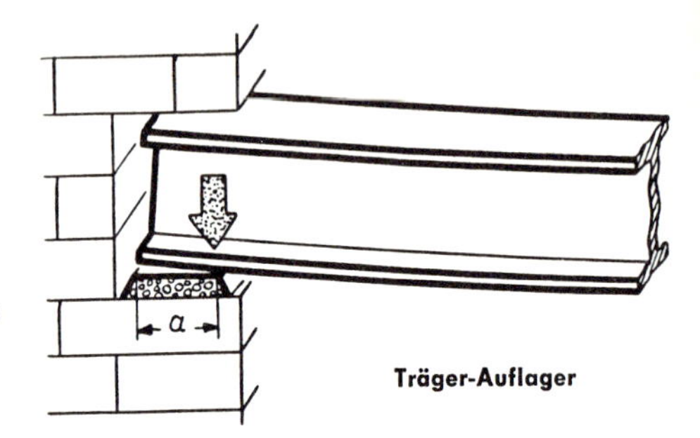

Träger-Auflager

c) Träger-Verkupplung:

Nebeneinander liegende Träger sollen in angemessenen Abständen durch Querverbindungen ausgesteift werden, damit sie sich nicht verdrehen (Schraubenbolzen mit übergeschobenem Gasrohr, U-, Doppel-T-Stücke).

Die Auflager müssen der Belastung und Eigenlast der Träger gewachsen sein.

Die Länge des Auflagers ist einerseits durch die Mauerstärke begrenzt, andererseits muß das Lager eine Mindestfläche aufweisen, damit der zulässige Druck auf 1 cm² nicht überschritten wird ($=\sigma_{d\ zul.}$, sprich sigma Druck zulässig).

Die zulässigen Druckbeanspruchungen soll der Stahlbauer kennen:

Für Mauerziegel mit Kalkmörtel 1 Tl Kalk : 3 Tl Sand = 100 N/cm²

Für Mauerziegel mit verlängertem Zementmörtel 8 Tl Sand : 1 Tl Zement : 2 Tl Kalk = 140 N/cm²

Für Beton mit mindestens 1200 N/cm² bis 1600 N/cm² Druckfestigkeit bei vierfacher Sicherheit = 300–400 N/cm²

Außerdem ist bei der Gestaltung der Auflager zu berücksichtigen, daß infolge Durchbiegung des Trägers das Mauerwerk an der inneren Kante stärker belastet wird.

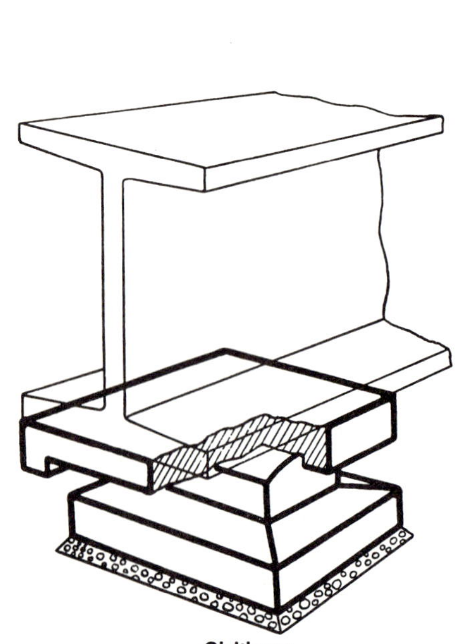

Gleitlager

Die obere Platte, welche mit dem Träger fest verbunden ist, gleitet bei einer Längenänderung auf dem Sattel des Unterteils, welches durch Schraubenbolzen oder Dollen mit dem Fundament verankert ist.

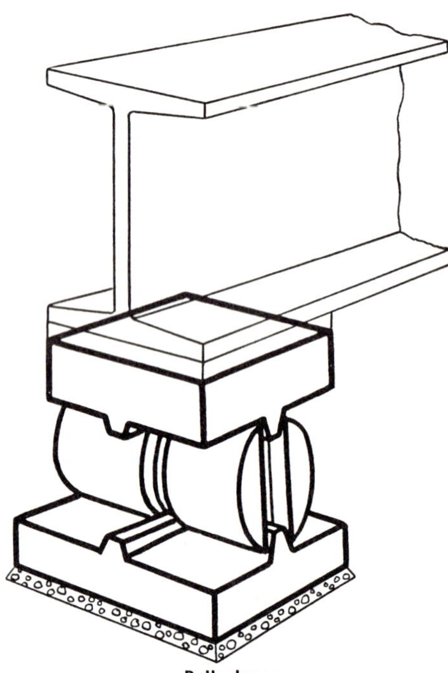

Rollenlager

Obere Rollenplatte und untere Rollenplatte greifen mit Führungsleiste in die mittige Eindrehung der Rolle. Je zwei seitliche Knaggen an der oberen und unteren Platte bilden mit den seitlichen Rollenaussparungen eine Verzahnung und bewegen die Rolle bei einer Längenänderung des Trägers.

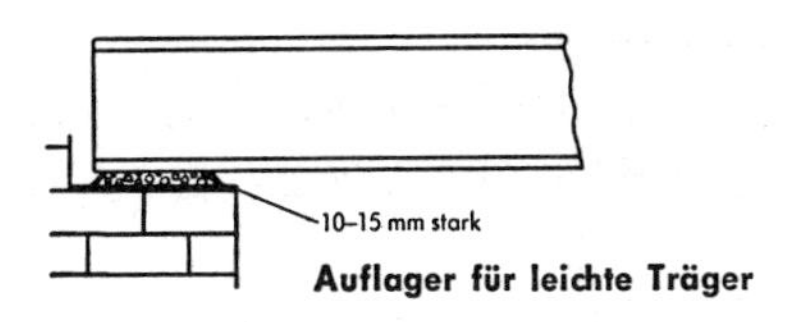

Auflager für leichte Träger

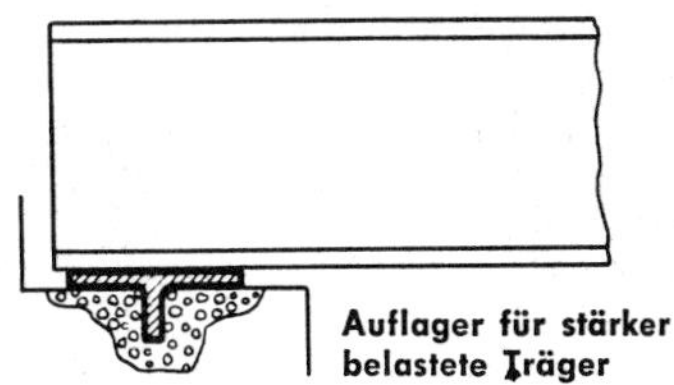

Auflager für stärker belastete Träger

Zwischen Trägerende und Mauer muß genügend Raum für eine etwaige Ausdehnung vorhanden sein. Aus dem gleichen Grunde ruhen große Dachbinder und Brückenträger mit einem Ende auf einem beweglichen Lager.

Dementsprechend sind unterschiedliche Ausführungen üblich:

a) Bei leichten Trägern genügt eine 10 bis 15 mm dicke Zementmörtelschicht. Die Auflagerlänge des Trägers beträgt normal 20–30 cm.
   (Genauer: a = Trägerhöhe : 3 + 10 cm)

b) Stärker belastete Träger unterbaut man mit harten Ziegeln in Zementmörtel, Werkstein, starken Stahlblechplatten oder kurzen T- und I-Stücken.

c) Sehr stark belastete Träger (vor allem Fachwerkträger) werden auf Platten aus GG, St und GS gebettet. Auch Abschnitte von Wulstflachstahl, Nasen-Profilen oder halbierte Peiner lassen sich gut verwenden.
   Ebene Platten müssen mindestens 12 mm, gewölbte Platten in der Mitte mindestens 30 mm dick und 50–60 mm breiter als der Trägerflansch sein.

d) Gleitlager oder Rollenlager verhindern, daß die Auflager Schaden nehmen, wenn sich schwere Dachträger oder Brückenträger dehnen (Wärme, stoßartige Belastung, Schwingungen).
   Stahl dehnt sich je 1 °C Temperaturerhöhung um 0,000 012 m aus. Das ergibt z. B. bei einer 50 m langen Brücke zwischen –20 °C Kälte im Winter und +35 °C Wärme im Sommer:
   $50\ \text{m} \cdot 55\ (°\text{C}) \cdot 0{,}000\,012 = 0{,}033\ \text{m} =$
   33 mm Längenänderung.

5. Die Verankerung soll die Außenmauern zusammenhalten und die Träger vor dem Umkippen sichern.

   a) Waagrechte Verankerung:

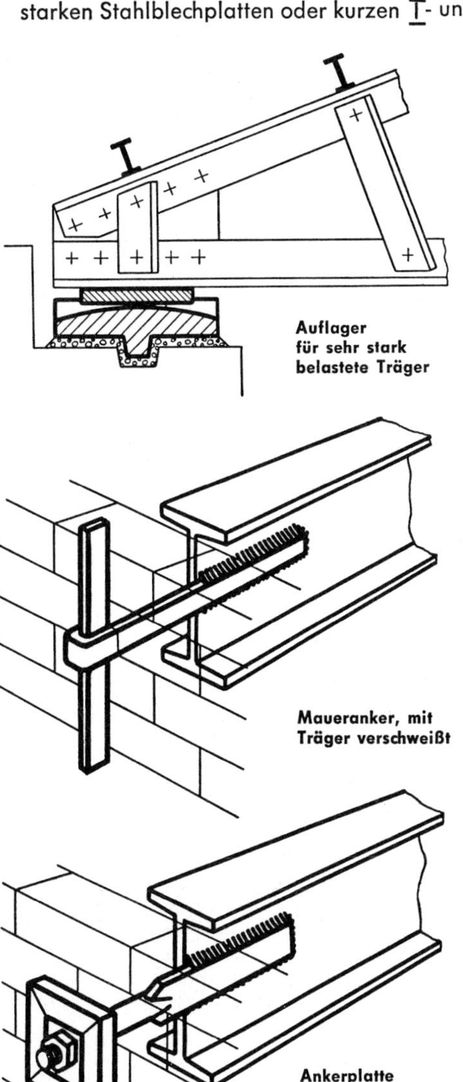

Auflager für sehr stark belastete Träger

Maueranker, mit Träger verschweißt

Ankerplatte aus Grauguß für starke Zugkräfte

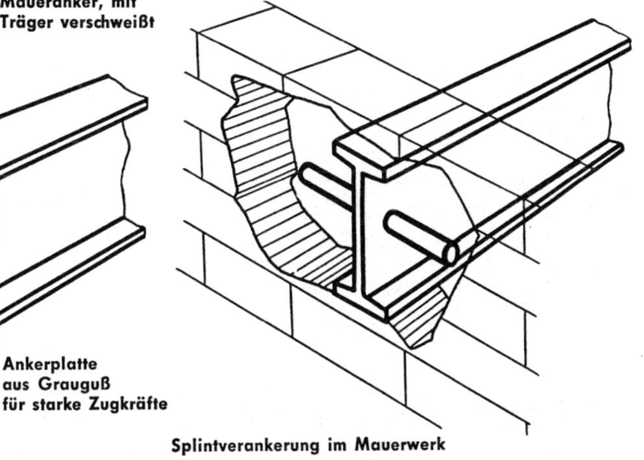

Splintverankerung im Mauerwerk

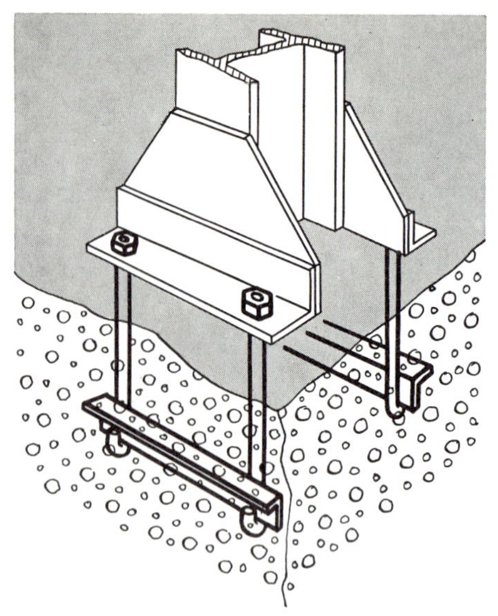

Senkrechte Verankerung

b) Senkrechte Verankerung:

Die Durchmesser der Anker dürfen nicht zu klein gewählt werden, denn der Rundstahl wird nicht nur auf Zug, sondern wie bei jeder Schraube zusätzlich stark auf Verdrehung beansprucht.
Durch senkrechte Verankerung befestigt man Stützenfüße und Kragträger.

Werkstattwinke:

1. Besorge dir rechtzeitig alle erforderlichen Werkzeichnungen und Teilzeichnungen für deine Arbeit (M 1:20, M 1:15, M 1:10, M 1:1 je nach Größe des Bauteils).
2. Nur die eingeschriebenen Maße sind gültig. Niemals ein Maß abgreifen!
3. Lege nach der Stückliste die vorgeschriebenen Profile zurecht und länge sie ab. Achte hierbei auf die Stahlqualität, besonders bei zu schweißenden Teilen.
   T-Stahl (meist unberuhigt) oder M-Stahl (beruhigt, besser schweißbar).
4. Stelle einen Fertigungsplan auf, so daß
   a) bei Vernietungen und Verschraubungen alle Verbindungsstellen bis zu ihrer Vollendung zugänglich bleiben
   b) bei Schweißverbindungen möglichst lange ohne Einspannung geschweißt werden kann. Sonst entstehen untragbare Spannungen und Verwerfungen.

Selbst finden und behalten:

1. Welche Arten von Trägern sind im Stahlbau üblich?
2. Erkläre den Unterschied zwischen einem Kragträger und einem Träger auf zwei Stützen:
   a) Art der Beanspruchung von Auflagern durch die Trägerenden, Beanspruchung von Ober- und Untergurt?
   b) Wo liegt der meistbeanspruchte (gefährdete) Trägerquerschnitt?
   c) Welche Folgerungen ergeben sich daraus für die günstigste Form von Blech- und Fachwerkträgern?
3. Welche Grundprofile lassen sich
   a) für genietete Blechträger
   b) für geschweißte Blechträger verwenden? (Vgl. S. 122)
4. a) Warum biegt sich ein IB 220 bei gleicher Belastung weniger durch als ein I 220?
   b) Warum müssen zweiteilige Träger in Abständen von 1,5–2 m ausgesteift werden, und wie kann das erfolgen?
6. Wann spricht man von einem bündigen Trägeranschluß, und wie wird er ausgeführt?
7. Warum ist eine gewölbte Auflagerplatte günstiger als eine ebene?
8. Welche Bedingungen müssen erfüllt sein, damit ein Auflager standhält?
9. Nenne Möglichkeiten der Trägerverankerung!

MERKE:

1. Als Träger bezeichnet man im Stahlbau einseitig oder beidseitig aufgelagerte, vorwiegend horizontale Bauteile, welche gleichmäßige oder ungleichmäßige Druckbelastungen aufnehmen.
2. Die Träger werden auf Biegung beansprucht, Kragträger am stärksten an der Einspannstelle, Träger auf zwei Stützen in der Mitte bzw. unter dem Angriffspunkt der größten Last. Dadurch ist ihre zweckmäßigste Querschnittsform bedingt.
3. Fachwerkträger, auch Blech- und Kastenträger sind von einer gewissen Größe ab wirtschaftlicher als Walzträger. (Materialersparnis!) Sie lassen sich in der Form genau den verschiedenen Querschnittsbelastungen anpassen.

2. Stützen aus Stahl

Zur Unterstützung von Geschoßdecken, Mauern, Unterzügen, Kranbahnen, Arbeitsbühnen, Dächern, Trägern dienen die senkrechten Stützen. Durch die Belastung in der Längsrichtung werden sie auf Druck und Knickung, durch seitliche Trägeranschlüsse auch oft auf Biegung

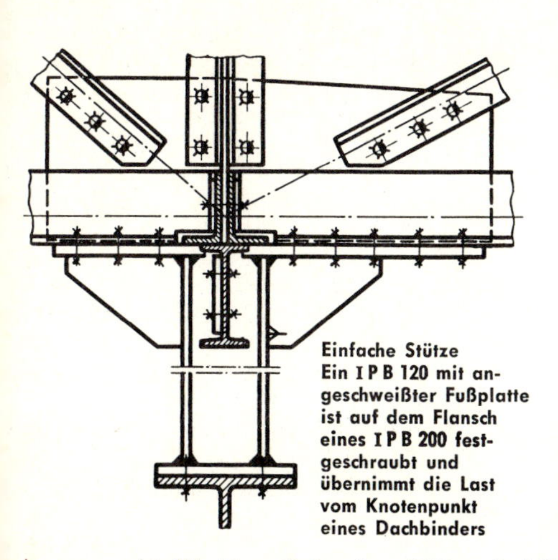

Einfache Stütze
Ein I P B 120 mit angeschweißter Fußplatte ist auf dem Flansch eines I P B 200 festgeschraubt und übernimmt die Last vom Knotenpunkt eines Dachbinders

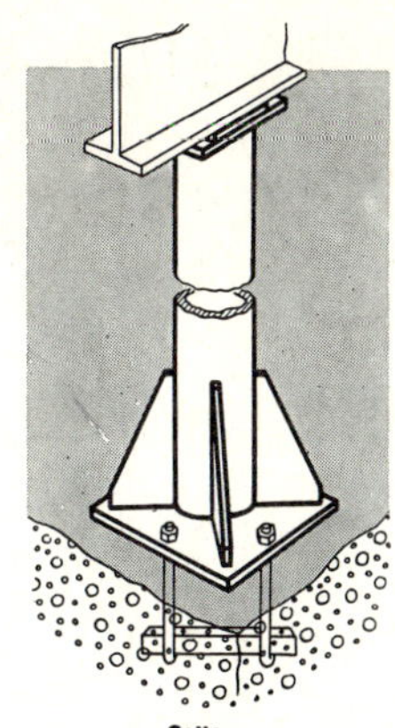

Stütze
Die Fundamentplatte ist mittels vier gebogener Ankerschrauben und zweier Winkelstähle verankert. Vier eingeschweißte Rippen dienen der Versteifung. Auf der Kopfplatte sitzt noch eine quadratische Zentrierplatte, damit der Auflagerdruck mittig auf die Säule übertragen wird.

beansprucht. Die Hauptteile einer Stütze sind Kopf, Schaft und Fuß.
Mit Rücksicht auf die Knicksicherheit und Biegesteifigkeit ist deshalb **der** Stützenquerschnitt am zweckmäßigsten, bei dem der Werkstoff möglichst weit von der Achse angeordnet ist. (Rohrquerschnitt!)

1. Stützen werden entweder einteilig oder mehrteilig ausgeführt.
   a) Für geringe Belastungen genügen Säulen aus Gußrohr, Stahlrohr oder einem Walzprofil.

Genietete Stützen

Kreuzquerschnitt aus vier Winkeln

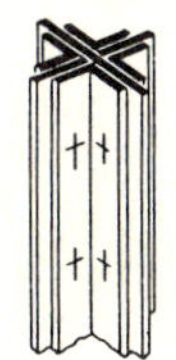

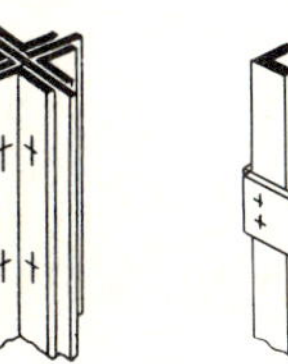

Kreuzquerschnitt verstärkt

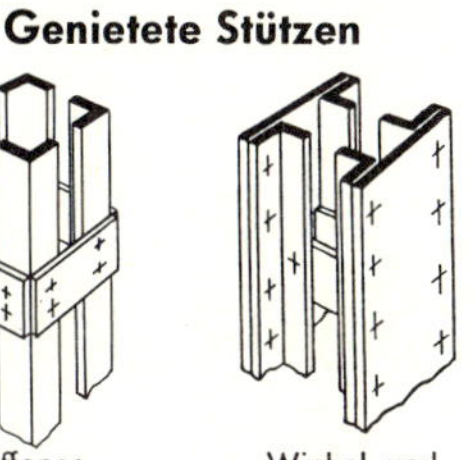

Offener Kreuzquerschnitt

Winkel- und Flachstahl mit Bindeblechen

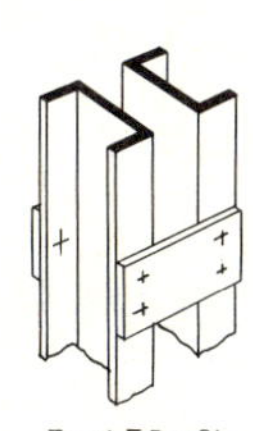

Zwei [-Profile mit Bindeblechen

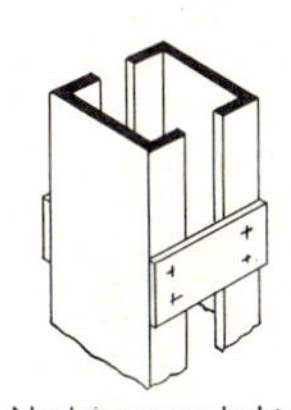

Nach innen gedrehte [-Profile mit Bindeblechen

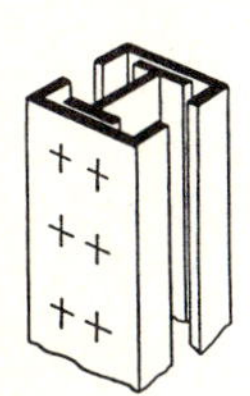

[- und I-Stahl

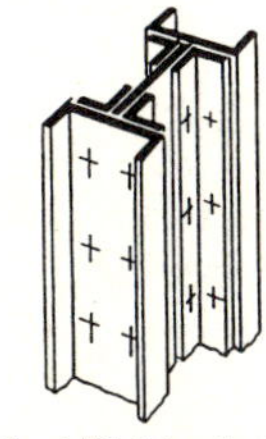

Zwei [-Stähle mit vier L-Stählen und Flachstahl

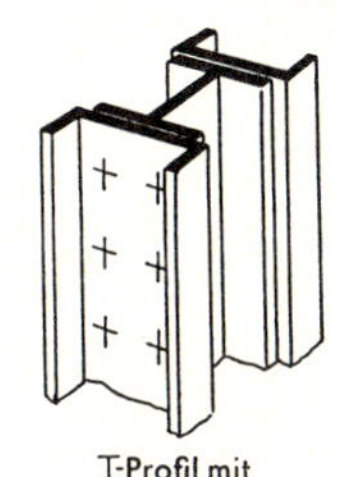

I-Profil mit [-Profilen verstärkt

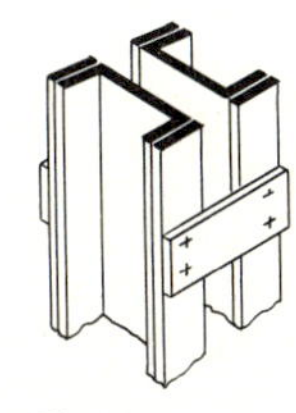

[-Stähle verstärkt

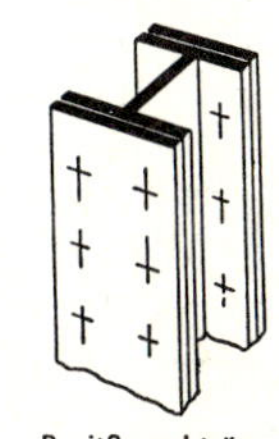

Breitflanschträger verstärkt

und geschweißte Stützen

Zwei I-Profile mit Bindeblechen verschweißt

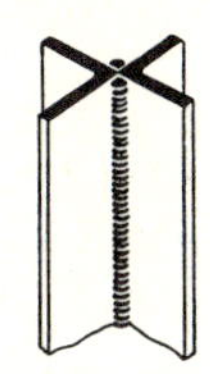

Offener Querschnitt aus zwei L-Stählen

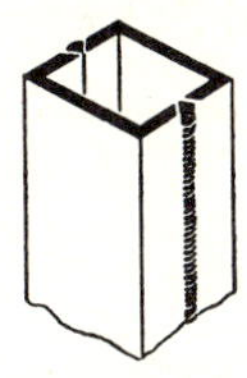

Geschlossener Querschnitt aus zwei [-Stählen

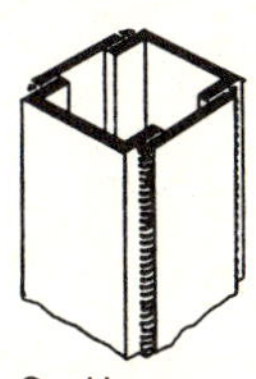

Geschlossener Querschnitt aus [-Stählen verstärkt

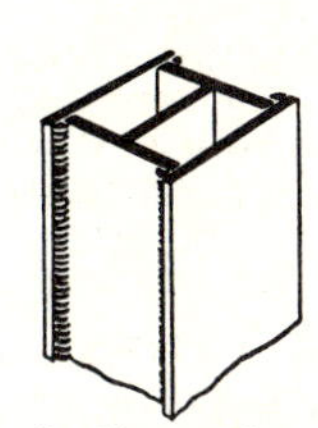

Geschlossener Querschnitt aus Breitflachstahl mit Flachstahl verstärkt

Gußeiserne Säulen haben nur den Vorteil, daß sie rostbeständiger sind (Stallungen, Wäschereien u. ä.), doch werden sie nur noch selten angewendet (Länge beschränkt, nicht fehlerfrei).
Auch Stahlrohre sind meist nur an geschweißten Bauten zweckmäßig, da sie Anschlüsse erschweren und verteuern.

b) Mehrteilige Stützen:
Mit Rücksicht auf die Rost- und Feuersicherheit sollen diese Stützen aus wenigen, aber kräftigen Profilen bestehen. Oft werden sie mit einem Betonmantel versehen.

c) Vergitterung:
Die Vergitterung wird dann angewendet, wenn einseitige Belastungen und waagrechte Schubkräfte auftreten (Hochspannungsmaste, Krane).

Als Querstäbe dienen entweder Flachstahl oder Winkelstahl, am besten ungleichschenkeliger, weil dieser bei gleichem Gewicht steifer ist.
Bei geschweißter Ausführung soll man die Querstäbe zuerst heften und dann von Querschnitt zu Querschnitt fertigschweißen, damit die Stütze nicht einseitig verspannt wird. (Schweißplan!)

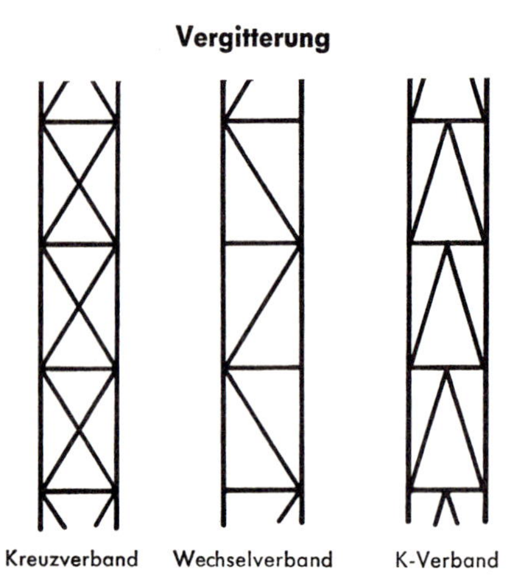

2. Die Stützenteile sollen fest verbunden sein. Wird eine mehrteilige Stütze nicht durchlaufend vernietet oder verschweißt, dann sind Bindebleche erforderlich.
Genietete Bindebleche sollen mindestens mit 2 Nieten befestigt und dick genug sein, damit jede Längsverschiebung ausgeschlossen ist.
Bei geschweißten Bindeblechen soll die Naht über den ganzen Umfang verlaufen.

Werkstattwinke:

1. Lies vor dem Anreißen der Stäbe und Bleche genau die Sinnbilder der Niete und Schrauben bzw. Schweißnähte! Oft dürfen Löcher erst auf der Baustelle gebohrt, Niete und Schrauben erst nach Aufstellung des Bauwerks eingebracht werden. Nachstehende Tafeln geben Aufschluß, was die verschiedenen Zeichen bedeuten.

Darstellung in der Zeichenebene senkrecht zur Achse DIN ISO 5261 Febr. 83

Schraube oder Niet	Symbol für eingebaute Schraube oder Niet			Symbol für Senkniet, Senkung auf beiden Seiten
	nicht gesenkt	Senkung auf der Vorderseite	Senkung auf der Rückseite	
in der Werkstatt eingebaut				
auf der Baustelle eingebaut				
auf der Baustelle gebohrt und eingebaut				

Anmerkung: Zur Unterscheidung von Schrauben und Nieten muß in der Bezeichnung für Schrauben das Kurzzeichen der Gewindeart vorangestellt werden.

Beispiel:
Die Bezeichnung einer Schraube mit metrischem Gewinde lautet M 12 x 50, eines Nietes dagegen Ø 12 x 50.

Darstellung in der Zeichenebene parallel zur Achse DIN ISO 5261 Febr. 83

Schraube oder Niet	Symbol für eingebaute Schraube oder Niet		Symbol für Senkniet, Senkung auf beiden Seiten	Symbol für Schraube mit Lageangabe der Mutter
	nicht gesenkt	Senkung auf einer Seite		
in der Werkstatt eingebaut	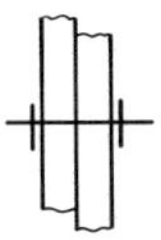	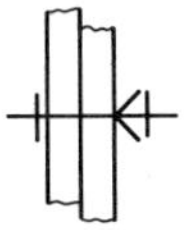	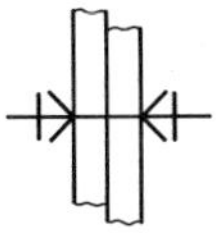	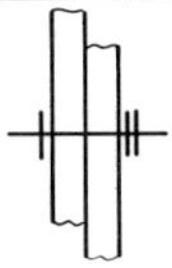
auf der Baustelle eingebaut	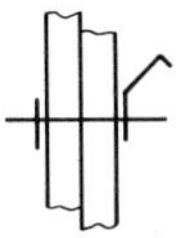	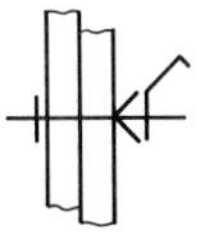	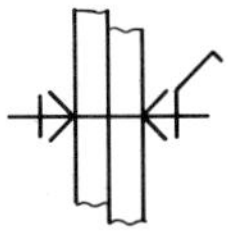	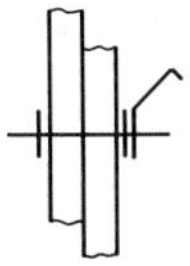
auf der Baustelle gebohrt und eingebaut	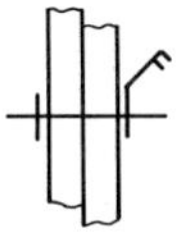	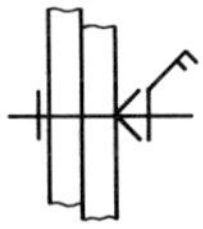	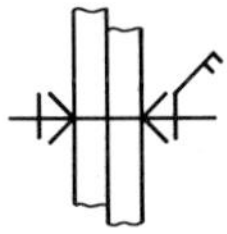	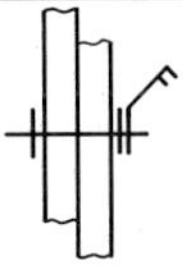

2. Lege das anzureißende Profil auf eine geeignete feste Zulage.
3. Zeichne zuerst die Nietrißlinien mit Streichmaß und Reißnadel auf.
4. Mittels Stahlmaß, Reißklotz und Reißnadel werden dann die Lochmitten festgelegt und wenn nötig mittels Überwurfschablone auf den anderen Flansch übertragen.
5. Kennzeichne die angekörnten Lochkreuze mit Kreide, damit sie leicht auffindbar sind. Beachte die Sinnbilder für Löcher Seite 97!
6. Schlage in die vorgezeichneten Profile die Teilnummern, u. U. auch Stückzahl, ein!

Selbst finden und behalten:
1. Welche Profile eignen sich für einteilige Stützen?
2. Auf welche Arten können mehrteilige Stützen verbunden werden?
3. Wie müssen Bindebleche vernietet oder verschweißt sein?
4. Welche Formen von Fachwerkstützen gibt es?
5. Wie groß müssen die Löcher für folgende Nietdurchmesser gebohrt werden? (8, 14, 20, 27 mm)
6. Zeichne die Sinnbilder (Symbole) für:
   Eingebaute Schraube M 12 x 50, Senkung auf der Rückseite, auf der Baustelle gebohrt und eingebaut, in der Darstellung senkrecht bzw. parallel zur Achse!

MERKE:
1. Stützen sind senkrechte Stahlteile, welche die Lasten eines Bauteils zum Fundament weiterleiten. Sie werden einteilig, mehrteilig oder vergittert hergestellt.
2. Stützen müssen druck-, knick-, oft auch biegefest gebaut sein.
3. Stützen sind um so knickfester, je weiter der tragende Querschnitt von der Achse entfernt liegt.

3. Stahldächer

Zur Überdachung großer Hallen sind Tragwerke aus Stahl zweckmäßiger als Holz, da sie große Lasten bei geringerem Stabquerschnitt aufnehmen, leichter zu verbinden sind und bei Glasdächern mehr Licht durchlassen. Sachgemäßer Rostschutz verleiht dem Stahl überdies unbegrenzte Haltbarkeit.

1. Die **Konstruktion** besteht aus einem wohldurchdachten, genau berechneten System von Einzelteilen:

D a c h b i n d e r mit Dachverband in der Dachebene oder Windverband in der Traufebene.
P f e t t e n mit oder ohne Zugstangen.
S p a r r e n.

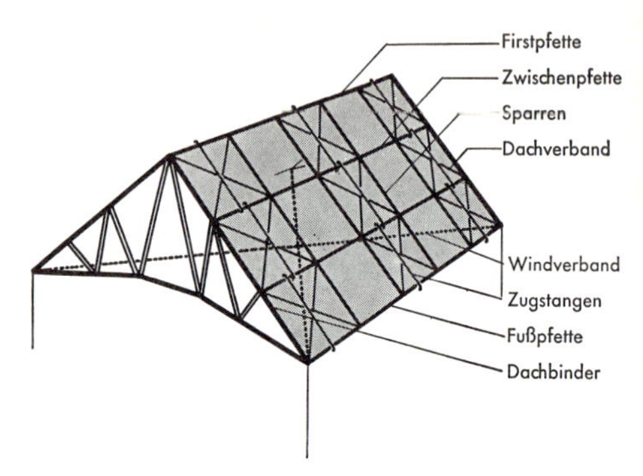

Teile einer Dachkonstruktion

2. Der **Binder** bestimmt die Dachform:

a) Dachbinder für zwei Auflager:

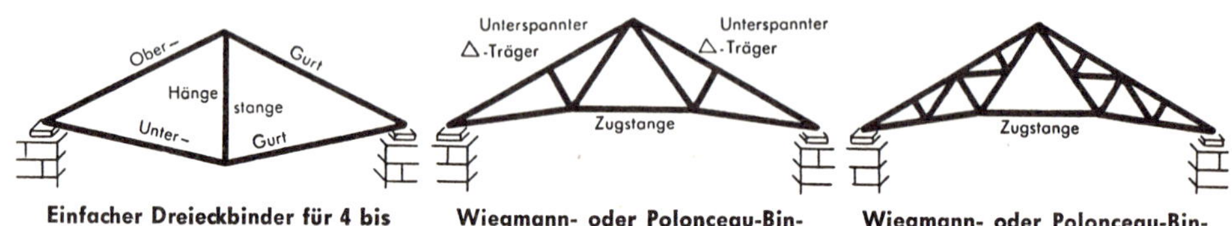

Einfacher Dreieckbinder für 4 bis 6 m Spannweite. In der mittleren Stange herrscht Druckspannung

Wiegmann- oder Polonceau-Binder für 8–12 m Spannweite

Wiegmann- oder Polonceau-Binder für 20–40 m Spannweite und 3 Zwischenpfetten auf jeder Seite

Englischer Binder, für Dächer ohne Sparren geeignet, für 10 bis 12 m Spannweite

Belgischer Binder, mit senkrechten Unterstützungsstäben unter den Pfetten, für 16–18 m Spannweite

Balkenbinder mit gehobenem First für Verglasung

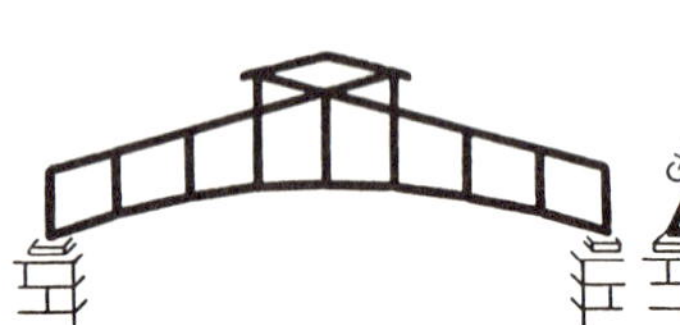

Balkenbinder mit „Laterne" für Verglasung, 20–30 m Spannweite

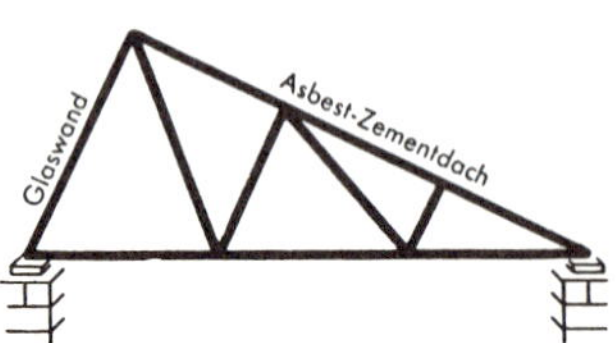

Shed- oder Sägedach für 8–15 m Spannweite

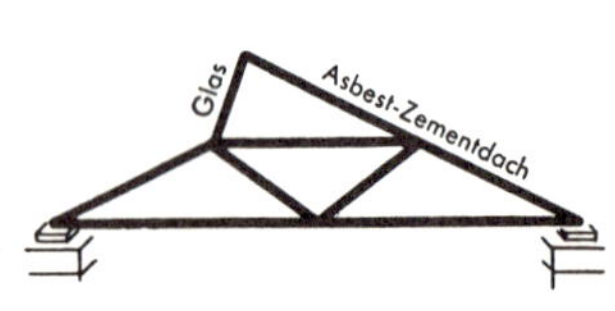

Sägedach für 8–10 m Spannweite

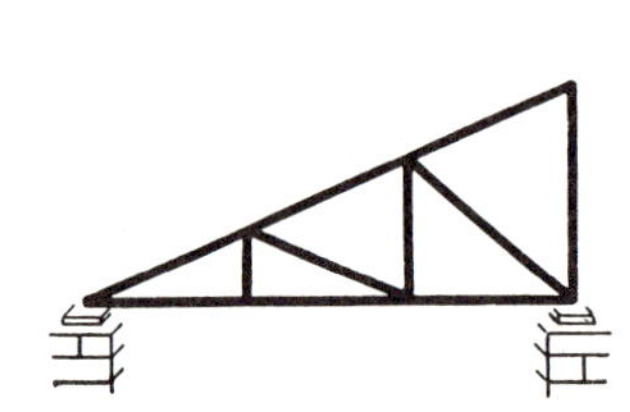

Pultdach für 6–10 m Spannweite

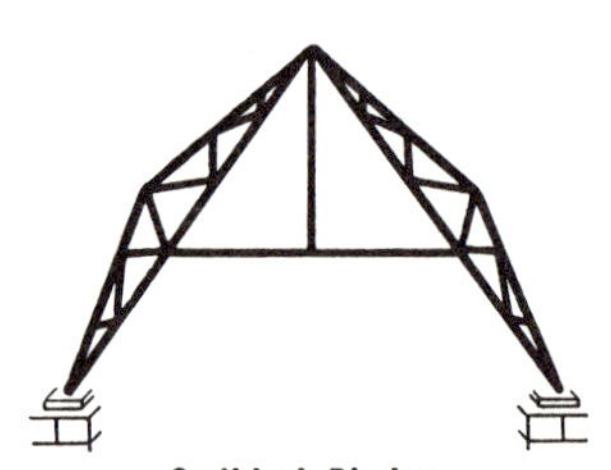

Steildach-Binder für 20–35 m Spannweite

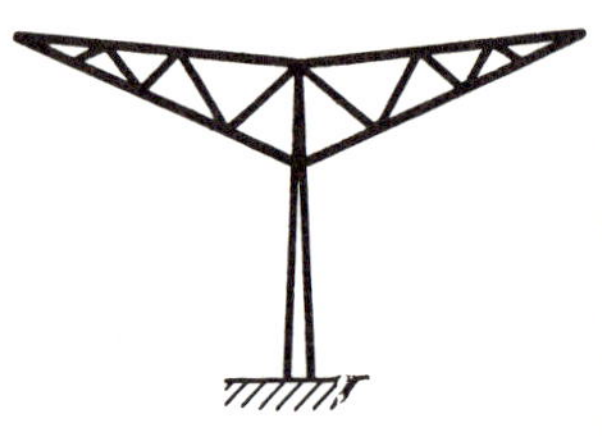

Fachwerk-Binder für Bahnhöfe und Entlade-Anlagen für 6–8 m Spannweite

b) Kragdachbinder:

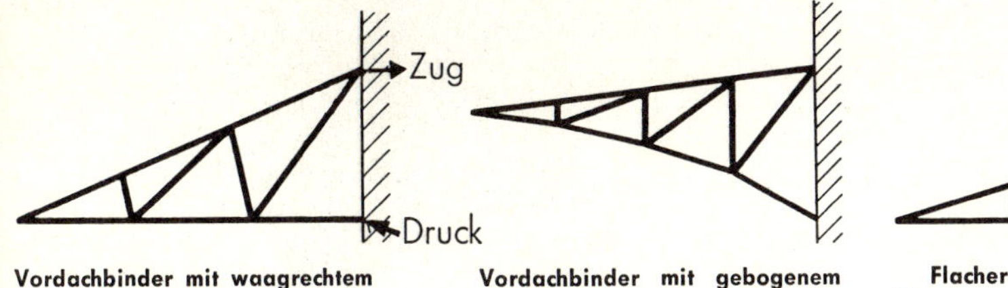

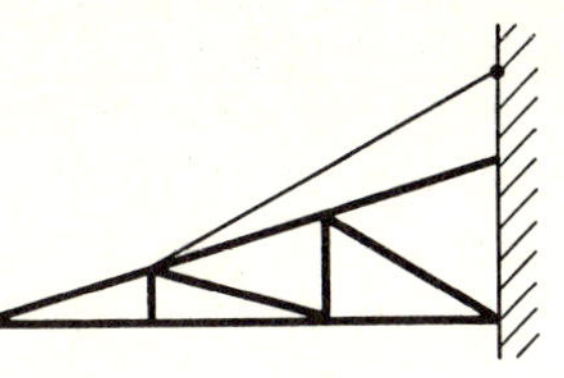

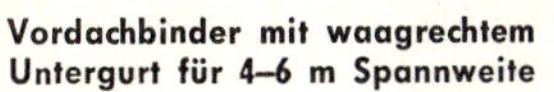

Vordachbinder mit waagrechtem Untergurt für 4–6 m Spannweite

Vordachbinder mit gebogenem Untergurt für 5–8 m Spannweite

Flacher Vordachbinder mit Zugstange für 4–6 m Spannweite

c) Die auftretenden Zug- oder Druckkräfte erfordern zweckmäßig geformte und ausreichend bemessene Stabprofile:

Der **Obergurt** wird (bei 2 Auflagern!) auf Druck beansprucht!
Für genietete Ausführung wählt man zwei Winkel (seltener 2 U-Profile), welche in vorgeschriebenen Abständen durch Futterstücke gegen Ausknicken gesichert werden. (Abstand höchstens 1,5 m, Mindestquerschnitt 55 · 6 und Mindestniet ϕ = 17 mm.)
Geschweißte Dachbinder erhalten meist Gurte aus e i n e m hochstetigen T- oder einem aufgetrennten Doppel-T-Profil.
Im **Untergurt** herrscht Zugspannung.
Er wird meist aus dem gleichen Profil wie der Obergurt hergestellt, doch genügt für die Futterstücke 1 Niet oder ein Futterring.
Die Gitterstäbe zwischen Ober- und Untergurt stehen je nach ihrer Lage unter Zug- oder Druckspannung. Sie können etwas schwächer sein (Mindestniet ϕ = 13 mm). Im übrigen gelten die gleichen Regeln wie für Ober- und Untergurt. Die Stabenden werden rechtwinkelig abgeschnitten und wenn nötig ausgeklinkt.
Als Null- oder Füllstäbe bezeichnet man Stäbe, die nicht unter Belastung stehen.
Das **Knotenblech** verbindet die einzelnen Stäbe zu einem starren Netzpunkt. Seine Dicke richtet sich nach den vorherrschenden Stabkräften (z. B. 150 000 N = 8 mm, 300 000 N = 14 mm), seine Form nach Lage der anzuschließenden Stäbe. Die Stabenden sollen die Knotenblechecken überdecken. Beim Zuschneiden aus Breitflachstahl entsteht der geringste Verschnitt, wenn die Knotenbleche rechteckig oder trapezförmig sind.

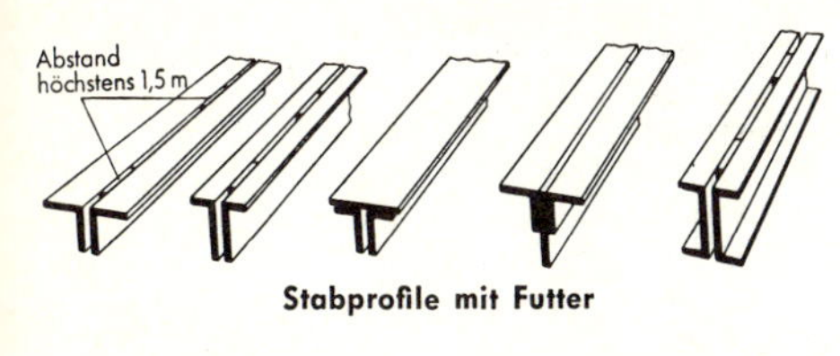

Stabprofile mit Futter

Fußknotenpunkt geschweißt:

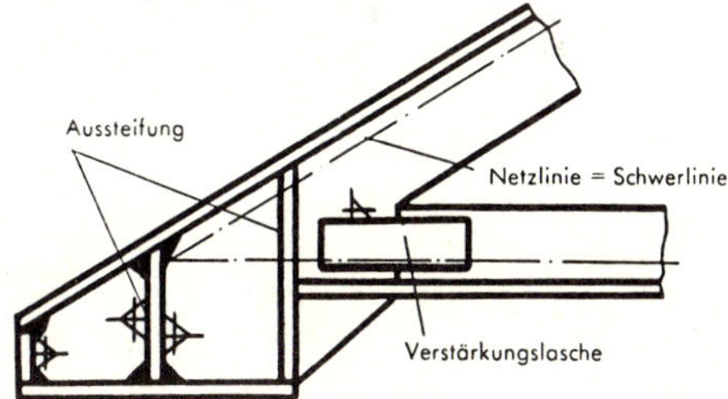

Stabanschlüsse genietet:

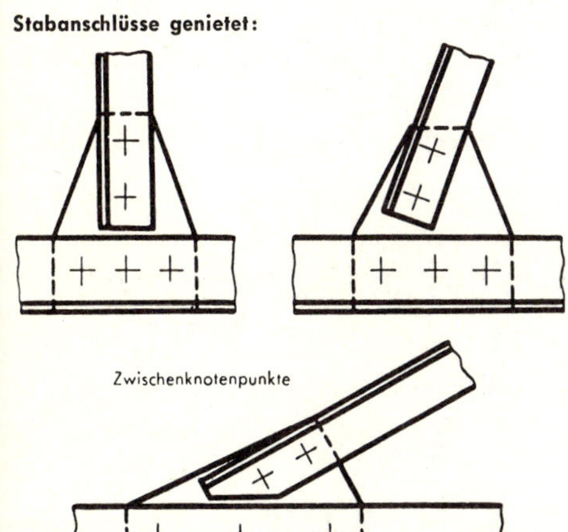

Firstknotenpunkt genietet:

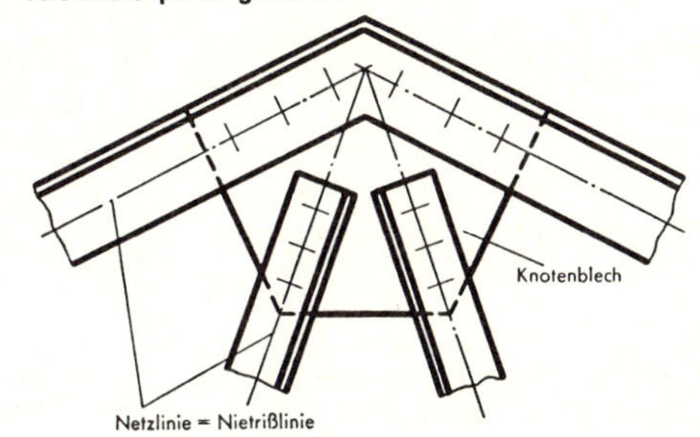

Zwischenknotenpunkt geschweißt:

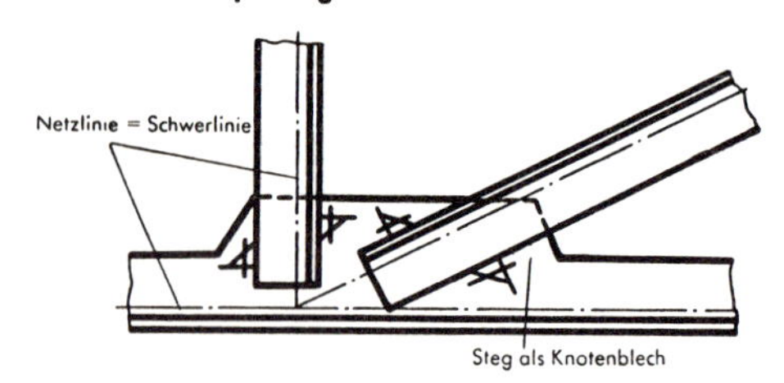

Das Bild zeigt, daß die geschweißte Ausführung auf Knotenbleche verzichten kann. Wichtig ist, daß die Schwerlinie des angeschlossenen Stabes mit der Netzlinie zusammenfällt, da sonst Biegekräfte entstehen. In der Praxis läßt man aber bei kleineren Profilen die Nietrißlinie (Bild Firstknotenpunkt) als Schwerlinie gelten, wenn der Auftraggeber nicht auf der genauen Einhaltung besteht.

3. Die **Pfetten** liegen parallel zum First und tragen die Sparren oder die Dachhaut selbst.

Wir unterscheiden First-, Trauf- und Zwischenpfetten. Letztere verlaufen innerhalb von First und Traufe. Als Material werden Doppel-T-, U- und Z-Stähle verwendet. Die Möglichkeiten der Befestigung zeigen die folgenden Bilder.

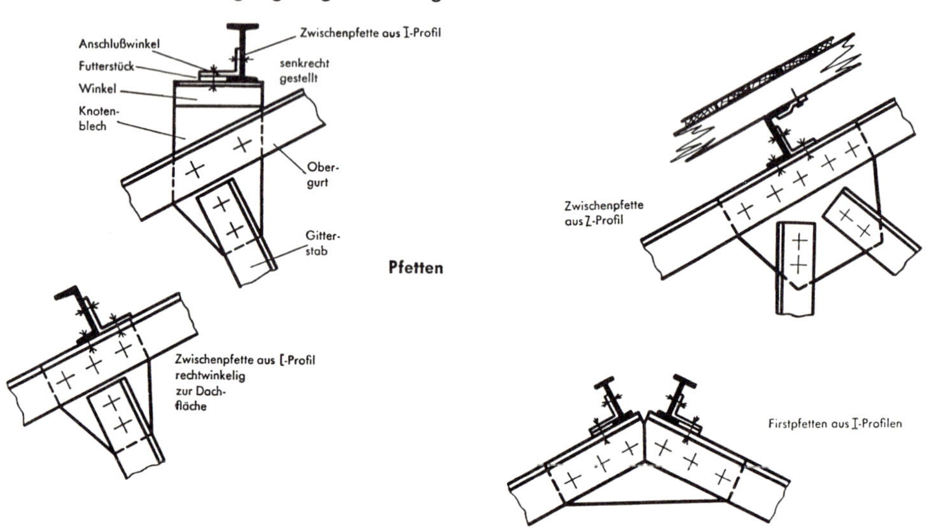

Pfetten

An schweren und steileren Dächern, welche die Pfetten stark auf Biegung belasten, verbindet man dieselben zwischen den Bindern vom First bis zur Traufe mittels Zugstangen aus Rundstahl und entlastet sie dadurch in dieser Richtung.
Sehr lange Pfetten werden als Gelenkträger ausgebildet (Gerberträger), wodurch die Querschnittsbelastung geringer wird; entsprechend kleinere Profile verringern das Dachgewicht (vgl. S. 315, Gelenkstoß).

4. **Sparren** aus Holz- oder Stahlprofilen werden fest mit den Pfetten „verkämmt" oder verschraubt und tragen die Dachhaut. Ihr Abstand errechnet sich aus dem Gewicht der Eindeckung und ist sehr verschieden.
5. Die **Dacheindeckung** schützt vor Regen, Schnee, Wind, Kälte und Hitze, muß also in erster Linie dicht sein.

a) Arten:
In Verbindung mit Dachkonstruktionen aus Stahl sind je nach Dachneigung (wegen Schneelast und Dichtheit!) folgende Deckungen gebräuchlich:

Dachneigung Grad	Ausführung:
2–6	Holzzementdach
6–35	Asbestzementdach (Eternit, Fulgurit)
6–12	Teerpappdach
7–12	Zinkdach auf Holzschalung
18–33	Schieferdach, Biberschwanz-Kronendach, Falzziegeldach, Rohglasdach, Stahl-Wellblechdach
30–45	Pfannendach, Drahtglasdach

b) Glasdächer erfordern eine besonders starre, aber wenig lichtschluckende Ausbildung. Die Scheiben werden entweder in die Sprossen gekittet (Bild S. 290) oder mit Hilfe von Spezialprofilen kittlos verglast. Die kittlose Verglasung hat einige Vorteile:

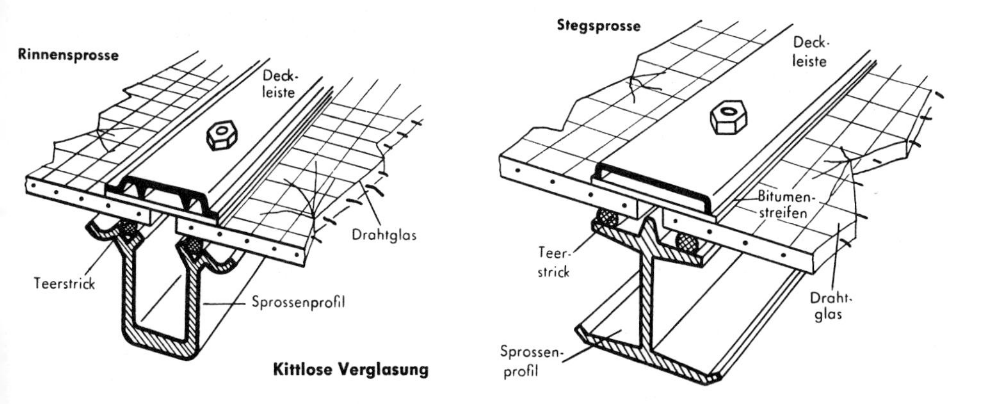

Kittlose Verglasung

Die Sprossen können in der Werkstatt bis zur Verschraubung fertiggestellt werden.
Die Verglasung kann im Gegensatz zum Kitten auch bei Frost, Regen und Schnee erfolgen.
Glasbruch durch Wärmeschwankungen ist ausgeschlossen, da die Scheiben elastisch auf den Dichtungsschnüren gebettet sind.
Gebrochene Scheiben sind durch Lösen der Verschraubung leicht und schnell auszuwechseln.

Selbst finden und behalten:

1. Welche Teile gehören zu einer Stahldachkonstruktion?
2. Wie wird der Windverband angebracht, und welchen Zweck erfüllt er?
3. Welche Profile werden für Pfetten bevorzugt? Skizziere einige Befestigungsarten.
4. Warum ist es unwirtschaftlich, die Enden der Gitterstäbe schräg abzuschneiden?
5. Suche im Tabellenbuch die Lage des Schwerpunkts und der Schwerlinie beim Winkelstahl 70 · 7 und beim Winkelstahl 100 · 50 · 10. Vergleiche damit den Verlauf der Nietrißlinie nach dem Wurzelmaß!
6. Was versteht man unter Netzlinie?
7. Warum sollen bei geschweißten Bindern die Schwerlinien und bei genieteten Bindern wenigstens die Nietrißlinien mit dem Netz zusammenfallen?
8. Wann werden Gelenkpfetten angebracht? Vorteil derselben?
9. Welche Dacharten unterscheidet man nach der äußeren Form?

MERKE:

1. **Dachkonstruktionen aus Stahl nehmen die Eigenlast, das Gewicht der Eindeckung, die Schneelast und den Winddruck auf.**
2. **Die tragenden Teile sind Binder, Pfetten und Sparren.**
3. **Der Windverband versteift das Dach gegen ein Verschieben in waagrechter Ebene.**
4. **Zugstangen verhindern bei steilen Dächern das Durchbiegen der Pfetten in der Dachebene.**

Stichwortverzeichnis

Inhaltsverzeichnis